ANNALES DE GÉOLOGIE

ET DE PALÉONTOLOGIE

PUBLIÉES SOUS LA DIRECTION

DU

MARQUIS ANTOINE DE GREGORIO

7.ᵉ et 8.ᵉ Livraison

Janvier-Avril 1890.

PALERME

LIBRAIRIE INTERNATIONALE L. PEDONE LAURIEL

DE CHARLES CLAUSEN

1890

ANNALES DE GÉOLOGIE ET DE PALÉONTOLOGIE

PUBLIÉES SOUS LA DIRECTION

DU

MARQUIS ANTOINE DE GREGORIO

7.ᵉ et 8.ᵉ Livraison

(7.ᵉ Livraison p. 1-156, pl. 1-17 Janvier — 8.ᵉ Livraison p. 157-316, pl. 18-46 Avril)

MONOGRAPHIE

DE LA

FAUNE ÉOCÉNIQUE DE L'ALABAMA

MONOGRAPHIE

DE LA

FAUNE ÉOCÉNIQUE DE L'ALABAMA

ET SURTOUT

DE CELLE DE CLAIBORNE DE L'ÉTAGE PARISIEN

(HORIZON À VENERICARDIA PLANICOSTA LAMK.)

Avec 46 pl.

(contenant 1480 figures de 751 espèces et mutations)

PAR

LE MARQUIS ANTOINE DE GREGORIO

Dr. és Sciences Nat. — Membre correspondent de l'Académie des Scienc. de Philadelphia, New York, Catane, Vérone, Padoue, Saint Louis (Missouri), Baltimore (Maryland Pcad.), California (San Francisco), de la Soc. d'Agr. et d'Hist. Nat. de Lyon, de la Soc. d'Hist. Nat. de Buffalo (Amer.), de l'Albany Institut, de la Soc. Imp. des Naturalistes de Moscou, de l'Améric. Philosof. Society. — Membre collaborateur et effectif de l'Ac. R. des Sc. Let. et B. Arts de Palerme. — Membre honoraire de l'Académie Olimpique de Vicence, — Membre de la Société géolog. d'Italie, de la Soc. Mal. de Belgique, de la Soc. géolog. de France, de la Soc. Tosc. de Scienc., de la Soc. Mal. d'Italie etc. etc.

PALERME

LIBRAIRIE INTERNATIONALE L. PEDONE LAURIEL

DE CHARLES CLAUSEN

1890

A MES CHERS ILLUSTRES AMIS

M. SAMUEL SMILES

DE KENSINGTON (LONDRES)

M. JOHN J. STEVENSON

DE L'UNIVERSITÉ DE NEW YORK

PRÉFACE

Parmi les faunes éocéniques, celle de Claiborne joue sans doute un premier rôle, non seulement par la richesse, la beauté et la bonne conservation des espèces, qu'elle contient, mais aussi par les analogies qu'elle présente. Pour l'Amérique elle a la même importance que pour l'Europe la faune classique du Bassin de Paris et de Londres. Lorsque en 1880, j'entrepris l'étude des faunes éocènes du Vicentin, je fus frappé par la ressemblance des formes et par leur affinité. Une première petite collection je l'ai eu en 1881 par l'entremise de mon cher ami le prof. J. Stevenson de l'Université de New-Jork. Une collection très riche en espèces non déterminées, je l'ai eu en échange par M. M. Ward et Howell de Rochester (Ontario), j'ai eu en outre une caisse remplie de sable contenant une grande quantité d'espèces par mon honoré correspondent le prof. Mell de Auburn (Alabama). Moi même j'ai séparé et extrait plusieurs petites espèces très intéressantes.

Mais quelqu'un pourrait me dire: est ce que toutes ces espèces proviennent de Claiborne ? Certes, l'autorité des personnes par lesquelles je les ai reçues, ne m'en fait pas douter. Du reste, presque toutes les espèces décrites par les auteurs comme provenant de cette localité se trouvent dans ma collection. Malgré cela, lorsque j'ai eu quelque doute sur leur *habitat*, soit par leur facies ou bien par la qualité de la roche, je l'ai noté dans le paragraphe relatif à la *localité*. Par conséquent, lorsque dans ce paragraphe j'ai écrit *Coll. mon cabinet*, on doit conclure que l'espèce en question provient avec toute probabilité de Claiborne. Mais il y a en outre quelques espèces de Claiborne (heureusement peu nombreuses) qui manquent dans ma collection. Alors dans ce paragraphe j'ai indiqué tout simplement la localité notée par les auteurs.

Or, comme les assises de Claiborne sont plusieurs et qu'on trouve les analogues dans plusieurs endroits voisins, j'ai cru devoir élargir mon étude passant en revue toutes les espèces éocéniques de l'Alabama. Certes, la plupart se retrouvent aussi à Claiborne, mais il y en a beaucoup qui jusqu'ici n'y ont pas été retrouvées. Ordinairement les auteurs réunissent les faunes du Mississipi et de l'Alabama et en parlent dans le même travail. Il me semble plus convenable de les séparer, car l'horizon de Vicksburg (qui est le plus développé dans le Mississipi) est plus jeune que celui de Claiborne, qui représente l'éocène de Paris (horizon à *Cardita planicosta Lamk*). D'ailleurs, même dans le Mississipi, en quelques localités se trouvent des assises presque parallèles de celles de Claiborne.

Cet ouvrage me coûte une grande et longue étude, parce que j'ai tâché de faire qu'il réussit le plus complet possible renfermant la description de toutes les espèces jusqu'ici décrites par les auteurs, avec toute synonyme relative. A ce but j'ai dû étudier soigneusement la bibliographie de cet endroit: j'ai fait des longues recherches chez tous les libraires du monde achetant tous les ouvrages speciaux qui sont très nombreux. Certains d'eux très rares je les ai eu de mon cher ami le prof. Stevenson, auquel cet ouvrage est dédié; certains autres je les ai eu en comunication par quelques bibliothèques de l'étranger. N'y comprenant pas les livres de paléontologie qui traitent des faunes éocéniques de l'Europe et de l'Asie, dont je possède une des plus riches collections du monde, les livres sur les faunes tertiaires d'Amérique (que je possède dans ma librairie, ou que j'ai eu le loisir de consulter) sont non moins de 210. On peut bien dire que de ces livres celui qui est connu d'un petit nombre de paléontologues d'Europe est celui de Lea « Contr. Geol. »; les autres, exception faite, en Europe ne sont connus du tout.

Les livres qui traitent de la faune de Claiborne sont très nombreux, mais la plupart n'en parlent qu'à la dérobée. Il n'existe jusqu'ici aucune monographie speciale. Les livres plus complets, et pour ainsi dire classiques, sont: celui de Conrad « Foss. Shells Tert. Form. » et l'autre de Lea « Contr. Geol. » dans lesquels on trouve l'illustration de plusieurs espèces de Claiborne; ces ouvrages laissent beaucoup à désirer et doivent être considérés comme des essais plutôt que comme des monographies. Parmi les auteurs qui se sont occupés des faunes tertiaires de l'Alabama, sans doute c'est Conrad celui qui a le plus grand mérite. Il a écrit en effet un nombre vraiment considérable de notes, de pamflets et de brochures. Nous sommes redevables à lui de deux catalogues extrêmement intéressants (Cat. Eoc. Olig., Check List.).

A cause de la rareté et de la multitude des ouvrages concernant les faunes de l'Alabama, c'est impossible, même pour les paléontologues americains, de s'en former une idée précise. Pourtant, il m'a paru que la pubblication d'un ouvrage qui donnât une illustration complète de cette faune serait très avantageuse non seulement pour les paléontologues d'Europe (qui pourraient ainsi connaitre des formes très importantes, soit par la nouveauté des types, soit par leur élégance, soit par l'analogie avec des espèces de l'éocène de l'Europe, de l'Inde et de l'Australie), mais elle serait utile même aux paléontologistes americains. En effet, j'ai cherché de donner à mon livre une méthode la plus simple, la plus ordonnée que j'ai pu, en l'arrichissant de très nombreuses planches qui reproduissent avec le plus grand soin non seulement toutes les espèces de ma grande collection, mais aussi toutes les figures données par les auteurs pour la même espèce; car seulement de cette façon on peut aisément éviter tout équivoque en égard à leur détermination et les soumettre à un control sérieux. J'ai doté mon livre d' une synonymie et bibliographie très riche et d'un index très minutieux et exact, sans lequel tout ouvrage perd beaucoup de sa valeur.

Comme j' ai dit autrefois, le temps du paléontologue devient de jour en jour plus précieux et restrinct; par conséquent plus d'ordre il y aura dans un ouvrage moins de temps coûtera à celui qui voudra le consulter. Les planches sont la vraie clef d'un ouvrage, la partie plus importante et essentiel de lui. En effet il arrive souvent qu'un paléontologiste, qui veut consulter un livre, se borne à donner seulement un coup d'œil aux planches. Par cette raison, j'ai disposé toutes les espèces par ordre et par familles et j' ai rangé les figures correspondentes avec le même ordre, possiblement en lignes horizontales et avec des numéros progressifs.

Quant à la classification, j'ai adoptée pour les vertébrés, les articulés, les vers, celle de Claus; pour les gastéropodes et les scaphopodes celle de P. Fischer avec quelques modifications; pour les pélécypodes celle de Conrad avec quelques modifications; pour les bryozoaires, les échinides, les polypiers, les foraminifères celle du prof. Zittel.

Je voulais joindre à cette monographie un petit résumé stratigraphique en récapitulant tout ce qu'ont dit les auteurs à propos des assises éocénes de l'Alabama et surtout de Claiborne, mais un ouvrage de A. Smith, Lawrence et C. Johnson vient de paraitre dans le Bulletin du Geol. Survey des Etats Unis, ouvrage qui est conduit avec beaucoup de soin et avec des observations originales très importantes, de sorte qu' un résumé de ce genre serait tout à fait inutile et incovenant; car, quant à moi, ne pouvant faire des observations sur le lieu, je ne pouvais dire rien d'original; d'autant plus que ce bulletin est naturellement à la portée de tout le monde.

Comme je disais, j' ai dù employer une longue étude pour achever cet ouvrage; non seulement par la multiplicité et la rareté des brochures qui en traitent et la difficulté à se les procurer, mais aussi bien par la richesse de la faune, la multiplicité et la nouveauté des types des espèces; pour cet égard elle n'est pas inférieure à celle de « San Giov. Ilarione » d'Italie, ayant un grande avantage sur celle-ci en ce, que l'état de conservation des fossiles y est beaucoup meilleur. Ne tenant pas compte des variétés, les espèces passées en revue dans cette monographie sont non moins de 647; savoir: 19 *Vertebrata*, *Articulata* et *Vermes*, 398 *Gasteropoda* et *Scaphopoda*, 159 *Acephala*, 28 *Brachiopoda* et *Polyzoa*, 13 *Echinodermata*, 20 *Radiata*, 10 *Rhizopoda*.

Comme j' ai dit, notre faune est intimement liée avec celle du Bassin Anglo-parisien. Quoique très peu d'espèces soient communes (quand même aucune d'elles ne fût pas parfaitement identique), le « facies » est le même et plusieurs d'elles sont liées par des analogies frappantes. Il est pourtant à remarquer que la faune de l'Alabama, ou pour mieux dire celle de Claiborne, a une facies plus pélagique; car on n' y retrouve pas d'espèces d' eaux douce ou saumâtre dont il y en a plusieurs dans la bassin de Paris.

L'absence presque complète d'espèces des genres *Trochus* et *Turbo* et la grande rareté des espèces du genre *Cerithium* est aussi remarquable.

J' ai cité les catalogues de Conrad, mais il y en a un autre de Lea (fils) qui est aussi très intéressant, mais qui a beaucoup moins d'importance, car on y trouve tous les noms des espèces nommées par les auteurs sans aucun control des synonymies. Parmi les livres paléontologiques européens, les seuls où on trouve citées des espèces de Claiborne sont, le Prodromus de D'Orbigny et l'Index Pal. de Bronn; mais tous les deux sont à cet égard très défecteux. J'ai beaucoup de raisons à croire que le premier de ces auteurs n' eût entre ses mains aucun livre paléontologique sur ce gisement hormis que l'Appendix de Conrad à l'ouvrage de Morton. Quant à Bronn, je crois qu' il possédait l' ouvrage de Morton et celui de Lea, mais pas celui de Conrad « Foss. Shells Tert. Form. »

Des brochures très intéressantes sont insérées dans le « Journal of Conchology » de Tryon non seulement par Conrad mais aussi par Gabb et par Whitfield, celle du vol. 1865 de cet auteur est très importante. Parmi les auteurs modernes nous sommes très obligés à M. Aldrich et Meyer qui ont publié des mémoires et des notes très soigneuses et très bien exécutées, sur les faunes de l'Alabama et du Mississipi. M. Heilprin aussi a étudié cette période du côté stratigraphique faisant une étude de parallélisme et de syncronisation. Parmi les différents pamflets, celui de White et de Nicholson (Bibl. North Americ, 1878) a un intérêt particulier surtout pour ceux qui ne connaisent pas la bibliographie de l'étage qu'il vont étudier. C'est un ouvrage très consciencieux et bien conduit; malgré cela j'ai dù noter quelques omissions, et (même indépendamment des ouvrages publiés postérieurement) ma bibliographie est plus riche de celle de ces illustres auteurs.

Pour tous ceux qui étudient les faunes de Claiborne, une grave et dificile question à résoudre est celle de la priorité des noms de certaines espèces proposés dans la même date par Conrad (Foss. Shell.) et par Lea (Contr. Geol.) Il y a des auteurs qui adoptent les uns, il y en a qui adoptent les autres, Bronn dans l'Index cite souvent les uns et les autres et il dit qu'il ne sait pas résoudre qui des deux a le droit de la priorité.—Pourtant, il ne me semble pas superflus de donner ici les résultats de mes investigations, à propos d'une question qui a un grand poids pour ceux qui s'intéressent à la faune de Claiborne.

L'ouvrage de Conrad porte la date de 1832-33, celui de Lea celle de 1833. M. Conrad publia en 1834 une Appendice à l'ouvrage de Morton (Org. rem.), dans laquelle il donna en résumé la synonymie de ses espèces et de celles de Lea, réclamant le droit de la priorité. M. D'Orbigny (comme j'ai déjà dit) ne possédait pas l'ouvrage original de Conrad ni celui de Lea, c'est pour ça qu'il se borna à citer les espèces nommées par Conrad dans cette Appendice. M. Bronn (ayant l'ouvrage de Lea et celui de Morton, mais pas l'ouvrage original de Conrad) cite dans son Index les espèces des deux auteurs donnant (quant à celles identiques) la priorité à Conrad. Dans ces derniers temps on a cherché d'étudier mieux cette question. M. Meyer (Bull. Amer. Natur.) pour résoudre cette question, a fait une étude sur quelques rares copies de l'ouvrage de Conrad, qu'i a pu observer en quelques bibliothèques d'Amérique et il a examiné la date de la publication des livraisons de l'ouvrage de Conrad. Cet ouvrage (Foss. Shell) est extrêmement rare; il ne se trouve pas (selon ma correspondance) dans la Bibliothèque du British Museum de Londres, ni dans celle de la Sorbonne de Paris, ni dans celle de l'Université de Berlin, de Leipzig, de Munich... Je crois qu'en Europe il n'y a que ma copie.

De ce livre on a publié deux éditions. Je les possède en parties toutes les deux. De la première édition je possède les pages I-VIII, 1-38 et les planches 1-14. Le premier numéro porte une couverture jaune sur laquelle sont notées les espèces contenues dans les pages I-VIII, 1-20; c'est à dire de l'*Arca limula* jusq'à l'*Artemis acetabulum* avec la préface. Il porte la date du 1 octob 1832. En un morceau de papier d'un jaune plus claire, qui est attaché à la couverture, sont imprimés les noms des espèces décrites dans les pag. 21-28, c'est à dire de la *Lucina acclivis* jusqu'à l'*Ostrea virginiana*. Il parait donc que deux numéros soient réunis ensemble. En effet les pages 29-38 ont une autre couverture jaune avec le N. 3 en dessus. La date de cette troisième livraison est de August 1833; les espèces décrites sont comprises entre *Voluta Sayana* et *Plicatula filamentosa*.

L'autre copie que je possède, contient les pages I-VIII, 1-20 c'est à dire le premier numéro de la première édition; ces pages ne sont pas une nouvelle édition, mais ce sont absolument la même; car toutes les lignes se correspondent entre elles, même les lettres et les virgules cassées se correspondent et elle porte aussi la date de 1832. Mais ce qui est extrêmement étrange c'est que les seules premières pages IV-VI de la préface ne correspondent pas, et que celle-ci commence de la pag. IV, pendant que dans l'autre copie commence de la pag. V, c'est à dire une page après. La dédicace à M. Morton à pag. III est la même, seulement, au lieu de la signature, il y a les seules initiales T. A. C. — Il est certain que l'auteur en publiant ce numéro ordonna à l'imprimerie deux tirages différents des pages II-VI, je ne sais pas par quelle raison. Le second cahier n'a pas de couverture; il contient les pages 21-28 de la première édition. La suite consiste en les pages 29-56; elle a été publiée postérieurement à l'ouvrage de Lea, car il s'y trouve plusieurs fois cité; l'explication des planches 15-18 est dans la page 55. Dans les pages 29-36 il y a un aperçu sur la stratigraphie et dans la pag. 36 il y a une note dans laquelle l'auteur fait observer que le N. 4 de la première édition (c'est à dire les pages qui suivent la 38me) a été publié en Octobre 1833. Dans son ouvrage (Observ. éoc. p. 35, 1846) à pag. 217 il dit aussi que la date de la quatrième livraison « Foss. Shells Tert. » est de October 1833. Mais dans le Catal. Eoc. Olig. à pag. 8; citant la *Lucina alveata* Conr. décrite a pag. 40 de ce cahier, il donne pour date de ce cahier Novembre 1833.

De ce qui précède je viens à cette conclusion, que M. Conrad publia certainement pour le premier les deux livraisons 1832 (p. I-VII, 1-28). En suite, comme il apprit que M. Lea étudiait la même faune, se hâta à publier le reste avant que les planches fussent achevées. Après que l'ouvrage de Lea parut, il publia une nouvelle édition des pages 29-56, de sorte que la seconde édition résulte en partie de la première en partie de la seconde.

Malgré tout cela, on pourrait bien douter de la priorité de Lea, car c'est une question très obscure et intriguée. Mais il y a d'autres raisons en faveur de Conrad : tous les auteurs ont retenu la priorité de celui-ci; lui même l'a déclaré en son Catal. Eoc Oligoc. et dans sa Check List, pendant que M. Lea n'a publié aucune catalogue synonymique et dans celui de son fils (Cat. tert teste.) sont citées les espèces de Lea et de Conrad sans aucune observation. Du reste, Lea (Contr. geol. p. 75, 181 etc.) en décrivant certaines espèces, cite les noms proposés par Conrad dans le premier et le second cahier de Foss. Shells. — M. Meyer (1888 Bibliogr. not. two books of Conrad Americ. Naturalist N. 280, p. 726) fait observer que la 2 édition de Foss. Shells de Conrad a une couverture bleue, qui porte la date de Mars 1835 et contient une mappe coloriée de l'Alabama. Dans ma copie il n'y a aucune couverture, ni aucune mappe. Quant à l'ouvrage de Lea (Contr. Geol.) il porte la date du 1 Nov. 1833 dans la pag. 4; dans les p 209, 217 on trouve écrit « read before the Am. Phil. Soc. 1 Nov. 1833 ». Ainsi la date de la publication du 4 cahier de Conrad et de l'ouvrage de Lea serait la même. Mais je dois observer que les deux notes de Lea p. 209, 217 ont été lues chez la Philosophical Society le 1 Nov. ce qui semble certain; mais naturellement elles ont été imprimées en suite; néanmoins, pour la priorité on doit conter depuis cette date. Mais quant' aux pages 1-208, naturellement elles ont été imprimées dans la même époque, c'est à dire après le 1 Nov. 1833; on doit donc les considérer comme postérieures à l'ouvrage de Conrad. Mais une autre question surgit: Est-ce que la date du dernier cahier de Foss. Shells de Conrad est génuine? A cette question je ne puis pas répondre et peut-être il n'y a personne qui le peût. Mais après tout je crois qu'il ne convient pas perdre plus de temps là dessus et la retenir telle qu'elle est annoncée par l'auteur.

· Or il arrive quelquefois qu'une espèce douteuse, décrite très mal par Conrad et non figurée, ait été peu après décrite très bien et figurée par Lea. Dans ce cas c'est le nom de Lea qu'on doit adopter. Même si on retrouve l'exemplaire original de la collection de Conrad avec l'indication relative, le nom de Lea doit être préféré. Car, hormis des exceptions et des cas particuliers, il est mieux de se tenir aux descriptions et aux figures des auteurs, plutôt qu'aux exemplaires des collections. En effet, dans le cours des années, des changements d'étiquette, ont pu se vérifier, et l'auteur même a pu se repentir et changer la classification, ou bien se méprendre sur son premier travail.

Un autre ouvrage extrêmement rare est celui de Morton, « Synopsis Organic remains Philadelphie 1834.» Il traite surtout de fossiles crétacés, mais parmi ceux-ci on trouve des espèces qui ont été depuis considérées comme tertiaires de Alabama, savoir: *Orbitoides Mantelli* Mort., *Ostrea cretacea* Mort., *Pecten anatipes* M., *perplanus* M., *Poulsoni* M., *Plagiostoma dumosun* M., *Terebratula lachryma* M., *Echinus infulatus* M., *Scutella crustuloides* M., *Lyelli* Conr., *Rogersi* M., *Nautilus Alabamiensis* M. Les autres espèces sont considérées comme crétacées. mais il y en a quelques unes de Prairie Bluff, que je doute que doivent être considérées plutôt comme des espèces éocéniques. Ce sont les suivantes: *Turritella vertebroides* Mort., *Scalaria Sillimanni* Mort., *Arca rostellata* Mort., *Crassatella vadosa* Mort., *Clavagella arcuata* Mort., *Lamna Mantelli* Ag. Néanmoins, tous les auteurs regardent cette localité comme crétacée, (Smith et John. Tert. and Cret. strat. p. 77). J'ai donc cru convenable de ne pas citer ces dernières espèces.

Cet ouvrage de Morton est suivi par trois appendices, la dernière desquelles (la plus importante) consiste en le « Catal. of tert. form. of the Un. St. embrancing all. the species hitherto published », dont l'auteur est Conrad. Il est évident qu'il a fait ce catalogue surtout pour reprendre la possession des espèces publiées par lui peu avant ou presque dans le même temps que Lea. Cette appendice doit évidemment avoir été publiée après le 1835; car la 2.de Append. avait été publiée en cette époque.

Cet ouvrage de Morton est d'une extrême rareté, je l'ai cherché chez tous les libraires du monde et je ne l'ai pas pu avoir. En suite j'ai fait des recherches chez les principales bibliothèques D'Europe: Paris, Berlin, Wien, Munich, Heidelberg, Naples, Bologne etc. De cette façon j'ai pu constater qu'en Europe il n'existe nulle part, hormis que dans le cabinet géologique de la Sorbonne. Les réglements de cet institut empêchent d'envoyer les livres au dehors en commination, même à Paris. Alors j'ai recours à mon ami le Prof. Stevenson de l'Université de New-York qui m'envoya sa propre copie; d'ailleurs celle-ci renferme des documents manuscrits d'une première importance.

Morton, en outre, publia en 1829 une « Synopsis of the org. remains », que je possède; mais les espèces qu'il décrivit dans cet ouvrage, excepté la *Griphea vomer*, sont toutes crétacées. Dans la « Descr. some new species org. remains », publiée en 1842, il décrivit plusieurs espèces crétacées nouvelles et il cita seulement les espèces tertiaires (first group).

J'ai dit plus haut que j'avais fait quelques modifications à la classification proposée par M. Fischer: J'ai divisé la famille des *Conidae* en 4 sous-familles savoir: *Coninae*, *Conorbinae*, *Pleurotominae*, *Borsoninae* (les sous-familles *Conorbinae* et *Borsoninae* ont été proposées par moi pour la première fois). M. Fischer rangea les *Cypreidae* entre le *Strombidae* et les *Cassididae*, de sorte que le gen. *Erato* a été colloqué par lui très loin du gen. *Marginella*. J'ai situé la famille *Cypreidae* immédiatement avant de la sous famille *Marginellinae*. Comme j'ai fait pour les *Conidae*, j'ai considéré la famille *Volutidae* « sensu lato » comme a fait Woodward. en y référant les *Marginellinae*, les *Volutinae* et les *Mitrinae*. M. Fischer les considère comme des familles primaires en leur donnant la terminaison in *idae*. J'ai proposé la sous famille des *Pseudolirinae* qui me parait très naturelle et je lui ai aussi rapporté le gen. *Cornuliria* Conr.... Quelques autres modifications j'ai fait à la classation de Conrad pour les *Lamellibranches*.

J'ai classé tous mes exemplaires (sauf quelques exceptions) non seulement par genres et par espèces, mais aussi par sousgenres. J'ai cherché d'être très circonspecte en la création de nouveaux genres; car désormais il y en a un nombre si considérable, qu'une grande confusion regne dans la tassonomie. Malgré cela, j'ai été entrainé à en proposer quelques uns qui me semblent très naturels. Ce sont les suivants: *Conospirus* p. 21, *Coronia* 23, *Strombina* 25, *Pleurofusia* 33, *Tripia* 37, *Pleuroliria* 38, *Zelia* 43, *Asiolus* 139, *Tiburnus* 142 pour les Gastéropodes; *Tiza* p. 234 pour les pélécypodes *Dimiclausa* p. 248 pour les Bryozoaires; *Mirfa* p. 260 pour les Rhizopodes.

Cette monographie sera suivie d'un catalogue des ouvrages spéciaux sur les faunes tertiaires d'Amérique, d'un catalogue des principaux ouvrages paléontologiques sur le tertiaire inférieur que j'ai consultés, et d'un index très soigneux; car tout ouvrage, même bien conduit, perd en partie sa valeur, ou pour mieux dire son utilité pratique, s'il en manque.

Certes, je ne crois pas que mon livre soit parfait dans le sens absolu; d'autres collections pourront être recueillies dans la même localité, qui est si riche en fossiles; mais, eu égard à mon matériel scientifique, je crois que difficilment il aurait pu être écrit avec plus grand soin et avec plus de bonne volonté.

J'ai dit plus haut que notre faune a beaucoup de rapport avec celle du Bassin Anglo-Parisien. Les espèces suivantes se trouvent dans les couches de l'éocène de l'Alabama, aussi bien que dans celles de l'Europe (du Bassin de Paris surtout). Certaines d'elles sont identiques; plusieurs autres ne le sont pas, mais elles sont liées par une ressemblence frappante, de sorte qu'on pourrait souvent les considérer comme des variétés ou des mutations du même type.

Espèces d'Alabama	Espèces analogues
Myliobatis toliapicus AG.	— —
Ætobatis irregularis »	— —
Balanus unguiformis Sow.	— —
Aturia zic-zac »	— —
Nautilus Alabamensis MORT.	N. disculus DESH.
Conus diversiformis DESH.	— —
Conus depertitus BRUG.	— —
» parvus LEA	C. parisiensis DESH.
Conorbis (Cryptoconus) Conradi DE GREG.	» clavicularis LAMK.
Pleurotoma (Coronia) acutirostra (Con.) DE GREG.	Pl. terebralis »
Pl. (Coronia) Childreni LEA	{ » acutangularis. » denticula (Bast.) EDW.
» (Clavatula) monilifera »	» torquata DESH.
» » rugosa »	{ » ligata EDW. » bicatena LAMK.
» » Hoeninghausi (Lea) DE GREG.	» conica EDW.
» (Surcula) Beaumonti LEA	{ » uniserialis DESH. » recticosta EDW. » tereticosta »
» » laltibia DE GREG.	{ » brevicula DESH. » cochlis EDW.
» (Drillia) abundans CONR.	» Lajonkairi DESH.
» » alternata »	» subelegans D'ORB.
» (Pleuroliria) supramirifica DE GREG.	» zonulata EDW.
» (Strombina) nupera CONR.	» multigirata DESH.
» » nasuta WHITF.	» Larteti »
» » gemmata CONR.	» cymaea Edw.
» (Dolichotoma) congesta CONR. var. refervens.	» turbida BRAND.
Borsonia (Zelia) sativa DE GREG.	» (Borsonia) lineata EDW.
Cancellaria tortiplica CONR.	{ Canc. dubia DESH. » subdubia (D'Orb.)»
» alveata »	C. dubia »
Oliva nitidula DESH.	— —
» mitreola LAMK.	— —
» bombilis CONR.	O. clavulus LAMK.
Ancilla subglobosa »	An. Cossmanni MAYER.
» (Olivula) staminea »	» canalifera LAMK.
Cyprea media DESH.	— —
» Smithi ALAB.	C. obesa DESH.
Marginella (Glabella) constricta CONR.	M. eburnea LAMK.
Voluta pyruloides »	{ Mitra angystoma. Vol. Baudoni DESH.
Voluta Sayana var. mica DE GREG.	» mutata »
» var. ipnotica »	» lineolata »
Mitra (Lupparia) pactilis CONR.	M labratula LAMK.
» (Conomitra) fusoides LEA.	» graniformis »
» lineata »	» crebicosta »
» subcomposita DE GREG.	» elongata »
» nereidis CONR.	» terebellum »
Turbinella (Mazzalina) pyruloides.	Strepsidura turgida (Sol) DIXON.
Fusus (Clavifusus) Cooperi CONR.	F. crassicostatus DESH.
» raphanoides »	» exiguus »
» tortilis WHITF.	» Crokaerti VINC. et LEF.
» Missipiensis CONR.	» breviculus DESH.
» bellus (Conr.) DE GREG.	» subscalarinus D'ORB.
» (Clavella) conjunctus DESH.	— —
Tiphis alternata LEA	{ T. coronatus DESH. » cuniculosus » » flandricum KON. » tubifer LAMK.
Ranella Tuomeyi ALDR.	Triton flandricum var. expansum Jone (in Rup.)
Ficula nexilis (Lamk) DESH.	— —
Pseudoliva vetusta CONR.	{ Ps. obtusa DESH. » fissurata » » semicostata »
» scalina HEILPR.	{ » tiara » » robusta BRIART.
Lucina alveata CONR.	Pyrula Smithi Sow.
Buccinum iterandum DE GREG.	Fusus exiguus DESH.
» trimorphopse »	» deceptus »
Strombus canalis LAMK.	— —
Rostellaria (Calyptrophorus) quidest DE GREG.	Rostel. Ituzeani BRIART.
Cerithium vetustum (Conr.) DE GR.	C. striatum BRUG.
Tenagodes vitis CONR.	Siliquaria striata DESH.
Turritella vittata LAMK.	— —
» monilifera DESH.	— —
» var. caelatura CONR.	— —
» propeperdita DE GREG.	T. intermedia DESH.
» cathedralis BRONGT	— —
Scalaria planulata DE GREG.	Sc. inequistriata KOENEN.
Rissoa ziga »	R. nana LAMK
Solarium perinum »	Sol. gratum DESH.
» alveolatum CONR.	» Picteti »
» exacuum (») DE GR.	{ Turbo bicarinatus DESH. Adeorbis rota » » Rangi »
» elaboratun CONR.	{ S. calvimontanum » » ammonites »
Adeorbis incertus DE GREG.	Planorbis obtusum »
Calyptraea trochiformis LAMK.	— —
Natica (Megatylotus) crassatina LAMK.	— —
» (Lunatia) Matheroni DESH.	— —
» (Natica) Noae D'ORB.	— —
» » var. magnoumbilicata LEA	— —
» » epiglottina LAMK.	— —
» (Euspira) promovens DE GR.	N. acuminata LAMK.
» propeconica »	{ » conica » » producta DESH.
Sigaretus striatus LEA	S. Levesquei (Recl) »
Odostomia laevis »	Turbonilla obesula »
» perexilis CONR.	Aciculina polygirata »
Eulimella propenotata DE GREG.	Melania turbinoides »
Eulima lugubris (Lea) MEYER.	E. turgidula »
» aciculata (Lea) »	{ » fallax » » nitidula »
Niso umbilicata LEA.	N. angusta »
Pasithea secale (Lea) DE GREG.	Melanopsis bucinopsis »
» galma »	Hydrobia tenuis BRIART.
» guttula (Lea) MEYER	{ Phasian. ovulum PHIL. Amphimel. guttula Coss. Hydrobia nana BRIART.
Acteon limatus (Lea) DE GREG.	{ Torn. inflata (Ferr.) DESH. » Nysti (Duch.) »
» Claibornincola »	» turgida »
Ringicula biplicata LEA	R. Cossmanni MORLET.
Bulla (Cylicna) galba CONR.	{ B. uniplicata DIXON. » Bruguierei DESH. » cylindroides » » constricta Sow. » minima SANDB. etc.
Dentalium thalloides »	Dent. affine DESH.
» blandum DE GREG.	» striatum Sow.

Espèces d'Alabama	Espèces analogues
Dentalium bimixtum DE GREG...	Dent. acuticosta var. DIX. » bifrons TATE. » angustum DESH.
» turritum LEA......	» fissura LAMK. » dissimile GUPPY. » lucidum DESH.
» gnizum DE GREG....	» breve »
Ostrea sellaeformis (Conr.) CONR. var. divaricata LEA....	O. flabellula LAMK. » submissa DESH.
» Alabamiensis (Lea) WHITE. var. semilunata LEA....	» resupinata » » crepidula »
Pecten Deshayesii (Lea) » ..	P. operosus » » escharoides »
Spondylus dumosus MORT.....	Sp. rarispina DESH. var. B. » spinosum SOW.
Nucula magnifica CONR......	N. mixta DSEH. » similis SOW.
Limopsis ellipsis LEA sp. dub...	L. Galeotti NYST.
Pectunculus idoneus CONR.....	P. polymorphus DESH. » pulvinatus LAMK.
» Broderipi LEA....	P. crassus (Phil.) DESH.
Arca (Anomalocardia) Missipiensis CONR.......	A. dispar. »
Crassatella alta »	Cr. scutellaria » » acutangula BELL. » plumblea (Chem.) DESH.
» protexta »	» rostrata » » lamellosa LAMK. »
Astarte (Micromeris) parva LEA..	Ast. pumilio WOOD.
Lucina compressa » ..	L. Defrancei DESH.
» rotunda » ..	» detrita »
Spherella levis CONR........	Diplodonta bidens »
Erycina Whitfieldi MEYER.....	Eryc. obsoleta »
Kellia faba »	Hindisiella arcuata LAMK.
Cardita (Venericardia) transversa (Lea) DE GREG.......	— —
» Mut. transversa LEA....	C. profunda DESH.
» » rotunda » ...	» propinqua » » crenularis » » serrulata » » ambigua » » aliena » » pulchra » » Prevosti »
» » juvenis DE GREG...	» imperfecta »
Cardium (Protoc.) diversum CONR. » var. mittens DE GREG.	C. parile » » fraudata » » semiasperum » » semistriatum »
Cytherea aequorea (Conr.) »	Venus transversa SOW.
» Mut. Hydii LEA.....	C. sulcatoria DESH.
» » cominduta DE GREG.	» suberycinoides »
» Poulsoni CONR.....	» incrassata »
Donax (Egerella) limatula CONR..	Tellina Lamarki » Donax aculata »
» var. Bucklandi LEA...	T. Lamarki »
Mactra? parilis »	Cyr. acutangularis » » semistriata (Desb.) W.
Thracia estiva DE GREG......	Thr. Edwardsi DESH. Corbula gallica LAMK.

Espèces d'Alabama	Espèces analogues
Corbula Murchisoni LEA......	C. rugosa LAMK. ! » sulcata BRUG. » Henckeliusiana NYST. » aphamilla TAT. » scaphoides HINDS.
Corbula (Neaera) nasuta CONR...	C. longirostra LAMK. !
Solecurtus Blainvillei LEA....	S. effusus »
Gastrochaena sp..........	G. ampullaria »
Teredo simplexopsis DE GREG...	T. anguinus SAND. » Tournali LEYM. » antenautae SOW. » personata LAMK.
Pholas alatoidea ALDR. var. Aldrichi DE GREG.......	Ph. Levesquei WAT.
Terebratulina lachryma MORT...	T. tenuiplicata DESH.
Crisia laeta DE GREG.......	Cr. Haueri REUSS.
Myriozoum propepunctatum »	M. punctatum PHIL.
» fervens »	M. propepunctatum DE GREG. Eschara conferta REUSS.
Idmonea subdistica »	Idm. distica GOLDF. » gracillina REUSS. » concava »
Entalophora amoena »	Ent. attenuata STOL.
Hornera Claibornensis »	H. gracilis PHIL. » hippolithus DEFR.
Eschara ovalis GABB. HORN....	E. blandina D'ORB. » eurita »
» spongiopsis DE GREG...	» papillosa REUSS. » subpyriformis D'ORB. Heteropora subconcinna D'ORB.
Vincularia insolita »	Vin. geometrica REUSS.
Lunulites (Discuflustrellaria) Bouei LEA....	Lun. tetragona » » urceolata LAMK. » radiata » » perforata MÜNST. » glandulosa D'ARCH.
» (Dimiclausa) fenestrata DE GREG....	» radiata LAMK. » punctata LEYM.
Cellepora inornata GABB. HORN...	Lepralia angistoma REUSS. Escharina Stackeyi D'ARCH.
Batopora convivalis DE GREG, ..	Discosparsa tenuis REUSS. » regularis » Defrancia interrupta » Batopora multiradiata » Cellepora petiolus DIXON.
Celleporaria figula » ...	» escharoides REUSS. » conglomerata GOD. » protexta REUSS. » globularis BRONN.
Biflustra supradubia » ...	B. osnabrugensis REUSS.
Membranipora simplex » ...	M. concatenata » » Laroixii SAV. » subtilimargo REUSS.
» contemplata » ...	Biflustra osnaburgensis » Membr. angulosa » subtilimargo »
Turbinella pharetra LEA......	T. sulcata LAMK.
Stylophora? perdubia DE GREG..	St. conferta REUSS.
Miliolina agglutinans D'ORB....	
Clavulina communis » ...	— —
» cylindrica HANTK....	— —
Cristellaria calcar. LEA.......	— —
» propesimplex DE GREG.	Lenticulites rotulata LAMK.
Orbitoides Mantelli MORTON....	Or. Fortisi D'ARCH. » dispansa SOW.

VERTEBRATA

PISCES

MYLIOBATIDAE

Myliobatis toliapicus Ag. sp. aff.

Var. silurica De Greg.

Pl. 1, f. 1-7.

Je rapporte à cette espèce une plaque dentaire (pl. 1, f. 1-4), qui diffère du type par la forme plus étroite et plus anguleuse. On trouve des exemplaires typiques de la même façon de ceux Bracklesham (Dixon Rupert Jones Sussex p. 246, tav. X, f. 3-5, pl. 12, f. 4).

Je possède même une épine caudale (pl. 1, f. 5-7) qui ressemble beaucoup à celle figurée dans le même ouvrage (p. 251, pl. 10, f. 36). Dixon ne donne aucune détermination spécifique, mais j'ai des raisons pous la référer à la même espèce.

Cette espèce a été figurée aussi par Quenstedt (Handbuch p. 288, pl. 23, f. 4).

La couleur de nos exemplaires est noire come le charbon; je crois qu' ils proviennent de l' étage à lignite, c'est à dire de l' étage inférieur.

M. Aldrich (1886 Prelim. Report. Miss. p. 49, 50, 54) cite un *Otolithus* sp. de Wood's Bluff (étage supérieur), de Hatchetigbee et de Lisbon. — (Coll. mon Cabinet).

Zeuglodon cetoides Ow.

1841. Owen Geol. Trans. p. 69, pl. 6, f. 7-8; — 1886. Aldrich Prelim. Report. p. 43; — 1887. Smith Johnson Tert. Cret. Tusc. Tomb. Ala p. 21.

Je ne connais pas l' ouvrage original de Owen. Lex autres auteurs ne décrivent pas cette espèce, mais ils la citent tout simplement.

Loc. Alabama, (white limestone Smith Johnson),

Carcharodon angustidens Ag.

Agassiz Poiss. V. 3, p. 255, pl. 28, f. 20-25; — pl. 30, f. 3, (*lanceolatus*). — Aldrich Prelim. Report. Ala Miss. p. 48.

Aldrich citat solum hanc speciem sine descriptione ac figura.

Loc. The Rocks Choctaw Bluff. (Ala).

Aetobatis irregularis Ag. sp. aff.

Var. Claibornensis De Greg.

Pl. 1, f. 8-13, (f. 8-9 le même exempl. de deux côtés, f. 10-13 un autre exempl. de trois côtés et en section)

Je possède de cette espèce seulement deux plaques dentaires, qui ressemblent au type, mais qui sont plus étroites et pourvues de lamelles pas doublées comme dans les exemplaires de Bracklesham (Dixon Rupert Jones Sussex p. 247, pl. 10, f. 6-8, pl. 11, f. 2-4) — La couleur de ces pièces est noire comme celle du *Myliobatis toliapicus* Ag., dont j'ai parlé en dessus. (Coll. mon Cabinet).

Coelorhynchus sp.

1886. Aldrich. Prelim. Report. Ala Miss. p. 43.

Auctor non dat nomen neque descriptionem hujus speciei.

Loc. St. Stephen's (Ala).

Os, dents et épines de poissons.

Pl. 1, f. 14-17 * (reproduites de l'ouvrage de Lea avec grossissement). — Pl. 17, f. 19 *a b* le même exempl. gross. de deux côtés.

Pour que mon travail soit le plus complet possible, j'ai fait copier et grossir les figures, qui se trouvent en l'ouvrage de Lea (Contr. geol. pl. 222, f. 219-221); en outre j'ai fait figurer un petit exemplaire que je possède dans ma collection, et que je n'ai pas pu déterminer. La structure épongeuse montre qu'il doit être un petit os.

ARTICULATA

CRUSTACEA

BALANIDAE

Balanus unguiformis Sow.

(an B. ostrearum Conr?)

Pl. 1, f. 18-29 (six exemplaires représentés de deux côtés; les figures 18-21, 24-25 gross; les autres gr. nat.)

1851-61. Darwin Mon. foss. Cirripedes, Mon. Foss. Balan. Pal. pl. 2, f. 4, (1854). — 1865. Woodward Descr. Cat. Gen. and. Spec. foss. Crustacea p. 28, pl. 33-34. — 1885. Zittel Handbuch vol. 2, p. 543.
= *Balanus* sp. Meyer (1886 Meyer Kennt. Alt. tert. Miss. Ala. p. 13, pl. 2, f. 13-14).

Je rapporte à cette espèce plusieurs exemplaires, tous en plaques séparées, dont la détermination reste douteuse.
Je connais seulement deux espèces de *Balanus* de l'Eocène d'Amérique, le *B. peregrinus* Morton et le *B. humilis* Conr; qui sont du reste les seules cirripèdes cités par Conrad (1865 Catal. Eoc. Annulata, Echin. Foram. p. 75).
J'ai fait figurer plusieurs plaques, il pourrait même arriver que quelqu'une d'elles dût être référée à une espèce différente.
M. Lea (1833 New tert. foss. str. from Maryland and New Iersey (p. 211, pl. 6, f. 222 in Contr. geol.) décrit un nouveau Balanus (*B. Finchi*) de St. Mary; mais ce dépôt fossilifère, selon les dernières études, a été référé à une période bien différente de celle de Claiborne.
Le *Balanus peregrinus* Morton — Morton *Synopsis Org. Rem.* p. 72, pl. X, f. 5.—1846 Conrad Observ. Eoc. form. Un. Stat. p. 213, pl. 9) ressemble à l'*unguiformis*, mais son ornementation est très différente. Elle provient de Santee canal de South Carolina. Quant au *Bal. humilis* Conr. (Conrad Check List p. 20) il provient de la Florida. Le *Balanus* sp. cité par Meyer provient de Jackson et il est probablement identique à nos exemplaires. — (Coll. Mon Cabinet).

Balanus ostrearum Conr.

1834. Conrad Append. in Morton Synopsis Org. Rem.

Cette espèce n'a pas été décrite ni figurée, je crois que c'est un synonyme de l'espèce précédente.

Balanus sp.

1886. *Crucibulum antiquum Meyer.* Meyer Contr. Eoc. Ala   1887. *Balanus* sp. Meyer New Invert. Eoc. Miss. Ala p. 55.
Miss. p. 68, pl. 1, f. 11.

M. Meyer avait référé son exemplaire à un autre genre; en suite il rectifia sa détermination.

Scalpellum cocenense Mey.

1886. *Scalpellum cocenense Meyer.* Aldrich Prelim. Report   1885. *Scalpellum eocenense Meyer.* Aldrich Americ. Journ. of
Ala Miss. p. 9.   Sciences.

Je ne connais pas cette espèce, qui n'a pas été décrite, ni figurée.
Loc. Claiborne (section de la Bluff à Claiborne étage n. 6).

CANCERIDAE

Cancer. sp.

M. Aldrich (Prelim. Rep. Ala. Miss. p. 60) cite un « Cab » dans la liste des fossiles de Mattews' Landing sans donner d'autres renseignements. Il dit seulement qu'il est commun dans cette localité.
Loc. Matthews' Landing.

VERMES

SERPULIDAE

Serpula gen.

M. Conrad et M. Lea ont référé à ce genre la *Serp. ornata* et la *Serp. squamulosa*, qui ne me semblent pas de vraies serpules, mais des *vermetus*. Au contraire, j'ai référé à ce genre la *Teredo simplex* Lea et la *Spirorbis tubanella* Lea.

Serpula simplex (Lea) De Greg.

Pl. 1, f. 30-32-33 ◊ (f. 31 de côté; 30, 32 les deux extrémités du même exempl. f. 33 exempl. reproduit de l'ouvr. de Lea).

1833. *Teredo simplex Lea* Lea Contr. Geol. p. 38, pl. 1, f. 6.   1863. *Teredo simplex Lea.* Conrad Cat. Eoc. Olig. p. 2.
1848.   »   »   »   Lea H. Cat Tert. p. 14.   1866.   »   »   »   Conrad Check List. p 9.
—   »   »   »   Bronn Ind. Pal. 259.

Testa cylindracea, oblonga, laevigata, crassa, paulo arcuata, intus potius angusta, extus striis accretionis ornata.

Mes exemplaires répondent bien à la figure et à la description de Lea, mais ils ont une taille beaucoup plus développée. Je ne crois pas qu'ils appartiennent au genre Teredo, mais plutôt au genr. Serpula, auquel je les ai référés. Leur forme cylindrique et allongée, leur coquille composée d'une couche seulement me font la référer au gen. Serpula plutôt qu'au gen. Teredo.

Je possède dans ma collection de Claiborne une petite Teredo qui lui ressemble, mais qui diffère beaucoup de la description de Lea, j' en parlerai en suite. — (Coll. mon Cabinet).

Serpula tubanella Lea sp.

Pl. 1, f. 34* (repr de Lea)

1833. *Serpulorbis tubanella Lea.* Lea Contr Geol. p. 36, pl. 1, f. 4.   1865 *Spirorbis tubanella Lea.* Conrad Observ. Eoc. Lignite p. 73.

Testa maxime minuta, discoidalis, subspirata, adhaerens, depressa.

C'est une coquille très petite, qui à été retrouvée par Lea attachée à une Plicatula. J'ai fait copier sa même figure, car je n'en possède aucun échantillon. Cette espèce n'a pas été citée par Conrad. — M. Meyer (1885 Beitr. Kent. Alt. Tert. p. 12, n. 2, f. 12) décrit une espèce sous le titre de *Spirorbis perdepressa* Mey., qui a beaucoup de ressemblance avec l'espèce de Lea. Loc. Claiborne.

MOLLUSCA

CEPHOLOPODA

NAUTILIDAE

Aturia ziczac Sow?

Pl. 1, fig 35-38 *a b* (f. 35, 36 le même exempl. de deux côtés, f. 37-38 *a b* autre exempl. de trois côtés).

1812. *Nautilus* ziczac Sow. Sow. Min. Conch. p. 9, pl. 1, f. 3.   1849. *Aturia* ziczac Brown. Dixon Sussex p. 109, pl. 8, f. 19.

1837. » » » Desh. Descr. Coq. Paris p. 765, pl. 100, f. 2-3.   1866. » » Edw. Desh. et An. vert Rassin Paris p. 628, pl. 100, f. 23.

1843. » » » Nyst. Descr. coq. foss. Belg. p. 644, pl. 46, f. 4.   1880. » » Sow. De Greg Faun. S. Ilarion p. 3, pl. 1, f. 2, 3, 5.

1849. » » » Edward Eoc. moll. p. 52, pl. 9, f. 1.   etc. etc.

Je renvois le lecteur à mon ouvrage sur la faune de S. Ilarion, dans lequel j'ai fait plusieurs observations à propos de cette espéce.

Je possède deux moules que je rapporte à cette espèce: le plus petit représente un petit individu très altéré, l'autre consiste en une concamération entière; la détermination de celui ci est probable.

Je crois qu'on doit rapporter à cette espèce même le *Nautilus Alabamensis* Mort; dont je parlerai en suite. — (Coll. mon Cabinet).

Nautilus n. sp.

1886. Aldrich Prelim. Rep. Ala. Miss. p. 60.

Haec species non descripta, neque effigiata, neque appellata est.

Loc. Black Bluff.

Nautilus? Alabamensis Mort. sp dub.

an. Aturia ziczac Sow. var. ?

Pl. 1, f. 39 (reprod. de Morton).

1834. *Nautilus Alabamensis Mort.* Morton Synopis Org. Rem.	1865. *Aturia Alabamensis Mort.* Conr. Cat. Eoc. Ol. p. 15.
p. 33, pl. 18, f. 13, Morton	1866. » » » Conrad Check. List. p. 26.
1842. » » » Morton Descr. new sp. org.	1886. *Nautilus* » ◦ Aldrich, Prelim. Rep. p. 43.
rem. p, 13.	

Testa discoidea, compressa, potius lata; septis valde sinuosis; siphone valde lato.

Auparavant j'avais référé cette espèce à l'Aturia ziczac Sow. En suite j'ai cru plus prudent de ne pas le faire n'ayant examiné aucun exemplaire qui correspond à la figure de Morton. Mais après tout il n'est pas difficile qu'on doit les identifier. L'exemplaire de Morton est en très mauvais état de conservation, son contour oval me parait causé par compression pendant la fossilisation. Il ressemble beaucoup au *N. disculus* Deshayes (Coq. Paris 2 ed. pl. 5, f. 8-9).

Loc. Clarke County Ala. (teste Conrad). — Alantours de Claiborne (teste Morton et Aldrich).

MYOPSIDAE

Belosepia ungula Gabb.

1885. Conrad Cat. Eoc. Olig. p. 16.	1886. O. Meyer et T-H. Aldrich The Tert. Fauna os Newton
1886. Aldrich Prelim. Report. Tert. Foss. Alab. and Miss. p. 48.	a Wautubbee p. 17.

Je me borne à citer cette espèce pour que mon ouvrage soit le plus complet possible, mais je n'en possède aucun exemplaire et je ne connais aucune figure.

Loc, M. Aldrich la reporte dans le catalogue des fossiles du Clairbonien moyen et inférieur et il donne pour *habitat* Monroe County. Dans l'ouvrage qu'il a publié avec M. Meyer, il dit qu'il a aussi retrouvé cette espèce à Wheelock (Texas) et à Lisbon (c'est à dire à Claiborne). M. Conrad cite cette espèce avec l'*habitat* de Wheelock.

PTEROPODA

CAVOLINIIDAE

Je retiens cette famille selon l'étendue que lui donne M. Fischer. Le gen. *Cavoliniia* Gioeni a la priorité sur le gen. *Hyalea* Lamark. — M. Aldrich (1886 Prelim. Report Ala Miss. p. 54) cite deux espèces de ptéropodes de Wood's Bluff sans en donner les noms.

Stiliola hastata Meyer.

Pl. 17, p. 56 gross; — f. 57 * reprod. de Meyer.

1886. Meyer Contr. Eoc. Pal. Ala p. 78, pl. 3. f. 11.

Testa minuta, laevigata, conico-cylindroides, postice angusta, subulata, prope apicem sub lente, vix inflata; apertura orbiculari 4^{mm}.

C'est une petite espèce très intéressante, car c'est le seul ptéropode que j'ai retrouvé a Claiborne. Il aurait dû être figuré dans la première planche, mais comme je ne l'avais pas bien observé sous la loupe, je l'avais cru auparavant un Dentalium. — Il a beaucoup d'affinité avec la *St. corpulenta* Meyer (1887 Meyer Beitr. Kent. Ala. p. 9, pl. 2, f. 16), il en diffère par la forme moins conique, plus étroite et par le sommet plus aigu. La figure de l'hastata donnée par M. Meyer, laisse beaucoup à désirer, mais elle suffit pour identifier nos exemplaires. Il a retrouvé cette espèce a Vicksburg. — (Coll mon Cabinet).

Styliola? nimba De Greg. sp. dub.

Pl. 17, f. 46 e 51 deux exempl. gross., de côte, d'avant et en arrière; f. 51 section.

Testa conoidea, postice cilyndracea, angusta, solida, antice lateribus compressa.

C'est une petite espèce très douteuse mais intéressamte. Elle diffère de la précédente par la taille beaucoup plus développée et par la compression latérale. Elle ressemble (quant à la suction) au *Dentalium subcompressum* Meyer (1866 Meyer Contr. Pal, Ala. Miss. p. 64, pl. 3, f. 3) de Jackson. Je doute que cette espèce soit un vrai dentalium. — (Coll. mon Cabinet).

Styliola? ebla De Greg.

Pl. 17, f. 13 a 15 un exempl. gross. vu de côté d'avant et en arrière.

Testa conoidea, paulo arcuata, postice solida, antice excavata, non autem postice.

Elle est analogue de la *St. nimba*, de laquelle elle diffère par la forme plus conoïde et par le manque de compression latérale.

Quant à la forme, elle ressemble beaucoup au *Dentalium bitubatum* Meyer (1866 Cont. Pal. p. 64, pl. 3, f. 1. (Coll. mon Cabinet).

GASTEROPODA

TEREBRIDAE

Terebra Brug. gen. 1789.

Je ne crois pas d'adopter les sous genres de ce genre, qui n'ont aucun intérêt spécifique et se confondent entre eux, car aucune limite bien tranchée ne les sépare.

Terebra venusta Lea.

Pl. 1, f. 40-41, le même exempl. gross. de deux côtes; f. 42 (repr. de Lea).

1833. *Terebra venusta Lea*, Lea Contr. Geol. p. 167, pl. 5, f. 173.	1848. *Terebra venusta Lea*, Lea H. Cat. Tert. test. p. 14.
1834. » *perlata Conr.* Conrad List. syn. shels Ala.	1850. » *perlata Lea*, D'Orbigny Prodr. p. 369.
1848. » *venusta Lea*, Bronn Ind. Pal. p. 1227.	1865. » *venusta Conr.* Conrad Cat. eoc. olig. test. p. 28.
	1866. » *perlata Lea*, Conrad Check List. p. 14.

Testa subulata, angusta, vix subpupoides, plicis circiter 27, obliquis, minutis, ornata; filis spiralibus confertis, maxime minutis, solum sub lente perspicuis; anfractibus plano-convexiusculis, prope suturam posticam vix depressis, subfasciatis; ultimo anfractu subcylindraceo, basi conoideo, Larg. 23ᵐᵐ Ang. sp. 15°.

Les exemplaïres jeunes ressemblent davantage à celui figuré par Lea que les adultes; la spire des premiers est plus régulièrement conique, les tours plus plans et pas bordés près de la suture; la spire des adultes montre une tendance à devenir légèrement pupoïde, les tours deviennent un peu convexes antérieurement, comprimés près de la suture postérieure. Les filets spirals ne se voient pas sans l'aide de la loupe. Le bord columellaire est droit, érigé, subconique.

Dans le bassin de Paris, l'espèce, avec laquelle elle a quelque analogie, est la *Terebra plicatula* Lamk, mais elle en diffère beaucoup, pour que soit utile d'en décrire les caractères différentiels.

Dans le dernier catalogue publié par Conrad, celui-ci propose le nom de *perlata* comme si cette dénomination eût le droit de la priorité; cela m'est tout à fait incompréhensible, car on ne trouve ce nom dans aucun de ses travaux antérieurs, dans lesquels il a toujours respecté la priorité du nom de Lea. — (Coll. mon Cabinet).

Terebra andrega De Greg.

Pl. 1, f. 43-44. le même exempl. de deux côtés.

Testa subcylindrica, elegantissima; spira acuminata vix subgradata; plicis axialibus paulo arcuatis, magis notatis in primis quam in ultimis anfractibus; anfractibus subplanis, prope suturam sulco profundo aratis; ultimo anfractu basi convexo, antice cito attenuato; labro columellari uniplicato. L. 30ᵐ Ang. sp. 12.°

C'est une des espèces plus jolies de Claiborne: la sculpture est plus marquée dans les premiers que dans les derniers tours, où les côtes tendent à devenir un peu plus faibles, mais pas à s'effacer.

Le sillon spiral est très profond, il est situé a ¹/₃ de la largeur des tours près de la suture postérieure, il coupe les côtes, de sorte qu'elles deviennent subgranuleuses. — (Coll. mon Cabinet).

Terebra divisura Corr. var ?

1850. Conrad Vicksburg p. 114, pl. 11. f. 13;—1865. Conrad Cat. Eoc. Olig. p. 28;—1886. Aldrich Prelim. Report p. 46.

Aldrich cite une variété de cette espèce provenant de Lisbon sans la décrire et sans la figurer. Conrad donne pour habitat Vicksburg.

Terebra Mut. mirula De Greg.

ex terebra divisura Conr.

Pl. 1, f. 45-46 (le même exempl. de deux côtés).

Testa subcylindroides, magna; primis anfractibus tenue plicatis, ultimis laevigatis, striis oblique arcuatis ornatis; sulco spirali potius notato; columella uniplicata. Long 50ᵐᵐ Ang. sp. 12.°

Cette espèce a quelque ressemblance avec la *Ter. andrega*, mais elle en diffère par sa taille et par son ornementation. Les plis sont plus faibles et réduits aux premiers tours. Les derniers 6 tours sont lisses, les plis disparaissent et sont substitués par des stries d'accroissement, qui ont la même démarche que les plis. En outre il y a quelque varice très oblitérée, large, presque pas visible. Le sillon près de la suture postérieure est moins profond que dans la *Ter. andrega* De Greg. Les tours sont très nombreux, environ 15.

Cette espèce est analogue de la *T. divisurum Con.* (1850. Conrad Observ. on Eoc Form. Vicksburg p. 114, p. XI, f. 13), mais elle en est distinguée par plusieurs caractères: ses tours en effet sont plus réguliers, ou pour mieux dire, moins obliques tandisque les sutures de la *divisurum* sont très courbées, comme on peut le voir d'après la figure de Conrad; le dernier tour, à la base, est moins développé que dans la *divisurum*; les côtes sont limitées aux premiers tours, les cinque derniers tours sont lisses, on n'y voit que les signes d'accroissement; pendant que dans la *divisurum* les côtes se prolongent jusqu'au dernier tour. Malgré tout cela ce sont deux espèces très voisines et il pourrait arriver qu'on dût les considérer comme des formes du même groupe. Mss Meyer et Aldrich citent la *Pl. divisurum* (The tert. Fauna Newton p. 12) en échangeant la terminaison en *divisura*. Ils lui donnent pour *habitat* non seulement Claiborne mais Newton, Wautubbee, Lisbon, Weelock, Jackson. (Coll. mon Cabinet).

Terebra ziga De Greg.

Pl. 1, f. 47-48, Le même exempl. gross. deux fois et quatre fois.

Testa conoidea, apici acuminata; costis axialibus, regularibus, circiter 18, conspicuis; filis spiralibus; sulco posteriore profundo costas non secante sed solum per interstitia decurrente; apertura angusta semilunari; columella tenue uniplicata. Larg. 12ᵐ Ang. sp. 20.°

Cette espèce est analogue des deux précédentes, ma elle en est distinguée par l'ornementation, par l'angle spiral et par la forme des tours. Les côtes sont plus marquées, elles ne sont pas coupées par le sillon postérieur qui est enfoulé dans les intervalles. L'angle spiral est un peu plus large, néanmoins l'extrémité de la spire est très aiguë.

Cette espèce a beaucoup d'analogie avec la *T. costata Lea*, mais celle-ci, selon la description et la figure de Lea (Contr. Géol. p. 165, pl. 5, f. 172), est pourvue de 2 plis columellaires au lieu que d'un pli seulement. Ce caractère ne serait pas suffisant pour justifier la proposition d'une nouvelle espèce, mais il y a d'autres différences. Dans les exemplaires de Lea il y a des stries spirales qui coupent les côtes, tandisque dans nos exemplaires il y a des filets qui passent même sur les côtes ne les coupant pas; dans nos exemplaires il y a un gros sillon près de la suture postérieure, qu'on ne voit pas dans celui de Lea. En outre les sutures de nos exemplaires ne sont pas *furrowed*. — (Coll. Mon Cabinet).

Terebra ignara De Greg.

Pl. 1, f. 49, gross. deux fois.

Testa conoidea; anfractibus numerosis (15) angustis, planis tenue plicatis; plicis tenuibus sulco spirali interruptis; ultimo anfractu brevi, basi contracto; columella uniplicata. L. 23ᵐᵐ Ang. sp. 20°.

Coquille conique avec le sommet très aigu. La spire au milieu est un peu pupoïde; les tours sont étroits et aplatis; la surface est lisse, il y a seulement des plis axials plutôt effacés.

Elle diffère de la *T. ziga* De Greg., avec laquelle elle a beaucoup d'affinité, par le défaut de filets spirals, par la forme de la spire subpupoïde, par les plis plus faibles etc. — (Coll. mon Cabinet).

Terebra mitis De Greg.

Pl. 1, f. 51-53, le même exempl. gross.

Testa conoidea, subulata; anfractibus planis; plicis axialibus confertis, minutissimis; striis spiralibus densis; suturis linearibus simplicibus; anfractibus planiusculis; ultimo basi depresso; columella excavata. L. 20ᵐᵐ Ang. sp. 13°.

C'est une coquille vraiment gentile, bien caractérisée par son ornementation. Les plis sont très faibles un peu inclinés, linéaires, plus marqués dans la partie postérieure des tours que dans l'antérieure; près de la suture antérieure ils sont un peu oblitérés. Dans la partie postérieure des tours il y a une dépression silloniforme très faible, qui borde les sutures. Les filets spirals sont linéaires, presque invisibles sans l'aide de la loupe. Le dernier tour est raccourci à la base. La columelle est un peu creuse et un peu tordue, mais pas pliée. — (Coll. Mon Cabinet).

Terebra inula De Greg.

Pl. 1, f. 50-51, le même exempl. gross.

Testa conoidea, sublaevigata; primis anfractibus tenue plicatis; ultimis sublaevigatis. L. 15ᵐᵐ Ang. sp. 18°.

Cette espèce n'a pas de caractères bien distincts; elle a même de l'analogie avec quelqu'une des précédentes, malgré cela on ne peut pas la réunir à aucune d'elles. Les caractères plus remarquables sont : le manque de filets ou de stries spirales, le sillon postérieur réduit à une simple dépression; les côtes très faibles, oblitérées du tout dans les derniers tours.

Elle a de l'analogie, plus qu'à toute autre, avec la *Ter. mirula* De Greg., elle s'en distingue par les côtes moins marquées et disparaissant avant que dans la *mirula*; le sillon postérieur réduit à un espèce de dépression, qui ne coupe pas les côtes. (Coll. mon Cabinet).

Pyramimitra Conr.

Ce sougenre a été proposé par Conrad pour les deux espèces suivantes. Le prof. P. Fischer (dans son Manuel de Conch.) ne cite pas ce genre. M. Tryon (Struct. Syst. p. 182) retient le gen. *pyramitra* (au lieu de *Pyramimitra*) comme un synonyme du gen. *Terebra*.

Terebra (Pyramimitra) Leai De Greg.

non T. costata Borson 1825.

Pl. 1, f. 55.

1833. *Terebra costota Lea*, Lea Contr. Geol. p. 166, pl. 5, f. 172. 1848. *Terebra costata Lea*, Lea Catal. Tert. Test. p. 14.
1834.   »   »   » Conr. List names, a synonym Eoc. 1865. *Pyramimitra costata Lea*, Conrad Cat. Eoc. and olig.
                       shells Alab. (App. in Mort.)   test. Un. Stat. p. 28.
1848.   »   »   » Bronn Ind. Pal. p. 1225.   1866.   »   »   » Conrad Check List. p. 14.

Testa subulata, tenuis, longitudinaliter corrugata, costis notatis, prominulis a striis spiralibus decussatis; spira acuminata recta; suturis canaliculatis; anfractibus 9, paulo convexis; apertura angusta; columella biplicata; labro subcrenato.

C'est une espèce très douteuse que j'ai décrite et figurée d'après le livre de Lea. Si la description et la figure qu'il en donne ne sont pas fidèles, elle pourrait être unifiée avec la *T. siga* De Greg. dont j'ai noté les différences.

J'ai changé le nom de cette espèce, car le nom de *costata* avait été déjà employé par Borson (1825. Saggio orittogr. p. 309, pl. 1, f. 36).

Loc. Claiborne.

Terebra (Pyramimitra) terebriformis Conr.

Pl. 1, f. 54 * (reprod. de Conrad), Pl. 10, f. 23. original de une collection, très gross.

1850. *Mitra terebriformis Conr.* Conrad Observ. Eoc. form. 1866. *Pyramimitra terebriformis Conr.* Conrad Chech. List.
                       Vicksburg p. 132, pl. 14, f. 30.   p. 14.
1865. *Pyramimitra* » » Conr. Cat. Eoc. Ol. test. p. 28.

Testa angusta, subturrita, apici acuminata; anfractibus 8 vel 9, paulo convexis; costis axialibus convexis; funiculis spiralibus 4, regularibus prominulis; labro externo intus denticulato; labro columellari biplicato.

Cette espèce auparavant a été référée par Conrad à la famille des Mitridae; en suite à celle des Terebridae. Il dit que le bord est denticulé, mais il ne dit pas si c'est le bord externe ou le berd interne. Certes elle me parait très voisine de la *Terebra Leai* De Greg.

D'abord je ne possédais aucun exemplaire de cette espèce et j'ai reproduit dans ma 1re planche la figure de Conrad; en suite j'ai trouvé une exemplaire au milieu d'un bloc de sable et je l'ai fait figurer dans une autre planche. Comme j'ai dit dans la diagnose latine, le bord externe de l'ouverture est denticulé, l'interne est pourvu de deux plis. Les funicules sont 4 à chaque tours, mais tout près de la suture postérieure il y a un autre filet linéaire très fin, qui la bord; on ne peut pas le voir sans l'aide d'une forte loupe. Cette espèce ressemble à un Cerithium surtout au sous-genr. Terebralia.

(Coll. mon Cabinet).

CONIDAE

Coninae ·

Conus L. gen. 1758.

Il me semble non seulement inutile mais impossible d'adopter les sous-genres proposés par les différents auteurs à propos de ce genre, car ils se confondent entre eux et ils n'ont aucune importance de sorte. Malgré cela je me permets d'en proposer un sous genre nouveau, je le crois très naturel.

Conus deperditus Brug.

1789. Brug. Enc. Méth. p. 691, pl. 337, f. 7.... Desh. Coq. foss. Paris v. 2, p. 745, pl. 98, f. 1-2.... 1838. Bronn. Leth. geogn. pl. 42, f. 14.... 1841. Sow. Min. Conch. p. 25, pl. 623, f. 5.... 1850. Orb. Prodr. p. 353.... 1849-77. Edwards Eoc. Moll. p. 191, pl. 25, f. 2.... 1866. Desh. A. s. v. Bassin Paris p. 421.

Var. subdiadema De Greg.

Pl. 1, f. 56, 57, 58 le même exempl vu de trois côtes.

Testa conica, laevigata; anfractibus potius angustis, concavis, ad suturam anticam prominulis, subgradatis, spiraliter funiculatis, filis linearibus ornatis, funiculos clathrantibus ornatis; prope suturam anticam prominulis, cingulatis, sugradatis, angulo in primis anfractibus eleganter crenulato; ultimo anfractu laevigato, majore quam dupla spira, antice spiraliter striato atque attenuato, postice ad peripheriam angulato. L. 30.^{mm}

La différence entre nos exemplaires et ceux de Paris consiste en ce que l'angle qu'ils forment est lisse, tandis que dans nos exemplaires il est crénelé dans les premiers 7 tours. Ce caractère a un grand poids, parce que il nous persuade à considérer le *C. diadema* Edw., comme une forme du *C. deperditus* et à considérer notre variété comme transitoire de l'une à l'autre espèce. Les coquilles, pour lesquelles M. Edwards a proposé le nom de diadema, préalablement avaient été référées par Morris (Cat. Brit. foss. p. 143) et par Dixon (Sussex p. 108, pl. 8, f. 10) au *C. diversiformis*, mais M. Edwards (Eoc. moll. p. 190, pl. 74, f. 8) a observé justement que l'angle des tours est pourvu de tubercules qui manquent dans l'espèce de Deshayes dont l'angle est toujours lisse (Desh. Coq. Paris v. 2, p. 747). Nos exemplaires partagent de tous les deux types. Mon ami M. Maur. Cossmann m'a envoyé certaines exemplaires de Villiers, rapportés par lui au *C. diversiformis*, qui ont aussi les tours creux, ornés de funicules et bordés par un relief semblable de celui de nos exemplaires, mais pas crénelé; on ne voit pas ces caractères dans les types du *diversiformis* figurés par Deshayes, mais celui-ci parle aussi de stries spirales le long des tours. Certes les limites entre le *diversiformis* et le *deperditus* ne sont pas bien tranchés et il y a lieu à croire qu'on dût considérer tout les trois espèces (*diversiformis, deperditus, diadema*) comme des formes dérivées du même type.

Le *Conus alveatus* Conr. (1865. Conrad Descr. of new coc. sp. Un. Stat. p. 148) appartient sans doute au même type, et je ne sais pas en quoi il peu se distinguer de certaines variétés du *C. diversiformis* Desh. Je ne sais pas comment M. Conrad n'a même cité cette espèce.— (Coll mon Cabinet).

Conus improvidus De Greg.

Pl. 1, f. 59-60 le même exempl. de deux côtés.

Testa laevigata; anfractibus numerosis, angustis, subplanis, ultimo ad peripheriam angulato, antice paulo striato; spira conica. L. 18.^{mm}

Cette coquille a beaucoup d'analogie avec le *C. symetricus Desh.* (Desh. A. S. V. Bassin. Paris v. 8, p. 426, pl. 100, f. 27-28), dont elle diffère à cause de l'angulation du dernier tour. Elle ressemble aussi au *C. incomptus* Desh. (Loc. cit. p. 424, pl. 100, f. 12-13), mais elle en est distinguée par les tours lisses et aplatis.

Ce conus est analogue de plusieurs espèces du tertiare supérieur derivées du type *mediterraneus* Hwas, dont j'ai fait une étude particulière (Stud. Coq. Coch. Medit. viv. e foss. p. 370); plusieurs formes rapportées au *C. Dujardini* Desh. lui sont très semblables.— (Coll. mon Cabinet).

Conus Claibornensis Lea sp. dub.

1833. *Conus Claibornensis Lea.* Lea Contr. geol. p. 186.

Testa minuta, laevigata; anfractibus antice carinatis, postice canaliculatis; spira brevi acuminataque.

Cette espèce n'a pas été figurée par Lea. M. Conrad l'a rapporté à son *C. sauridens* (Conrad Cat. Eoc. olig. p. 30. Loc. Claiborne.

Conus diversiformis Desh.

Pl. 1, f. 68 * (repr. de Conrad).

1824. Deshayes Coq. foss. Paris, P. 2, p. 747, pl. 98, f. 9-12 — 1866. Desh A. s. v. Bassin Paris V. 3, p. 427.

Je crois que le *Conus subsauridens* Conr. (1865. Conrad Descr. new eoc. shell. Un. St. p. 148, pl. 11, f. 9) ne soit autre chose que la même espèce de Paris et je ne puis comprendre comment l'auteur ne l'a même cité. L'*habitat* qu'il en donne est de Burrstone probablement de l'Alabama. Ma figure 68 est copiée de celle de Conrad que je viens de citer.

Var. sauridens (Conr.) De Greg.

Pl. 1, f. 61-62, le même exempl. de deux côtés — f. 63 * (reprod. de Conrad).

1832. *Conus sauridens* Con.			Conrad Foss. Sh. tert. Torm. North America p. 33.	1850. *Conus sauridens* Conr.		D'Orbigny Prodr. 25, N. 339.
1833.	»	»	» Conrad Foss. Shells 2 ed., pl. 15, f. 7.	1865. »	» »	Conrad Catal. Eoc. a Olig. test. U. St. p. 30.
1834.	»	»	» Conrad List of names eoc. sh. Alabama (App. in Mort.)	1886. »	» »	Aldrich Prel. Report tert. foss. Alabama p. 46.
1848.	»	»	» Bronn Ind. Pal. p. 330.	1886. »	» »	Aldrich Tert. Fauna Newton, and Wautb. p. 10.

Testa conoidea, laevigata; spira brevi, circiter ¹/₇ totius longitudinis, conoidea, simplici; anfractibus planis, laevigatis obsolete spiraliter striatis; anfractibus embrionalibus serpuliformibus; ultimo anfractu postice angulato, antice laeviter striato L. 24ᵐᵐ.

Cette variété est caractérisée par la forme de la spire, qui est raccourcie et régulièrement conique. Elle a été considérée jusqu'ici comme une espèce distincte, mais je ne trouve aucune raison à la séparer de l'espèce de Deshayes.

M. Conrad (dans son ouvrage Foss. Shells 1832) cite la fig. 6 pl. 17, au lieu que la fig. 7 de la pl. 15, où elle est figurée. Il dit que c'est une coquille lisse excepté à la base, qui est striée; ses tours sont aplatis et striés; le sommet pointu; l'ouverture étroite; la périphérie anguleuse; sa longueur est de 1 pouce. J'ai dû rectifier un peu sa diagnose. C'est peut-être à la même espèce qu'on doit référer le *Conus Claibornensis* Lea.

Cette espèce se trouve non seulement à Claiborne, mais à Newton, Lisbon, Weelock, Jackson. — (Coll. mon Cabinet).

Conospirus De Greg.

Il me semble presque une témérité que de proposer un nouveau sougenre de *Conus*; de sougenres il y en a en effet sans nombre; mais ils sont presque tous insoutenables n'ayant aucun caractère fixe et bien défini.

Voilà les caractères du sougenre que je propose: coquille conique, généralement plutôt étroite avec le dernier tour postérieurement anguleux, la spire généralement allongée, les tours anguleux ou subanguleux près de la suture antérieure, tuberculeux ou crénelés, type *C. antedilluvianus* Brug.

A ce même sougenre je rapporte les *C. Berwerti* R. Hoern., *C. parisiensis* Desh. *sulcifer* Desh. *crenulatus* Desh. *stromboides* Lamk. *extensus* Hoern. etc. etc.

Le gen. *Leptoconus* auquel on a référé l'*antedilluvianus* Brug. (R. Hörnes Moll. Wien) réunit des espèces avec des caractères tout à fait différents.

Conus (Conospirus) granopsis De Greg.

Pl. 1, f. 66-77, le même exempl. grossi de deux côtés.

Testa minuta, angusta; anfractibus 6, planis, laevigatis; ultimo anfractu vix spiram superante, ad angulum periphericum tuberculis ornato; antice spiraliter striato. L. 4ᵐᵐ.

DE GREG. — *Annales de Géol. et de Paléont.*

Petite coquille du type du *Parisiensis*, mais distinguée de ses congénéres par les tours qui sont aplatis et lisses, tandisque le dernier est pourvu d'une rangée de tubercules le long de l'angle périphérique; généralement dans les espèces voisines il arrive au contraire, les turbecules paraissent dans les premiers tours disparaissant dans les derniers.— (Coll. mon Cabinet).

Conus (Conospirus) parvus (Lea) De Greg.

Pl. 1, f. 64-65, le même exempl. gross. de deux côtés Pl. 9, f. 31 * reprod. de Lea.

1840. *Conus parvus* LEA, Lea H. New Foss. Shells Claiborne p. 103, pl. 1, f. 24 ; — 1848. *Conus parvus* LEA , Lea H. Cat. Tert. Test.

? = *Conus antidilluvianus* Desh. non Brug. (1824. Desh. Coq. Paris, V. 2, p. 749. pl. 98, f. 13-14. — 1866. *C. parisiensis* Desh. An. sans vert. Paris, V. 3, p. 418).

? = *Conus protractus* Meyer (1885. Meyer Amer. Journ. Sc. v. 29, p. 466.—1886. Contr. Eoc. Pal. Ala a. Miss. p. 75, pl. 2, f. 7).

Testa minuta, angusta, crassiuscula, anfractibus postice crenulatis; ultimo conico angusto, antice striato; apertura angusta quasi dupla quam spira.

C'est une petite espèce très intéressante par l'analogie intime qu'elle a avec le *C. parisiensis* Desh. et le *protractus* Meyer. Probablement elle est identique de ces espèces et son nom a le droit de la priorité. J'ai uni mon nom à celui de Lea, car la figure de Lea laisse quelque doute pour l'identification.— (Coll. mon Cabinet).

Conus Claibornensis Lea.

1833. Lea Contr. Geol. p. 186.— 1848. Bronn Ind. Pal. p. 329.— 1848. Lea Cat. Tert. Test. p. 6.

Cette espèce est dans les mêmes conditions que la précédente. M. Lea l'a décrit imparfaitement et par un accident il n'en a donné aucune figure. M. Conrad (Cat. Eoc. a olig. Test. p. 30) pense qu'elle soit un synonyme du *C. sauridens*, mais je crois que dans ces circonstances il n'est pas permis de faire aucune conjecture. Voilà les caractères donnés par Lea pour cette espèce. Il dit que c'est une coquille lisse, carénée postérieurement, avec les tours postérieurement canaliculés, la spire courte et aiguë.

(Conus subsauridens Conr.)

Pl. 1, f. 68.

1865. Conrad Descr. new eoc. shells Unit. Stat. p. 148, pl. 11, f. 9.— 1866. Conrad Check List. p. 13.

J'ai déja dit à propos du *C. diversiformis*, que je crois qu'on doit référer à celui-ci l'espèce de Conrad. Loc. Burrstone probablement de l'Alabama.

Conorbinae De Greg.

Dans mon ouvrage sur l'éocène de S. Hilarion j'ai expliqué les raisons qui m'ont décidé à proposer cette sous-famille. J'ai dit que si on veut élever à grande famille celle des Pleurotomes et des Cones, on doit faire autant pour les Conorbis; ainsi: *Conidae, Conorbidae, Pleurotomidae.* Si on veut les référer à une seule grande famille, on doit adopter le nom de *Conidae,* et la diviser en trois: *Coninae, Conorbinae, Pleutorotominae.*

Comme c'est impossible de distinguer le gen. *Conorbis* et le gen. *Cryptoconus* (Voyez Stoliczka gast. cret. Ind.), sans faire des sections de chaque espèce (Koen g. Conorbis und Cryptoconus), le seul moyen d'éviter tout equivoque est de les ranger dans la même famille et la interposer entre celle du gen. *Pleurotoma* et celle du gen. *Conus,* ainsi qu'on a fait pour le gen. *Harpa.* — Même M. Bellardi (Moll. Piem. e Lig. p. 88) a été embarassé pour déterminer la position naturelle du gen. *Cryptoconus* et il incline à mon opinion.

Je comprends dans la sous-famille des *Conorbinae* le gen. *Cryptoconus* et le gen. *Conorbis*.— Il y a des espèces qui sont beaucoup plus voisines aux *Pleurotomes* et elles seront indiquées ainsi: par exempl. *Conorbis (Cryptoconus) approximatus* Desh.; d'autres espèces, qui partagent davantage du genre *Conus*, seront indiquées ainsi: par exemple *Conorbis (Conorbis) dormitor* Sow. Les espèces qui n'ont pas de caractères bien marqués et celles dont on n'a pas pu avoir des sections, seront indiquées ainsi: par exempl. *Conorbis conoides* Conr.; elles seront donc rapportées au gen. *Conorbis* « sensu lato » M. le prof. Paul Fischer considère le gen. *Cryptoconus* comme un sougenre du gen. *Genotia* Adams. Mais je ne sais pas approuver l'opinion du savant naturaliste français, car le gen. *Genotia* n'est pas un vrai genre, mais un sougenre du gen. *Pleurotoma*, et dans la pratique il est impossible (surtout pour les espèces fossiles) d'observer si les cloisons internes ont été partialement réabsorbées ou pas du tout; tandisque celui-ci est le seul caractère par lequel on puisse savoir si on a affaire avec un *Cryptoconus* ou avec un *Conorbis*.

Conorbis (Cryptoconus?) Conradi De Greg.

Pl. 1, f. 69 * (repr. de Conrad).

1832. *Pleurotoma conoides* Conr. Conrad Foss. Shells, p. 57, pl. 17, f. 17.—1865. *Conorbis conoides* Conr. Cat. Eoc. Olig sh. p. 20. – 1866. Idem. Conrad Check List. p. 18.

Testa biconica, laevigata; anfractibus planiusculis; apud suturam unisulcatis; ultimo vix minori quam spira.

Je ne puis pas donner d'autres détails; car je n'en possède aucun échantillon. Il me semble qu'il tient plus du sougen. *Cryptoconus* que de gen. *Conorbis* « sensu stricto ».

J'ai changé le nom de conoides, car il avait été employé précédemment par Solander (1766. Brander Foss. Hant. pl. 1, f. 17) pour un Murex qui est une *Pleurotoma* (Edwards Eoc. Moll. p. 242, pl. 33, f. 5), d'autant plus qu'elle parait un vrai conorbis en jugeant d'après la fig. de Edwards. M. Nyst adopéra le nom de *conoidea* pour une *Pleurotoma* différente de celle de Solander. M. D'Orbigny proposa de l'appeler *subconoides*.

J'ai donné à notre espèce le nom du savant malacologiste d'Amérique. Cette espèce est analogue de la *Pleurotoma clavicularis* Lamk. (Deshayes An. s. vert. coq. Paris 1 ed. pl. 69, f. 17-18).

Loc. Conrad lui donna pour patrie Claiborne.

Pleurotominae.

Pleurotoma gen.

Tout en reconnaissant l'utilité de diviser ce genre en sous-genres (à cause de la multiplicité innombrable des espèces qu'il renferme et à cause de leurs types différents), néanmoins je trouve qu'il est utile de joindre aux noms des sougenres l'ancien nom de *Pleurotoma* « sensu lato », car ceux-ci sont devenus si nombreux qu'il est difficile de s'orienter tout de suite. Malgré cela, j'ai cru proposer deux sougenres nouveaux, qui me semblent très naturels.

En étudiant les *Pleurotoma* de Claiborne j'ai eu à surmonter de grandes difficultés, non seulement à cause de leur grand nombre, de leur petite dimension, de la délicatesse et variété de l'ornementation et de la multiplicité des espèces analogues; mais parce que les figures et les descriptions de Lea et de Conrad en général sont très mal faites. En effet M. Aldrich, en publiant le catalogue des espèces de Claiborne (Aldr. Prelim. report Alabama), ne reporte aucun nom des espèces de ces auteurs et il met des points d'interrogation (p. 47).

Coronia n. sougen.

Testa turriculata; anfractibus angulatis, carina granulosa vel crenulata, ornatis, saepe etiam aliis duabus costis spiralibus, cariniformibus, laevigatis (ex quibus antica inter carinam et suturam anticam, postica inter carinam et suturam posticam sita est) praeditis; rima potius profunda, angulosa vel subangulosa in carina vel in ejus proximitate incisa.

J'ai référé à ce sougenre *Coronia* De Greg. les espèces suivantes: *Por. acutirostra* (Conr.) De Greg., *terebralis* Lamk, *rotata* Brocc, *childreni* Lea, *acutangularis* Desh, *trifasciata* Horn , *cuneata* Dod., *spiralis* Serr. *Serresi* Bell, *pinguis* Bell, *subcoronata* Bell, *recurvata* Bell, *monilis* Brocc., *denticula* Bast., *Archimedis* Bell, *Konincki* Nyst , *coronifera* Bell, *desita* Bell, *stricta* Bell, *contigua* Brocc.

Pleurotoma (Coronia) acutirostra (Conr.) De Greg.

ex terebralis Lamk.

Pl. 1, f. 70-71-72 * (f. 70 gr. nat. f. 71, le même gross. f. 72 repr. de Conrad).

1832. *Pleurotoma acutirostra* Con.			Conrad Foss. Sh. Tert. Form p. 52, pl. 17, f. 21. 2 ed. p. 50 pl. 17, f. 3.	1866. *Surcula acutirostra* Con.				Conrad Check List p. 18.
1834.	»	»	»	Morton Synopsis org. rem. cret. appendix 4.	1884. *Pleurotoma denticula* Bast.	»	»	»	Meyer Proc. Ac. Nat. Sc. p. 107. Heilprin Contr. Geol. Pal. p. 94.
1850.	»	»	»	D'Orbigny Prodr p. 360.	1886.	»	*terebralis* Lam.		Aldrich Prelim. Rep. Tert.
1865. *Surcula*	»	»	Conrad Cat. eoc. olig. test. Un. St. p. 18.					foss. Ala p. 47.

Testa fusiformis, turriculata, angusta, elegantissima; anfractibus 8, in medio tricarinatis, antice et postice concavis; carina antica, tenui funiculiformi; carina mediana magna, prominula, costaeformi, granulata; carina postica costaeformi, magis prominula quam antica sed multo minori quam media; ultimo anfractu ad basim ante carinam granulato, tribus funiculis prominulis praedito, antice aliis funiculis minoribus ornato. L. 10,^{mm} Ang. sp. 32.º

C'est une des coquilles plus jolies de Claiborne; elle a une forme turriculée, étroite; sa surface est ornée de stries spirales très fines (qui sont oblitérées excepté dans la partie postérieure du dernier tour), et de filets linéaires extrêmement fines, qui ne peuvent pas être vues sans l'aide de la loupe.

Ces stries montrent la forme de l'échancrure du bord externe qui coïncide avec la carène. Les tours sont pourvus d'une carène médiane qui est formée par une côte érigée, granuleuse. Sur la même côte on distingue avec la loupe deux filets linéaires spirals extrêmement fins, qui creusent les granulations La partie des tours antérieure et postérieure est concave; dans l'antérieure il y a une funicule spiral cariniforme, qui manque dans les premiers tours; dans la partie postérieure il y a un autre funicule qui est plus grand du funicule antérieur; il ressemble à une vraie carène formant une espèce de rebord le long de la suture postérieure; il se trouve même dans les premiers tours. Le dernier tour, avant la carène, est orné de plusieurs funicules spirals dont les trois postérieurs (c'est à dire ceux qui suivent la carène) sont assez saillants et caréniformes.

Plusieurs espèces tertiaires ont de l'analogie avec la *Pl. acutirostra*, surtout la *Pl. terebralis* Lamk. C'est pour ça que j'ai cité dans la synonymie l'ouvrage de Adrich, dans lequel se trouve un catalogue des noms des espèces de ce niveau, parmi lesquelles on lie aussi ce nom. Certes, le type, de l'espèce de Lamark (Desh. Coq. Paris pl. 62, f. 14) est très différent, mais cette espèce en Angleterre se présente sous plusieurs formes (Edwards Eoc. Mol pl. 27, f. 10 a k), plusieurs desquelles ont une grande ressemblence, avec les exemplaires de Claiborne, mais aucune d'elles n'est tout à fait identique; comme on y a pas retrouvé jusqu'ici le type, ni des individus voicins de celui-ci , je crois qui il est mieux de lui conserver le nom de Conrad.

La *Pl. Childreni* Lea (Lea Contr. Geol. pl. IV f. 132) vient se réunir à ce même groupe et par conséquent à la *Pl. acutangularis*, Desh. Dans le tertiaire supérieur d'Italie il est représenté par la *Pl. rotata*. Brocc. et par plusieurs autres espèces dépendantes de celle-ci, qui sont figurées dans la 1re pl. du magnifique ouvrage de Bellardi (Moll. Piem. e Ligur. Vol. 2).

J'ai joint l'initiale de mon nom à celle de Conrad, car les descriptions et les figures de Conrad ed de Lea ne sont pas suffisantes pour reconnaitre cette espèce.

Il est très probable qu'on doit référer à la même espèce les formes rapportés par Heilprin à la *Pl. denticula* Bast à laquelle il réfère même la *P. nodo-carinata* Gabb (Journ. Acad. Nat. Sc. V. 4, p. 379). De la même opinion est M. Meyer.

Coll. mon Cabinet.

Pleurotoma (Coronia) childreni Lea

Pl. 1 f. 73-75, 76 * (f. 73 détail gross. f. 75 gr. nat. f. 74 le même exempl. gross. f. 76 Rep. de Lea).

1833. *Pleurotoma childreni* LEA Lea Contr. geol. p. 138 pl. 4,   1748. *Pleurotoma childreni* LEA Lea Cat. Tert. Test. p. 12
1848.   f. 132   1865. *Surcula*   »   » Conr. Cat. Eoc a olig. test. p. 18
        »   »   » Bronn Ind. Pal. p. 1000   1866.   »   »   »   » Check List. p. 18

Testa turriculata, subulata, carinata, striis accretionis atque filis spiralibus ornata; anfractibus convexiusculis, ad peripheriam carina nodulosa ornatis; carina suturae anticae propinqua; inter eam et suturam posticam funiculo spirali interposito L. 18^{mm} Ag. sp. 40.°

Cette espèce est extrêmement voisine de la *Pl. acutangularis* Desh. (Desh. Coq. Toss. Paris p. 459 pl. 64 f. 74,25; An. s. vert. Bassin Paris p. 384), elle diffère de celle-ci par la carène plus marquée et plus rapprochée de la suture antérieure.

Elle est en outre liée très étroitement avec la *Pl. terebralis* Lamk. surtout avec certaines variétés de l'éocène d'Angleterre (Eoc. Eoc. Moll.) et même davantage avec la *Pl. denticula* Bast. (in Edwards Eoc. Moll. p. 286, pl. 30 f. 7) dont elle paraît identique.

Je ne peux comprendre comment M. Conrad, dans les ouvrages cités, considère la *Pl. nupera* comme une espèce distincte de la *childreni* et comme M. Lea ne cite pas l'espèce de Conrad; tandisque je suis bien convaincu qu'elles sont identiques entre elles.

Mais surtout elle est très analogue de la *Pl. nupera* Conr. avec laquelle je crois qu'on pourrait la réunir. Les caractères par lesquels elle s'en distingue sont ceux-ci : La *Pl. childreni* a la carène antérieure un peu moins saillante, formée par des tubercules plus petits; sa surface est ornée de filets spirals plus marqués, l'échancrure coïncide avec la carène.

Coll. mon Cabinet.

Pleurotoma (Coronia) Desnoyersi (Lea) De Greg.

Pl. 1 f. 77 *, 78-79 (f. 78 détail, 79 exempl. gross. f. 77 reprod. de Lea).

1833. *Pleurotoma Desnoyersi* LEA Lea Contr. Geolog p. 135.   1850. *Pleurot. nupera* CON. *partim* D'Orbigny Prod. p. 360.
1848.   pl. 4, f. 128.   1865. *Surcula Desnoyersi* LEA   Conrad, Cat. Eoc. olig.
        »   »   »   Lea Cat. Tert. Test. p. 12.   p. 18.
        »   »   »   Bronn Ind. Pal. p. 1104.   1866.   »   »   »   Conrad Check List. p. 18.

Testa fusiformis turriculata; anfractibus subangulatis, in medio subcarinatis, antice et postice parvo funiculo spirali ornatis; carina plicis tenuibus brevibus, duobus funiculisque spiralibus appropinquatis efformata; ultimo anfractu antice basi funiculis spiralibus ornato; rima angulosa in carina contempta. L. 14.^{mm}

C'est une espèce très jolie qui appartient sans doute au groupe de la *terebralis* et par conséquent de la *acutirostra* Conr. Le caractère, par lequel elle en diffère, consiste en ce que les tours sont moins anguleux que dans l'acutirostra, la carène moins proéminente, les granulations plus petites, les deux filets spirals de la carène plus marqués.

J'ai joint même à cette espèce mon initiale ; car la figure et la description de Lea ne suffissent pas à la reconnaitre M. Conrad (List of names and synom. eoc. shells Alabama) la considéra comme un synonyme de la *nupera* Conr.

Coll. mon Cabinet.

Strombina De Greg.

Testa fusiformis; anfractibus carina nodulosa cinctis, caeterum laevigatis, vel striatis; canali antico potius erecto; rima ut in gen. Surcula.

Je propose ce sougenre pour la *Pl. stromboides* Lamk, *cymaea* Edw., *nupera* Conr., *gemmata* Conr. etc. etc. Je crois qu'on doit lui référer la *Pl. Sequini* Mayer, *heros* Mayer, etc. que M. Bellardi rapporte au gen. *Clavatula* (Moll. Piem. et Lig.); mais dans ce dernier sougenre le canal antérieur est toujours très raccourci.

Le sougen. Strombina diffère du sougenre Coronia par la position de l'échancrure (qui ne coïncide pas avec la carène, mais postérieurement à elle) et par la carène qui est moins érigée et pourvue de tubercules plus développés.

Pleurotoma (Strombina) nupera Conr.

Pl. 1, f. 83 gross. p. 82 * reprod. de Conrad.

1832. *Pleurotoma nupera* CONR. Conrad Foss. Shells p, 46. pl. 17. f. 16. Ed. 2. p. 51.	1850. *Pleurotoma nupera* CONR. D'Orb. Prodr. p. 360 shells Alabama.
1834. » » » Conr. List. names and synonym. in Morton.	1865. *Surcula* » » Conr. Catal. Eoc. Olig. test. p. 18.
1848. » *nuperum* » Lea Cat. Ter. Test. p. 22.	1866. » .» Conr. Check List. p. 18.
» » *nupera* » Bronn Ind. Col. p. 1007.	

Testa fusiformis, carinata, filis spiralibus minutis ornata; carina suturae anticae apropinquata; nodulis efformata; anfractibus postice excavatis apud suturam posticam cingulo tenuorun granulorum cinctis. L. 26.[mm]

Cette coquille est très voisine de la *Pl. childreni* Lea, avec laquelle auparavant je l'avais confondue, les différences qu'elle présente je les ai noté en décrivant celle-la. Mais le caractère différentiel plus important et par lequel je l'ai référée à un autre sougenre est la position de l'échancrure du labre externe, qui ne coïncide pas avec la carène, mais un peu postérieurement, c'est à dire tout près de la dépression qui suit la carène, comme dans le genr *surcula*. Si je ne l'ai pas rapportée à ce genre, ça a été seulement par l'analogie qu'elle présente avec la *P. nupera*.

M. Conrad (List of names and synonymes Alabama) considéra la *Pl. Desnoyersi* Lea, *Haeninghausii* Lea, *rugosa* Lea comme synonymes de la *nupera* Conr. mais je crois qu'il a eu tort, car elles presentent des caractères distincts.

Elle est très analogue (presque identique) de la *Pleurotoma multigirata* Desh. (Bassin Paris 2 ed. pl. 97 f. 21).

Coll. mon Cabinet.

Pleurotoma (Strombima) gemmata Conr.

Pl. 1. f. 84 * repr. de Conrad.

1832. *Pleurotoma gemmata* CONR. Conrad Foss. shells. pl. 17 f. 22.—1865..... Conrad Cat. Eoc. Oligoc. test. p. 18.—1866. ... Conrad Check List. p.

Cette espèce est très voisine de la *Pl. nupera* Conr., elle s'en distingue seulement par le canal antérieur plus allongé et les tubercules de la carène plus gros.

Elle a beaucoup d'affinité avec la *Pl. cymaea* Edwards [Eoc Moll. p. 142 pl. 26 f. 4) ; celle-ci a le canal antérieur plus allongé et elle manque du cordonnet sutural granuleux. Si on prouvera qu'elles sont identiques, l'espèce de Conrad devra avoir le droit de la priorité.

Pleurotoma (Strombina) protapa De Greg.

Pl. 1, f. 81 gros.

Testa fusiformis, laevigata; anfractibus antice convexiusculis, nodulis ornatis; nodulis subgranuliformibus, in ultimo anfractu attenuatis; rima arcuata, in depressione postica contempta.

C'est une espèce qui partage du g. strombina et du gen. *Surcula*; elle, est liée à plusieurs espèces, mais ses caractères ne permettent pas de la référer à aucune d'elles. Elle diffère de la *Pleurotoma (Strombina) nupera* (Conr.) De Greg. par la surface lisse, c'est a dire dépourvue de filets spirals, par le manque de la rangée de granules près de la suture. Elle diffère de la *Pleurotoma (Surcula) taltibia* De Greg. (de laquelle elle est très voisine) par la carène noduleuse, qui dans celle-ci manque du tout.— (Coll. mon Cabinet).

Pleurotoma (Strombina) nasuta Whitf.

1865. Whitfield Descr. new spec. eoc. foss. p. 262.

Testa fusiformis, elongata, angusta; anfractibus funiculis spiralibus linearibus ornatis, postice concavis, antice convexis, subangulatis, nodulis axialibus elongatis; suturis marginatis cingulatis; apertura angusta, elongata, antice anguste canaliculata, spiram subaequante.

C'est une jolie espèce qui sans doute doit être référée ou sougenr. *Strombina*. Malheureusement l'auteur ne l'a pas figurée et, dans la diagnose qu'il en donne, il ne parle pas du caractère plus important, c'est à dire de l'échancrure; ainsi elle reste une espèce douteuse. Un des caractères, par lequel on pourrait en certaine manière distinguer cette espèce, est le relief qui borde les sutures. Je n'en possède aucun exemplaire.

Elle est presque identique de la *Pleur. larteti* Desh. (Bassin Paris 2. ed. pl. 97 f. 16-18).

Loc. Alabama, six milles loin De Claiborne.

Pleurotoma (Strombina) adeona Whitf.

1865. Whitfield Descr. new. spec. eoc. p. 262.

Testa fusiformis, non multo elongata, spiraliter omnino striata; anfractibus 5, postice profunde concavis, antice rotundatis, in medio carinatis; nodulis carinae in ultimo anfractu 15; apertura antice anguste canaliculata, spiram subaequante; rima profunda in depressione postica anfractuum contempta.

Je renvoie le lecteur à ce que j'ai dit à propos de la *Pl. (Strombina) nasuta* Whitf., qui a été proposée par le même auteur mais pas figurée.

Loc Alabama, 9 milles loin de Prairie Bluff.

Pleurotoma (Strombina) subaequalis Conr.

Pl. 1, f. 80 * (repr. de Conrad).

1832. *Pleurotoma subaequalis* CONR. Conrad, Foss. Shells, p. 51, pl. 17, f. 18.—1865. *Surcula.....* CONR. Cat. Eoc. olig. test. p 19.—1866...... Conr. Check. List. p. 18.

Testa fusiformis, anfractibus subangulatis, cingulo nodulorum ornatis. L. 19.

Cette espèce ressemble extrêmement à la précédente; elle en diffère seulement par les noeuds de la carène plus développés et moins nombreux, par le manque du filet sutural granuleux et par le canal antérieur moins allongé. Il pourrait arriver qu'on dût la rapporter à la même espèce.

Elle a aussi quelque d'analogie avec la *Pl. cymaea* Edw (Eoc. Moll. pl. 26, f. 4), mais on peut la distinguer aisément.

Loc. Claiborne.

Clavatula Lamk 1801.

Je crois devoir limiter ce sougenre aux espèces subfusiformes, couronnées, avec le canal antérieur raccourci, la columelle sinueuse. M. le prof. Bellardi (Moll. Piem e Lig.) lui donne une étendue trop grande.

Pleurotoma (Clavatula) lupis De Greg.

Pl. 2, f. 1, gross.

Testa subfusiformis, subconoidea, carinata; anfractibus vix convexis, apud suturam anticam cingulo noduloso cinctis; ultimo cingulis spiralibus granulosis ornato. L. 12^{mm} Ang. sp. 35.°

Petite coquille très élégante, subpupoïde, subconique; les tours, presque aplatis, sont pourvus d'une rangée de côtes noduleuses, qui est rapprochée de la suture antérieure. Ces côtes forment la carène, qui dans le dernier tour est suivie antérieurement par deux ou trois rangées de granulations decroissantes d'arrière en avant. La surface de la coquille est un peu ridée; le canal très court.— (Coll. mon Cabinet).

Pleurotoma (Clavatula) monilifera Lea.

Pl. 2, f. 2, gross., f. 3*reprod. de Lea, f. 4*idem (Var. Sayi Lea).

1833. *Pleurotoma monilifera* LEA, Lea Contr. geol., p. 133, pl. 4, f. 126.
1848.   »   »   »   » Bronn Ind. Pal. p. 1007.
  »   »   »   »   » Lea Cat. Tert. Test. p. 12.

1865. *Surcula monilifera* LEA, Conr. Cat. Eoc. Oligoc. test. p. 18.
1866.   »   »   »   » Conr. Check List. p. 18.

(etiam Pl. Sayi Lea Contr. geol. pl. 4, f. 127).

Testa subfusiformis, subpupoides, spiraliter minute confertim striata; anfractibus in medio paulo excavatis, antice convexiusculis carina nodulosa ornatis, postice apud suturam parvo cingulo granulorum praeditis; canali antico brevi. L. 20,^{mm} Ang. sp. 75.°

Je n'ai rien à ajouter à la diagnose latine que j'ai donnée, hormis que cette espèce me semble la même que la *Sayi* Lea, ou en autres termes qu'on doit considérer celle-ci tout au plus comme une variété de la même espèce.

Cette espèce est extrêmement analogue de la *Pl. torquata* Desh (Deshayes Coq. Paris, 2. ed. pl. 98, f. 22-23). Elle est aussi très analogue de la *Pleurotoma* figurée par Beyrich, (Conch. Tert. pl. 29, f. 2) et pas décrite.—(Coll. mon Cabinet).

Pleurotoma (Clavatula) Sayi Lea?

Pl. 2, f. 64*reprod. de Lea.

1833. Lea Contr. geol. p. 133, pl. 4, f. 125.— 1848. Bronn, Ind. Pal. p. 1009.

Comme j'ai dit à propos de la *Pl. monilifera* Lea, je crois qu'on ne peut pas considérer ces deux espèces comme distinctes et qu'on les doit réunir. A ce but j'ai fait reproduire la figure originale de Lea.

Loc. Claiborne.

Pleurotoma (Clavatula) rugosa.

Pl. 2, f. 5, gross., f. 6 * (reprod. de Lea)

1833. *Pleurotoma rugosa* LEA, Lea Contr. Geol. p. 136, pl. 4, f. 130.
1848.   » *rugosum* » Lea Cat. Tert. Test. p. 12.

1865. *Surcula rugosa* LEA, Conrad Cat. Eoc. Olioc. test. Unit. St p. 19.
1866.   »   » (*Lea*) CON. Conrad Check List. p. 18.

Testa fusiformis, turriculata, elegans, angusta; anfractibus vix convexis; costis brevibus subnodulosis, postice cito evanescentibus; prope suturam posticam cingulo granulorum costis respondentium; ultimo anfractu basi spiraliter sulcato; primis 4 anfractibus laevigatis L. 6.^{mm}

C'est une petite coquille très élégante, avec des tours très peu convexes, dans la partie antérieure desquels il y a une rangée de côtes ; elles sont environ 13 à chaque tours, plutôt raccourcies, subnoduleuses; postérieurement elles s'effacent vite reparaissant tout près de la suture postérieure avec la forme de petites granulations. Le dernier tour est orné de sillons spirals.

Cette espèce représente la *Pl. bicatena* Lamk (Desh 1. ed. pl. 63, f. 27) du bassin de Paris , et la *Pl. ligata*. Edwards (Eoc. Moll. p. 313 pl. 32 f. 12).— (Coll. mon Cabinet).

Pleurotoma (Clavatula) Haeninghausi (Lea) De Greg.

Pl. 2, f. 8. gross. f. 7 * reprod. de Lea.

1833. *Pleurotoma Haeninghausi* LEA. Lea Contr. Geol. p. 135 1848. *Pleurotoma nupera* CON. *partim*. Lea , Cat. Ter. Test.
        pl. 4, f. 129.   p. 12.
1848.   »   *nupera* CONR. *partim* Bronn Ind. Pal. p. 1005.   1850.   »   »   »   D'Orbigny prodr. p. 360

Testa fusiformis, minuta, elegantissima; anfractibus 8 planis ! postice subdepressis; plicis circiter 16 simosis ! prope suturam posticam subgranulatis ; ultimo anfractu antice spiraliter tenue funiculato; canali antico angusto, maxime brevi.

Petite coquille très jolie, fusiforme; les premiers trois tours sont lisses et ronds; les autres sont presque aplatis, antérieurement un peu convexes, postérieurement un peu déprimés; les côtes sont régulières, très sinueuses, postérieurement près de la suture elles deviennent subgranuleuses.

M. Conrad dans son catal. (1834 Cat. names and synonyms coq. Alabama) considéra cette espèce comme un synonyme de la *nupera* Conr ; mais dans les ouvrages postérieurs il ne la cita plus, ni comme synonyme , ni comme espèce à part. Certes, c'est une espèce très douteuse ; même en comparant les figures de Lea 129, 130, elles semblent presque identiques l'une de l'autre. C'est pour ça que j'ai joint les initiales de mon nom pour faciliter l'identification de l'espèce.

Elle me paraît voisine de la *Pleurotoma conica*. Edw. (Edwards Eoc. Moll. p. 239, pl. 27 f. 8), de laquelle elle diffère seulement par la granulation postériure des tours.

Coll. mon Cabinet.

Pleurotoma (Clavatula) properugosa De Greg.

Pl. 2. f. 9 gross.

Testa fusiformis , elegans , filis linearibus spiralibus ornata; costis pliciformibus, multo sinuosis, arcuatis, fere cancellatis praesertim in medio.

C'est une espèce douteuse par les nombreuses analogies qu'elle présente. La sinuosité des côtes ressemble beaucoup à celle de la *Pleurotoma (Clavatula) Hoeninghausii* (Lea) De Greg.; mais les côtes sont beaucoup moins remarquables et dans le milieu des tours elles s'effacent presque du tout, reparaissant près de la suture, où elles ne prennent pas l'aspect de granulations. C'est aussi par l'ornementation qu'elle diffère de la *Pl. (Clavatula) rugosa* Lea avec laquelle elle a aussi beaucoup d'analogie.

L'échancrure du bord externe est remarquable: elle se trouve près de la suture postérieure; ayant origine de celle-ci et s'enfonçant en avant le long de la dépression postérieure des tours.

Elle a en outre quelque affinité avec certaines variétés de la *Pl. Lonsdali* Lea, de laquelle elle diffère par le canal antérieur moins court, l'ornementation différente etc.—(Coll. mon Cabinet).

Pleurotoma Surcula depygis Cour.

Pl. 2, p 10 detail, f. 11 gross. 12 un peu gross. f. 13 * reprod. de Conrad.

1832. *Pleurotoma depygis* CONR. Conrad Foss. Shells p. 46,   1848. *Pleurotoma depige* CONR. Lea Cat. Ter. Test p. 12.
                      pl. 17. f. 20.   1850.   »   *depygis* »   D'Orbigny Prodr. p. 359.
1834.   r   »   »   Conrad Cat. names syn. sh.   1865. *Surcula*   »   »   Conrad Cat. eoc. olig. test.
                      Alabama.   Un. St. p. 18.
1848.   »   »   »   Bronn Ind. Pal. 1004.   1866.   »   »   »   Idem Check List. p. 18.

Testa fusiformis, elongata, subcarinata; anfractibus spiraliter confertim minute filosis; antice convexis, postice excavatis, antice cingulo obliquorum parvorum nodulorum ornatis; rima arcuata, sita in depressione postica anfractuum L. 19^{mm} Ang. sp. 30.º

Coquille fusiforme, allongée, subcarénée, ornée de filets spirals linéaires; ses tours sont subcarénes, antérieurement ils sont convexes et pourvus d'une rangée de nodules pincés et obliques; postérieurement ils sont concaves; les sutures simples et linéaires.

Conrad (Cat. nam. synon. sh. Alabama) considère la *Pl. Lonsdalii Lea* comme un synonyme de la *depygis*; mais elle me parait bien différente.—(Coll. mon Cabinet).

Pleurotoma (Surcula) Beaumonti (Lea) De Greg.

Pl. 2. f 14 gross, f. 15 * reprod. de Lea.

1833. *Pleurotoma Beaumouti* Lea.	Lea Contr. Geol. p. 134, pl. 4, f. 127.		1850. *Pleaurotoma Beaumonti* Lea	D'Orbigny Prodr. p. 359.			
1848. » » »	» Lea Cat. Ter. Test. p. 12.		1865. *Surcula* » »	Conrad Cat. Eoc. oligoc. shells Un. St. p. 18.			
» » » »	» Bronn Ind. Pal. p. 1001.		1866. » » »	Conrad Check. p. 18.			

Testa fusiformis, postice angusta, filis spiralibus confertis ornata; costis axialibus brevibus, subnodulosis, anfractibus prope suturam posticam duobus funiculis maxime appropinquatis ornatis L. 6.^{mm}

Mes exemplaires ressemblent beaucoup à la figure de Lea, quoique celle-ci soit très mal exécutée; seulement les côtes sont moins granuleuses. Je dois rectifier la description qu'il en donne en ce qu'il dit que les tours sont canaliculés postérieurement (supérieurement de Lea). Je crois qu'il a été tiré en erreur par les deux cordonnets postérieurs (un desquels est situé le long de la suture), qui laissent entre eux un interstice très étroit qui parait une petit canalicule.

J'ai joint mon nom à celui de Lea, car sans cela cette espèce serait méconaissable.

Elle a de l'affinité avec la *Pl. uniserialis* Desh. (Coq. Paris 1 ed. pl. 63 f. 1-3), mais elle en diffère par les rangées suturales plus marquées.

Cette espèce est très anologue de la *Pl. tereticosta* Edw. (Edwards Eoc. Moll. p. 250, pl. 29 f. 5).—(Coll. mon Cabinet).

Pleurotoma (Surcula) taltibia De Greg.

Pl. 2 f. 16 gr. nat.; f. 17 détail; f. 18 le même exempl. gross.

Testa fusiformis, euthrieformis, solida, spiraliter confertim striata; striis minutis (quae lens oportet ut viderentur); anfractibus antice paulo convexis subrotundatis, postice concavis; labro columellari incrassato striis accretionis obliquis in depressione postica anfractuum insenatis. L. 25.^{mm} Ang. sp. 35.º

Coquille fusiforme, plutôt solide, rappelant certains *euthria*; sa surface semble lisse laissant seulement les marques d'accroissement qui sont des stries sinueuses, arquées dans la partie postérieure des tours qui est déprimée; en regardant la surface à la loupe, on y distingue un raiseau de stries spirales linéaires, qui se croissent avec les stries d'accroissement; les tours antérieurement sont convexes et ronds, postérieurement concaves. Les premiers tours (c'est à dire les rudimentaires) ont des caractères différents: les deux premiers sont lisses et arrondis, celui qui suit est pourvu des petites côtes axiales: les deux qui suivent (jenue age) ont l'ornementation come les grands tours de la coquille, mais dans la convexité antérieure ils portent quelques traces de plis effaces, qui dans le premier d'eux (c'est à dire dans le troisième) ressemblent à des petits tubercules arrondis.

Cette espèce est parfaitement intermediaire entre la *Pl. (Surcula) capax* Whitf. Descr. avec species cor. p. 262, pl. 23 f. 3) et la *Pl. (Surcula) persa* Whitf (idem p. 262, pl. 27, f. 4). Elle diffère de la première par l'angle spiral plus petit et par conséquent par la forme moins renflée, et par les tours dépourvus de noeuds, lesquels dans la capax se trouvent dans tous les tours hormis que dans le dernier selon la description de Whitfield quoique on ne les voit pas d'après sa figure). Les stries d'accroissement de la *capax* semblent moins sineuses.

Notre espèce diffère de la *Pl. (Surcula) persa* Whitf, ayant le canal antérieur beaucoup plus raccourci, et les sutures simples, pas bordées par aucun relief.

Elle est en outre très analogue de la *Pl. brevicula* Desh. (Coq. Paris 1. ed. pl. 63, f. 7-10), mais les côtes de ses derniers tours sont beaucoup moins prononcées; elle a aussi de l'affinité avec la *Pl. cochlis* Edwards. (Eoc. Moll. p. 272 pl. 33 f. 6). (Coll. mon Cabinet).

Pleurotoma (Surcula) capax Whitf.

Pl. 2, f. 19 * reprod. de Whitfield.

1864. *Pleurotoma capax* WHITF. Whitfield Descr. new species, eoc. foss. p. 261, pl. 27, f. 3. — 1886. Idem Aldrih Prelim. Report. p. 55.

Testa fusiformis, subventricosa; anfractibus 5, antice valde convexis, postice concavis, spiraliter filis linearibus ornatis; ad peripheriam nodulosis, antice decrescentibus, in ultimo anfractu evanescentibus; signis accretionis leviter sinuosis; columella solida, antice tenue contorta.

M. Whitfield parle dans la description de cette espèce de *nœuds* périphériques, dont quelques—uns seulement se voient d'après sa figure. La diagnose, qu'il en donne, laisse quelque doute, si on dût référer cette espèce au sous genre *Strombina*; mais l'analogie, qu'elle a avec la *S. taltibia* De Greg. et la *persa* Whitf., m'a persuadé à la référer au sous genr. surcula.

Loc. Alabama, six milles loin de Claiborne.

Pleurotoma (Surcula) persa Whitf.

Pl. 2, f. 20 * reprod. de Whitfield.

1865. *Pleurotoma persa* WHITF. Whitfield Descr. new spéc. eoc. foss. p. 262, pl. 27, f. 4.

Testa fusiformis, filis spiralibus, tenuibus, linearibus ornata, strias acretionis postice profunde sinclinales clathrantibus; anfractibus circiter 7, antice convexis; postice concavis; ultimo anfractu circiter ³/₂ quam spira; suturis submarginatis ¹/₂ cingulatisque.

Cette espèce est extrêmement voisine de la *Pl. taltibia* De Greg. en décrivant laquelle j'ai énuméré les différences.

Loc. Alabama, 9 milles loin de Prairie Bluff.

Pleurotoma (Surcula) Desnoyersopsis De Greg.

Pl. 2. f. 21 gross.

Testa fusiformis, elegans, spiraliter funiculata; funiculis regularibus linearibus; anfractibus antice tenue plicatis; postice paulo excavatis; plicis circiter 12, brevibus, in ultimo anfractu evanescentibus L. 10.ᵐᵐ

Coquille très jolie, ornée de filets spirals réguliers; en les regardant sans la loupe ils semblent rapprochés entre eux; tandis que avec l'aide de celle-ci, ils paraissent à une certaine distance l'une de l'antre. Les côtes sont pliformes, courtes et un peu noduleuses, dans le dernier tour elles sont presque effacées. Le contour de la coquille est le même que celui de la *Pl. (Surcula) Desnoyersi* Lea, avec laquelle je l'avais confondue auparavant; mais ses ornements sont très différents.

Coll. mon Cabinet.

Pleurotoma (Surcula) alternata Conr.

Pl. 2, f. 23 * (reprod. de Conrad).

1832. *Pleurotoma alternata* CONR. Conrad Toss. sh. p. 50   1865. *Surcula alternata* CONR. Conrad Catal eoc. oligoc. p. 18.
1848.   pl. 17, f, 13.   1866.   »   »   »   Check List. p. 18.
       »   *alternatum* »   Lea Cat. ter. test. p. 12

Testa fusiformis, elongata, elegans; anfractibus convexiusculis, spiraliter striatis; primis cingulo peripherico parvorum granulorum cincto ; canali antico satis oblongo ; labro externo postice paulo sinuoso.

Je ne puis pas donner d'autres renseignemts à propos de cette espèce, dont je ne possède aucun exemplaire. M. Conrad (Cat. names synon. Alabama) croit que la *Pl. Lesueuri Lea* (Lea Contr. geol. p. 137 pl. 4 f. 133) soit un synonyne de cette espèce; mais ce sont deux espèces très différentes, il suffit un coup d'œil pour s'en convaincre. Dans le « Catal. eoc. oligoc. » et dans la Check List il ne cite pas la *Lesueuri* même parmi les synonymes.

Elle est très analogue de la *Pl. subelegans D'Orbigny* (Desh. Coq. Paris 2 ed. pl. 98 f. 20).

Loc. Claiborne.

Pleurotoma (Surcula) biseriata Conr.

1834. *Pleurotoma biseriata* CONR.	Conrad List. of names synon. Eoc. shells Alabama, Appendix 4 Morton Org. Rem.	1850. *Pleurotoma biseriata* CONR.		D'Orbigny Prodr. p. 359.
1848. » *biseriata* »	Bronn Ind. Pal. 1001.	1865. *Surcula* »	»	Conrad Cat. Eoc. olig. sh. p. 18.
		1866. »	» »	Conrad Check List. p. 28.

Comme cette espèce n'a pas été figurée ni a été bien décrite, on ne peut pas l'identifier avec aucun exemplaire, d'autant plus qu'elle appartient à un genre très compliqué et très riche en espèces.

Loc. dans la Check List p. 18, Conrad donne pour *habitat* de cette espèce l'*Alabama*.

Pleurotoma (Surcula) lirata Conr. ?

1865. *Pleurotoma lirata* CONR. Conrad Proc. Acad. Nat. Sc. Phil. — 1865. *Surcula* Idem, Conrad cat. eoc. olig. p. 18. — 1866. Idem, Check. List. p. 18

Comme cette espèce n'a pas été figurée par l'auteur ni a été bien décrite, je ne puis pas l'identifier avec aucun de mes exemplaires et je me rapporte à ce que j'ai dit à propos de la *biseriata*.

Loc. M. Conrad donne pour *habitat* de cette espèce Claiborne.

Pleurotoma (Surcula) obliqua Lea sp. dub.

Pl. 2, f. 22 * (reprod. de Lea)

1834. *Pleurotoma obliqua* LEA Lea Contr. geol. p. 136, pl. 4, f. 131.	1848. *Pleurotoma obliquum* LEA Lea Cat. Tert. Test. p. 12.		
1848. » » » Bronn. Ind. Pal. p. 1007.	1865. *Surcula obliqua* » Conrad Cat. eoc. olig. p. 19.		
	1866. » » » » Check List. p. 18.		

M. Lea proposa cette espèce pour un exemplaire presque totalement cassé, ou pour mieux dire pour un fragment du dernier tour; il n'en donna aucun renseignement sérieux. C'est impossible donc de reconnaître cette espèce.

Loc. son *habitat* serait Claiborne.

Pleurotoma (Surcula) rugatina Conr. ?

1865. *Pleurotoma rugatina* CONR. Conrad Proc. Acad. Nat. Hist. Phil — 1865. *Surcula* Idem, Conrad Cat. eoc. olig. p. 19. — 1866. Idem, Conrad Check, List, p. 18.

M. Conrad n'a pas figuré cette espèce et il n'en a donné des renseignements suffissants; ainsi je ne peux pas l'identifier avec aucun de mes exemplaires.

Pleurotoma (Surcula) Tombigbeensis Aldr.

Pl. 2, f. 24 * (repr. de Aldrich)

1886. *Pleurotoma Pombigbeensis* ALDR. Prelim. Report Alabama, p. 30, pl. 3, f. 10.

Testa fusiformis, mitraeformis, solida, laevigata ; anfractibus regulariter convexiusculis, apud suturam cingulo impresso cinctis; ultimo mitraeformi, antice spiraliter sulcato; rima parva, angusta, angulosa, suturae approximata. L. 53.^{mm}

Loc. Wood's Bluff (étage inférieur) *Alabama.*

Pleurotoma (Surcula) cancellata Lea.

Pl. 2, f. 63 * repr. de Lea.

1840. H. Lea Descr. New, foss Claiborne, p. 98, pl. 1, f. 13.

Testa strombiformis; striis spiralibus axialibusque obsolete clathratis; spiralibus autem majoribus quam aliis; canali antico brevi; primis anfractibus laevigatis; rima magna apud suturam.

La figure de Lea laisse beaucoup à désirer de sorte que cette espèce reste un peu douteuse. Si l'auteur n'eût pas parlé de l'échancrure, je l'aurais jugé un *Strombus* au lieu qu'un *Pleurotoma.*

Pleurotoma (Surcula) Tuomeyi Aldr.

Pl. 2, f. 25 * repr. de Aldrich.

1885. *Pleurotoma Tuomeyi* ALDRICH Prelim. Rep. Alabama, p. 31, pl. 3, f. 11.

Testa fusiformis, carinata, funiculataque; carinis costiformibus, prominulis, duobus vel plus; funiculis spiralibus tenuibus, majoribusque; anfractibus postice concavis, apud suturam margine erecto cinctis; canali antico oblongo; rima angusta, profunda, arcuata, inter suturam et primam carinam interposita. L. 46.^{mm}

C'est une coquille très elegante dont l'ornementation fait rappeler le sougen. *Pleuroliria* De Greg.; mais la démarche des signes d'accroissement, c'est à dire la forme de l'échancrure, me persuade à la rapporter au sougen. *Surcula.*

Loc. Wood's Bluff (étage inférieur) *Alabama.*

Pleurotoma (Surcula) lintea Conr.

1865. Conrad Proc. Ac. Nat. Sc. Phil.—1865. Conrad Cat. eoc. olig. p. 18.—1865. Conrad Descr. new, eoc. shells Unit. Stat. p. 142.

Testa turrita; anfractibus 10, subangulatis, subcarinatis, spiraliter funiculatis; funiculis in penultimo anfractu 5, ante carinam decurrentibus; carina quasi mediana; ultimo anfractu ad peripluriam cancellatim costato, spiraliter usque ad extremitatem anticam funiculato.

J'ai donné dans la diagnose latine tous les détails de cette espèce, que j'ai pu avoir; mais, comme elle n'a pas été figurée, il est bien difficile de la reconnaitre. M. Conrad dans son « Cat. Eoc. Oligoc. » cite les Proceedings de l'Académie de Philadelphie, mais peut-être ça été par arreur, car il décrit cette espèce dans le « Journal de Conch. » de Tryon.

Loc. Conrad dans le «Cat. Eoc. Oligoc.» donne pour *habitat* Texas, mais dans son mémoire « Descr. eoc. shells, Un. St. » il donne pour *habitat* Claiborne avec un point d'interrogation.

Pleurofusia De Greg.

Testa fusiformis (Fuso longirostri Brocc. similis) elongata; costis crassis subnodulosis; funiculis spiralibus; spira acuminata; rostro oblongo angusto; rima apud suturam arcuata, insenataque ut in gen. surcula.

Je propose ce sougenre aux dépences du gen. *Surcula*, pour les espèces fusiformes, qui ressemblent au *Fusus longirostris* Brocc. C'est un groupe très naturel et très important, qui réunit un grand nombre d'espèces, avec des caractères remarquables, et je suis merveillé comment aucun auteur ne l'a pas encore proposé. Ces *Pleurotomes* ont tellement un *facies* de fusus, qu'il est arrivé bien souvent qu'on les ai référé à ce genre, lorsque la surface est un peu usée et qu'on n'aperçoit pas les marques d'accroissement qui font voir l'échancrure du labre. Le caractère par lequel on peut les distinguer du gen. *fusus* (lorsque le labre est cassé et que les signes d'accroissement sont obliterés) est une petite dépression des tours, le long de la suture postérieure, qui dénote le lieu de l'échancrure, c'est à dire de la courbature des stries d'accroissements. Ces pleurotomes sont pourvues de côtes remarquables, souvent lourdes et grossières et de filets spiraux qui souvent deviennent de vrais cordonnets.

Les tours sont régulièrement convexes et subarrondis, quelquefois postérieurement ils sont un peu déprimés, mais cette dépression est toujours très courte, peu remarquable et toujours située tout près de la suture. La spire est allongée avec un sommet géneralement très aigu. Le canal antérieur est étroit et oblong.

Je rapporte à ce nouveau sougenre la *Pl. longirostropsis* De Greg. (type) et les espèces suivantes: *Surcula Lamarki* Bell, *anomala* Bell., *avia* Bell,, *lathiriphormis* Bell., *Cocconii* Bell., *De Stefani* Bell., *rectirostra* Bell., *Drillia Allioni* Bell., *Dr. Scillae* Bell., *Pleurotoma servata* Conr. etc.

Pleurotoma (Pleurofusia) longirostropsis De Greg.

(vel var. ex servata Conr.).

Pl 2, f. 26, gross. f. 27, détail.

Testa fusiformis! elongata; anfractibus convexis; costis axialibus crassis rotundatis; funiculis spiralibus super costas decurrentibus; ex iis plerumque tribus majoribus quam aliis, duobus in medio anfractum, alio prope suturam posticam; canali antico angusto elongatoque. L. 17.^{mm} Ang. sp. 36.º

Coquille fusiforme, allongée, pourvue de 6 ou de 7 côtes lourdes émoussées. Sa surface est couverte de cordonnets et de filets spiraux, dont généralement trois sont plus développés que les autres; deux coïncident à la moitié des tours, formant une espèce de carène, le troisième tout près de la suture postérieure; dans le dernier tour il y en a plusieurs à la base, où il arrive souvent qu'entre deux cordonnets il y en a un plus petit interposé. Sur la surface, à l'aide de la loupe, on distingue les marques d'accroissement, qui tout près de la suture sont courbées et arquées comme dans le gen. *Surcula*.

Cette espèce ressemble beaucoup à une coquille du tertiaire supérieur d'Italie, c'est a dire la *Pleurofusia lathiriformis* Bell (Bell, Moll. Piem e Lig. pl. 2, f. 23) mais elle provient d'une localité très éloignée et d'un autre horizon géologique.

Elle a beaucoup d'analogie avec la *Pl. servata* Conr. (1850. Conrad Obs. Eoc. form and descr. 165 new. foss. Vicksburg etc. p. 115, pl. 11, f. 18); elle en diffère par le nombre et la disposition des cordonnets, qui dans la *servata* sont égaux entre eux et disposés régulièrement. Je crois qu'en étudiant mieux plusieurs exemplaires, de Vicksburg il pourrait arriver qu'on dût retenir la nôtre comme une variété de la même espèce.—(Coll. mon Cabinet).

Pleurotoma (Pleurofusia) tiprapa De Greg.

Pl. 2. f. 28 gross.

Testa fusiformis, solidiuscula, potius angusta; filis spiralibus paulo obsoletis; costis circiter 7 ad anfractum, crassis, brevibus, rotundatis, postice evanescentibus L. 10.^{mm}

Cette espèce partage des sougen. *Pleurofusia, Surcula, et Drillia.* Elle diffère de la *Pl. longisostropsis* De Greg., par le manque des cordonnets spiraux et par le canal antérieur plus court. Elle diffère de la *Drillia Lonsdali* Lea (avec laquelle elle a une très grande affinité) par le canal antérieur plus long., les tours moins comprimés près de la suture et moins marginés.

. Du Bassin de Paris elle ressemble à la *Pl. Larteti* Desh. (A. sans vert. Bassin pl. 97, f. 15-17), elle diffère de celle-ci par les côtes qui sont moins, noduleuses et plus arrondies.—(Coll. mon Cabinet).

Pleurotoma (Drillia) solitariuscula De Greg.

Pl. 2. f. 29 gross. f, 30 gr. nat.

Testa ovato-fusiformis, laevigata; costis brevibus, obliquis, circiter 10, postice complanatis, in ultimo anfractu obsoletis; labro externo postice prope suturam profunde et arcuatim emarginato; labro interno paulo incrassato; canali antico et lato brevissimo. L. 13.^{mm}

Coquille lisse ovato-fusiforme; les côtes tendent à s'effacer, elles sont très obliques, courtes, arrondies, oblitérées postérieurement, dans les derniers tours elles disparaissent presque du tout. L'échancrure du labre externe est profondément arquée et rapprochée de la suture postérieure; avec la loupe on peut distinguer les marques d'accroissement. Le canal antérieur est très court, large et ouvert. Le bord externe postérieurement est profondément échancré.—(Coll. mon Cabinet).

Pleurotoma (Drillia) surculopsis De Greg.

Pl. 2, f. 31 gross. f. 32 gr. nat.

Testa fusiformis, laevigata; anfractibus convexiusculis, postice vix compressis; primis anfractibus obsolete costatis; costis tenuibus, latis, cancellatis; vix visibilibus; apertura ovata angulata; canali antico maxime brevi, lato; rima profunda arcuata, in depressione postica contempta. L. 15.^{mm} *Ang. sp 30.*^{o}

Cette Pleurotome est intermédiaire entre le sougen. *Drillia* et le sougen. *Surcula*. Elle est très voisine de la *Pl. Surcula taltibia* De Greg., de laquelle elle diffère par le canal antérieur plus court et plus large, les côtes des premiers tours, la surface dépourvue de filets spiraux. Elle diffère de la *Pl. (Drillia) solitariuscula* parce que les côtes disparaissent dans les derniers tours, même dans le premiers tours elles sont beaucoup moins développées que dans l'espèce citée. C'est aussi par l'ornamentation qu'elle diffère de la *Pl. depigis* Conr., à laquelle elle ressemble par la forme de la spire. – (Coll. mon Cabinet).

Pleurotoma (Drillia) Lonsdali Lea.

Pl. 2, f. 33 gross. f. 34 profil montrant l'échancrure: f. 62 * reprod. de Lea.

1833. *Pleurotoma Lonsdali* Lea Lea Contr. Geol. p. 132, pl. 4, 1865. *Drillia Lonsdali* Lea Conrad Cat. eoc. olig. sh. Un.
1848. f. 124. St. p. 18.
» » » » Bronn, Ind. Pal. p. 1006. 1866. » » » Conrad Check List p. 18.
» » » Lea Cat. Tert. Test. p. 12.

Testa subfusiformis, sublaevigata, vel obsolete striata; spira conica vix pupoides ; costis circiter 10, potius brevibus, latis, rotundatis paulo cancellatis, postice ante suturam subito evanescentibus; anfractibus postice apud suturam paulo excavatis; suturis marginatis; ultimo anfractu antice obsolete striato ; apertura lanceolata ; labro interno incrassato praesertim postice, in medio arcuato ; labro externo postice emarginato; rima arcuata in depressione postica anfractus sita, in propinquitate suturae; canali antico brevissimo L. 10.^{mm} *Ang. sp. 27.*^{o}

C'est une des pleurotomes moins rares et plus caractéristiques des Claiborne. En latin je l'ai décrite minutieusement, de sorte que je ne peux ajouter que quelques d'étails. Les côtes sont courtes, car antérieurement elles sont couvertes par le bord du tour, suivant, postérieurement elles disparaissent rapidement donnant lieu à un petit espace qui est un peu concave et qui s'étend le long de la suture en la bordant avec un petit relief. La surface de la coquille est lisse, ordinairement elle est striée dans la partie antérieure du dernier tour; ces stries quelquefois sont un peu marquées, quelquefois effacées.

La surface des tours est presque toujours lisse et on n'y aperçoit aucune strie, mais dans quelque rare exemplaire on y distingue quelques stries effacées. M. Lea dit qu'elle est « transversely faintly striate » mais dans la figure qu'il en donne on n'aperçoit aucune strie. Certes, il me semble que cette espèce se présente plutôt lisse que striée.

Je doute qu'on devra référer à l'a même espèce la *Pl. missipiensis* Conr (1850 Conrad Observ. eoc. descr. 150 new foss. Vicksburg p. 115, pl. 11. f. 17) comme un synonyme, ou tout au plus comme une variété.—(Coll. mon Cabinet).

Pleurotoma (Drillia) Pinaculina De Greg.

Pl. 2, f. 36 gross., f. 37 détail, f. 38 profil de l'échancrure.

Testa minuta, angusta, elongata, turrita, fusiformis; spiraliter minute striata; anfractibus in medio subangulatis, antice convexiusculis, plicatis, postice concavis ; plicis tenuibus obliquis subcancellatis; striis confertis, maxime minutis; suturis marginatis. L. 8^{mm} Ang. sp. 20.°

Cette espèce est très voisine de la *Pl. (Drillia) Lonsdali* Lea; elle en diffère par l'angle spiral plus petit, les côtes beaucoup moins développées et par les stries spirals. Celles-ci sont extrêmement fines, il faut une forte loupe pour les distinguer. L'échanvrure est à peu près la même que dans la *Lonsdali,* c'est à dire comme dans le gen. *Surcula.*

Coll. mon Cabinet.

Pleurotoma (Drillia) abundans Conr.

Pl. 2, f. 35, gross. 35, profil de l'echanvrure.

1850. *Pleurotoma abundans* Conr. Conrad Observ. Eo . form. descr. 105, new, foss. Vicksburg. p. 115, pl. 11, f. 35.— 1865. *Drillia* Idem, Conr. Cat. Eoc. Oligoc. sh. p. 19.—1866. Idem, Conrad Check, List. p. 19.
Var. pulchreconcha De Greg.

Testa mitraeformis, elongata, angusta; anfractibus circiter 8, axialiter costatis spiraliter funiculatis; costis circiter 15 ad anfractum, regularibus, rectis, interstitia subaequantibus, postice ante suturam abrupto evanescentibus; funiculis spiralibus regularibus 4 ad anfractum, sed circiter 8 in ultimo anfractu, etiam super costas decurrentibus; ultimo anfractu brevi, subcylindraceo, circiter ¹/₃ quam tota longitudine testae; suturis marginatis. L. 10.^{mm} Ang. sp. 27.°

Coquille très élégante, mitriforme; la spire est très légèrement pupoïde dans le milieu, avec le sommet très aigu; le dernier tour est à peu près ¹/₃ de toute la coquille. Les côtes sont droites comme dans la *Pl. (Dr.) Lonsdali,* mais plus longues et un peu plus nombreuses ; elles disparaissent près de la suture postérieure donnant lieu à un petit espace déprimé qui reste interposé entre les côtes et la suture. Dans cet espace on distingue des filets spirals linéaires très fines et les signes d'accroissement qui les croisent; ceux-ci ont précisément la forme de l'échancrure du labre externe qui coïncide dans cette dépression; l'échancrure est arquée et peu profonde.

Les cordonnets spirals sont ordinairement 4 dans chaque tour; dans le dernier naturellement il y en a davantage, car ils continuent jusqu'à l'extremité antérieure. Dans le petit espace déprimé, qui borde le sutures, il y a tout près de celles-ci une espèce de côte spirale dans laquelle on trouve souvent quelque trace de crénelure ou de granulation, dûe à une espèce de commencement de côtes interrompues.

J'ai donné à mes exemplaires un nom particulier, car M. Conrad a donné deux figures différentes, qui laissent beaucoup à désirer. Néanmoins l'identifications de nos exemplaires me semble sûre.. Je crois qu'il est probable qu'on doit rapporter à cette espèce les formes référées par Heilprin à la *Pl. acuminata* Sow. Les figures donnés par Edwards. (Eoc. Moll. pl. 27 f. 3 a c.) ressemblent beaucoup aux exemplaires de Claiborne; ceux-ci diffèrent un peu par la forme des tours, par le canal antérieur et par l'ornementation.

Elle est analogue de la *Pl. Lojonkairii* Desh. (Coq. Par 1 ed. pl. 65, f. 18-20), mais elle en diffère par le sillons suturals.

Coll. mon Cabinet.

Pleurotoma (Drillia) laevis Conr ?

1865. *Drillia levis* Conr. Conrad Cat. Eoc. olig. sp. sh. p. 19. — 1866. Idem Conrad Check List. p. 18.

Cette espèce n'a pas été figurée ni décrite, au moins que je sais, mais seulement nommée ; ainsi je crois qu'on doit l'hôter des catalogues.

Loc. M. Conrad donne pour *habitat* Claiborne.

Pleurotoma (Drillia) fita De Greg.

Pl. 2. f. 39-40 le même exempl. gross. de deux côtés, f. 41 détail de l'échancrure.

Testa fusiformis, elegans, minute spiraliter striata, axialiter costata; costis crassiusculis rotundatis postice complanatis; striis raris, finissimis; primis tribus anfractibus laevigatis, canali antico angulato.

C'est une espèce très intéressante, qui ressemble extrêmement au genre fusus, auquel on pourrait bien la référer, car les signes d'accroissement, qui font voir l'échancrure, ne sont pas visibles du tout. Comme le bord externe est ordinairement un peu cassé c'est presque impossible de la reconnaître comme une pleurotome. Néanmoins, en l'observant avec une loupe assez forte, j'ai arrivé à découvrir la démarche de l'échancrure qui est peu profonde; elle située dans la dépression postérieure des tours près de la suture.

Cette espèce ressemble beaucoup à la *Pleurotoma tubulata* Conr. que j'ai rapportée au sougenr. *Raphitoma*. Elle en est distinguée par les tours non anguleux et par les côtes aplaties postérieurement. J'en possède deux exemplaires.

Coll. mon Cabinet.

Cochlespira Conr. (1865).

Conrad proposa ce genre pour la *Cochl. elongata* Conr. (Conrad Descr. new Eoc. Shel. Un. St. p. 142). Cette espèce a été figurée par Conrad dans un autre mémoire, inséré aussi dans l'Am. Journ. Conch., c'est à dire « Descr. New Eoc. shel. and references p. 210 pl 21 f. 127 ». Il référa à ce même genre la *Coch. bella* Conr. Loc. cit. p. 210, pl. 21, f. 6.

Conrad proposa ce genre pour les trois espèces suivantes: *Cochl. elongata* Conr., *bella* Conr., *vistata* Conr., les deux premières ont été figurées dans son mémoire (Descr. New. Eoc. Shells and references p. 210, pl. 21 f. 6, 12), la troisième dans un autre travail.

En examinant ces figures, il me parait que le gen. *Cochlespira* ne diffère pas assez du gen. *Perrona* Schumacher 1817 (Chenu Manuel p. 146, f. 645) pour justifer la création d'un nouveau sougenre; ces espèces en effet ressemblent extrèmement au type de la *Pleurotoma spirata* Lamark, qui est le type du gen. *Perrona*.

Pleurotoma (Cochlespira) engonata Conr. sp. dub.

Pl. 2. f. 42 * repr. de Conrad.

1865. *Conrad*. Catal. eoc. oligoc. sh. p. 20. — 1865. Idem Descr. new eoc. shells. Un. Stat. p. 142.— 1865. Idem Descr. new eoc. shells and references p. 210 pl. 21, f. 21.

Testa elongata, fusiformis, terebriformis, spiraliter funiculata; anfractibus carinatis crenulatisque; canali oblongo.

Je l'ai référée au même genre auquel elle a été rapportée par M. Conrad, mais j'ai expliqué (à propos. du gen. *Cochlespira*) les raisons par lesquelles je crois que celui-ci n'est pas autre chose qu'un synonyme du gen. *Perrona* Schum.

Loc. Claiborne et Texas.

Tripia De Greg.

Testa fusiformis, laevigata, crassiuscula, acostata, subcarinata; ultimo anfractu tricarinato; rima in carena contempta vel in pheripheria anfractuum, non autem juxta suturam.

Je propose ce genre pour l'espèce suivante; on doit lui référer la *Pl. Clavatula laciniata* Bell., *bicarinata* Bell., *complanata* Bell. etc.

DE GREG. — *Annales de Géol. et de Paléont.*   5

Pleurotoma (Tripia) anteatripla De Greg.

Pl. 2. f. 43, 44, 45 (détail échancrure).

Testa fusiformis! sublaevigata; anfractibus vix angulatis, unicarinatis; carina costiformi, laevigata, obsoleta; ultimo anfractu tricarinato; signis accretionis linearibus cosparsis; rima angulosa in carina contempta; apertura angusta lanceolata, postice canaliculata; labro interno notato. L. 18.^{mm} *Ang. sp. 28.º*

Coquille singulière, conoïde, fusiforme allongée; les tours sont très peu convexes, presque aplatis, très légèrement anguleux et subcarenés; la carène consiste en une côte spirale ressemblant à un petit cordonnet; dans le dernier il y en trois au lieu que une seulement. L'échancrure est anguleuse, peu profonde, elle coïncide dans le dernier tour avec la carène postérieure. L'ouverture est étroite; elle forme postérieurement un petit canalicule, le bord columellaire est remarquable.

Cette pleurotome ressemble à certaines espèces que M. Bellardi référa au gen. *Clavatula*, par exemp. à la *Pl. circonfusa* Bell., *bicarinata* Bell., *complanata* Bell.; mais j'ai restreint le sens du gen. *Clavatula*; ainsi elles doivent être placés dans le gen. *Pleurotoma* sensu lato.—(Coll. mon Cabinet).

Pleuroliria De Greg.

Testa fusiformis, turrita, sine costis axialibus; costis spiralibus liratis, cariniformibus; striis accretionis linearibus, filosis; labro externo intus costato; rima in angulo peripherico contempta.

Il me parait un sougen. de Pleurotome très naturel; le labre externe extérieurement plié, les signes d'accroissement filiformes (pas striiformes comme à l'ordinaire), le manque de côtes axiales, les côtes spirales comme dans le gen. *Turritella*, tous ces caractères me semblent bien suffissants pour justifier la proposition d'un nouveau sougenre.

Je réfère a ce groupe pour type la *Pl. supramirifica* De Greg., *tizis* De Greg., décrites ci-après, et les espèces suivantes: *Pl. (Drillia?) perrara* Bell., *sulciensis* Bell., *ordita* Bell., *consanguinea* Seg., *turrita* Bell., *unifilosa* Bell., *Defrancia D'Orbignyi* Reev., *Pl. (Oligotoma) Basteroti* (Desm.) Bell., *Pl. zonulata* Edwards, *helicoides* Edw. etc.

M. Bellardi (Moll. Piem. e Lig. Vol, 2) référa toutes ces espèces au gen. *Drillio*; mais il me semble que leurs caractères ne le permettent pas, car ce sont bien différents; M. Chenu les rapporte au gen. *Defrancia*; mais M. Bellardi observe que le gen. *Defrancia* Bronn (1825) diffère de celui de Millet (1826) auquel se rapporte M. Chenu.

Ainsi le sougenre que je propose serait: *Drillia* Bell. *partim*, *Defrancia* Chenu *partim*, *Oligotoma* Bell. *partim*.

Probablement on doit référer au même groupe la *Pl. zonulata* Edw., la figure de laquelle n'a pas été bien exécutée, et peut-être même la *Pl. Stoppanii* Desh. La *Pl. turricula* Brocc. serait intermédiaire entre ce soug. et le soug. *Coronia* De Greg.

Pleurotoma (Pleuroliria) supramirifica De Greg.

an. var. cochlearis Conr.

Pl. 2, f. 46, 47-48 détail.

Testa elegantissima, fusiformis; spira conica, vix subpupoides; anfractibus bicarinatis; carinis funiculiformibus, crassis, notatis; filis linearibus spiralibus interpositis; signis accretionis filosis, erectis, linearibus, elegantissimis, angulatis, juxta carinam anticam, in ultimo anfractu juxta carinam secundam; ultimo anfractu costis spiralibus plurimis ornato; canali antico erecto, angustoque L. 14^{mm} *Ang. sp. 34.º*

Jolie petite coquille bien caractérisée par les deux carènes, qui sont presque égales entre elles, semblables à celles de certains *Turritella*, et par les filets d'accroissement qui sont anguleux et montrent que l'échancrure du labre externe coïncidait avec la carène antérieure, c'est à dire sur la seconde carène du dernier tour. Dans celui-ci il y a d'autres carènes ou pour mieux dire d'autres funicules spirals parallèles; ils ne sont pas tous de la même taille, mais il y en a quelques uns plus petits interposés. Le canal antérieur est étroit et allongé. Le labre externe et pourvu en dedans de 5 plis allongés et côteformes.

Cette espèce dans son ensemble fait rappeler de la *Pl. cochlearis* Conr. (Conr. 105 new. foss. Vicksburg, p. 115 not. XI, f. 23), mais elle a des caractères bien marqués, tandis que celle de Conrad est très confuse. Ni la figure, ni la description de Conrad suffisent à nous faire former une idée exacte de cette espèce. Même si on dût reconnaitre l'unité de l'espèce, la nôtre devrait toujours être considérée comme une bonne variété.

Cette espèce me paraît très analogue de la *Pl. zonulata* Edw. (Edwards Eoc. Moll. p. 317, pl. 32, f. 6).

Coll. mon Cabinet.

Pleurotoma (Pleuroliria) tizis De Greg.

Pl. 2, f. 49 gross.

Testa fusiformis, turrita, angusta; anfractibus tricarinatis, ex carinis mediana vix majore quam aliis; signis accretionis filosis; rima in carena mediana contempta; labro externo intus plicato; canali antico satis angusto L. 18.ᵐᵐ Ang. sp. 27.°

Très jolie coquille fusiforme, allongée, plutôt étroite. Les carènes sont trois, presque égales entre elles seulement la médiane est à peine plus proéminente; elles sont lisses, côteformes, ou pour mieux dire elles ressemblent à des vrais cordonnets; il y en a plusieurs dans le dernier tour, à la base duquel dans chaque interstice il y a un cordonnet spiral plus petit. Les signes d'accroissement sont linéaires et filiformes; le dernier tour antérieurement s'amincit beaucoup, et le canal antérieur est très étroit. Le labre externe antérieurement est pourvu de petites côtes qui correspondent aux interstices des côtes spirales externes.

Cette espèce diffère de la *supramirifica* par la forme plus élancée, et par le nombre des carènes: elle est très analogue de la *Pl. zonulata* Edw. (Eoc. Moll. p. 317, pl. 32, f. 6).

Elle a en outre quelque analogie avec la *Pl. infans* Meyer; elle en diffère par la taille beaucoup plus grande, le canal antérieur plus allongé, les tours plus nombreux, les premiers desquels sont dépourvus des costules qui se voient dans la figure donnée par Meyer (Contr. eoc. pal. Alabama, p. 75, pl. 2, f. 9). etc. etc.— (Coll. mon Cabinet).

Pleurotoma (Pleuroliria) infans Meyer.

Pl. 2. f. 50 * reprod. de Meyer.

? 1833. *Fusus nanus* LEA.   Lea Contr. Geol. p. 150.   1886. *Pleurotoma infans* MEYER.   Meyer Contr., Pal., Ala-
                                    pl. 5, f. 155.   bama, and. Miss. p. 75,
? 1879. *Pleurotoma insignifica* HEILPR. Heilpr. Proc. Ac. Not. S.   pl. 2, f. 9.
                                    Phil. p. 13, pl. 181, f. 9.

Testa turrita, fusiformis, anfractibus embrionalibus laevigatis, tribus primis potius latis, axialiter plicatis, tribus adultis carinatis; carinis tribus liriformibus; suturis simplicibus, postice cingulo costaeformi cinctis; rima interposita, paulo profunda, arcuata; signis accretionis rugosis; canali antico brevissimo patulo. L. 50.ᵐᵐ

C'est une espèce très jolie et très répandue. M. Meyer dit que les premiers trois tours, qui suivent les tours imbrionals, sont « transversely ribbed », mais pour transversely il entend dire axialement, car dans sa figure ces tours sont pourvus de costules axiales et dans les descriptions de toutes les autres espèces il prend le mot transverse toujours dans ce sens.

Il cite le *Fusus nasus* Lea comme un synonyme douteux de la même espèce. Certes, il y a beaucoup d'analogie entre les deux espèces, et ayant égard à la petite taille qu'elles acquièrent (qui rend plus difficile l'examen des caractères), considérant que Lea n'en avait qu'un petit exemplaire en partie cassé, il est probable que ces espèces soient synonymes. Quant à moi j'ajouterai qu'examinant la figure de Lea avec la loupe, j'ai vu, dans la partie postérieure du dernier tours, quelques riddes arquées semblables à des signes d'accroissement. Il peut arriver que ce phénomène échappa à M. Lea, mais non pas au dessinateur.

M. Aldrich rapporte aussi à la même espèce avec des doutes, la *Pleurotoma insignifica* Heilpr. Ne connaissant pas cette espèce je ne puis pas me prononcer la dessus.

Loc. Claiborne? (Alabama); Red. Bluff (Missauri); Newton (Miss.); Vicksbrurg (Miss.)

Pleurotoma (Pleuroliria ?) subdeviata De Greg.

(an. Pleur. decliva Conr. var.)

Pl. 2, f. 51 gross. 52 détail.

Testa fusiformis, turrita, anfractibus tricarinatis; ex carinis duabus majoribus anticis appropinquantis, caetera apud suturam posticam; filis spiralibus confertis; labro externo intus plicato, plicis oblongis, rima non distante a sutura, fere ut in gen. surcula.

Cette espèce, par la disposition des carènes et par la forme des stries d'accroissement ressemble beaucoup à la *Pl. (Pleurofusia) titrapa* De Greg.; elle en diffère par le manque des côtes axiales, et par les plis du labre externe.

Elle est analogue de la *Pl. tixis supramirifica*, mais elle en diffère par l'échancrure qui ne coïncide pas avec l'angle périphérique des tours, ni avec la carène, mais avec la dépression interposée entre la carène médiane et la carène suturale. Elle en diffère en outre par la forme et la disposition des carènes, dont il y en a trois, comme dans la *tixis*, mais différemment disposées : c'est à dire deux antérieures rappochées entre elles et une troisième postérieure tout près de la suture.

C'est par l'analogie de la forme et des principaux caractères, que j'ai référé cette espèce à ce genre, quoique la position de l'échancrure est différente.

Cette espèce est très analogue de la *Pl. helicoides* Edw. (Eoc. Moll. p. 319 p. 32 f. 7). Elle ressemble beaucoup à la *Pleur. decliva* Conr. (Conrad 105 new foss. Vicksb. p. 116 pl. XI f. 27), mais la description donnée par Conrad ne correspond pas aux caractères de nos échantillons. En tout cas ils devraient être considérés comme une bonne varieté; d'autre côté les limites entre cette espèce et la *Pl. Cochlearis* Conr. seraient tout à fait détruites.—(Coll. mon Cabinet).

Moniliopsis Conr ?

Ce genre a été proposé par Conrad pour l'espèce suivante et, comme l'est elle même, il me semble aussi très douteux. M. Tryon. (Struct. Syst. Conch. p. 183) le regarde comme une synonyme du gen. *Drillia*.

Pleurotoma (Moniliopsis) elaborata Conr.

Pl. 2, f. 43 * reprod. de Conrad.

1832.	*Pleurotoma elaborata* Conr.			Conrad Foss. Shell. p. 52, pl. 17 f. 18.	1860.	*Turris retifera* Gabb.	Gabb. Journ. Arc. Nat.
1834.	»	»	»	Morton Org. Rem. Appendix 4.	1865.	*Moniliopsis elaborata* Conr.	Conrad Cat. eoc. oligoc. sh. p. 19.
					»	» » » »	Conrad descr. new. eoc. sh. Un. St. p. 143
1848.	»	*elaboratum*	»	Lea Cat. Ter. Test. p. 12.			
1850.	»	*elabora*	»	D'Orbigny Prodr. p. 359.	1866.	» » »	Conrad Check List. p. 18.

Testa elongata, angusta, fusiformis, turrita; anfractibus spiraliter striatis; striis signa accretionis decussantibus; apertura minore quam $\frac{1}{3}$ totius longitudinis testae.

C'est une espèce très douteuse, dont je ne possède aucun exemplaire; ni la figure, ni la description de Conrad me semblent bien suffisantes. J'ai quelque doute que son exemplaire ait été cassé antérieurement et que son espèce soit la même de celle décrite par Lea sous le nom de *Pleurotoma Lesseuri*; dans ce cas, malgré la priorité de son nom, je crois qu'on devrait retenir celui de Lea, qui est de sûre et facile identification. Conrad (dans son Cat. synon. eoc. shells Alabama) ne cite pas ces espèces; mais dan son catal. eoc. oligoc. sh. et dans la Check List il cite la *elaborata* et non pas la *Lesseuri* Lea.

Genota Adams 1853.

Selon Adams et Chenu, ce genre réunit les espèces mitriformes avec les tours finément cancellés, l'ouverture allongée, le canal court, l'échancrure du labre externe profonde (type mitraeformis Kiener). M. Bellardi (Moll. Piem e Lig. p. 82) a mo-

difié un peu cette définition; par exemple, il ne parle pas des tours finément cancellés. Je crois que le caractère de la sculpture, consistant en des filets spirals linéaires tréillissés, c'est de quelque importance; malgré que M. Bellardi n'en parle pas,
les espèces qu'il lui rapporte ont ce caractère.

Pleurotoma (Genota) Lesseuri Lea.

Pl. 2, f. 54 gross. f. 55 détail f. 56 * reprod de Lea.

1843. *Pleurotoma Lesseuri* LEA. Lea Contr. geol. p. 137 pl. 4, f. 133.—1848. Idem Bronn Ind. Pal. p. 1006.—1848. Idem
Lea Cat. Ter. Test. p. 12.

*Testa fusiformis, submitriformis, potius solida, maxime elegans; spira substromboides, oblonga apici
acuminata; anfractibus vix convexis, postice vix depressis, funiculis spiralibus densis, praesertim in
parte postica (ubi sunt paulo angustiores occurritque funiculus major quam aliis); signis accretionis crispis, subfilosis, in primis anfractibus pliciformibus; rima ut in gen surcula nempe arcuata
juxta depressionem anfractuum; apertura oblonga angusta; labro externo paulo divaricato, postice
subanguloso; canali antico brevi, aperto l. 17.mm Ang. sp. 35.º*

C'est une des coquilles plus jolies de Claiborne. La surface est couverte d'un réseau de filets spirals et axials; ceux-ci correspondent aux signes d'accroissement et dans les premiers tours ils grossissent en se transformant en de vrais plis, c'est un
phénomène très curieux et rare. Ils sont naturellement de la même forme que l'ouverture ou pour mieux dire du bord externe,
dont l'échancrure coïncide avec la dépression des tours. Dans cette dépression les filets spirals deviennent plus fins et plus
nombreux; un d'eux s'accroit de manière à devenir un cordonnet. L'ouverture de l'exemplaire figuré est plus élargie que de
coûtume à cause d'une fracture réintégrée par l'animal. Il n'est pas difficile que la *Pl. exilloides* Aldr. soit une variété de
la même espèce.

M. Conrad (List. names synon. Alabama) considère cette espèce comme un synonyme de la *Pl. alternata*, mais son opinion ne me semble pas justifiée, car ce sont deux formes assez distinctes comme j'ai fait déjà remarquer en parlant de la
alternata.—(Coll. mon Cabinet).

Pleurotoma (Genota) exilloides Aldr.

Pl. 2, f. 57 * reprod. de Aldrich.

1885. *Pleurotoma exilloides* ALDR. Aldrich. Prel. Report. ter. foss. Alabama and. Miss. p. 30, pl. 3, f. 9.

J'ai quelque doute à propos de cette espèce, car je pense qu'il pourrait arriver qu'on doit la référer à la *Lesseuri* Lea.
M. Aldrich dit qu'elle est « transversely striated » mais, ordinairement les stries se confondent avec les cordonnets.

Il dit en outre qu'elle est pourvue d'une « rather strong impressed line just below suture »; ce caractère pourrait corre-
spondre au cordonnet sutural de la *Lesseuri*.

Je n'en possède aucun échantillon, ainsi je ne puis rien ajouter à ces observations.

Loc. Wood's Bluff (assise inférieure), Alabama.

Pleurotoma (Dolichotoma) congesta Conr.

Var. refervens De Greg.

Pl. 2, f. 58, 60 un exempl. de deux côtes; 59 détail du même exempl.; f. 61 un jeune exempl. gross.

*Testa ovata, fusiformis, potius lente crescens; anfractibus angustis, planiusculis, in medio vix exca-
vatis; funiculis filiformibus, spiralibus, densis, subgranulatis, basi autem ultimi anfractus simplicibus;
signis accretionis crispis, funiculos secantibus; rima potius profunda in convexitate antica contempta;
primis tribus anfractibus laevigatis, quarto anfractu oblique plicato (plicis sinistrorsis); plicis reliquorum
anfractuum tenuibus, granulosis, dextrorsis, crenuliformibus, in ultimis anfractibus evanescentibus,*

vel fere; suturis linearibus ; obsoletis ; apertura angusta, postice angulata canaliculataque ; canali antico brevissimo; labro externo intus plicato. L. 25.^{mm} Ang. sp. 42.º

Nos exemplaires ressemblent beaucoup à ceux figurés par Conrad; mais comme ils présentent quelque différence et que la description qu'il en donne n'est pas suffisamment particularisée, et comme ses figures laissent beaucoup à desirer, j'ai cru plus prudent considérer mes exemplaires comme une variété de la même espèce. Elle ressemble à la *Pl. cataphracta* Brocc.; je n'ai rien a ajouter à la diagnose latine ; mais je dois faire quelques observations qui m' ont été sugérées de l' examen des espèces voisines.

Notre espèce en effet a beaucoup d'analogie avec la *Pl. turbida* Brander, de laquelle elle diffère seulement par l'échancrure du bord externe, qui dans nos exemplaires ne coïncide pas dans la dépression médiane des tours, mais dans la convexité antérieure.

M. Edwards (Eoc Moll. p. 311, pl. 42, f. 2) donna la description, la synonymie et la figure d'une pleurotome en la référant à la *Pleurotoma turbida* Sol. Il dit que la *Pl. colon* Sow., c'est un synonyme de la même espèce, mais que la *Pl. colon* Desh. est différente. La *Pl. colon* Deshayes (Coq. Paris p. 492, pl. 66 f. 4-7) me parait différente de la *Pl. colon* Sow. et identique à l'espèce figurée par Brander sous le nom de *Murex turbidus*. L'espèce figurée par Edwards. me semble différente de la *Pl. turbida* et identique de la *Pl. colon* Sow. Les côtes de la *Pl. turbida* Brand. (Foss. Hant. pl. 2, f. 3) sont disposées en deux séries, les tours sont affaissés an milieu; le sinus du labre est situé précisément dans cet affaissement. La *Pleurotoma colon* Desh. non Sow, correspond bien à la *turbida*.

La *Pl. colon* Sow. (Min. Conch. p. 106, pl. 146; f. 7-8) a les tours plus renflés et noduleux, l'échancrure placée à la périphérie des tours. La *Pl. turbida* Edw. (non Sol.) lui correspond bien.

La *Pl. turbida* Nyst. (Coq. et Pal. Belgique p. 513, pl. 40, f. 8) me semble différente de toutes deux les espèces, mais plus voisine de celle de Brander que de celle de Sowerby.

En résumé je crois qu'on a affaire avec quatre espèces; savoir: *Pl. refervens* De Greg., *Pl. turbida* Brand (colon Desh.), *Pl. colon* Sow. (turbida Edw.), *Pl. turbida* Nyst. Pour celle-ci je propose le nom de *Lethensis* car c'est à Lethen (en Belgique) qu' on la retrouve.

La *Pleurotome* figurée par Beyrich (Conch. Ter. pl. 29 f. 9), mais pas décrite, a beaucoup d'affinité avec la même espèce. Coll. mon Cabinet.

Pleurotoma (Raphitoma) coelata Lea.

Pl. 3, f. 2 * repr. de Lea.

1833. *Pleurotoma coelata* LEA.	Lea Cont. Geol p, 132 pl. 4	1848. *Pleurotoma coelata* LEA.	Bronn Ind. Pal. p. 1002.
	f. 123.	» » *coelatum* »	Lea Cat. Ter. Test. p. 12.
1834. » » »	Conrad. List. Names Synon.	1865. *Surcula coelata* »	Conrad. Cat. Eoc. oligoc. p. 18.
	Eoc.	1866. » »	Conrad Check. L. p. 18.

Testa solidiuscula, fusiformis, turrita, carinata, axialiter spiraliter finissime striata; anfractibus subangulatis, postice concavis; apertura angusta; circiter $^1/_2$ longitudinis totius testae.

M. Conrad, dans le Catalogue publié dans l'appendice de l'ouvrage de Morton (Org. Rem), rapporte cette espèce comme un synonyme de la *Pl. tabulata*. Dans le « Cat. eoc. olig. » publié plusieurs années après, il note la *Pl. coelata* comme une espèce à part (p. 18) et en suite (à pag. 18) comme un synonyme de la *Pl. tabulata*. Certes, ce sont deux formes très voisines et il pourrait arriver qu'on dût référer l'espèce de Conrad comme un synonyme de celle de Lea, mais il y a quelques différences dont je parlerai à propos de la *tabulata*.

Loc. Claiborne.

Pleurotoma (Raphitoma) rignana De Greg.

Pl. 3. f. 1 gross.

Testa borsoniopsis, potius solida, spiraliter finissime striata; anfractibus concavis, subangulatis; costis 6, nodosis; apertura pyriformis, $^1/_2$ totius longitudinis testae; labro externo apud suturam arcuato L. 12.^{mm} Ang. sp. 40.

C'est une espèce très voisine de la *celata* Lea et de la *tabulata* Cònr.; elle diffère de la première par les côtes plus développées et moins nombreuses, et de la seconde par l'angle spiral plus grand et par la forme plus accourcie.

Coll. mon Cabinet.

Pleurotoma (Raphitoma) tabulata Conr.

Pl. 3, f. 3 * reprod. de Conrad.

1832. *Pleurotoma tabulata* CONR. Conrad Foss. Shells p. 50.		1848. *Pleurotoma tabulatum* CONR. Bronn Ind. Pal. 14.
		pl. 17 f. 14.	1850. » tabulata » D'Orbigny Prod. p. 359.
1834. » » » Idem List. nam. a. synon.	1865. *Surcula* » » Idem Cat. Eoc. oligoc. p. 19.
1848. » tabulatum » Lea Cat. Ter. Test. p. 13.	1866. » » » Idem Check List. p. 18.

Testa fusiformis, potius oblonga sublaevigata; anfractibus convexis, subangulatis; costis nodulosis, crassis; apertura angusta; rima ut in gen. surcula. L. 35.^{mm} Ang. sp. 37.º

M. Conrad considère la *Pl. coelata* Lea comme un synonyme de celle-ci; mais j'ai observé plusieurs caractères différentiaux. La *Pl. tabulata* a la surface plus lisse, la taille plus développée, l'angle spiral plus petit, l'ouverture plus étroite et les côtes moins nombreuses, les tours non allongés, canaliculés postérieurement ; malgré cela elle est toujours une espèce très analogue de celle de Lea ; elle pourrait même se continuer avec celle-ci par des passages intermédiaires, que je ne connais pas. M. Bronn et M. D'Orbigny suivent la même opinion sans faire aucune observation.

Je possède deux exemplaires de cette belle espèce.—(Coll. mon Cabinet).

Mangelia (Leach 1816) Bellardi 1825.

Je crois que la seule différence entre ce genre (rectifié par le grand malacologiste italien) et le gen. *Raphitoma* est celle-ci: le labre externe dans le gen. *Raphitoma* est un peu sinueux, mais toujours simple; tandis que dans le gen. Mangelia, il est épaissi, l'échancrure coupant la varice.

Pleurotoma (Mangelia) meridionalis Meyer.

Pl. 3, f. 4 * reprod. de Meyer.

Testa subovata, fusiformis; nucleo duobus anfractibus laevigatis, duobusque carinatis efformato; 5 anfractibus convexis, axialiter costatis; spiraliter funiculatis; costis circiter 30; funiculis linearibus magis densis in parte postica (ubi est rima) quam in antica; rima lata, apud suturam; labro externo varicoso.

En regardant la figure de Meyer elle me parait plutôt une *Raphitoma* qu'une *Mangelia*; mais M. Meyer, dans la description qu'il en donne, parle bien clairement de la varice du bord externe.

Loc. Claiborne (Ala); Red Bluff Missouri.

Pleurotoma terebriformis Meyer.

Pl. 3, f. 5 * (reprod. de Meyer).

1886. Meyer Contr. to the Eoc. Pal. Alabama and Mississipi p. 75, pl. 2, f. 8.

Testa angusta, fusiformis; anfractibus embrionalibus laevigatis; adultis 7 vel 8, prope suturam anticam et posticam cingulo costaeformi praeditis, in medio carinatis; carina dupla, nodulifera; rima in carina comtempta!

La figure donnée par l'auteur laisse beaucoup à désirer, de sorte qu'il n'est pas facile à reconnaitre cette espèce.
Loc. Claiborne, Alabama (rare); Newton Missouri; Weelock, Texas.

Pleurotoma tenella Conr.

Pl. 3. f. 6, gross., f. 7, détail.

1850. *Pleurotoma tenella* Conr. Conrad Observ. eoc. form. descr. 105, new. foss. Vicksburg, p. 115, pl. 11, f. 22.

Testa subfusiformis, conoidea; anfractibus planis; costis axialibus minutis, subrectis, prope sutu-
ram a sulco spirali profundo interruptis; ultimo anfractu antice funiculis spiralibus ornato; rima
potius lata, angulosa, in parte peripherica contempta. L. 12.^{mm} Ang. sp. 38.º

Cette espèce ressemble à plusieurs autres de ses congénères; mais ses ornements sont particuliers. Les côtes sont petites,
presque droites, plutôt nombreuses; postérieurement elles sont coupées par un sillon profond. La base du dernier tour est
pourvue de cordonnets spirals remarquables; dans la partie postérieure des tours on distingue quelques filets spirals irréguliers
et presque effacés. M. Conrad rapporte cette espèce parmi les fossiles de Vicksburg, c'est à dire à un horizon moins ancien
que celui de Claiborne.

Cette espèce devrait être référée au gen. *Clavatula* « sensu lato » selon Bellardi; mais, comme j'ai limité le sens de ce
sougenre, il est préférable de l'insérer dans le gen. *Pleurotoma* « sensu lato », n'indicant pas le sougenre.

Coll. mon Cabinet.

Pleurotoma callifera Conr. sp. dub.

1833. Conrad Foss. Shells, p. 52.

Testa fusiformis; costis latis, obtusis, raris; anfractibus postice complanatis, apud suturam mar-
ginatis suberectis; labro interno calloso; canali antico brevi, truncato.

Conrad, en décrivant la *Pl. gemmata*, décrit aussi cette petite espèce; mais il dit que par équivoque son dessinateur n'en
donna aucune figure, de sorte qu'on ne peut pas s'en former une idée précise.

Borsoninae De Greg.

Je propose de ranger les pleurotomes avec la columelle pliée en une sous-famille speciale.

Le nombre des espèces et des sougenres appartenant à la section du gen. *Borsonia* et les caractères différentiaux remarquables, que ce groupe presente, m'ont persuadé à le considérer comme une sous-famille particulière.

Borsonia Bell. 1837.

M. Bellardi proposa ce genre pour les Pleurotomes avec la columelle pliée. M. Rouault en 1848 proposa le gen. *Cordiera*
pour des espèces très analogues à celles que M. Bellardi avait référées au gen. *Borsonia*; ainsi son nom passa parmi les
synonymes, car celui-ci avait le droit de la priorité.

M. Bellardi en 1875 modifia un peu le sens du gen. *Borsonia*, en le limitant beaucoup et en proposant d'autres genres.
Or il me parait qu'il serait mieux de retenir le sens de *Borsonia* « sensu lato » en y référant aussi, par exemple, toutes les
espèces qu'il rapporta au gen. *Aphanitoma*. Tout au plus on peut retenir celui-ci comme un sougenre.

C'est aussi au gen. *Borsonia* que je rapporte le sougen. *Zelia* De Greg., quoique il présente des caractères différentiaux
de grand poids, de sorte qu'on pourrait le considérer même comme un genre à part.

Zelia De Greg.

Testa mitraeformis; anfractibus postice profunde caniculatis; rima profunda in canaliculo con-
tempta; plicis columellaribus notatis; labro externo intus plicato.

J'ai déjà dit quelque chose sur ce genre en parlant du gen. *Borsonia*. Les caractères, par lesquels notre genre s'en distingue, sont les suivants: l'échancrure est profonde et placée dans un profond canal qui se continue le long de tous les tours; le labre externe est pourvu de plis ayant la forme de petits cordonnets; manquent les grandes côtes axiales, qui ordinairement donnent aux *Borsonies* un aspect un peu rude; la surface est treillissée de sillons granuleux, de plis ou de riddes.

Je rapporte à ce genre la *Zelia sativa* De Greg. (type) et la *Z. lineata* Edwards.

M. Conrad (1850. Observ. eoc. form. Vicksburg p. 120) décrit une espèce, qui dans son ensemble a de l'analogie avec la *B. sativa* De Greg. et il proposa le gen. *Scobinella*. Voilà la définition qu'il donne pour ce genre: « Shell subfusiform, with a deep angular sinus in the labrum as in *Pleurotoma*, spire long, turreted; pillar lip wanting; columella with plaits decreasing in size downwards as in Mitra; canal short ». Or, tous ces caractères, comme M. Tryon a déjà observé, correspondent à ceux du gen. *Borsonia* qui a la priorité. On doit donc le considérer comme un synonyme, ce qu'ont fait M. Fischer et M. Zittel.

Borsonia (Zelia) sativa De Greg.

Pl. 3, f. 8-10; f. 10 gross,, f. 9 forme de l'échancrure, f. 8 deux tours grossis.

Testa mitraeformis, perelegans sulcis spiralibus axialibusque angustis, profundis, clathratis, granula efformantibus; granulis latis; suborbicularibus; anfractibus in medio profunde canaliculatis; uno vel duobus cingulis minute granuliferis per canalicum decurrentibus; apertura angusta; rima profunda in canaliculo contempta; labro columellari triplicato, plicis notatis antice decrescentibus; labro externo intus plicato, sublirato; canali brevissimo, patulo. L. 17.^{mm} Ang. sp. 35.º

C'est une des espèces plus jolies de la faune de Claiborne. Les sillons sont aussi profonds qu'en se croisant ils donnent naissance à des séries de granulations disposées spiralement et axialment; comme ces sillons à la base du dernier tour sont un peu plus profonds et plus droits que les axials, les granulations semblent disposées spiralement. Le canalicule, où est enfoncée l'échancrure et très marqué et profond, de sorte qu'à regarder la coquille sans l'aide de la loupe, la spire parait étagée, et les sutures des tours semblent coïncider avec les canalicules, tandis que les sutures, au contraire, sont tout à fait linéaires et presque invisibles. Dans cet affaissement il y a une ou deux séries de grains sans comparaisons plus fins que ceux de toute la surface. L'ouverture est étroite; le bord externe est mince, plié en dedans avec la forme d'une aile; le columellaire est pourvu de trois plis décroissant d'arrière en avant; le canal antérieur est extrêmement raccourci.

Cette espèce est analogue de la *lineata* Edwards. (Eoc. Moll. p. 330 pl. 33 f. 14), mais elle en est suffisemment distinguée par la forme plus élancée, les granulations plus remarquables, la taille plus développée etc. etc.

Elle ressemble à la *Scobinella coelata* Conr. (New ter. foss. Vicksburg p. 120, pl. 12, f. 8, 9); mais la figure donnée par cet auteur laisse beaucoup à désirer. Quant à la diagnose. M. Conrad dit que la suture est bordée par une rangée de petits grains et que la lèvre interne est pourvue de 4 plis et quelquefois de 5 plis. Est-il possible qu'il eût équivoqué prenant le canalicule des tours pour la suture? Dans ce cas son espèce serait très voisine de la nôtre; mais, en jugeant d'après la description qu'il en donne, la *coelata* doit être bien différente.—(Coll. mon Cabinet).

Borsonia? gracilis Conr. sp. dub.

1865. *Cordieria gracilis* Conn, Conrad Proc. Acad. Nat. Sc. Philadelphia?—1865. Idem Conrad Cat. Eoc. Olig. p. 23.—1866. Idem Conrad Check List. f. 16.

Je crois que cette espèce n'a pas été figurée ni décrite. M. Conrad cite les Proceedings, mais pas la page, ni la figure. Je n'ai aucun moyen pour donner quelques détails. Je crois même que le fossile en question ne doit pas être rapporté au gen. *Borsonia*, auquel je l'ai référé comme synonyme du gen. *Cordieria*; car je crois que M. Conrad n'avait pas une idée exacte du gen. *Borsonia* ni de celui de *Cordieria*; il lui réfère en effet des espèces qui sont plutôt des vrais *Fasciolaria*.

Loc. Claiborne.

CANCELLARIDAE

Trigonostoma Blainv.

Parmi le sougenres de *Cancellaria* qui ont été proposées, celui-ci me paraît le mieux défini.

Cancellaria (Trigonostoma) Babylonica Lea.

Pl. 3, f. 11 * repr. de Lea.

1833. *Cancellaria Babylonica* LEA Lea Contr. Geol. p. 139, pl. 5, f. 34.	1850. *Cancellaria Babylonica* LEA, D'Orbigny Prodr. p. 355.
1848. » » » Bronn. Ind. Pal. 108 (*partim*).	1865. » » » Conrad Cat. Eoc. Olig. p. 31.
» » » » Lea Cat. Tert. Test. p. 15.	1866. » » » Conrad Check. List. p. 12.

Testa elegantissima, tenuis, fastigiata; turgidula, ovata anfractibus scalarinis! angulatis! antice subcylindriceis, ad angulum posticum spinosis fastigiatisque; ultimo anfractu basi profunde umbilicato, apertura spiram aequante. L. 7.^{mm}

C'est une des plus jolies espèces de Claiborne et des plus caractéristiques. La figure de Lea ne laisse aucun doute pour son identification. M. D'Orbigny dans son prodrome référa cette espèce à la *Canc. gemmata* Conr. ; ainsi qu'avait fait préalablement Conrad même. Mais en suite celui-ci se convainquit de leur différence. En effet, l'espèce de Lea est beaucoup plus raccourcie de celle de Conrad. Celui-ci, dans l'Appendice à l'ouvrage de Morton (Org. Rem.), référa la *C. Babylonica* comme un synonyme de son *alveata;* mais dans les ouvrages postérieurs il la considéra comme une espèce à part.

Coll. mon Cabinet.

Cancellaria (Trigonostoma) tera De Greg.

Pl. 3, p. 12-13, le même exempl. de deux côtés.

Testa subovata, angusta, elegans; anfractibus scalarinis! cylindraceis, postice angulatis! post carinam columellae perpendicularibus complanatisque, ad angulum crenulatis; ultimo valde umbilicato, solutoque; apertura $^{2}/_{5}$ *totius longitudinis testae.*

C'est une petite espèce très rapprochée de la *C. Babylonica* Lea, dont on pourrait (peut-être) la considérer comme une forte variété. Elle en diffère par la forme plus étroite, la spire plus allongée, l'ombilic plus grand, la carène moins épineuse.

Coll. mon Cabinet.

Cancellaria (Trigonostoma) propegemmata De Greg.

Pl. 3, f. 14-15, gross.

Testa scalarina, elegantissima; antice filis spiralibus confertis, obsoletis ornata, axialiter eleganter costata; costis sublamellosis; anfractibus angulatis! postice planis, columellae perpendicularibus; umbilico angusto; apertura trigona; labro interno biplicato; plicis tenuibus. L. 11.^{mm}

Cette espèce diffère de la *Pl. gemmata* Conr., avec laquelle elle a une très grande analogie, par la forme moins allongée, l'ombilic beaucoup plus petit. Par sa forme elle est intermédiaire entre la *gemmata* Conr. et la *babylonica* Lea.

Coll. mon Cabinet.

Cancellaria (Trigonostoma) impressa Conr.

Pl. 3, f. 16 * repr. de Conrad.

1865. *Babylonella impressa* CONR. Conrad Cat. eoc. olig. — 1865. Idem, Conrad Descr. of new. eoc. shells of Un. Stat. p. 145, pl. 11, f. 16.

Testa turrita, scalarina; anfractibus angulosis! costatis, postice autem complanatis; ultimo anfractu laevigato, sine costis praeter unam vel duas; umbilico lato, marginato.

C'est une espèce qui est liée étroitement à la *propegemmata* De Greg., dont elle diffère par le manque des côtes du dernier tour et par l'ombilic beaucoup plus large.

Loc. Claiborne.

Cancellaria (Trigonostoma) gemmata Conr.

Pl. 3, f. 18 * (repr. de Conrad).

1832. *Cancellaria gemmata* CONR. Conrad Foss. sh. p. 35.	1848. *Cancellaria gemmata* CONR. Lea Cat. Tert. Test. p. 5.	
1832-33. » » » Conr. Foss. shells 2 ed. p. 44, pl. 16, f. 10.	1850. » » » D'Orbigny Prodr. p 355 (partim).	
1834. » » » Conr. Mort. Org. Rem. Appendix.	1865. *Babylonella* » » Conrad Cat. Eoc. Oligoc. p. 32.	
1848. » » » Bronn Ind. Pal p. 210.	1866. » » » Conrad Check. List.	

*Testa subturrita, elongata, elegantissima; anfractibus postice abrupto truncatis, oblique costatis; ultimo profundo umbilicato, subsoluto; columella antice biplicata. L. 25.*mm

C'est une espèce très jolie, qui ressemble beaucoup à la *Canc. babylonica* Conr. à laquelle elle a été rapportée par D'Orbigny. Elle en diffère par la taille plus considérable, la spire plus allongée etc.

Loc. Claiborne.

Cancellaria elevata Lea.

Pl. 3, f. 17 * reprod. de Lea.

1833. *Cancellaria elevata* LEA Lea Contr. Geol. p. 141, pl. 5, f. 139.	1850. *Cancellaria alveata* CONR. D'Orbigny Prodr.	
1848. » *alveata* CONR. *partim* Bronn Ind. Pal. 208.	1865. *Babylonella* » » Conrad Cat. Eoc. Olig. p. 32.	
» » » » Lea Cat. Tert. Test. p. 5.	1866. » » » Conrad Check. List. p. 12.	

Testa subovata, elongata, subturrita, inumbilicata; spira acuminata; anfractibus axialiter plicatis.

M. Lea, dans la diagnose latine, dit que le bord columellaire est pourvu de deux plis, tandis que dans la figure on en voit trois bien distinctement. M. Lea a établi cette espèce sur un seul échantillon. Malgré tout cela, elle a été retenue par Conrad comme une bonne espèce.

Cancellaria pulcherrima Lea.

Pl. 3, f. 19 * reprod. de Lea.

1840. H. Lea Descr. new foss. Claiborne p. 99 pl. 1 f. 15.

Testa ovata, sublaevigata; spira gradata; apertura lanceolata, postice canaliculata; labro columellari arcuato, antice tenue plicato.

C'est une espèce douteuse, qui parait voisine de l'*alveata* Conr.

Cancellaria costata Lea.

Pl. 3 f. 30 * reprod. de Lea.

1833 *Cancellaria costata* LEA. Lea Contr. geol. p. 141, pl. 5, f. 140.	1884. *Cancellaria alveata* CON. *partim.* Bronn. Ind. Pal. 209. » » » » » Lea Cat. Ter. Test. p. 5.	
1834. » *alveata* CON. *partim.* Conrad Morton. Org. Rem. appendix.	1850. » » » » D'Orbigny Prodr. 1865. » *costata* LEA. » Conr. Cat. Eoc. Olig. 31.	

Testa subturrita, laevigata, inumbilicata; costis latis; columella biplicata.

C'est une espèce un peu douteuse, car la figure de Lea est très semblable à plusieurs autres de ses congénères. Conrad l'a cité dans son Catal mais, il l'a omise dans la Check List. Lea dit que le caractère principal de cette espèce consiste en les côtes, plus développées que dans les autres *Cancellaria*, et en la surface dépourvue de stries spirales.

Loc. Claiborne.

Cancellaria percostata De Greg.

Pl. 3, p. 21, gross. f. 22 un autre exempl. gross.

Testa minuta, subovata, graniformis; costis axialibus latis, crassis, subrotundatis, obsoletis, circiter 7 ad anfractum; funiculis crassiusculis, notatis; labro interno biplicato; apertura angusta, semilunari integra. L. 3.^{mm}

C'est une petite coquille qui se rapproche de la *C. costata* Lea, mais dont elle diffère par les cordonnents spirals, qui manquent dans celle-là, et par les côtes plus larges et moins nombreuses; en jugeant d'après la figure de Lea, il y en a 17 dans chaque tour, tandis que dans nos exemplaires il y en a seulement 7.

Cancellaria alveata Conr.

Pl. 3. p. 23, 24 deux exempl. gross. f. 25 * reprod. de Conrad, 26 * reprod. de Lea.

1832. *Cancellaria alveata* CONR.				Conr. Foss. shells p. 44.
1833.	»	*sculptura* LEA.		Lea Contr. Geol. p. 140 pl. 5, f. 137.
»	»	*alveata* CONR.		Conr. Foss. shells 2 ed. p. 44 pl. 16 f. 19.
1834.	»	»	» (partim).	Conrad in Morton Org. rem. app.
1848.	»	»	»	Lea Cat. Ter. Test. p. 5.
1848. *Cancellaria alveata* CONR.			(partim)	Bronn Ind.Pal.208
1850.	»	»	»	D'Orbigny Prodr. Et. 25, N. 352.
1865.	»	»	»	Conrad Cat. eoc. oligoc. p. 31.
1866.	»	»	»	Conr. Check List. p. 13.
1886.	»	»	»	Aldrich , Prelim. Report. 47.

Testa ovata, fusiformis, elegans; anfractibus convexiusculis, postice vix subangulatis ; costis tenuibus, pliciformibus, circiter 17; funiculis spiralibus linearibus; apertura subovata; labro esterno intus minute dentato, extus subvaricoso; labro interno biplicato. L. 7.^{mm}

L'identité de l'espèce de Conrad avec celle de Lea me semble certaine. Néanmoins je dois observer que M. Lea dit que ses exemplaires ont deux plis columellaires , tandisque M. Conrad dit qu'ils en ont trois. J'en possède les deux exemplaires que j'ai fait figurer ; le plus grand d'eux a le lord columellaire cassé, le bord externe denticulé; l' autre a seulement deux plis columellaires. Bronn rapporte à la même espèce la *C. sculptura* Lea, *tessellata* Lea, *elevata* Lea, *costata* Lea.

Cette espèce est analogue de la *Cl. dubia* Desh.; il suffit de comparer l' exemplaire figuré dans notre planche (fig. 23) avec celui de Deshayes (Coq. Paris 2 ed. pl. 73, f. 25-27).

Cancellaria turritissina Meyer.

Pl. 3, f. 27 * reprod. de Meyer.

1886. Meyer. Contr. Eoc. Pal Alab. a Miss. p. 74, pl. 1, f. 15.

Testa angusta, elongata turrita; anfractibus convexis, latis, spiraliter funiculatis, axialiter obsolete costatis ; embrionalibus subdiscoideis , obliquis ; apertura suborbiculari , labro columellari triplicato; externo intus sulcato.

C'est une très petite jolie coquille qui est fort singulière ; M. Aldrich l'a comparée à la *C. Bezançoni* De Boury. (1884 Mém. Soc. Géol. pl. 7, f. 8).

Loc. Claiborne.

Cancellaria tortiplica Conr.

Pl. 3, f. 28 gross. (Var. subevulsopsis De Greg.).

Fig. 29-30 gross. (Var. dubia Desh.).

1865. *Cancellaria tortiplica* Conr. Conr. Cat. eoc. olig. p. 32. 1866. *Cancellaria tortiplica* Conr. Conrad Check List. p. 12.
  »   »   »   »   »   Descr. new eoc. sh.   »   »   *dubia* Desh. Desh. A. s. vert. p. 105,
                                     Un. Stat. p. 145.   pl. 23, f. 25-27.
  »   »   »   »   »   Descr. new eoc. sh. 1884.   »   *tortiplica* Conr. Heilpr. Contr. Geol. Pal.
                                     and refer. p. 211,   Tert. p. 93.
                                     pl. 21, f. 8.

Ayant étudié avec attention cette espèce, je me suis convaincu que l'espèce décrite par Deshayes est la même que celle de Conrad, qui a le droit de la priorité. En vérité, la figure et la description de celui-ci laissent à désirer, mais certains de mes exemplaires correspondent parfaitement à la figure de Deshayes. Je les ai rangé sous deux types, que je crois considérer comme des variétés de la même espèce.

Var. dubia Deshayes.

Pl. 3, f. 29-30.

Testa ovata, turbiformis; costis axialibus, vix obliquis, aliquibus varicosis; funiculis spiralibus 5 ad anfractum, ex his tribus medianis magis notatis; in ultimo anfractu, per interstitia funiculorum filo spirali lineari interposito; plicis columellaribus duabus; margine antico columellari pliciformi; suturis distinctis. L. 11.ᵐᵐ

Comme on voit bien d'après la figure et la diagnose latine, nos exemplaires correspondent parfaitement aux exemplaires de Paris. Les cordonnets spirals sont 5, le premier, qui est placé le long du bord postérieur des tours, est un peu moins développé que les autres; le dernier, étant très rapproché de la suture antérieure, reste en partie caché; ainsi lorsque on regarde cette coquille à la hâte, les cordonnets paraissent 3 au lieu que 5. — Les plis columellaires sont bien developpés; ils sont deux, mais, comme l'extrémité antérieure de la columelle est épaissie et tordue, ils semblent trois; je crois même qu'on pourrait bien les considérer vraiment comme trois.

Var. subevulsopsis De Greg.

Pl. 3, f. 28.

Differt a Var. dubia Desh., propter funiculos magis regulares magisque numerosos ac tenues, atque costas minus prominulas.

Cette variété est très intéressante, car elle lie étroitement la *subevulsa* (D'Orb.) Desh. (Deshayes An. sans vert. Bassin Paris, p. 104, pl. 73, f. 21-24) avec la *dubia* Deshayes. La seule différence entre nos exemplaires et la *subevulsa* consiste en les côtes un peu plus développées et l'ouverture un peu moins oblique.

Cancellaria multiplicata Lea sp. dub.

Pl. 3, f. 31 repr. de Lea.

1833. *Cancellaria multiplicata* Lea. Lea Contr. Geol. p. 139 1865. *Babylonella multiplicata* Lea. Conrad Cat. Eoc. Oligoc.
                                         pl. 5 f. 135.   p. 32,
1848.   »   »   »   » Bronn Ind. Pal. p. 211 1866.   »   »   »   Conrad Check List. p 13.
  »   »   »   »   » Lea Cat. Ter. Test. p. 5.

Testa turrita; costulis axialibus plurimis, a striis spiralibus clathratis; anfractibus angulatis; umbilico minimo; labro externo biplicato, crassissimo, intus crenato.

C'est une espèce très douteuse, car elle a été établie sur un fragment.
Loc. Claiborne.

Cancellaria parva Lea.

Pl. 3, f. 35 gross., f. 34 * (reprod. de Lea).

1833. *Cancellaria parva* LEA. Lea Contr. Geol. p. 142 pl. 5   1865. *Babylonella parva* LEA. Conrad Cat. eoc. olig. 32.
            f. 141.   1866.   »   »   » Conrad Check List. 13.
1848.   »   »   » Lea Cat. Ter. Test. p. 5.   1887. *Cancellaria*   »   » Meyer. Beitr. Kent. Alt. tert.
   »   »   »   » Bronn. Ind Pal. 211.   p. 15.

Testa minuta, graniformis, pupoides, potius lente crescens; anfractibus 2 primis laevigatis, tribus sequentibus axialiter costatis, spiraliter funiculatis ; costis circiter 9, crassis rotundatis ; funiculis densis, regularibus, notatis ; apertura semilunari; labro interno biplicato, externo tenuissime intus plicato. L. 4.^{mm}

Nos exemplaires diffèrent un peu de la description de Lea car ils n'ont pas d'ombilic, ni les sutures trop profondes; mais ces caractères ne se voient pas dans la figure de Lea, qui ressemble beaucoup à nos échantillons; seulement elle montre les côtes un peu plus petites et plus nombreuses. Après tout l' identification me semble sûre. Nyst (Coq. Pal. Belgique p. 457) rapporte avec quelque doute cette espèce à la *C. evulsa* Brander. — (Coll. mon Cabinet).

Cancellaria plicata Lea.

Pl. 3, p. 32 * reprod. de Lea.

1833. *Cancellaria plicata* LEA. Lea Contr. Geol. p. 139 pl. 5   1865. *Babylonella plicata* LEA. Conrad Cat. Eoc. Olig. p. 32.
            f. 136.   1866.   »   »   » Conrad Check List. p. 13.
1848.   »   »   » Bronn Ind. Pal. p. 211.

Testa turrita, subventricosa, subumbilicata, axialiter multiplicata, spiraliter minute striata, 6 anfractibus composita, ex quibus 3 primis laevigatis; anfractibus postice satis angulatis scalarinis; labro externo biplicato. L. 9.^{mm}

C'est une petite jolie coquille bien caractérisée par la forme des tours et la spire étagée.
Loc. Claiborne.

Cancellaria tessellata Lea sp. dub.

Pl. 3 f. 33 * reprod. de Lea.

1833. *Cancellaria tessellata* LEA.   Lea Contr. Geologie   1850. *Cancellaria alveata* CONR. *partim*. D'Orbigny Prodr.
                 p. 140 pl. 5 f. 138.   p. 355.
1834.   »   *alveata* CONR. *partim* Conrad Morton Org.   1865. *Babylonella tessellata* LEA.   Conrad Cat. Eoc. O-
                 Rem. Appendix.   lig. p. 32.
1848.   »   »   »   » Bronn Ind.Pal.p.211.   1865.   »   »   »   Check List. p. 13.
1848.   »   *tessellata* LEA.   » Lea, Cat. Ter. Test.
                 p. 5.

Testa turrita inumbilicata ; costis axialibus latis, plis; spiralibus clathratis ; labro externo triplicato.

Cette espèce est très douteuse car elle a été proposée sur un seul exemplaire cassé, qui d'ailleurs ne présente pas de caractères bien tranchés. Ceux , par lesquels elle se distingue des espèces voisines , sont les deux suivants : les filets spirals en touchant les côtes s'élargissent ; les tours postérieurement sont subanguleux comme dans la *Canc. alveata* Conr. même un peu davantage car le filet postérieur est un peu plus éloigné de la suture postérieure et un peu plus marqué. Celui-ci, je crois, est le seul caractère par lequel elle se distingue de l'*alveata*, il ne me parait assez important pour justifier la proposition d'une nouvelle espèce, et je retiens qu'il serait mieux de la considérer comme une variété du même type. M. Lea dit en outre que la columelle est pourvue de trois plis au lieu que deux; cela pourrait bien arriver et ce serait un caractère bien plus important ; mais je crois qu'il a considéré comme un plis columellaire le bord antérieur de la columelle, qui est un peu épaissi, de sorte qu'il a l'apparence d'une troisième pli. M. Conrad même, dans ces derniers travaux considéra la *tessellata* comme une espèce distincte de son *alveata*.

Loc. Claiborne.

OLIVIDAE

Oliva nitidula Desh.

Pl. 3, f. 36-44, 45 * 46 * (f. 36-41 exempl. adulte de deux côtés; f. 37-40 autre exempl. de deux côtés; f. 38-39 deux jeunes exempl. gross.); f. 45 * reprod. de Lea *(Greenoughi)*; f. 46 * reprod. de Conrad *(Alabamensis)*.—Var. *disposita* De Greg. f. 42-44 (les fig. 43-44 représentent un jeune exempl. de cette variété de deux côtés).

1824. *Oliva nitidula* DESH. Deshayes Coq. Paris p. 741, pl. 96, f. 19-20.—1866. *Oliva nitidula* DESH. Deshayes A. s. vert. Paris p. 530.

Var. alabamensis Conr.

1832. *Oliva alabamensis* CONR.	Conrad Foss. Shells p. 32.	1843.	*Oliva alabamensis* CONR.	Bronn Ind. Pal. 842.
1833. » *Greenoughi* LEA	Lea contr. geol. p. 183, pl. 6, f. 197.	» » » »	Lea Tert. Test. p. 11.
		1850. » » »	D'Orbigny Prodr. p. 351.
1833. » *olabamensis* CONR.	Conrad Foss. Shel. 2 ed. p. 41. pl. 16, f. 3.	1865. *Lamprodoma* » »	Conrad Cat. eoc. olig. p. 22.
		1866. » » »	» Check List. p. 17.
1834. » » »	Conrad in Morton Org. Rem. Appendice.	1886. *Oliva alabamensis* »	Aldrich Prelim Rep. Alab. p. 47.
1846. » » »	Conr. Obs. Eoc. Form. p. 220.		

Testa ovata, elongata, nitida, magna; spira valde acuminata, minore quam apertura; primis duobus anfractibus submamnillatis; suturis angustis, profundis; anfractibus prope suturam anticam cingulo calloso saepe maculato cinctis; strato calloso madreperlaceo interdum maculato decurrente per partem anticam ultimi anfractus usque ²/₃ longitudinis aperturae; apertura postice canaliculata; antice marginata; columella antice crispa. L. 55.ᵐᵐ Ang. sp. 33.º

Mes exemplaires ressemblent extrêmement à la *Ol. nitidula* Desh., la seule différence consiste en ce qu'ils atteignent une taille bien plus développée et que l'épaisseur de la coquille est un peu plus considérable. — Pour se convaincre de l'i-dentité de cette espèce, il suffit de comparer notre fig. 36 avec la fig. 19-20 (Desh. Coq. Paris, 1 ed. pl. 46).

Coll. mon Cabinet.

Var. disposita De Greg.

Pl. 3, f. 42-44 deux exempl. un desquels de deux côtés.

Cette variété diffère du type de Conrad seulement par un caractère: elle est pourvue d'une zone particulière derrière la saillie de l'émail qui s'étend le long de la partie antérieure du dernier tour. Cette zone n'est pas en relief, et on l'aperçoit seulement à cause de la différente structure de la coquille.—(Coll. mon Cabinet).

Oliva mitreola Lamck.

Pl. 3, f. 47, f. 48 * reprod. de Lea.

1843. *Oliva mitreola* LAMK.	Lamarck An. Musée p. 23, pl. 44, f. 4.	1833. *Oliva dubia* LEA	Contr. Geol. p. 183, pl. 6, f. 198.
		1848. » *mitreola* LAMK.	Bronn Ind. Pal. p. 842.
1824. » » »	Desh. Coq. Paris p. 742, pl. 96, f. 21.	1866. » » »	Desh. A. S. V. Bassin, Paris, p. 531.

Avec la *nitidula* Desh. var. *alabamensis* on trouve à Claiborne une coquille un peu plus ventrue et avec la spire un peu moins allongée. Elle a été considérée par Lea comme une espèce différente, par Conrad comme un synonyme de son espèce. Je crois en vérité qu'elle ne présente pas de caractères si tranchants qui pussent justifier la proposition d'une autre espèce, mais plutôt d'une forme ou d'une variété particulière. Mais d'un autre côté, en la comparant avec la *mitreola* Lamk., j'ai observé une identité presque parfaite. Alors j'aurais dû considérer l'espèce de Deshayes comme une variété de celle de Lamark, mais, comme ces espèces ont été reconnues jusqu'ici comme différentes, j'ai cru mieux de m'abstenir de le faire.

Les taches de l'émail, qui se voient bien dans la figure de Lea, se trouvent aussi dans la var. *alabamensis* Conr. de la *nitidula* Desh.

M. Bronn réfère avec doute à la même espèce la *perita* Brand (Foss. Hant. pl. 1, f. 23).

Conrad rapporte l'*O. dubia* Lea comme une variété de l'*O. alabamensis* Conr.— Il dit que cette espèce lui parait analogue de la *plicaria* Lamk (Conrad Observ. Eoc. Form. p. 220).—(Coll. mon Cabinet).

Oliva bombylis Conr.

Pl. 3, f. 49 * reprod. de Conrad; f. 52 * reprod. de Lea (constricta).

1832. *Oliva bombylis* Conr.		Conrad Foss. Shells p. 32.	1848.	*Oliva bombylis* Conr.		Lea Cat. Tert. Test. p. 11.	
1833. »	*constricta* Lea	Lea Contr. Geol. p.42, pl. 6 f. 195.	1850. »	»	»	D'Orbigny Prodr. p. 351.	
» »	*bombylis* Conr.	Conrad Foss. Shells 2 ed. p. 42, pl. 16, f. 4.	1865. »	»	»	Conr. Cat. eoc. olig. p. 22.	
1840. »	*bombylus* »	Conr. Obs. Eoc. Form. p. 220.	1866. »	»	»	Conr. Check List. p. 17.	
1848. »	*bombylis* »	Bronn Ind. Pal. p. 841.	1884. »	»	»	Heilprin Contr. Geol. Pal. Tert. p. 92.	

Testa angusta, elongata, subcylindrica; spira potius brevi, acuminata ½ quam apertura. L. 22.^{mm}

Cette espèce diffère de la *nitidula* Desh. Var. *Alabamensis* par sa forme plus étroite. par la spire un peu moins allongée, le dernier tour rétréci antérieurement. M. Bronn et M. D'Orbigny réfèrent à la même espèce non seulement la *constricta* Lea mais la *gracilis* Lea; Conrad dit que l'*O. bombylis* lui parait analogue de l'*O. clavulus* Lamk (Conrad Observ. Eoc. Form. p. 220). Heilprin la compare à la *mitreola* Lamk., *nitidula* Desh., *clavula* Lamk.

Loc. Claiborne.

Oliva gracilis (Lea) De Greg.

Pl. 3, f. 50 gross. f. 51 * reprod. de Lea.

1833. *Oliva gracilis* Lea.		Lea Contr. geol. p. 182 pl. 6, f. 196.	1865.	*Oliva gracilis* Lea.	Conrad Cat. Eoc. Olig. 22.
1848. »	» »	Lea Cat. Ter. Test. p. 11.	1866. »	» »	Conrad Chek. List. 71.
1850. »	*bombylis* Conr. *partim.*	D'Orbigny Prodr. p. 351.	1886. »	» »	Aldrich Prelim. Report. p. 56.

Testa tenuis, minuta, angusta; potius elongata; laevigata; spira vix minore quam apertura, apice subacuminata; anfractibus 6, fere planis ; suturis linearibus, profundis; apertura angusta, oblonga; labro columellari antice crispato, rugis tenuibus circiter 5; ultimo anfractu spiraliter trisulcato; ultimis duobus sulcis inter ipsos appropinquatis, ultimo sulco ad emarginaturam anticam aperturae desinente, penultimo decurrente usque ad angulum anticum labri externi; sulco postico ex proximitate anguli postici aperturae incipiente. L. 10.^{mm}

J'ai dû décrire cette espèce dans tous ses détails, car ni la figure ni la description de Lea suffissent à bien la reconnaitre; c'est pour ça que j'ai joint mon nom à celui de Lea.

Après tout je ne suis pas sûr des limites de cette espèce; car elle montre une très grande ressemblance avec les jenues exemplaires de la *Ol. nitidula* Desh. Var *alabamensis* Conr. Les caractères qui la distinguent sont les suivants: la taille un peu plus mince; l'extrémité de la spire plus aiguë et moins mammellonée; les sillons spirals du dernier tour au nombre de trois. Ces caractères laissent à désirer, lorsqu'on se rappelle que certains jeunes exemplaires de la *alabamensis* ont la spire plus aiguë que les autres, et que dans la var. *disposita* De Greg. de la même espèce il y a un second sillon postérieur comme dans la *gracilis*.

Comme tous les auteurs ont respecté cette espèce, n'ayant pas la certitude qu'elle soit une variété de la *nitidula*, j'ai cru prudent de continuer à la considérer comme une espèce différente.

M. Bronn et M. D'Orbigny rapportent cette espèce comme un synonyme de l'*O. bombilis* Conr.— (Coll. mon Cabinet).

Oliva platonica De Greg.

Pl. 3, f. 53-54 le même exempl. gross. vu de deux côtés, f. 55-56 grand. nat.

Testa elegans, solida; spira brevi, conica; primis duobus anfractibus mammillatis; caeteris 4 planis, laevigatis, angustis, sutura profunda divisis; ultimo anfractu magno, subcylindrico, verum autem turgidulo, antice zona callosa cincto (in qua duae lineae prominulae decurrunt, nempe antica usque ad angulum anticum labri externi, postica zonam limitat); labro columellari plicato; plicis circiter 10, ex quibus duabus majoribus; apertura majore quam dupla spira.

C'est une espèce très caractéristique, qui tient beaucoup de l'*O. Phillipsi* Lea, dont elle diffère par la forme, par la spire moins développée, par le nombre des plis de la lèvre columellaire, et par la callosité antérieure du l'avant dernier tour. Lea dit que le défaut de cet épaississement est le caractère plus intéressant de son espèce, tandis que il se trouve bien dans la nôtre.—Ces deux espèces, avec l'*O. antelucana* De Greg., forment un groupe particulier dont mes deux espèces seraient aux extrémités opposées et celle de Lea au milieu d'elles.

Notre espèce a aussi beaucoup de ressemblance avec l'*Oliva (Dactylus) eboreus* Conr. (1867 Conrad Descr. new gen. species with notes on oth. foss. and recent spec. p. 261 pl. 11 f. 11) du miocène de Virginia; elle en diffère par la taille plus petite et par le sillon médiane du dernier tour. Notre espèce pourrait avoir de l'analogie avec l'*Oliva minima* Lea; mais celle-ci est une espèce aussi douteuse, que je ne suis pas sûr, même de son genre. Elle est, en outre, extrêmement voisine de l'*O. Dufresnei* Basl. (in Beyrich Test. Conch. pl. 2, f. 7-8).—(Coll. mon Cabinet).

(Oliva minima Lea sp. dub).

Pl. 3, f. 68 * reprod. de Lea.

1833. LEA. Cont. Geol. p. 184, pl. 6 f. 200.

Testa minuta, tenuis, ovata; apertura ⅕ totius longitudinis; labro interno 6 plicis notatis munito.

C'est une petite espèce très douteuse, car la figure de Lea laisse beaucoup à désirer; il n'est pas difficile que ce soit une *Marginella* ou bien une *Oliva*.

Loc. Claiborne.

Oliva Phillipsi Lea.

Pl. 3, f. 66 * reprod. de Lea.

1833. *Oliva Phillipsi* LEA. Lea Contr. Geol. p. 184, pl. 5,   1850. *Oliva*   *Phillipsi* LEA. D'Orb. Prodr. p. 351.
1848.   »   »   » f. 199.   1865. *Lamprodoma*   »   » Conrad Cat. Eoc. Olig. 22.
» » » » Bronn Ind. Pl. p. 842.   1866.   »   »   » Conrad Check List. 17, 36.
» » » » Lea Cat. Ter. Test. p. 11.

Testa-ovato fusiformis, nitida; spira potius subturrita; apertura circiter ³⁄₂ totius longitudinis testae; labro columellari tri vel quadriplicato.

Lea a observé en outre que les tours de la spire n'ont pas de dépôt de callosité le long de la suture antérieure, ce qui arrive dans la plupart de ses congéneres.

Je ne puis pas donner d'autres détails, car je ne possède aucun exemplaire de cette espèce.

Loc. Claiborne.

Oliva antelucana De Greg.

Pl. 3, f. 58, 61 deux exempl. vus de deux côtés.

Testa-ovato angusta; spira brevi, apici submammillata, 6 anfractibus composita, ex quibus primis 3 embrionalibus submammillatis; caeteris nitidis, laevigatis, nequaquam callosis; ultimo subpupoideo, oblongo; labro, antice bisulcato; ex sulcis antico usque ad angulum labri externi decurrente, postico a dimidio labri columellaris incipiente; suturis profundis; apertura paulo minore quam dupla spira; labro columellare plicato; plicis rugiformibus, circiter 10.

Cette espèce est très voisine de la *Phillipsi* Lea: elle en diffère par les plis columellaires beaucoup plus nombreux, la forme du dernier tour plus étroite, caractère par lequel elle ce rattache à la *O. gracilis* Lea. Après tout, c'est une espèce un peu douteuse; car, comme les descriptions et les figures données par Lea pour ces deux espèces laissent beaucoup à désirer, on ne peut pas juger si on doit la considérer comme une variété d'une d'elles, surtout de la *Phillipsi*.

Coll. mon Cabinet.

Agaronia punctulifera Gabb.

Agaronia punctulifera GABB.	Gabb Journ. Acad. Nat. Scienc. Philad. V. 4, p. 381.; 67, 22.		*Olivula*	*punctulifera* GABB.	Conr. Check List. p. 17.
Olivula	»	»	Conrad Cat. Eoc. Olig. p. 22.	*Agaronia* » »	Aldrich Prelim. Report. p. 45.

Usque adhuc nullum exemplarem hujus speciei novi. Ego autem puto dubiosam esse, nempe non effigiatum et non bene descriptam.

Loc. Texas (Gabb. et Conrad); — Lisbon (Aldrich).

Ancilla Lamk. 1799.

Ce nom a la priorité sur celui de *Anaulax* Roissy 1805; il a été modifié par Lamark en 1811 en *Ancillaria*. Mais l'auteur même qui l'a proposé n'a pas le droit de modifier le nom soit d'un genre soit d'une espèce. D'ailleurs, en ce cas, le nom de *Anaulax* aurait la priorité. M. Aldrich rapporte dans la famille des *Ancillarinae* son nouveau genre *Expleritoma* (*Expl.*) *prima*; il a peut-être raison, mais, j'ai rapporté cette espèce parmi le *Buccinidae*.

Ancilla pinaculica De Greg.

Pl. 3, f. 63-65 le même exempl. de trois côtés.

Testa minuta, oliviformis, solidiuscula, elegans biconica; spira potius brevi, minore quam apertura, ad apicem subacuta; anfractibus 5, ex quibus duobus primis submammillatis; ultimo antice sulcato, sulco ad angulum anticum labri externi desinente; apertura angusta; labro interno antice plicato, postice calloso; plicis 6; callo conspicuo, lanceolato, fere usque ad suturam decurrente. L. 6.^{mm}

C'est une jolie petite espèce, qui ressemble à un pignon; elle est plutôt solide et biconique; sa spire est régulière, courte, conique, avec le sommet aigu quoique mammillé. La callosité de la lèvre intérieure a une forme particulière, celle de l'aile d'une alouette; elle se prolonge jusque dans la proximité de l'ouverture postérieure, mais elle ne l'atteint pas.

Cette espèce tient du sougenre *Lamprodoma* Swainson; elle ressemble même au type figuré par Tryon (Struct. Syst. Conch. p. 175, pl. 56, f. 68).—(Coll. mon Cabinet).

Ancilla altile Conr.

Pl. 3, f. 57,67 le même exempl. de deux côtés; f. 62 * reprod. de Lea (*gigantea*);
f. 21-22 * reprod. de Conrad.

1832. *Ancillaria altile* CONR. Conr. Foss. Sh. p. 24, pl. 10, f. 2.	1848. *Ancillaria altile* CONR. Bronn Ind. Pal. 73.
1833. *Anolax gigantea* LEA Lea Contr. Geol. p. 180, pl. 6, » » » » Lea Cat. Tert. Test. p. 11.
f. 193.	1850. » » » D'Orbigny Prodr. p. 352.
1834. *Ancillaria altile* CONR. Conrad Cat. nam. synon. Alab.	1860. *Ancillopsis* » » Conrad Check. List. p. 17.
Morton or Rem.	1865. » » » Conrad Cat. Eoc. olig. p. 22.

Testa magna, ovata, globosa, crassa, laevigata; spira conoidea, brevi; anfractibus planis, angustis; suturis subindistinctis; ultimo anfractu magno, ventricoso; apertura potius angusta, antice paulo emarginata, postice canaliculata; labro interno maxime calloso; callo lato, crasso, expanso. L. 60.^{mm}

Certes, c'est une des espèces plus caractéristiques de Claiborne. La spire est conique; elle est très étroitement enroulée, avec le sommet plutôt aigu; les sutures sont linéaires, aplaties, presque indistinctes. L'avant dernier tour est moins étroit que les autres, le long de la suture antérieure il montre un léger relief; en autres termes, la suture de la dernière partie du dernier tour est effacée et un peu en relief. La callosité du bord columellaire atteint un grand développement; elle s'épanche sur la base et elle arrive un peu sur le dos de la coquille jusqu'à l'échancrure antérieure du bord droit, de laquelle se prolonge une espèce de côte ou de crête presque effacée. Parallèlement à celle-ci il y a une espèce de zone à peine marquée, très légèrement affaissée. La callosité de la base a une tendance a former une légère montuosité. Je crois que la forme de la spire et de la callosité changent un peu selon l'âge et le développement de la coquille, qui ne présente pas une fixité constante dans ses caractères.—(Coll. mon Cabinet).

Ancilla scamba (Conr.) De Greg.

Pl. 4, f. 12-13 un exempl. de deux côtés; — f. 15-16 * reprod. de Conrad.

1833. *Ancillaria scamba* CONR. Conrad, Foss., Shells, p. 25,	1850. *Ancillaria scamba* CONR. D'Orbigny Prodr. p. 352.
1848.	pl. 10, f. 4.	1865. » » » Conrad Cat. Eoc. Olig. p. 22.
» » » » Lea Cat. Tert. Test. p. 5.	1866. » » » » Check. List. p. 17.
» » » » Bronn Ind. Pal. p. 74.

Testa ovato-oblonga, nitida, laevigata; anfractibus laevigatis, planis, postice paulo angulatis; primis anfractibus costulis axialibus ornatis; ultimo anfractu subcylindraceo, vix divaricato; apertura mediocri, postice canaliculata, antice emarginata; labro columellari, callo magno munito, funiculo partem anticam determinante a medio labri columellaris incipiente (verum sub callo) et ad angulum anticum labri externi desinente. L. 40.^{mm}

C'est une espèce très singulière, qui, avec l'âge, atteint un ensemble de caractères très différents que dans la première. Elle ce présente auparavant comme une melania, avec la spire régulièrement conoïde et pourvue de côtes axiales filiformes. En suite les tours deviennent cylindriques et aplatis tandis que près de la suture postérieure ils font un petit angle causé par le prolongement de la callosité de l'ouverture.

Il est probable que la *Mon. alabamensis* Lea soit un synonyme, ou, en autres termes, un individu jeune de la même espèce. M. Bronn rapporta la *alabamensis* comme un synonyme de la *lymneoides*. M. Tryon (Struct. Syst. pl. 56, f. 74) figura une coquille identique à la *lymneoides* Conr. sous le titre de *Mon. alabamensis* Lea.—M. Conrad, dans ses derniers travaux (comme j'ai fait remarquer en parlant de la *alabamensis*) considéra l'espèce de Lea comme distincte. Je crois qu'il est très probable que la *Mon. alabamensis* Lea soit un jeune exemplaire de la *scamba*. J'ai réuni mon nom à celui de Conrad, car j'ai donné d'autres détails de son espèce et j'en ai élargi les limites.—(Coll. mon Cabinet).

Ancilla expansa Aldr.

Pl. 4, f. 1 * reprod. de Aldrich.

1885. Aldrich Prelim. Report. p. 28, pl. 5, f. 11.

Testa turgida, laevigata; anfractibus circiter 7, primis serie tuberculorum ornatis; sutura impressa callo tecta; ultimo anfractu magno, antice abrupto contracto; apertura antice vix emarginata; cercine dorsali apud emarginaturam desinente.

C'est une espèce très intéressante, car elle donne un point de passage entre l'*A. gigantea* Lea et l'*A. subglobosa* Conr. Elle diffère de celle-ci par la spire plus prononcée.

Loc. Lisbon (Alabama).

Ancilla (Monoptygma) lymneoides Conr.

Pl. 4, f. 14 * repr. de Conrad.

1832. *Ancillaria lymneoides* CONR. Conrad Foss. Shells p. 42, pl. 16, f. 6.
1848. » » » Bronn. Ind. Pal. p. 73.
» » » » Lea Cat. Tert. Test. p. 4.
1850. » » » D'Orbigny Prodr. p. 352.

1865. *Monoptygma lymneoides* CONR. Conrad Cat. Eoc. Olig. p. 23.
1866. » » » Conr. Check List. p. 17.
1882. » *alabamensis* LEA Tryon Str. Syst. pl. 56, f. 74.

Testa laevigata ; spira prominula acuminata, conica! labro interno calloso, expanso, in medio valde uniplicato.

M. Tryon adopte le titre de *Mon. alabamensis* Lea, mais celle-ci c'est une autre espèce probablement identique à la *Anc. scamba* Conr. L'exemplaire, dont il donne la figure, ressemble beaucoup à la *lymneoides* type, à laquelle je l'ai référé.

Coll. mon Cabinet.

Ancilla subglolosa Conr.

Pl. 4, f. 3-4; — Pl. 4, f. 19-20 * reprod. de Conrad.

1832. *Ancillaria subglolosa* CONR. Conrad Foss. Shells. p. 25 pl. 10, f. 4.
1848. » » » Bronn Ind. Pal. p. 74.
» » » » Lea Cat. Ter. Test. p. 5.
1850. » » » D'Orbigny Prodr. p. 352.

1865. *Ancillopsis subglolosa* CONR. Conrad Cat. Eoc. Olig. 22.
1866. » » » Conrad Check List. p. 17.
» *Ancillaria* » » Aldrich, Prelim. Rep. p. 58.
1887. » » » Smith Johnson Ter. Cret. p. 31.

Testa globosa, crassa, laevigata; spira minima, introrsa, apici solum exerta; ultimo anfractu magno, globoso, vix cylindraceo; apertura satis angusta, antice emarginata, postice canaliculata; labro columellari maxime incrassato; callo magno expanso.

Cette espèce ressemble extrêmement à l'*Anc. gigantea* Lea, dont elle diffère par la spire beaucoup plus courte, presque rentrée du tout en dedans. Elle ressemble beaucoup (surtout notre exemplaire f. 3-4) à l'*Anc. Cossmanni* Meyer (Coq. Foss. Tert. inf. Journ Conch. V. 28 p. 324, pl. 14, f. 1) provenant de la sablière d'Auvers.

Loc. Nanafalia group Tombigbee (teste Aldrich).

Ancilla tenera Conr.

Pl. 4, f. 2 * (reprod. de Conrad.)

1833. *Ancillaria tenera* CONR. Conrad Foss. Shell. p. 42. pl. 16, f. 5.
1848. » » » Lea Cat. Ter. Test. p. 4.

1850. *Ancillaria tenera* CONR. D'Orbigny Prodr. p. 352.
1865. *Ancillopsis* » » Conrad Cat. Eoc. Olig. p. 22.
1866. » » » Conrad Chech List. p, 17.

Testa subovata, elegans, apici acuta; anfractibus subgradatis, rapide crescentibus (primis angustis, ultimo magno), laevibus, postice apud suturam axialiter plicatis; plicis tenuibus cito evanescentibus; apertura elliptica, antice late sed paulo profunde emarginata.

C'est une coquille vraiment jolie; mais, comme je n'en possède aucun exemplaire, je ne puis pas en donner d'autres détails.

J'ai quelque doute en égard au genre. Que ce soit une *Monoptygma?* Dans ce cas, on devrait lui référer la *M. Leai* Whitf. (Not. eoc. foss. p. 261, pl. 27, f. 7), qui me semble très analogue.

Loc. Claiborne.

Olivula Conr. 1865.

Testa striis, vel filis spiralibus axialibusque clathrata; spira strato calloso praedita, quod partem posticam ultimi anfractus cingit, zonam suturalem efformans.

Le type de ce sougenre est la *Anc. staminea* Conr. Il est pour le gen. *Ancillaria*, ce qui est le gen *Mauryna* De Greg. pour le *Terebellum*.

Ancilla (Olivula) staminea Conr.

(Ancillaria canalifera Lamk. var.)

Pl. 4, f. 5, 8 deux exempl. de deux côtés; — f. 17-18 * reprod. de Conrad.

1833.	*Olivula staminea* CONR.	Conrad Foss. Shells. p. 25, pl. 10 f. 5.	1857.	*Olivula staminea* CONR.	Conrad Proc. A. Nat. Sc. p. 166.
1846.	» » »	Conrad Observ., Eoc., Form. p. 220.	1865.	» » »	Conrad Cat. Eoc. Olig. p. 22.
1848.	» » »	Lea Cat. ter. test. p. 4.	1866.	» » »	Conrad Chech List. p. 17.
»	» » »	Bronn Ind. Pal. p. 74.	1883.	» » »	Tryon Struct. Syst. p. 177, pl. 66, f. 72.
1850.	» » »	D'Orbigny Prodr. p. 352.	1887.	*Ancillaria* » »	Smith Jonson Ter. Cret. p. 44.

Testa subtrapetioides; spiraliter axialiterque striata, clathrataque; spira brevi, apici acuminata, circiter ¼ totius longitudinis testae; ultimo anfractu cylindraceo; apertura oblonga, lata, postice callo predita; callo per partem anticam ultimi anfractus et per posticam ultimi anfractus zonam spiralem determinante ; labro columellari in medio tribus sulcis linearibus munito, antice crispato ; ex sulcis primo usque ad angulum anticum labri externi decurrente, duobus alis usque ad angulos emarginaturae anticae. L. 35.[mm]

M. Conrad a proposé pour cette espèce le sougen. *Olivula* qu' il considère comme un vrai genre. Or , en la comparant avec l'*Ancillaria canalifera* Lamk je ne trouve aucune différence hormis les stries spirales; il suffit donner un coup d'oeil aux figures de Deshayes (1825 Desh. A. s. vert. Paris p. 734 pl. 96 f. 14-15. Idem 2 ed. p. 537) et regarder eu suite les nôtres.

Cette analogie a été même observée par Conrad (Obser. Eoc. Form, p. 220). — (Coll. mon Cabinet).

Ancilla (Olivula) plicata Lea.

Pl. 4. f. 9 * reprod. de Lea.

1833.	*Anolax plicata* LEA.	Lea Contr. Geol. p. 181 , pl. 6 , f. 194.	1865.	*Olivula plicata* LEA. Conrad Cat. Eoc. Olig. p. 22.
1848.	» » »	Bronn Ind. Pal. f. 74.	1866.	» » » Conrad Check List. p. 17.

Testa fusiformis , turrita, potius crassa, axialiter costulata ; sutura in callo incisa ; spira protracta, apici autem non acuminata; apertura ovata; spiram aequante.

M. Lea dit que cette espèce est très voisine de l'*Anc. scamba* Conrad et qu'elle diffère de celle-ci par la forme plus mince et par ses côtes.

Je l'ai rapportée au sougen. *Olivula*, sous l'autorité de Conrad, mais je n'en suis pas tout à fait persuadé.

Loc. Claiborne.

Monoptygma Lea 1833.

M. Lea proposa ce genre pour la *M. Alabamiensis* Lea; il a été respecté par Conrad et il a été retenu par Tryon comme un vrai genre (Struct Syst. p. 177); mais il a été négligé dans le manuel de conchyliologie de Fischer. Je le considère comme un sougen. du gen. *Ancillaria* « sensu lato. » M. Whitfield (1865 Descr. new foss. eoc. p. 361 pl. 27 f. 7) décrit une belle espèce de ce même genre, savoir la *M. Leai* de Vicksburg.

Ancilla (Monoptygma) Alabamiensis Lea.

(lymneoides Conr. juv.) ?

Pl. 4 f. 10 * reprod. de Lea.

1833. *Monoptygma Alabamiensis* LEA. Lea Contr. Geol. p.181, pl. 61, f. 201.
1848. »   »   » Lea, Cat. Ter. Test. p. 10.
1865. *Monoptygma Alabamiensis* LEA. Conrad Cat. Eoc. Olig. p. 22.
1866. »   »   » Conr. Check List. p. 17.

Testa crassiuscula, ovata, laevigata; apertura angusta; columella late uniplicata ; labro externo acuto, intus biplicato.

C'est une espèce très rare et dont je ne possède aucun exemplaire; on pourrait peut-être la considérer comme un synonyme de la *lymneoides*. M. Tryon (Str. Syst. p. 176, pl. 56, f. 74) donne la figure d'une coquille identique à la *lymneoides* Conr. sous le titre de *Mon. alabamensis* Lea. Je crois vraiment qu'il a raison, car j'ai observé que les premiers tours de la *lymneoides* sont aussi pourvus de costules axiales. Il est probable que les individus, pour lesquels Lea proposa son espèce, soient des jeunes exemplaires de la *lymneoides* Conr. M. Bronn était de la même opinion (Ind. Pal. p. 73) aussi bien que D'Orbigny (Prodr. f. 352).

Loc. Claiborne.

Ancilla (Monoptygma) curta Conr.

Pl. 4, f. 11 * reprod. de Conrad.

1865. *Monoptygma curta* CONR. Conrad Cat. Eoc. Olig. p. 22. — 1865. Idem, Conrad Descr. new shells United States, p. 143, pl. XI, f. 8.

Testa subelliptica; spira brevi, subconica; ultimo anfractu magno, rapide crescente; labro interno acuto, uniplicato; apertura mediocri, non autem angusta; labris subparallelis. L. 11.^{mm}

Cette espèce diffère de la *Mon. alabamensis* par la forme moins étroite.

Loc. Claiborne.

CYPRAEIDAE

M. Fischer a situé cette famille entre la fam. des *Cassididae* et celle des *Strombidae*, avec lesquelles, du reste, elle n'a pas une analogie aussi étroite; de cette façon les gen. *Eroto* et *Marginella* deviennent très éloignés l'un de l'autre. Certes, il y a des différences organiques de quelque poids entre elles; mais, dans la pratique, surtout lorsqu'on a affaire avec des fossiles, il est impossible de distinguer ces deux genres. Après tout j'ai cru qu'il serait mieux de mettre la famille des *Cypraeidae* immédiatement avant de celle des *Marginellidae*.

Cypraea media Desh.

Pl. 9, f. 8-9-10 (Var. *alabamensis* De Greg.) le même exempl. de trois côtés.

1825. Deshayes Coq. Paris p. 793, pl. 95, f. 37-38.—Deshayes A. s. vert. Paris p. 561, pl. 106, f. 2-3.

Ayant étudié avec attention cette espèce, je me suis convaincu qu'elle ne peut pas être séparée de la *Cy. spheroides* Conr. et que celle-ci doit être regardée comme une variété.—(Coll. mon Cabinet).

Var. *spheroides* Conrad.

1850. Conrad New Tert. Foss. Vicksburg p. 113, pl. 11, f. 6.—1886. Aldrich Prelim. Report. Alabama p. 32.

M. Aldrich rapporte à la *spheroides* ses exemplaires de Claiborne; mon exemplaire se rapproche davantage de celui figuré par Deshayes (An. s. vert. Paris pl. 106, f. 2-3). M. Conrad avait raison à séparer son espèce de celle de Deshayes, car le premier exemplaire figuré par ce dernier était un peu différent du type de l'espèce, ou, pour mieux dire, il n'avait pas encore atteint le degré maximum de développement.

Loc. M. Aldrich (Loc. cit.) dit d'en avoir eu quelques exemplaires de Claiborne, mais il ne donne aucun détail, ni aucune figure; je doute qu'ils appartenaient à la variété suivante.

Var. *alabamensis* De Greg.

Pl. 9, f. 8-10.

Testa ovata, turgida; apertura submediana, vix arcuata, angusta, antice vix dilatata, ad extremitatem anticam et posticam emarginata; dentibus utriusque labri pliciformibus, notatis, 15; spira introrsa, immo vero paulo concava.

Je possède un seul exemplaire de cette intéressante espèce. Elle doit être très rare, car M. Conrad, dans ses nombreux travaux sur la faune de Alabama, ne cite aucune espèce de *Cypraea*. Notre exemplaire a beaucoup de ressemblance avec l'espèce de Vicksburg, avec laquelle je l'ai identifié; seulement il a une taille un peu plus petite et l'ouverture plus droite. Notre variété est très intéressante, car elle est intermédiaire entre la *spheroides* Conr. type et la *Cypraea media* Desh. (Deshayes Coq. Paris pl. 95, f. 37-38), dont elle diffère seulement par le dos un peu plus renflé.—(Coll. mon Cabinet).

Cypraea Smithi Aldrich.

Pl. 9, f. 11-13; — f. 14-15 * reprod. de Aldrich.

1886. Aldrich Prelim. Report. Alabama p. 33, pl. 5, f. 3.

Testa ovata, oblonga; apertura vix sinuosa, antice paulo dilatata; labris intus crenulatis.

Je rapporte à cette espèce un exemplaire que je possède en l'état de moule, mais bien conservé. Il est constitué de calcaire détritique; il a une dimension plus grande que celui de Aldrich, mais du reste il lui ressemble beaucoup. Cette espèce aussi est très voisine de la *C. obesa* Desh. (Deshayes Coq. Paris 2 ed. pl. 105, f. 11-12).

Loc. Mon exemplaire porte l'étiquette de Claiborne. M. Aldrich donne pour *habitat* Gregg's Landing Alabama.

Cyprea fenestralis Conr.

Conrad Proc. Acad. Nat. Sc. V. 7, p. 262, Wailes Geol. of Miss. pl. 17, f. 5.—Idem, Cat. Eoc. Olig. p. 31.—Idem, Check. List. p. 25.—Aldrich Prelim. Report. p. 43.—Heilprin Contr. Geol. Pal. Tert. p. 92 (Cypraea fenestralis).

Heilprin croit que cette espèce soit identique de la *Cypr. elegans* Defrance (Defr. Diction. Sc. Nat. V. 23, p. 39. Desh. Coq. Paris p. 725, pl. 97, f. 3-6).

Loc. Conrad donne pour *habitat* de cette espèce Jackson (Miss.); mais Aldrich donne pour *habitat* « M. Bocks » (Ala.).

VOLUTIDAE

Je retiens cette famille « sensu lato » en y comprenant les *Marginellinae*, les *Volutinae* et les *Mitrinae*. Ayant réuni dans la famille des *Conidae*, les *Coninae* et les *Pleurotominae*, il me paraît absurde de séparer ces trois sous-familles, qui sont liées entre elles par un si grand nombre de caractères.

Marginellinae.

Marginella Lam.

Il est impossible de distinguer ce genre du gen. *Erato*, lorsque on a affaire avec des coquilles fossiles; car il est vrai que les animaux diffèrent entre eux, mais, comme a observé Woodward, les coquilles sont tout à fait identiques. Celles du gen. *Erato* ont souvent les bords crénellés; mais ce caractère n'est pas rare même dans le gen. *Marginella*. J'adopte ce genre « sensu lato ». Je considère le gen. *Cryptospira* (Hinds 1844), *Volutella* (Swainson 1840), *Glabella* (Swainson 1840) comme des sou-genres du gen. *Marginella*.

Marginella (Cryptospira) crassilabra Conr.

Pl. 4, f. 23 * reprod. de Conr., f. 24 * reprod. de Lea (anatina).

1832.	*Marginella crassilabra* CONR.	Conrad Foss. Shells p. 33.	1848.	*Marginella crassilabra* CONR.	Bronn Ind. Pal. p. 703.
1833.	»	*anatina* LEA.	Lea Contr. Geol. p. 176, pl. 6, f. 186.	»	»	»	»	Lea, Cat. Ter. Test. p. 9.
				1850.	»	»	c	D'Orbigny Prodr. 251.
»	»	*crassilabra* CONR.	Conrad Foss. Shells 2 ed. p. 45 pl. 16 f. 13.	1865. *Erato*	»	»	Conrad Cat. eoc. olig. 25.
1834.	»	»	» Conrad Cat. nam. synon. Alab. Morton org. rem.	1866. *Marginella*	»	»	Conrad Check List. p. 16.

Testa ovata, crassa; spira brevi conica; sutura paulo impressa anfractibus circiter 5 ; ultimo magno, apertura satis angusta; labro columellare valde calloso plicatoque; callo expanso; labro externo varicoso, intus crenulato. L. 12.^{mm}

M. Lea décrit une *Marginella* en la nommant *Marg. crassilabra*; elle ne correspond pas à la *crassilabra* de Conrad mais à la *M. humerosa* Conr.

Loc. Claiborne.

Marginella (Cryptospira) columba Lea sp. dub.

Pl. 4, p. 25 * reprod. de Lea. — f. 49, reprod. de Conrad.

1833.	*Marginella columba* LEA.	Lea Contr. Geol. p. 177 pl. 6, f. 187.	1834.	*Marginella columba* LEA.	Conr. Cat. Nam Synon. Alab. in Morton Org. Rem. Appen.
»	»	»	» Conr. Foss. Shells 2 ed. pl. 16, f. 16.	1848.	»	»	»	Bronn Prodr. p. 703.
				»	»	»	»	Lea Cat. Ter. Test. p. 9.
				1850.	»	»	»	D'Orbigny Prodr. p. 251.

Testa ovata; spira conoidea ; apertura angusta; columella quinqueplicata; labro externo valde varicoso, intus crenulato; suturis fere indistinctis.

C'est une espèce très douteuse qui diffère de la *humerosa* Conr. (*crassilabra* Lea) seulement par la spire un peu plus conique et élevée. Je crois qu'elle n'est pas une bonne espèce, c'est une forme intermédiaire entre la *Marg. crassilabra* Conr. (non Lea) et la *Marg. humerosa* Conr. Il n'est pas difficile que ces trois espèces ne doivent appartenir qu'à un seule espèce, dont le plus haut développement serait rejoint par la *crassilabra* Conr. Celle-ci est mon opinion.

Loc. Claiborne.

Marginella (Cryptospira) humerosa Conr.

Pl. 4, f. 28, 29, 30 le même exempl. grand. nat. et gross, de deux côtés f. 26 * reprod. de Lea ;
p. 27 * reprod. de Conrad.

1833. *Marginella crassilabra* LEA. Lea Contr. Geol. pl. 6, f. 188.	1848. *Marginella humerosa* CONR. Bronn Ind. Pal. p. 703.
» » *humerosa* CONR. Conrad Foss. Shells 2 ed. p. 45 pl. 16 f. 14.	1850. » » » D'Orbigny Prodr. p. 251.
1844. » » » Conrad Cat. Names Synon. Morton Append.	1865. *Erato* » » Conrad Cat. Eoc. Oligoc. p. 25.
	1866. *Marginella* » » Conrad Check List. p. 16.

Testa ovata, subtriangularis; spira vix exerta, conoidea; ultimo anfractu magno, pyruliformi; apertura valde angusta; postice protracta; labro columellari quinqueplicato; labro externo varicoso, extus marginato, intus crenulato.

La figure de Lea est mieux executée que celle de Conrad, elle correspond bien à nos exemplaires ; seulement ceux qui atteignent un plus grand développement ont l'ouverture prolongée postérieurement.

Le nom de Lea aurait la priorité sur celui de Conrad, car celui-ci ne la nomma pas dans la première édition « Foss. Shel. »; mais le nom de *crassilabra* avait été préalablement adopéré par Conrad pour une autre forme.

Coll. mon Cabinet.

Marginella (Volutella) plicata Lea.

Pl. 4, f. 32-33 le même exempl. gross. de deux côtés; f. 31 * reprod. de Lea.

1833. *Marginella plicata* LEA. Lea Contr. Geol. p. 178 pl. 6 f. 189. — 1848. Idem Bronn Ind. Pal. p. 704. — 1848. Idem Lea Cat. Ter. Test. p. 9.

Testa minuta, ovata; spira introrsa, vix visibili, rotundata; ultimo anfractu postice axialiter corrugata; apertura angusta; labro columellari plicato; plicis 6, linearibus, notatis; labro externo potius crasso, intus crenulato. L. 4.^{mm}

Cette espèce n'est pas nommée par Conrad dans son « Catal. eoc. olig Alabama », ni dans la Check List. Néanmoins, c'est une forme très jolie et très intéressante: j'en possède deux exemplaires. Certes elle a beaucoup d'analogie avec la *Marg. semen* Lea et par conséquent avec la *Marg. larvata* Conr., dont je parlerai de suite, mais le caractères des riddes axiales est très interéssant. — (Coll. mon Cabinet).

Marginella (Volutella) larvata Conr.

Pl. 4 f. 34, 35 le même exempl. gross. de deux côtés; — f. 36 * reprodr. de Conrad.
f. 37 * reprodr. de Lea (ovata).

1832. *Marginella larvata* CONR. Conr. Foss. Shells 1 ed. p. 33.	1848. *Marginella larvata* CONR. Bronn Ind. Pal. p. 704.
1833. » *ovata* LEA. Lea Contr, Geol. p. 719, p. 6. f. 191.	1850. » » » D'Orbigny Prodr. p. 251.
	1865. *Erato* » » Conrad Cat. Eoc. Olig. 25.
» » *larvata* CONR. Conrad Foss. Shells 2 ed. p. 45, pl. 16, f. 12.	1866. *Marginella* » » Conrad Check List. p. 16.
1834. » » » Conrad Cat. names synon. Morton Org. Rem. Appendix.	1886. » *ovata* LEA. Meyer Aldrich Fauna Newton p. 9.

Testa ovata, potius tenuis, laevigata; spira introrsa ! rotundata; columella plicata; plicis circiter 8; labro externo intus denticulato; denticulis circiter 15. L. 12.^{mm}

C'est la plus remarquable *Marginella* de Claiborne, où elle atteint une taille relativement considérable. Nos exemplaires ressemblent davantage à la figure de Lea qu'à celle de Conrad. — (Coll. mon Cabinet).

Marginella (Volutella) semen Lea.

Pl. 4, f. 38-39 le même exempl. gross. de deux côtés type.—f. 40-41 gross. de deux côtés (Var. *linda* De Greg.)—f. 42-43 gross. de deux côtés (Var. *exilarata* De Greg.)—f. 44 * reprod. de Lea.

1833. *Marginella semen* LEA Lea Contr. Geol. p. 178, pl. 6, f. 190.—1848. Idem, Bronn Ind. Pal. p. 704.—Idem, Lea Cat. Tert. Test. p. 9.

Testa minuta, ovata; spirá introrsa, rotundata; apertura angusta; labro columellari plicato; plicis 6; labro externo intus crenulato. L. 6.^{mm}

C'est une petite espèce qui a été considerée par Conrad (Cat. Eoc. Olig. p. 24) comme sa *M. larvata* jeune. Il pourrait arriver qu'il ait raison, mais, ayant examiné certains exemplaires de la *M. semen* Lea, ils ne me semblent pas jeunes, mais qu'ils ont acquis un développement complet.

Cette espèce et la *humerosa* Conr. sont les Marginelles plus communes à Claiborne. Elle me semble très voisine de la *nitidula* Desh. (Coq. Paris pl. 95, f. 10-11) dont on pourrait la considérer comme une variété.

Parmi mes exemplaires j'en ai trouvé certains un peu différents, mais qui ne peuvent pas être référés à une autre espèce. Je les ai rangé en trois groupe :

1. Type (Lea Contr. Geol. pl. 6, f. 190).
2. Var. *linda* De Greg. (Pl. 4, f. 40-41). Contour un peu plus mince ou pour mieux dire moins turgide.
3. Var. *esilarata* De Greg. (Pl. 4, f. 42-43). Ordinairement dans la *M. semen* il y a 6 plis; dans cette variété il y en a 5, dont la première est moins développée que les autres et presque pas visible.
4. Var. *propenitidula* De Greg. Cette variété est identique de la Var. *exilarata* De Greg., dont elle diffère seulement ayant le bord externe dépourvu de plis. Elle a une très grande importance, car elle est la plus voisine de la *M. nitidula* Desh. dont elle diffère uniquement ayant le labre externe pas marginé. La *M. conulus* H. Lea (1843, Petersburg Virginia, p. 47, pl. 37, f. 102) est très analogue de cette espèce et je suis surpris comment cet auteur ne la cite pas.

Coll. mon Cabinet.

Marginella incurva Lea.

Pl. 44, f. 45-46 gross. de deux côtés. —f. 47 * reprod. de Lea.

1833. Lea Contr. Geol. p. 179, pl. 6, f. 192.—1848. Lea Cat. Tert. Test. p. 9.—1886. Aldrich Prel. Rep. Al. p. 30-46.

Testa minuta, subovata, tenuis, polita; spira brevi conoidea, obsoleta; apertura angusta, labro externo tenui, acuto; interno antice plicato; plicis 4, linearibus sublamellosis. L. 5.^{mm}

Rare jolie petite espèce qui a été négligée par Conrad. Elle diffère de la *Marg. semen* par la spire moins raccourcie, le labre externe mince, les plis linéaires ou nombre de quatre seulement. Elle est plus voisine de la *Marg. humerosa* Conr., dont elle diffère seulement ayant le labre externe dépourvu d'épaisseur. Malgré cela, je crois qu'on pourrait la considérer comme une phase particulière de développement de cette dernière espèce; mais je n'en suis pas sûr, car tous les individus de la *humerosa*, que je possède, ont le bord externe variqueux et marginé.

Coll. mon Cabinet.

Marginella (Glabella) constricta Conr. sp. dub.

Pl. 4, f. 48 * repr. de Conrad.

1832-33. *Marginella constricta* CONR.	Conrad Foss. Shells, p. 46, pl. 16, f. 15.	1850. *Marginella constricta* CONR.	D'Orbigny Prodr. Et. 25, N. 241.		
1834.	» » »	Conrad Cat. syn. Mort. App. 5.	1865. *Erato* » »	Con. Cat. Eoc. Ol. p. 25.	
			1866. *Marginella* » »	Conr. Check List. p. 703.	
1848.	» » »	Bronn Ind. Pal. 703.			

Testa conoides, subfusiformis, potius angusta; spira conica, apici acuminata; anfractibus circiter 4; ultimo magno, oblongo, subcylindraceo; apertura circiter dupla quam spira; labro interno antice quadriplicato.

Cette espèce ressemble extrêmement à la *M. eburnea* Lamk (Desh. Coq. Paris pl. 95, f. 14-16, 20-22), tellement que je crois qu'on doit l'identifier avec elle; dans ce cas c'est à l'eburnea le droit de la priorité.

Loc. Claiborne.

Volutinae.

Voluta petrosa (Conrad) De Greg.

Pl. 4, f. 50-51 (type).—f 52, Var. *Defrancii* Lea.—f. 53, Var. *Vanuxemi* Lea.—f. 54-55, Var. *gracilis* Lea (deux exempl.).— f. 56 * idem reprod. de Lea — f. 57-58, Var. *mitis* De Greg. deux exempl. un desquels gross. — f. 59 * reprod. de Lea (*Vanuxemi*).—f. 60 * reprod. de Conrad (*petrosa* type).—f. 61 * *Defrancii* Lea reprod.—f. 62 * reprod. de Lea (*parva*).

1832.	*Voluta*	*petrosa*	CONR.	Conrad Foss. Sh. 1 ed. p. 29.
1833.	»	*Vanuxemi* LEA		Lea Contr. Geol. p. 179, pl. 6, f. 182.
. »	»	*Defrancii*	»	Idem p. 173, pl. 6, f. 179.
»	»	*gracilis*	»	Idem p. 172, pl. 6, f. 180.
»	»	*parva*	»	Idem p. 173, pl. 6, f. 181.
»	»	*petrosa*	CONR.	Conr. Foss. Shells 2 ed. p. 41, pl. 16, f. 2.
1834.	»	»	»	Conr. Cat. nam. syn. Alabama, Morton org. Rem. App. 5.
1848.	*Voluta*	*petrosa*	CONR.	Bronn Ind. Pal. p. 1370.
»	»	»	»	Lea Cat. Tert. Test. p. 15.
1850.	»	»	»	D'Orbigny Prodr. p. 291.
1860.	»	»	»	Conrad Check List. p. 16.
1865.	»	»	»	» Cat. Eoc. Olig. p. 23.
1886.	»	»	»	Aldrich Prelim. Report. Alab., p. 46.
1887.	»	*Defrancii* LEA		Smith Johson Tert. Cret. Tusc. Tomb. p. 22.

*Testa ovata, subventricosa; spira brevi conoidea, circiter $\frac{1}{2}$ ultimi anfractus; anfractibus subplanis, plerumque apud suturam anticam subangulatis, axialiter plicatis, vel granulosis, vel subspinulosis; ultimo anfractu, spiraliter filoso, ad peripheriam spinuloso; apertura oblonga, potius angusta; labro columellari triplicato, plica autem postica minore quam anticis, interdum obsoleta; canali antico patulo. L. 38.*mm

*J'ai dû modifier la définition de cette espèce, car M. Conrad avait référé les *Vol. Defrancii*, *gracilis* et *parva* Lea à la *Sayana*, tandis que, après une attentive examen, je me suis convaincu que ces formes appartiennent à la *petrosa* plutôt qu'à la *Sayana*.

La *V. petrosa* Conr. a beaucoup d'analogie avec la *V. ventricosa* Defr. et la *V. spinosa* Lamk. de l'éocène de Paris; elle en diffère surtout par les plis columellaires plus marqués.

La *Vol. petrosa* Conr. se présente sous plusieurs formes et variétés, car c'est une espèce très plastique.

Type.

Pl. 4, f. 50-51, 60 *

Conr. Foss. Shells pl. 16, f. 2.

Testa anfractibus antice spinulosis.

Tours antérieurement subanguleux, couronnés par une rangée de tubercules épineux.—(Coll. mon Cabinet).

Loc. Claiborne.

Var. *Vanuxemi* Lea.

Pl. 4, f. 53, 59 *

Lea Contr. Geol. pl. 6, f. 182.

Testa anfractibus, planis, cancellatis, antice subgranulosis; ultimo ad peripheriam, tuberculato, nodosoque; labro columellari triplicato; duabus plicis anticis notatis, plica postica tenui.

C'est la forme de la spire et des tours et les ornements presque effacés (hormis ceux du dernier tour) qui caractérisent cette variété. Conrad (Observ. Eoc. form. p. 220) la croit analogue de la *Vol. spinosa* Lamk.

Loc. Claiborne.

Var. *gracilis* Lea.

Pl. 4 , f. 54 - 55 , 56 *

Lea Contr. Geol. p. 172, pl. 6, f, 180.

Testa plicis axialibus, tenuibus, numerosis; anfractibus angulatis, postice compressis.

Cette variété est caractérisée par ses côtes faibles, pliformes, ne devenant noduleuses hormis que dans la dernière partie du dernier tour et par les tours qui postérieurement sont comprimés, de sorte que la spire apparait presque étagée.

Je crois que la *parva* Lea ne soit autre chose que la même variété jeune. Il est probable que la V. *symetrica* Conr. (1855. Conrad Obs. Eoc. deposit Jackson, Miss. p. 260, pl. 15, f. 8) qu'appartient au même type.

Loc. Claiborne.

Var. *Defrancii* Lea.

Pl. 4, f. 52, 61 *

Lea Contr. Geol. pl. 6, f. 179.

Testa anfractibus, antice subangulatis, granosisque.

Cette variété est voisine du type, mais elle en diffère par les côtes plus nombreuses, et plus petites. L'exemplaire, que j'ai fait figurer, montre ce caractère mieux que celui de Lea.

Loc. Claiborne.

Var. *mitis* De Greg.

Pl. 4, f. 57-58.

Testa anfractibus, convexiusculis, plicis axialibus, tenuibus, obsoletis, ornatis.

Cette variété est caractérisée par les tours plutôt convexes, les côtes très faibles, nombreuses, oblitérées. Elle diffère de la *gracilis* par les côtes encore plus faibles et par les tours moins comprimés postérieurement.

Voluta Sayana Conr.

Pl. 5, f. 1-2, Var. *ipnotica* De Greg. — f. 3-4, Var. *mica* De Greg.
f. 5 * type reprod. de Conrad.

1832. *Voluta Sayana* CONR. Conrad Foss. Shells 1 ed. p. 29.	1865. *Volithilithes Sayana* CONR. (*partim*) Conrad Cat. Eoc.	
1833. » » » Idem 2 ed. p. 41, pl. 16, f. 1.	Oligoc. p. 14.	
1834. » » » Conrad App. Mort. Org. Rem.	1866. » » » » Conr. Check List.	
1848. » » » Bronn Ind. Pal. 1371.	16.	
» » » » Lea Cat. Tert. Test. p. 15.	1886. *Voluta* » » Aldr. Prelim. Re-	
1850. » » » D'Orbigny Prodr. 290.	port. p. 46-56.	
1857. » » » Conrad Tert. Cret. Foss. Manic.	1887. » » » Smith Joh. Tusc.	
Bound. p. 162, pl. 19, f. 6.	Tomb. Ala p. 29.	

Testa ovata, oblonga, spiraliter sulcata; spira brevi, potius pupoidea; anfractibus antice convexiusculis; costis subnodulosis, subcancellatis; plicis columellaribus duabus, tribus, vel quatuor, duabus autem semper majoribus.

Cette espèce est liée étroitement avec la V. *petrosa* Conr. Elle en diffère par la forme un peu plus allongée antérieurement, les côtes moins noduleuses, moins épineuses; la spire un peu pupoïde. Cette espèce est aussi remarquable par ses nombreuses variétés. — (Coll. mon Cabinet).

Var. *mica* De Greg.

Pl. 5, f. 3-4.

Testa costis obsoletis; plicis columellaribus tribus, ex quibus duabus anticis majoribus.

Cette variété ressemble beaucoup à la *V. lineolata* Desh. (Coq. Paris 1 ed. pl. 92, f. 11-12). — (Coll. mon Cabinet).

Var. *ipnotica* De Greg.

Pl. 5, f. 1-2.

Testa costis paulo prominulis; plicis columellaribus duabus, laminaribus, erectis.

Cette variété ressemble beaucoup à la *V. mutata* Desh. (Coq. 1 ed. pl. 92, f. 1-2). Elle diffère du type de Conrad seulement par le nombre des plis columellaires.

M. Conrad, aussi bien que M. Bronn, rapportent à la *V. Sayana*, la *V. Defrancii, gracilis, parva* Lea. Comme j'ai dit, je crois que ces formes appartiennent à la *petrosa* plutôt qu'à la *Sayana*.

Conrad (Observ. Eoc. form. p. 220) la croit analogue de la *Vol. luctator* Sow. de l'argille de Londre. Elle me parait plus voisine de la *V. tricorona* Sowerby (Edwards Eoc. Moll. p. 159, pl. 20, f. 7). L'exemplaire figuré par Conrad dans son ouvrage « Tert. Cret. Mexic. Bound » (pl. 19, f. 6) me parait très douteux; il ressemble à un *Ficoides*.—(Coll. mon Cabinet).

Voluta teplica De Greg.

Pl. 5, f. 7.

Testa tenuis, antice producta, spiraliter sulcata; rugis axialibus, linearibus, obsoletis ad peripheriam, subgranulatis; plicis labri columellaris quatuor laminaribus, secunda et quarta majoribus quam prima et tertia. L. 45.^{mm}

Cette espèce est voisine de la *Sayana* Conr., mais elle en diffère par la forme un peu plus étroite, par l'ornementation et par le nombre et la disposition des plis columellaires. — (Coll. mon Cabinet).

Voluta (Scaphella) Newcombiana Whitf.

Pl. 5, f. 6 * reprodr. de Whitfield.

1865. *Voluta Newcombiana Whitf.* Whitfield Descr. new foss. eoc. p. 263 pl. 27, f. 12.

Testa solida, laevigata, ovato-elongata, magna; anfractibus vix convexis, laevigatis; signis accretionis obsoletis; ultimo anfractu magno, non autem ventricoso; apertura angusta, fere $^{1}\!/_{4}$ lata quam oblonga; labris notatis, externo marginato, subvaricoso; interno subcalloso, quatuor plicis validis ornato, quarum prima magis obliqua quam caeteris.

C'est une belle espéce qui doit être rare, dont je regrette ne pouvoir donner d'autres renseignements; car je n'en possède aucun exemplaire. D'ailleurs, la description que j'en ai donnée me parait suffisante.

Loc. Alabama, six milles loin de Claiborne.

Voluta rugata Conr.

1856. *Volutilithes rugata* CONR. Conrad Descr. new Cret. and Eoc. foss. Miss. a.Alab. p. 292, pl. 47, f. 32.   1865. *Volutilithes rugata* CONR. Conrad Cat. Eoc. Olig. 24.
1866. » » » Conrad Check List. 16.
1886. » » » Aldrich Prelim Report. p. 60.

Testa ovato-elongata, axialiter costulata, spiraliter funiculata ; costis subpliciformibus; funiculis a rugis axialibus clathratis; suturis marginatis; apertura oblonga, majore quam spira; columella triplicata, ex plicis mediana obsolita.

Cette espèce a été retrouvée par le D. Showalter de Uniontown et déterminée par M. Conrad.

Loc. Alabama, (Conrad) Blach River, Tombygbee (Aldrich).

Voluta cogitabunda De Greg.

Pl. 5, f. 10 a c (f. 10 a exempl., f. 10 b c un autre exempl. de deux côtés).

Testa pyriformis, tenuis; spira convexa! brevi, apici mammillata!; ultimo anfractu postice angulato, ad peripheriam plicis axialibus ornato; antice spiraliter striato; plicis brevissimis, sublinearibus, regularibus, labro columellari tenue quadriplicato.

Je n'ai rien à ajouter à la diagnose latine; c'est una jolie petite coquille qui ressemble infiniment à la *Vol. Cooperi* Lea. (*prisca* Conr.), dont elle diffère par les plis axiales, qui manquent dans cette dernière espèce. — (Coll. mon Cabinet).

Caricella Conr.

M. Conrad proposa ce genre pour certaines espèces référées auparavant au genr. *Turbinella*. En suite (Cat. Eoc. olig. p. 23) il les rapporta parmi les *Volutidae* et pas parmi les *Turbinellidae*. Le genre *Caricella* me paraît d'une certaine utilité pour designer les volutes qui font passage, au gen. *Tvrbinella*. M. Tryon les considère comme un sougenre de ce dernier genre; mais il me paraît plus raisonnable de les rapporter comme un sougenre du genre voluta « sensu lato ».

Voluta (Caricella) Cooperi Lea.

Pl. 5, f. 8 * reprod. de Lea, f. 9 * reprod. de Conrad.

(1832. *Voluta doliata* Conr. Conrad Foss. Shells p. 34)?   1848.   *Voluta*   *prisca* Conr. Bronn Ind. Pal. p. 1368.

1833.   »   *Cooperi* Lea. Lea Contr. Geol. p. 175, pl. 6,   »   »   »   » Lea Cat. Ter. Test. p. 15.

f. 185.   1865. *Volutilithes doliata*   » Conr. Cat. Eoc. Olig. p. 24.

»   »   *prisca* Conr. Conr. Foss. Shells p. 45, pl. 16,   1866.   »   »   » Conrad Check List. 16.

f. 9.   1876. *Caricella*   »   » Aldrich Prelim. Report. p. 44.

Testa ovata, pyriformis, laevigata; spira brevissima, circiter $\frac{1}{8}$ totius longitudinis, ad apicem mammillata; anfractibus planis, circiter 6; ultimo magno, ovato, ventricoso, antice spiraliter striato; labro columellari quadriplicato. L. 55.^{mm}

Cette espèce a été décrite et figurée pour la première fois par Lea. Conrad la décrit et la figura sous le nom de *prisca*, presque immédiatement. C'est étrange comment il se put décider à faire cela, car il avait connaissance de l'espèce de Lea et même il la cita comme un synonyme. En suite il s'aperçut de son tort, en effet, en publiant son Catal. Eoc. Oligoc. il la rapporta sous le titre de *doliata*, espèce qu'il avait proposée dans la première édition de Foss. Shells et qui avait le droit de la priorité, mais dont il n'avait pas donné aucune figure. Je suis d'opinion que le nom de Lea doit avoir la préférence par plusieurs raisons. Si M. Conrad dans la 2 edit. Foss. Shells eût maintenu son espèce ou même si en décrivant la *prisca*, il eût dit que c'était une forme identique à la *doliata*, à laquelle il voulait changer le nom, la priorité serait restée malgré tout à la *doliata*; mais, comme il ne donna aucun renseignement sur cette espèce, décrivant la *prisca* comme une espèce différente, on ne peut pas comprendre comment il peut réclamer le droit de la priorité, d'autant plus que publiant dans l' Appendice à l'ouvrage de Morton le catalogue synonymique de ses espèces et de celles de Lea, il ne cita pas la *doliata* ni la *prisca*. Certes, s'il eût figuré la *doliata* dans son premier mémoire ou même s'il eût donné des détails suffisants, il aurait primé l'espèce de Lea et malgré tout il aurait le droit de la priorité. Mais dans les circonstances actuelles je crois que le nom de Lea doit être préféré.

Loc. Claiborne.

Voluta (Caricella) demissa Conr.

Pl. 5, f 11-12.

1856. *Caricella demissa* CONR. Conrad Descr. new tert. foss. 1865. *Caricella demissa* CONR. Conrad Cat. Eoc, Olig. p. 24.
Vicksburg p. 120, pl. 12, f. 5. 1866. » » » » Check List. p. 30.

Testa fusiformis, subovata, elegans, potius solida; spiraliter funiculata; funiculis linearibus, in ultimo anfractu (basi excepta) cancellatis; anfractibus embrionalibus laevigatis, primis tribus sequentibus axialiter plicatis; plicis tenuibus, elegantissime funiculos clathrantibus; labro columellari quadriplicato; plica antica tenui, cæteris crassis, antice decrescentibus. L. 36.^{mm}

Mes exemplaires ressemblent beaucoup à la figure de Conrad, mais l'ornementation de celle-ci laisse beaucoup à désirer. Je l'ai décrit bien dans la diagnose latine, à laquelle je n'ai rien à ajouter. En regardant l'ouverture, il semble que le bord droit n'ait que trois plis seulement; c'est que le pli antérieur est plus faible et situé en dedans; en effet, lorsqu'on affaire avec un exemplaire antérieurement cassé, on voit dans la columelle quatre plis très développée.

Le roche, d'où nos exemplaires proviennent, c'est un espèce de calcaire terreux, jaune d'oeuf.—(Coll. mon Cabinet).

Voluta (Caricella) pyruloides (Conr.) De Greg.

Pl. 5, f. 24-29, quatre exempl. typiques, deux desquels de deux côtés; fig. 30-31 * reprod. de Conrad (type).
Pl. 5, f. 13 Var. *bolaris* Conr. 14 * idem reprod. de Conrad.
Pl. 5, f. 15-16 Var. *sita* De Greg.
Pl. 5, f. 17 * reprod. de Lea (*Humboldti*), f. 18 * reprod. de Lea (*Flemingii*), 19 * reprod de Lea (*Parkinsoni*).
Pl. 13, f. 6-7 extrémité de la spire cassée et beaucoup grossie.

1832. *Turbinella pyruloides* CONR. Conrad Foss. Shells 1 ed. p. 24, pl. 10, f. 1.
1833. *Mitra Humboldti* LEA. Lea Contr. Geol. |p. 170, pl. 6, f. 178.
» » *Parkinsoni* » Idem p. 175, pl. 6, f. 184.
» » *Flemingii* » » p. 170, pl. 6, f. 177.
» » *striata* » » pag.174, pl.6, f. 184?
» » *bolaris* CONR. Conrad Foss. Shells p. 43, pl. 16, f. 11.
1848. » » » Cat. ter. test. p. 9.
» *Turbinella* » » Bronn Ind. Pl. 1311.

1865. *Caricella pyruloides* CONR. Conr. Cat eoc. Ol.p.24
» » *bolaris* » Idem p. 24
» » *Flemingii* LEA *partim.* » p. 24
1866. » *pyruloides* CONR. » Ch. List. 16
» » *bolaris* » » p. 16
» » *Flemingii* LEA *partim.* » p. 16
1886. *Mitra bolaris* CONR. Aldrick Prelim. Rep. Alab. p. 45.
1886. *Turbinnella pyruloides* » Aldr. Pr. Rep. p. 55.
1887. » » » Smith.John.ter. Cret. Fos. Tomb. Al. p. 22.

Testa tenuis, ovata, pyriformis, spiraliter tenuissime striata, striis in parte postica ultimi anfractus plerumque obsoletis, in parte autem anticam persistentibus; spira brevi, circiter ¹/₅ totius longitudinis, ad apicem papillosa; anfractibus planis, circiter 6; ultimo magno, ovato, ventricoso; labro columellari quadriplicato. L. 55.^{mm}

Cette espèce m'a donné beaucoup à penser en égard à ses limites et à son titre. Après une étude sérieuse, je me suis convaincu que plusieurs espèces, prosposées par Lea et reconnues par Conrad comme différentes, doivent être rapportées à la même espèce et que la *bolaris* Conr. était la même espèce que la *pyruloides* Conr., laquelle ne représente que la même espèce dans son plus grand développement. La *bolaris* est un individu jeune, ayant les tours un peu comprimés postérieurement. En regardant la figure de Lea on pourrait s'étonner comment ai-je pu les rapporter à la même espèce, malgré qu'elles aient le sommet pointu, au lieu que papilleux. Je répond que quant aux figures de la *Humboldti* et de la *Parkinsoni* cela est dû à une fausse réconstruction faite par le dessinateur; quant à la *Flemingii*, c'est un erreur plus grave de la part même du dessinateur, car Lea, en la décrivant, dit que la spire est « rounded at the apex ».

Il est probable que la *M. striata* Lea ne soit autre chose qu'une variété ou bien un synonyme de la même espèce. L'exemplaire de Lea est cassé et rongé est il ne peut pas être considéré comme une espèce bien définie. Il a été référé par Conrad (Cat. Eoc. Olig. p. 24) à la *M. Flemingi* Lea.

Certains des exemplaires, que j'ai eus par l'entremise de Ward et Howell, portaient cette étiquette : « Caricella polita Conr. de Claiborne Ala ». Cette espèce a été décrite par Conrad (Wailes' Geol. Miss. pl. 16, f. 4), elle se trouve à Jackson; je n'en possède aucun exemplaire pour en donner des détails, mais je crois qu'elle a été déterminée ainsi par équivoque.

M. Bronn (Ind. Pal. p. 1311) dit que cette espèce a été décrite par Conrad sous le titre de *Mitra bolearis*. Je n'ai pu pas le vérifier dans la 1 éd. de foss. shell.

Parmi les espèces de Paris, celle qui à la plus grand'analogie avec la *pyruloides*, me semble la *Goldfussi* Desh. (Deshayes Coq. Paris, pl. 102, f. 13-14). La *V. Baudoni* Desh. (Deshayes Coq. Paris, 2 éd. pl. 103, f. 13-14) est très analogue de la *pyruloides*. Certaines variétés ressemblent beaucoup à la *M. angystoma* Desh. (Coq. Paris, 2 ed. pl. 103, f. 26-27).

Du Bassin de Londres, la *V. Selseiensis* Edw. (Edwards Eoc. Moll. p. 168, pl. 22, f. 3) a quelque ressemblence avec le type, mais elle en diffère par le nombre des plis et par les côtes des premiers tours.

J'ai joint mon nom à celui de Conrad, car j'ai rectifié et éclairé le sens de la *pyruloides* en lui donnant une étendue beaucoup plus large. L'extremité de la spire de cette espèce, lorsque elle est cassé, ressemble à une petite *Umbonium*, auquel j'avais référé préalablement l'exemplaire pl. 13, f. 6-7. Je distingue deux formes: la *bolaris* Conr. «sensu strictu» et la *pyruloides*.

Coll. mon Cabinet.

Mut. *pyruloides* Conr. type.

Pl. 5, f. 24-31.

Testa pyriformis, spira brevi, anfractibus planis.

Cette variété, comme j'ai dit, représente le plus grand développement de l'espèce. — (Coll. mon Cabinet).

Mut. *bolaris* Conr.

Pl. 5, f. 13-14.

Conrad Foss. Sh. pl. 16, f. 11.

Testa fusiformis; spira paulo, longiore quam solet; anfractibus postice excavatis.

La V. *Humboldti* Lea me semble un synonyme du type de la *V. pyruloides* Mut. *bolaris*. — (Coll. mon Cabinet.)

Var. *sita* De Greg.

Pl. 5, f. 15-16.

Testa spira majore quam habet pyruloides, sed anfractibus postice non excavatis.

C'est une intéressante variété, qui partage des caractères de toutes les deux. Elle ressemble à la *Parkinsoni* Lea ; mais la spire de celle-ci étant cassée, on ne peut pas en tenir compte. J'ai lieu à croire que les exemplaires référés par Heilprin à la V. *Baudoni* Desh. doivent être rapportés à cette variété. — (Coll. mon Cabinet).

Voluta (Caricella) Baudoni Desh.

1866. *Voluta Baudoni* DESH. Deshayes A. s. vert. Bas. Paris,   1884. *Turbinella Baudoni* DESH. Heilprin Contr. Geol. Pal.
             pl. 102, f. 13-14.   Tert. p. 93.
1880.   »   »   »   Heil. Pr. Ac. Nat. Hist. p. 373.

Heilprin croit que ses exemplaires ne se distinguent en rien de ceux de France. Je crois qu'il est probable qu'ils soient des variétés de la *Car. pyruloides* (Conr.) De Greg. et qu'on doive les rapporter peut-être à la Var *sita* De Greg.

Loc. Heilprin donne pour *habitat* Knight's, Branch, Clarcke C. Ala.

Voluta (Caricella) praetenuis.

Pl. 5, f. 20 * reprod. de Conrad.

1832. *Turbinella praetenuis* CONR. Conrad Foss. Shells 1 ed. p. 45.
1833. » » » Conrad Foss. Shells 2 ed.
1848. » » » Bronn Ind. Pal. p. 1312.
1865. *Caricella* » » Conr. Cat. Eoc. Ol. p. 24.
1866. » » » » Check List. p. 16.
1883. *Caricella praetenuis* CONR. Tryon Struct. Syst. p. 161, pl. 52, f. 2.
1885. » *reticulata* ALDR. Aldrich Not. tert. Al. and Miss. p. 147, pl. 2, f. 4.
1886. » » » Aldrich Prelim. Report Ala p. 27, pl. 2, f. 4.

Testa ovata, ficuliformis, spiraliter, tenue, regulariter, eleganter striata; axialiter tenuissime, obsolete corrugata; spira circiter $1/4$ *totius longitudinis; ad apicem mammillata; labro interno quinque-plicato; externo tenui. L. 30.*mm

Je rapporte à la même espèce la *Caric. reticulata* Aldr. dont la seule différence consiste en avoir 4 plis columellaires au lieu de 5. Je ne sais pas comment cette ressemblance a échappée à l'illustre auteur du Prelim. Report.

Loc. Claiborne. — La var. *reticulata* (avec 4 plis) se retrouve à Red Bluff et à Shubuta Miss.

Voluta (Caricella) Showalteri Aldr.

Pl. 5, f. 21 * repr. de Aldr.

1886. *Voluta Showalteri* ALDR. Aldrich Prelim. Report tert. foss. Alabama, p. 28, pl. 3, f. 14.

Testa ovata, oblonga, laevigata, nitida; ultimo penultimoque anfractu subangulato, ad peripheriam minute granuloso; apertura $2/3$ *totius longitudinis; labro interno quadriplicato.*

Loc. Cette espèce a été retrouvée par Aldrich à Matthews' Landing, Alabama; quant à moi je ne la connais pas.

Voluta (Caricella) striata Lea sp. dub.

Pl. 5, f. 66 * reprod. de Lea.

Testa subovata, tenuis, spiraliter, dense striata; anfractibus, postice subcanaliculatis; labro columellari quinque-plicato.

Lea n'en possédait qu'un mauvais exemplaire. Conrad la rapporte à la *Voluta Flemingsi* Lea; il est probable qu'elle soit une variété de la *V. bolaris*.

Loc. Claiborne.

Voluta (Volutilithes) limopsis Conr.

Pl. 5, f. 22 * repr. de Conrad.

1856. *Volutilithes limopsis* CONR. Conrad Descr. Cret. Eoc. Miss. and Ala p. 292, pl. 47, f. 24.
1865. » » » Conr. Cat. Eoc. Ol. p. 23.
1866. *Volutilithes limopsis* CONR. Conrad Check List. p. 16. Heilprin Contr. Geol. Pal. Tert. p. 92.
1884. » » »

Testa ficuliformis, axialiter tenue costata, spiraliter funiculata, funiculis costas clathrantibus, ideo granulosis; columella triplicata.

Çonrad cite comme analogue la *V. crenulata* Lamk., elle diffère de celle-ci par la forme moins ventrue et par le nombre des plis. Heilprin croit qu'il est probable qu'on doit la référer à la *V. crenulata* Lamk. (Deshayes Coq. Paris p. 693, pl. 43, f. 7-8).

Loc. Alabama.

Voluta (Atleta) Tuomey Conr.

Pl. 5, f. 23 * reprod. de Conrad.

Voluta	*Tuomey* Conr.	Conrad Proceed. Acad. Nat. Sc. Philadelphia p. 449.	1865. *Volutilithes Tuomey* Conr.			Conrad Cat. Eoc, Oligoc. p. 24.
1856. *Volutilithes*	» »	Conrad Descr. New Cret.	1866.	»	»	»	Conrad Check List. p. 16.
		Eoc. Foss. Miss. and Alab.	1886.	»	»	»	Aldrich Prel. Rep. p. 58.
		pl. 46, f. 35.	1887. *Athleta*	»	»	Smith. Johnson Tert. Test. Cret. p. 40.

Testa ovata, elegans; spira brevissima, minima, erecta; ultimo anfractu magno, ovato, postice convexo, turgido, regulariter rotundato, ad peripheriam tuberculis spinosis ornato; apertura angusta, oblonga; columella biplicata.

Cette espèce a été figurée dans le travail de Conrad « Descr. New Cret. Eoc. » mais elle n'y est pas décrite.

Loc. Alabama (éocène inférieur?); Nanafalia Group, Tombigbee (Aldrich).

(Otocheilus? nereidis Conr. sp. dub.)

? *Cythara nereidis* Conr.	Conrad, Journ An. Nat. Scienc. vol. 6, 2 ser. p. 293.	1860. *Otocheilus nereidis* Conr.			Conr. Cat. Eoc. Olig. p. 24.
		1866.	»	»	»	Conr. Check List. p. 16.

Cette espèce n'a pas été figurée ; je n'ai pu trouver même le lieu où elle a été décrite. M. Conrad a proposé pour elle le gen. *Otocheilus* auquel il a référé une autre espèce qu'il avait rapportée d'abord au gen. *Fulgoraria* c'est à dire l'*Otoch. Missipiensis* (Vicksburg p. 119, pl. 13, f. 1). M. Tryon référa ce genr. comme un synonyme des gen. *Cithara* et *Mangelia*.

Certes, en regardant la figure de l'*O. Missipiensis* on se rappelle tout de suite de la *Mangelia ponderosa* Reeve. Mais il y a aussi des *Voluta* du même type. En effet, il suffit de comparer la figure, qu'il en donne, avec la *Voluta Branderi* Defrance (Desh. Coq. Paris pl. 90, f. 15-16) pour s'en convaincre. Elle a une très grande analogie avec le sougenre *Lyria* Gray. La *L. delessertiana* Petite (Tryon Struct. Syst. p. 167, pl. 53, f. 22) lui ressemble extrêmement. M. Conrad colloqua le gen. *Otocheilus* après le gen. *Caricella* et avant le gen. *Lapparia*, c'est à dire à la fin du gen. *Voluta* «sensu lato» et avant le gen. *Mitra* «sensu lato.» Si le genr. *Otocheilus* eût été une *Pleurotome*, je crois que M. Conrad ne l'aurait situé dans ce lieu.

Après tout, ce genre reste toujours très énigmatique; quant à l'espèce *nereidis*, absolument elle doit être ôtée du catalogue des espèces de Alabama, car on ne peut pas s'en former aucune idée.

Loc. Conrad lui donne pour patrie l'Alabama.

TURBINELLIDAE

Turbinella Lamk. 1709.

Je prends ce genre « sensu stricto » et je lui rapporte les volutes pyruliformes ayant le canal antérieur étroit, allongé et pas échancré, le bord columellaire pourvu d'une vraie levre interne et de plis au milieu.

Quoique ce genre ait quelque différence anatomique avec le gen. *Fasciolaria*; il a sans doute avec celui-ci de grandes analogies. Or le gen. *Fasciolaria* appartient à la famille *Muricidae*, el il est lié au gen. *Fusus* comme le gen. *Borsonia* au gen. *Pleurotoma*. Je crois qu'il est prudent de considérer les *Turbinellidae* comme une espèce de famille interposée entre les *Volutidae* et les *Muricidae*. Ce sont les raisons mêmes qui m'ont persuadé à élever à famille celle des *Conorbidae* et des *Harpidae*.

Turbinella (Mazzalina) pyrula (Conr.) Tryon.

Pl. 6, f. 1 * repr. de Tryon

1856. *Mazzalina pyrula* Conr. Conr. Descr. New. Cret. Eoc.   1865. *Mazzalina pyrula* Conr. Conr. Cat. Eoc. Olig. p. 23.
Miss. a. Ala. p. 745 (Journ. Ac.   1866.   «   »   »   Conrad. Check. List. p. 32.
Nat. Sc. Phil. Vol. 4, 2. ser.)   1883.   »   »   »   Tryon Struct. Syst. p. 133 ,
pl. 68, f. 100.

Testa pyruliformis, ovata, turgidula; sublaevigata ; spira brevi, conoidea, circiter $\frac{1}{3}$ *totius longitudinis; ultimo anfractu antice spiraliter sulcato; canali antico patulo; labro interno antice sulcato (plicis tenuibus, 4 ?); labro externo intus sulcato. L. 40.*[mm]

Cette espèce est très douteuse car M. Conrad ne l'a pas figurée. Une bonne figure est celle du Manuel de Tryon. Cette espèce me paraît identique, quant à la forme, de la *Parula Smythi* Lea, dont elle diffère seulement par les plis de la columelle et les sillons du bord externe. M. Tryon dit que les gen. *Mazzalina* est probablement un synonyme du gen. *Lagena*. Le plis columellaires me font rappeler de la *Voluta (Caricella) bolaris* (Conr.) De Greg. avec laquelle cette espèce a beaucoup d'analogie. Dans sons ensemble elle me semble voisine du gen. *Turbinella*, auquel M. Conrad l'avait rapproché. J'ai réunit l'initial de Tryon à celle de Conrad, car je ne connais aucune figure de ces auteurs ni aucune description.

Cette espèce a quelque ressemblence avec la *Strepsidura turgida* Solander (in Dixon Sussex p. 234, pl. 6 , f. 12-13) de Bracklesham.

Loc. Alabama.

Turbinella baculus Aldr.

Pl. 6, f. 2 * *a b*, reprod, de Aldrich.

1886. *Turbinella baculus* Aldr. Aldrich Prelim. Report Alabama p. 27, pl. 6, f. 2.

Testa solida, ovato-fusiformis; spiraliter tenue funiculata , axialiter tenue corrugata ; rugis antice in ultimo anfractu obsoletis; apertura mediocri, circiter dupla quam spira; labro interno expanso, conspicuo, antice biplicato; plicis aequalibus erectis. L. 13.[mm]

Petite jolie espèce qui me fait rappeler la *Voluta (Caricella) demissa* Conr. de Vicksburg (Conrad Vick. pl. 12, f. 5). Elle correspond bien au type du gen. *Turbinella (T. napus* Lamk., *rapa* Lamk).

Loc. Bell's Landing, Ala.

Turbinella Wilsoni Conr.

Pl. 6, f. 4.

1850. *Turbinella Wilsoni* Conr. Conrad New Vicksburg p. 120,   1865. *Turbinella Wilsoni* Conr. Conrad Cat. Eoc, Olig. p. 23.
pl. 12, f. 12.   1866. *Mazza*   »   »   Conrad Check List. p. 30.

Testa magna, crassa, clavelliformis, elegans; spira elongata, paulo irregulari; primis anfractibus late obsolete costatis, spiraliter funiculatis; ultimis vix subangulatis, cancellatis; columella triplicata; plicis regularibus, erectis, laminaribus, mediana vix magis prominula; suturis notatis; L. 120.[mm]

Je possède de cette espèce un fragment seulement, mais il correspond bien aux caractères donnés par Conrad. — (Coll. mon Cabinet).

Turbinella fusoides Lea.

Pl. 6, f. 40 * reprod. Lea.

1840. H. Lea Descr. new foss. Claiborne p. 98, pl. 4, f. 15.

Testa ovata, crassiuscula, elegans, apici subacuminata; costis axialibus 8-10, rotundatis, interstitia subaequantibus; striis spiralibus confertis; apertura ovato-angusta; labris subincrassatis, interno tenue multiplicato; canali antico brevi, patulo.

Je ne possède aucun exemplaire de cette espèce et j'ai quelque doute en égard au genre, auquel elle doit être référée. Loc. Claiborne.

MITRIDAE

Mitra (Conomitra) fusoides Lea.

Pl. 5, f. 32-33 gross. (type) — f. 34-36 deux exempl. gross. un desquels de deux côtés (Var. *lepa* De Greg.) — f. 37 * reprod. de Conrad — f. 38 * reprod. de Lea.

1833. *Mitra fusoides* Lea	Lea Contr. Geol. p. 169, pl 6, f. 176.	1865. *Mitra fusoides* Lea	Conrad Cat. Eoc. Olig. p. 25.
» » » »	Conrad Foss. Shells 2 ed. p. 42, pl. 16, f. 8.	1866. » » »	Conrad Check List. p. 16.
		1886. » » »	Aldrich Prelim. Report Ala. p. 44-45.
1848. » » »	Bronn. Ind. Pal. p. 731.	» » » »	Aldrich Tert. Faun. Newton p. 10.
» » » »	Lea Col. Tert. Test, p. 9.	1887, » » »	Meyer Beitr. Kent. Alt. Tert. p. 15.
1850. » » »	D'Orbigny Prodr. E. 25, p. 319.		

Testa biconica; spira brevi; apici subacuta; anfractibus 6, ex quibus primis 2 mammillatis; axialiter tenue plicatis, spiraliter sulcatis; plicis rugiformibus interdum in ultimo anfractu paulo obsoletis, sulco apud suturam posticam plerumque majore quam aliis; apertura angusta falcata; labro externo tenui; columella notatim quadriplicata. L. 9.^{mm}

Jolie petite coquille, qui resemble beaucoup à la *M. graniformis* Lamk. (Deshayes Coq. Paris pl. 89, f. 11-12) mais dont elle diffère par le nombre des plis columellaires (4 au lieu de 5). La *Mitra staminea* Conr. (Conr. Vicksburg p. 120, pl. 12, f. 3) me parait très analogue de la *fusoides*. mais elle a les côtes plus développées ; malgré cela on pourrait peut-être la considérer comme une variété de la même espèce. — (Coll. mon Cabinet).

Var. *lepa* De Greg.

Pl. 5, f. 34-36.

Testa sublaevigata; costis omnino obsoletis.

Je considère mes exemplaires comme une variété; car j'ai examiné des individus qui montrent des passages du type à la variété; mais en comparant les limites extrèmes de ceux-ci, c'est à dire les échantillons pourvus de côtes bien développées et les échantillons lisses, on reste frappé de la différence. Néanmoins, le contour, les plis, la forme et tous les caractères principaux restent les mêmes; raison per laquelle on doit référer tous les exemplaires à la même espèce.

Coll. mon Cabinet.

Mitra (Lapparia) pactilis Conr.

Pl. 5, f. 39 * reprod. de Conrad.

1832. *Mitra pactilis* Conr.	Conrad Foss. shells p. 46.	1865. *Mitra pactilis* Conr.	Conrad Cat. eoc. ollg. test. p. 24.
1833. » » »	Idem 2 ed. p. 43, pl. 16, f. 21.	1866. » » »	Idem Check List. p. 16.
1843. » » »	Lea Henry Cat. Tert. test. p. 9.	1886. » » »	Aldrich Tert. Fauna Newton p. 10.
» » » »	Bronn. Ind. Pal. 732.	» » » »	Idem Tert. Fauna Newton p. 10.
1850. » » »	D'Orbigny Prodr. E. 35, p. 317.		

Testa subconoides, sublaevigata; anfractibus subplanulatis, apud suturam anticam nodulis subgranosis cinctis; ultimo anfractu subcylindraceo, turgidulo, laevigato, majore quam spira; apertura angusta; labro columellari quadriplicato, antice contorto. L. 29.^{mm}

Cette espèce me parait analogue de la *M. labratula* Lamk. (var. A. in Deshayes Coq. Paris 1 ed. pl. 88, f. 9-10).
Loc. Claiborne.

Mitra lineata Lea.

Pl. 5, f 41-42 gross. — f. 40 * reprod. de Lea.

1833. *Mitra lineata* LEA Lea Contr. Geol. p. 168, pl. 5; f. 174.   1865. *Mitra lineata* LEA Conrad Cat. Eoc. Olig. test. p. 25.
1848.   »   »   » Lea Cat. Tert. test. 9.   1866.   »   »   « Idem Check. List. p. 16.
   »   »   «   » Bronn. Ind. Pal· p. 732.   1886.   »   »   ? Aldrich Tert. Fauna Newton.

Var. *terplicata* De Greg.

Testa angusta, fusiformis, elegans, fragilis axialiter tenue costata; anfractibus subplanis, prope suturam spiraliter sulcatis; apertura angusta; labro externo intus plicato; columella triplicata. L. 9.^{mm}

Cette espèce ressemble extrêmement à certaines variétés de la *M. fusoides* Lea, dont elle diffère seulement par la forme plus étroite et plus allongée. Elle est très voisine de la *M. crebricosta* Lamk. (Deshayes Coq. Foss. Paris pl. 89, f. 21-22); dont elle diffère seulement par le nombre des plis columellaires, trois au lieu de quatre. Je n'en possède que deux exemplaires seulement. Or la *M. lineata* type, selon la description et la figure de Lea, possède quatre plis. comme la *crebricosta*, de sorte que je ne trouve aucune différence entre ces deux espèces; c'est donc le nom de Lamark qui jouit du droit de la priorité.—(Coll. mon Cabinet).

Mitra minima Lea.

Pl. 5. f. 45 * reprod. de Lea.

1833. *Mitra minima* LEA Lea Contr. Geol. p. 168, pl. 6, f. 175.   1865. *Mitra minima* LEA Conrad Cat. Eoc. Olig. p. 25.
1848.   »   »   » Lea H. Eoc. Cat. Tert. Test, p. 9.   1866.   »   »   » Check List. p. 17.
   »   »   »   » Bronn. Ind. Pal. p. 732.

Testa minuta, columbelliformis; laevigata, apici acuta, anfractibus 5, laevigatis; apertura angusta, antice in canalem protracta; labro interno quadriplicato, externo intus lineato. L. 5.^{mm}

Cette espèce, M. Lea même l'a observé, ressemble beaucoup à la *M. lineata* Lea; elle s'en distingue seulement par la surface lisse et par la taille plus petite. Je doute que la *M. minima* Lea ne soit autre chose que la *M. perexilis* Conrad jeune, d'autant plus que mes exemplaires de cette dernière espèce n'ont pas trois plis seulement, mais quatre.
Loc. Claiborne.

Mitra perexilis Conr.

ex *terebrellum* Lamk.

Pl. 15, f. 43 * — f. 44 * reprod. de Conrad.

1832. *Mitra perexilis* CONR. Conrad Foss. Shells p. 46.   1850. *Mitra perexilis* CONR. D'Orbigny Prodr. f. 25, p. 318.
1833.   »   »   » Idem 2 ed. p. 42, pl. 16, f. 7.   1865.   »   »   » Conrad Cat. Eoc. Olig. p. 25.
1848.   »   »   » Lea H. Cat. tert. test. p. 9.   1866.   »   »   » Check List. p. 17.
   »   »   »   » Bronn Ind. Pal. p. 732.

= *Mitra eburnea* LEA, (1840. H. Lea Descr. new foss. Claiborne, p. 102, pl. 1, f. 21).

Testa angusta, elongata, fusiformis, laevigata; anfractibus planis; ultimo paulo majore quam ⅓ totius testae; apertura angusta; labro columellari quatuor plicis munito, ex quibus antica minore quam aliis; labro externo intus tenuissime lineato; suturis linearibus. L. 17.^{mm} Ang. sp. 21.°

C'est une jolie espèce dont l'identité est très sûre, car la figure donnée par Conrad est exacte. Quant aux plis je dois observer que l'auteur dit qu'elle en a seulement trois, dans sa figure on en voit seulement deux. Mes exemplaires ont quatre plis dont l'antérieure est plus faible que les autres de sorte qu'à première vue il semble qu'ils en aient trois seulement.

Cette espèce est sans doute très analogue de la *M. terebrellum* Lamk. (Deshayes Coq. Paris, pl. 89, f. 14-15); elle en diffère seulement par le nombre des plis columellaires dont celle-ci en porte 5.

Je crois que la *M. eburnea* Lea (H. Lea foss. Claiborne p. 102, pl. 1, f. 21) doit être considérée comme un synonyme de la même espèce.

Loc. Claiborne.

(Mitra eburnea Lea) sp. dub.

Pl. 5, f. 63 * reprod. de Lea.

1840. H. Lea Descr. new foss. Claiborne p. 102, pl. 1, f. 21.

Testa fusiformis, subcylindrica, laevigata, angusta; ultimo anfractu, antice spiraliter striato; columella triplicata.

Comme j'ai dit, je crois que cette espèce doit être considérée comme un synonyme de la *M. perexilis* Conr. Celle-ci a 4 plis au lieu de trois, mais l'antérieure est très faible.

Loc. Claiborne.

Mitra biconica Whitf.

1865. Whitf. Descr. new spec. eoc. foss. p. 263.—1886. Aldrich Prelim. Report. Ala. p. 46.—1886. Aldrich Tert. Fauna. Newton, p. 19.

Testa tenuis, fusiformis, elongata, spiraliter striata, axialiter valde costata (costis circiter 9 in ultimo anfractu); anfractibus circiter 7, apud suturam sulcatis; suturis profundis, notatis; columella solida, biplicata. L. 15.^{mm}

Cette espèce n'a pas été figurée par l'auteur qui la proposa ; néanmoins on peut la reconnaître d'après la description qu'il en donne.

Loc. Alabama, six milles loin de Prairie Bluff.

Mitra (Turricula) Hatchetigbeensis Aldr.

Pl. 5, f. 46 * reprod. de Aldrich.

1886. *Mitra Hatchetigbeensis* ALDR. Aldrich Prelim. Report. Tert. Foss. p. 28, pl. 6, f. 3.

Testa fusiformis, subturrita, spiraliter omnino, striata, axialiter costata; costis in medio anfractuum tuberculosis; anfractibus circiter 10, carinatis, postice paulo concavis; apertura angusta, spiram subaequante; labro externo laevigato, interno antice triplicato; plicis subaequalibus. L. 19.^{mm}

C'est une espèce très jolie et caractéristique qui ressemble beaucoup à certaines espèces du gen. *Pleurotoma*; s'il ne fût par l'autorité de l'auteur, je douterais qu'on dût la référer au gen. *Borsonia*.

Loc. Hatchetigbee, Alabama.

Mitra Haleanus Whitf.

Pl. 5, f. 48 * reprod. de Whitfield.

1865. Whitfield Descr. new spec. eoc. foss. p. 263, pl. 27, f. 6.—1886. Aldrich Prelim. Report Alab. p. 45.

Testa subovata, spiraliter sulcata, axialiter plicata, clathrataque; anfractibus postice compressis;

concavis; spira subgradata; ultimo anfractu, majore quam dupla spira; apertura angusta; labro externo intus sulcato; interno valde triplicato. L. 24.^mm

Loc. C'est une jolie espèce dont je ne possède aucun exemplaire. M. Whitfield donne pour *habitat* Vicksburg, mais M. Aldrich l'a retrouvée aussi à Lisbon, c'est à dire dans l'horizon de Claiborne.

Mitra (Turricula) cincta Meyer.

Pl. 5, f. 47 * reprod. de Meyer.

1841. *Mitra gracilis* Lea, Lea Am. Journ. Sc. p. 101, pl. 1, f. 20.—1886. *Turricula cincta* Lea, Meyer Contr. Eoc. pal. Ala, p. 74, pl. 1, f. 13.

Testa pleurotomiformis, minuta, elegans; anfractibus minutissime, axialiter, confertim, costatis, postice vix subangulatis, laevigatis, fasciatisque; apertura angusta; labro interno quadriplicato; plicis antice decrescentibus; primis tribus anfractibus embrionalibus laevigatis, ex quibus ultimo spiraliter striato.

C'est une jolie petite espèce. L'auteur ne sais pas décider si on doit la rapporter comme un synonyme de la *Mitra gracilis* Lea ou bien comme différente. Je ne puis pas decider cette question.

Loc. Claiborne Ala.

Mitra gracilis (H. Lea) non J. Lea.

1840. *Mitra gracilis* Lea, H. Lea Descr. new foss. Claiborne, p. 101, pl. 1, f. 20.

Testa minuta, angusta, subfusiformis, cancellata, axialiter tenue costulata; ultimo anfractu antice spiraliter striato; columella triplicata.

C'est une petite espèce dont je ne possède aucun exemplaire et qui n'est pas citée par Conrad.

La *Terebra gracilis* J. Lea est un *Terebrifusus* synonyme de la *Mitra (Terebrifusus) amoena* Conrad ; si on donnerait la priorité au nom de J. Lea sur celui de Conrad, on devrait changer celui proposé par H. Lea.

Loc. Claiborne.

Mitra dubia (Lea) De Greg.

Pl. 5, f. 56-57 le même exempl. de deux côtés; f. 58 jeune exempl.; f. 59 extrémité gross.
f. 60 * reprod. de Lea.—f. 49 * reprod. de Conrad.

1840. *Voluta dubia* Lea, Lea H. Descr. new foss. Claiborne p. 102, pl. 1, f. 23.—1856. *Mitra Claibornensis* Conr. Conrad Descr. new spec. cret. and eoc. foss. pl. 47, f. 6.

Testa fusiformis, elegans, solida, tenuibus lineis spiraliter ornata, axialiter tenue plicata; anfractibus, vix convexis, vix subcarinatis, plicis in parte antica ultimi anfractus subevanescentibus; apertura angusta; columella valde quadriplicata. L. 23.^mm Ang. sp. 27.°

Très jolie coquille plutôt solide, pourvue de côtes axiales un peu effacées, pliformes en les premiers tours, et de filets spirals linéaires très fins. Les premiers deux tours sont mammillaires, lisses, ayant un diamètre plus grand que celui du tour qui suit. Les autres tours antérieurement sont un peu convexes, postérieurement un peu déprimés. Les plis columellaires sont 4, bien solides, presque égaux entre eux; le pli antérieur forme le bord de la columelle.

C'est étrange que M. Conrad donna la figure de cette espèce sans la décrire, et plus étrange encore qu'il ne la nomma pas dans le Cat. Ollg. Eoc., ni dans la Check List. Mes exemplaires ressemblent beaucoup à la figure qui se trouve dans son ouvrage « Descr. new spec. cret. » elle en diffère seulement par le filet spiral. Le nom qui est écrit dans l'esplication de ses planches c'est à dire de « Claibornensis »; m'aida à identifier mes exemplaires. M. Lea décrit et figura en 1840 une espèce de Claiborne que j'ai identifiée avec celle de Conrad en lui donnant le droit de la priorité; mais comme elle a été décrite sous le nom de *Mitra* et comme la figure de Lea laisse quelque doute pour l'identification (ayant les côtes plus développées et moins nombreuses) j'ai réuni mon nom a celui de Lea.—(Coll. mon Cabinet).

Mitra subconquisita De Greg.

ex *conquisita* Conr.

Pl. 5, f. 50, 51 deux exempl.

Testa fusiformis, elongata; anfractibus plano-convexiusculis circiter 10, primis 7 spiraliter regulariter sulcatis; sulcis profundis 4, porcis 4 liriformibus majoribus quam interstitiis; sulcis in ultimis anfractibus solum duobus in parte postica; ultimo anfractu antice multisulcato elongatoque; plicis columellaribus 3, notatis, antice decrescentibus. L. 38.^{mm} Ang. sp. 35.º

C'est une espèce très voisine de la *M. conquisita* Conr. (1856 Conr. Descr. new tert. foss. Vick. p. 119, pl. 12, f. 1); elle en diffère presque exclusivement par l'angle spiral beaucoup plus grand et par les plis de la columelle plus solides. Un de mes exemplaires, dont la partie antérieure n'est pas cassée, ressemble extrêmement à la *M. Missipiensis* Conr. (Loc. cit. p. 119, pl. 12, f. 2), de laquelle il diffère seulement par les sillons des derniers tours persistants, les plis columellaires plus solides.

Cette espèce est très analogue de la *M. elongata* Lamk. (in Deshayes Coq. Paris 1 ed. pl. 89, f. 7-8), elle en diffère par les stries spirales. — (Coll. mon Cabinet).

Mitra Missipiensis Conr.

Pl. 5, f. 52-55; f. 52-53 le même exempl. de deux côtes, f. 54 jeune exempl., f. 55 détail.

1856. *Mitra Missipiensis* CONR. Conrad New tert. foss. Vicksburg p. 119, pl. 12, f. 1.	1865. *Otocheilus Missipiensis* CONR. Con. Cat. Eoc. Olig. p. 24.
	1866. » » » Conrad Check List. p. 30.

Testa fusiformis, elegans; spiraliter sulcata; sulcis pro undis, 4 ad anfractum; porcis liriformibus; interstitiis sulcorum axialiter corrugatis; plicis columellaribus tribus, plica postica vix majore quam aliis.

Nos exemplaires correspondent bien à la description et à la figure de Conrad. Cette espèce est très analogue de la précédente; les sillons d'un de nos exemplaires ont une tendance à s'effacer sur le dos du dernier tour. Il n'est pas difficile qu'on doive référer au même type la *M. conquisita* Conr. M. Conrad référa la *M. Missipiensis* dans la section des *Volutidae*, mais le « facies » de cette espèce rappelle davantage le gen. *Mitra.* — (Coll. mon Cabinet).

Terebrifusus Conr.

Ce genre a été proposé par Conrad pour l'espèce suivante. Il le rapporta comme une section du gen. *Terebra*, tandis que je crois qu'on doit plutôt le référer parmi les sougenres du genre *Mitra.*

Mitra (Terebrifus) amoena Conr. sp.

Pl. 5, f. 61 * reprod. Lea.

1832. *Buccinum amoenus* CONR.	Conrad Foss. shells f. 45.	1865. *Terebrifusus amoenus* CONR.	Conrad Cat. eoc. and olig. test. Un. St. p. 28.
1833. *Terebra gracilis* LEA	Lea Contr. Geol· p. 166. pl. 5, f. 171.		
1834. *Buccinum amoenum* CONR.	Conrad List. of names a. syn. in Morton.	1866. » » »	Conrad Check List. Ind. foss. p. 14.
1848. » » »	Bronn. Ind. Pal. p. 178.	1886. *Terebra gracilis* »	Aldrich Prelim. Report Alabama p. 46.
» *Terebra gracilis* LEA	Lea Cat. Tert. Test. p. 14.	» » » LEA	Aldrich Tert. Fauna Newton Wautubbee, p. 10,46.
1850. *Buccinops amoenum* D'ORB.	D'Orbigny Prodr. V. 2, p. 369, 641.		

Testa fusiformis, crassiuscula, axialiter costata, spiraliter confertim dense striata; spira paulo oblonga, apici acuminata; sutura angusta, irregulari; anfractibus 8, paulo convexis; columella plicata et striata; labro externo acuto.

Cette espèce a été rangée parmi les *terebridae*. M. Lea pour le premier a observé que ses caractères montraient un passage au gen. *Mitra;* mais les raisons, par lesquelles il ne l'a pas référée à ce genre (c'est à dire le bord columellaire plié et strié), ne me semblent d'aucun poids. Au contraire, presque tous les *Mitra* ont ce caractère. Certes elle ne représente le vrai type du gen. *Mitra;* Conrad même, en la référant à la famille de *Terebridae*, proposa un genre nouveau qui n'a pas été reconnu par les auteurs.

Comme je ne connais pas cette espèce que d'après les descriptions qu'ils en ont données, je me borne à observer qu'elle me semble plus liée au gen. *Mitra* qu'au gen. *Terebra.* M. Aldrich a référé à la *Terebra gracilis* la *Terebra multiplicata* Lea, que je ne connais pas.

Loc. Cette espèce se trouve non seulement à Claiborne, mais a Lisbon et à Newton.

Mitra (Terebrifusus) elegans Lea.

Pl. 5, f. 62 * reprod. Lea.

1840. *Mitra elegans* LEA. — Lea II. Descr. new foss. Claiborne p. 102, pl. 1, f. 22.

Testa fusiformis, subturrita, crassiuscula, axialiter costata, spiraliter striata; anfractibus 7, convexis; columella octoplicata; plicis minimis; apertura angusta.

Cette jolie espèce ressemble beaucoup à la *M. (Terebrifusus) amoena* Conr. sp. et à la *M. (Terebrifusus) terebriformis* Conr. (1850. Conrad Vicksburg p. 132, pl. 14, f. 30. — 1865. *Pyramimitra terebriformis* Conr. Cat. Eoc. Olig. p. 28. — 1866. Check List. p. 14), mais elle est distinguée de toutes deux ces espèces.

M. Lea même observa que cette espèce appartient à un groupe interposé entre le gen. *Mitra* et le gen. *Terebra.*
Loc. Claiborne.

Mitra (Terebrifusus) multiplicata Lea.

Pl. 5, f. 65 * reprod. de Lea.

1840. *Mitra multiplicata* H. LEA Foss. Claiborne p. 101, pl. 1, f. 19. — *Terebra multiplicata* ALDRICH Prelim. Report. 446.

Testa fusiformis, potius angusta, axialiter costulata; costis interstitia aequantibus; ultimo anfractu oblongo; columella 14 plicis ornata.

Cette espèce a beaucoup de ressemblance avec la *Terebra terebriformis* Conrad, de laquelle elle diffère par les plis columellaires. M. Lea la référa au gen. *Terebra*, M. Conrad ne la cite pas.
Loc. Claiborne.

FUSIDAE

Fasciolarinae

Je la considère comme une sous-famille des *fusidae.*

Latirus Montf. 1810.

Je suis d'opinion de considérer ce genre comme une sougenre du gen. *Fasciolaria* (Lamark 1799), en lui référant les espèces ombiliquées ou faussement ombiliquées. Le genre *Peristernia* Morch. n'a aucune raison d'être, car il comprend une partie des *Latirus* et une partie des *Fasciolaria.*

DE GREG. — *Annales de Géol. et de Paléont.*   10

Fasciolaria (Latirus) plicata Lea.

Pl. 6, f. 5 * reprod. de Lea.

1833. *Fasciolaria plicata* LEA Lea Contr. geolog. p. 143, pl. 5,   1848. *Fasciolaria plicata* LEA Bronn. Ind. Pal. p. 489.
       f. 142.   1865. *Peristernia* » » Conrad Cat. Eoc. Olig. p. 23.
1848. » » » Lea II. Cat. Tert. Test. p. 7.   1866. » » » » Check List. p. 16.

Testa fusiformis, subovata, apice acuminata; anfractibus convexis, axialiter costatis, spiraliter tenue striatis; costis crassis rotundatis; apertura angusta; labro externo triplicato, interno sulcato; canali antico paulo contorto. L. 17.[mm]

Je ne puis pas donner d'autres détails, car je ne possède aucun exemplaire de cette espèce.
Loc. Claiborne.

Fasciolaria polita Gabb.

Hanc speciem Aldrich citat (Prelim. Report p. 47), ego autem descriptionem effigiemque ignosco.

Loc. Lisbon.

Fasciolaria (Leucozonia) biplicata Aldr.

Pl. 6, f. 8 * a b reprod. de Aldrich.

1885. *Leucozonia biplicata* ALDR. Aldrich Prelim. Report Alabama p. 23, pl. 5, p. 15.

Testa ovata, solidiuscula, elegans, subumbilicata, spiraliter regulariter funiculata, axialiter costata; costis in ultimo anfractu rarioribus; apertura cancellariforme, spiram subaequante, semilunari; labro externo crenulato, columellari biplicato; canali antico subnullo.

C'est une coquille très intéressante, qui partage des *Cancellaria* et de *Fasciolaria*. Des deux plis columellaires la postérieure est presque double que l'antérieure. A la base on trouve un fausse ombilic, qui en partie est recouvert par une callosité.
Loc. Matthews' Landing Ala.

Fasciolaria errabunda De Greg.

Pl. 6, f. 6 a-c; f. 6 a-b un exempl. vu de deux côtés, grossi du côté du dos; f. 6 un autre exempl. grossi.

Testa turbiformis, elegans; anfractibus spiraliter triliratis; ex liris postica vix minore quam aliis; funiculis axialibus confertis, subregularibus, notatis, saepe obsoletis praesertim in ultimis anfractibus, liras eleganter clathrantibus; ultimo anfractu spiraliter multilirato; inter liras saepe tenui funiculo interposito; labro externo intus lineariter plicato; labro interno uniplicato.

C'est une espèce vraiment jolie, qui tient beaucoup du *Fusus thoracicus* Conr., duquel elle diffère par la côte spirale interne du bord columellaire et par le nombre des carènes.
Je possède trois exemplaires de cette espèce. — (Coll. mon Cabinet).

Lirosoma Conr.

Ce genre a été proposé par Conrad pour les coquilles subpyriformes, avec le canal antérieur étroit et oblong et avec la columelle pourvue d'un pli antérieur. Type *L. sulcosa* Conr.

Fasciolaria (Lirosoma) sulcosa Conr.

Var. *perplexa* De Greg.

Pl. 6, f. 7 *a b*.

1830. *Pyrula sulcosa*	CONR.	Conrad On. th. geol. org. rem. Maryland p. 220, pl. 9, f. 8.	1848. *Pyrula sulcosa*	CONR.	Lea H. Cat. Tert. Test. p. 13.
1833. *Fusus sulcosus*	»	Conr. Foss. Shells 1 ed. p. 18, pl. 3, f. 3.	» *Fusus sulcosus*	»	Bronn Ind. Pal. p. 519.
1838. *Fasciolaria sulcosa*	»	Conrad Foss. Tert. Form. p. 86 pl. 19, f. 7.	1867. *Lirosoma sulcosa*	»	Conrad Descr. new gen. species mioc. Shells with notes fossil p. 267, pl. 33, 63.
1848. *Pyrula sulcosa*	»	} Lea H. Cat. Tert. Test. p.8, 13.	1882. » »	»	Tryon Man. Conch. p. 131, pl. 48, f. 90.
» *Fusus sulcosus*	»				

Testa pyriformis; spiraliter regulariter lirata, axialiter tenue obsolete costulata; costulis liras decussantibus; spira brevi turbiformi; anfractibus postice angulatis, subgradatis ; canali antico angusto; labro externo tenue sulcato.

J'ai été très douteux à propos de cette espèce car elle se trouve dans le miocène et pas dans l'éocène. Peut-être qu'il est arrivé quelque promiscuité de fossiles. Certes, mes exemplaires sont identiques au type; les côtes seulement sont un peu plus nombreuses, le pli columellaire manque, si on ne veut considérer comme un pli le bord antérieur de la columelle, qui se trouve dans tous les gastéropodes. — (Coll. mon Cabinet).

Fasciolaria? pergracilis Aldr.

Pl. 6, f. 3 *a b* reprod. de Aldrich.

1886. *Fasciolaria pergracilis* ALDR. Aldrich Prelim. Rep. Ala. p. 22, pl. 5, f. 18.

Testa angusta, fusiformis ! axialiter costata; anfractibus circiter 13, postice bisulcatis; sulco postico magis profundo; anfractibus embrionalibus 3, laevigatis; rostro oblongo, spiraliter striato; columella postice tenue triplicata.

C'est une espèce très intéressante, dont le genre me parait très douteux. Certes, elle a beaucoup d'analogie avec le gen. *Mitra*, par exempl. avec la *Mitra conquisita* Conr. (Conrad Wicksburg p. 119, pl. 12, f. 1). Elle rappelle certaines pleurotomes et elle est très voisine du *Fusus (Exilia) pergracilis* Conr. Seulement celui-ci est encore plus étroit et dépourvu de plis columellaires.

Il est probable qu'en étudiant mieux l'espèce de Conrad, on arrivera à y découvrir quelques plis dans le bord interne de l'ouverture. Dans ce cas les deux espèces devraient être référées au même genre, et à cause de la la priorité du nom de Conrad, on devrait changer celui de Aldrich.

Loc. Gregg's Landing (Ala).

Fusinae.

Exilia Conr. 1850.

M. Conrad (Descr. new cret. and eoc. foss. p. 291) proposa ce genre pour l'espèce suivante. Dans ces travaux postérieurs il le considéra toujours comme appartenante à la famille des Pleurotominae. Le gen. *Mitraefusus* Bell. (1865. Bellardi Jour. Moll. Piem. e Lig. p. 205, pl. 11, f. 1) est très voisin de ce genre. Je crois même qu'on doit le considérer comme un synonyme. C'est au nom de Conrad le droit de la priorité. Parmi les Pleurotomes analogues je pourrais citer la *Pl. perexilis* Aldr. et *exilloides* Aldr. (Aldrich Prelim. Report p. 30, pl. 3, f. 49). Néanmoins je dois observer que je suis entièrement persuadé en égard à la position naturelle qu'il doit occuper. Certes il a beaucoup d'analogie non seulement avec le *Mitrac-*

fusus orditus Bell., mais avec la *Fasciolaria pergracilis* Aldr. (1886. Aldrich Prel. Rep. Al. p. 22, pl. 5, f. 18). M. Fischer et M. Tryon retiennent le gen. *Exilia* comme un sougen. du gen. *Fusus*, et je suis de leur opinion car M. Conrad ne parle pas d'échancrure, et, dans la figure qu'il en donne, on ne voit aucune trace.

Fusus (Exilia) pergracilis Conr.

Pl. 6, f. 10 * reprod. de Conrad.

1856. *Exilia pergracilis* Conr. Conrad Descr. new cret. and eoc. foss. p. 291, pl. 47, f. 34.—1865. Idem, Conrad Cat. eoc. olig. sh. p. 20.—1866. Conrad Check List. p. 18.

Testa angusta! elongata! fusiformis; costulis axialibus numerosis, paulo arcuatis; filis spiralibus densis, minutis; apertura vix minus longa quam spira; primis duobus anfractibus laevigatis; rostro angusto, antice minute striato.

Cette espèce a beaucoup d'analogie avec la *Fasciolaria pergracilis* Aldr., dont j'ai parlé en avant et dont j'ai noté les différences.

Loc. M. Conrad donne pour *habitat* l'Alabama.

Fusus Missipiensis Conr.

Pl. 6, f. 9, var. *tepus* De Greg.

1850. Conrad Observ. eoc. form. Wicksburg p. 117, pl. 11, f. 39.—1865. Conrad Cat. Eoc. Ollg. p. 16.—1866. Conrad Check List. p. 30.

Testa fusiformis, ornatissima, crassiuscula, axialiter late costata, spiraliter funiculata; funiculis circiter 7 in penultimo anfractu, rugis axialibus minutis, asperulatis; ultimo anfractu basi paulo excavato.

C'est une coquille très élégante qui ressemble extrêmement à l'espèce décrite et figurée par Conrad; elle en diffère par la taille un peu plus grande: les côtes un peu plus nombreuses (dans le dernier tour), plus larges, plus courtes, postérieurement aplaties, de sorte que les tours semblent un peu creux près de la suture postérieure. Les cordonnets spirals sont saillants et un peu onduleux; à chaque interstice il y a un cordonnet secondaire plus petit et souvent dans les petits interstices il y a un autre cordonnet tertiaire, de sorte qu'à chaque grand interstice il y a trois cordonnets. La surface est ornée de riddes axiales très fines et jolies, qui se voient surtout dans la partie postérieure des tours. Le dernier tour est arrondi à la périphérie et un peu concave à la base.

La *Fusus exilis* Conr. et *filicatus* Conr. (1838. Conrad Foss. Tert. Form. p. 85, pl. 49, f 1, 2) de James river (Virginia) me semblent très voisins de la même espèce.

La *Turbinella protracta* Conrad (Vicksburg pl. 2, f. 7) lui ressemble aussi; mais elle appartient à un autre genre.

Conrad décrit une autre espèce de *Fusus* avec le même titre ; il le référa à un sougenre du même genre (1854. *Fusus (Papillina) Missipiensis* Conr. Proceedings Academy Nat. Sc. Vol. 7, p. 262, pl. 17, f. 10 Wailes geol. Miss.) de Jackson; écrivant le nom de *Missipiensis* avec deux p. Il a fait cela expressement, car il cite ainsi cette espèce dans le Cat. eoc. ol. et dans la Check List. Quoique elle appartient à un autre sougenre, on doit changer le nom et je propose celui de *Jacksonensis*.

La *F. Missipiensis* ressemble beaucoup au *F. parilis* Conr. (1838. Tert. Form. p. 85, pl. 49, f. 5) de S. Mary et au *Fusus breviculus* Desh. (Coq. Paris 1 ed pl. 13, f. 4-5).— (Coll. mon Cabinet).

Fusus serratus Desh.

Pl. 6. f. 11 * reprod. de Aldrich.

1825. *Fusus serratus* Desh. Deshayes Coq. Paris pl. 73, f. 12.

Var. *Meyeri* Aldr.

1885. *Fusus Meyeri* ALDR. Aldrich Prelim. Rep. Ala, p. 21, pl. 3, f. 12.

Testa elongata, fusiformis, subcarinata; anfractibus angulatis, axialiter costatis, spiraliter funiculatis; costis crassis, rotundatis, in series dispositis; funiculis circiter 7, mediana cariniformi; canali antico erecto, maxime elongato.

M. Aldrich considère cette espèce comme distincte, ne citant même l'espèce de Deshayes. Il crois plutôt qu'il serait mieux la considérer comme une variété avec des côtes plus marquées. Le *F. tortilis* Whitf. ressemble extrêmement à la même espèce. Le *F. unicarinatus* Desh. (Deshayes 1 ed. pl. 72, f. 11-12) est aussi très analogue des exemplaires de Alabama.

Loc. Woods' Bluff (Ala); Matthews' Landing (Ala).

Fusus tortilis Whitf.

Pl. 6, f. 12 * reprod. de Whitfield.

1865. *Fusus tortilis* WHITF. Whitfield Descr. new spec. eoc. foss· p. 760, pl. 27, f. 5.

Testa fusiformis, elongata; anfractibus vix subangulatis, axialiter costatis; spiraliter funiculatis; funiculis 6, prominulis; canali antico angusto et oblongo, paulo majore quam spira.

Cette espèce est excessivement voisine du *Fusus serratus* Desh. non *Meyeri* Aldr., dont elle diffère seulement par le manque de la carène. Elle ressemble beaucoup au *Fusus Crohaerti* Vinc. et Lef. (Note Laek, Sup. pl. 3, f. 1).

Loc. Alabama, 9 milles loin de Prairie Bluff.

Fusus rugatus Aldr.

Pl. 6, f. 13 * reprod. de Aldrich.

1886. *Fusus rugatus* ALDR. Aldrich Prelim. Rep. Ala. p. 22, pl. 5, f. 9.

Testa turrita, elegans, carinata; anfractibus postice concavis, sublaevigatis, in medio angulatis, cingulo cariniformi granuloso cinctis, antice aliis duobus cingulis minute granulosis, minoribus quam carina; ex his funiculo antico juxta suturam anticam; ultimo anfractu antice compresso, funiculato; funiculis spiralibus granuloso-crenulatis; canali antico recto, potius oblongo, solido; apertura angusta.

C'est une coquille très jolie qui ressemble tellement à une pleurotome, que je suis douteux en égard à son genre. S'il ne fût par l'autorité de M. Aldrich, je la croirais une *Pleurotoma* plutôt qu'un *Fusus.*

Loc. Gregg's Landing, Ala.

Fusus venustus Lea.

Pl. 6, f. 14 * reprod. de Lea.

1833. *Fusus venustus* LEA Lea Contr. Geol. p. 145, pl. 5, p.148. 1848. *Fusus venustus* LEA. Bronn. Ind. Pal. p. 520.
1848. » » » Lea H. Cat. Tert. Test. p. 8. 1865. *Strepidura venusta* » Conrad Cat. Eoc. Olig. p. 17.

Testa elegans, angusta, elongata, spiraliter lineariter filosa, axialiter plicata; apertura spiram vix superante.

C'est une jolie petite coquille qui tient beaucoup de certaines Pleurotomes.

M. Conrad l'a supprimé dans son dernier ouvrage Check List. La *Fasciolaria pergracilis* Aldr. (Aldrich Prelim Report. Alabama, p. 22, pl. 5, f. 18) me parait très voisine de cette espèce.

Loc. Claiborne.

Fusus pulcher Lea.

Pl. 7, f. 11 * reprod. de Lea.

1833. *Fusus pulcher* LEA Lea Contr. Geol. p. 144, pl. 5, f. 144. — 1848. Idem Bronn. Ind. p. 517. — 1850. *Fusus thaloides* CONR. *partim.* D'Orbigny Prodr. p. 363.

Testa elongata, fusiformis, subcylindroides, axialiter costata, spiraliter striata; costis rotundatis, potius latis, obsoletisque; apertura angusta; canali antico erecto.

C'est une jolie espèce, dont je ne connais que l'exemplaire figuré par Lea. Malheureusement il manque de l'extrémité de la spire; néanmoins on peut en juger d'après le contour. Elle me semble qu'elle doit être allongée et aiguë.
Loc. Claiborne.

(Fusus Mortoniopsis Gabb. sp. dub.)

1886. Aldrich Prelim. Report. p. 46.

Hanc speciem puto non effigiatam neque descriptam esse.
Loc. Lisbon.

Fusus explicatus Conr.

1832. Conrad Foss. Shells p. 43.—1848. Lea H. Cat. Tert. Test. p. 8.— 1865. Conrad Cat. Eoc. Olig. 16.

M. Conrad cite cette espèce dans son catalogue (Eoc. Olig.), mais je ne connais aucune description de cette espèce ni aucune figure. Dans ma copie de son ouvrage Foss. shells p. 43 il n'y a aucun *fusus;* on trouve ce genre dans les pag. 29-30, mais pas le *F. explicatus.* Peut-être qu'il aurait fait allusion à la première édition.
Loc. Claiborne.

Fusus (Neptunea) irrasus Conr.

Pl. 6, f. 16 * reprod. de Conrad.

1834. *Fusus irrasus* CONR. Conrad Foss. Sh. pl. 18, f. 10.	1848. *Fusus irrasus* CONR. Lea H. Cat. Tert. Test. p. 8.
» » » » » Obs. tert. and more rec. form. South States.	1850. » » » D'Orb. Prodr. Et. 25, N. 516.
	1865. » » » Conrad Cat. Eoc. Olig. p. 16.
» » » » Conr. Ap. in Mort. Syn. Org. Rem.	1866. *Neptunea irrasa* » » Check List. p. 17.
1848. » » » Bronn Ind. Pal. p. 514.	1886. *Fusus irrasus* » Aldrich Prelim. Report. p. 52.

Testa fusiformis, ventricosa, axialiter costata, spiraliter funiculata; costis 10 in ultimo anfractu; funiculis linearibus; spira apici laevigata; anfractibus prope suturam posticam subcanaliculatis; rostro spiram subaequante.

C'est une espèce parfaitement intermédiaire entre le *Fusus Mortonii* Lea et le *F. decussatus* Lea. M. Conrad (Cat. Eoc. Olig.) cite son ouvrage « Observ. tert. mor. recent. form. », mais pas son premier ouvrage (Foss. shells), où il la figura. Dans ma copie de ce dernier travail on trouve la figure de cette espèce, mais pas la description.
Loc. Claiborne.

Fusus (Neptunea) pumilus Lea.

Pl. 6, f. 18; — f. 19 * reprod. de Lea.

1833. *Fusus pumilus* LEA Lea Cont. Geol. p. 215, pl. 6, f. 226.	1848. *Fusus pumilus* LEA Bronn Ind. Pal. p. 517.
1848. » » » Lea H. Cat. Tert. Test. p. 8.	1865. *Neptunea pumila* » Conrad Cat. Eoc. Olig. p. 17.
	1866. » » » » Check. List.

Testa minuta, pyrulo-fusiformis; primis anfractibus laevigatis; ultimo subovato, conoideo, axialiter costato; apertura satis angusta.

C'est une jolie petite coquille dont je possède un exemplaire seulement. Il est composé de 6 tours lisses, le dernier seulement ayant quelques côtes axiales. La spire est un peu pupoïde, latéralement plus convexe que celle de l'exemplaire figuré par Lea. — (Coll. mon Cabinet).

Fusus (Neptunea) decisus Conr.

1832. *Fusus decisus* Conr. Conrad Foss. Shells p. 43.
1834. *Cerithium decisum* » » Appendix in Morton Org. Rem.
1848. » » « Bronn Ind. Pal. p. 267.
1848. *Fusus decisus* Conr. Lea H. Cat. Tert. Test. p. 8.
1850. *Cerithium decisum* » D'Orb. Prodr. Et. 25, N. 629.
1865. *Neptunea decisa* » Conrad Cat. Eoc. Olig. p. 17.

Je ne connais pas cette espèce, car je trouve son nom cité par les auteurs sans figure et sans description. Conrad l'a supprimé dans la Check List. Je crois qu'on doit l'ôter du catalogue des espèces de Claiborne.
Loc. Claiborne.

Fusus (Neptunea) enterogramma Gabb.

1886. Aldrich Prelim. Report. p. 47.

Je ne connais pas cette espèce.
Loc. M. Aldrich donne pour *habitat* Claiborne et Lisbon.

Fusus (Neptunea) Mortoni Lea.

Pl. 6, f. 42-43 deux exempl. gross. — f. 44 * reprod. de Lea.

1833. *Fusus Mortoni* Lea Lea Cont. Geol. p. 145, pl. 5, f. 145.
1848. » » » Lea H. Cat. Tert. Test. p. 8.
» » » » Bronn Ind. Pal. p. 515.
1865. *Fusus Mortoni* Lea Conrad Cat. Eoc. Olig. p. 17.
1866. » » » » Check List. 19.

Testa turbinato-fusiformis; axialiter costata, spiraliter funiculata; costis crassis rotundatis, ad peripheriam subangulatis, subspinulosis; funiculis linearibus; canali antico erecto oblongo.

Je possède de cette jolie espèce deux exemplaires qui correspondent bien à la figure de Lea; un d'eux a le canal antérieur un peu plus allongé que dans le type; l'autre est un exemplaire jeune.
Loc. Claiborne.

Fusus (Neptunea) submortonii (Gabb.) Conr.

1866. *Sipho submortonii* (Gabb.) Conr. Conrad Check List. p. 19.

Je ne connais aucune description, ni aucune figure de cette espèce que je trouve citée seulement dans l'ouvrage de Conrad.
Loc. Claiborne.

Fusus (Clavifusus) stamineus Conr.

Pl. 6, f. 15 * repr. de Conrad.

1832. *Fusus stamineus* Conr. Conrad Foss. Sh. p. 43, f. 18, f. 14.
1834. » » » Conrad Append. in Morton Synopsis Org. Rem.
1848. *Fusus stamineus* Conr. Lea H. Cat. Tert. Test. p. 8.
» » » » Bronn Ind. Pal. p. 519.
1850. » » » D'Orb. Prodr. p. 25, pl. 504.
1865. » » » Conrad Cat. Eoc. Olig. p. 16.

En comparant les figures que M. Conrad donne pour le *stamineus* et l'*altilis* et les exemplaires de ma collection, je me suis convaincu qu'on doive les référer à la même espèce et je suis bien surpris comment M. Conrad (Cat. Eoc. Olig.) les référa à des sougenres différents ! — Comme l'*altilis* représente pour moi le plus grand développement de l'espèce, j'ai adopté ce nom pour la désigner, rapportant le *stamineus* comme son synonyme (jeune âge).

Loc. Claiborne.

Fusus (Clavifusus) Cooperi Conr.

Pl. 6, f. 20 * reprod. de Conrad.

1833. *Fusus Cooperi* Conr. Conrad Foss. Sh. pl. 18, f. 15.   1848. *Fusus*   Cooperi Conr. Bronn Ind. Pal. p. 511.
1834.   »   »   »   »   Obs. tert. and more rec.   1866. *Clavifusus*   »   »   Conrad Check List. p. 19.
                             form. p. 148.   1850. *Fusus*   »   »   D'Orb. Prodr. Et. 25, N. 507.
  »   »   »   »   Conrad App. in Morton.

Testa ovata, magna, elegans; subumbilicata; spiraliter striata, axialiter costata; costis regularibus, interstitia aequantibus, circiter 10; anfractibus postice angulatis, subinterruptis; canali antico subnullo; columella valde solida.

Cette espèce a échappée à Conrad lorsque il publia son « Cat. Eoc. Olig. » — Dans ma copie de Foss. Shells je ne trouve pas la description de cette espèce, mais seulement la figure. J'ai quelque doute en égard au genre, auquel Conrad l'a rapportée, mais je ne puis pas me prononcer la dessus n'en possédant aucun exemplaire.

Cette espèce est très analogue du *F. crassicostatus* Deshayes (Coq. Paris 1 ed. pl. 72, f. 1-2).

Loc. Alabama (Claiborne je crois).

Fusus (Clavifusus) altilis Conr.

Pl. 6, f. 21; — f. 21 * reprod. de Conrad ; — f. 15 * reprod. de Conrad (*stamineus* Con.)

1832. *Fusus altilis* Conr. Conrad Foss. shells p. 43, pl. 18, f. 16.   1850. *Fusus altilis*   Conr. D'Orb. Prodr. Et. 23, N. 503.
1834.   »   »   »   »   Appendix in Mort. Org. Rem.   1865. *Papillina altile*   »   Conrad Cat. Eoc. Olig. p. 17.
1848.   »   »   »   »   Lea II. Cat. Tert. Test. p. 8.   1866. *Clavifusus altile*   »   »   Check List. p. 19.
  »   »   »   »   Bronn. Ind. Pal. p. 508.

(etiam *Fusus stamineus* Conr. Foss. shells pl. 16, f. 14.

Testa subovata, elegans, carinata, spiraliter funiculata; funiculis linearibus vix undulatis, in parte mediana ultimi anfractus saepe carentibus; spira conica, anfractibus subplanis, apud suturam anticam eleganter tuberculatis, interdum paulo angulatis; ultimo ad peripheriam angulato carinatoque, tuberculis rotundatis spinosis; ultimo anfractu magno, circiter duplo quam spira; labro externo intus tenue plicato; plicis tenuibus interruptis.

C'est une des espèces plus caractéristiques de Claiborne; je réfère à la même espèce le *F. stamineus* Conr. comme une synonyme.

Je retiens le nom de *altile*, car il représente le plus grand développement de l'espèce. J'én possède trois exemplaires. Coll. mon Cabinet.

Fusus (Strepsidura) Heilprini De Greg.

1880. *Fusus subscalarinus* Heilprin Proc. Acad. Nat. Sc. Phil. p. 372. — 1884. *Strepsidura* Idem, Contr. Geol. Pal. p. 91.

Comme le nom de *Fusus scalarinus* a été proposé préalablement par D'Orbigny (1850. Prodr. Et. 24, pag. 316), je propose de nommer l'espèce d'Amérique d'après le nom de l'auteur, qui l'a retrouvé et qui a rendu de si grands services à la Paléontologie americaine. Je ne puis donner aucun détail de cette espèce, car je ne la connais pas et l'auteur ne l'a pas figurée.

Il dit pourtant qu' elle est voisine du *Fusus scalarinus* Desh., espèce éocénique bien connue et qu' elle en diffère par les côtes moins développées et par les stries spirales plus prononcées.

Loc. Il ne donne pas l'*habitat*, mais fait supposer qu'elle provient de l'éocène de l'Alabama.

Fusus (Strepsidura) limula Conr.

Pl. 7, f. 13 gross ; — f. 18 * repr. de Conrad; — f. 14 * repr. de Lea (*ornatus*); — f. 15 * idem (*acutus*);
f. 16 * idem (*Conybearii*); — f. 17 idem (*Delabechii*).

1832.	*Fusus limula* CONR.	Conrad Foss. Shells , 1 Edit., p. 43.	1848. *Fusus limula* CONR.
1833	» *Delabechii* LEA	Lea Contr. gool. p. 148, pl. 5, f. 151.	» » *Delabechii* LEA
»	» *ornatus* »	Idem f. 152.	» » *ornatus* »
»	» *acutus* »	» 153.	» » *acutus* »
»	» *Conybearii* »	» 154.	» » *Conybearii* »
»	» *limula* CONR.	Conrad Foss. Shells 2 ed. p. 53, pl. 18, f. 4.	» » *limul. Delab.*
1834.	» *ornatus* LEA	Conrad App. in Morton.	» » *orn. acut.Conyb.*
			1850. » *limula* CONR.
			1865. » » »
			1866. » » »
			1886. » *limulus* »

Bronn Ind. Pal. p. 509-520.
Lea H. Cat. Tert. Test. p. 8.
D'Orb. Prodr. Et. 25, N. 506.
Conrad Cat. Eoc. Olig. p. 17.
» Check List.
Aldrich Prelim. Report p. 46.

Testa fusiformis, subturbinata, apici acuminata; anfractibus convexis, angulatis; costis brevibus subnodosis; funiculis spiralibus confertis, linearibus; apertura suborbiculari; canali antico mediocri.

Auparavant j'avais considéré cette espèce comme distincte du *F. acutus* Lea, selon la croyance générale. Mais, ayant mieux étudié ces espèces, je me suis convaincu de leur identité, et je suis surpris comment cela n'a pas été observé par aucun. J'ai lui ai référé plusieurs espèces décrites par Lea comme différentes. Je crois qu'elle est liée très étroitement avec le *F. bellus* Conr. et peut-être on devrait la considérer comme une simple variété avec des tours anguleux.

J'en possède deux exemplaires seulement. Ils correspondent bien à la figure de Conrad. — (Coll. mon Cabinet).

Fusus (Strepsidura) subscalarinus Heilpr.

Etiam hujus speciei descriptionem figuramque minime cognosco. Aldrich solum ipsam citat (Prelim. Report. p. 55). Hoc nomen jam D'Orbigny proposuerat, igitur mutandus est: Fusus Heilprini appellandus, si bene descriptus et efigiatus erit. In monographia de fauna S. G. Ilarione (pag. 90) subgenus Lyrofusum tuli per species similes Fuso scalarino (nempe Fusus scalarinus Lank., subscalarinus D'Orb., lyra Beyr., brevicauda Phil., scalariformis Nyst. etc....)

Loc. Bell, Gregg's Landing, Lower Peach Tree.

Fusus (Strepsidura) perlatus Conr.

Pl. 7, f. 20 * reprod. de Conrad.

1832.	*Fusus perlatus* CONR.	Conrad Foss. Shells p. 56, pl. 18, f. 5.	1848. *Fusus perlatus* CONR.
1834.	» » »	Conrad Appendix in Mort. Syn. Org. Rem.	1865. *Strepisdura perlata* » *partim*
1846.	» » »	Conr. List. Org. Rem. Ann. Eoc. and. Europ. p. 220.	1866. » » »

Lea H. Cat. Tert. Test. p. 8.
Conrad Cat. Eocen. Olig. p. 17.
Conrad Check List. p. 17.

Testa subturbinata; spira subconica, brevi; anfractibus angulatis; primis sublaevigatis, quarto anfractu axialiter plicato, caeteris costatis; costis brevibus, angustis raris regularibus; canali antico potius brevi, atque recurvato.

C'est une très jolie coquille dont je ne possède aucun exemplaire; elle est bien caractérisée par la forme de sa spire et de son dernier tour. M. Conrad, dans les deux derniers travaux cités, lui rapporte comme synonyme le *F. acutus* Lea. Cette dernière espèce est bien différente du *F. perlatus*, je la considère comme une variété du *Fusus bellus* Conr.

Loc. Claiborne.

Fusus (Strepsidura) linteus Conr.

Pl. 9, f. 17 * reprod. de Conrad.

1865. *Strepsidura lintea* CONR. Conrad Cat. Eoc. Ol. p. 17. 1865. *Strepsidura lintea* CONR. Conrad Descr. New Eoc. shell
» » » » » Descr. New Eoc. shell. and references p. 210, pl. 20, f.1.
Un. St. p. 142. 1866. » » » Idem Check List. p. 19.

Testa ovato-turriculata, spiraliter funiculata, subcarinata; primis tribus anfractibus sublaevigatis; caeteris costatis; costis subnodulosis in ultimo anfractu evanescentibus.

Je ne puis pas ajouter d'autres détails, car je ne possède pas un exemplaire de cette espèce. Elle me paraît liée très étroitement avec le *Fusus bellus* (Conr.) De Greg.

M. Conrad dans son « Catal. Eoc. Olig. p. 17 » cite une *Neptunea lintea*, comme s'il l'aurait décrite dans les Proceed. de l'Académie de Philadelphie. Je crois que ça a été par équivoque; qu'il se proposait de la publier dans les Proceedings et que de suite il renonça à cette idée, préférant le Journ. de Conch. de Tryon, où il la décrivit en la référant au genr. *Strepsidura* et oubliant de casser cette dénomination dans ce catalogue. En effet, il la cita dans la Check List sous le titre de *Strepsidura lintea.*

Loc. Claiborne.

Fusus (Levifusus) trabeatus Conr.

Pl. 6, f. 39 * reprod. de Conrad.

1833. *Fusus trabeatus* CONR. Conrad Foss. Shell. p. 29, pl. 18, 1848. *Fusus trabeatus* CONR. Bronn. Ind. Pal. p. 521.
f. 1. 1850. » » » D'Orb. Prodr. Et. 25, N. 512.
1834 » » » Conrad Appendix in Morton Org. 1865. » » » Conrad Cat. Eoc. Olig. p. 17.
Rem. 1866. » » » » Check List.
1848 » » » Lea Cat. Tert. Test. p. 8. 1886. » » » Aldrich Prelim. Report. p. 52.

Testa fusiformis, elegans, potius tenuis, spiraliter obsolete striata; anfractibus in medio angulatis; carina granuliformi; ultimo anfractu magno, bicarinato; apertura dupla quam spira ; canali antico oblongo vix flexuoso. L. 70.^{mm}

Très élégante coquille bien caractérisée par la carène formée d'une série de pétites granulations sur la partie plus saillante des tours; dans le dernier tour il y en a deux: une à l'angle postérieur, l'autre le long de la base dans la direction de la suture du bord externe de l'ouverture.

M. Conrad rapporte à cette espèce comme un synonyme le *Fusus bicarinatus* Lea, mais j'ai beaucoup de doute à le croire la même espèce.

Loc. Claiborne.

Fusus (Lirofusus) thoracicus Conr.

Je rapporte à cette espèce les deux formes suivantes.

1 Type.

Pl. 6, f. 26-27; — f. 28 * reprod. de Conrad — f. 29 * reprod. de Lea (*decussatus*)

1832. *Fusus thoracicus* CONR. Conr. Fos. Sh. p. 30, pl. 18, f. 6. 1848. *Fusus* *thoracicus* CONR. Bronn Ind. Pal. p. 519.
?833. » *decussatus* LEA Lea Contr. Geol. p. 145. pl. 5, 1850. » » » D'Orb. Prod. Et. 25, N. 515.
f. 146. 1865. *Lirofusus* » » Conr. Cat. Eoc. Ol. p. 17.
1848. » » » ⎰ Lea H. Cat. Tert. Test p. 8. 1866. » » » » Check List. p. 19.
» » *thoracicus* CONR. ⎱

Testa subturbinata, elegantissima, spiraliter bilirata; liris circiter 5 in ultimo anfractu; funiculis axialibus tenuibus, confertis, liras clathrantibus; canali antico elongato.

Coll. mon Cabinet.

2 Mut. *bicarinatus* (Lea) De Greg.

Pl. 6, f. 30 * reprod. de Lea.

1833. *Fusus bicarinatus* LEA, Lea Contr. Geol. p. 143, pl. 5, f. 146.

Testa unilirata; ultimo anfractu bilirato.

Cette variété diffère du type, ayant une carène seulement au lieu que deux et ayant deux côtes spirales dans le dernier tour au lieu que 5. M. Conrad considéra cette forme comme un synonyme du *Fusus trabeatus* Conr., mais celui-ci me semble une espèce très différente.

Loc. Claiborne.

Fusus (Lirofusus) nanus Lea sp. dub.

Pl. 6, f. 22 * reprod. de Lea.

1833. *Fusus nanus* LEA Lea Conf. Geol. p. 150. pl. 5, f. 155.   1879. *Pleurotoma insignifica* HEILPR. Heilprin Proc. Ac. Nat.
1848.   »   »   » Lea Cat. Tert. Test. p. 8.   Sc. Phil.
  »   »   »   » Bronn Ind. Pal. p. 516.   1887.   »   *nana* LEA   Meyer Beitr. Kent Alt.
                                                                                               Tert. p. 9, 18.

Testa minuta, angusta, turrita; anfractibus angulatis carinato-liratis; ultimo antice spiraliter funiculato.

C'est une espèce très douteuse qui a été proposée par Lea pour un exemplaire cassé. M. Conrad croit qu'on doit la référer parmi les synonymes du *Fusus thoracicus* Conr. (Conrad Cat. Eoc. Oligoc. p. 17). Certes il lui ressemble beaucoup, mais l'angle spiral du *F. nanus* est beaucoup plus petit et par conséquent sa spire est plus aiguë et allongée. Le nom de *F nanus* a été aussi employé par Anton (Conch. p. 75); c'est donc un double emploi. M. Meyer croit que c'est une *Pleurotoma*.

Loc. Claiborne.

Fusus (Bulbifusus) plenus Aldr.

Pl. 6, f. 23 * reprod. de Aldrich.

1885. *Bulbifusus plenus* ALDRICH Aldr. Prelim. Report. Alabama p. 23, pl. 6, f. 7.

Testa ovato-fusiformis, subvolutiformis, laevigata spiraliter lineariter filosa; ultimo anfractu magno; apertura fere dupla, quam spira labro externo intus crenato; canali antico patulo; suturis marginatis.

Je ne possède aucun exemplaire de cette belle espèce, qui fait rappeler à M. Aldrich le gen. *Clavella*.

Loc. Bell's Landing Alabama.

Fusus (Bulbifusus) Tuomey Aldr. sp. dub.

Pl. 6, f. 31-32 * reprod. de Aldrich.

1885. *Bulbifusus Tuomey* ALDR. Aldrich Prelim. Report. Alab. p. 24, pl. 6, f. 17. 12a.

Testa ovata subturgidula, laevigata, spiraliter tenue striata; spira brevi; ultimo magno, antice abrupto contracto; canali antico mediocri, vix recurvo praesertim in adultis.

Cette espece, comme l'auteur même a observé, est très voisine du *F. (Bulbifusus) inauratus* Conr. Elle en diffère surtout n'ayant dans le jeune âge aucune dépression postérieure, et par le manque des crénelures suturales des premiers tours, et par les stries, qui s'étendent sur tonte la surface de la coquille. Néanmoins, je ne suis pas sûr de cette espèce, car le *Fusus inauratus* c'est une espèce variable et les deux exemplaires figurés par Aldrich diffèrent non seulement par la forme et la longueur du canal antérieur, mais aussi par la spire; ce qui ne me semble pas causé exclusivement par l'âge.

Cette espèce est extrêmement analogue du *F. bulbiformis* Lamk. (Deshayes Coq. Paris 1 ed. pl. 28, f. 5, 10, 15).

Loc. Bell's Landing Alabama, Gregg's Landing.

Fusus (Bulbifusus) inauratus Conr.

Pl. 6, f. 33-34; — f. 35 * reprod. de Conrad. — f. 36 * Lea (*Fittonii*); — f. 37 * reprod. de Lea (*parvus*);
f. 38 * reprod. de Aldrich.

1832. *Fusus inauratus* Conr. Conr.Foss.Shells p.29, pl.18, f.2.   1865. *Bulbifusus inauratus* Conr. *partim* Conrad Cat. Eoc. Oligoc. p, 17.
1833. » *Fittonii* Lea Lea Contr.Geol. p.150, pl.5,f.156.
» » » » » » p.151, pl 5,f 157.   1866. » » » » Conrad Check List. p. 19.
1848. » *inauratus* Conr. ⎫
» » *Fittonii* Lea ⎬ Lea Cat. Tert. Test. p. 8.   1884. » » » » Heilpr. Contr. Geol. Pal. p. 93.
» » *parvus* » ⎭
» » *inauratus* Conr. Bronn. Ind. Pal. p. 514.   1885. » » » » Aldrich Prelim. Report. Ala. p. 73,
1850. » » » D'Orbigny Prodr. Et. 25, N. 514.   pl. 6, f. 11.

Testa ovata, laevigata, pyruliformis; primis anfractibus paulo concavis, apud suturam anticam vix angulatis, crenulatis, subcarinatis; suturis in ultimis simplicibus, vero autem marginatis; ultimo postice paulo excavato, antice vix compresso substriatoque; apertura postice canaliculata; labro columellari calloso; canali antico patulo, vix recurvo.

C'est une des coquilles plus caractéristiques de Claiborne. M. Conrad lui rapporte le *Fusus parvus* et le *F. minor* Lea. Certes, comme Lea même a observé, le *F. parvus* c'est une forme intermédiaire entre le *minor* Lea e le *Fittonii* Lea. C'est à dire entre le *F. inauratus* Conr. et le *minor*; je crois qu'on doit sans doute réunir l'*inauratus* et le *parvus*; mais, quant au *minor*, on ne peut pas le faire aussi aisément; car son angle spiral est beaucoup plus aigu.

Selon Heilprin cette espèce est intermédiaire entre le *F. ficulneus* Lamark et le *bulbiformis* Lamk. — (Coll. mon Cabinet).

Fusus (Bulbifusus) minor Lea sp. dub.

Pl. 6, f. 40 * reprod. de Lea.

1833. *Fusus minor* Lea Lea Contr. Geol. p. 151, pl. 5, f. 158. — 1848. Idem. Lea H. Cat. Tert. Test. p. 8.

Testa minuta, ovata, angusta, laevigata; labro columellari uniplicato.

Comme j'ai dit à propos du *Fusus inauratus*, le *F. minor* lui est lié aussi étroitement que M. Conrad le rapporta à la même espèce. Mais par deux raisons je n'ai pas suivi son opinion: l'exemplaire figure par Lea est beaucoup plus étroit que le *F. inauratus*, et cet auteur dit que la columelle est pourvue d'une pli. Il le compare à le *Fusus ficulneus* Lamark.

Fusus (Clavella) conjunctus Desh.

Pl. 6, f. 45 * reprod. de Conrad.

1825. *Fusus conjunctus* Desh. Deshayes Coq. Paris p. 527, pl. 70, f. 16, 17. — Idem. Deshayes 2 ed. p. 255.

Var. *pachyleurus* Conr.

? *Fusus pachyleurus* Conr. Conrad Journal Academ. N.   1850. *Fusus pachyleurus* Conr. Conrad Obs. eoc. form. Vicks-
1841. »   »   »   Scien. Philadelph p. 190.   sburg, p. 132, pl. 14, f. 25.
                             Conrad Descr. new spec. foss.   1865. *Clavella* »   »   Conr. Cat. Eoc. Olig. p. 18.
                             shells p. 190.   1866. »   »   »   Concad Check. List. p. 19.
1846. »   »   »   Conrad List. Org. Rem. Eoc.   1884. »   »   »   Hellpr. Contr. Eoc. Olig. p. 93.
                             anal. Europ. p. 220.

Testa fusiformis, laevigata; primis anfractibus obsolete costatis; costis raris, evanescentibus; ultimo anfractu magno.

Je rapporte cette espèce comme une variété de celle de Deshayes; il n'y a d'autres différences que les ornements un peu plus cancellés. A propos du *conjuctus* je dois avertir que je crois qu'on doit référer à la même espèce le *F. laevigatus* Desh. (Deshayes Coq. Paris p. 531, pl. 30, f. 14, 15). Cette espèce est intéressante, car elle appartient au groupe du *F. longaevus* Lamark, qui caractérise bien l'éocène. Hellprin croit que le *pachyleurus* Conr. correspond à peu près au *F. clavellatus* Lam. Le *Fusus Tateanus* Woods (Tate Gastrop. Ad. Tert. Australia pl. 13, f. 5) a quelque ressemblance avec cette espèce. Nos exemplaires ressemblent aussi beaucoup au *longaevus* Lamk (Deshayes 1 ed. pl. 74, f. 18-19).

Loc. Alabama.

Fusus (Clavella) raphanoides Conr.

Pl. 6, f. 46 * reprod. de Conrad.

1833. *Fusus raphanoides* Conr. Conrad Foss. Shells pl.18. f 8.   1850. *Fusus raphanoides* Conr. D' Orbigny Prodr. Et. 25 ,
1834? »   »   »   Conrad Observat. tert. and   N. 508.
                             recent (Journal Academy Nat.   1865. *Clavella* »   »   Conr. Eoc. Olig. p. 18.
                             Sc. Philadelphia V. 7) p. 144).   1866. »   »   »   Conrad Check List. p. 19.
1848. »   »   »   Lea H. Cat Tert. Test. p. 8   1886. *Fusus*   »   »   Aldrich Prelim. Report. p. 46.
       »   »   »   Bronn. Ind. Pal. p. 517.

Testa fusiformis; anfractibus postice laevigatis; ultimo anfractu lato, magno, convexo; apertura antice abrupto contracta; rostro oblongo angustoque; sutura profunda.

Cette diagnose je l'ai faite sur la description donnée par Conrad, mais en examinant sa figure, la diagnose serait celle-ci:

Testa ovato-elongata, laevigata, simplex; ultimo anfractu basi paulo excavato; canali antico solido, satis elongato, angusto.

Je ne possède aucun exemplaire de cette espèce. C'est étrange que Conrad (Cat. eoc. olig.) ne cite pas la figure qu' il en a donnée dans son ouvrage Foss. Shells. Elle parait analogue du *Fusus egregius* Beyrich (Tert. Conch. p. 292, pl. 22, f. 1-5).

Loc. Claiborne.

Fusus (Exilifusus) thalloides Conr.

Pl. 6, fig. 41 *

1832. *Fusus thalloides* Conr. Conrad Foss. Shells p. 43.   1848. *Fusus thalloides* Conr. Bronn. Ind. Pal. p. 519.
1833. »   »   »   Conrad Foss. Sbelles 2 ed. p. ,   1850. »   »   »   D'Orb. Prodr. Et. 25, N. 519.
                             pl. 18, f. 12.   1865. »   »   »   Conrad Cat. Eoc. Olig. p. 18.
1848. »   »   »   Lea H. Cat. tert. test. p. 8   1866. »   »   »   Check List. p. 19.

Testa angusta, elongata, turrita, conico-cylindracea, laevigata, spiraliter striata; anfractibus vix convexis; corpanfractu spiram aequante; apertura lanceolata; labro interno externoque inter sese similibus; canali erecto, potius brevi.

C'est une jolie espèce dont je regrette de ne posseder aucun exemplaire, M. Bronn (Ind. Pal. p. 517) la rapporte comme un synonyme du *F. pulcher* Lea.

Loc. Claiborne.

Fusus (Turrispira) protexus Conr.

Pl. 7, f. 1 * reprod. de Conrad.

1833. *Fusus protexus* CONR. Conrad Foss. Shells 2 ed. pl. 18, f. 7.	1848. *Fusus protexus* CONR. Lea H. Cat. Tert. test. p. 8.
» » » » Idem, p. 43.	» » » » Bronn Ind. Pal. p. 517.
1834. » » » Conrad App. in Morton, Synon. Org. Rem.	1859. » » » D'Orb. Prodr. Et. 25, N. 517.
	1865. » » » Conrad Cat. Eoc. Olig. p. 16.
	1866. *Turrispira protexa* » Conrad Check List. p. 19.

(etiam *Fusus sulcosus* Vide).

Testa fusiformis !, magna; spiraliter funiculata, apici mammillata !; anfractibus postice subconcavis, antice convexiusculis costatisque; costis brevibus, latis, rotundatis, paulo obsoletis, carentibus in primis tribus anfractibus et in ultimo; canali antico valde elongato, spiram aequante.

C'est une de plus jolies espèces de Claiborne. Je crois qu'on doit lui référer le *Fusus salebrosus*, dont je parlerai de suite, le considérant comme une variété ayant l'angle spiral un peu plus étroit, car tous les caractères sont semblables.

Loc. Claiborne.

Fusus (Papillina) papillatus Conr.

Pl. 6, f. 25 * reprod. de Conrad.

1833. *Fusus papillatus* CONR. Conrad Foss. Shells p. 29 , pl. 13, f. 3.	1850. *Fusus papillatus* CONR. D'Orb. Prodr. Et. 25, N. 513.
1834. » » » Conrad in Morton Org. Rem.	» *Papillina* » » Conrad Cat. Eoc. Ol. p. 17.
1848. » » » Lea H. Cat. Tert. Test. p. 8.	1866. » » » » Check List. p. 19.
» » » » Bronn. Ind. Pal. p. 516.	1882. » » » Tryon Struct. Syst. p. 140, pl. 51, f. 58.

Testa pyruliformis ! spira brevi, primis 3 anfractibus cylindraceis, mammillatis, laevigatis; inde rapide crescentibus, paulo concavis; ultimo magno, turbinato, ad peripheriam angulato, carinatoque noduloso-spinoso; apertura ovata; canali antico maxime oblongo, angusto. L. 55.$^{m·n}$ Ang. sp. 85.°

C'est une coquille pyriforme qui rappelle le *Pyropsis perula* Aldr. de Ala; je crois qu'elle signe le degré « maximum » de différenciation du *F. altilis* Conr. Néanmoins, elle est douée de caractéres tels qu'on peut la reconnaitre facilement. Ils consistent en la forme cylindrique-mammillaire des premiers tours et en le canal antérieur extrêmement développé.

C'est étrange que Conrad dans son « Catal. éoc. olig. » ne cite pas la figure de son ouvrage Foss. Shells. Cette espèce rappelle certaines Murex du group du *M. brandaris* L. Mutation *Torularius* Lamk. var. *Altavillensis* De Greg.

Loc. Claiborne.

Fusus (Turrispira) salebrosus Conr.

Pl. 7, f. 19 * reprod. de Conrad.

1833. *Fusus salebrosus* CONR. Conrad Foss. shells pl. 18, f. 13.	1848. *Fusus salebrosus* CONR. Lea H. Cat. Tert. Test. p. 8.
1834. » » » Conrad Observ. tert. and more recent form. South States p. 145.	» » » » Bronn. Ind. Pal. p. 528.
» » » » Conrad Appendix Morton Org. Rem.	1850. » » » D'Orbigny Prodr. Et. 5, N. 514.
	1865. » » » Conrad Cat. Eoc. Oligoc. p. 16.
	1866. *Turrispira salebrosa* » Conrad Check List. p. 19.

Testa fusiformis, elongata; rostro subsinuoso, spiram subaequante; anfractibus postice concavis, ante peripheriam nodulosis; nodulis axialibus; filis linearibus, confertis; ultimo anfractu antice abrupto contracto; canali antico maxime elongato.

Ayant comparé la figure donnée par Conrad avec le *Fusus protextus*, je me suis convaincu qu'on doit les référer à la même espèce. J'ai retenu le nom de *protexus*, parce que il représente le plus grand développement de l'espèce.

C'est étrange que M. Conrad dans son « Catal. Eoc. Oligoc. » ne cite pas son ouvrage « foss. shells », dans lequel je la trouve figurée.

Loc. Claiborne.

Fusus bellus (Conr.) De Greg.

Fusus bellus type: Pl. 7, f. 2-4 trois exempl. gross; un desquels très jeune; f. 5 * reprod. de Conrad; f. 6 * reprod. de Aldrich (*gracilis*); — f. 7 * idem (*Tombigbeensis*).

Var. *crebrissimus* Lea, Pl. 7, f. 10 * reprod. de Lea.

Var. *magnocostatus* Lea, Pl. 7, f. 8 gross; — f. 9 * reprod. de Lea.

Var. *tupus* De Greg., Pl. 7, f. 11-12 gross. et détail.

1832.	*Fusus bellus*	Conr.	Conrad Foss. Shell p. 43, pl. 18, f. 11.	1848.	*Fusus bellus* Conr.	Bronn.Ind.Pal. p.509-519.
1833.	» *crebrissimus* Lea		Lea Contr. Geol. p. 147, pl. 5, f. 149.		» » *magnocostatus* Lea	
				1850.	» *bellus* Conr.	D' Orbigny Prodr. Et. 25, N. 505, p. 509.
1834.	» *magnocostatus* »		Idem p. 147, pl. 5, f. 150.	1865.	*Neptunea bella* Conb.	Conrad Cat. Eoc. Oligoc. p. 16-17.
	» *bellus* Conr.		Conrad Appendix in Mort. Syn. Org. Rem.		» » *magnocostata* Lea	
1848 » »	» »	»	Lea H. Cat. Tert.Test. p.8.	1866.	*Strepsidura bella* Conr.	Conr. Check List.
» « *crelissimus* Lea				1886.	*Fusus Tombigbeensis* Aldr.	Aldrich Prelim. Report. Ala. p. 22, pl. 5, f. 7.
» » *magnocostatus* »					» *Trophon gracilis* »	Idem p. 19, pl. 5, f. 6.

Testa ovata elongata, solidiuscula, elegans, axialiter costata spiraliter funiculata; costis crassis rotundatis, plus minusve numerosis; funiculis linearibus, plus minusve notatis, subasperulatis; labro externo plicato; canali antico mediocri. L. 13.^{mm}

C'est une espèce variable: l'angle spiral quelquefois se montre un peu plus étroit, les côtes changent de grosseur selon leur nombre, aussi bien que les filets spirals. Le canal antérieur n'est pas trop long, quelquefois il est raccourci; le bord externe de l'ouverture est plié intérieurement. Lorsque celui-ci est un peu cassé, ou que la coquille se trouve en une phase particulière de développement, le bord n'a point de plis et le canal antérieur parait bien plus allongé qu'à l'ordinaire, de sorte qu'on croirait avoir affaire avec une espèce différente.

J'ai été très embarassé en égard au nom de cette espèce. M. Lea décrivit et figura deux échantillons de cette espèce en leur donnant deux titres différents; en les étudiant soigneusement je me suis convaincu qu'ils ne sont que des variétés de la même espèce. Quel nom choisir pour désigner celle-ci dans son ensemble ? Je pensai d'abord la nommer *F. crebrissimus* (Lea) De Greg. en élargeant le sens *crebrissimus* Lea (son fils par erreur a écrit *crelissimus*), car dans son ouvrage « Contr. Geol. » c'est elle qui dans l'ordre de son livre precède l'autre. Mais je ne l'ai pas pu faire par une autre raison, car M. Conrad dans l'Appendix (Mort. Org. Rem.) considère cette espèce comme un synonyme de son *F. bellus*.

M. Bronn e M. D'Orbigny ont suivi l'opinion de Conrad en considérant le *crebrissimus* comme un synonyme du *F. bellus*. Alors j'ai pensé qu'il serait mieux nommer l'espèce en question *Fusus bellus* Conr. et comme ce nom en tout cas n'indiquerait qu'une variété de l'espèce, je pensai d'en elargir le sens en ajoutant mes initiales ainsi *Fusus bellus* (Conr.) De Greg.

M. H. Lea (Cat. Tert. Test.) considère le *Fusus bellus* comme une espèce distincte du *Fusus crebrissimus* (Lea) Conr. On doit ajouter à cela que dans ma copie Foss. Shells de Conrad je ne trouve même aucune description sommaire du *Fusus bellus*.

Le *Fusus bellus* Conr. type me parait extrêmement voisin des exemplaires figurés par Aldrich rapportés au *Fusus Tombigbeensis* Aldr. (Prelim. Report p. 22, pl. 5, f. 7) et au *Trophon gracilis* Aldr. (Idem p. 19, pl. 5, f. 6). Il donne pour *habitat* Gregg's Landing Ala et Woods' Bluff Ala. Je ne sais pas comment ce savant ne cite pas l'espèce de Conrad.

L'examen de mes exemplaires me conduit à cette conclusion, que le *Fusus bellus* comprend quatre mutations ou variétés, savoir :

1 *F. bellus* type.

Pl. 7, f. 2-4, f. 5 * repr. de Conrad.

Conrad Foss. shells pl. 18, f. 11 (= *tombigbeensis* Aldr. Prelim. Report, pl. 5, f. 7 = *gracilis* Aldr. idem pl. 5, f. 6).

Il diffère des variétés suivantes surtout par la forme un peu plus allongée. Il est très analogue du *Fusus subscalarinus* D'Orb. (Deshayes Coq. Foss. 2 ed. pl. 45, f. 3-4).

Var. *crebrissimus* Lea.

Pl. 7, f. 10 * repr. de Lea.

Lea Contr. geol. pl. 5, f. 149.

Avec des côtes un peu plus nombreuses et un peu plus petites et avec l'angle spiral un peu plus aigu. Je possède quelques exemplaires dans ma collection.

Var. *magnocostatus* Lea.

Pl. 7, f. 8, f. 9 * repr. de Lea.

Lea Idem, pl. 5, f. 150.

Avec des côtes un peu plus rares et plus développées. J'en possède aussi quelques exemplaires.

Var. *tupus* De Greg.

Pl. 7, f. 10-11.

Avec le canal antérieur très raccourci, les côtes bien marquées disposées en 7 séries. Cette variété diffère en outre du type par l'angle spiral un peu moins grand. Il est surtout voisin de la figure donnée par Aldrich pour le *rugatus*.

C'est étrange comment M. Conrad en citant le *bellus* dans son « Cat. Eoc. Olig. » ne se rappella pas de l'avoir figuré.

Fusus subtenuis Heilpr.

Aldrich (Prelim. Report. p. 52) hanc speciem citat, sed non describit, neque effigiat; igitur incerta est et prioritatem petere non potest.

Loc. Knight's Branch., Cave Branch (Aldrich).

Fusus pagodiformis Heilpr.

Haec species in ipsis conditionibus est quam praecedens.

Loc. Wood's Bluff, Choctaw Corner (Aldrich).

Trophon gen.

Je renvoie le lecteur à ce que j'ai dit à propos de ce genre dans mon ouvrage « Studi su tal. Conch. Medit. Viv. e foss. p. 288. » Ce genre est au milieu du gen. *Fusus* et du gen. *Murex*. L'espèce suivante partage des sougen. *Pinon* De Greg. et *Chalmon* De Greg.

Trophon caudatoides Aldr.

Pl. 7, f. 21 * reprod. de Aldrich.

1886. Aldrich Prelim. Report. Ala. p. 19, pl. 6, f. 4.

Testa elegantissima, subturrita, subovata, spiraliter tenue funiculata, axialiter eleganter costulata; costulis interdum varicosis; anfractibus in medio angulatis costisque subspinosis ; apertura subtriangulari; labro externo intus plicato; canali antico mediocri, inflexo.

C'est une espèce très jolie, dont la position générique naturelle serait au milieu du sougen. *Pinon* et du sougen. *Chalmon.*
Loc. Hatchetigbee Bluff. Ala.

MURICIDAE

Muricinae

Pisania sp. dub. Aldr.

1885. *Pisania? dubia* ALDR. Aldrich Prelim. Report. p. 25, pl. 3, f. 13.

Testa ovata, elegans, euthrieformis, spiraliter funiculosa; labro interno excavato , externo intus sulcato.

C'est une jolie espèce, dont je regrette ne posséder aucun exemplaire.
Loc. Wood's Bluff Ala.

Algrus De Greg.

1885. De Greg. Studi Conch. Medit. viv. e foss. p. 279.

J'ai proposé ce genre pour la *Pisania crassa* Bell. *Buccinum undosvm* L. etc. etc.

Algrus Claibornensis Whitf. sp.

Pl. 7, f. 23 * reprod. de Whitfield.

1885. *Pisania Claibornensis* WHITF. Whitfield Descr. new spec. eoc. foss. p. 259, pl. 27, f. 2.

Testa subturbiformis, elegans; primis 3 anfractibus axialiter costulatis, ultimis anfractibus filis linearibus ornatis; apertura ornata; labro externo varicoso, intus crenulato.

Je ne puis pas ajouter d'autres renseignements, car je n'ai sous mes yeux aucun exemplaire de cette espèce.
Loc. Claiborne.

Pisania Lamk.

Je renvoie le lecteur à ce que j'ai dit à propos de ce genre (Studi Conch. Medit. viv. e foss. p. 278).

Murex (Pisania) constricta Aldr. sp.

Pl. 7, f. 24 * reprod. de Aldrich.

1884. *Neptunea constricta* ALDR. Aldrich Prelim. Rep. Ala. p. 24, pl 5, f. 13.

Testa ovata; spira conoidea! anfractibus spiraliter minute striatis; ultimo postice atque antice minute striato, in medio laevigato; apertura angusta, circiter dupla quam spira; labro externo denticulato; canali antico patulo.

DE GREG. — *Annales de Géol. et de Paléont.*   12

M. Aldrich référa cette espèce parmi les *Neptunea* c'est à dire parmi les *fusus*; elle me semble tout à fait une *Pisania*, qui rappelle la *P. maculosa* Lamk. vivante dans la Méditerranée.

Loc. Matthews' Landing Ala.

Murex engonatus Conr.

Pl. 7, f. 26 * reprod. de Conrad.

1830. *Murex engonatus* CONR. Conrad Foss. Shell. p. 30.   1865. *Murex engonatus* CONR. Conrad Cat. Eoc. olig. p. 16.
1834. *Fusus sexangulus* »   » Obs. tert. a. mor. rec. » » » » » Descr. new eoc. sh. and
                  form. South Stat. Jour.   refer. p. 210, pl. 20, f. 10.
                  Ac. N. Sc. p. 144. 1866. »   £ » » Check List. p. 19.

Testa ovata, fusiformis; costis 6, crassis, prominulis, foliaceis; funiculis spiralibus linearibus; spira conica, minore quam ultimo anfractu; canali antico paulo inflexo, varicoso.

Cette espèce me paraît très analogue du *M. capito* Phil. in Deshayes (Coq. Paris 2 ed. pl. 87, f. 9-10).

Loc. Claiborne.

Murex Vanuxemi Conr.

Pl. 7, f. 25 * reprod. de Conrad.

1864. *Murex Vanuxemi* CONR. Conrad Proceedings Academ. 1865. *Murex Vanuxemi* CONR. Conrad Descr. new eoc. sh.
                    Not. Sc. Philad.   and ref. p. 210, pl. 20, f. 4.
1865. »   » » » Cat. Eoc. Olig. p. 26. 1866. » » » » Check List. p. 19.

Testa fusiformis fere bucciniformis; anfractibus axialiter varicosis, in medio subangulatis, subspinulosisque, postice spiraliter funiculatis, cingulo spinuloso minus notato praeditis; varicibus 7, in ultimo anfractu squamosis; labro aperturae crasso, intus dentato.

Loc. Claiborne.

Murex Matthewsensis Aldr.

Pl. 7, f. 27 * reprod. de Aldrich.

1886. *Murex Matthewsensis* ALDR. Aldrich Prelim. Report. Ala. p. 18, pl. 3, f. 15.

Testa triangularis, laevigata; varicibus tribus, prominulis; corpanfractu postice angulato, spinosoque; apertura triangulari; labro externo varicoso, ad periferiam subspinoso, postice appendiculato foliatoque.

Comme a observé l'auteur même qui la proposa, c'est une espèce très analogue du *M. morulus* Conr. M. Aldrich dit qu'elle diffère de celui-ci n'ayant pas d'épines dans le dernier tour; au contraire il en a, comme il dit dans la diagnose, et comme on voit d'après sa figure. Quant au bord externe, qui manque de crénelures, ce n'est pas un caractère suffisant. Il me semble que la différence plus importante consiste en le nombre des varices beaucoup plus petit.

Loc. Matthews' Landing Ala.

Murex septemnarius Conr.

1844. *Murex septemnarius* CONR. Conrad Observ. on tert. a. 1865. *Murex septemnarius* CONR. Conrad Cat. Eoc. Oligoc.
                    mor. rec. form. S. Stat. p. 156.   p. 17.
1848. »   » » Lea H. Cat. Tert. p. 10. 1866. » » » » Check List. p. 19.

Testa curta, subfusiformis; anfractibus angulosis, postice dense striatis; canali antico, patulo re-flexo, paulo minore quam spira; varicibus 6, spinis foliaceis munitis, funiculis spiralibus scariosis; apertura angusta, subovata; labris incrassatis.

Ce sont tous les renseignements que je puis donner à propos de cette espèce, car elle n'a pas été figurée par l'auteur. Je crois qu'elle est très analogue du *M. morulus* Conr.

Loc. Claiborne.

Murex Mantelli Conr.

Pl. 7, f. 28 * reprod. de Conrad.

1834. *Murex Mantelli* Conr. Conrad Observ. Tert. a. mor.   1865. *Murex Mantelli* Conr. Conrad Cat. Eoc. Olig. p. 16.
                 rec. form. South. Stat. p. 154.   »   »   »   »   »   Descr. new Eoc. sp. and
1848.   »   *Mantelli*   »   Lea H. Cat. Tert. Test. p. 10.   references p. 210, pl. 20,
  »   »   »   »   Bronn. Ind. Pal. p. 752.   f. 11.
1850.   »   *Conradi* D'Orb. D'Orbigny Prodr. p. 364, N. 543.   1866.   »   »   »   »   Check List. p. 19.

Testa subfusiformis, sexangula; varicibus 6, funiculis spiralibus prominulis, eas clathrantibus, a rugis axialibus corrugatis; inter funiculos majores parvulo funiculo interposito; spira brevi; apertura ovata; canali antico subclauso; rostro spiram subaequante.

M. D'Orbigny propose le nom de *M. Conradi*, comme si le nom de *M. Mantelli* eût été adopéré préalablement; mais il ne cite pas l'auteur qui la proposa, comme je ne le connais pas, j'adopte le nom de Conrad.

Loc. Claiborne.

Murex mignus De Greg.

Pl. 7, f. 30 *ab*-33: trois exempl. d'âge différent, gross. — f. 30 *ab* exempl. gross. de deux côtés —
f. 31, 32 autre exempl. gross. avec un détail des premiers tours—f. 33 jeune exempl. gross.

Testa parvula, elegans; primis quatuor anfractibus laevigatis !, sequentibus costatis funiculatisque; costis regularibus, rotundatis, notatis, in ultimo anfractu varicosis; funiculis spiralibus liriformibus, eas clathrantibus; apertura ovata; canali antico paulo oblongo.

C'est une petite jolie espèce qui dans le jeune âge a beaucoup d'analogie avec le *Fusus bellus* Conr., dont elle diffère ayant les premiers tours lisses. Alors on pourrait aussi la confondre (surtout les exemplaires ayant le canal antérieur cassé) avec la *Nassa cancellata* Lea, dont elle diffère n'ayant pas les côtes obliques dans le troisième tour primordial. Losque elle atteint un certain développement, elle prend le facies d'un murex, les côtes sous la loupe acquièrent des caractères de véri-tables varices se prolongeant jusque dans la partie antérieur du canal. — (Coll. mon Cabinet).

Murex morulus Conr.

Pl. 7, f. 35 * reprod. de Conrad.

1856. *Murex morulus* Conr. Conrad New Cret. and Eoc. foss.   1865. *Murex morulus* Conr. Conr. Cat. Eoc. olig. p. 16.
                 p. 293, pl. 47, f. 28.   1866.   »   »   »   »   Check List. p. 19.

Testa biconica; varicibus oblongis foliaceis, lamellosis in medio spinosis; ex spinis duabus ultimis productis; spira conica; apertura incrassata, eam aequante, subtrigona; canali antico mediocri, angusto.

Loc. Conrad, en décrivant cette espèce, ne donne pas son habitat; mais dans son Catal. et dans la Check List il cite l'Alabama.

Murex stetopus De Greg.

Pl. 7, f. 34.

Testa subturbiformis, elegans, subturgida; tribus varicibus subfoliaceis, in series dispositis, postice vix spinosis; in singulo earum interstitio duabus vel tribus costis etiam in series axiales dispositis; funiculis spiralibus notatis, confertis, alternantibus, majore et minore.

Cette espèce a une très grande analogie avec le *M. missipiensis* Conr. (Conrad Wicksburg p. 116, pl. 11, f. 30) auquel auparavant je l'avais référée. Mais en étudiant mieux la description de Conrad, je l'ai considérée comme une espèce voisine; car il dit qu'en chaque interstice il y a une côte, tandis que dans nos exemplaires il y en a deux ou trois.

Coll. mon Cabinet.

Murex tingarus De Greg.

Pl. 7, f. 36 gross.

Testa fusiformis, spiraliter funiculata, axialiter costata ; costis 9, ex quibus 3, varicosis; omnibus in series axiales dispositis.

C'est une espèce très voisine de la précédente et par conséquent du *M. missipiensis* Conr. Elle diffère du *M. stetopus* De Greg. par la forme plus allongée et moins renflée et par les varices non foliacées. — (Coll. mon Cabinet).

Odontopolys compsorhytus Gabb.

Pl. 6, f. 47 * reprod. de Tryon.

1884. Tryon Struct. Syst. p. 105, pl. 43, f. 4. — 1886. Aldrich Prelim. Report. p. 49.

Testa fusiformis, solidiuscula, trivaricosa ; spira conoidea, angusta; ultimo anfractu ovato, ad peripheriam subangulato; apertura valde angusta, spiram superante; labris incrassatis; labro externo intus dentato; interno in medio biplicato.

Je ne possède aucun exemplaire de cette espèce.

Loc. Elle provient de Wheelock (Texas), mais Aldrich l'a retrouvée à Lisbon et à Claiborne.

Typhis alternata Lea.

Pl. 7, f. 38-39 gross. de deux côtés. — f. 40 * reprod. de Lea.

1833. *Murex alternata* LEA Lea Contr. Geol. p.157, pl.5, f.163. 1848. *Murex alternatus* LEA Lea H. Cat. Tert. Test. p. 10.
1834. *Typhis gracilis* CONR. Conrad App. in Mort. Org. Rem.   »   *Typhis gracilis* CONR. Bronn Ind. Pal. p. 1340.
1848.   »   »   »   »   Americ. Journ. of Scienc. 1865.   »   »   »   Conrad Cat. Eoc. Olig. p. 16.
                                Vol. 23, p. 344.   1866.   »   »   »   »   Check List. p. 19.
  »   *Murex alternata* LEA Bronn Ind. Pal. p. 749.

Testa elegans, ovata; varicibus postice tubulosis, quatuor majoribus, quatuor minoribus; apertura ovata magis longa quam spira.

M. Lea dit que la surface est ridée axialement, mais je ne l'ai pas observé, peut-être ça été à cause que mes exemplaires sont usés. Dans la figure qu'il en donne, le canal antérieur est fermé, tandis que dans mes échantillons il semble un peu ouvert; mais il pourrait arriver que le bord soit un peu cassé, ce qui est probable. M. Lea cite comme espèce analogue le *T. tubifer* Lam. Certes celle-ci est une espèce voisine, mais pas identique. M. Deshayes l'a figuré (Coq. Paris pl. 82, f. 1 ed. f. 26-27).

M. Conrad proposa le nom de *gracilis*; mais le nom de Lea a la priorité; d'ailleurs M. Conrad n'a donné aucune figure de cette espèce et je ne puis pas comprendre comment il adopte dans ces catalogues son nom au lieu de celui de Lea.

Cette espèce est très analogue du *Typhis cuniculosus* Desh. (in Mort. Coq. et Tol. p. 551, pl. 53, f. 4); du *M. cuniculosus* Nyst (in Beyrich Tert. Conch. p. 220, pl. 14, f. 6) et du *T. coronatus* Desh. (Desh. Coq. Bassin Paris 2 ed. pl. 8, f. 11-12) qui sont toutes les trois peùt-être la même espèce. Elle a aussi de l'affinité avec le *T. fistulosus* var. *prisca* (in Rutot Desc. Olig. pl. 4, f. 5). — (Coll. mon Cabinet).

Tritoninae.

Murotriton De Greg.

Testa tritoniformis; costis varicosis plurimis regularibus; canali antico potius oblongo; spira sub-turbiformi; varice terminali.

Je propose ce sougenre pour les espèces qui partagent du gen. *Murex* et du gen. *Triton*. Type : l'espèce suivante.

Triton ? (Murotriton) grassator De Greg.

Pl. 7, f. 41-43 deux exempl. un desquels de deux côtés.

Testa ovata, fusiformis, solidiuscula; spira turbiformis; costis circiter 12, regularibus, in ultimo anfractu antice vix foliaceis; anfractibus postice subangulatis; funiculis spiralibus circiter 3 ad anfractum; circiter 7 autem in ultimo; apertura ovata; labro interno conspicuo laevigato; externo incrassato, varicoso, intus tuberculato; canali antico erecto.

La forme des côtes ressemble davantage à celle du gen. *Murex*, plutôt qu'à celle du gen. *Triton*, mais l'ensemble de la coquille rappelle certains *Triton* du type du *Triton corrugatus* Lamk., surtout les exemplaires du *postpliocène* (De Greg. St. Conch. Medit. viv. e foss. p. 96, 403), il diffère de cette espèce surtout par le manque des larges varices dispersées sur la surface des tours.

Il a quelque analogie avec le *Murex bicostatus* Desh. (Deshayes Coq. Paris pl. 81, f. 28-29) et avec le *T. pyraster* Lamk. (Idem pl. 80, f. 36-37). Il diffère de tous les deux par le nombre et le développement des côtes.

Triton (Epidromus) autopsis Conrad.

Pl. 7, f. 46* reprod. de Conrad.

1847. *Simpulum autopsis*	Conr. Conrad Descr. New Cret. and. eoc. foss. p. 293, pl 47, f 25,	1866. *Simpulum* (*Epidromus*) *otopse* Conr. Check List. p. 16.	
1865. *Simpulum* (*Epidromus*) *otopsis* » Id. Cat. Eoc. Ol. p. 20.		1886. *Triton autopsis* » Aldrich Prelim. Report. p. 56.	

Testa ovata, fusiformis, elegans, axialiter tenue plicata, spiraliter valde funiculata clathrataque; anfractibus rotundatis; costis tenuibus funiculiformibus; varicibus raris in series subdispositis; funiculis spiralibus circiter 14 in ultimo anfractu; labro externo intus striato; labro interno, conspicuo; apertura ovata, angusta.

C'est une jolie petite espèce dont je regrette de ne posséder aucun exemplaire

M. Conrad l'avait decrite préalablement sous le titre de *autopsis* qu'il corrigea en suite. Elle ressemble beaucoup au *Triton pyramidatus* Lea, qui aurait le droit de la priorité. Mais cette espèce me parait une *ranella*.

Triton (Epidromus) Showalteri Conr.

Pl. 7, f. 45 * reprod. de Conrad.

1847. *Simpulum Showalteri* Conr. Conrad Descr. new cret.   1865. *Simpulum (Epidromus) Showalteri* Conr. Conr. Cat. Eoc.
and eoc. foss. p. 292, pl.47,   Olig. p. 20.
f. 11.   1866.   »   »   »   »   Conrad Check.
1848.   »   .»   »   Lea H. Cat. Tert. Test.foss.   List. p. 17.

Testa ovato-fusiformis, potius elongata, elegans; primis tribus anfractibus laevigatis, caeteris ro-
tundatis, subangulatis carinatisque, spiraliter tenue funiculatis, axialiter plicatis; plicis ad periphe-
riam minute nodulosis crenulatisque; apertura ovata; labro interno rugoso, postice denticulato; labro
externo intus plicato.

La carène de cette espèce est formée par la granulation des plis axials, qui dans le dernier tour s'effacent; dans les
tours de la spire, outre cette rangée de grains il y en a une autre plus petite dans la partie postérieure des tours; à la base
du dernier il y a un filet qui part de l'angle postérieur de l'ouverture et qui va servir pour support du tour qu'ira se
développer.

Loc. Alabama.

Triton exilis Conr.

Pl. 7, f. 44 * reprod. de Conrad.

1846. *Epidromus exilis* Conr. Conr. Descr. new cret. and eoc.   1866. *Simpulum exile* Conr. Conrad Check List. 17.
foss. p. 293, pl. 47, f. 31.   1886. *Triton exilis*   »   Aldrich Prelim. Report p, 56.
1865. *Simpulum exile*   »   Conrad Cat. Eoc. Olig. p. 20.

Testa minuta, elegans, angusta, fusiformis; anfractibus 7, rotundatis; costis axialibus numerosis;
funiculis spiralibus linearibus, erectis, circiter 12 in penultimo anfractu; apertura majore quam spi-
ra; labro externo intus striato.

C'est une très petite coquille; la figure de Conrad laisse à désirer.
Loc. Alabama.

Ranella? pyramidata Lea.

Pl. 7, f. 29 * reprod. de Lea.

1840. *Triton pyramidatus* Lea Lea H. Descr. new foss. Claiborne p. 99, pl. 1, f. 16.

Testa ovata, spiraliter sulcata; apertura angusta; labro interno expanso; varicibus in series
dispositis.

C'est une espèce fort intéressante, qui a beaucoup d'affinité avec le *Triton autopsis* Conr., c'est peut être la même espèce;
dans ce cas le nom de Lea aurait le droit de la priorité. Mais cette espèce me paraît une *ranella* plutôt qu'un *triton*.
Loc. Claiborne.

Ranella Maclurii Conr.

Pl. 7, f. 47 * reprod. de Conrad.

1833. *Ranella Maclurii* Conr. Conrad Foss. Shells p. 55,   1866. *Ranellina Maclurii* Conr. Conrad Check List. p. 17.
pl. 18, f. 9.   1882.   »   »   »   Tryon Struct. Syst. p. 124,
1865. *Ranellina*   »   »   Conrad Cat. Eoc. Ol. p. 21.   pl. 46, f. 60.

Testa ovata, fusiformis; spiraliter funiculata; funiculis subgranulosis a costulis axialibus cancellatis, decussatisque; varicibus non omnino in series dispositis; apertura ovata; labro externo intus plicato.

Je regrette de ne posséder aucun exemplaire de cette espèce et par conséquent de ne pouvoir en donner d'autres renseignements. Quant au gen. *Ranellina* Conr. (par erreur *Sanellina*) je crois qu'on ne peut pas le retenir, car il a été proposé pour les espèces de *Ranella*, dont les varices ne se continuent pas parfaitement en deux séries. Or cela arrive même dans les variétés de la même espèce, par exempl. le *Ranella reticularis* (De Greg. Studi Conch. Medit. viv. e foss. p. 101).

Loc. Claiborne.

Ranella Tuomeyi Aldr.

Pl. 7, f. 48 * reprod. de Aldrich.

1886. *Argobuccinun Tuomeyi* ALDR. Aldrich Prelim. Report Ala p. 20, pl. 3, f. 3.

Testa ovata, axialiter costata, spiraliter funiculata; costis in primis anfractibus pliciformibus potius numerosis, raris notatisque in ultimis; varicibus in duas series dispositis; apertura ovata; labris incrassatis, externo intus dentato; canali antico inflexo.

C'est une très jolie espèce qui a une ressemblance frappante avec la *R. reticularis* (L.) Born (De Greg. Studi Conch. Medit. viv. e foss. p. 101). — Cette espèce ressemble beaucoup au *Triton flandricum* var. *expansum* Sow. (in Rut. Descr. Olig. Inf. pl. 4, f. 2), mais celui-ci appartient à un autre genre.

Loc. Wood's Bluff et Matthews' Landing Alabama.

CASSIDIDAE

Cassis Sowerbyi Lea sp.

Pl. 7, f. 50 *a b* deux exempl. gross., f. 49 * reprod. de Lea.

1833.	*Cassis nupera*	CONR. Conrad Foss. Shells p. 46.	1865.	*Semicassis nupera*	CONR.	Conrad Cat. Eoc. Ol. p.126.
»	*Buccinum Sowerbyi* LEA	Lea Contr. Geol. pl. 5, f. 169.	»	» ? *Sowerbyi*	LEA	Conrad Cat. Eoc. Ol. p. 26.
1834.	*Cassis nupera*	CONR. Conrad Appendix in Morton	1866.	» *nupera*	CONR.	Idem Check List. 15.
		Org Rem.	»	» *Sowerbyi*	LEA	Idem p. 15.
1848.	» *nuperus*	» Lea H. Cat. Tert. test. p. 6.				

Testa tenuis, elegans, ovata! regulariter spiraliter sulcata.

Je ne possède de cette espèce qu'un exemplaire en partie cassé. Auparavant Conrad prétendait qu'on dût adopter le nom de *nupera*. Mais comme il ne figura pas cette espèce, on ne peut pas être sûr de son identification. D'ailleurs il publia deux différentes éditions de « Foss. Shells »; comme dans mes copies on ne trouve pas la pag. 46, je ne peux pas apprendre s'il décrit cette espèce dans la première ou dans la seconde édition de son ouvrage. Mais il y a une autre raison qui m'a fait décider à adopter le nom de Lea: c'est que M. Conrad même, dans son « Cat. Eoc. Olig. », considéra son espèce comme distincte de celle de Lea. L'espèce de Conrad reste ainsi très douteuse et incertaine, car l'auteur même qui la proposa n'en avait pas une idée claire. — (Coll. ruon Cabinet)

Cassis brevicostata Conr.

1834.	*Cassis brevicostatus* CONR.	Conrad Observ. Form. Tert. and more recent form. p. 145.	1850.	*Cassis brevicostatus*	CONR.	Bronn. Ind. Pal. 245.
«	» »	» Conrad Appendix 5 in Morton Org. Rem.	1865.	*Semicassis brevicostata*	»	Conrad Cat. Eoc. Olig. p. 25.
1848.	» »	» Lea H. Cat. Tert. Test. 2.	1866.	» »	»	Conrad Check List 15.

Testa elliptica; spiraliter minute striata; costis brevibus, obliquis, tuberculatis, in ultimo anfractu postice abrupto evanescentibus; signis accretionis prominulis; labro externo crasso, ad marginem autem acuto, intus plicato; labro interno rugoso.

C'est dommage que cette espèce jusqu'ici n'a pas été figurée.

Loc. Claiborne.

Cassis Taiti Conr. sp. dub.

1834. *Cassis Taiti* Conr. Conrad Obs. Form. Tert. and more rec. South. Stat., p. 145. — 1848. *Cassis Tatii* Conr. Lea Cat. Tert. Test. p. 6. — 1865. *Semicassis Taiti* Conr. Conrad Cat. Eoc. Olig. p. 25.

Testa subovalis, apici mammillata; anfractibus postice laevigatis; suturis valde marginatis, spiraliter costatis atque inter costas paulo striatis; ultimo anfractu spiraliter angulato; cingulis nodulosis circiter 8; labro externo intus dentato; interno corrugato (3 vel 4 rugis).

J'ai noté cette espèce parmi les douteuses, non seulement car elle n'a pas été figurée, mais parce que M. Conrad dans son dernier ouvrage (Check List.) l'a omise dans son catalogue.

Loc. Claiborne.

Cassidaria dubia Aldrich.

Pl. 7, f. 52 * reprod. de Aldrich.

1880. *Cassidaria carinata* Lamk. Heilprin Proc. Acad. Phil., p. 365. — 1885. *Cassidaria dubia* Heilpr. Aldr. Nat. Tert. foss. p. 153, pl. 3, f. 21. — 1886. Idem, Aldr. Prelim. Rep. p. 33, pl. 1, f. 21.

Testa subpyriformis, subgibba; spira brevissima; anfractibus 7; costis axialibus brevibus! nodulosis, in medio anfractuum dispositis, in ultimo autem ad peripheriam; labro interno expanso corrugatoque.

M. Aldrich donne peu de détails de la spire de cette espèce, mais en examinant la figure qu'il en donne, on en conclut qu'elle doit être très courte.

Loc. Headwaters Clark County près de Wood's Bluff (Ala).

PYRULIDAE

Fulgur triserialis Whitf.

Pl. 7, f. 51 * reprod. de Aldrich.

1865. Whitfield Descr. new spec. eoc. foss. p. 260. — 1885. *Pyrula Smithii* Sow. Aldrich Notes Tert. Ala. a. Miss. p. 154, pl. 3, f. 23. — 1886. *Fulgur triserialis* Whitf. Aldrich Prelim. Rep. p. 24, pl. 1, f. 23 b (solum).

Testa ovato-turgida, pyriformis, spiraliter striata; spira brevissima; ultimo anfractu tricarinato; carinis tuberculosis; canali antico paulo producto.

C'est une très belle espèce qui rappelle certains *cassidaria* de l'oligocène d'Allemagne.

Loc. Alabama, 9 milles loin de Prairie Bluff.

Pyropsis perula Aldr.

Pl. 7, f. 53 * reprod. de Aldrich.

1886. Prelim. Rep. p. 25, pl. 13, f. 4.

Testa pyriformis! spiraliter sulcata; spira maxime brevi, conico-convexa; ultimo anfractu rotelli-formi, ad peripheriam subangulato, nodulosoque longe spinoso; apertura rotundata; canali antico erecto, maxime oblongo; labro interno conspicuo, interdum umbilicum simulante; suturis subcrenulatis.

C'est une magnifique espèce qui se rapproche extrêmement de certains variétés du *Murex brandaris* L. Mut. *torularius* et précicément de la var. *Altavillensis* De Greg., de sorte que je reste un peu douteux du genre; en effet il pourrait peut-être arriver que les varices aient été absorbées par le test.

Loc. Wood's Bluff Ala.

Ficula juvenis Whitf.

Pl. 7, f. 54 * repr. de Aldrich.

1865. *Pyrula juvenis*	WHITF. Whitfield Descr. new sp. coc. foss. p. 159.	1886. *Pyrula juvenis* WHITF.	Aldrich Prelim. Rep. Ala. p. 25, pl. 6, f. 8.
1880. » *multangulata* HEILPR.	Heilprin Proced. Ac. N. S. p. 374, pl. 20, f. 2.	» » » »	Heilpr. Proc. Acad. N. Scien. p. 374, pl. 20, f. 2.

Testa tenuis, fragilis, tricarinata, spiraliter lineata, fere dupla in longitudine quam in latitudine; spira elongata; anfractibus 3, distincte tricarinatis; ex carinis postica minuta, nodulosa; filis spira-libus linearibus, in parte antica anfractuum fasciculatis (tribus interpositis in singulo interstitio); apertura lata, elongata, ovataque.

M. Whitfield référa cette espèce au gen. *Pyrula*. Elle me semble plus rapprochée du gen. *Fulgur*; mais, comme elle a beaucoup d'analogie avec la *Ficula tricostata* Desh., je l'ai référée à ce genre.

Loc. Six milles loin de Claiborne, Bell's Landing, Gregg's Landing, Nanafalia, Matthews' Landing, Woods' Bluff.

Ficula nexilis (Lamk) Desh.

Pl. 7, f. 55-59 (f. 55-56 var. *tricarinata* deux exempl. de deux côtés; — 57 * reprod. de Lea *elegantissima*; — f. 58 * idem *cancellata*; — 59 * reprod. de Conrad *tricarinata*).

	. *Pyrula nexilis* LAMK.	Lamark An. Mus. p. 392, N. 6.	1833. *Pyrula tricarinata* CONR.		Conrad Foss. Shells, 2 ed. p. 38, pl. 15, f. 6.
1825.	» *tricarinata* »	Idem, N. 3.			
1832.	» *nexilis* »	Desh. Coq. Paris pl. 79, f. 1-7.	1848. » *penita*	»	Bronn Ind. Pal. p. 1071.
1833.	» *penitus* CONR.	Conrad Foss. Sh. 1 ed. p. 32.	1850. » »	»	D'Orb. Prodr. p. 363.
	» *cancellata* LEA	Lea Contr. Geol. p. 154, pl. 5, f. 160.	1865. *Sycotipus penitus*	»	Conrad Cat. Eoc. Ol. p. 26.
			1866. *Ficopsis* »	»	» Check List. p. 15.
»	» *elegantissima* »	Idem p. 155, pl. 5, f. 161.	1884. *Pyrula penita*	»	Heil. Cont. Geol. Pal. p. 92.

M. Lamark décrivit deux formes de la même espèce, savoir la *nexilis* et la *tricarinata*. M. Deshayes élargit le sens de la P. *nexilis* regardant la *tricarinata* comme une variété. Je suis de son opinion.

M. Conrad et M. Lea considérèrent les exemplaires de Claiborne comme appartenant à des espèces distinctes, mais en examinant mes échantillons je ne trouve pas des caractères suffisants pour cette division.

Je n'en possède que trois exemplaires, dans lesquels, du côté de l'ouverture, on ne voit pas les carènes, qui au contraire sont bien marquées sur le dos; dans la figure de Conrad on les voit aussi du côté de l'ouverture. Cela peut dépandre de l'âge.

Heilprin (1884. Contr. Geol. Pal. Test. p. 115) dit que le *Ficopsis* (*Hemifusus*) *Remondi* Gabb. de California est presque identique de la *Pyrula penita* Conr. Elle doit être donc rapprochée de l'espèce en question.

Nos figures 55, 56 correspondent aux fig. 1-2 (pl. 79 Deshayes Coq. Paris) c'est à dire à la var. C., nos figures 55, 57, 58 aux figures 5-6 (Idem pl. 70) c'est à dire au type. — (Coll. mon Cabinet).

Ficula tricostata Desh.

1829. *Pyrula tricostata* DESH.	Deshayes Coq. Paris n. 584, pl. 79, f. 10-11.	1884. *Pyrula tricostata* DESH.	Heilprin Contr. Geol. Pal. Tert. p. 91.
1866. *Ficula* »	» Idem Bassin Paris p. 433.	1886. » » »	Aldrich Prelim. Report. p. 56.
1880. *Pyrula sp.* »	» Heilprin Proc. Ac. N. Sc. p. 374.		

Nullum exemplarem hujus speciei ex America possideo; auctores non dant autem ullam figuram. Ideo figuram Deshayesi reproducere feci.

Je regrette de ne posséder aucun esemplaire de cette espèce provenant de l'Alabama.

Loc. Bell's Landing.

BUCCINIDAE

Le sens de cette grande famille change selon les auteurs, car même les plus renommés d'eux ont des divergences d'opinion. Je lui ai référé les *Buccininae, Pseudolivinae, Columbellinae, Purpurinae.*

Buccininae

Buccinum L.

Les limites de ce genre (proposé par Linné en 1767) et celles du gen. *Nassa* Lamark (1799) changent aussi selon les auteurs, certains desquels, élargissant le sens du premier, font disparaitre le second; mais la plupart préfèrent adopter le genre *Nassa* « sensu lato » en mettant tout à fait de côté le gen. *Buccinum.* Dans le magnifique ouvrage dernièrement publié par M. Bellardi (I Moll. Piem. e Lig.) on ne trouve plus ce dernier genre. Certes, les définitions données par les malacologistes pour tous deux les genres répétent à peu près les mêmes caractères. Le caractère plus distinctif de toutes deux les espèces consiste en le bord externe, qui dans le gen. *Nassa* est plié ou denticulé intérieurement, et épaissi extérieurement, tandis que dans le gen. *Buccinum* , selon les auteurs modernes, il est lisse et simple. Ordinairement le canal antérieur du genre *Nassa* est plus raccourci et tordu sur le dos que dans le genr. *Buccinum.* L'ornementation de la coquille du genr. *Nassa* est généralement un peu plus treillissée. Malgré cela il est souvent très difficile de faire cette division, car ces caractères n'ont pas un grand poids et il arrive souvent que des variétés de la même espèce ressemblent à un genre et le type à l'autre, comme par exemple le *B. trimorfopse* De Greg. C'est par toutes ces raisons que j'ai considéré le genr. *Nassa* comme un sougenre du genre *Buccinum,* qui a la priorité et qui a une étendue (selon la lui donna Linné) bien plus large.

Buccinum (Phos ?) texanum Gabb.

1861. *Phos texanum*   GABB. Gabb. Proceed. Acad. Nat. Sc.   1866. *Buccitriton texanum* GABB. Conrad Check List. p. 17.
                p. 366.   1886. *Phos*   »   »   Aldrich Prelim. Report.
1865. *Ragenella texana* CONR. Conrad Cat. Eoc. Olig. p. 21.   p. 47.

Je ne connais pas cette espèce, car je n'en ai vu aucune figure, aucune description. Comme M. Conrad a référé au même genre la *Nassa cancellata* Lea, je crois que cette espèce aussi soit un *Buccinum.*

Loc. Lisbon (Aldrich).

Groupe du Buccinum (Nassa) cancellatum Lea.

Le 10 espèces suivantes, savoir: *sagenum* Conr., *cancellatum* Lea, *trimorfopse* De Greg., *prostratum* De Greg., *impectens* De Greg., *mangonizatum* De Greg., *lucrifactum* De Greg., *confiscatum* De Greg., *iterandum* De Greg., appartiennent au même groupe. — Le *Phos Vicksburgensis* Aldr. (Aldrich Prelim. Rep. Ala. p. 27, pl. 2, f. 9) est très lié au même groupe ayant une grande ressemblance avec certaines variétés du *B. trimorfopse* De Greg. En décrivant le *B. trimorfopse* De Greg. je dirai même quelque chose à propos du gen. *Phos.*

Buccinum (Nassa) sagenum Conr. (sp. dub.)

1832. *Buccinum sagenum* CONR. Conrad Foss. Shells p, 34   1865. *Buccitriton sagenum* CONR. Conrad Cat. Ooc. Olig. p. 20.
               (pl. 18, f. 5)?   1886.   »   »   » ´ »   Check List. p. 17.

Testa conica, axialiter costata, spiraliter funiculata; costis in ultimo anfractu circiter 15; funi-

culis ad peripheriam subdenticulatis; anfractibus circiter 8, ex quibus primis quatuor fere laevigatis; apertura circiter ¹/₃ *totius longitudinis testae; labro externo intus striato.*

M. Conrad cite dans son ouvrage « foss. shells » la planche 18, f. 5; mais dans ma copie on trouve que celle-ci représente le *Fusus perlatus.* Dans le « Catal. Eoc. Olig. » il ne cite pas cette figure. Dans tous ces travaux il cite comme synonyme la *Nassa cancellata* Lea; M. Tryon en effet, en citant le *B. sagenum* dans son admirable Manuel de Conch. (Struct. Syst. p. 154, pl. 51, f. 73) reproduit la figure de Lea. Comme M. Conrad ne figura pas son espèce et que la livraison de son ouvrage « foss. sh. » a été publiée aussi dans la même année de l'ouvrage de Lea (peut-être seulement quelques mois avant) je crois qu'il est mieux de retenir le nom de Lea: d'autant plus que j'ai lieu à croire que le type Lea ne correspondait pas à celui de Conrad. Celui-ci dit que ses exemplaires ont environ 15 côtes dans le dernier tour, tandis qu'il y en a un plus grand nombre dans les exemplaires de Lea (en jugeant d'elles d'après sa figure). Un des caractères distinctifs de l'espèce de Lea est le sillon postérieur près de la suture, mais Conrad n'en parle pas. M. Tryon (Struct. Syst. p. 154) considère le *sagenum* comme un synonyme du *cancellatum* Lea.

Loc. Claiborne.

Buccinum (Nassa) cancellatum (Lea) De Greg.

Pl. 8, f. 1-4; — f. 1 gross. var. *sapidum* De Greg. — f. 2 gross. var. *molitum* De Greg. —
f. 3 jeune exempl. gross. — f. 4 * reprod. de Lea.

1838. *Nassa cancellata* LEA Lea Contr. Geol. p. 165, pl. 5, f. 170. — 1883. Idem Tryon Struct. Syst. Conch. p. 154, pl. 51, f. 73.

Testa ovato-elongàta; anfractibus 10, axialiter tenue eleganter costatis, spiraliter filosis, postice vix subangulatis, apud suturam posticam canaliculatis; costis circiter 20, saepe varicosis; ex filis spiralibus peripherico atque suturali vix majoribus quam aliis; labro externo intus plicato.

Je renvoie le lecteur au paragraphe relatif au *B. sagenum* Conr. Je rappelle son attention en égard au développement des premiers quatre ou cinque tours qui sont papilleux, lisses, ayant une forme cylindro-turgide particulière, telle qu'elle est représentée dans ma figure; tout de suite ils se font plus étroits, apparaissent les côtes et en suite les cordonnets comme dans le « facies » de la coquille adulte et cela sans aucune transition; celui-ci c'est un des caractères qui distinguent cette espèce du *B. trimorfopsis* De Greg. J'ai joint mon nom à celui de Lea, car j'ai déterminé et émendé le sens de cette espèce.

Coll. mon Cabinet.

Var. *sapidum* De Greg.

Pl. 8, f. 1.

Testa costis minime varicosis; columella antice contracta.

Le caractère plus important de cette variété consiste en la columelle qui est tronquée antérieurement, de sorte que le bord externe de l'ouverture se prolonge en avant d'elle, se courbant vers l'échancrure.

Coll. mon Cabinet.

Var. *molitum* De Greg.

Pl. 8, f. 3.

Testa costis varicosis, columella antice paulo contracta, minus quam in var. sapidum *De Greg. magis quam in* cancellatum *Lea typ.*

Cette variété a les tours comme dans le type c'est a dire canaliculés postérieurement, les côtes aussi pliformes, mais certaines d'elles acquièrent un grand développement devenant tout à fait des vrais varices.

Coll. mon Cabinet.

Buccinum (Buccitriton) belliliratum Gabb.

1861. *Phos belliliratus* GABB. Gabb. Proc. Ac. Nat. Sc. Phil. p. 367. — 1865. *Rayenella bellalvirata* GABB. Conrad Cat. Eoc. Ollg. p. 21. — 1866. *Sagenella bellilirata* GABB. Conrad Check List p. 18.

Haec species ignota mihi est.—Tryon (Struct. Syst. p. 154) genus Sagenellam Conr. synonymum Buccitritonis putat.

Loc. Claiborne.

Buccinum (Phos) trimorfopse De Greg.

Pl. 8, f. 5 gross. exempl. adulte, f. 6, détail gross., f. 7 exempl. jeune gross., f. 8 exempl. plus jeune gross., f. 9-10 exempl. plus jeune encore gross. dix fois; f. 11-12 ouverture de deux exempl. gross. montrant les plis des bords.

Testa solidiuscula, elegans, subovata; primis tribus anfractibus laevigatis, quarto oblique arcuatim eleganter plicato, caeteris axialiter costatis spiraliter funiculatis; costis circiter 11, subrotundatis, vix minoribus quam interstitiis; funiculis spiralibus alternantibus; rugis axialibus linearibus; apertura paulo minore quam spira; labro externo varicoso, plicato; plicis 8-10 interdum irregularibus (aliquibus tuberculiformibus); labro columellari antice saepe subincrassato, bicorrugatoque, interdum etiam postice; canali antico brevissimo, intus contracto, cerciniformi, contorto. L. 23ᵐᵐ Ang. sp. 45.°

C'est le *Buccinum* le plus répandu à Claiborne; son portement change avec l'âge, de sorte qu'on pourrait le référer à trois espèces, c'est à dire : une petite espèce toute lisse, une autre plus grande ayant les premiers tours lisses et le dernier pourvu de plis obliques et courbés, la troisième ayant les tours pourvus de côtes axiales et de cordonnets spirals. On pourrait se méprendre, d'autant plus qu'il arrive souvent que les exemplaires adultes aient l'extrémité de la spire cassée. C'est un caractère très intéressant, celui des côtes qui changent de direction selon l'âge. Les tours sont ronds, n'ayant pas le sillon postérieur comme dans le *B. cancellatum* Lea. Quant au *B. sagenum* Conr., j'ai expliqué les raisons par lesquelles je ne puis pas lui référer aucun de mes exemplaires. C'est une espèce qui n'a pas été figurée ni a été bien décrite; elle a été considérée par l'auteur comme un synonyme de *B. cancellatum* Lea. On pourrait référer notre espèce au sougenr. *Phos,* car il arrive quelquefois que le bord columellaire soit ridé antérieurement, mais cela n'est pas constant. Du reste c'est le seul caractère par lequel on peut distinguer le gen. *Phos;* car les caractères anatomiques échappent au paléontologue. Or (selon l'âge, le développement et les variétés) ces rides changent ou manquent du tout dans notre espèce. Je crois ainsi que le gen. *Phos* paléontologiguement n'est pas bien affirmé.

Notre espèce ressemble beaucoup du *Fusus deceptus* Desh. (Deshayes Coq. Paris 1 ed. pl. 76, f. 7-8).
Coll. mon Cabinet.

Buccinum (Nassa) prostratum De Greg.

Pl. 8, f. 13 gross., f. 14 détail de l'extrémité de la spire.

Testa ovato-turrita, elegans; primis duobus anfractibus laevigatis, caeteris axialiter costatis, spiraliter funiculatis; funiculis notatis in penultimo anfractu 3; labro externo valde plicato.

C'est une forme plutôt qu'une espèce; elle diffère du *B. trimorfopsis* par le manque des plis obliques du quatrième des tours rudimentaires, et par les cordonnets spirals plus marqués et moins nombreux. Elle diffère du *B. cancellatum* (Lea) De Greg. n'ayant les tours pourvus d'un sillon près de la suture postérieure et par les côtes et les cordonnets plus marqués et moins nombreux.— (Coll. mon Cabinet).

Buccinum (Nassa) impectens De Greg.

(seu *B. trimorfopse* De Greg. var.)

Pl. 8, f. 15 gross.

Testa potius angusta, elongataque, elegans; primis tribus anfractibus elongatis; quarto oblique plicato, caeteris axialiter costatis, spiraliter funiculatis; apertura angusta paulo elongata.

Celle-ci aussi n'est pas une vraie espèce, mais plutôt une forme subordonnée au *B. trimorfopsis* De Greg., duquel elle se rapproche davantage que le *B. prostratum* De Greg., car elle a le quatrième tour rudimentaire pourvu de plis obliques. Elle diffère du *B. trimorfopse* par la forme plus étroite, les côtes et les cordonnets plus marqués et moins nombreux et par l'ouverture plus étroite. Malgré ces analogies c'est une forme intéressante car elle unit cette dernière espèce au *B. mango-nizatum* De Greg. — (Coll. mon Cabinet).

Buccinum (Nassa) mangonizatum De Greg.

Pl. 8, f. 18-19 gross. de deux côtés.

Testa minuta, elegans, solidiuscula; axialiter costulata, spiraliter funiculata, tenuis; costis potius tenuibus, subcancellatis, vero autem turgidis granulosisque funiculos clathrantibus; funiculis regularibus linearibus, duobus ad anfractum; labro externo intus plicato. L. 8.^{mm}

Certes, c'est une des plus jolies espèces de Claiborne, dont l'ornementation apparait distinctement sous la loupe. Les côtes son plutôt faibles, mais en rencontrant les cordonnets spirals, qui du reste sont linéaires, deviennent très renflées et presque tuberculeuses; de sorte qu'elles semblent entrecoupées.

J'ai quelque doute qu'on doive référer à cette espèce la *Mesostoma rugosa* Hellpr. dont je parlerai en suite.

Coll. mon Cabinet.

Buccinum (Nassa) iterandum De Greg.

(seu *B. trimorfopse* De Greg. var.)

Pl. 8, f. 16 gross.

Testa subturrita, elegans, anfractibus circiter 9, primis tribus laevigatis, quarto tenue oblique plicato, caeteris axialiter costulatis, spiraliter funiculatis; costis regularibus circiter 19; funiculis potius notatis, subregularibus, circiter 10 in penultimo anfractu; labro externo intus plicato, plicis funiculiformibus, numerosis (circiter 14). L. 14.^{mm} Ang. sp. 34.°

Plutôt qu'une espèce c'est une forme liée avec le *B. trimorfopse*, dont elle diffère par l'angle spiral plus petit, les côtes plus régulières et plus nombreuses.

Cette espèce ressemble beaucoup au *Fusus exiguus* Desh. (Deshayes Coq. Paris 1 ed. pl. 76, f. 16-18).

Coll. mon Cabinet.

Buccinum (Nassa) lucrifactum De Greg.

(seu *B. trimorfopse* De Greg. var.)

Pl. 8, f. 17 gross.

Hanc species differt a specie praecedente propter costas minus numerosas (circiter 11), magisque tenues; funiculos vix minus prominulos; quapropter potius forma quam species judicanda est.

Coll. mon Cabinet.

Buccinum (Nassa) confiscatum De Greg.

Pl. 8, f. 20-21.

Testa conoidea, elegans, antice subtruncata, apici acuminata; anfractibus planiusculis; costis tenuibus, vix arcuatis, majoribus quam interstitiis, a sulcis spiralibus secatis, juxta suturam granulosis; sulcis spiralibus linearibus; sulco prope suturam profundo, notato ; apertura ovato-orbiculari, antice subtruncata, postice subcanaliculata; labro interno laevigato arcuatoque; externo non incrassato. L. 13.^{mm} *Ang. sp. 43.*^{o}

Cette espèce diffère des espèces précédentes par plusieurs caractères, parmi lesquels celui-ci : elle n'est pas pourvue de cordonnets spirals, mais de sillons. C'est une espèce très jolie. — (Coll. mon Cabinet).

Buccinum Mohri Aldr.

Pl. 7, f. 63 * 64 * reprod. de Aldrich.

1885. Aldrich Prelim. Rep. Ala. p. 26, pl. 3, f. 16.

Testa ovata, laevigata ! potius solida; anfractibus vix convexis; ultimo subcylindraceo; apertura angusta, anticee marginata; labro externo incrassato; suturis simplicibus.

M. Aldrich, en decrivant cette espèce, se rappelle du *Buccinum stromboides* Herm. de Paris, qui lui est analogue. Sa forme ressemble beaucoup à celle de la *Marginella (Glabella) phaseolus* Brongt et à celle de la *Voluta Newcombiana* Withfield, mais ces espèces appartiennent à des genres fort différents.

Loc. Lisbon (Ala).

Laevibuccinum Conr.

Ce sous-genre a été proposé par Conrad pour le *B. prorsum* Conr., mais on ne le trouve cité dans aucun manuel de conchyliologie. Certes, Il est très voisin des sougenres *Cominella* et *Anura*.

Buccinum (Laevibuccinum) popleum De Greg.

Pl. 8, f. 24.

Testa potius tenuis, elongata, oliviformis, elegans, spiraliter finissime confertim striata, apici acuminata; anfractibus convexiusculis, postice vix truncatis; ultimo conoideo, mitriformi; canali antico subnullo, minime emarginato.

C'est une espèce très énigmatique qui me laisse très douteux en égard à sa détermination générique. Elle a la forme d'une *Mitra*, mais elle ne possède aucun pli; elle ressemble à certaines *Rostellaria*, mais le bord externe n'a rien de ce genre. Elle ressemble beaucoup au *L. prorsum* Conr. et c'est pour ça que je l'ai insérée dans le même genre. Elle en diffère par les tours plus convexes et moins lisses. — (Coll. mon Cabinet).

Buccinum (Laevibuccinum) prorsum Conr.

Pl. 8, f. 25 * reprod. de Conrad.

1833. *Buccinum prorsum* Conr. Conrad Foss. Shells p. 45.	1850. *Buccinanops prorsum* Conr. D'Orbigny Prodr. p. 369.
1834. » » » » Appendix in Morton.	1865. *Laevibuccinum* » » Idem Descr. New eoc.
1848. » » » » Lea H. Cat. Tert. Test. p. 5.	shells and refer. p. 211,
» » » » Bronn. Ind. Pal. 186.	pl. 20, f. 17.
	1866. » » » Idem Check List p. 17.

Testa ovato-elongata, suboliviformis, laevigata, antice subtruncata; anfractibus fere planis; ultimo oblongo mitriformi antice spiraliter tenue striato.

Loc. Claiborne.

Buccinanops D'Orb.

Je retiens ce sous-genre avec l'interpétration de Adams et de Chenu.

Buccinum (Buccinanops) priamopse De Greg.

Pl. 8, f. 22-23 gross.

Testa conoidea, laevigata, polita; anfractibus planis, angustis, laevigatis ; ultimo oblongo, subcylindraceo; apertura potius angusta, antice paulo marginata; labro interno valde calloso arcuatoque; labro externo tenui, acuto, simplici.

Cette espèce a beaucoup d'analogie avec certaines espèces de la famille des *Alatidae*; sa callosité columellaire fait rappeler le gen. *Struthiolaria*, l'échancrure antérieure et la structure du test font rappeler le gen. *Priamus.*—D'autre côté elle a beaucoup d'analogie avec plusieurs espèces et avec certains sougenres des *Buccinidae*, par exempl. le gen. *Naytia* Adams *N. grana* Lamk). Mais il me semble qu'elle rappelle davantage le gen. *Buccinanops* D'Orb. par exempl. le *B. gradatum* Deshayes. — (Coll. mon Cabinet).

Cominella Gray.

M. Aldrich réfère à ce genre deux espèces: la *C. striata* et la *Hatchetigbeensis.* Celle-ci me parait plutôt une *Pseudoliva.* La première est peut-être une *Cominella.* Mais vraiment je ne sais pas comment me former une idée précise de ce genre. Plusieurs auteurs le rapportent comme un sous-genre du genr. *Fusus* (parmi lesquels M. Fischer) ; d'autres auteurs le rapportent parmi les *Buccinidae* (M. Chenu etc.). Certes, il y a des *Fusus* qui ont le facies des *Buccinum*; par exempl. la section *Anura* Bell. du gen. *Fusus* lui est extrêmement semblable. Le type, tel qu'il est retenu par Fischer (*Com. Andrei* Bast.), me parait très rapproché du gen. *Pisania.* Je préférerais le retenir dans le sens de Chenu; mais il ne me semble pas clair.

Cominella striata Aldr.

Pl. 7, f. 60 * reprod. de Aldrich.

1886. Aldrich Prelim. Rep. Alab. p. 26, pl. 5, f. 4. — 1887. *Laevibuccinum striatum* SMITH. Johnson Tert. Cret. p. 44.

Testa ovato-fusiformis, spiraliter minute lineata; spira subturbiformi, apici submammillata; anfractibus convexis; apertura protracta, circiter dupla quam spira ; signis accretionis sinuosis, subrugosis.

La figure de Aldrich laisse beaucoup à désirer; elle me laisse surtout quelque doute sur son genre. C'est une *Cominella* ou plutôt un *Fusus?*
Loc. Hatchetigbee (Ala).

Expleritoma Aldr. 1886.

Ce genre avait été rapporté par M. Aldrich dans la famille des *Ancillarinae.* Certes, elle montre beaucoup d'analogie avec certains *Ancillaria.* L'ouverture arrondie parait différente, mais je crois que cela est produite par la callosité du bord qui forme une espèce de peristome cachant l'échancrure antérieure.

Expleritoma prima Aldr.

Pl. 8, f. 26-27 * reprod. de Aldrich.

1886. Aldrich Prelim. Rep. p. 29, pl. 5, f. 1.

Testa suborbicularis, solida, laevigata; spira brevissima, conico-convexa; ultimo anfractu magno, undique rotundato, dorso obsolete bisulcato; apertura orbiculari; callo maxime lato undique praedita.

Comme j'ai dit à propos de la famille des *Eburninae*, je crois que l'ouverture de cette espèce doit être échancrée antérieurement et que la callosité du bord nous la fait juger arrondie, tandis que en effet elle ne l'est pas. Les deux sillons du dos sont aussi un indice de cela; ils devront aboutir aux angles de l'échancrure. Du reste celle-ci ce n'est qu'une simple supposition.

Loc. Satilpa Creek Ala. (Claiborne Groupe).

Nasseburna De Greg.

Je propose ce sougenre pour les espèces du type de la *N. mutabilis* L. c'est à dire avec ces caractères:

Testa ovata, laevigata, antice subtruncata; labro columellari potius calloso et expanso; canali antico brevissimo contorto.

Je lui rapporte la plupart des espèces référées par les auteurs modernes au genre *Nassa* « sensu strictu » c'est à dire les espèces du type de la *N. instabilis* Bellardi. Le gen. *Nassa* Lamk. a une étendue bien plus large et moins définie.

Nasseburna Calli Aldr.

Pl. 7, f. 62 *a b* reprod. de Aldr.

1886. Aldrich Prelim. Report Ala. p. 27, pl. 5, f. 5.

Testa ovato-oblonga; anfractibus convexiusculis, postice tenue striatis; ultimo striato etiam antice; apertura spiram subaequante, antice truncata, paulo emarginata; labro externo intus crenulato; interno antice multiplicato, postice calloso, expanso; costula tenui ex emarginatura antica per dorsum decurrente.

Loc. Lisbon (Ala).

Eburna gen.

Ce genre diffère du gen. *Nasseburna* seulement par les sutures caniculées et le dernier tour ombiliqué.

Eburna Hatchetigbeensis Aldr.

Pl. 8, f. 34 * *a b c* reprod. de Aldrich.

1886. *Cominella Hatchetigbeensis* ALDR. Aldrich Prelim. Rep. Ala. p. 26, pl. 3, f. 6.

Testa ovata, potius solida; laevigata, signis accretionis sinuosis confertis ornata; spira subconoidea, apici subpapillosa; anfractibus vix convexis, ultimo magno (corpanfractu duplo quam spira) antice subumbilicato, contorto, cercine subcostiformi; apertura ovato-lanceolata, postice subsoluta; labro interno potius calloso.

M. Aldrich a référé cette espèce au gen. *Cominella*, mais je crois que c'est plutôt une *Eburna*; il la compara à la *Com.. maculata* Morton vivant à New Zeland. En regardant l'angle postérieur de l'ouverture de la figure, on voit qu'il est un peu détaché. Ce caractère, avec celui de l'ombilic, me fait croire qu'elle soit une *Eburna* plutôt qu'une *Cominella*.

Loc. Hatchetigbec Bluff.

Pseudolivinae De Greg.

Je propose cette sous-famille, car je crois que les espèces qu'elle renferme ont des caractères différentiaux bien marqués; surtout celui du sillon du dos du dernier tour a, selon moi, une telle importance qu'il ne me permet pas de la référer dans la famille des *Buccininae* (sensu stricto). Le genre *Cornuliria* Conrad a été rapporté par Tryon (Struct. Syst. p. 135) à uu sougen. du genre *Melongena* Schum. (il a écrit par erreur *Cornulina*). M. Conrad le référa parmi le *Purpuridae* (Conrad Cat. Foc. olig. p. 21). Quoique dans la *Corn. armigera* Conr. lo canal antérieur est plus allongé que dans les vraies *Pseudoliva*, et qu'elle est pourvue d'épines qui ne se trouvent pas dans ce genre, le profond sillon du dos me persuade à le référer dans la même famille.

Pseudoliva vetusta Conr.

Pl. 8, f. 35-38 deux exempl. de deux côtés; — f. 41 * reprod. de Conrad. — f. 47 * reprod. de Lea (*pyruloides*). — f. 45 gross. (Var. *fusiformis*). — f. 46 * reprod. de Lea (*fusiformis*). — f. 39-40 var. *moerens* De Greg.

1832-33.	*Monoceros vetustus*		CONR.	Conrad Foss. Shells, 1 ed. p. 44.	1844.	*Monoceros vetusta*	CONR. Bronn Ind. Pal. p. 741.
1833.	»	*pyruloides*	LEA	Lea Contr. Geol. p. 161, pl. 5, f. 166.	1850.	» »	» D'Orbigny Prodr. Et.25, N. 644.
»	»	*vetustus*	CONR.	Conrad Foss.Shells 2 ed. p. 37, pl. 13, f. 3.	1865.	*Sulcobuccinum (Buccinorbis) vetustus*	» Conr. Cat. Eoc. Olig. p. 21.
1834.	»	»	»	Idem Morton Org. Rem. Appendix.	1866.	*Pseudoliva (Buccinorbis) vetusta*	» Idem Check List. p. 17.
1836.	»	*vetusta*	»	Id. Cont.Eoc.Ob. p.220.	1886.	*Ancillopsis vetustus*	» Aldrich Prelim. Report p. 9.
1848.	»	»	»	Lea H. Cat. Tert. Test. p. 10.			

Testa ovata, turgida, solida laevigata; spira brevi, turbiformi plus minusve introrsa; ultimo anfractu basi profunde umbilicato, antice sulco profundo secato, ante sulcum spiraliter lineariter striato; apertura ovato-lanceolata antice paulo emarginata, postice canaliculata; labro interno valde calloso, externo simplici acuto.

C'est une des espèces plus caractéristiques de Claiborne. M. Conrad proposa le genre *Buccinorbis*, mais elle me semble très rapprochée de la *Ps. plumbea* Chemn. (qui est le type du gen. *Pseudoliva*) pour la référer à un autre. M. Conrad rapporte le *M. fusiformis* Lea comme un synonyme. Je le considère comme une variété.

Cette espèce me paraît très analogue de la *Ps. obtusa* Desh. (Deshayes Coq. Paris 1 ed. pl. 88, f. 1-2) et de la *Ps. fissurata* Desh. (Deshayes 1 ed. pl. 87, f. 21-22) et de la *Ps. semicostata* Desh. (Loc. cit. pl. 88, f. 3-4).

Coll. mon Cabinet.

Var. *fusiformis* Lea.

Pl. 8, f. 45 orig. — f. 46 reprod. de Lea.

Monoceros fusiformis LEA Lea Contr. Geol. p. 161, pl. 5, f. 16.

Testa ultimo anfractu antice magis protracto; umbilico subnullo.

Je possède quelques exemplaires qui ressemblent beaucoup à l'espèce de Lea. — (Coll. mon Cabinet).

Var. *moerens* De Greg.

Pl. 8, f. 39-40.

Testa eleganter undique spiraliter sulcata; sulcis subregularibus; porcis funiculiformibus.

Cette variété, quant à la forme, est identique du type, seulement elle en diffère par les sillons de la surface. Je n'en possède qu'un exemplaire seulement.

Conrad, en citant cette espèce (Conr. Observ. Eoc. Form. p. 220), dit qu'elle lui semble analogue du *Murex minax* Brander (*Fusus minax* Lamk). — (Coll. mon Cabinet).

Pseudoliva scalina Heilpr.

Pl. 8, f. 42 * reprod. de Aldrich.

1880. *Pseudoliva scalina* HEILPR. Heilprin Proc. Acad. Nat.   1880. *Pseudoliva scalina* HEILPR. Aldrich Prelim. Rep. Ala.
Sc. Phil. p. 371, pl. 20, f. 12.   p. 20, pl. 6, f. 10.

Testa elegans, ovata; anfractibus subgradatis, axialiter costatis; costis latis, subcomplanatis, antice evanescentibus, interstitiis angustis; ultimo anfractu spiram subaequante, antice tenue striato; sulco dorsali profundo; suturis profundis, late canaliculatis.

C'est une très jolie espèce, qui, selon M. Heilprin a observé, ressemble beaucoup à la *Pseud. robusta* Briart et Cornet du calc. gross. de Mons, et à la *Pseud. tiara* Desh. (Deshayes Coq. Paris 1 ed. pl. 87, f. 23-24).

Loc. Wood's Bluff (Ala); Bell's Landing (Alab. riv.).

Pseudoliva unicarinata Aldr.

Pl. 8, f. 44 * reprod. de Aldrich.

1886. Aldrich Prelim. Rep p. 19, pl. 5, f. 13.

Testa ovata, turgidula, spiraliter tenue dense lineata; spira brevi; anfractibus embrionalibus sub mammillatis; anfractibus angustis, axialiter costulatis, penultimo in medio vix angulato carinatoque, paulo magis valde costato; costis ad peripheriam exasperatis, a funiculo spirali cariniformi intersese junctis; sulco dorsali potius profundo.

C'est une espèce très voisine de la *Ps. tuberculifera* Conr., ce qui a été observé même par l'auteur. En ayant sous les yeux un grand nombre d'exemplaires de ces espèces, je ne serais pas surpris si on finirait pour les identifier. Voilà les caractères différentiaux: dans l'espèce de Aldrich les cordonnets spirals sont plus fins et serrés, la spire plus raccourcie, le dernier tour plus anguleux à la périphérie, les côtes de celui-ci et la carène plus marquées.

Loc. Matthew's Landing Ala.

Pseudoliva tuberculifera Conr.

Pl. 8, f. 43 * reprod. de Conrad.

1847. *Pseudoliva tuberculifera* CONR. Conrad Descr. cret. eoc.   1850. *Pseudoliva tuberculifera* CONR. D'Orb. Pr. E. 25, N.643.
foss. Miss. a. Ala. p. 294,   1865. »   »   » Conrad Catal. Eoc. O-
pl. 47, f. 27.   lig.
1848. »   »   » Bronn. Ind. Pal.   1866. »   »   » Idem Check List p. 21.

Testa ovata, spiraliter distincte lineariter funiculata; anfractibus axialiter corrugatis, rugis in penultimo obsoletis; ultimo anfractu postice tuberculato; tuberculis compressis, dorso unisulcato, apertura antice paulo emarginata.

Loc. Alabama.

Cornuliria Conr. 1865.

Je renvoie le lecteur à ce que j'ai dit à propos de ce genre en parlant de la famille des *Pseudolivinae*.

Cornuliria armigera Conr.

Pl. 8, f. 49-50 le même exempl. de deux rôtés. — f. 48 * reprod. de Lea (*F. Taitii*). —
pl. 9, f. 3 * reprod. de Conrad

1833. *Melongena armigera* Conr. Conrad Foss. Shells 1 ed.   1850. *Monoceros armigera* Conr. D'Orbigny Prodr. Et. 25,
        p. 30.   N. 645.
  » *Fusus Taitii*   Lea Lea Contr. Geol. p. 152,   1865. *Cornuliria* »   » Conrad Cat. Eoc. Ol. p. 21.
        pl. 5, f. 159.   1866.   »   »   » Idem Check List p. 17.
  » *Melongena armigera* Conr. Conrad Foss. Shells 2 ed.   1883. *Cornulina* »   » Tryon Struct. Syst. p. 135,
        p. 37, pl. 15, f. 1.   pl. 51, f. 48.
1834.   »   »   » Idem Appendix in Morton.   1887. *Monoceros*   »   » Smith Johnson Tert. Cret.
1848.   »   »   » Lea H. Cat. Tert. Test. p. 9.   p. 31.
  » *Monoceros*   »   » Bronn. Ind. Pal. p. 741.

Testa purpuriformis, solida elegans, ovata, plus minusve turgidula; spira brevi, conoidea; anfractibus planiusculis; primis juxta suturam anticam tuberculatis, ultimis tuberculatis spinulosisque; ultimo magno, bicarinato, carinis spinulosis; ante carinam anticam sulco profundo; ante sulcum striis spiralibus obsoletis; apertura ovata, postice canaliculata; canali antico postice brevi, contortoque, cerciniforme, partim a callo tecto; labro interno percalloso.

Cette espèce sans doute est aussi une des espèces les plus caractéristique de Claiborne. Son ensemble change selon les individus et plus encore selon l'âge et le développement de la callosité du bord columellaire. Le sillon du dos est toujours bien marqué. — (Coll. mon Cabinet).

Columbellinae.
Columbella elevata (Lea) De Greg.

Pl. 8, f. 29 *a b* gross. de deux côtés (var. *incunctabilis* De Greg.) — f. 30 * reprod. de Lea;
f. 28 * reprod. de H. Lea (*Buccinum parvum*).

1833. *Fasciolaria elevata* Lea, Lea J. Contr. Geol. p. 143,   1848. *Fasciolaria elevata* Lea, Bronn Ind. Pal. p. 489.
        pl. 5, f. 143.   »   »   »   » Lea H. Cat. Tert. Test. p. 7.
1840. *Buccinum parvum* » Lea H. Descr. new foss. Claib. 1865.   »   »   » Conr. Cat. Eoc. Olig. p. 23.
        p. 190, pl. 1, f. 17.   1866.   »   »   » » Check List p. 16.

Testa fusiformis; anfractibus planiusculis; ultimo antice spiraliter striato; labro interno tenuissime tri-vel-quadriplicato, externo crenulato.

M. Lea référa cette espèce au gen. *Fasciolaria*; il me parait qu'elle tient davantage du gen. *Columbella*. M. Conrad cite cette espèce en ajoutant un point interrogatif au gen. *Fasciolaria*. M. H. Lea décrivit une coquille qui a beaucoup de ressemblence avec la même espèce et que je rapporte comme un synonyme. Il la nomma *Buccinum parvum*, mais sa description et sa figure laissent beaucoup à désirer.

Var. *incunctabilis* De Greg.

Testa labro interno laevigato.

C'est le seul caractère par lequel elle diffère du type de Lea, du reste elle est identique. Dans mes exemplaire je n'ai pu distinguer aucune trace de plis columellaires. Est ce que M. Lea aurait peut-être équivoqué ?
Coll. mon Cabinet.

Columbella turriculata Whitf.

Pl. 8, f. 32 gross.; f. 31 * reprod. de Whitfield.

1865. Whitfield p. 261, pl. 27, f. 1. — 1887. *Col. turricula*..... Meyer Beitr. Kent. Alt. Tert. p. 15.

Testa minuta, conica, elongata, laevigata; anfractibus 6-7, planiusculis; ultimo antice striato; labro externo intus (6-8) denticulato. L. 5.^{mm}-6.^{mm}

C'est une petite jolie coquille, dont je possède 3 exemplaires seulement, ils correspondent bien à la figure de Whitfield; mais celle-ci parait avoir le dernier tour plus anguleux que les nôtres.

M. Meyer et Aldrich décrivent une *Columbella* (*Col. missipiensis* Aldr. Tert. Fauna Newton p. 5, pl. 2, f. 17) de Newton du même niveau de Claiborne, mais qui est très différente.

La *C. turriculata* est très voisine de la *C. elevata* (Lea) De Greg., dont elle diffère par la taille plus petite et par l'ouverture plus étroite, le canal antérieur moins raccourci. — (Coll. mon Cabinet).

Dentiterebra Meyer 1887.

Testa turrita, axialiter costulata; apertura angusta, antice breviter canaliculata ; labro interno calloso, tenuissime striato; labro externo intus crenulato postice sinuato.

Ce sougenre tient beaucoup plus du gen. *Columbella* que du gen. *Terebra*, ce qui a été observé même par les auteurs, je le considère comme un sougenre plutôt que comme un genre.

Columbella (Dentiterebra) prima Meyer.

Pl. 8, f. 33 * reprod. de Meyer.

1887. Meyer On invert. Eoc. Miss. and Ala. p. 51, pl. 3, f. 2.

Testa minuta, turrita, cerithiiformis; primis quatuor anfractibus laevigatis ; caeteris costulatis; ultimo antice striato; costulis circiter 8; apertura angusta; canali antico brevissimo ; labro externo 6 crenulationibus munito.

J'ai quelques doutes en égard à cette espèce et au genre auquel Meyer l'a référée. La *Rissoina Missipiensis* Meyer (1888. Cat. Eoc. Pal. Ala Miss. p. 69, pl. 2, f. 17) me parait très voisine de cette espèce; tellement que si son bord externe fût crénelé, on pourrait peut-être l'identifier. — (Coll. mon Cabinet).

Purpurinae.

M. Woodward regarde le gen. *Purpura* comme un genre de la famille des *Buccinidae*, M. Tryon comme une sous-genre des *Muricidae*, M. Fischer comme une famille à part. M. Conrad est de cette opinion, mais il élargit trop ce genre en lui référant aussi le genr. *Pseudoliva* (=*Sulcobuccinum*). M. Bellardi (Moll. Piem. e Lig.) considère la famille du gen. *Purpura* comme une sous-famille de celle des *Buccinidae*; j'ai adopté cette opinion.

Lacinia Conr. 1865

Ce genre a été proposé par Conrad pour l'espéce suivante; il a été référé par l'auteur dans la famille des *Purpuridae,* M. Tryon (Struct. Syst. p. 151) le rapporta dans la famille des *Buccinidae*. Certes, il a des rapports avec certaines espèces de *Pseudoliva*; il en a aussi avec certains *Purpuridae*, surtout avec le gen. *Tribulus*.

Lacinia alveata Conr.

Pl. 9, f. 1-2, 5-7 deux exempl. de deux côtés; — f. 4 * reprod. de Lea; — f. 6 reprod. de Conrad.

?	*Melongena alveata* Conr.	Conrad American Journ. Sc. Vol. 23, p. 344.	
1833.	*Pyrula Smithii* Lea	Lea Contr. Geol. p. 37, pl. 5, f. 162.	
»	*Melongena alveata* Conr.	Conrad Foss. Shells 2 ed., p. 37, pl. 15, f. 2.	
1834.	» » »	Idem Appendix Morton Org. Rem.	
1848.	» » »	Lea H. Cat. Tert. Test. p. 9.	

1848.	*Melongena alveata* Conr.	Bronn Ind. Pal. p. 720.	
1857.	*Cassidula* » »	Conrad Tert. Cret. Mexic., Bound. p. 163, pl. 19, f. 9.	
1865.	*Lacinia* « »	Idem Cat. Eoc. Olig. p. 21.	
1866.	» » »	Idem Check List·	
1883.	» » »	Tryon Struct. Syst. p. 151, pl. 51, f. 71.	
1887.	*Melongena* » »	Smith Johnson Tert. Cret. Tusc. Tomb. Ala, p. 22.	

Testa magna, suborbicularis, turgida; spira brevissima; anfractibus sublaevigatis, primis apud suturam anticam obsolete tenue crenulato-costatis; ultimo anfractu magno, tribus costis spiralibus ornato; costis rotundatis, obsoletis, ex hiis antica fere omnino evanescente; umbilico subtecto, a cercine circumdato; apertura potius lata, antice truncata emarginataque; postice canaliculata; labro interno valde calloso, praesertim postice; labro externo simplici, acuto.

C'est une espece magnifique et très singulière, presque exclusivement formée par le dernier tour. Celui-ci est pourvu de deux, ou de trois côtes spirales, arrondies et très oblitérées, surtout l'antérieure qui ordinairement est éffassée. Il arrive souvent qu'au dessous de chaque côte il y a deux cordonnets spirals.

Autour de l'ombilic (qui est rempli par la callosité du bord columellaire) il y a un bourrelet, dont l'angle postérieur forme une espèce de côte, qui se prolonge jusqu'à l'angle droit de l'échancrure du canal. La surface est ornée de signes d'accroissement linéaires et de quelques sillons spirals oblitérés.

Cette espèce a beaucoup de ressemblence avec la *Pseudoliva vetusta* Conr., de sorte qu'on pourrait presque croire qu'elle ne serait autre chose que cette espèce adulte; mais (parmi les autres caractères différentiaux) le manque du sillon du dos est de grand poids.

M. Conrad (dans la 2 ed. Foss. Shells) dit qu'il décrivit cette espèce dans l' « Am. Journal of Sciences Vol. 23 » et c'est par cela qu'il jouit du droit de priorité sur le nom de Lea; mais je n'ai pas pu avoir à ma desposition ce volume.

Cette espèce à ète retrouvée par Conrad même a Western Texas (Mexican Boundary); la figure qu'il en donna ne laisse aucun doute sur son identification.

La *Pyrula Smithii* Sow. (1836. Sowerby Fitton Trans. Geol. Sc. p. 114, pl. 11, f. 5) provient du l'étage Albien et a été référée par D'Orbigny au gen. *Fusus.* — (Coll. mon Cabinet).

ALATIDAE

Je rapporte à cette famille (par les raisons que j'ai expliquées dans mon ouvrage sur S. Ilarione) même le gen. *Terebellum.*

Strombus canalis Lamk.

Pl. 9, f. 16-17 de deux côtés; — f. 18 * reprod. de Lea (*Cuvieri*); — f. 19 * reprod. de Conrad (*laqueata*).

Var. *laqueata* Conr.

1825. *Strombus canalis*	LAMK.	Deshayes An. s. vert. Paris p. 629, pl. 84, f. 9-11, 2 ed., p. 466.	1848. *Rostellaria laqueata* CONR.	Conrad Observ. Eoc. Foss. p. 220.
			1846. » » »	Lea H. Cat. Tert. Test. p.13.
1833. *Rostellaria laqueata*	»	Conrad Foss. Shells, p. 41.	» » » »	Bronn Ind. Pal. p. 1048.
» » *Cuvieri*	CONR.	Lea Contr. Geol. p. 160, pl. 5, f. 165.	1850. » » »	D'Orb. Prodr. Et. 25, N.348
			1857. *Rimella* » »	Conrad Descr. new foss. cret. and eoc. Miss. Ala p. 166.
» » *laqueata*	»	Conrad Foss. Shells p. 38, pl. 15, f. 4.		
» » »	»	Idem in Morton Org. Rem. Appendix.	1865. » » »	Idem Cat. Eoc. Olig. p. 29.
			1866. » » »	Idem Check List p. 13.

Testa ovato-elongata, crassa, elegans, axialiter tenue multiplicata, spiraliter lineariter filosa; filis costisque autem in ultimo anfractu partim obsoletis; rima satis angusta, oblongaque; labro interno valde calloso, potius protracto.

Ayant étudié nos exemplaires de Claiborne, j'ai conclu qu'on ne peut pas les séparer de ceux des Bassin de Paris et qu'on peut tout au plus les considéres comme une variété de la même espèce.

Conrad la considéra toujours comme un *Rostellaria* du type de la *fissurella* Lamk (Conrad Observ. Eoc. form. p. 220). Coll. mon Cabinet.

Strombus (Leiorhynus) prorutus Conr.

Pl. 9, f. 20 * repr. de Conrad.

1833. *Pleurotoma proruta* CONR. Conrad Foss. Shells p. 51, pl. 17, f. 13.
1834.   »   »   » Conrad Morton Org. Rem. Appendix.
1848.   »   »   » Bronn Ind. Pal. p. 1008.
1850.   »   »   » D'Orb. Prodr. p. 860.
1862. *Leiorhynus crassilabris* GABB. Gabb. Descr. new spec. Am. tert. and cret. foss. p. 402, pl. 67, f. 67.
1865.   »   *prorutus* CONR. Conr. Cat eoc. ol. p. 30.
1866.   »   »   »   » Check List p. 13.
1883.   »   »   » Tryon Str. Syst. p. 191, pl. 60, f. 92.

Testa ovata, crassiuscula, sublaevigata, apici acuminata; anfractibus circiter 7, angustis plenis; spira conica ultimum anfractum subaequante; hoc magno, fusiformi, rotundato; apertura angusta; canali antico erecto, patulo; labro columellari crassiusculo.

M. Conrad rapporte à la même espèce le *Leior. crassilabris* Gabb., mais je ne connais pas cette espèce. Le *Fusus parvus* Lea a quelque ressemblance avec cette espèce, mais j'ai déjà parlé à propos de cette espèce.

Loc. Claiborne.

Rostellaria (Calyptraphorus) velatus Conr.

Pl. 9, f. 21-23 le même exempl. de trois côtés; — f. 24 exempl. pas encore adulte;— f. 25-26 gross. jeune exempl.; f. 27 détail gross. — f. 28-29 * reprod. de Lea (*Lamarki*); — f. 30 * reprod. de Conrad.

1832. *Rostellaria velata* CONR. Conrad Foss. sh. p. 31.
1833.   » *Lamarki* LEA Lea Contr. Geol. p. 158, pl. 5,
   »   » *velata* CONR. Conr. Foss. Sh. p.38. pl.17, f.5.
1834.   »   »   »   » in Morton Appendix.
1848.   »   »   » Lea H. Cat. Tert. Test. 13.
   »   »   »   » Bronn Ind. Pal. 1100.
1850.   »   »   » D'Orb. Prodr. Et. 25, N. 347.
1855.   »   »   » Conr. Obs. eoc. Jack. p. 260.
1856.   »   »   » Conrad New Cret. Eoc. foss. Mor. Ala. pl. 47, f. 21.
1860.   »   »   » Moore in Hilgard Agric. a. Geol. Miss. p. 132.
1865. *Rostellaria velata* CONR. Conrad Cat. Eoc. Olig. 31.
1866.   »   »   » Conrad Chek List.
1869. *Calyptraphorus velatus*   » Gabb An attempt at a revision of the two fam. Strombidae and Aporrhaidae p. 142-149, pl. 13, f. 9.
1884. *Rostellaria velata*   » Heilprin Contr. Geol. Pal. Tert. p. 33-34 etc.
1887.   »   »   » Smit. Jhonson Tert. Cret. Tusc. Tomb. Ala. p. 31.

Juvenis :

Testa elegantissima, potius fragilis, apici acuminata; primis tribus anfractibus laevigatis, caeteris 7 elegantissime axialiter costulatis, spiraliter dense lineariter funiculatis; costis tenuibus pl. ciformibus arcuatis; filis axialibus maxime minutis, funiculos clathrantibus; canali antico erecto, tenui; labro externo fragili, acuto.

Adulta :

Testa fusiformis, nitida, polita, strato calcareo laevigato per totum superficiem expanso; aliquibus anfractibus spirae vix tantum visibilibus; strato calcareo per dorsum in spatio subtriangulari subcarente; apertura ovali angusta, antica profunde arcuatim emarginata; labro externo calloso; rima postica angusta, profunda, postice usque ad ½ spirae protracta dorsoque reversa; rostro angusto, erecto, fragile.

Cette espèce se présente avec des formes différentes selon l'âge, de sorte qu'on pourrait croire qu'on aurait affaire avec plusieurs espèces. Je doute que la *R. (Calyptraphorus) staminea* Conr. se soit une d'elles. M. Conrad figura cette espèce dans son ouvrage « New Cret. Eoc. foss. Miss. Ala. », mais il ne la décrivit pas dans cet ouvrage.— (Coll. mon Cabinet).

Rostellaria (Calyptraphorus) trinodifera Conr.

Pl. 10, f. 3-5 un exempl. de trois côtés; — f. 6 * reprod. de Conrad.

1856. *Calyptraphorus trinodiferus* Con Conr. Descr. New Cret. Eoc.Miss.Al. pl.47,f 29.
1857. » » » Conr. Proc. Ac. Phil., p. 166.
1865. » » » Conrad Cat. Eoc. Olig. p 31.
1866. » » » Conr. Ch. List. 13.
1869. *Calyptraphorus trinodiferus* Con. Gabb An Att. revis. Strombidae Aporrhaldae p. 142.149, pl. 13, f. 10.
1883. » » » Tr. Str. Syst p. 192, pl. 60, f. 73.
1886. *Rostellaria trinodifera* » Aldr. Pr. Rep. p. 56.
1887. » » » Sm.Jh.Tert.Cr.p.45.

*Testa singularis, strato calcareo calloso omnino obtecta; spira subulata, apici contorta appendiculata; dorso subplano; rima angusta, profundissima callum secante, ovoidale usque ad dimidium spirae decurrente, inde retrorsum descendente usque ad latus aperturae oppositum; nodo calloso, ovoidale, in medio spatii, a rima circumdato; duobus nodis minoribus prope extremitates rimae; apertura potius angusta. L. 45.*mm

Certes c'est une des espèces plus singulières de Claiborne. Conrad la figura auparavant sans la décrire, et ce qui est plus étrange, il dit à pag. 268 que cette espèce n'est pas de Claiborne. Dans le Cat. Eoc. Olig. il donne pour *habitat* le Tert. inf. d'Alabama.— (Coll. mon Cabinet).

Rostellaria (Calyptraphorus) quidest De Greg.

Pl. 10, f. 1-2 2 b un exempl. de trois côtés.

Testa fusiformis, strato calcareo crasso, madreperlaceo, induta, latere aperturae plano-convexa; dorso in spatio a rima circumdato anfractibus paulo visibilibus; rima postice protracta usque ad dimidium spirae, inde antice reverso.

Ce n'est pas vraiment une espèce mais une forme intermédiaire entre la *Rostellaria (Calyptraphorus) trinodosa* Conr. et *velata* Conr. Elle diffère de la *trinodosa* par l'extrémité de la spire droite, par la forme plus lourde et par le défaut des trois nœuds elle diffère de la *velata* par l'épaisseur de la couche calcaire et par l'échancrure plus prolongée en arrière et plus remontante. En la référant à une des deux espèces, j'aurais dû les référer toutes les trois à la même espèce.—(Coll. mon Cabinet).

Rostellaria (Calyptraphorus) staminea Conr.

1855. *Rostellaria staminea* Conr. Conrad Observ. Eoc. depos. Jackson p. 260 (pl. 16, f. 9)?
» » » » Idem Wailes Geol. Miss. p. 16, f. 9.
1865. *Calyptraphorus stamineus* Conr. Con. Cat.Eoc. Ol.p.31.
1866. » » » Id. Check List. p. 25.
1884. *Rostellaria staminea* » Heilprin Contr. Geol. Pal. Tert. p. 34.

Testa fusiformis, .elongata, subulata; anfractibus 15; tribus anfractibus acute costatis; caeteris callo indutis, ultimo anfractu spiraliter minute filoso, anguloso; labro externo tenue; rostro paulo recurvo.

M. Conrad dans son « Obs. Eoc. dep. » cite la pl. 16, f. 9, qui n'existe pas. Il dit que c'est une espèce très commus à Claiborne mais je ne la connais pas; bien plus, je doute qu'elle ne soit autre chose, que la *R. velata* jeune. Loc. Cette espèce a été citée comme provenant du Mississipi; mais M. Heilprin dit qu'on la trouve dans la série de Claiborne, ce qui ne me semble pas certain.

Terebellum fusiforme Lamk.

Pl. 10, f. 7-10 deux exempl. de deux côtés.

1825. Desh. An. sans vert p. 758, pl. 95, f. 30-31, 2 ed. p. 470.

Testa cylindroidea, postice paulo conica; apertura angusta, minore quam dupla spira.

Loc. Je possède plusieurs moules de cette espèce. La roche est un calcaire grisâtre blanchâtre. Il est claire qu'ils ne proviennent pas de l'assise à sable ferrugineuse.

Chenopus gracilis Meyer.

Pl. 10, f. 11*-12* reprod. de Meyer.

1886. *Aphorais gracilis* MEYER Meyer Contr. Pal. Eoc. Ala p. 32, pl. 5, f. 14.

Testa parva, turrita, elegans; anfractibus embrionalibus laevigatis; caeteris axialiter tenue arcuatim multiplicatis; ultimo autem non costato sed angulato bicarinatoque; carina antica minore quam peripherica; labro externo bidigitato; digitatione postica alaeformi, antica triangulari; rostro satis brevi.

C'est une jolie espèce fort intéressante.
Loc. Gregg's Landing Ala.

CERITHIDAE

Triforis similis Meyer.

Pl. 10, f. 15 * reprod. de Meyer; Var. *Meyeri* De Greg. (pl. 10, f. 16).

1886. Meyer Contr. Pal. Ala. Miss. p. 71, pl. 1, f. 8.

Testa conico-cylindrica, subulata, minuta; anfractibus planis, potius angustis, tribus cingulis granuliferis spiralibus ornatis, ex quibus mediano minore quam aliis, aequali autem in ultimo anfractu; ultimo anfractu angulato, basi subplanato; apertura quadrangulari. L. 3.^{mm}

M. Meyer compare cette espèce au *Cerithium moniliferum* H. Lea (1843. Trans. Am. Phil. p. 269, pl. 37, f. 92) et au *Cerithium Boettgeri* Koenen qu'il croît un *triforis.* Je crois que le *Triforis major* Koenen peût être consideré comme une variété de la même espèce.
Loc. Claiborne.

Var. *Meyeri* De Greg.

Pl. 10, f. 16 (Meyer Contr. Pal. Ala. Miss. p. 72, pl. 1, f. 7. *triforis sp.*)

Testa granulis cingulorum subindistinctis, cingulisque subcontinuis.

Loc. Claiborne.

Triforis major Meyer.

Pl. 10, f. 14 * reprod. de Meyer.

1886. Meyer Contr. Pal. p. 72, pl. 1, f. 6.

Differt a Tr. similis *Meyer propter cingulos anticos minores, posticumque magis notatum.*

Je crois qu'on pourrait considérer cette espèce comme une variété de la précédente.

Loc. Claiborne.

Triforis distructus Meyer.

Pl. 10, f. 13 * reprod. de Meyer.

1886. Meyer Contr. Pal. Ala Miss. p. 73, pl. 1, f. 5.

Testa cylindrica, elegans; anfractibus convexiusculis, trifariam granulosis; suturis submarginatis.

Cette espèce diffère des précédentes surtout par les tours non aplatis mais convexes. C'est une jolie coquille qui fait rappeler le *Triforis Fritschi* Koenen, comme M. Meyer a observé.

Loc. Claiborne.

Cerithium (Cerithidea) vetustum (Conr.) De Greg.

Pl. 10, f. 18-20 trois exempl. gross. — f. 21 * reprod. de Lea.

1832-33. *Melania?* *vetusta* CONR. Conrad Foss. Shells p. 35, pl. 15, f. 13.	1865. *Mesalia striata* LEA Conrad Cat. Eoc. Ol. p. 33.
1833. *Cerithium striatum* LEA } Lea Contr. geol. p. 151, (non Brug.) } pl. 4, f. 122.	» » *venusta* CONR. Conrad Idem p. 23.
	1866. » » » Conrad Check List. p. 11.
	» » *striata* LEA Idem p. 11.
1848. *Melania vetusta* CONR. Lea H. Cat. Tert. Test. p. 9.	1886. » » *vetusta* CONR. Aldrich Prelim. Report. p. 46.

Testa melaniopsis, turrita, conica, interdum vix pupoides, filis linearibus spiralibus regularibus ornata; plicis linearibus arcuatis, axialibus elegantissimis, in ultimis autem anfractibus obsoletis; ultimo anfractu basi convexo, sublaevigato; apertura suborbiculari, antice vix contorta vix subemarginataque. L. 32^{mm} Ang. sp. 21.º

Cette espèce ressemble extrêment au *Cerithium striatum* Brug. (*nudum* Lamk. Deshayes 1 ed. pl. 48, f. 17-20), mais elle en diffère par la forme de l'ouverture etc.

C'est l'espèce plus répandue à Claiborne, où elle se présente avec des caractères qui changent avec l'âge. C'est étrange que jusqu' ici on n' a pas donné de cette espèce de bonnes figures : aucune synonymie aucune description ; malgré cela elle a été reconnue même par Conrad. Je crois que dans ses derniers travaux il n'étudia pas les exemplaires de cette espèce, mais les livres qui en parlent. Or dans son travail « foss. shells » se trouve citée la pl. 18, f. 8 qui n'existe pas tandis que cette espèce y est représentée par la fig. 13, de la pl. 15. Néanmoins, cette figure laisse beaucoup à désirer; elle montre en effet l'ouverture arrondie, pendant que dans la description, qu'il en donne, il dit que son canal est « patulous ». Le bord externe de l' exemplaire figuré par Lea était cassé, ce qui lui donne un aspect différent. C' est curieux que tandis que M. Conrad cherchait tout son possible pour identifier les espèces de Lea avec les siennes, il considéra toujours cex deux espèces comme différentes. Conrad, dans son Catal. change le nom de *vetusta* en *venusta*, et cela sans aucune raison.

Coll. mon Cabinet.

Cerithium (Cerithidea) agnotum De Greg.

Pl. 10, f. 24 gross.

Testa similis praecedenti sed cum ultimis anfractibus laevigatis, tenue unicarinatis, suturisque profundis divisis. L. 15,^{mm}

C'est une espèce très rare, qu'on pourrait considérer comme une variété du *Cer. lucrosum* De Greg.

Coll. mon Cabinet.

DE GREG. — *Annales de Géol. et de Paléont.*   15

Cerithium (Cerithidea) persum De Greg.

Pl. 10, f. 39 gross.

Testa minuta, melaniformis; laevigata; anfractibus convexiusculis, ultimo basi convexo, subangulato, antice spiraliter minute striato; apertura suborbiculari. L. 10.^mm

Cette espèce appartient au même groupe des deux précédentes, desquelles elle diffère par l'ornementation et par la forme des tours. Elle semble presque une *Turritella*. Malheureusement le seul exemplaire que j'en possédais a été perdu. C'est une espèce douteuse. — (Coll. mon Cabinet).

Cerithium misgum De Greg.

Pl. 10, f. 29 gross.

Testa minuta, conica subfusiformis; anfractibus laevigatis, subplanis; ultimo basi contracto spiraliter regulariter striato; apertura angusta; canali brevi erecto; suturis linearibus.

Je ne possède de cette espèce qu'un seul fragment. Je ne crois pas que sa taille doive être plus longue de 10mm Coll. mon Cabinet.

Cerithium miturum De Greg.

Pl. 10, f. 27 gross.

Testa minuta, elegans, conoides, vix pupoides, apici acuminata; primis 4 anfractibus laevigatis; caeteris 3 anfractibus axialiter eleganter plicatis; postice paulo compressis; ultimo anfractu oblongo, submitriformi; apertura subovata; labro interno subcalloso; canali antico erecto. L. 4.^mm

C'est une très petite espèce qui montre des caractères très singulières. Elle rappelle la *Dentiterebra prima* Meyer de Jackson (1887. Meyer On the Invert. Eoc. Miss. Ala p. 51, pl. 3, f. 2).
Loc. Claiborne.

Cerithium (Cerithioderma) primum Conr.

1866. *Cerithioderma prima* Conr. Conrad Check List p. 14. — 1879. *Mesostoma rugosa* Heilpr. Heilprin Proceed. Acad. p. 211-216. — 1887. *Cerithioderma prima* Conr. Meyer Beitr. Kent. All. Tert. p. 18.

Je ne puis donner aucun détail de cette espèce, car je n'en connais aucune description, ni aucune figure. Seulement je la trouve tout simplement citée dans les ouvrages.
Loc. Conrad donne pour habitat l'Alabama.

Cerithium solitarium Conr.

Pl. 10, f. 28 * reprod. de Conrad.

1850. *Cerithium solitarium* Conr. Conrad Journ. Acad. Nat. V. 7, p. 147.   1866. *Cerithiopsis solitarius* Conr. Conrad Cat. Eoc. Ollg. p. 29.
»   »   »   »   Idem Vicksburg p. 132, pl. 14, f. 28.   »   *Ceidomera solitaria*   »   Idem Check List. p. 14.

? = *Cerithium Tombigbeense* Meyer 1886 Contr. Pal. Ala Miss. p. 34, pl. 3, f. 7.

Testa ovato-turrita, subconoides; anfractibus vix convexis, axialiter costatis, spiraliter funiculatis.

J'ai lieu à croire que l'espèce de Meyer soit un synonyme de l'espèce de Conrad.

Loc. Alabama (teste Conrad Check List), Claiborne (teste Conrad Cat. Eoc. Olig.).

Cerithium Tombigbeense Meyer.

Pl. 10, f. 17 * reprod. de Meyer.

1886. Aldrich Contr. Pal. Ala Miss. p. 34, pl. 3, f. 7.

Testa ovata, axialiter costata, spiraliter funiculata; suturis submarginatis; primis anfractibus laevigatis.

Loc. Wood's Bluff, Ala.

Cerithium (Cerithiopsis) nassula Conr.

Pl. 10, f. 25 * reprod. de Meyer (*Aldrichi*). — f. 26 * reprod. de Conrad (*nassula*).

1856. *Cerithium nassula* CONR. Conrad Journ. Acad. Nat. Sc. V. 7, p. 156.
   » » » » Idem Vick. p. 132, pl. 14, f. 29.
1865. *Cerithiopsis* » » Idem Cat. Eoc. Olig. p. 29.
1866. *Cleidomera nassula* CONR. Conrad Check List p. 14.
1886. *Cerithiopsis Aldrichi* MEY. Meyer Contr. Pal. Eoc. Ala. Mississ. p. 71, pl. 2, f. 14.

= *C. Langdoni* ALDRICH (teste Aldrich et Meyer, Newton p. 10).

Testa conico-turrita, subcylindracea, elegans; anfractibus numerosis, convexiusculis, axialiter costatis spiraliter funiculatis, costis interstitia superantibus; funiculis linearibus, 3 ad anfractum; ultimo anfractu brevi, antice angulato, basi complanato; apertura subtrapetoidali; canali brevi, angusto, erecto, contorto.

C'est une des plus jolies espèces de Claiborne, dont je regrette de ne posséder aucune exemplaire. Je crois que le *C. Aldrichi* Meyer est un synonyme de celle espèce.

Loc. Claiborne.

Cerithium (Cerithiopsis) constrictum (Lea) Meyer.

Pl. 10, f. 30 *a b* deux fragments gross.; — f. 31 * *a b* reprod. de Meyer deux exempl. gross.; — f. 32 * reprod. de Lea.

1840. *Terebra constricta* LEA Lea II. Descr. new Foss. Claib. p. 100, pl. 10, f. 32.
1848. » » » Bronn Ind. Pal. p. 1225.
1884. *Cerithium trilineatum* PHIL. MeyerProc.Ac.Nat.Sc.p.105.
1884. *Cerithium trilineatum* PHIL. Heilprin Contr. Geol. p. 95.
1887. *Cerithiopsis constricta* LEA Meyer Kennt Alt. Tert. p. 8, pl. 2, f. 23.

Testa cylindrica, maxime elegans, parvula; liris spiralibus, cariniformibus, 3 ad anfractum, 4 autem in ultimo; rugis axialibus linearibus, maxime minutis densisque eas clathrantibus; anfractibus planis; ultimo anfractu basi contracto, subangulato; apertura subquadrangulari, primis anfractibus non liratis, sed axialiter plicatis.

C' est espèce est voisine du *Cer. (Cerithiopsis) nassula* Conr.; elle en diffère par l'ornementation et par la forme des tours. Elle est et plus analogue du *Cer. (Crithiopsis) Jacksonensis* Meyer (Contr. Pal. Ala. Miss. p. 71, pl. 11, f. 13) ; elle en diffère par le mêmes caractères. Lea la compare à la *Terebra venusta* Lea. — Certes la description et la figure de Lea ne sont pas suffisantes; c'est pour ça qua j'ai joint le nom de Meyer. L'exemplaire figuré (30) est assez plus grand des exemplaires de Lea et de Meyer; je crois que s'il ne fût pas cassé, il aurait dû arriver presque à 15 mm.

Les premiers tours n'ont pas de carènes mais de plis axials, selon on voit bien d'après les exemplaires de Meyer; mais dans mes exemplaires, ils sont cassés. — Le *Cer. quadristriaris* Meyer et Aldrich est très analogue de cette espèce. M. Meyer et Heilprin reconnaissent en cette espèce le *Cerithium trilineatum* Phil. dont le type de Sicile un paraît différent et provenant d'un bassin et d'un horizon très éloigné.

Le *Cerithium clavulus* H. Lea (Petersburg Virginia pl. 38 f. 89) me paraît extrêmement voisine de cette espèce.

Loc. Claiborne.

Cerithium (Cerithiopsis) Claibornensis Conr.

Pl. 10, f. 22 * reprod. de Conrad.

1830. *Cerithium Claibornensis* Conr. Conrad Vicksburg p. 132, pl. 14, f. 32 — 1865. *Cerithiopsis....* Conrad Cat. Eoc. Olig. p. 28. — 1866. *Cleidomera Claibornense* Conrad Check List. p. 14.

Testa conico-cylindracea, elegantissima; costis axialibus raris, omnino, obsoletis, a granulis crenulatiformibus efformatis; corpanfractu laevigato, postice juxta suturam eleganter tuberculato, antice angulato, lineariter bicarinato, basi laevigato, tenue bifuniculato.

De cette rare et intéressante espèce on ne connaît que le fragment figuré par Conrad.

Loc. Claiborne.

Cerithium (Cerithiopsis) quadristriaris Aldr. Meyer.

Pl. 11, f. 33 * reprod. de Aldrich et Meyer.

1886. Meyer Aldrich Tert. Fauna Newton p. 4, pl. 2, f. 5.

Testa cylindroidea, subulata; anfractibus planis, regulariter quadriliratis; liris duabus medianis minoribus quam duabus liris suturalibus; suturis marginatis.

Cette espèce me paraît très voisine du *C. constrictus* Lea.

Loc. Claiborne et Newton.

Mesostoma rugosa Heilpr.

1879. Heilprin Proc. Ac. Nat. Sc. Phil.— 1884. Idem Contr. Geol. Pal. Tert. p. 94.

Hanc speciem auctor affinem dicit Mesosto. gratae *Desh., ipse autem non describit neque effigiat. Forsitan reputanda est ut synonymus* Buccini mangonizati *De Greg. quod speciem Deshayesi rap- pellat.*

Loc. Ubi ?

VERMETIDAE

Serpulorbis ornatus Lea.

Pl. 10, f. 34-35 deux morceaux un desquels vu de deux côtés; — f. 36 * reprod. de Lea (*ornata*); f. 37-38 * reprod. de Conrad (*squamulosa*).

1833.	*Serpula ornata*	Lea	Lea Cont. Geol. p. 37, pl. 1, f. 5.	1848.	*Serpula ornata*	Lea Bronn p. 1138.
1834.	» *squamulosa*	Conr.	Conrad Appen. in Mort. Syn. Org. Rem.	»	» »	» Lea H. Cat. Tert. Test. p. 13.
				1865.	» »	» Conr. Obs. Eoc. Lig. p. 73.
1846.	*Anguinella ornata*	Lea	Conrad Obs. Eoc. Form. Un. St. p. 212, pl. 1, f. 44 (pas la f. 5 comme par erreur).	»	» *squamulosa*	Conr. Idem p. 73.
				1866.	» *ornata*	Lea Conrad Check List. p. 20.
1848.	*Serpula squamulosa*	Conr.	Bronn Ind. Pal. p. 113.	»	» *squamulosa*	» Idem p. 20.

Testa contorta, cylindracea, glomerata, longitudinaliter funiculata, transversim rugosa; funiculis densis, irregularibus; septis internis integris, numerosis.

C'est une espèce très jolie qui a beaucoup de ressemblance avec plusieurs espèces éocéniques. Dans son mémoire « Ob. Eoc. form. » il lui rapporte la *S. squamulosa* comme synonyme: mais dans son mémoire « Check List » (p. 20) il considère cette espèce comme distincte. Comme elle n'a pas été figurée, je ne puis me prononcer là dessus. Quant au genre, je suis sûr qu'elle n'appartient pas au genre *Serpula*, mais à la classe des *Vermetidae*, car sa coquille est composée de trois ou de quatre couches distinctes et pas de deux. — (Coll. mon Cabinet).

Tenagodes vitis Conr.

Pl. 10, f. 40 moule; — f. 41-43-44 trois fragments un desquels gross.; — f. 42 * reprod. de Lea (*Claibornensis*);
f. 45 var. *plita* De Greg.; — pl. 11, f. 1-2 * reprod. de Conrad.

1833. *Siliquaria vitis*	Conr.	Conrad Foss. Sh. p. 36. (*August*).	1848. *Siliquaria vitis*	Conr.	Lea ll. Cat. Ter. tes. p. 13.
»	» *Claibornensis* Lea	Lea Contr. Geol. p. 33, pl. 1, f. 1.	» » »	»	Bronn Ind. Pal. p. 1146.
»	» » »	Conr. Foss. Sh. pl. 17, f. 2.	1850. » »	»	D'Orb. Pr. Et. 25, N. 125.
1846.	» » »	Conrad Obs. Eoc. Form. Un. St. with descr. spec. sh. p. 211, pl. 1, f. 1.	1860. *Tenagoda* »	»	Conrad Check List p. 11.
			1865. » »	»	Conr. Cat. Eoc. Ol. p. 33.
			1886. *Siliquaria Claibornensis* Lea		Aldr. Meyer New p. 10.

Testa subcylindrica, magna, elongata, laevigata, longitudinaliter vix obsolete plicata, spirata subregulariter ad apicem.

C'est une jolie coquille très singulière et caractéristique; c'est étrange qu'elle n'est pas citée par Conrad dans son Cat. eoc. oligoc. ni dans sa « Check List. »

Dans son ouvrage « Obs. Eoc. form. » il dit que c'est à lui la priorité de l'espèce, car l'ouvrage de Lea parut en Decembre tandis que son ouvrage avait été publié en Auguste dans la même année. En verité, je ne suis entièrement persuadé de cela, car s'il fait allusion à la première édition de son ouvrage, elle parut en 1832 et pas en 1833. S'il fait allusion à la seconde, celle-ci parut après de l'ouvrage de Lea, car celui-ci cite plusieurs fois cette monographie dans la description de ces espèces.

Je possède plusieurs fragments de cette espèce. Conrad dit d'en avoir vu des exemplaires longs plus de 12 pouces. Guettard proposa auparavant (1770) le nom de *Tenagodes* qu'il émenda en suite en *Tenagodus*. Je retiens son premier nom comme a fait M. Fischer. — (Coll. mon Cabinet).

Var. *plita* De Greg.

Testa plicis, longitudinalibus notatis, ornata.

Je possède quelques exemplaires pourvus de côtes qui dans le type ordinairement sont oblitérées. C'est par cela que je propose cette variété.

La *Ten. vitis* rappelle la *Siliquaria striata* Defr. (Deshayes 2 ed. pl. 10, f. 7), de laquelle elle diffère par la surface lisse. Coll. mon Cabinet.

TURRITELLIDAE

Turritella f.ᵃ carinata (Lea) De Greg.

(ex *T. Mortoni* Conr.)

Pl. 11, f. 3, 4 deux exempl.; — f. 5 premiers tours de l'exempl. 4 gross ; — f 6 * reprod. de Lea; —
f. 9 * reprod. de Conrad (foss. Shells).

1829-30. *Turritella Mortoni* Conr. Conrad On th geol. org. rem. Maryland p. 221, pl. X. f. 2.

1833. » *carinata* Lea Lea Contr. Geol. p. 129, pl. 4, f. 120.

» » *Mortoni* Conr. Conrad Foss. Shells p. 45, pl. 15, f. 11.

1841. » » » Idem Observ. Atlant Reg. p. 175.

1848. » » » Lea H. Cat. Tert. Test. p. 15.

1850. *Turritella Mortoni* Conr. Bronn Ind. Pal. p. 1331. D'Orbigny Prodr. Et. 25. N. 75.

1865. { » » / » *carinata* Lea } Conrad Cat. Eoc. Olig. p. 32.

1866. { » *Mortoni* Conr. / » *carinata* Lea } Idem Check List. p. 11.

1886. » *Mortoni* » Aldrich Meyer Newton, p. 10.

» » » Conr. Idem Prelim. Report p. 46.

Testa elegantissima, solidiuscula, conico-cylindracea, heteromorpha, carinata; primis anfractibus subplanis, vix conoideis, triliratis; liris postice vix decrescentibus; tribus funiculis spiralibus tenuibus, interpositis, duobus ex quibus inter funiculos, tertio inter funiculam posticum et suturam; anfractibus adultis concavis, antice angulatis carinatisque, duabus liris posticis obsoletis linearibus ; lira antica magna, erecta, acuta, costiformi, suturae approximata; inter carinam et suturam anticam anfractibus convexis, spiraliter tenue uni-vel-bifilosis; ultimo anfractu basi convexo ; apertura rotundata; labro columellari basi expanso; signis acretionis notatis, valde sinuosis, in concavitate anfractuum synclinalibus, in convexitate angulatim anticlinalibus. L. 55.ᵐᵐ Ang. sp. 25.°

C'est une des espèces plus remarquables de Claiborne; néanmoins jusq'ici elle n'a pas été bien décrite ni figurée. M. Conrad cite la *Mortoni* et la *carinata* comme deux espèces différentes. Certes, la figure de Lea n'est pas bien exécutée , mais elle représente un jeune individu; les rides de la partie antérieure des tours dépendent des signes d'accroissement usées, du reste Lea même dit d'avoir retrouvé des exemplaires beaucoup plus larges et plus fortement carénés. Cette espèce est ancêtre de la *Mortoni* Conr. qui est une espèce plus récente: elle est aussi ancêtre de la *Turritella rotifera* Desh. espèce du miocéne de Asolo (De Greg. Studi Conch. Medit. viv. e foss.) et de Sicile qui lui est très analogue.

Le nom de *T. Mortoni* aurait le droit de la priorité; mais Conrad la considère comme distincte de la *rotifera*. Néanmoius j'ai lieu à croire qu'il adopéra ce nom pour des exemplaires adultes de la *carinata*. En comparant l'exemplaire de Maryland figuré par Conrad avec nos échantillons, je trouve qu'il a la taille plus grande, la spire plus régulière; la carène moins proéminente, le cordonnet avant de la carène moins développé; mais ces caractères peuvent dépandre de la mauvaise figure de Conrad. Dans ce cas le nom de *Mortoni* doit être adopté et la *carinata* doit être considérée comme une forme de la même espèce. Conrad dans son ouvrage « Toss. Shells » donne la figure d'une coquille de Claiborne sous le titre de *Mortoni*, qui correspond bien à la *carinata* Lea.— (Coll. mon Cabinet).

Turritella Mortoni Conr.

Pl. 11, f. 7, reprod. de Conrad.

1829-30. *Turritella Mortoni* Conr. Conrad On the geol. org. rem. Maryland p. 211, pl. X, f. 2 (non *Mortoni* Conr. Foss. Shells pl. 15, f. 11).

1846. *Turritella Mortoni* Conr. Conrad Observ. Eoc. Form. p. 219.

1865. » » » Idem Cat. Eoc. Olig. p. 32.

1866. » » » Idem Check List. p. 10.

Testa conica-turrita; anfractibus antice prope suturam angulatis carinatisque, postice concavis; tribus funiculis spiralibus, ex quibus duobus tenuibus in medio anfractuum; altero ante carinam notato.

Je doute que le type de cette espèce ne se trouve pas à Claiborne; néanmoins je l'ai noté par l'autorité de Conrad. J'ai parlé de cette espèce en parlant de la *T. carinata* (Lea) De Greg.

Loc. Alabama.

Turritella praecincta Conr.

1864. Conrad Notes on shells p. 211. — 1865. Idem Cat. Eoc. Olig. p. 32. — Idem Check List. p. 11.

Je ne puis donner aucun détail de cette espèce; car je ne connais aucune figure et je n'en ai aucun exemplaire.

Loc. Alabama.

Turritella apita De Greg.

Pl. 11, f. 8 gross. type — f. 26 * reprod. de H. Lea (*carinata*) — f. 27 *a b* reprod. de Meyer, grand nat et gross,

1840. *Turritella carinata* H. LEA } Lea H. Desc. new fos. Cl.   1887. *Turritella carinata* H. LEA Meyer On inv. Eoc. Miss.
        non J. Lea }   Ala. p 54, pl. 3, f. 1.
1886.   »   »   H. LEA Aldr. Meyer New. p. 10.   »   »   »   »   Meyer Beit. Kent. Alt. Ter.
                                                                      p. 15.

Testa minuta, elegans, turrita, cylindroides; anfractibus subconicis, potius latis, antice angulato carinatis; inter carinam et suturam anticam unifuniculatis; prope suturam posticam alio funiculo spirali ornatis. L. 5.^{mm}

C'est une très petite espèce fort singulière. Elle ressemble à la *T. carinata* (Lea) De Greg. ; mais celle-ci, lorsque elle est jeune, a un ornementation tout à fait différente que lorsque elle est adulte, comme on voit d'après notre figure 5, qui représente deux des premiers tours de cette espèce. La *T. carinata* H. Lea est une espèce distincte de la *carinata* Lea (qui a le droit de la priorité), et doit être considérée comme un synonyme de notre espèce. L'exemplaire figuré par Meyer (Loc. cit. f. 1a) c'est à dire f. 27a correspond bien à celui de H. Lea, l'exemplaire adulte (Meyer Loc. cit. f. 1) c'est à dire 27b est un peu différent; mais ça pourrait dépendre de l'âge.

Loc. Claiborne.

Turritella miroplita De Greg.

Pl. 11, f. 10 gross.

Testa elegantissima, conico-elongata, solidiuscula; anfractibus planis, vix concavis, plicis raris, axialibus, tenuibus, postice evanescentibus, ornatis, prope suturam autem posticam cingulo turgidulo granulorum obliquorum praeditis; suturis linearibus! L. 10.^{mm}

Je ne possède de cette espèce qu'un fragment, le dernier tour duquel porte attaché la partie postérieure granuleuse du tour qui manque. La couleur de cet exemplaire, un peu grisâtre près de la suture, me fait douter de sa provenance.

Coll. mon Cabinet.

Turritella vittata Lamk.

Pl. 38, f. 13-18.

1825. Desh. An. son Vert. Paris pl. 39, f. 1-18.

Var. *abruta* Conr.

Pl. 11, f. 13 *a*, 13 *b*-15 détail de trois exemplaires; — f. 16 var. *miga* De Greg. (détail); — f. 11 * reprod. de Lea;
f. 25 * reprod. de Conrad; — f. 12 * reprod. de Whitfield (*Alabamiensis*).

1832-33.	*Turritella obruta*		Conr.	Conrad Foss. Shells, p. 45 ? pl. 15, f. 13.
1833.	»	*lineata*	Lea	Lea Contr. Geol. p. 130, pl. 4, f. 121.
1834.	»	*obruta*	Conr.	Conrad Appendix iu Morton.
1848.	»	»	»	Lea H. Cat. Tert. Test. p. 15.
»	»	»	»	Bronn Ind. Pal. p.1353.
1850.	»	»	»	D' Orbigny Prodr. Et. 25, N. 76.

1865.	*Potamides Alabamiensis*	Whitf.	Whitfield Descr. new spec. eoc. p. 267, pl.27, f. 13.
»	*Mesalia obruta*	Conr.	Conrad Cat. Eoc. Ollg. p. 33.
1866.	» »	»	Idem Cherk List p. 11.
1886.	» »	»	Aldrich Prelim. Report. p. 46.
»	*Potamides Alabamiensis*	Whitf.	Idem p. 56.
1887.	*Turritella lineata*	Lea	Smith Johnson Terl. Cret. Tusc. Tomb. Ala. p. 29.

Testa turrita, elegans; anfractibus quadriliratis, spiraliter finissime dense obsolete striolatis; apud suturas paulo excavatis; rugis axialibus minutis interdum subfiliformibus; ultimo anfractu basi convexo. L. 35.^{mm} Ang. sp. 28.°

Conrad publia auparavant la figure de cette espèce sans la description (qui se trouve a pag. 45, laquelle page manque dans ma copie de Foss. Shells 1 ed.). — En citant son espèce Il ne se rappela plus de l'avoir figurée.

La *Turritella perdita* Conr. de Enterprise (Conr Eoc. Shell Enterprise p. 141, pl. 10, f. 10) ressemble extrêmement à cette espèce; seulement elle a 5 au lieu de 4 cordennets.—(Coll. mon Cabinet).

Var. *miga*.

Je possède une variété de la *vetusta* de Claiborne (Var. *miga* De Greg.) qui a 3 carènes (deux grandes et une petite) et quatre petits filets spirals. Je crois donc que la *perdita* pourrait aussi être considérée comme une variété de l'espèce de Lamark. Les exemplaires figurés par Deshayes f. 6-8 ressemblent beaucoup à la *miga*. L'espèce décrite et figurée par Whitfield sous le titre de *Potamides Alabamiensis* me parait un synonyme de cette espèce. La figure de Whitfield (f. 12) ressemble beaucoup à la *T. intermedia* Deshayes (Coq. Paris 1 ed. pl. 38, f. 3-4). Notre figure 13 ressemble beaucoup à la *T. vittata* Lamk. var. *D.* Deshayes (Desh. 1 ed. pl. 38, f. 13-14). La var. *miga* De Greg. ressemble beaucoup à la *vittata* Var. *B.* Desh. (loc. cit. pl. 38, f. 17-18). — (Coll. mon Cabinet).

Turritella lintea Conr.

1865. *Mesalia lintea* Conr. Conrad Cat Eoc. Ollg. p. 33. — 1866. Conrad Check List.

Je ne connais aucune description, aucune figure de cette espèce. Conrad n'a fait que la citer tout simplement.
Loc. Il donne pour *habitat* l'Alabama.

Turritella nasuta Gabb.

1886. Aldrich Prelim. Report p. 46.

Hujus speciei effigiem non cognosco.

Loc. Lisbon (Ala).

Turritella monilifera Desh.

var. *caelatura* Conr.

Pl. 11, f. 18.

1825. *Turritella monilifera* DESH. Deshayes An. san. Vert. Pa-   1864. *Turritella monilifera* DESH. Deshayes Loc.cit.2 éd.p.314.
ris p. 275, pl. 37, f. 7-8.   1865. »   *caelatura* CONR. Conrad Cat. Eocen. Oligoc.
1850. »   *caelatura* CONR. Conrad Vicksburg p. 114,   p. 32.
pl. 14, f. 16.   1866 » » » Idem Check List. p. 14.

Testa turrita; anfractibus planis, vix tenue excavatis; spiraliter plus minusve regulariter liratis; liris subgranulosis, circiter 5; suturis linearibus.

Nos exemplaires d'Amérique correspondent à peu près à ceux de Paris; ils ont seulement quelque petite différence dans le développement du dernier tour. L'angle spiral change un peu selon les individus. Je ne sais pas résoudre si on doit lui référer la *monilifera* H. Lea. Cette variété est analogue de la *T. granulosa* Deshayes (Desh. 1 ed. pl. 37, f. 1-2); elle parait presque identique. — (Coll. mon Cabinet).

Turritella ghigna De Greg.

Pl. 11, f. 19 gross.

Testa conoidea, elegans; anfractibus planis, spiraliter minutissime confertim striolatis, distincte triliratis; liris crenulatis; apud suturam saepe funiculo liriformi spirali.

C'est une espèce très jolie, très analogue de la *T. vittata* Lamk. Mut. *obruta* (Conr.) De Greg. Elle diffère de celle-ci ayant les tours un peu aplatis (pas creux près des sutures), le dernier tour antérieurement anguleux, comprimé à la base, la spire plus conique; les carènes crénelées, submoniliformes. Cette espèce a beaucoup de rapport avec la *monilifera* (H. Lea) non Desh. Je ne sais pas décider si on doit la référer à celle-ci ou à la *carinifera* Desh. ou à quelque autre espèce, Coll. mon Cabinet.

Turritella litripa De Greg.

Pl. 11, f. 20 gross.

Testa elegans, turrita; anfractibus concavis, spiraliter finissime confertim striolatis, antice juxta suturam anticam erectis, subcarinatis; funiculis spiralibus circiter 4 ad anfranctum, tenuibus.

C'est une espèce très rare et intéressante qui me parait très analogue de la *Turritella imbricatoria* Lamk. de Paris. Je n'en possède qu'un fragment. Elle doit atteindre certainement 50ᵐᵐ de longueur. — (Coll. mon Cabinet).

Turritella propeperdita.

Pl. 11, f. 21.

Testa parvula, turrita, elegans; anfractibus 7, regulariter convexiusculis, laevigatis, 6 liris spiralibus tenuibus, regularibus, ornatis; ultimo anfractu antice subangulato.

C'est une petite espèce caractérisée par la régularité des cordonnets spirals, la surface lisse, les tours regulièrement convexes. — Elle a une grand'analogie avec la *T. perdita* Conr. (Conrad Enterprise p. 141, pl. 10, f. 11), de laquelle elle diffère par la taille plus petite, les tours moins nombreux, les carènes 6 ou lieu de 5. Elle diffère du *l'obruta* par les tours plus aplatis et pas creux à la suture etc.... Elle diffère de la *T. ghigna* par la taille beaucoup plus petite, les carènes lisses, pas crénellées etc.

Elle ressemble beaucoup à la *Turritella incisa* Brongt (Brongnart Vicentin pl. 2, f. 4), elle en diffère par la taille plus petite, les tours moins convexes.

Mais plus qu'à toute autre elle ressemble à la *T. intermedia* Desh. (Coq. Paris pl. 37, f. 17-19) de laquelle elle diffère seulement par les tours moins renflés et la taille plus petite. — (Coll. mon Cabinet).

Turritella carinifera Desh.

Var. *claibornensis* De Greg.

Pl. 11, f. 24 gross. — (f. 33 * reprod. de Lea (*monilifera*)) ?

1825. Desh. Coq. Foss. Paris p. 273, pl. 36, f. 1-2; 2 éd. p. 310.— ? == 1840. *T. monilifera* H. LEA non Desh. Lea Descr. new foss. Claiborne p. 79, pl. 1, f. 11).

Testa conico-cylindracea; anfractibus plano-concavis, minutissime dense spiraliter striolatis; funiculis spiralibus circiter 5, ex his antico majore quam aliis; funiculis in primis anfractibus notatis crenulatisque, in ultimis alternatis, raris, simplicibus.

Cette variété est très importante, car elle unit étroitement deux espèces qui paraissent tout à fait différentes, savoir : la *vittata* Lamk var. *obruta* Conr., la *litripa* De Greg., la *ghigna* De Greg. et la *monilifera* Desh.

La *monilifera* H. Lea (non Desh.) me parait un synonyme de notre variété. M. Lea n'en figura que le fragment que j'ai fait reproduire. H. Lea ne la décrit pas comme la même espèce de Deshayes, mais comme une autre espèce analogue à la *lineata* de son père. Elle pourrait être aussi la *ghigna* De Greg. — (Coll. mon Cabinet).

Turritella Mut. tiga De Greg.

Pl. 11, f. 21.

Testa turrita, solidiuscula; primis anfractibus planis; funiculis spiralibus submoniliferis ornatis; ultimis aliquantum convexis, praesertim antice, sublaevigatisque; apertura subovata. L. 40.^{mm} Ang. sp. 26.º

Celle-ci n'est pas proprement une espèce distincte, mais plutôt une forme, car elle est liée très étroitement à plusieurs autres espèces. Malgré cela, j'ai quelque doute en égard à la provenence de nos exemplaires, quelques uns desquels sont un peu grisàtres.— (Coll. mon Cabinet).

Turritella hybrida Desh.

Pl. 11, f. 23 gross.

1825. Deshayes Coq. Paris pl. 36, f. 5-6.

Testa subulata; anfractibus planis, spiraliter tenue funiculatis; funiculis circiter 6, subirregularibus; suturis subindistinctis.

J'ai quelques fragments de cette espèce, dont l'identification est probable.— (Coll. mon Cabinet).

Turritella eterina De Greg.

Pl. 11, f. 34-36; f. 35 gr. nat; f. 34 extrémité de la spire d'un autre exempl.; f. 36 autre exempl. gross.

Testa angusta, elongata, subulata, subcylindracea; primis anfractibus convexis, triliratis; suturis profundiusculis; ultimis anfractibus plano-convexis, funiculis submoniliferis ornatis; suturis superficialibus, linearibus, subindistinctis. L. 15.ᵐᵐ Ang. sp. 10.º

C'est une espèce hétéromorphe, car son ornementation change avec l'âge ; elle est sans doute la turritelle plus étroite de Claiborne.— (Coll. mon Cabinet).

Turritella (Proto) catherdralis Brongt.

Var. *bellifera* Aldr.

Pl. 11, f. 38; — f. 17 * reprod. de Aldrich (*bellifera*).

1823. Brongnart Vicentin p. 55, pl. 4, f. 6.— 1885. Idem *bellifera* ALDR. Aldrich Notes on tert. Ala Miss. p. 150, pl. 3, f. 13.—1885. Idem Aldrich Prelim. report Ala. p. 34, pl. 1, f. 13.

Testa cylindracea; anfractibus vix concavis; spiraliter funiculatis, postice apud suturam, paulo convexis; funiculis filiformibus alternantibus.

C'est une espèce extrêmement intéressante par sa grande diffusion. Les exemplaires américains correspondent à peu près à ceux d'Italie, mais comme ils manquent du dernier tour, l'identification reste un peu douteuse. Je doute de leur provenence, car la couleur de la roche est un peu différente. Je n'ai pu comparer cette espèce à l'*humerosa* Conr. (Conrad Trans. Geol. Soc. Philadelphia p. 213, pl. 13, f. 3), mais je doute qu'elle doit avoir beaucoup de rapport avec elle. — M. Hellprin la considère comme une variété de la même espèce.

M. Aldrich donne pour *habitat* Bell's Landing Ala. Quant à l'*humerosa* elle provient de Piscataway (Maryland) toutes deux des assises inférieures. La *T. eurynome* Whitf. est peut-être identique; dans ce cas on doit adopter ce nom, qui a été proposé préalablement.

Turritella mela De Greg.

Pl. 11, f. 40 gross.

Testa cylindracea, solidiuscula ; anfractibus planis, apud suturas paulo excavatis, spiraliter lineariter irregulariter funiculatis.

Cette espèce est très voisine de la précédente ; elle diffère seulement par les tours qui sont aplatis, postérieurement ils ne sont pas renflés, mais creux près de la suture. — (Coll. mon Cabinet).

Turritella gracilis Lea sp. dub.

Pl. 11, f. 32 * reprod. de Lea.

1840. Lea H. Descr. new foss. Claiborne p. 97, pl. 1, f. 12.

Testa cylindroides ; anfractibus concavis ; 2 funiculis spiralibus latis, ex quibus uno in medio anfractum altero apud suturam posticam.

C'est une espèce très douteuse, car la figure de Lea laisse beaucoup à désirer. Je doute même qu'elle soit une *Terebra* au lieu qu'une *Turritella*.

Loc. Claiborne.

Turritella eurynome Whitf. sp. dub.

1865. Whitfield Descr. new spec. eoc. foss. p. 266. — 1886. Aldrich Prelim. Report p. 46.

Testa conico-elongata; anfractibus planis, quadrifuniculatis; funiculo minore interposito in singulo interstitio; interstitio mediano magis lato quam aliis; funiculo postico cariniformi; inter ipsum et suturam posticam rugis spiralibus interpositis.

C'est tout ce que je peux dire en égard de cette espèce, qui me parait très analogue de la *cathedralis* Brongt. var. *bellifera* Aldr. Comme M. Whitfield n'a pas figuré cette espèce, on ne peut pas l'identifier.

Loc. Six milles loin de Claiborne (Whitfield); Lisbon (Aldrich).

Turritella multilira Whitf. sp. dub.

1863. Whitfield Descr. new spec. eoc. foss. p. 266.

Testa angusta, subulata; anfractibus numerosis, planis subimbricatis, spiraliter tenue filosis.

L'auteur compare cette espèce à la *T. quadristriata* Rodgers; elle me parait voisine de la *T. imbricatoria* Lamk.

Turritella Alabamiensis Whitf.

1863. Whitfield Descr. new spec. eoc. foss. p. 267.

Testa angusta, elongata; anfractibus circiter 12, quadrangularibus, antice paulo erectis; filis spiralibus numerosis alternantibus.

C'est une espèce très douteuse; l'auteur dit qu'elle est voisine de la *T. caelata* Conr. Comme il ne l'a pas figurée, on ne peut pas en juger avec sûreté.

Loc. Loin 9 milles de Prairie Bluff.

SCALARIIDAE

Scalaria planulata (Lea) De Greg.

Pl. 11, f. 30 gross.; — f. 29 * reprod. de Lea.

1833. *Scalaria planulata* Lea Lea Contr. Geol. p. 115, pl. 4,   1865. *Scala planulata* Conr. Conrad Cat. Eoc. Olig. p. 27.
                                 f. 102.   1866.   »   »   »   Idem Check List. p. 14.
1848.   »   »   »   Lea H. Cat. Tert. Test. p. 13.

? = *Scalaria lintea* Conr. (1856. Conrad Descr. Cret. eoc. Miss. Ala p. 294).

Testa turrita; costis circiter 12, postice vix asperulatis, in primis anfractibus saepe erosis; anfractibus rotundatis, finissime obsolete spiraliter striolatis, suturis profundis; apertura orbiculari, secundum aetatem varicosa.

La description donnée par Lea n'est pas suffisante, ni sa figure est bien executée; de sorte que j'ai cru réunir mon nom à celui de Lea. Nos exemplaires sont plus allongés et moins turbiformes que celui représenté par la figure de Lea. Il est probable qu'on doive rapporter à la même espèce la *Sc. lintea* Conr.

La *Sc. inequistriata* Koenen (Mittel Oligoc. p. 107, pl. 6, f. 14) est analogue de celle-ci mais elle en diffère par l'angle du dernier tour et par la taille plus grande.

La *Sc. microstoma* Lea (1843. H. Lea Pétersburg Virginia pl. 36, f. 68) me parait extrêmement voisine de cette espèce. Peut-être doit-on la considérer comme une variété. — (Coll. mon Cabinet).

Scalaria (Opalia) carinata Lea.

Pl. 11, f. 31 * reprod. de Lea; — f. 37 * reprod. de H. Lea.

1833. *Scalaria nassula* Conr. Conrad Foss. Shells p. 31.
» » *carinata* Lea Lea Contr. Geol. p. 116, pl. 4,
f. 103.
» » *sessilis* Conr. Conrad Foss. Shells p. 45.
1840. » *venusta* Lea Lea II. Descr. New foss. Claiborne p. 95, pl. 1, f. 7.

1855. *Scalaria nassula* Conr. Conrad Observ. Eoc. Jackson
Miss. p. 261 (pl. 16, f. 6) ?
1856. » *staminea* » Idem Descr. new Cret. Miss. a.
Ala. p. 294.
1865. *Opalia sessilis* » Idem Cat. Eoc. Olig. p. 27.
1866. » » » Idem Check List. p. 14.

= *Scalaria albitesta* Meyer Aldr. Meyer Aldrich Prelim. Rep. New foss. p 2, pl. 2, f. 7.

Testa turrita, multicostata, crassa; costis circiter 12, lamellosis; anfractibus 6 rotundatis; ultimo basi spiraliter carinato.

Cette espèce diffère de la précédente seulement par la carène du dernier tour, comme la *Scalaria commentata* Monter, et la *Sc. pseudoscalaris* Brocc. diffèrent de la *Scalaria communis* L.

. Ce caractère pourrait dépendre d'une fracture du dernier tour, mais M. Lea dit en outre que c'est une coquille épaisse tandis que la *planulata* est plutôt fragile. Malgré cela j'ai quelque doute qu'on doive plutôt la considérer comme une synonyme de l'autre.

La *Sc. venusta* H. Lea me paraît tout simplement un synonyme de cette espèce et je suis surpris comment l'auteur ne cite même l'espèce de son père J. Lea. Il cite au contraire la *Sc. quinquefasciata* Lea, qui est une espèce fort différente. M. Conrad (Observ. Eoc. Jackson Miss.) dit que cette espèce est probablement la même que la *Sc. planulata* Lea et il cite la pl. 16, f. 6, qui n'existe pas dans une copie.

Je n'ai pas adopté le nom de *sessilis* Conr., adopté par lui dans son « Catal. Eoc. Olig. » p. 27, car cet auteur ne l'a pas figurée et je doute qu'il ne l'a même décrite, car je ne trouve pas ce nom ni dans la première édition de Foss. Shells (dont ma copie arrive à p. 44), ni dans la deuxième édition. Je crois que l'espèce de Lea est la même que la *Sc. nassula* Conr. Je pensais d'adopter ce nom qui aurait la priorité, mais je ne l'ai pas fait car Conrad ne figura pas cette espèce, et dans tous ces travaux il la considéra comme différente de celle de Lea; malgré cela je crois que c'est la même.

La *Scalaria albitesta* (Meyer Aldr.) doit être probablement considérée comme un synonyme.

Loc. Claiborne.

Scalaria elegans (Lea) De Greg.

Pl. 11, f. 28 gross.; — f. 39 * reprod. de Lea.

1840. Lea H. Descr. New Foss. Claiborne p. 95, pl. 1, f. 6. — 1848. Bronn. Ind. Pal. p. 1115.

*Testa minuta, turrita, subulata; anfractibus rotundatis; costis rotundatis interstitia subaequantibus. L. 2.*mm

C'est une coquille très petite, qui ressemble beaucoup à la *Sc. planulata* (Lea) De Greg.; elle en diffère par la taille beaucoup plus petite, par l'ouverture un peu plus érigée et moins orbiculaire, et par les côtes lamelleuses. Néanmoins je ne suis pas sûr qu'on ne doive plutôt attribuer ces différences à l'âge; mais mon exemplaire paraît adulte.

La *Scalaria elegans* Risso (Europ. Merid. p. 113, pl. 4, f. 49), qui n'est pas citée par Weinkauff ni par Locard parmi les synonymes des mollusques méditerranés, je crois que doit être considérée comme un synonyme, ou comme une variété de la *S. Turtonis* Turt. — (Coll. mon Cabinet).

Scalaria dormitor Conr. sp. dub.

1865. Conrad Cat. Eoc. Olig. p. 27; — 1866. Idem Check List. p. 14.

Haec species citata est, non autem descripta neque effigiata.

Loc. Alabama.

Scalaria quinquefasciata Lea.

1833. *Scalaria quinquefasciata* LEA Lea Contr. Geol. p. 116. 1866. *Scala quinquefasciata* LEA Conrad Check List. p. 14.

? = *Cirsostrema Claibornensis* CONR. (1865. Descr. new eoc. shells and references p. 211. pl. 20, f. 12).

Testa turrita; in medio spiraliter quinquesulcata; costis circiter 16, lamellosis; striis spiralibus tenuibus; ultimo anfractu basi carinato; apertura angusta; peristomate crasso, reflexo.

Ce doit être une jolie espèce, mais malheureusement jusqu'ici elle n'a pas été figurée. Moi je n'en possède aucun exemplaire. Lea n'en avait que deux fragments, il compara cette espèce à la *multistriata* Say.

M. H. Lea fils décrit une nouvelle *Scalaria* (*Sc. elegans*), que j'ai référée à la *carinata* Lea, il dit que cette espèce est voisine à la *quinquefasciata* de son père. Certes celle-ci est une espèce très douteuse et il ne me parait pas étrange qu'on dût la considérer comme une variété de la *carinata* Lea. — M. Aldrich et Meyer ont décrit une *Scalaria* de Newton (*Sc. Newtonensis*), qui a aussi 5 cordonnets spirals; mais elle a seulement 9 côtés.

L'*Eglisia aspera* Meyer et la *Mathilda regularis* Meyer (1887. Meyer Ken. Alt. tert. Miss. Ala p. 5, pl. 1, f. 11-12) ont une ornementation très analogue de l'espèce de Lea.

Loc. Claiborne.

Scalaria staminea Conr. sp. dub.

Pl. 12, f. 1 * *Eglisia pulchra* Meyer; — f. 3 * *retisculpta* Aldr. Meyer reprod.; — f. 4 * *aspera* Meyer reprod.

1856. *Scala staminea* CONR. Conrad Descr. new Cret. eoc. 1865. *Scalina staminea* CONR. Conrad Cat. Eoc. Olig. p. 27.
    Miss. Ala p. 294.   1866. » » » » Check List. p. 14.

? = *Eglisia retisculpta* ALDR. MEYER (1886. Aldrich Meyer Newton p. 42, pl. 2, f. 9).

? = *Eglisia pulchra* MEYER (1886. Meyer Contr. Eoc. Al. Miss. p. 67, pl. 1, f. 16).

? = *Eglisia aspera* MEYER (1887. Meyer Reitr. Kenn. Alttert. Miss. Ala p. 5, pl. 1, f. 11).

Testa subulata; anfractibus regulariter convexis; costis axialibus striisque spiralibus tenuibus serratis; ultimo anfractu basi carinato planulatoque.

Conrad ne figura pas cette espèce et il n'en donna pas d'autres détails. Il crois qu'on doit la considérer comme un synonyme de la *Sc. carinata* Lea, qui a le droit de la priorité. Je crois que l'*Eglisia aspera* Meyer de Jackson est un synonyme de cette espèce et peut-être même de la *Eglisia retisculpta* Aldr. et Meyer et de l'*Eglisia pulchra* Meyer. J'ai lieu à croire que le *Melania Claibornensis* Heilpr., dont je parlerai de suite, soit un synonyme de cette espèce.

Loc. Claiborne (teste Conrad).

Scalaria lintea Conr.

1856. *Scala lintea* CONR. Conrad Descr. new cret. a. eoc. foss. 1865. *Scala lintea* CONR. Conrad Cat. Eoc. olig. p. 27.
    Miss. Ala p. 294.   1866. » D » » Check List. p. 14.

Testa turrita, rapide crescens; anfractibus ventricosis; costis numerosis non autem approximatis, postice subfoliatis subspinosisque; funiculis spiralibus irregularibus rugosis.

C'est une espèce très intéressante, mais dont je ne connais aucune figure, aucun exemplaire. Il est probable qu'on doive la considérer comme un synonyme de la *Sc. planulata* Lea.

Loc. Claiborne (teste Conrad).

Scalaria (Cirsostrema) Claibornensis Conr.

Pl. 12, f. 6 * reprod. de Conrad.

1865. Conrad Cat. Eoc. olig. p. 28. — ... Conrad Descr. new eoc. shells and references p. 211, pl. 20, f. 12. — 1866. Conrad Check List. p. 15.

Testa turrita; costis lamellosis, erectis !; striis spiralibus tenuibus, confertis; peristomate lato, expansoque.

De cette espèce on ne connaît qu'un fragment; de sorte que je ne puis ajouter d'autres renseignements. Je doute qu'on doit la considérer comme un synonyme de la *Sc. quinquefasciata* Lea; en effet dans la figure de Conrad on voit 5 sillons spirals. La *Scalaria Newtonensis* Meyer et Aldrich (Newton p. 3, pl. 2, f. 8) me parait très analogue de cette espèce; aussi bien que la *S. Whitfieldi* Aldrich (Prelim. Report. p. 152, pl. 8, f. 18).

Scalaria nassula Conr. sp. dub.

1833. Conrad Foss. Shells 1 ed. p. 31. — 1865. *Cirsostrema* idem Cat. Eoc. Olig. p. 28. — 1866. Idem Check List. p. 15.

Testa elongata; anfractibus circiter 8, ventricosis, spiraliter corrugatis ; costis axialibus acutis, tenuibus, circiter 20 in ultimo anfractu, ultimo anfractu antice carinato.

J'ai parlé de cette espèce à propos de la *Sc. carinata* Lea. Conrad cite la fig. 3 (de la planche 16 Foss. Sh.) mais celle-ci ne la représente pas. Il ne la décrit pas dans la 2 edit. Foss. Sh.

Loc. Claiborne (teste Conrad).

Scalaria ? trigemmata Conr.

Pl. 12, f. 5 * reprod. de Conrad.

1856. *Turbonilla (Chemnitzia) trigemmata* CONR. Conr. Descr. new cret. eoc. Miss. Al. p. 288, pl. 47, f. 33. — 1865. *Compsoleura trinodosa* CONR. Conrad Cat. Eoc. Olig. p. 28. — 1866. Idem Conrad Check List 15. — 1886. *Chemnitzia trigemmata* CONR. Aldrich Prelim. Report p. 57.

Testa turrita, conoides, elegantissima; costis tenuibus, regularibus, subgranosis, minoribus quam interstitiis; funiculis spiralibus 3 per interstitia, obsoletis, super costas autem subtuberculiferis; anfractibus postice tenue spiraliter filosis; filis circiter 6 ad basim ultimi anfractus ; apertura rotundata !

C'est une espèce très jolie et très intéressante. M. Conrad donne pour *habitat* l'Alabama, il la décrivit avec quatre espèces de Claiborne (il dit a p. 288 que le *Calyptraphorus trinodiferus* ne se trouve pas dans cette localité, mais je le possède dans ma collection). Il avait référé auparavant cette espèce au gen. *Turbonilla.*

Loc. Alabama (teste Conrad).

Scalaria gracilior Meyer.

Pl. 12, f. 2 * reprod. de Meyer.

1886. Meyer Contr. Eoc. Pal. Ala. Miss. p. 67, pl. 2, f. 2.

Testa angusta, subulata; primis duobus anfractibus spiraliter striatis, caeteris 5 convexis rotundatis axialiter costatis; costis tenuibus acutis; apertura elliptica.

C'est une espèce extrêmement rare; Meyer n'en trouva qu'un seul exemplaire.

Loc. Claiborne.

Scalaria (Eglisia) pulchra Meyer.

Pl. 12, f. 1 * reprod. de Meyer.

1886. Meyer Contr. Eoc. Miss. am Ala. p. 67, pl. 1, f. 16.

Testa turrita; funiculis spiralibus 5, anterius decrescentibus; costis tenuibus filiformibus axialibus eos clathrantibus.

Comme j'ai dit à propos de la *Sc. staminea* Conr., je crois qu'on doit considérer l'espèce de Meyer comme un synonyme de cette espèce, aussi bien que l'*Eglisia aspera* Meyer et l'*Eglisia retisculpta* Aldr. et Meyer. Je doute en effet que toutes ces espèces ne soient que des variétés de la même espèce. M. Meyer compare cette espèce à la *Scalaria (Eglisia) vincta* Deshayes, mais il ne cite pas l'espèce de Conrad.

Loc. Claiborne (teste Meyer).

MELANIIDAE

Melania Claibornensis Heilpr.

1879. Heilprin Proc. Ac. Nat. — 1884. Heilprin Contr. Geol. Pal. p. 95.

Haec species parum vel nihil differt a M. mixta *Desh.*

C'est une petite espèce très intéressante, car (comme Heilprin a observé) ce serait le seul gastéropode d'eau douce de Claiborne. Néanmoins, comme il n'en trouva qu'un seul exemplaire, et qu'il n'en donna aucune figure, on ne peut pas rien assérer là dessus. Il dit qu'elle ressemble extrêmement à la *Melania mixta* Desh. (1866. Deshayes An son Vert p. 463, pl. 30, f. 43-45), de laquelle elle pourrait être considérée comme un synonyme. Quant à moi je ne sais affirmer rien, mais j'ai quelque doute qu'on doive référer cette espèce à la *Sc. staminea* Conr. dont j'ai parlé en haut.

Loc. Claiborne.

RISSOIDAE

Rissoa gen.

M. Fischer proposa de corriger ce nom en celui de *Rissoia*, qui aurait la priorité. Mais, comme l'auteur même qui la proposa le corrigea ainsi et que tous les auteurs l'ont adopté, j'ai cru m'uniformer à l'opinion générale.

Rissoa cancellata Lea sp.

Pl. 12, f. 9 * gross. reprod. de Lea.

1840. *Pasithea cancellata* Lea Lea H. Descr. New foss. Claiborne p. 93, pl. 1, f. 2.

Testa subovata, parva, elegans, subturbiformis; spiraliter et axialiter tenue striata; apertura potius angusta, labro interno notato.

C'est une petite espèce qui a été référée par Lea au gen. *Pasithea*, mais la surface treillissée et la forme du dernier tour m'ont persuadé à la rapporter au genre *Rissoa*.

M. Meyer (Beitr Kent Alt. Tert. p. 17) cite la *Rissoina plicato-varicosa* Heilpr. (1879. Proc. Acad. Nat. Sc.), que je ne connais pas.

Loc. Claiborne.

Rissoa (Alvania) ziga De Greg.

Pl. 12, f. 7-8 gross.

Testa minutissima, ovata, turbiformis, pupoides, laevigata, axialiter tenue multiplicata; apertura suborbiculari, circiter $\frac{1}{3}$ totius longitudinis; labro externo simplici, acuto, non incrassato. L. 1.^{mm}

C'est une des plus petites espèces de Claiborne, néanmoins elle est bien caractérisée. Elle n'est pas à rigueur une *Alvania*. car elle n'a pas la surface treillissée, mais ce caractère n'est pas de première importance. Cette espèce me parait très analogue de la *R. nana* Lamk. (Desh. Coq. Paris 2 ed. pl. 24, f 10-11); on pourrait peut-être la rapporter à la même espèce. Coll. mon Cabinet.

LITTORINIDAE

Littorina fervens De Greg.

Pl. 12, f. 12 gross.

Testa minuta, ovata, subturrita, vix pupoides, elegans; carina costaeformi, magis appropinquata suturae posticae quam anticae; anfractibus plano-excavatis, juxta suturam anticam paulo erectis ; ultimo anfractu subangulato, basi conoideo, spiraliter funiculato; suturis valde profundis ; apertura ovata; antice rotundata, postice angulata.

C'est une espèce très jolie dont je ne possède qu'un seul individu. —(Coll. mon Cabinet).

SOLARIIDAE

Solarium Lamk 1799.

M. Conrad a adopté le nom d'*Architectonica* Bolten, qui a été proposé en 1798; mais, comme tous les auteurs du monde ont adopéré depuis longtemps le nom de *Solarium*, j'ai préféré m'uniformer à l'opinion générale, d'autant plus que ce genre a été limité par Lamark.

Solarium alveatum Conr.

Pl. 12, f. 13-15 gross.; — f. 16*-17* reprod. de Lea (*bilineatum*); — f. 18*-19* reprod. de Conrad.

1833.	*Solarium*	*alveatum*	CONR.	Conrad Foss. Shells p. 31.	1848.	*Solarium*	*alveatum*	LEA	Bronn. Ind. Pal. p. 1150.
»	»	*bilineatum*	LEA	Lea Contr. Geol. p. 119,	»	»	»	»	Lea H. Cat. Tert. Test.
				pl. 4, f. 106.	1850.	»	»	»	D'Orbigny Prodr. Et. 25,
»	»	*alveatum*	»	Conrad Foss. Shells 2 ed.					N. 184.
				p. 47. pl. 17, f. 3.	1865.	*Architectonica*	»	»	Conr. Cat. Eoc. Ol. p. 29.
1884.	»	»	«	Conrad Appendix in Morton.	1866.	»	»	»	» Check List. p. 13.

Testa conico-discoidalis, apici obtusa ; anfractibus apud suturam anticam spiraliter bistriatis ; ultimo valde angulato, basi notatim bisulcato; umbilico magno, circum crenulato-dentato.

C'est le *Solarium* plus répandu à Claiborne. M. Conrad, dans son ouvrage « Foss. Shells » cite la pl. 16, f. 4, tandis que il se trouve à pl. 17, f. 3: de sorte qu'il oublia en suite de l'avoir figuré. C'est à lui la priorité de l'espèce. Cette espèce me parait analogue du *Solarium Picteti* Desh. Il suffit de comparer nos figures 14-15 avec la figure de Deshayes (Coq. Paris 2 ed. pl. 12, f. 13-15) elle en diffère par la surface supérieure ayant une ornementation différente. Coll. mon Cabinet.

DE GREG. — *Annales de Géol. et de Paléont.*

Solarium antrosum Conr. sp. dub.

1833. *Solarium antrosum* CONR.	Conrad Foss. Shells p. 31.	1850. *Solarium antrosum*	CONR. D'Orbigny Prodr. Et. 25, N. 188.
1834. » » »	Idem Appendix 3 in Morton.		
1848. » » »	Lea H. Cat. Tert. Test. p. 13.	1865. *Architectonica antrosa* »	Conrad Cat. Eoc. Ol. p. 29.
» » » »	Bronn Ind. Pal. p. 1150.	1866. » « »	» Check List. p. 13.

Testa convexa, subconica, spiraliter crenulatim funiculata; ultimo anfractu acute angulato; 8 rugis, quarum singula lineam elevatam fert; umbilico lato, margini crenulato; funiculo notato decurrente in partem internam omnium anfractuum; apertura subquadrata.

Conrad décrivit cette espèce dans la première édition de « Fossil Shells »; il cita la pl. 18, f. 1, mais par erreur elle ne s'y trouve pas. Cette espèce n'est pas citée dans la seconde édition de « Foss. Shells », de sorte qu'on pourrait croire que l'auteur se repentit de l'avoir proposée; mais après plusieurs années il la cita de nouveau. Comme il y a plusieurs espèces analogues et qu'elle n'a été pas figurée, elle reste toujours douteuse.

Loc. Claiborne.

Solarium amoenum Conr. sp. dub.

Pl. 12, f. 57 * reprod. de Conrad.

1833. *Solarium amoenum* CONR.	Conrad Foss. Shells p. 44.	1848. *Solarium amoenum*	CONR. Bronn Ind. Pal. p. 1150.
» » » »	Idem Foss. Shells 2 ed. p. 48, pl. 17, f. 8.	1850. » »	» D'Orbigny Prodr. Et. 23, N. 191.
1834. » » »	Idem Appendix in Morton.	1865. *Architectonica ameena* »	Conr. Cat. Eoc. Ol. p. 29.
1848. » » »	Lea H. Cat. Tert. Test p. 13.	1866. » » »	» Check List. p. 13.

Testa conico-discoidea; ultimo anfractu angulato, basi apud peripheriam unisulcato, radiatim tenue arcuatim corrugato; umbilico lato, crenulato ad marginem, a sulco spirali circumdato.

C'est une espèce douteuse, car la description et la figure données par l'auteur ne sont pas suffisantes.

Loc. Claiborne.

Solarium cancellatum Conr. sp. dub.

Pl. 12, f. 22-23 * reprod. de Lea; — f. 24 * reprod. de Conrad.

1833. *Solarium cancellatum* CONR.	Conrad Am. Journ. Scienc. Vol. 23, p. 344.	1848. *Solarium cancellatum* CONR.	Lea H. Cat. Tert. Test. 13.
» » » »	Lea Contr. Geol. p. 121, pl. 4, f. 110.	» » » »	» Bronn Ind. Pal. 1151.
		1850. » » »	» D'Orbigny Prodr. p. 368.
» » » »	Conrad Foss. Shells 2 ed. p. 49, pl. 17, f. 11.	1865. » » »	» Conr. Cat. Eoc. Olig. 29.
		1866. » » »	» » Check List p. 13.
1834. » » »	Conrad Append. in Mort.	1887. » »	LEA Meyer Beitr. Kent. All. Tert. p. 15.

Testa elegans, subconoidea, fragilis; anfractibus 4, spiraliter et axiditer sulcatis, ideoque subgranulatis.

Les descriptions et les figures données par Conrad et par Lea ne suffisent pas pour faire reconnaître cette espèce. C'est à Conrad la priorité ou à Lea ?

Loc. Claiborne.

Solarium elaboratum (Conr.) De Greg.

Pl. 12, f. 25 * reprod. de Conrad; — f. 26-28 gross. de trois côtés; — f. 29 * reprod. de Conrad (*caelatura*)
f. 30 *-32 * reprod. de Meyer.

1832?	*Solarum elaboratum*	CONR.	Conrad Journ Scienc. V. 23, p. 344.	1865.	*Architectonica elaborata* CONR.		Conrad Cat. Eoc. Olig. p. 29.
1833.	»	»	» Conrad Foss. Shells 2 ed., p. 47, pl. 17, f. 4.	»	» *caelatura* »		Conrad Descr. New eoc. Sh. p. 144, pl. 11, f. 13.
1834.	»	»	» Conrad App. 3 in Morton.	1866.	» *elaborata* »		Conrad Check List p. 13.
1848.	»	»	» Lea II. Cat. Tert. Test. 13.	1879.	*Solarium striato granulatum*HEIL.		Hellp. Pr. Ac Nat. S.Phil.
»	»	»	» Bronn Ind. Pal. 1151.	1886.	» *Hargeri*	MEYER	Mey. Cont. Pal. Ala. Mis. p. 67, pl. 2, f. 23.
1850.	»	»	» D'Orb. Prod. Et. 25, N. 183.				

Testa discoidalis, maxime elegans; anfractibus spiraliter funiculatis ; funiculis majoribus quam interstitiis, a striis obliquis arcuatisque decussatis; ex funiculis duobus majoribus quam aliis, notatis, moniliferis; ultimo anfractu angulato, basi costulis radiantibus ornato; costis a 4 sulcis spiralibus interruptis abrupto evanescentibus; spatio interposito inter costas et peripheriam funiculis spiralibus ornato, funiculis a striis densis arcuatis decussatis; ex funiculis uno majore quam aliis in medio peripheriae et costarum. Diam. 7.^{mm}

C'est une des plus jolies espèces de Claiborne. Comme la description et la figure données par Conrad laissent beaucoup à désirer j'ai uni à son nom le mien. L'*Arch. caelatura* Conr. me semble tout à fait un synonyme de cette espèce. Je crois que le *Solarium Hargeri* Meyer est un synonyme de cette espèce. Cet auteur (Kent. Alt. Tert. p. 8) rapporte le *S. striato-granulatum* Heilpr. comme un synonyme de l'espèce de Lea. Le *Solarium calvimontanum* Desh. (Deshayes Coq. Paris 2 ed. pl. 41 , f. 1-2) est analogue de l'espèce en question ; il suffit de comparer notre figure 25 avec celles de Deshayes. Le *S. elaboratum* est en outre analogue du *Sol. ammonites* Lamk. (Deshayes Coq. Paris, 2 ed., pl. 40, f. 28-31), mais il est plus convexe etc.— (Coll. mon Cabinet).

Solarium exacuum (Conr.) De Greg.

Pl. 12, f. 37-39 gross. de trois côtés; — f. 33*-34* reprod. de Lea (*D. plana*); — f. 35-36 * reprod. de Conrad;
f. 40-41 * reprod. de Meyer (*delphinuloides*).

1833.	*Solarium exacuum*	CONR.	Conrad Foss. Shells p. 44.	1865.	*Architectonica exacua* CONR. }		Conr. Cat. Eoc. Ol. p. 30.
»	*Delphinula plana*	LEA	Lea Contr. Geol. p. 117, pl. 4, f. 104.	»	» *plana* LEA }		
»	*Solarium exacuum*	CONR.	Conrad Foss. Shells 2 ed.,	1866.	» *exacua* CONR. }		Conr. Check List p. 13.
1848.				»	» *plana* LEA }		
1850.	» »	»	Lea II. Cat. Tert. Test. p. 3.	1886.	*Solarium delphinuloides* HEILP.		Aldr. Prel. Report p. 57.
»	*exacutum*	»	D'Orb. Prodr. p. 348.	1887.	» » »		Meyer Beitr. Kent Miss. Ala p. 4, pl. 1, f. 3.

Testa discoidea; anfractibus spiraliter funiculatis, apud suturam posticam excavatis, funiculis circiter 6; ultimo anfractu ad basim truncato complanatoque, filis tenuibus; raris spiralibus ornato; apud peripheriam excavato, subcostato, angulatoque; umbilico patulo, intus striis accretionis minutis rugiformibus obsoletis ornato. Diam. 4.^{mm}

Cette espèce ressemble extrêmement à l'*Adeorbis bicarinatus* Desh. (1875. *Turbo bicarinatus* Desh. Coq. Paris, p. 259, pl. 33, f. 5-8 — 1864. Idem Bassin Paris p. 438).

C'est une petite jolie espèce qui est très caractéristique ; la concavité postérieure des tours et l'aplatissement du dernier tour sont des bons caractères spécifiques. Conrad, dans ses derniers travaux, oublia d'avoir figurée cette espèce. Le *Sc. delphinuloides* Meyer de Jackson me parait une variété de cette espèce.

Celle-ci en outre rappelle le *Turbo bicarinatum* Desh. (Deshayes 1 ed. pl. 10 , f. 5-8), dont elle est presque identique , mais elle en diffère par les stries radiales de l'ombilic. Par ce même caractère elle diffère de l'*Adeorbis rota* Desh. (idem, 2 éd. pl. 29, f. 24-27) e de l'*A. Rangii* Desh. (idem, 2 ed. pl. 29, f. 22-25).— (Coll. mon Cabinet).

Solarium funginum Conr. sp. dub.

Pl. 12, f. 58-59 * reprod. de Conrad.

1833. *Solarium funginum* Conr. Conrad Foss. Sh. p. 44.   1850. *Solarium funginum* Conr. D'Orb. Prodr. p. 848.
»   »   »   »   Idem, 2 ed. p. 49, pl 17, f. 7.   1865. *Architectonica fungina* » Conrad Cat. Eoc. Olig.
1848.   »   »   »   Lea H. Cat. tert. test. 13.   p. 29.
»   »   »   »   Bronn Ind. Pal. 1151.   1866.   »   »   » Conrad Check List p. 13.

Testa discoidalis; anfractibus postice arcüatim plicatis ; plicis antice obsoletis ; ultimo angulato, basi radiatim corrugato; umbilico conspicuo.

La figure et la description de Conrad laissent beaucoup à désirer. Je ne possède aucun exemplaire qu'on puisse lui référer. Bronn rapporte cette espèce au *S. Henrici* Lea, mais je ne sais pas décider qui des deux jouit du droit de la priorité.
Loc. Claiborne.

Solarium Henrici (Lea) De Greg.

Pl. 12, f. 42-44 gross. de trois côtés; — f. 45-46 * reprod. de Lea; — f. 47*-48* reprod. de Meyer.

1833. *Solarium Henrici* Lea Lea Contr. Geol. p. 119, pl. 4,   1865. *Architectonica Henrici* Lea Conrad Cat. Eoc. Ol. p. 29.
                    f. 107.   1866.   »   »   » Idem Check List. p. 13.
1848.   »   »   » Lea H. Cat. Tert. Test. p. 13.   1887. *Solarium*   »   » Meyer Reitr. Kent. Miss. Ala
»   »   »   » Bronn Ind. Pal. p. 1151.   p. 18. pl. 1, f. 19.

Testa depressa, discoidea, elegantissima; anfractibus apud suturam posticam plicatis; plicis obliquis, subarcuatis evanescentibus ; ultimo anfractu angulato , carinatoque; carina minute crenulata, utroque latere compressa; ultimo anfractu basi paulo convexo, apud umbilicum radiatim costulato; costulis a sulco spirali interruptis; anfractibus in umbilico canaliculatis.

C'est une espèce vraiment jolie, qui méritait bien d'être illustrée. La description et la figure de Lea ne sont pas suffisantes. Les figures de Meyer sont meilleures, mais pas tout à fait bonnes. — (Coll. mon Cabinet).

Solarium ornatum Lea sp. dub.

Pl. 12, f. 53 *a b* reprod. de Lea.

1833. *Solarium ornatum* Lea Lea Contr. Pal. p. 120 , pl. 4,   1865. *Architectonica ornata* Lea Conrad Cat. Eoc. Olig. p. 30.
                    f. 108.   1866.   »   »   » Idem Check List. p. 13.
1848.   »   »   » Lea H. Cat. Tert. Test. p. 13.   1884, *Solarium*   »   » Heilprin Contr. Geol. Pal.
»   »   *canaliculatum* Lamk. *partim* Bronn. Ind. Pal.   p. 91.
                    p. 1153.   1886.   »   *ornatum* » Meyer Aldrich Newton p. 9.

Testa postice convexa, antice plana; anfractibus funiculis granularibus, spiralibus ornatis, ex quibus tribus posticis majoribus quam aliis; carina crenulata; umbilico maxime lato.

Je ne puis pas donner d'autres renseignements; certes c'est une espèce très douteuse, car la figure donnée par Lea n'est pas bien executée.
Loc. Claiborne.

Solarium stalagmium Conr.

Pl. 12, f. 10 * *a b* reprod. de Conrad; — f. 14 * *a b* reprod. de Lea.

1833. *Solarium stalagmium* CONR. Conrad Foss. Shells p. 44.
? »   »   *elegans*   » Lea Contr. Geol. p. 124 , pl. 7, f. 109.
»   »   *stalagmium*   » Conrad Foss. Shells 2 ed. p. 48, pl. 17, f. 6.
1834.   »   »   » Conr. Appendix in Morton.
1848.   »   »   » Lea H. Cat.Tert. Test. p.13.
»   »   »   » Bronn Ind. Pal. p. 1153.
1850.   »   »   » D'Orbigny Prodr. p. 348.

1865. *Architectonica stalagmium* CONR. Conrad Cat. Eoc. Olig. p. 30.
1866.   »   »   » Idem Check List. p. 13.
1879. *Delphinula solaroides* HEILPR. Heilprin Proc. Ac. Nat. Sc. Phil. (teste Meyer).
1886. *Solarium elegans* LEA Aldrich Prelim. Report. p. 57.
»   »   »   » Meyer Aldrich Tert. Fauna Newton p. 3, pl. 2, f. 6.

Testa subdiscoidalis; anfractibus funiculatis; funiculis 2 vel 3 granulosis; suturis canaliculatis.

Celle-ci serait la définition de Lea; mais dans la figure de Conrad les cordonnets ne paraissent pas granuleux. Ainsi le type de l'espèce aurait les cordonnets simples, et la var. *elegans* Lea les aurait monilifères. Après tout c' est une espèce assez douteuse. M. Meyer (Reitr. Kent. Alt. Tert. p. 28) dit que la *Delphinula solaroides* Heilpr. est un synonyme du *S. elegans* Lea; comme j'ai référé celui-ci à l'espèce de Conrad, j'ai cité aussi l'espèce de Heilprin. — M. Meyer et Aldrich ont décrit une variété (var. *modestum*) de Newton.

Loc. Claiborne.

Solarium scrobiculatum Conr. sp. dub.

Pl. 12, f. 20*-21* reprod. de Conrad.

1833. *Solarium scrobiculatum* CONR. Conrad Foss. Shells p.44.
»   »   *patulum*   LAMK. Idem 2 ed. p. 99, pl.17, f. 9.
1848.   »   *scrobiculatum* CONR. Bronn Ind. Pal. p. 1153.
1850.   »   »   » D'Orbigny Prodr p. 348.

1865. *Architectonica scrobiculatum* CONR. Conrad Cat. Eoc. Ol. p. 30.
1886.   »   »   » Idem Check List.p.13.
»   *Solarium*   »   » Aldrich Meyer New. p. 9, 57.

Testa discoidea; anfractibus 5, oblique tenue plicatis, apud utramque suturam moniliferis; ultimo angulato; umbilico latissimo, patulo, margini crenulato; apertura quadrangulari.

Je ne possède aucun exemplaire de cette espèce.

Loc. Claiborne.

Solarium perinum De Greg.

Pl. 12, f. 49-52 gross. (f. 49, 52 de la spire et de la base, f. 51 représenté obliquement, de sorte qu'on pût voir l'ombilic et la spire; f. 50 de face).

Testa maxime minuta, elegans, delphinuliformis; spira maxime depressa; anfractibus postice arcuatim plicatis, apud suturam posticam excavatis; plicis antice evanescentibus; ultimo anfractu basi turgidulo, rotundato ad peripheriam prope umbilicum radiatim plicato; umbilico magno, profundo, ad marginem crenulato.

Cette espèce ressemble beaucoup au *Sol. exacuum* Conr.. elle en diffère n'ayant aucun cordonnet spiral et par les plis des tours. Elle est analogue du *Sol. gratum* Desh. (Deshayes Coq. Paris 2 ed. pl. 42, f. 9-10), elle en diffère par les côtes plus remarquables. — (Coll. mon Cabinet).

Solarium supravenustum De Greg.

Pl. 17, f. 54 *a b*-56; (f. 54 *a* gr. nat.; — f. 54 *b*-56 gross. de trois côtes).

Testa discoidalis, depressa, elegantissima; spira plano-convexa; primis duobus anfractibus laevi-

gatis, tertio obliquo arcuatim tenue plicato, postice carinato, subangulato, carina monilifera praedito; quarto obliquo obsolete arcuatim tenue plicato, duobus cingulis moniliferis notatis ornato, antice obsolete spiraliter striato; ultimo plicis linearibus arcuatis confertis ornato, funiculisque spiralibus moniliferis, ex quibus duobus posticis magis prominulis quam aliis; peripheria rotundata; basi spiraliter filosa, radiatim costulata; costis radiantibus evanescentibus, a sulcis spiralibus decussatis; sulco apud umbilicum majore quam aliis; umbilico lato, profundo, margini crenulato; ultimo anfractu ex latere umbilici plicato, plicis tribus sulcis spiralibus secatis; apertura semiorbiculari. Diam. 2.^{mm}

C'est une espèce vraiment jolie, dont j'ai donné tous les détails dans la diagnose latine qui précède.

Coll. mon Cabinet.

SKENEIDAE

Cyclostrema (Daronia) nitens Lea sp.

Pl. 12, f. 64 * reprod. de Lea.

1833. *Planaria nitens* LEA. Lea Coutr. Geol. p. 124, pl. 4,   1848. *Planaria nitens* LEA Bronn Ind. Pal. p. 986.
     f. 113.   1865. »   »   »   Conrad Cat. Eoc. Olig. p. 33.
1848. »   »   »   Lea H. Cat. Tert. Test. p. 12.   1866. *Solariorbis* »   »   »   Check List. p. 14.

Testa minuta, fragilis, tenuis, nitida, laevigata, discoidea, utrinque compressa, sed ad peripheriam subrotundata; spira utrinque concaviuscula, planorbiformi; apertura ovoidea, compressa.

C'est une très petite espèce, dont je ne possède aucun exemplaire. M. Conrad la rapporte au gen. *Planaria* Lea (non Brown), mais je crois qu'il est mieux la référer au gen. *Daronia* selon il a été défini par Tryon (Struct. Syst. p. 229). Néanmoins je ne puis rien assérer, car je ne l'ai pu examiner « de visu ». — (Coll. mon Cabinet).

Cyclogyra rotella Lea.

Pl. 12, f. 62-63 * reprod. de Lea.

1833.   *Orbis rotella* LEA Lea Contr. Geol. p. 123, pl. 4,   1848. *Orbis rotella* LEA Lea H. Cat. Tert. Test. p. 13.
        f. 112.   »   »   »   »   Bronn Ind. Pal. p. 848.
1835-38. »   »   »   Bronn Leth. Geogn. p. 1040, pl. 40,   1865. »   »   »   Conrad Cat. Eoc. Olig. p. 30.
        f. 39.   1866. »   »   »   »   Check List p. 14.

Testa minutissima, discoidea! foliacea; anfractibus 3, compressis quadrangularibus; ultimo apud suturam radiatim plicato, apud peripheriam unisulcato; peripheria lateribus angulata, quadrangulari.

C'est une petite espèce très intéressante dont je regrette de ne posséder aucun exemplaire. Je retiens le gen. *Cyclogyra* dans le sens de Wood et de Zittel, c'est à dire je lui rapporte le gen. *Orbis* (in Lea), et le gen. *Ophileta* (in Tryon Struct. Syst).

Loc. Claiborne.

Cyclogyra tipa De Greg.

Pl. 12, f. 60-61 gross.

Testa subfoliacea, nummulitiformis; anfractibus circiter 7, angustis, quadrangularibus, laevigatis, ultimo ad peripheriam subcanaliculato, lateribus angulato. Diam. 7.^{mm}

Je ne possède de cette espèce qu'un mauvais exemplaire, mais il a un grand intérêt. — (Coll. mon Cabinet).

ADEORBIIDAE

Adeorbis incertus De Greg. sp. dub.

Pl. 13, f. 4 gross.

Testa depressa ! laevigata, anfractibus 3-4; striis accretionis confertis ornatis; peripheria rotundata. Diam. 4.^{mm}

C'est une espèce très douteuse car à cause de sa fragilité la partie antérieure (c'est à dire la base) de mon exemplaire est cassée; ainsi je ne puis la décrire.

Cette espèce ressemble, quant à son contour, au *Planorbis obtusus* Desh. (Deshayes Coq. Paris 2 ed. pl. 47, f. 19).

Coll. mon Cabinet.

Asiolus De Greg.

Testa depressa, laevigata, adeorbiformis, sed cum peristomate continuo, ultimoque anfractu ad umbilicum angulato.

Je propose ce sous-genre pour les *Adeorbis*, qui ont le peristome continu et le dernier tour anguleux près de l'ombilic. Il est voisin du gen. *Solarium*.

Adeorbis (Asiolus) pignus De Greg.

Pl 13, f. 1-3 gross.

Testa minutissima, lenticularis, elegans, laevigata, discoidea, depressa; anfractibus circiter 4; ultimo ad peripheriam rotundato; umbilico profundo notato, ad marginem angulato. Diam. 2.^{mm}

C'est une très petite espèce, dont je possède 3 exemplaires. Elle ressemble beaucoup à la *Delphinula nitens* Lea sp. dont elle diffère par la taille beaucoup plus petite, l'angulation de l'ombilic etc. Elle ressemble beaucoup à l'*Adeorbis brevis* Meyer (1886. Contr. Pal. Ala. Miss. p. 67, pl. 2, f. 29); elle en diffère surtout par le bord de l'ombilic anguleux.

Cette espèce me parait avoir beaucoup d'affinité avec la *Delphinula concava* H. Lea (Petersburg pl. 36, f. 20).

Coll. mon Cabinet.

Adeorbis punctiformis De Greg.

Pl. 12, f. 65-67 gross. presque cinquante fois de trois côtés.

Testa maxime minuta, tenuissima; discoidalis ! compressa, planorbiformis; spira plana, vix utroque latere visibili, subprominula; apertura symetrica, ultimum anfractum amplectante. Diam. ¹/₂ mill.

C'est une espèce extrêmement intéressante: je l'ai retrouvée, comme Lea retrouva sa *Rotella nana*, en dedans d'une autre coquille. Malheureusement elle a été cassée en la dessinant, mais la figure la reproduit bien. Elle diffère de l'espèce citée par la taille beaucoup plus petite, et par la spire visible de tous deux les côtés, et planorbiforme.

Cette espèce parait avoir quelque ressemblance avec la *Delphinula obliquestriata* H. Lea (Petersburg pl. 36, f. 71). Sa forme rappelle le *Planorbis planulatus* Deshayes (Coq. Paris 1 ed. pl. X, f. 8-10), qui appartient à un autre genre, et qui atteint une taille beaucoup plus large. Il rappelle aussi la *Valvata inflexa* Desh. (Deshayes Coq. Paris, 2 ed. pl. 24, f. 10-11).

Coll. mon Cabinet.

UMBONIIDAE

Umbonium nanum Lea sp.

Pl. 13, f. 5-6 * reprod. de Lea.

1833. *Rotella nana* LEA Lea Cont. Geol. p. 214, pl. 6, f. 225.   1865. *Umbonium nanum* LEA Conrad Cat. Eoc. Olig. p. 36.
1848.   »   »   »   Bronn Ind. Pal. p. 1104.   1866.   »   »   »   »   Check List. p. 11.
  »   »   »   »   Lea H. Cat. Tert. Test. p. 13.

Testa minuta, depressa, fragilis, laevigata, rotundata, paucispirata.

C'est une espèce qui a beaucoup de ressemblence avec l'*Adeorbis punctiformis* De Greg., mais celui-ci est si largement ombiliqué qu'il semble avoir la spire aplatie et externe. Cette espèce n'est pas citée dans le catalogue de H. Lea. La *Rotella nassa* Grat. (Grateloup Adour pl. 1, f. 43-44) a été référée par D'Orbigny au gen. *Pitonellus*.

Loc. Claiborne.

Umbonium angularis Meyer.

Pl. 13, f. 28-29* reprod. de Meyer gr. nat. et gross.

1886. *Teinostoma angularis* MEY. Meyer Contr. Pal. p. 66, pl. 2, f. 26.

Testa lenticularis, laevigata, rapide crescens, anfractibus tribus, ultimo postice juxta suturam unifuniculato; basi convexo, ad peripheriam angulato carinatoque; prope carinam striis spiralibus rugis axialibus ornato; apertura romboidali.

M. Meyer rapporta cette espèce au genr. *Teinostoma*, mais elle me semble plutôt un *Umbonium*. Elle a en effet une grande analogie avec l'*U. nanum* Lea; je ne serais pas surpris si on dût la considérer comme une variété de cette espèce. Mais celle-ci est très douteuse, car Lea n'en a pas donné de renseignements suffisants.

Loc. Claiborne.

TROCHIDAE

* Delphinulinae

Delphinula depressa Lea sp. dub.

Pl. 13, f. 8-9* repr. de Lea.

1833. *Delphinula depressa* LEA Lea Contr. Geol. p. 118, pl. 4,   1866. *Solariorbis depressa* LEA Conrad Check List 18.
       f. 115.   1879. *Teinostoma rotula* HEILPR. Heilprin Proc. Acad. Nat. Sc.
1848.   »   »   »   Lea H. Cat. Tert. Test. p. 7.   p. 211.
  »   »   »   »   Bronn Ind. Pal. 406.   1886. *Adeorbis depressus* LEA Aldrich Prelim. Rep. p. 57.
1865. *Solariorbis*   »   »   Conrad Cat. Eoc. Ol. p. 30.

= *Adeorbis depressus* LEA in Aldr. (Prelim. Rep. p. 67) et in Meyer (Kent. Alt. Tert. p. 18).

Testa lenticularis, crassiuscula, depressa, axialiter tenue striata; anfractibus 3, umbilico parvulo, crenato et crasso ad marginem.

C'est une espèce très douteuse, car la figure de Lea n'est pas bien exécutée; je n'en possède aucun exemplaire. D'après sa figure et sa description elle me parait une *Delphinula*. Le gen. *Solariorbis* a été considéré par Tryon comme un synonyme du gen. *Solarium*. Il me semble qu'il tient davantage du gen. *Delphinula*.

Loc. Claiborne.

Delphinula lineata Lea.

Pl. 13, f. 10-11 * reprod. de Lea.

1833. *Turbo lineatus* LEA Lea Contr. Geol. p. 126, pl. 4, f. 116.   1865. *Solariorbis lineata* LEA Conrad Cat. Eoc. Olig. p. 30.
1848.   »   »   » Lea H. Cat. Tert. Test. p. 14.   1866.   »   »   »   »   Check List p. 13.
    »   »   »   » Bronn Ind. Pal. 1322.

Testa depressa; spira convexa, parum prominula; anfractibus 4, spiraliter funiculatis ; ultimo basi turgidulo, rotundato, laevigatoque; umbilico lato.

A propos de cette espèce je devrais répéter ce que j'ai dit à propos de la précédente, à la diagnose de laquelle je renvole le lecteur.

Loc. Claiborne.

Delphinula bella Conr.

1865. *Solariorbis bella* CONR. Conrad Cat. Eoc. Olig. p. 30. — 1866. *Sol. bellus* CONR. Conrad Check List p. 14.

Cette espèce n'a pas été décrite ni figurée.
Loc. Alabama.

Delphinula nitens Lea sp. dub.

Pl. 13, f. 12 * reprod. de Lea.

1833. *Turbo nitens* LEA Lea J. Contr. Geol. p. 125, pl. 4,   1848. *Turbo*   *nitens* LEA Lea H. Cat. Tert. Test. 14.
1840.   f. 115.   »   »   »   » Bronn Ind. Pal. p. 1323.
    »   »   » Lea H. New foss. Claiborne p. 95,   1865. *Solariorbis* »   » Conrad Cat. Eoc. Olig. p. 30.
          pl. 1, f. 9.   1866.   »   »   »   » Check List p. 14.

Testa potius depressa, crassa, laevigata; umbilico lato, rotundo ; apertura suborbiculari; labro interno calloso.

C'est une petite espèce qu'on doit peut-être considérer comme une variété du *Turbo naticoides* Lea; elle diffère de celle-ci par l'ombilic beaucoup plus large.

Loc. Claiborne.

Delphinula granulata Lea sp.

Pl. 13, f. 13 * reprod. de Lea; — f. 14 * reprod. de Conrad (*tricostatum*).

1833. *Solarium granulatum* LEA Lea Contr. Geol. p. 122 ,   1850. *Solarium pseudogranulatum* D'ORB. D'Orbigny Prodr.
    »   pl. 42, f. 111.   Et.25,p.248,N.192.
    »   *tricostatum* CONR. Conrad Foss. Shells 2 ed.   1865. *Architectonica pseudogranulata*   » Conrad foss. Cat.
          p. 50, pl. 17, f. 10.   Eoc. Olig. p. 30.
1848.   *granulatum* « Lea H. Cat. Tert. Test 1866.   »   »   » Idem Check List.
          p. 13.   p. 13.

Testa turbiformis, crassa, depressa, elegans; funiculis spiralibus granulatis, circiter 7 , suturis canaliculatis; umbilico angusto margini crenato; apertura orbiculari; labro externo intus crenato.

M. D'Orbigny a proposé de substituer le nom de *pseudogranulatum*, car Lamark avait proposé en 1822 un *Solarium granulatum*. — Conrad a adopté le nom de D'Orbigny rangeant cette espèce parmi les *Architectonica* , c'est à dire parmi les *Solarium*, Je ne crois du tout que cette espèce soit un *Solarium*, mais plutôt une *Delphinula*, par conséquent j'ai retenu

DE GREG. — *Annales de Géol. et de Paléont.*   18

le nom de Lea. C'est étrange que M. Conrad dans ces derniers travaux oublia de citer son *Solarium tricostatum*, qu'il proposa en substitution du *granulatum* (Foss. Shells 2 ed. p. 50) et c'est étrange que M. D'Orbigny n'a pas adopté ce nom de *tricostatum* qui aurait la priorité sur le sien.

Du reste le *tricostatum* ne correspond pas exactement à l'espèce de Lea, mais on peut le considérer comme une variété de la même, dans laquelle trois cordonnets ont un développement plus grands que les autres.

Loc. Claiborne.

Delphinula concionaria De Greg. sp. dub.

Pl. 13, f. 30 gross.

Testa minuta!, crassa!, naticiformis, laevigata, umbilicata; spira convexa; anfractibus 3; ultimo rotundato. L. 2.^{mm}

C'est une espèce très intéressante mais très douteuse.— (Coll. non Cabinet).

Turbinae

Tuba Lea 1833.

Testa turbiformis, conoidea, umbilicata; anfractibus convexis spiraliter striatis non costatis; apertura orbiculari; peristomate non continuo; columella crassa postice basi expansa.

Conrad même a adopté ce genre en le référant parmi les *Trochidae*. Il me semble qu'il tient beaucoup plus du gen. *Turbo* que du genre *Trochus*. Je ne le considère pas comme un vrai genre mais plutôt comme un sougenre. (Tryon Struct. Syst. p. 245) considère le gen. *Tuba* comme un sougenre du gen. *Fossarus* Phil.

Turbo (Tuba) antiquata Conr. sp.

Pl. 13, f. 15*-17* reprod. de Lea.

1832-33.	*Littorina antiquata* CONR.	Conrad Foss. Shell p. 35.	1848	*Tuba striata* LEA	Bronn. Ind. Pal. p. 1309.
1833.	*Tuba striata* LEA	} Lea Contr. Geol. p. 128-	1865.	» *antiquata* CONR.	Conrad Cat. Eoc. Olig. p. 34.
»	» *alternata* »	} 129, pl. 4, f. 117-119.	1883.	» *alternata* LEA	Tryon Struct. Syst. p. 245, pl. 69,
»	» *sulcata* »	}			f. 43.
1840.	*Idem*	Lea II. Cat. Tert. Test. p.14.	1886.	» *antiquata* CONR.	Aldrich Prelim. Report. p. 46.

Testa potius crassa, conico-turbiformis, apici obtusa; funiculis spiralibus densis, regularibus vel alternantibus; rugis axialibus tenuissimis eos clathrantibus ; apertura subrotunda, circiter ⅛ totius longitudinis; labro externo intus crenulato; suturis impressis; umbilico angusto.

Conrad ne figura pas cette espèce quoique dans son ouvrage « Foss. Shells « il cite la pl. 18, f. 7, qui représente le *Fusus protextus*. Malgré cela la description qu'il en donne ne laisse aucun doute en égard de l' identification. Comme il a observé, deux des espèces de Lea (*striata* et *alternata*) ne sont qu'un jeune exemplaire de la même. Malheureusement je n'en possède aucun exemplaire.

Loc. Claiborne.

Turbo zecus De Greg. sp. dub.

Pl. 13, f. 20 gross.

Testa minuta ovata, crassa, subturrita ; anfractibus convexiusculis 4, laevigatis, antice paulo subangulatis; ultimo in parte antica axialiter plicato; apertura postice callosa. L. 2.^{mm}

C'est une espèce très douteuse, car je n'en ai qu'un seul exemplaire pas en bon état de conservation. Elle ressemble au *T. parvus* H. Lea; mais celui-ci dit que cette espèce est voisine du *T. naticoides* J. Lea qui est une espèce très différente. Coll. mon Cabinet.

Tiburnus De Greg.

Testa turbiformis, subtrochiformis, laevigata; subrotundata, crassa, paucispirata; spira convexa; apertura rotundata; labro columellari crasso, extus complanato; umbilico angusto, satis profundo.

Ce nouveau sous-genre est intermédiaire entre le gen. *Trochus* et le gen. *Turbo*. L'ouverture arrondie et la forme de la spire font rappeler le gen. *Turbo*, le bord de l'ouverture courbé fait rappeller le gen. *Trochus*. Notre genre ressemble beaucoup au gen. *Oxystele* Phil. (sous-gen. du genr *Trochus*) il en diffère par l'ombilic. Il ressemble davantage au gen. *Marmorostoma* Swainson (sou-genre du genre *Turbo*) duquel il diffère n'ayant le bord columellaire prolongé antérieurement. Le *Turbo cidaris* et le *T. undulatus* rapporté par Chenu à ce sous-genre doivent être référés à notre sous-genre : Type *Trochus (Tiburnus) naticoides* Lea.

Turbo (Tiburnus) planulatus Lea sp. dub.

Pl. 13, f. 18*-19* reprod. de Lea (gr. nat. et gross.)

1840. Lea H. Descr. new foss. Claiborne p. 96, pl. 1, f. 9.

Testa depressa, minuta, utrinque convexa, laevigata, paucispirata, umbilicata; ultimo anfractu rotundato, vix carinato.

C'est une espèce très douteuse, car la figure de H. Lea est mal executée. J'ai lieu à croire que cette espèce soit une synouyme de la *Delphinula nitens* de son père.

Loc. Claiborne.

Turbo (Tiburnus) naticoides (Lea) De Greg.

Pl. 13, f. 21 * reprod. de Lea; — f. 22-24, 25 *abc*, 26 *abc* trois exempl. de trois côtés.

1833. Contr. Geol. p. 18. pl. 4, f. 314. — 1848. Lea H. Cat. Tert. Test. p. 14.

Testa suborbicularis, potius depressa, crassa, laevigata ; anfractibus 4 , ultimo ad peripheriam subrotundato; apertura rotundata !, majore quam spira; labro columellari incrassato; umbilico angustissimo, profundo, punctiformi.

Cette espèce manque dans le catalogue de Conrad. J'en possède quelques bons exemplaires, dont j'en ai fait figurer trois. Le plus jeune paraît un peu plus discoïdal que les autres; mais ça dépend de l'âge. — (Coll. mon Cabinet).

Turbo parvus Lea.

Pl. 13, f. 32*-33* reprod. de Lea gr. nat. et gross.

1840. *Turbo parvus* LEA. Lea H. New Foss. Claiborne p. 95,   1848. *Turbo parvus* LEA Bronn Ind. Pal. p. 1323.
　　　　pl. 61, f. 8.　　　　　　　　　　　　　　　»　　»　　»　　»　Lea H. Cat. Tert. Test. 14.

Testa minutissima ovata, sublaevigata; apertura angusta rotundata; umbilico angustissimo, punctiformi.

C'est une très petite espèce, dont je ne possède aucun exemplaire. Mon *Turbo zecus* lui ressemble beaucoup mais il a la spire plus développée etc.

Loc. Claiborne.

Turbo sp.

Pl. 13, f. 27.

Testa potius magna, ovata, turbiformis; anfractibus convexis, rotundatis, spiraliter funiculatis.

Je ne possède de cette espèce qu'un seul moule. La roche est la même de mon exemplaire de *Xenophora agglutinans* Lamk. C'est intéressant par sa grand taille. — (Coll. mon Cabinet).

Trochinae.

Trochus (Oxystele) gumus De Greg.

Pl. 13, f. 34-36 gross. de trois côtés.

Testa imperforata, subturbiformis, sublaevigata, subconoidea; spira convexa, paucispirata; ultimo anfractu ad peripheriam subangulato, basi convexo subconoideo; apertura lata. L. 7.^{mm}

C'est une petite espèce avec des singuliers caractères mais dont je doute un peu de la provenance.— (Coll. mon Cabinet).

Trochus (Margarita) Alabamensis Aldrich.

1886. Aldrich Prelim. Report Ala. p. 35, pl. 5, f. 16.

Testa conoidea, turbiformis, paucispirata, late umbilicata, spiraliter funiculata, axialiter minute dense.corrugata; ultimo anfractu basi funiculis linearibus ornato; umbilico margini acute carinato.

C'est une petite jolie espèce très caractéristique.
Loc. Matthews' Landing Ala.

Xenophora agglutinans Lamk. ?

Pl. 13, f. 37-39 de trois côtés.

1825. Deshayes Coq. Paris p. 241, pl. 31, f. 8-10; 2 ed. p. 964.

Testa trochiformis, conchyliophora; anfractibus depressis, quadrangularibus; ultimo basi angulato, umbilicato.

Je ne possède de cette espèce qu' un moule calcaire. Elle ne provient pas de l'assise à sable ferrugineuse. Le *Trochus leprosus* Morton (Synon. Org. Rem. pl. 15. f. 6) de Prairie Bluff me parait très voisin de cette espèce. Coll. mon Cabinet.

Xenophora reclusa Conr. sp. dub.

Phorus reclusus Conrad Proc. Ac. Nat. Sc. Phil. V. 7, p. 262, pl. 17, f. 6; — *Onustus reclusus* Idem Cat. Eoc. Olig. p. 33; — *Phorus reclusus?* Aldrich Prelim. Report p. 52.

Nullum exemplarem hujus speciei examinavi.

Loc. Jackson (Conrad); — Wood's Bluff et Choctaw Corner (Aldrich).

Onustus humilis Conr.

Phorus humilis CONR. Conrad Pr. Ac. Nat. Sc. p. 284.   1848. Phorus humilis CONH. Lea H. Cat. Tert. Test. p. 12.
»   »   »   »   Journ.Ac.Nat.Sc. p.116,   1865. Onustus   »   »   Conrad Cat. Eoc. Olig. p. 33.
pl. 11, f. 46.   1866.   »   »   »   »   Check List. p. 11.

Haec species mihi non est nota, quia Volumen Journ. Ac. Nat. Sc. in quo descripta est non possideo.

Loc. Claiborne.

Operculum?

Pl. 17, f. 20 *a b c.*

Testa nummulitiformis; impressione musculari trapetiodali, arcuatim appendiculata.

Je possède plusieurs exemplaires énigmatiques, qui me paraissent des opercules; mais je n'en suis pas sûr. Il sont épais, solides, spathoses, à la partie extérieure grisâtres: ils montrent une impression curieuse qui est bien représentée par notre figure 20 *b* (pl. 17).— (Coll. mon Cabinet).

CAPULIDAE

Capulus complectus Aldrich.

Pl. 7, f. 23 * *a b* reprod. de Aldrich gr. nat. et gross.

1886. Aldrich Prelim. Report. Alab. p. 34, pl. 6, f. 1.

Testa laevigata, irregularis, concentrice lineata; impressione musculari semiarcuata; anfractibus tribus, duobus primis spiralibus.

M. Aldrich compare cette espèce au *Pileopsis squamaeformis* Lamk.
Loc. Wood's Bluff Group, Hatchetigbee, Lisbon.

Calyptraea trochiformis Lamk.

Pl. 13, f. 31 *, 40-45 (f. 40-42, 43-45 deux exempl. de trois côtés; — f. 46*-47* reprod. de Lea;
f. 31 reprod. de Conrad).

1825. Calyptraea trochiformis LAMK. Deshayes An.sans.Vert.   1865. *Trochita*   trochiformis LEA Idem Cat. Eoc. Olig. p. 33.
pl. 1, f. 1-13.
1833. Infundibulum urticosum CONA. Conrad Foss. Sh, p. 32.   1866.   »   »   »   Idem Check List. p. 11.
»   trochiformis »   Lea Contr. Geol. p. 96,   1884.   »   »   »   Heilprin Contr. Geol. Pal. Tert. p. 90.
pl. 3, f. 76.
»   »   LAMK. Conrad Foss. Shells 2   1886.   »   »   »   Aldrich Meyer Newton p. 10, 44, 46.
ed. p. 46, pl. 16, f. 18.
1841. Calyptraea   »   »   Idem Observ. Atl. Reg.   1887. *Infundibulum*   »   CONR. Smith Johnson Tert. Cret. Tusc. Tomb. Ala p. 22.
p. 175.
1850. Infundibulum   »   »   Idem Vicksburg pl. XI, f. 3.

Testa fragilis, convexa, paucispirata; anfractibus convexis, rapide crescentibus, subirregularibus, papillosis vel sublaevigatis, vel spiraliter striatis, vel tubulose spinosis; basi concava; septo laevigato, tenui.

Mes exemplaires de Claiborne correspondent à peu près avec ceux de Paris. M. Lea ne cite pas l'espèce de Lamark, de sorte qu'on peut douter, que c'est par combinaison qu'il adopta le même nom de Lamark. M. Conrad en citant cette espèce ne le fait pas avec ce nom mais avec celui de Lea. M. Conrad, dans son Catal., ne cite pas l'*Infundibulum urticosum* Conr. qui est un synonyme de la même espèce. Heilprin lui rapporte aussi le *Trochus apertus* Brander. — Je crois que la *Cal. (Crucibulum) centralis* et *multineata* Tuom. Holmes (South Carolina pl. 15, f. 7, 8) espèces pliocéniques rappellent le même type. — (Coll. mon Cabinet).

Crepidula dumosa Conr.

Pl. 13, f. 48 * reprod. de Conrad.

1833. *Crepidula dumosa* Conr.	Conrad Foss. Shells 2 ed. p. 46, pl. 16. f. 20.			1848. *Crepidula dumosa* Conr.	Bronn. Ind. Pal. p. 343.	
1834. » » »	Idem Observ. Form. Tert. South. Stat. p. 148.			1850. » » «	D'Orb. Prodr. Et. 25, N. 660.	
1848. » » »	Lea Cat. Tert. Test. p. 6.			1865. *Crypta* » »	Conrad Cat. Eoc. Olig. p. 33.	
				1866. » ·» »	Idem Check List.	

Testa subovata, depressa, convexa; costis alternantibus ornata (ex quibus majores ornatae sunt erectis spinis); extremitate spirae inflexa, subspirali.

M. Conrad dit qu'elle diffère de la *lirata* Conr. par les côtes et les épines plus larges, le sommet plus courbé et moins proéminent.

Conrad dans son Catal. oublia d'avoir décrit et figuré cette espèce dans son mémoire « Foss. Shells ».
Loc. Claiborne.

Crepidula lirata Conr.

Pl. 13; f. 49-53, 54 * 55-57, 58 * (f. 49-51 un exempl. de trois côtés; — f. 52-53 autre exempl. de deux côtés; — f. 55-57 jeune exempl. (deux figures en gr. nat. f. 57 gross) de trois côtés; — f. 54 * repr. de Lea (*cornuarietis*); — f. 58 * repr. de Conrad).   Pl. 14, f. 1-3 de trois côtés (var. *sublaevigata* De Greg.).

1832. *Crepidula lirata*		Conr.	Conrad Amer. Journ. Sc. V. 23, p. 344.	1855. *Crepidula lirata*	Lea	Conrad Obs. Eoc. Jacks. p. 257.
1833. »	*cornu-arietis* Lea		Lea Contr. Geol. p. 97. pl. 3, f. 77.	1865. *Crypta* »	Conr.	Conrad Catal. Eoc. Olig. p. 33.
» »	*lirata*	»	Conrad Foss. Shells 2 ed. p. 46, pl. 16, f. 17.	1866. » »	»	Conrad Chek List. p. 11.
				1886. *Crepidula* »	»	Aldrich Prel. Rep. p. 44.
1848. » »		»	Bronn Ind. Pal. p. 347.	1887. » »	»	Smith Johnson Tert. Cr. Tusc. Tomb. Ala. p. 22.
» » »		»	Lea H. Cat. Tert. Test. p.6.			
1850. » »		Conr.	D'Orb. Prodr. Et. 25, N. 659.			

Testa semiovata, obliqua, irregularis, oblique turgida, arcuata, latere subdepressa; apici capuliformi, brevi, conico, paulo contorto; superficie laevigata, vel dextero latere laevigata, sinistro radiatim sulcata, vel omnino sulcis notatis subasperulatis, saepe alternantibus ornata; margini acuto; septo mediano laminari. L. 35.^{mm}

Certes c'est une des espèces plus répandues et des plus caractéristiques de la faune de Claiborne. M. Lea, en la décrivant, cite l'espèce de Conrad avec un point d'interrogation, c'est donc évident que l'espèce de Conrad a la priorité; Conrad même a constaté l'identité. C'est étrange que celui-ci, dans son Catal., ne cite pas l'ouvrage « Foss. Shells » où il la décrivit et figura. J'en possède des exemplaires presque lisses (var. *sublaevigata*).

La *Cr. ponderosa* H. Lea (Petersburg Virginia pl. 35, f. 40) et la *Cr. (Cripta) spinosa* T. H. et *costata* T. H. (Tuomey Holm Plix. pl 25, f. 10-11) ont quelque affinité avec l'espèce éocénique. — (Coll. mon Cabinet).

Hipponix ingrediens De Greg. sp. dub.

Pl. 14, f. 8-9 de deux côtés.

Testa subpatelliformis, depressa, convexa, irregularisque, apici obtusa; radiatim costulata; costulis circiter 40, rotundatis, subsquamulosis, subimbricatis.

C'est une petite espèce qui a beaucoup de ressemblance avec l'*Hip. elegans* Desh. (1825. Deshayes Coq. Paris p. 25, pl. 3, f. 16-19, 2 ed. p. 270) de laquelle elle diffère par l'ornementation (n'ayant pas les côtes interrompues) et par le sommet pas du tout spiriforme. Elle est très voisine de l'*Hip. dilatata* Lamk. (Desh. loc. cit. pl. 21, f. 19-20). Mais elle a la plus grande analogie avec l'*Hipponix comptus* Desh. (Bassin Paris pl. 4, f. 16-18), duquel il diffère par le sommet non spiral et par la taille plus petite.— (Coll. mon Cabinet).

ROTELLIDAE

Rotella (Helcion) pigmæa (Lea) De Greg.

Pl. 14, f. 4-6 gross. de trois côtés; — f. 7 * gross. reprod. de Lea.

1833. *Xipponix pygmæa* LEA Lea Contr.Geol.p. 93.pl.3,f.75.   1866. *Conchololepas pygmœa* LEA Conrad Check List. p. 11.
1865. *Conchololepas* »   » Conr. Cat. Eoc. Olig. p. 33.   1886. *Hipponix* »   » Aldr. Prelim. Report p. 34.

Testa minuta, conoidea, symetrica, apici erecto, simplici, margini verticali; costulis radiantibus confertis. Diam. 1.^{mm}

C'est une très petite espèce qui paraît voisine de l'*Helcion striatulus* Desh. (*Patella striatula* Desh. Coq. Paris pl. 1, f. 14-15; — *Helcion striatulus* in D'Orb. Prodr. Strat.), mais dont elle diffère par la taille plus petite et par le sommet plus vertical au bord. — (Coll. mon Cablnctj.

FISSURELLIDAE

Fissurella tenebrosa Conr.

Pl. 14 f. 10*, f. 11-15, 16* (f. 11-13 en dessus, en dedans et de côté; — f. 14 détail gross.; — f. 15 détail beaucoup plus gross.; — f. 10 * reprod. de Lea; — f. 16 * reprod. de Conrad).

1833.	*Fissurella tenebrosa*		CONR.	Conrad Foss. Shells p. 33.	1848.	*Fissurella tenebrosa*	CONR. Bronn Ind. Pal. p. 498.
»	»	*claibornensis* LEA		Lea Contr. Geol. p. 94, pl. 3, f. 74.	1850.	» »	» D'Orbigny Prodr. p. 371.
»	»	*tenebrosa*	CONR.	Conrad Foss. Shells 2 ed. p. 39, pl. 15, f. 9.	1865.	» »	» Conrad. Cat. Eoc. Olig. p. 34.
1834.	»	»	»	Idem Append. in Morton.	1866.	» »	» Idem Check List. p. 10.
1848.	»	»	»	Lea H. Cat. Tert. Test.	1886.	» *claibornensis*	» Meyer Aldrich Newton p. 9.

Testa conico-oblunga, symetrica, elegantissima clathrata; costulis densis, radiantibus, alternantibus, funiculisque spiralibus; foro elliptico sublanceolato, apici adnato sed posterius sito.

La *F. altior* Aldrich Meyer (Newton pl. 2, f. 16) ressemble beaucoup à cette espèce; mais elle a le trou apical différent. Coll. mon Cabinet.

Emarginula arata Conr.

Pl. 14, f. 17 * reprod. de Conrad.

1833.	*Emarginula arata* CONR.			Conrad Foss. Shells 1 ed. p.44.	1848.	*Emarginula arata* CONR.	Bronn Ind. Pal. p. 455.
»	»	»	»	Idem Foss. Shells 2 ed. p. 39, pl. 15, f. 8.	1850.	» »	» D'Orb. Prodr. p. 372.
1848.	»	»	»		1860.	» »	» Conrad Check List. p. 10.
	»	»	»	Lea H. Cat. Tert. Test.	1865.	» »	» Idem Cat. Eoc. Olig p. 34.

Testa ovata, convexa; paulo depressa, radiatim costulata; apice umboniformi, symetrico, centrali; rima potius angusta, extus minutis rugis ornata.

C'est une espèce très jolie et intéressante; mais de laquelle je ne possède aucun exemplaire. M. Conrad cite une *Fissu-*

rella Missipiensis de Vicksburg (Conrad Vicksburg pl. XI, f. 2) qui est voisine de l'espèce en question; elle en diffère par la forme et la position du trou du sommet. Elle a aussi de l'analogie avec l'*E. fenesrata* Desh. (Bassin Paris pl. 3, f. 37-41), mais elle s'en distingue par le sommet plus central et par l'échancrure.

Loc. Claiborne.

NATICIDAE

Natica (Megatylotus) crassatina Lamk.

Pl. 14, f. 25-28 deux exempl. de deux côtés.

1825. Deshayes Coq. Paris p. 171, pl. 20, f. 1-2. — 1866. Deshayes Bassin Paris p. 58.

Testa crassa, turgida, striis accretionis ornata; spira convexa; sutura canaliculata ; ultimo anfractu basi compresso callosoque; apertura semilunari; labro columellari valde calloso; collo umbilicum omnino obtegente.

Je possède plusieurs exemplaires de cette espèce qui est si intéressante et caractéristique ; je les ai comparé à ceux du bassin de Paris et je les ai trouvé presque identiques. Je suis surpris comment Conrad et Lea ne l'ont pas cité.

La *N. Missipiensis* Conr. (Vicksburg p. 114, pl. 11, f. 10) me parait une variété de la même espèce.

Coll. mon Cabinet.

Natica Missipiensis Conr.

1850. Conrad Vicksburg p. 114, pl. 11, f. 19; — Idem Cat. Eoc. Olig. p. 27; — 1866. Idem Check List; — 1886. Aldrich Prelim. Report p. 56 (Var.).

Hanc speciem dubiam puto et forsitan varietatem speciei praecedentis. Aldrich varietatem ipsius umbilicatam citat sed non describit neque effingit. Probabile alia species consideranda est.

Loc. Vicksburg (Conrad); — Bell, Gregg's Landing, Tuschahoma (Aldrich).

Natica (Natica) epiglottina Lamk.

Pl. 14, f. 37-40 trois exempl. gross.

1825. Deshayes Coq. Paris p. 165, pl. 20, f. 5-11. — 1866. Idem Bassin Paris p. 56.

Exemplares Claibornenses non differunt ab exemplaribus parisiensibus; sed minorem dimensionem habent.

Coll. mon Cabinet.

Natica (Lunatia) semilunata (Lea) De Greg.

Pl. 14, f. 29-30; — f. 31 * reprod. de Lea; — f. 32 * reprod. de Meyer et Aldrich (*Newtonensis*).

1833.	*Natica semilunata*		LEA	Lea Cont. Geol.p.108, pl. 4, f. 93.	1865.	*Natica oetites* CONR.			*partim*	Conrad Cat. Eoc. Ol. p. 27.
1848.	»	»	»	Lea H. Cat. Tert.Test. p. 10.	1866.	»	»	»	»	Conr.Check List.p.15.
					1886.	»	*Newtonensis* MEYER			Aldr. Prel. Rep. p.56.
1850.	»	*oetites* CONR.	*partim*	D'Orb. Prodr. p. 315.	»	»	»	»	ALDR.	MeyerAld.Tert.Faun. New. p. 3, pl. 2, f. 2.

Testa turgida, globularis, striis accretionis ornata, spiraliter maxime obsolete striata; spira brevi, obtusa, umbilico lato, profundo, simplici; labro columellari satis calloso praesertim postice.

J'ai joint mon nom à celui de Lea, car la figure et la description qu'il nous en a données ne sont pas suffisantes pour la faire recannaître.

J'ai référé à la même espèce la *Newtonensis*, qui a été retrouvée par Meyer et Aldrich à Lisbon, Newton et Wautubbee. M. Bronn la rapporte à la *N. oetites* Conrad. — (Coll. mon Cabinet).

Natica (Natica) Noae D'Orb.

Var. *magnoumbilicata* (Lea) De Greg.

Pl. 14, f. 43-46 deux exempl. gross. de deux côtés; — f. 47 * reprod. de Lea.

1825.	*Natica glaucinoides* DESH. *partim*		Deshayes Coq. Paris pl. 70, f. 7-8.	1866.	*Natica magnoumbilicata* LEA		Conrad Check. List. p. 15.
1833.	»	*magnoumbilicata* LEA	Lea Contr. Geol. p. 109. pl. 4. f. 94.	»	»	*Noae* D'ORB.	Deshayes Bassin Paris p. 55.
1848.	»	» »	Bronn Ind. Pal. p. 785.	1879.	»	*bisulcata* HEILPR.	Heilprin Proc. Acad. Nat. Scienc.
»	»	» »	Lea II. Cat. Tert. Test. p. 10.	1887.	»	*magnoumbilicata* LEA	Meyer Kennt. Faune Alt. tert. Miss. Ala.
1850.	»	*Noae* · D'ORB.	D'Orb. Prodr. p. 413.				p. 18.
1865.	»	*magnoumbilicata* LEA	Conrad Cat. Eoc. Ol. p. 26.				

Testa minuta; spira brevi, anfractibus rapide crescentibus, postice rugis axialibus confertis ornatis; rugis antice cum striis acretionis, confusis.; ultimo anfractu umbilicato; umbilico funiculo costiformi praedito.

L'espèce de Lea me parait une variété de celle de Deshayes. — (Coll. mon Cabinet).

Natica (Lunatia) parva (Lea) De Greg.

Pl. 15, f. 1ab-2 deux exempl. gross.; — f. 3 * reprod. de Lea.

1838.	*Natica eminula* CONR.	Foss. Shells p. 46.	1865.	*Lunatia eminula* CONR.	Conrad Cat. Eoc. Olig. p. 26.
1848.	» *parva* LEA	Lea Contr. Geol. p.106, pl. 4. f.89.	1866.	» » »	Idem Check List. p. 15.
	» *eminula* »	Bronn Ind. Pal. p. 782.	1886.	*Natica parva* LEA	Aldrich Prelim. Report. p. 56.

*Testa turgidula; anfractibus circiter 5, ad suturas vix impressis; apertura subovata, spiram bis superante; umbilico angusto, simplici L. 12.*mm

La description et la figure de Lea ne suffisent pas pour l'identification de cette espèce. Elle ressemble beaucoup à la *N. labellata* Lamk (Deshayes Coq. Paris. pl. 20, f. 3-4).

Je n'ai pas adopté le nom de Conrad, car il n'a pas figuré cette espèce et il n'en a pas donné des renseigments suffisants pour l'identifier. En outre cette page 46 n'appartient pas à la troisième livraison de son ouvrage, car elle ne se trouve pas dans ma copie. En suite il voulut reprendre cette espèce; mais je ne crois pas suivre son opinion. Coll. mon Cabinet.

Natica (Lunatia) Matheroni Desh.

Pl. 14, f. 33 gross.

1866. Deshayes Coq. foss. Bassin Paris p. 47, pl. 67, f. 20.

Testa turgidula; spira brevi, obtusa; apertura subelliptica; umbilico satis angusto, simplici.

C'est une espèce rare à Claiborne. je n'en possède qu'un exemplaire; il correspond bien à celui de Deshayes. Il a aussi beaucoup d'affinité avec la *N. labellata* Desh. (Deshayes Coq. Foss. Paris 1 ed. pl. 20, f. 3-4) et encore davantage avec la *N. epiglottinoides* Desh. (Desh. Coq. Foss. Paris 2 ed. pl. 67, . 26-27). — (Coll. mon Cabinet).

Natica (Lunatia) minor (Lea) De Greg.

Pl. 14, f. 50 gross.; — f. 51 * reprod. de Lea.

1833. *Natica minor* LEA Lea Contr. Pal. p. 107, pl. 4, f 90.   1866. *Natica minor* LEA Conrad Check List 15.
1848. »   »   » Lea II. Cat. Tert. Test. 10.   1886. »   »   » Aldrich Newton p. 10, 46.
1865. »   »   » Conrad Cat. Eoc. Olig. 26.

(= *Lunatia Marylandica* CONRAD)?

Testa ovato-turgida; spira conico-pupoidea; umbilico potius angusto, imbutiformi, simplici, profundo; apertura angusta; labro interno postice paulo expanso. L. 11.^{mm}

C'est une jolie espèce, dont le caractère plus important consiste en la spire pupoïde. La définition et la figure de Lea ne sont pas bien réussies. Probablement on doit référer à la même espèce la *Natica (Lunatia) Marylandica* Conr., dont je parlerai de suite et la *Natica decipiens* Meyer de Vicksburg (Meyer Contr. Eoc. Miss. Ala, p. 69, pl. 2, f. 22).

Le *Polinices subangulata* Nelson (Tert. Peru p. 195, pl. 6, f. 4, 12, 13), qui est évidemment une *Natica*, a quelque affinité avec cette espèce, surtout avec l'exempl. f. 13 Je crois que cet auteur rapporta à cette espèce plusieurs espèces distinctes. En effet les trois exemplaires, dont il donna la figure, sont tout à fait différentes. — (Coll. mon Cabinet).

Natica (Lunatia) minima Lea.

(Var. *pusilliuscula* De Greg.)

Pl. 14, f, 36 très gross. var. *pusilliuscula* De Greg.; — f. 35 * reprod. de Lea.

1833. *Natica minima* LEA Lea Contr. Geol. p. 707, pl. 4,   1848. *Natica minima* LEA Bronn I.²P. 785.
                f. 91.   1865. *Lunatia* »   » Conrad Cat. Eoc. Olig. p. 26.
1848. »   »   » Lea II. Cat. Tert. Test. p. 10.   1866. »   »   » » Check List. p. 15.

Testa lenticularis, turgida, orbicularis; spira depressa, obtusa, brevissima conoidea; apertura ovata, erecta, ampullariformi; labro interno paulo calloso; umbilico angusto, fusiformi. L. 1.^{mm}

C'est une variété extrêmement petite. Dans l'ensemble des caractères elle a beaucoup d'analogie avec l'espèce de Lea, à laquelle je l'ai référée; Conrad, dans son Catalogue, cita deux fois cette espèce à pag. 26. — (Coll. mon Cabinet).

Natica (Lunatia) Marylandica Conr.

Pl. 14, f. 49 * reprod. de Conrad.

1865. Conrad Cat. Eoc. Olig. p. 27. — Idem Descr. New. Eoc. Shells and references p. 214, pl 21, f. 11. — 1866. Check List. p. 15.

Testa suborbicularis; anfractibus 5, convexis; umbilico lato, profundo; spira conoidea, vix pupoidea; apertura ovata, circiter ³/₅ totius longitudinis.

Cette espèce doit être considérée comme un synonyme ou une variété de la *N. minor* Lea, aussi bien qua la *Natica decipiens* Meyer (1886. Contr. Eoc. Pal. Ala. p. 69, pl. 2, f. 22).

Loc. Alabama (Eoc. inf.).

Natica (Lunatia) decipiens Mey.

Pl. 14, f. 52.

1886. Aldrich Prelim. Report. p. 56. — 1886. Meyer Contr. Pal. Ala. Miss. p. 69, pl. 2, f. 22.

Testa conoidea, spira lateribus convexiuscula; anfractibus 6, laevigatis, vix convexiusculis, apertura semilunari; callo expanso, postice suberecto; umbilico potius patulo.

Cette espèce selon Meyer, est voisine de la *N. parca* Lea; selon moi, elle doit être considérée comme une variété de la *minor* Lea.

Loc. M. Meyer l'a retrouvée à Vicksburg dans les assises inférieures; M. Aldrich la cite même de Bell's Upper et de Gregg's Landing (Ala).

Natica recurva Aldr.

Pl. 14, f. 48 * reprod. de Aldrich.

1886. *Natica recurva* ALDR. Aldrich Prelim. Report p. 33, pl. 5, f. 10.

Testa globosa, laevigata, crassiuscula; suturis canaliculatis; spira brevi; anfractibus 5, angustis; ultimo magno, ovato; umbilico lato, profundo, striato; apertura semilunari; labro interno calloso, paulo expanso.

J'ai quelque doute qu'on doive considérer cette espèce comme la *N. gibbosa* Lea âgée; mais je n'en suis pas sûr.

Loc. Lisbon (Ala).

Natica perspecta Whitf.

1865. Whitfield New Eoc. Foss. p. 264. — 1886. Aldrich Prelim. Report. p. 56.

Testa obliqua, potius crassa, turgida; spira brevis; suturis distincte canaliculatis; umbilico lato, minime calloso, patulo; apertura semilunata; labro interno expanso etiam usque ad penultimum anfractum.

L'auteur dit que c'est une espèce très jolie; mais, comme il ne l'a pas figurée, ce n'est pas facile la reconnaitre, néanmoins le caractère des sutures et de l'ombilic peuvent aider à l'identifier.

Loc. Neuf milles loin de Prairie Bluff.

Natica reversa Whitf. sp. dub.

1865. Whitfield New Eoc. Foss. p. 265.

Testa parvula, globosa; spira mediocri; suturis profundis; apertura semicirculari $^2/_3$ totius longitudinis; labro interno postice expanso; callo cerciniformi, subspirali, juxta umbilicum sito.

C'est une espèce très douteuse, car elle n'a pas été figurée.

Loc. Neuf milles loin de Prairie Bluff.

Natica (Polinices) onusta Whitf. sp. dub.

1865. Whitfield New Eoc. Foss. p. 268. — 1886. Aldrich Prelim. Report. p. 56.

*Testa obliqua, elliptica; spira satis brevi; anfractibus angustis, postice subangulatis complanatis-
que, antice convexis; callo maxime lato, umbilicum omnino implente.*

C'est une espèce très douteuse comme la précédente.
Loc. Six milles loin de Prairie Bluff.

Natica (Girodes) Alabamiensis Whitf.

Pl. 14, f. 41*-42* reprod. de Whitfield.

1865. Whitfield New Eoc. Foss. p. 265, pl. 27, f. 9-10. — 1886. Aldrich Prelim. Report. p. 56.

*Testa subglobosa, subampullariformis, spiraliter minute striata; spira paulo erecta; anfractibus
postice subangulatis; apertura lata; labro interno subduplo, paulo incrassato; umbilico angusto fissuriformi, subnullo.*

Loc. Six milles loin de Claiborne.

Natica (Girodes) aperta Whitf.

1865. Whitfield New Eoc. Foss. p. 265.

*Testa maxime declivis; spira brevi; anfractibus postice compressis, antice convexis; umbilico la-
tissimo; apertura umbilicata; labro interno supra umbilicum reflexo, non autem calloso.*

Je ne puis donner d'autres détails. car cette espèce n'a pas été figurée par l'auteur et je n'en possède aucun exemplaire.
Loc. Six milles loin de Claiborne.

Natica gibbosa Lea

Pl. 14, f. 34 * reprod. de Lea.

1833. *Natica gibbosa* LEA	Lea Contr. Geol. p. 108, pl. 4, f. 92.	1865. *Neverita gibbosa* LEA	Conrad Cat. Eoc. Olig. p. 27.
1848. »	»	»	Lea II. Cat. Tert. Test. p. 10.	1866. »	»	»	Idem Check List. p. 15.
»	»	»	»	Bronn Ind. Pal. p. 782.	1886. *Natica*	»	»	Aldrich Prelim. Report p. 46.

Testa subovata, gibbosa, crassa; umbilico magno; callo crasso.

Malheureusement je ne possède aucun exemplaire de cette espèce. Ce n'est pas impossible qu'on dût la considérer comme
un exemplaire âgé de la *Natica mamma* Lea. — M. Conrad la rapporte au genre *Neverita*. mais je ne crois pas qu'il a
raison. Je doute qu'on doit référer à la même espèce la *Natica recurva* Aldrich, mais je n'en suis pas sûr. Bronn rapporte
cette espèce à l'*aetites* Conr.
Loc. Claiborne.

Natica (Neverita) mamma Lea.

Pl. 14, f. 18-20 un exempl. de trois côtés; — f. 21-23 jeune exempl. gross. de trois côtés;
f. 24 * reprod. de Lea.

1833. *Natica Aetites* CONR.	Conrad Foss. Shells p. 46.	1865. *Neverita Aetites* CONR.	Conrad Cat. Eoc. Olig. p. 27.
»	» *mamma* LEA	Lea Contr. Geol p. 109, pl. 4, f. 95.	1866. »	octites	»	»	Check List. p. 15.
				1886. *Natica mamma* LEA	Aldrich Meyer Newton p. 10.
1848. »	»	»	Bronn Ind. Pal. p. 785.	»	»	»	»	Prelim. Report p. 46.
»	»	»	»	Lea II. Cat. Tert. Test. p. 10.				

Testa suborbicularis, depressa; spira conoidea, brevissima fere introrsa ; ultimo anfractu rotundato, basi depresso; apertura ovato-angusta; umbilico magno, partim a callo tecto; labro columellari postice calloso aliquantum expanso. L. 13.^{mm}

C'est une des espèces plus caractéristiques de Claiborne. Le figure donnée par Lea n'est pas mauvaise. Conrad ne la figura pas et l'identité de son espèce avec celle de Lea est très problématique, la publication de la p. 46 de son ouvrage « Foss. Shells » a été presque dans la même époque de celle de l'ouvrage de Lea; c'est donc plus raisonnable d'adopter le nom de Lea. — Bronn rapporte à cette espèce la *N. limula* Conr., la *gibbosa* Lea, la *semilunata* Lea.

Coll. mon Cabinet.

Natica (Neverita) limula Conr. sp. dub.

1831. *Natica limula* CONR. Conrad Foss. Shells p. 46.
1857. » » » Idem Tert. Cret. Foss. Mexic.
Boundary p. 163, pl. 19, f. 7.
1865. *Neverita limula* CONR. Conrad Cat. Eoc. Olig. p. 27.
1866. » » » » Check List p.
1886. *Natica* » » Aldrich Prelim. Report. p. 46.

Testa subglobosa, tenuis; spira rotundata, apice acuta; columella postice satis incrassata ; apertura ovata.

C'est une espèce extrêment douteuse, car la description et la figure de Conrad ne sont pas bien executées. Probablement on doit référer ses échantillons à quelque autre espèce connue.

Loc. Claiborne, Western Texas etc.

Euspira (Ag.) Morr. et Lycet

Je rapporte à ce genre les espèces de *Natica*, qui sont ovales, pourvues d'une spire assez élevée et avec des sutures souvent canaliculées. Il atteignent souvent une taille considérable. M. Fischer (Manuel Conch. p. 766) référa ce sougenre comme un sougenre du gen. *Ampullina* Lamk.; mais les limites entre celui-ci et le gen. *Natica* ne me semblent pas bien tranchées, de sorte que je préfère adopter le gen. *Natica* dans le sens de Deshayes.

Natica (Euspira) enterogramma Gabb sp. dub.

Pl. 15, f. 8 reprod. de Aldrich.

1860. *Neptunea enterogramma* GABB Gabb. Descr. new spec. Am. Tert. p. 378, pl. 67, f. 14. — 1885. Idem Aldrich Prel. Report Alabama p. 24, pl. 3, 5.

Testa ovata ! magna, obsolete spiraliter striata; suturis canaliculatis ; apertura angulo postico subsoluta, incrassataque; labro interno calloso.

En examinant la figure donnée par Aldrich je trouve que son exemplaire ressemble davantage au gen. *Natica*, par exempl. à la *Natica scalariformis* Desh. et à la *N. hybrida* Desh.

Loc. M. Aldrich l'a retrouvé non seulement à Texas, mais aussi à Lisbon, c'est à dire dans l'Alabama près de Claiborne.

Natica (Euspira) propeconica De Greg.

Pl. 15, f. 7ab gross.

Testa ovata, paludiniformis, imperforata ; spira subturbiformis, vix pupoidea; apertura ovato-rotundata, postice angulata; spiram subaequante; labro externo declivi; suturis paulo impressis.

Cette espèce est très voisine de la *Natica conica* Lamk. (*Ampullaria conica* Lamk. in Deshayes Coq. Paris p. 140, pl. 17, f. 7-8, 2 ed. p. 81). mais elle en diffère par le défaut d'ombilic. C'est par ce caractère et par la surface lisse qu'elle se distingue de la *Natica producta* Desh. (Deshayes Bassin Paris p. 81, pl. 68, f. 20-22), avec laquelle elle a une grande analogie; son contour est en effet identique. — (Coll. mon Cabinet).

Natica (Euspira) promovens De Greg.

Pl. 15, f. 6ab gross.

Testa minuta, ampullariformis, nitida, elegans; spira acuminata, subgradata; anfractibus subconvexis, postice vix subangulatis; apertura late ovata, erecta, postice paulo angulata , $\frac{4}{5}$ totius longitudinis; umbilico parvulo, fissuriformis, simplici. L. 4.^{mm}

C'est une espèce très voisine de la *N. acuminata* Lamk. (Deshayes Coq. Paris pl. 17, f. 9-10), elle en diffère par la taille plus petite, la surface lisse, et par l'ombilic. Elle ressemble aussi à la *N. erecta* Whitf.; elle en diffère par le bord columellaire simple et par la spire plus développée Elle a en outre beaucoup d'affinité avec la *Nat. sinuosa* D'Orbigny (Deshayes Bassin Paris pl. 67, f. 11-13). — (Coll. mon Cabinet).

Natica (Euspira?) erecta Whitf.

Pl. 15, f. 5 *. reprod. de Whitfield.

1865. Whitfield Descr. new spec. eoc. foss. p. 264, pl. 27, f. 11. — 1886. Aldrich Prelim. Report p. 56.

Testa subglobosa, rapide crescens; anfractibus 5 laevigatis; spira subconoidea, apice acuminata; ultimo anfractu magno; apertura erecta, lata; labro externo valde arcuato; labro interno duplo; umbilico subnullo, fissuriformi.

Loc. Six milles loin de Claiborne, et dix milles loin de Prairie Bluff.

Sigaretns? perovata Conr.

Ampullaria perovata Conr. Conrad Ac. Nat. Sc. V. 3, p. 21 — 1848. Idem Lea H. Cat. Tert· Test. 104. — 1865. *Lupia perovata* Conr. Conrad Cat. Eoc. Olig. p. 27. — 1866. Idem Check List p. 15.

Je ne connais aucune description de cette espèce qui n'a été que simplement citée. M. Tryon et M. Zittel considèrent le gen. *Lupia* Conr. comme un synonyme du gen. *Sigaretus*, c'est pour ça que j'ai cité ici cette espèce, quoique j'ai quelque doute à propos de cela ; car dans son « Catal. Eoc. Oligoc. » il considère le gen. *Catinus* (= *Sigaretus*) comme distinct du gen. *Lupia*. Est-ce que ce genre serait plutôt un synonyme du gen. *Euspira ?* Je ne peux rien dire, car je ne sais pas s'il a défini ce genre; je ne le trouve que cité.

Loc. Alabama.

Sigaretus striatus Lea.

Pl. 15, f. 9 * reprod. de Lea; — f. 10ab un exempl. gross. de deux côtés; — f. 11 autre exempl. ; — f. 12-13 exempl. jeune cassé, gross. de deux côtés; — f. 14-15 autre exempl. gross. de deux côtés.

1833. *Natica striata* Lea   Lea Contr. Geol. p. 105 ,   1848. *Sigaretus bilix* Conr partim Lea H Cat. Tert. Test. 10
                                     pl. 4, f. 88.   1886.   »   striatus Lea   Aldrich Meyer Newton
1848. *Sigaretus bilia* Conr. *partim* Bronn Ind. Pal. p. 1132.   ●   p. 10.

Testa depressa, elegans, potius fragilis, interdum paulo crassa, declivis, spiraliter minute striata, striis vix undulatis ; spira valde brevi; anfractibus rapide crescentibus ; ultimo magno , compresso, vix anguste subumbilicato; apertura lata.

C'est une des espèces plus caractéristiques de Claiborne. M. Conrad ne la cite pas dans son Catalogue et dans son Check List. Il cite au contraire trois espèces (*Sigaretus arctatus, bilix, declivis*) sans les avoir figurées et une *Lupia perovata* qui est dans les mêmes conditions. Est-ce qu'on doit les considérer comme des variétés de l'espèce de Lea ? — Le *Sigaretus Levesquei* Recl. (Desh. Bassin Paris 2 ed. pl. 69, f. 23-26) est très analogue de l'espèce de Lea; il parait presque identique

Sigaretus arcta'us Conr. sp. dub.

1833. *Sigoretus arctatus* Conr. Conrad Foss. Sh. 1 éd. p. 45.   1865. *Catinus arctatus* Conr. Conrad Cat. Eoc. Olig. p. 27.
1834.   »   »   » App. in Morton.   1866.   »   »   »   » Check List. p. 27.
1848.   »   »   Bronn Ind. Pal. p. 1132.

Ego non cognosco ullam descriptionem aut figuram hujus speciei.

Est-ce qu'on doit la considérer comme une synonyme du *Sig. striatus* Lea?
Loc. Conrad donne pour *habitat* l'Alabama.

Sigaretus bilix Conr. sp. dub.

Sigaretus bilix Conr. Conrad Am. Journ. Sc. V. 23, p. 344. — *Catinus* Idem Conrad Cat. Eoc. Olig. p. 27. — Id. Conr. Check List 15. — *Sigaretus* Id. Aldrich Prel. Rep. p 46, 56. — *Sig. canaliculatus* Conr. (non Sow.) Heilprin Contr. Geol. Pal. Tert. p. 93.

Haec species etiam solum citata fuit, non autem bene descripta aut effincta.

C'est peut-être une synonyme de la précédente.
Loc. Conrad donne pour *habitat* Claiborne, Aldrich cite Claiborne, Lisbon et Monroe. M. Heilprin rapporte à cette espèce et à la suivante le *Sig. canaliculatus* Sow. in Conr. et il cite l'ouvrage de Conrad Foss. Shells 1 éd. p. 34. Or dans la p. 34 de la 1 et de la 2 édition de cet ouvrage on ne trouve pas cette espèce. Bronn lui rapporte la *Natica striata* Lea.
Loc. Claiborne.

Sigaretus declivis Conr. sp. dub.

1833. *Sigaretus declivis* Conr Conrad Foss. Shells p. 45.   1866. *Catinus declivis* Conr. Conrad Check List p. 15.
1865. *Catinus*   »   »   » Cat. Eoc. Olig. p. 27.   1886. *Sigaretus* »   » Aldrich Prelim. Report. p. 56.

Etiam haec species in ipsis conditionibus est quam duae praecedentes.

Loc. Conrad donne pour *habitat* l'Alabama.

Sigatica Mey. Aldr.

Ce sougenre a été proposé par M. Meyer et Aldrich pour l'espèce suivante.

Sigaretus·(Sigatica) Boętgeri Mey. Aldr.

Pl. 15. f. 4 * reprod. de Meyer et Aldrich.

1886. Meyer Aldrich Tert. Fauna Newton p. 4, pl. 2, f. 13. — 1886. Aldrich Prelim. Report p. 46 (*Sigaticus*).

Testa parvula, depressa, subrotelliformis; spira conoidea, obtusa, brevi, circiter $\frac{1}{4}$ *totius longitudinis; ultimo anfractu declivi, apud umbilicum valde spiraliter striato et apud suturam posticam; umbilico lato intus striato.*

Les auteurs cités ne parlent pas des stries spirales de la partie postérieure des tours. mais on les voit bien dans leur figure.
Loc. Ils donnent pour *habitat* non seulement Newton, mais aussi·Lisbon, c'est pour ça que je i'ai décrite ici.

Velutina (Leptonotis) expansa Whitf.

Pl. 15, f. 16*-17* reprod. de Whitfield.

1865. *Velutina (Otina) expansa* WHITF. Whitfield Descr. New Eoc. foss. p. 263, pl. 27, f. 14-15. — 1883. *Leptonotis* Idem Tryon Struct Syst. p. 208. pl. 64, f. 68-69. — 1886. *Velutina* Idem Aldrich Prelim. Report p. 57.

Testa minuta, late expansa, patula, spira rudimentali; peristomate producto etiam per corpan fractum; hoc magno, plus minusve expanso. L. 7.ᵐᵐ

C'est une petite espèce extrêmement intéressante dont je ne possède aucun exemplaire. Elle n'est pas citée par Conrad. Loc. Six milles loin de Prairie Bluff.

PYRAMIDELLIDAE

Odostomia elevata (Lea) De Greg.

Pl. 15, f. 18-19 deux exempl. gross. — f. 20 * reprod. de Lea; — f. 21 * reprod. de Lea (*Acteon pygmea*).

1833. *Acteon elevatus* LEA Lea Contr. Geol. p. 113, pl. 4, f. 98. 1848, *Acteon elevatus* CONR. Lea II. Cat. Tert. Test. p. 1, pl. 13.
» *Pyramidella larvata* CONR. Idem Foss. Shells p. 46 ?   » *Pyramidella larvata* » Bronn Ind. Pal. p. 1168.
1834.   »   »   » Idem Appendix Morton Org. Rem. 1865. *Obeliscus larvatus* » Conrad Cat. Eoc. Ol. p. 28.
1886.   »   »   » Idem Check List p. 14.
1887.   » *elevatus* LEA Mey. Beits. Kent. Alt. Tert. p. 15.

= *Acteon pygmea* LEA *sp.* Lea Contr. Geol. p. 114, pl. 4, f. 101.

Testa turrita, subcylindracea, laevigata; anfractibus numerosis, planiusculis, prope suturam anticam subcanaliculatis; suturis profundis; signis acretionis sub lente minute linearibus; upertura antica subrotundata, columella valde uniplicata.

C'est une espèce très jolie et très caractéristique. Près de la suture, dans la partie antérieure des tours, il y a une espèce de sillon qui est déterminé par un arrêt d'émail.

M. Conrad rapporte parmi le synonymes l'*Acteon pygmeus* Lea et il a probablement raison, mais je n'en suis pas sûr; je crois que l'*Odostomia magnoplicatus* Lea (1840. *Acteon magnoplicatus* Lea Descr. new foss. Claiborne p. 94, pl. 1, f. 5) doit être considérée comme un synonyme. — (Coll. mon Cabinet).

Odostomia pygmea sp. dub

Pl. 15, f. 21 * reprod. de Lea.

1833. *Acteon pygmeus* LEA Lea Contr. Geol. p. 114, pl. 4, f. 101. 1865. *Obeliscus larvatus* CONR. *partim* Conr. Cat. Eoc. Ol. p. 28.
1866. » *pygmeus* » » » Check List p. 14.
1848. » » » Lea H, Cat. Tert. Test. p. 1. 1886. *Acteon* » LEA » Aldr. Prelim. Rep. p. 44.

Testa minuta subulata, laevigata, tenuis; anfractibus 6; suturis impressis; labro columellari lato, uniplicato.

C'est une très petite espèce; la figure de Lea la représente grossie deux fois.

Elle a beaucoup de ressemblance avec la *O. elevata* Lea à laquelle elle a été rapportée par Conrad ou pour mieux dire à son *Obeliscus larvatus*. Je ne suis pas sûr de cette identification et Conrad même ne l'était pas, car le même ouvrage dans lequel il la considère comme un synonyme, il la cite aussi comme une espèce à part. (Cat. eoc. olig. p. 28); dans la Check List il la considèra comme distincte. Bronn rapporte cette espèce a l'*Acteon melanellus* Lea.

Loc. Claiborne.

Odostomia melanellus (Lea) De Greg.

Pl. 15. f. 22 gross.; — f. 23 * reprod. de Lea.

1833. *Acteon melanellus* LEA Lea Contr. Geol. p. 113, pl. 4, f. 99.
1834. » » » » Conrad Appendix in Morton.
1848. » » » » Lea H. Cat. Tert. Test. p. 1.
» » » » » Bronn. Ind. Pal. p. 11.

1860. *Obeliscus melanellus* LEA Conrad Check List. p. 14.
1865. » » » » Cat. Eoc. Ol. p. 28.
1879. *Odostomia laevigata* HEILPR. Hellprin Proc. Acad. Nat. Sc. (teste Meyer).
1887. *Obeliscus melanellus* MEYER Meyer Beitr. Kent Alt. Tert. p. 15, 18.

Testa minuta, conico-turrita, laevigata; apici acuminata; ultimo anfractu cylindraceo, ad peripheriam obtuse angulato; columella antice contorta subplicata. L. 3.^{mm}

C'est une jolie petite espèce très douteuse, car la figure de Lea laisse beaucoup à désirer. Nos échantillons ressemblent beaucoup à la figure de l'*Odostomia pygmea* Lea; mais le pli de la columelle n'est pas large, et les sutures ne sont pas « sharply impressed ».

Cette espèce a beaucoup d'affinité avec l'*Odostomia Boetgeri* Meyer (On invert. Eoc. Miss. Ala 1887, p. 51, pl. 3, f. 4) de Vicksburg; dont elle diffère n'ayant pas les sillons internes du bord externe etc. Bronn rapporte à cette espèce l'*Acteon pygmeus* Lea. — (Coll. mon Cabinet).

Odostomia laevis Lea.

Pl. 15, f. 24 * reprod. de Lea (gr. nat. et gross); — f. 25 * reprod. de Meyer (*Botgeri*).

1840. *Acteon laevis* LEA Lea H. Descr. new foss. Claiborne p. 94, pl. 1, f. 4.
1848. » » » Lea H. Cat. Tert. Test.

1848. *Acteon laevis* LEA Bronn Ind. Pal. p. 11.
1887. *Odostomia Boetgeri* MEYER Meyer Invert. Eoc. Form. Miss. Ala. p. 51, pl. 3, f. 4.

Testa minuta, nitida, laevigata, subconica; anfractibus circiter 8, planiusculis; suturis linearibus; apertura angusta, columella antice contorta, uniplicata.

En comparant la figure de Lea et celle de Meyer qui représente un exemplaire de Vicksburg je ne trouve aucune différence; seulement celui-ci a dans le bord externe de l'ouverture quatre sillons, ou pour mieux dire quatre zônes blanchâtres, qui ne se voient pas dans la figure de Lea.

Elle est liée très étroitement avec la *Turbonilla obesula* Desh. (Deshayes Coq. Paris 2 ed. pl. 27, f. 40), mais elle en diffère pour les stries internes.

Loc. Claiborne.

Odostomia magnoplicatus Lea sp. dub.

Pl. 15, f. 26 * reprod. de Lea.

1840. *Acteon magnoplicatus* LEA Lea H. Descr. new foss. Claiborne f. 94, pl. 1, f. 5. — 1848. Idem Bronn Ind. Pal. p. 11.
1848. Idem Lea H. Cat. Tert. Test. p. 1.

Testa laevigata, conica, minuta; anfractibus numerosis, vix convexis; columella valde uniplicata.

C'est une espèce très douteuse, je crois qu'on doit la considérer comme un synonyme de l'*Odostomia elevata* Lea. Loc. Claiborne.

Odostomia perexilis Conr.

Pl. 15, f. 27 * reprod. de Conrad.

1865. *Obeliscus perexilis* CONR. Conrad Cat. Eoc. Ol. p. 28.
» » » » Idem Descr. new eoc. foss. Un. St. p. 144.

1865. *Obeliscus perexilis* CONR. Conr. Descr. new eoc. shelles and refer. p. 222. pl. 20, f. 2.
1866. » » » Idem Check List. p. 19.

Testa minuta, laevigata, cylindrica, subulata; anfractibus 14, planulatis ; columella antice valdè uniplicata; suturis profundis.

Cette petite espèce est très intéressante par sa forme très aiguë et allongée, elle ressemble extrêment à l'*Aciculina polygirata* Desh. (Deshayes Coq. Paris 2 ed. pl. 15, f. 32-33).

Loc. Claiborne.

Odostomia bidentata Meyer.

Pl. 15, f. 28 * reprod. de Meyer.

1883. Meyer Contr. Eoc. Miss. Ala. p. 70, pl. 1, f. 3.

Testa angusta, turrita, subulata, apici heterostropho; plicis axialibus tenuibus, numerosis; suturis impressis; columella biplicata; plica antica tenui, postica magna erectaque.

Cette espèce est presque identique de la *Turbonilla Missipiensis*; elle en diffère seulement par les plis de la columelle. Il n'est pas difficile qu'on doit référer à la même espèce la *Turbonilla neglecta* Meyer.

Loc. Claiborne.

Odostomia striata Lea sp. dub.

Pl. 15, f. 29 * reprod. de Lea.

1833. *Acteon striatus* LEA Lea Contr. Geol. p. 114, pl. 4, f. 100.   1865. *Obeliscus? striatus* LEA Conrad Cat. Eoc. Olig. p. 28.
1848.   »   »   »   » Lea H. Cat. Tert. Test. p. 1.   1866. *Obeliscus*   »   »   » Check List. p. 14.
»   »   »   » Bronn Ind. Pal. p. 12.

Testa subulata, nitida, minuta, fragilis, tenue spiraliter striata; columella uniplicata.

C'est une espèce très douteuse, car M. Lea n'en possédait qu'un seul fragment, qui n'a pas été bien figuré ; les stries dont il parle, ne se voient pas. M. Conrad la rapporte au genre *Obeliscus* avec un point interrogatif.

Loc. Claiborne.

Pyramidella (Obeliscus) suprapuchra De Greg.

Pl. 15, f. 30 gross.

Testa conica, angusta, turrita ; laevigata; anfractibus planis, angustis, numerosis, circiter 12; ultimo ad peripheriam tenuissime unistriato; plicis columellaribus 3, notatis, ex hiis postica magna, cerciniformi, extus producta; labro externo denticulato (duobus dentibus majoribus quam aliis); suturis profundis sub lente tenuissime eleganter granulosis. L. 9.^{mm}

C'est une espèce vraiment singulière ; mais j'ai quelque doute en égard à la provenance de mon échantillon, il a beaucoup de ressemblance avec la *O. suturalis* Lea (1843. H. Lea Petersburg Virginia pl. 36, f. 65).

Coll. mon Cabinet.

Turbonilla Leach in Risso (1826).

Ce nom a la priorité sur celui de *Chemnitzia* D'Orb. (1839) et il comprend des espèces avec des coquilles allongées, étroites, pourvues de côtes, avec le sommet héterostrophe et avec l'ouverture simple, sans canal antérieur et sans péristome continu. Type de ce genre sont la *T. plicatula* Risso et la *T. costulata* Risso. — Il est mieux de réserver le nom de *Chemnitzia* pour les espèces fossiles surtout de la période secondaire, qui ont beaucoup d'affinité avec le gen. *Turbonilla*, mais qui ne peuvent pas lui être référées à cause de leur taille plus large etc.

Turbonilla neglecta Meyer.

Pl. 15, f. 31*-32* reprod. de Meyer.

1886. Meyer Contr. Eoc. Miss. Ala. p. 69, pl. 1, f. 4.

Testa subulata, parvula, axialiter confertim, minute plicata; apertura quadrangulari; labro columellari uniplicato, labro externo intus plicato.

C'est une espèce qui ressemble beaucoup à la *T. Missipiensis*; elle diffère de celle-ci par le bord columellaire plié et par le costules plus nombreuses. Je doute qu'on doit référer à la même espèce la *Odostomia bidentata* Meyer (Loc. cit. p. 70, pl. 1, f. 3).

Loc. Claiborne.

Turbonilla ? Claibornensis Heilpr.

1879. *Melania Claibornensis* HEILPR. Heilprin Proc. Acad. Nat. Sc. Phil. — 1887. *Chemnitzia* Idem, Meyer Beitr. Kent. Alt. tert. p. 18.

Je ne connais pas cette espèce. M. Heilprin la référa au gen. *Melania*; M. Meyer dit qu'elle doit être un *Chemnitzia*. Je crois qu'elle doit être probablement une *Turbonilla*.

Loc. Claiborne.

Turbonilla Missipiensis Meyer.

Var. *pellegrina* De Greg.

Pl. 15, f. 33 gross. — f. 34 * reprod. de Meyer.

1886. Meyer Contr. Eoc. Miss. Ala. p. 70, pl. 2, f. 5.

Testa subulata, turrita, elegans, parvula; apici heterostropho; anfractibus planis, primis laevigatis, caeteris tenue regulariter obsolete axialiter plicatis, ultimo basi laevigato; apertura ovato-angusta. L. 4.ᵐᵘ

C'est une très petite jolie espèce fort intéressante; j'en possède seulement l'exemplaire que j'ai fait figurer. Mes exemplaires diffèrent de celui de Meyer ayant les tours beaucoup plus aplatis et pourvus de côtes plus nombreuses.

Loc. Claiborne.

Aclis modesta Meyer.

Pl. 15, f. 35 * reprod. de Meyer.

1886. Meyer Contr. Eoc. Miss. Ala. p. 69, pl. 2, f. 1.

Testa parvula, elegans; anfractibus embryonalibus 2, nucleatis, senestris; caeteris 5 anfractibus convexis, rotundatis; filis spiralibus minutis confertisque; apertura elliptica, erecta; suturis profundis. L. 1.ᵐᵐ ½.

Loc. C'est une des plus petites espèces de Claiborne; je n'en possède aucun exemplaire.

Eulimella gen.

Ce genre n'appartient pas à la famille des *Eulimidae* (comme on pourrait faussement juger d'après son nom); mais à celle des *Pyramidellidae* à cause de la forme de ses tours imbrionaires.

Eulimella propenotata De Greg.

Pl. 15, f. 36-37 gross, de deux côtés.

Testa ovato-oblonga, conica, laevigata, nitida; apici spirata, heterostropha; apertura antice rotundata. L. 1.[mm]

Cette espèce est très voisine de l'*Eulima notata* Lea, dont je parlerai en suite, mais elle appartient à un autre genre, car ayant étudié mon exemplaire avec attention et avec une forte loupe, je me suis aperçu que son sommet est hétérostrophe. D'ailleurs son angle spiral est plus prononcé. Cette espèce est analogue de la *Melania turbinoides* Desh. (Deshayes Coq. Paris pl. 30, f. 16).—(Coll. mon Cabinet).

Pyramis Couth.

Je retiens ce nom pour les espèces des *Pyramidellidae*, spiralement striées, turriculées, avec une columelle presque lisse. M. Tryon rapporte à ce genre à titre de sougenre la *Monoptygma* Lea; mais celle-ci me paraît plus voisine du gen. *Acteon;* Le gen. *Pyramis* tient beaucoup du gen. *Bithynia* (*Bith. bicarinata* Desmoulins).

Pyramis elegans Lea sp.

Pl. 15, f. 38 * reprod. de Lea.

1840. *Pasithea elegans* LEA Lea Descr. New Foss. Claiborne p. 93, pl. 1, f. 3.

Testa angusta, eulimiformis, pupoides, spiraliter tenue striata; anfractibus planis; spira conica; apertura angusta.

C'est une espèce très douteuse, car la figure et la description de Lea ne sont par suffisantes et elle n'est pas citée par Conrad.

Loc. Claiborne.

Pyramis sulcata Lea (sp.) De Greg.

Pl. 15, f. 41 * reprod. de Lea; — f. 42 gross.

1833. *Pasithea sulcata* LEA Lea Contr. Geol. p. 103, pl. 4, f. 84.	1865. *Caelatura sulcata* LEA Conrad Cat. Eoc. Olig. p. 28.	
1834. *Pyramis striatus* » sp. Conrad Appendix in Morton.	1866. *Actaenema* » » Idem Check List. p. 9.	
1848. *Pasithea sulcata* « Lea H. Cat. Tert. Test. p. 11.	1887. *Rissoa* » » Meyer Beitr. Kent. Alt. Test. p. 15.	
» *Pyramis striatus* CONR. Bronn. Ind. Pal. p. 1068.		

Testa ovato-elongata, parvula, elegans, vix pupoides; funiculis spiralibus notatis, 3 ad anfractum, 7 autem in ultimo; suturis profundis; spira apici obtusa; anfractibus convexis, ultimo antice obtuso; apertura ovata, antice rotundata.

C'est une petite jolie coquille bien caractérisée. M. Lea la décrivit et figura imperfectement; je suis heureux d'en donner d'autres renseignments et une bonne figure. L'*Odostomia crassispirata* Meyer (1887. Meyer Alt. tert. Miss. Ala. p. 6, pl. 1, f. 13) a beaucoup d'analogie avec celle-ci et avec la *striata* Lea.

Loc. Claiborne.

Pyramis striata (Lea) Conr. sp.

Pl. 15, f. 39 * reprod. de Conrad. — f. 40 * reprod. de Lea.

1833. *Phasithea striata* LEA Lea Contr. Geol. p. 102, pl. 4,   1865. *Caelatura striata* LEA Conrad Cat. Eoc. Ol. f.28,p.35.
1848.   f. 83.   » *Actaeonema* » » » Descr. new eoc. sh. Un.
     »   »   » Lea II. Cat. Tert. Test. p. 11.   Stat. p. 147, pl. 11, f.2.
   » *Pyramis striatus* » Bronn Ind. Pal. p. 948.   1866.   »   »   »   » Check List p. 9.

Testa parvula, turrita, spiraliter quadrisulcata; sulcis in ultimo anfractu circiter 12; basi sub-umbilicata; apertura ovata, antice erecta; spira apici acuminata.

Cette espèce est très analogue de la *P. sulcata* Lea ; elle en est distinguée par la forme plus étroite et conoïde, et par l'ouverture un peu plus allongée et anguleuse en avant et par le sommet de la spire aigu, et l'ombilic de la base.

M. Conrad cite dans son Cat. deux fois cette espèce, c'est à dire dans la famille des *Terebridae* et dans celle des *Acteo-nidae*. Ça a été évidemment par équivoque. Dans la note publiée postérieurement, il a créé pour cette espèce le gen. *Actaemema*.

Loc. Claiborne.

EULIMIDAE

Eulima aciculata (Lea) Meyer.

Pl. 16, f. 1 *a* gross. de deux côtés; — f. 2 * reprod. de Lea; — f. 3 * reprod. de H. Lea (*minima*);
f. 4 * Meyer (var. *Jacksonensis* De Greg.).

1833. *Pasithea aciculata* LEA Lea Contr. Geol. p. 102, pl. 4,   1844. *Pasithea aciculata* LEA Bronn Ind. Pal. p. 909.
1840-41.   f. 82.   1865. *Eulima* » » Conrad Cat. Eoc. Olig. p. 28.
   » *minima* » Lea II. Descr. som. new foss.   1866. » » (LEA) CONR. Conrad Check List p. 14.
1848.   Eoc. Claiborne p. 92, pl. 1, f.1.   1887. » » LEA Meyer Invert. Eoc. Miss. Ala.
   »   » *aciculata* » } Lea II. Cat. Tert. test. p. 11.   p. 54, pl. 3, f. 5.
     » *minima* » }

Testa conico-turrita, angusta, elongata, elegans, apici valde acuminata; anfractibus plurimis, fere planis, ultimo cylindraceo; apertura antice rotundata. L. 5.^{mm}

C'est une petite jolie coquille très caractéristique. Les exemplaires de Jackson, figurés par Meyer, sont pourvus d'un sillon près de la suture postérieure. Je crois qu'on les pourrait considérer comme une variété *Jacksonensis*. Bronn lui rapporte avec doute la *Pasithea incerta* Grat. (Grateloup Adour pl. 5, f. 8-9).

Comme la figure de Lea ne se distingue pas de ses congéneres j'ai joint le nom de Meyer qui l'a bien figurée. J'ai ré-férée à la même espèce la *Pas. minima* Lea, n'ayant pu remarquer aucun caractère différentel.

Elle est analogue de l'*Eulima fallax* Desh. (Deshayes Coq. Paris 2 ed. pl. 27, f. 1); mon exemplaire (fig. 1) lui res-semble beaucoup. L'espèce de Deshayes est intermédiaire entre nos exemplaires 1. 4.

Elle est en outre très analogue de l'*Eulima nitidula* Desh. (Deshayes Coq. Paris 1 ed. p. 110, pl. 13, f. 11-13 — 2 ed. p. 537), mais elle en diffère par l'angle spiral plus large.

Loc. Claiborne.

Eulima lugubris (Lea) Meyer.

Pl. 16, f. 5 * reprod. de Meyer; — f. 7 * reprod. de Lea.

1833. *Pasithea lugubris* LEA Lea Contr. Geol. p.201, pl.4, f.51.   1866. *Eulima lugubris* LEA Conrad Check List. p. 14.
1848.   »   »   » Bronn. Ind. Pal. p. 909.   1887. »   »   » Meyer Invert. Eoc. Miss. and Ala.
1865. *Eulima*   »   » Conrad Cat. Eoc. Olig. p. 29.   p. 54, pl. 3, f. 8.

Testa minuta, elegans, polita, conico-cylindracea; apici acuminata; anfractibus subplanis; suturis linearibus; apertura melaniformi.

C'est une espèce très petite et très jolie; dont je ne possède qu'un exemplaire très jeune que j' ai fait figurer avec un forte grossissement.

J'ai uni le nom de Meyer à celui de Lea, car il en a donné une figure beaucoup meilleure.— Cette espèce est analogue de l'*E. turgidula* Desh. (Deshayes Coq. Paris 2 ed. pl. 27, f. 45) de laquelle est presque identique.

Loc. Claiborne.

Eulima notata Lea.

Pl. 16, f. 6 * reprod. de Lea.

1833. *Pasithea notata* LEA Lea Contr. Geol. p. 101, pl. 4, f 80.	1865. *Eulima notata* LEA Conrad Cat. Eoc. Olig. p. 29.
1834. *Pyramis notatus* » Conrad Append. in Morton	1866. » » » » Check List.
1848. *Pasithea notata* » Lea H. Cat. Tert. Test. p. 11.	1886. » » » Aldrich Prelim. Report p. 57.
» *Pyramis notatus* » Bronn Ind. Pal. p. 1068.	

Testa subulata, polita, crassiuscula; columella potius callosa; labro externo vix incrassato, margini non acuto.

Je ne possède aucun exemplaire de cette espèce Elle a beaucoup d'analogie avec la *Eu. aciculata* Lea et je doute qu'on doit l'identifier avec elle. Elle a en outre beaucoup de ressemblance avec l'*Eulimella propenotata* De Greg. dont j'ai parlé en avant.

Loc. Claiborne.

Niso umbilicata Lea.

Pl. 16, f. 7 *a b* gross. de deux côtés; — f. 8 * reprod. de Lea.

1833. *Pasithea umbilicata* LEA Lea Contr. Geol. p. 103, pl.4, f. 85.	1850. *Niso umbilicatus* CONR. D'Orb. Prodr. p. 318.
	1848. » *terebellum* » (Chemn) Ph. Br. Ind. Pal. p. 813.
? *Bonellia* » CONR. Conrad Journ. Ac. Nat. Sc. Phil. V. 8, p. 188.	1865. » *umbilicatus* » Conrad Cat. Eoc. Olig. p. 29.
	1866. » » » Conrad Check List. p. 14.
? » *lineata* » Idem p. 188.	1884. » » » Hellpr. Contr. Geol. Pal. p. 91.

Testa minuta, nitida, conica, laevigata; anfractibus planis !, circiter 9; ultimo antice ad peripheriam subangulato truncatoque, basi convexo; umbilico semilunari, profundo; apertura subovata; anterius posteriusque angulata.

C'est une jolie petite coquille dont je ne possède que deux exemplaires. M. Conrad cite la *Bon. umbilicata* et *lineata* comme synonymes, néanmoins il cite la *N. umbilicata* avec son nom tandis que c'est Lea qui la proposa le premier.

Cette espèce est rapportée par Heilprin au *Niso angusta* Desh. (*N. terebellatus* Lamk. *partim*).

Coll. mon Cabinet.

Pasithea Lea emend.

M. Fischer considère ce genre comme un synonyme du gen. *Eulima*. Certes M. Lea lui rapporta des espèces fort différentes. Je crois qu'on doit le limiter aux *Eulima* conico-ovoidales, ayant l'ouverture postérieurement calleuse.

Pasithea guttula (Lea) Meyer.

Pl 16, f. 9 * reprod. de Lea; — f. 10 * reprod. de Meyer.

1833. *Pasithea guttula* LEA Lea Contr. Geol. p. 104, pl. 4, f.86.	1866. *Eulima (Pasithea) guttula* LEA Conrad Check List. p. 14.
1848. » » » Lea H. Cat. Tert. Test. p. 11.	1887. » » » » Meyer On Inv. Eoc. Mis.
» » » » Bronn Ind. Pal. p. 909.	Ala. p. 54, pl. 3, f. 6.

Testa minuta, ovata, laevigata, vix pupoides; apici submammillata; anfractibus 4, planiusculis; ultimo anfractu cylindraceo, antice obtuso; apertura subovata, antice rotundata, postice potius incrassata. L. 3.^{mm}

C'est une petite espèce très intéressante et caractéristique, j'ai uni le nom de Meyer à celui de Lea, car la figure donnée par Lea n'est pas bien réussie.

Cette espèce est extrêmement voisine de l'*Anphimelania? lucida* Cossmann (1886. Descr. d'Espèces Tert. Test. Paris pl. X, f. 7), mais celle-ci manque de *callus*. Elle ressemble extrêmement à l'*Hydrobia nana* Briart (Calc. Gross. Mons. pl. 19, f. 6). Elle a aussi beaucoup d'analogie avec la *Phasianella ovulum* Phil. (in Speyer Conch. Cassel. Tert. pl. 21, f. 1-3). Il est étrange comme des coquilles si ressemblantes aient été référées à des genre différents.

Elle ressemble en outre beaucoup au *Bulimus Auversiensis* Desh. (Deshayes Coq. Paris 2 ed. pl. 54, f. 28), mais celui-ci appartient à un genre beaucoup différent.

Loc. Claiborne.

Pasithea Claibornensis Lea.

Pl. 16, f. 14 * reprod. de Lea.

1833. *Pasithea Claibornensis* LEA Lea Contr. Geol. p. 104,   1865. *Eulima (Pasithea) Claibornensis* LEA Conrad Cat. Eoc.
1848.   »   »   » pl. 4, f. 83.   Olig. p. 29.
   »   »   »   » Bronn Ind. Pal. p. 909.   1866.   »   »   »   » Conrad Ch. List.
            »   »   » Lea Cat. tert. test. p. 11.   p. 74.

Testa subovata; laevigata, maxime crassa, apici obtusa; anfractibus 4, rotundatis; apertura angusta, postice subangulata, ¹/₃ longitudinis; columella callosa postice autem maxime callosa partim aperturam ocludente.

Je ne puis ajouter d'autres détails à la description de Lea. Certes est une espèce un peu douteuse, car la figure de Lea laisse à désirer. Elle est analogue de notre *P. egira* mais elle en diffère beaucoup par les caractères enumérés dans la diagnose de cette espèce.

Loc. Claiborne.

Pasithea secale (Lea) De Greg.

Pl. 16, f. 11-12 gross. de deux côtés; — f. 13 * reprod. de Lea.

1833. *Pasithea secata* LEA Lea Contr. Geol. p. 100, pl. 4, f. 39.   1865. *Pasithea secata* LEA Conrad Cat. Eoc. Olig. p. 29.
1848.   »   »   » Bronn Ind. Pal. p. 404.   1866. *Eulima*   »   »   » Check List. p. 14.

Testa minuta, ovato-conica; laevigata; apici acuminata; anfractibus circiter 7 planiusculis, ultimo subcylindraceo antice obtuso; apertura potius angusta, antice rotundata, postice angulata, labris simplicibus.

Cette espèce est très voisine de la *P. guttula* Lea et de la *P. Claibornensis* Lea; elle diffère de toutes les deux ayant les tours plus nombreux, le sommet de la spire aigu, les bords de l'ouverture pas épaissis. M. Conrad la rapporte au gen. *Eulima*, elle me parait plutôt une *Pasithea*. J'en possède un bon exemplaire.

Cette espèce ressemble beaucoup au *Melanopsis buccinulum* Desh. (Deshayes Coq. Paris 2 ed. pl. 31, f. 11).

Coll. mon Cabinet.

Pasithea galma De Greg.

Pl. 16. f. 17 gross.

Testa maxime minuta, ovata, tenuis, laevigata, vix umbilicata, apici mamillata subtruncata; anfractibus 3; apertura suborbiculari. L. 1.^{mm}

C'est une des plus petites espèces de Claiborne, dont je possède un exemplaire seulement qui est bien reproduit dans ma figure. Je ne suis pas sûr du genre auquel je l'ai référée.

Elle diffère de la *P. guttula*, avec laquelle elle a beaucoup de ressemblance, par l'ombilic et par la forme de l'ouverture.

Elle ressemble beaucoup à la *P. tornatelloides* Meyer qui en diffère surtout par la forme de l'ouverture et par le bord columellaire calleux. — Elle rappelle aussi l'*Hydrobia tenuis* Briart (Calc. Gross Mons pl. 20, f. 11).— (Coll. mon Cabinet).

Pasithea tornatelloides Meyer.

Pl. 16, f. 35 * reprod. de Meyer.

1886. *Amaura tornatelloides* MEYER Meyer Contr. Eoc. Miss. Ala. p. 69, pl. 1, f. 12.

Testa minutissima, ovato turgidula, laevigata, subturbiformis; pupoides; anfractibus 4, ultimo magno subcylindraceo; apertura lanceolata, spiram aequante, antice rotundata, postice angulata; labro columellari crasso.

M. Meyer référa cette espèce au gen. *Amaura*, elle me semble plutôt une *Pasithea*. Il n'en trouva qu' un seule exemplaire, qui ressemble beaucoup à la *P. galma* De Greg. Elle ressemble beaucoup à l'espèce suivante qui aurait le droit de la priorité si on devait les identifier.

Loc. Claiborne.

Pasithea Coctavensis Aldr. sp.

Pl. 16, f. 36 * reprod. de Aldrich.

1886. *Melanopsis Coctavensis* ALDR. Aldrich Prelim. Rep. p. 35, pl. 3, f. 8.

Testa ovata, paulo elongata, apici obtusa, sublaevigata, interdum spiraliter obsolete striata; ultimo anfractu subcylindraceo, antice spiraliter striato; apertura angusta spiram subaequante; labro interno satis calloso, reflexoque.

Cette espèce me parait une *Pasithea*, plutôt qu'un *Melanopsis*. Elle ressemble beaucoup à la *P. tornatelloides* Meyer.
Loc. Hatchetigbee, Butler, Choctaw County Ala.

Pasithea anita Aldr. sp.

Pl. 16, f. 15 * reprod. de Aldrich.

1886. *Melanopsis anita* ALDR. Aldrich Prelim. Report Ala. p. 35, pl. 5, f. 12.

Testa ovata !, laevigata; ultimo anfractu magno; apertura lata, postice angulata, satis callosa; callo expanso, inciso.

M. Aldrich a référé cette espèce au gen. *Melanopsis*, mais elle n'a pas la columelle tronquée, ce qui est fort intéressant. La forme antérieure de l'ouverture et la spire ressemblent beaucoup au sous-gen. *Akera* (division du gen. *Bulla*), mais dans celui-ci l'ouverture n'est pas postérieurement si calleuse.
Loc. Claiborne.

ACTEONIDAE

Acteon lineatus (Lea) De Greg.

Pl. 16, f. 25 gross.; — f. 24 * reprod. de Lea.

1833.	Acteon	lineatus	LEA	Lea Contr. Geol. p. 122, pl. 4, f. 97.	1865.	Acteon idoneus	CONR.	Conrad Cat. Eoc. Olig. p.34.
»	»	idoneus	CONR.	Conrad Foss. Shells p. 45.	1866. » » »	Idem Check List. p. 9.
1834.	»	lineatus	»	Idem Appendix in Morton.	1879.	Tornatella bicincta HEILPR.	Heilprin Proc. Acad. Nat.
1848.	»	»	LEA	Lea H. Cat. Tert. test. p. 1.			Sc. Phil. (teste Meyer).
»	»	idoneus	»	Bronn Ind. Pal. p. 11.	1887. Acteon lineatus LEA	Meyer Reitr. Kent. Alt. Tert.
1850.	»	»	»	D'Orbigny Prodr. p. 343.			p. 18.

Testa ovata, fragilis, biconica; anfractibus 6, spiraliter lineariter sulcatis; sulcis sub lente filis axialibus eleganter granulatim decussatis; sulcis duobus ad anfractum nempe uno prope suturam anticam, alio prope posticam; in ultimo autem anfractu circiter 14, regularibus!, non totam superficiem occupantibus, carentibus in parte postica; apertura angusta spiram subaequante; columella potius callosa, antice uniplicata.

C'est une espèce extrêmement jolie qui ressemble beaucoup à l'*A. punctatus* Conr. duquel elle diffère par les ponctuations des sillons beaucoup plus petites et par la forme moins pupoïde. Je n'ai pas adopté le nom de Conrad, car il n'a pas figuré cette espèce, il ne l'a pas été dans la 2 ed. (Foss. Shells) et j'ai lieu à croire que les pages 45 etc. (Foss. Shells 1 ed.) ont été publiées après l'ouvrage de Lea. Celui-ci compara cette espèce a l'*A. striatus* Sowerby. Elle me paraît analogue de la *Tornatella inflata* Ferrussac (in Deshayes Coq. Paris 1 ed. pl. 25, f. 4-5) et de la *Tornatella Nysti* Duchastel (in Deshayes Coq. Paris 2 ed. pl. 38, f. 7), mais elle a un seul pli et la surface en partie lisse. — (Coll. mon Cabinet).

Acteon punctatus Lea.

Pl. 16, f. 22 * reprod. de Lea; — f. 21 * reprod. de Meyer (*inflatior*).

1833.	Acteon punctatus LEA	Lea Contr. Geol. p. 111, pl. 4, f. 96.	1850.	Acteon pomilius CONR.	partim	D'Orbigny Prod. p. 343.
1848.	»	»	»	Lea H. Cat. Tert. Test. p.1.	1865.	»	»	»	»	Conrad Cat. Eoc. Olig. p. 34.
»	»	»	»	Bronn Ind. Pal. p. 13.	1866.	»	»	»	»	Idem Check List. p. 34.

Var. *inflatior* = *A. inflatior* Meyer (1886. Meyer Contr. Eoc. Pal. p. 78, pl. 2, f. 31).

Testa ovata, subpupoides, crassiuscula, spiraliter confertim sulcata; sulcis punctatis; suturis impressis; apertura $^3/_5$ quam spira; columella uniplicata; labro externo in medio crasso.

Cette espèce ressemble beaucoup a la précédente: elle en diffère par les caractères que j'ai énumérés en parlant de cette espèce. Lea la compara à l'*A. Noae* Sow. (Sowerby Min. Conch. pl. 374). L'*A. inflatior* Meyer me paraît une synonyme ou tout au plus une variété de la même espèce. — Heilprin (1884. Contr. Geol. Pal. Tert. p. 90) rapporte cette espèce comme un synonyme de la *Tornatella (Actaeon) pomilia* Conr. dont je parlerai en suite. Bronn rapporte à cette espèce l'*Acteon pomilius* Conr.; avec sa synonymie.

Loc. Claiborne.

Acteon Claibornincola De Greg.

Pl. 16, f. 18 gross.

Testa ovata, pupoides, laevigata; ultimo anfractu antice irregulariter spiraliter sulcato; apertura angusta, erecta, circiter $^5/_8$ totius longitudinis; columella antice uniplicata.

Cette espèce diffère de l'*A. lineatus* Lea, avec lequel elle a beaucoup d'affinité, par la spire un peu plus turgide et par la surface lisse, les sillons irréguliers et limités à la partie antérieure du dernier tour.

Cette espèce est analogue de la *Tornatella turgida* Deshayes (Desh. Coq. Paris 2 ed. pl. 37, f. 14-15), mais elle est assez différente. — (Coll. mon Cabinet).

Acteon (Nucleopsis) subvaricatus Conr.

Pl. 16, f. 37 * reprod. de Conrad.

1856. *Actaeonina subvaricata* CONR. Conrad Descr. new cret. eoc. foss. Miss. Ala. p.294, pl. 42, f. 22.	1865. *Nucleopsis subvaricatus* CONR. Conrad Cat. Eoc. Olig. p. 34.
	1866. *Actaeon* » » Idem Check List. p. 9.

Testa ovato-turgidula, tenue dense obsolete filosa, laevigata; spira brevi, conica; varicibus circiter 2, obsoletis; anfractibus 4, planis, angustis; ultimo magno ovato; apertura satis angusta, anterius erecta rotundataque.

C'est une espèce très intéressante, mais la figure de Conrad n'est pas bien exécutée, car elle ne fait pas voir les filets spirals ni les varices.

Loc. Alabama (teste Conrad), mais j'ai quelque doute en égard à la formation d'où elle provient.

Acteon ? elegans Lea sp. dub.

Pl. 16, f. 23 * reprod. de Lea.

1833. *Acteon pomilius* CONR. Conrad Foss. Shells p. 45.	1865. *Acteon* *pomilius* CONR. Conrad Cat. Eoc. Ol. p. 34.
» *Monoptygma elegans* LEA Lea Contr. Geol. p. 203, pl. 6, f. 217.	1866. » » » Idem Check List. p. 9.
1835-53. *Tornatella pomilia* CONR. Bronn Leth. Geogr. p. 1029, pl. 42, f. 16.	1884. *Tornatella (Acteon)* » » Heilprin Contr. Geol. Pal. Tert. p. 90.
1848. *Acteon pomilius* » Bronn Ind. Pal. p. 12.	1887. *Acteon* » » Smith Johnson Tert. Cret. p. 44.
» » » » Lea H. Tert. Test. p. 1.	
1850. » » » D'Orb. Pr. Et. 25, N. 100.	

Testa ovato-elliptica, tenuis, spiraliter dense sulcata; sulcis punctatis.

C'est une espèce très douteuse; je crois qu'on doit la considérer comme un synonyme de l'*A. punctatus* Lea. Si on devait la retenir comme une espèce distincte on devrait adopter le nom de Lea, car Conrad ne l'a pas figurée, il ne l'a même citée dans la 2 éd. de « Foss. Shells ». En outre la pag. 45 manque dans ma copie de « Foss. Shells »; certes elle n'appartient pas à la troisième livraison, et il est probable qu'elle parut après de l'ouvrage de Lea ou en même temps.

Heilprin rapporte à la même espèce comme synonymes l'*Acteon punctatus* Lea. Il doute qu'on doit la considérer comme identique à la *Tornatella inflata* Ferrussac.

Loc. Claiborne.

Tornatellæa Conr.

Ce genre a été proposé par Conrad pour la *Torn. bella* Conr. (1846. Descr. new cret. and eoc. foss. p. 264), que je crois identique à la *Torn. lata* Conr. Dans le Cat. eoc. olig. p. 34 (1865) proposa le gen. *Nucleopsis*, qui me semble le même.

Tornatellæa bella Conr.

Pl. 16, f. 19 * reprod. de Conrad (*bulla*); — f. 20 * reprod. de Conrad (*lata*).

1846. *Tornatellaea bella* CONR. Conrad Descr. new cret. and eoc. foss. p. 294, pl. 47, f. 23.	1865. *Tornatellaea lata* CONR. Descr. new eoc. shells and references p. 212, pl. 20, f. 13.
1848. » » » Lea H. Cat. Tert. Test.	1884. » *bella* » Heilprin Contr. Geol. Pal. p. 91.
1865. *Nucleopsis latus* » Conrad Cat. Eoc. Olig. p. 34.	1886. » » » Aldrich Prelim. Report. p. 60.
» *Tornatellæa bella* » Conr. Am. Jour. Conch. p.382.	

Testa tenuis, ovata; spiraliter sulcata, sulcis truncato-striatis ; apertura ovata; columella tenue biplicata.

Je crois que la *T. lata* Conr. ne soit autre chose que la *bella*, dont le nom a la priorité. Je ne sais pas comment cela échappa à M. Conrad, qui dans son Catalogue ne cita même ce nom.

Heilprin croit que la *T. bella* soit identique à la *Auricula (Acteon) simulata* Brander (olim *Bulla simulata*).

Loc. Alabama ? (Conrad); — Blach River, Tombigbee (Aldrich).

RINGICULIDAE

Ringicula biplicata Lea.

Pl. 16, f. 26-29 quatre exempl. gross. Var. *vilma* De Greg.—f. 30-31 gross. var. *pita* De Greg.;
f. 32-33 gross. var. *leuca* De Greg.—f. 34 * reprod. de Lea.

1833. *Marginella biplicata* LEA Lea Contr. Geol. p. 201, pl. 6,   1848. *Marginella biplicata* LEA Lea H. Cat. Tert. Test. p. 9.
f. 216.   1865. *Ringicula*   »   » Conrad Cat. Eoc. Olig. p. 35.
1848.   »   »   » Bronn Ind. Pal. p. 703.   1866.   »   »   »   » Check List p. 9.

Après un examen des formes de cette espèce, je les ai rangé en 4 séries :

1 Type.

Testa minuta, subovata, elegans, spiraliter striata ; striis in parte postica anfractuum obsoletis, apud suturam posticam stria autem profunda; apertura angusta, incrassata, antice emarginata; labro interno biplicato; externo minute denticulato.

Je ne possède aucun exemplaire avec deux plis et le bord épais.— (Coll. mon Cabinet).

2 Mut. *vilma* De Greg.

Pl. 16, f. 26-29.

Testa labro interno valde triplicato, callosoque, labro externo crassissimo.

Cette forme marque le plus grand développement de l'espèce. Elle diffère du type par le nombre des plis columellaires. Elle ressemble beaucoup à la *R. missipiensis* Conr. surtout in Meyer (On invert. eoc. Miss. Ala. p. 54, pl. 3, f. 12), dont elle diffère par l'angle spiral plus petit. — (Coll. mon Cabinet).

3 Mut. *pita* De Greg.

Pl. 16, f. 30-31.

Testa labro interno tenue triplicato (plica postica fere obsoleta), labro externo vix incrassato.

Cette forme est intermédiaire entre la *vilma* et la *leuca*. — (Coll. mon Cabinet).

4 Mut. *leuca* De Greg.

Pl. 16, f. 32-33.

Apertura labro interno tenue biplicato, labro externo tenui, fragili, minime varicoso.

Cette forme rappelle la *R. missipiensis* Conr. (Conrad Vicksburg p. 117, pl. 11, f. 36).
Ses caractères ne dépendent pas de l'âge (car je possède des exemplaires de taille différente), mais plutôt du degré de

développement que les exemplaires ont acquis; néanmoins je ne crois pas qu'on puisse les rapporter à des espèces différentes. Leur position naturelle serait celle-ci :

Cette *Ringicula* ressemble beaucoup à la *R. Paulucciae* Morlet (Monogr. Ringicula p. 266, pl. 8, f. 9 Journ. Conc. V. 26) du miocène de Saucats, la *R Fischeri* Morlet (Idem p. 269, pl. 7, f. 3) du miocène de Kocod (Transylvanie). La *R. Noumeensis* Morlet (idem p. 155, pl. 5, f. 3, Journ. Conch., V. 28) vivante dans la Nouvelle Caledonie est analogue de notre espèce. La *R. Cossmanni* Morlet (idem p. 164, pl. 5, f. 8) est sa représentante dans l'éocène de Paris.—(Coll. mon Cabinet).

BULLIDAE

Je prends cette famille « sensu lato » en lui référant les *Tornatinidae*, les *Scafandridae* et les *Bullidae* Fischer.— Conrad adopte le nom de *Cylichnidae*.

Bulla (Cylichna) galba Conr.

Pl. 17, f. 1-6 gross.; (f. 5-6 exempl. adulte gross. de deux côtés; — f. 1 gross. pas ancore adulte; — f. 2 jeune exempl. gross; f. 3-4 un exempl. très jeune gross de deux côtés; — f. 7 * reprod. de Conrad; — f. 8 * reprod. de Lea (*Sainthillairi*)).

1833.	*Volvaria galba*	Conr.	Conrad Foss. Shells 1 ed. p. 34.	1848.	*Bulla*	*galba* Conr. *partim* Bronn Ind. Pal. p. 193.
	Bulla Sainthillairi	Lea	Lea Contr. Geol. p. 98, pl. 4, f. 78.	1850.	»	» » D'Orbigny Prodr. Et. 25, N. 724.
»	*Volvaria galba*	Conr.	Conrad Foss Shells 2 ed. pl 15, f. 14.	1865.	*Cylichna*	» » Conrad Cat. Eoc. Olig. p. 35.
1834.	» »	»	Idem Appendix in Morton Org. Rem.	1866.	»	» » Idem Check List. p. 9.
				1884.	»	» » Heilprin Contr. Geol. Pal. Tert. p. 90.
1848.	» »	»	Lea H. Cat. Tert. Test. p.15.	1886.	»	» » Aldrich Prelim. Rep. p.51.

Testa cylindracea; laevigata, antice tenue spiraliter striata; apertura satis angusta, antice vix dilatata; labro columellari vix incrassato; labro externo subrecto; in juvenibus spira tuberculiformi, ultimo anfractu postice truncato; in adultis spira introrsa, excavata, aperturaque postice paulo protracta. L. 15.^{mm}

Cette espèce est presque identique de la *B. Bruguierei* Deshayes (Coq. Paris 2 ed. pl. 39, f. 13-14) elle en est distinguée, n'ayant pas les stries postérieures. Notre exemplaire (fig. 6) ressemble en outre beaucoup à la *B. cylindroides* Deshayes (Coq. Paris 1 ed. pl. 5, f. 23).

C'est une des espèces plus répandues et caractéristiques de Claiborne. Conrad, en la citant, oublia de l'avoir figurée. Cette espèce, lorsqu'elle est jeune, ressemble beaucoup à la *Cyl. virginica* Conr. (1867. Conrad Descr. new gen. spec. mioc. and recent. foss. p. 251, pl. 21, f. 2).

Elle est analogue de la *B. uniplicata* Dixon (Sussex p. 218, 233; pl. 7, f. 8, de Bracklesham, de la *B. minima* Sandb. (in Speyer Cass. Tert. pl. 32, f. 11) et de la *B. constricta* Sow. (Sowerby Min. Conch. pl. 464, f. 3-4) de l'argile de Londres. Coll. mon Cabinet.

Bulla (Utriculus) commixta De Greg.

Pl. 17, f. 13-14 un exempl. gross. de deux côtés.

Testa subcylindrica, antice spiraliter striata; apertura antice paulo dilatata; labro columellari contorto plicatoque; spira exerta, minima, subgradata, circiter $^{1}\!/_{10}$ totius longitudinis. L. 3.^{mm}

Je crois qu'on a confondu cette espèce avec les jeunes exemplaires de la *Bulla (Cylichna) galba*, dont j'ai donné plusieurs figures d'exemplaires d'âge différent, de sorte qu'on puisse les comparer. La forme de la spire, le contour et surtout le pli columellaire sont des caractères différentiels suffisants par reconnaître cette espèce. On peut comparer la fig. 2 de notre planche 17 qui représente un exemplaire de la *galba* du même âge pour en voir les différences. Elle diffère de la *Tornatina Wetherelli* Lea par la spire beaucoup plus court etc. — (Coll. mon Cabinet).

Bulla (Volvula) Dekayi Lea.

Pl. 17, f. 12 * reprod. de Lea.

1833. *Bulla*   *Dekayi* LEA Lea Contr. Geol. p. 290, pl. 6, f. 215.   1866. *Cylichna Dekayi* LEA Conrad Check List 9.
1848. »   »   » Lea H. Cat. Tert. Test. p. 5.   1887.   »   »   » Meyer On Inv. Eoc. Miss. Ala.
1865. *Cylichna* »   » Conrad Cat. Eoc. Olig. p. 35.   p. 54, pl. 3, f. 10.

Testa angusta, subcylindracea, utrinque attenuata, antice et postice spiraliter tenue striata; apertura angusta anterius posteriusque protracta; ultimo anfractu amplectente, non autem ventricoso.

C'est une espèce très jolie et très intéressante. La *Cylichna volutata* Meyer, et *C. subradius* Meyer ont beaucoup d'analogie avec cette espèce.

Loc. Claiborne.

Bulla (Volvula) subradius Meyer.

Pl. 17, f. 9 * reprod. de Meyer.

1866. *Cylichna subradius* MEYER Meyer Contr. Eoc. Pal. Ala. Miss. p. 77, pl. 1, f. 17.

= ? (*Volvula conradiana* Gabb).

= ? (*Volvula volutata* Aldr. Meyer).

= ? (*V. Dekayi* Lea var.).

Testa minima, ovato-cylindroidea, utraque extremitate lanceolato-conoidea; apertura angusta, antice vix dilatata, posterius protracta; superficie tenuissime spiraliter striata.

C'est une très petite espèce à laquelle on doit probablement référer la *Bulla (Cylichna) volutata* Meyer Aldr. (Tert. Fauna Newton p. 6, pl. 2, f. 4). Il n'est pas difficile qu'on dût les rapporter comme des variétés de la *Dekayi* Lea. M. Meyer doute qu'on doit l'identifier avec la *V. conradiana* Gabb (Journ. Acad. Phil. V. 4, p. 386, pl. 67, f. 51).

Loc. Claiborne.

Bulla (Haminea) grandis Aldr.

Pl. 17, f. 10 * reprod. de Aldrich.

1886. Aldrich Prelim. Report Ala. p. 35, pl. 3, f. 1.

Testa lata, tenuis, ventricosa, spiraliter sulcata; sulcis angustis, antice alternantibus; porcis rotundatis; spira introrsa excavata; apertura lata; labro interno tenuissimo expanso.

Je n'ai aucun exemplaire de cette espèce.

Loc. Bunka Hill, Ala.; Jackson Group.

Bulla (Haminea) Aldrichi Langdon.

1884. *Bulla biumbilicata* MEYER Meyer Proc. Ac. Nat. Sc. Phil. p. 10. — 1886. *Bulla (Haminea)* ALDR. LANG. Langdon Amer. Journ. Sc. — 1886. Idem Aldrich Prelim. Report p. 36, 47.

Puto hanc speciem non effigiatam neque bene descriptam. Aldrich affinem extimat B. biumbilicata *Desh. (Deshayes Bassin Paris pl. 39, f. 33-38) et forsitan ipsam.*

Loc. Calc. Sand. Claiborne (Étages).

Bulla (Tornatina) Wetherelli Lea.

Pl. 17, f. 11 * reprod. de Lea.

1838. *Acteon* Wetherelli LEA Lea Contr. Geol. p. 213, pl. 6,   1848. *Bullina* Wetherelli LEA Lea H. Cat. Tert. Test. 5.
                      f. 224.   »   »   »   » Bronn Ind. Pal. p. 196.
      » *Bullina*   »   » Grat. Conch. Bull. p. 44.   1865. *Tornatina* Wheterelli » Conrad Cat. Eoc. Olig. p. 35.

= ? (1887. *Tornatina crassiplicata* CONR. Meyer On Inv. Miss. Ala. p. 54, pl. 3, f. 9).

Testa parvula, laevigata, ovata, subcylindracea; spira brevi circiter ¼ totius longitudinis; apertura angusta, antice vix dilatata; labro columellari uniplicato.

Conrad appelle cette espèce *Wheterelli*, mais Lea l'appela *Wetherilli*, car il l'a dediée à son ami Wetherill. — M. Meyer décrivit une espèce sous le titre de *Tornatina crassiplicata* Conrad qui ressemble plus à la *Wetherilli* Lea qu'à la *crassiplicata* (Conrad Vicksburg p. 113, pl. 11, f. 5).

Conrad ne cite pas la *Wetherilli* dans la Check List.

Loc. Claiborne.

CHITONIDAE

Chiton antiquus Conr.

Pl. 16, f. 38 * reprod. de Lea.

Conrad Proceed. Acad. Nat. Sc. Phil. Vol. 7, p. 263. — Idem Cat. Eoc. Olig. p. 34. — Idem Check List. p. 10. — Idem Descr. new eoc. shells and references p. 212, pl. 20, f. 7 (Journ. Conch. 1865).

Testa obsolete minute striolata; minutissime granulata.

Loc. Claiborne.

Chiton eocenensis Conr.

Pl. 16, f. 39 * reprod. de Conrad.

Conrad Proceed Acad. Nat. Scienc. Phil. Vol. 7, p. 263. — Idem Cat. Eoc. Olig. p. 34. — Idem Check List. p. 10. — Idem Descr. new eoc. shells and references p. 212, pl. 20, f. 6 (Journ. Conch. 1865).

Testa eleganter costulata; costulis apud emarginem bifidis.

Loc. Conrad donne pour habitat l'Alabama.

Chiton ? prostremus De Greg.

Pl. 16, f. 40-42 le même exemplaire en dessus, en dessous et en section.

Testa tenue costulata, potius fragilis; ultima lamina angusta, limbo costata ut in polypariis, margini interno limbo erecta, vix asperulataque.

Je n'en possède qu'une seule plaque, qui est la dernière. Elle parait au préalable un morceau de polypier brisé; car le bord est pourvu de côtes qui ressemblent beaucoup aux cloisons, mais sa forme symétrique son bord externe s'amincant graduellement aux extrémités, les bords internes un peu creux dans la ligne médiane, me font croire qu'elle appartient plutôt à un chiton. Néanmoins je ne suis pas tout à fait sûr de cela, car notre exemplaire non seulement ressemble à certains polypiers (*Flabellum*) mais aussi à certains cirripedes (*Balanus, Scalpellus* etc.). — (Coll. mon Cabinet).

SCAPHOPODA

DENTALIIDAE

Dentalium thalloides Conr.

Pl. 17, f. 15-17 gross.— f. 18 * reprod. de Conrad (Foss. Shells); — f. 21 * reprod. de Conrad (Obs. Eoc. form.);
f. 21 b * reprod. de Lea (*alternatum*).

1833.	*Dentalium*	*thalloides*	Conr.	Conrad Foss. Sh. p. 34.	1848.	*Dentalium*	*thalloides*	Lea	Bronn Ind. Pal. p. 416.
»	»	*alternatum*	Lea	Lea Contr. Geol. p. 34, pl. 1, f. 2.	1850.	»	»	»	D'Orbigny Prodr. Et. 25. N. 708.
»	»	»	»	Conrad Foss. Sh. p. 34, pl. 15, f. 10.	1865.	»	»	»	Conrad Cat. Eoc. Olig. p. 34.
1834.	»	»	»	Conrad App. in Morton	1866.	»	»	»	Conrad Check List. 10.
1840.	»	*thalloide*	»	Lea H. Cat. Tert Test. p.7.	1886.	»	»	»	Aldr. Prel. Report p. 46, 44.
1846.	»	*thalloides*	»	Conrad Obs. Eoc. Form. Un. St. p. 211, pl. 1, f. 2.					

Testa elegans, solida, tubulosa, paulo arcuata; costis 8 costatis; in singulo interstitio costula tenui interposita; interdum inter hanc et illam alia costula. filiformi interposita.

Cette coquille est pourvue de 8 côtes bien développées; ordinairement à chaque interspace il y a une côte secondaire plus petite, rarement il y en a deux. Ces côtes secondaires s'effacent près du sommet, de sorte qu'on ne les voit pas à la section supérieure. Dans les intervalles des grandes côtes et des costules interposées il y a quelquefois une petite côte filiforme interposée. Conrad en citant cette espèce dans son catalogue, oublia de l'avoir figurée. Elle a été figurée aussi par Chenu; la figure qu'il en donne est très louée par Conrad.

Certaines variétés de cette espèce (notre figure 18) ressemblent beaucoup au *Dent. affine* Desh. (Deshayes Coq. Paris 2 éd. pl. 1, f. 12-14).— (Coll. mon Cabinet).

Dentalium asgum De Greg.

Pl. 17, f. 22-23 a b-24; — f. 22 gross. de côté; — f. 23 a b le deux extrémités.

Testa cylindro-conoidea notatim costulata; 8 costis vix majoribus quam aliis, 8 minoribus, 16 vix minoribus. Haec species differt a Dent. *thaloides* Conr. *solum per costas primarias minus prominulas, et per costas interpositas majores magisque notatas.*

On pourrait la considérer comme une variété de la précédente; mais je ne l'ai pas fait, car elle est intermédiaire entre elle et la suivante, de sorte que je les aurais dû référer toutes les trois à la même espèce. Néanmoins je suis convaincu qu'elles ne soient pas trois vraies espèces, mais trois formes qui passent de l'une à l'autre. — (Coll. mon Cabinet).

Var. *tirpum* De Greg.

Testa canali postico duplo, strato interno laevigato, exerto.

Dentalium blandum De Greg.

Pl. 17, f. 26-31 deux exempl. gross. de côté et montrant les sections.

Testa cylindro-conoidea, costulata; costulis tenuibus, subregularibus. L. 20.^{mm}

Après avoir figuré deux échantillons de cette espèce, j'en ai trouvé un autre plus grand, mais avec les mêmes caractères. Je devrais répéter à propos de cette espèce ce que j'ait dit à propos de la précédente, à laquelle je renvoie le lecteur.
Cette espèce ressemble beaucoup au *Dent. striatum* Sow. (in Deshayes Coq. Paris 2 ed. pl. 1, f. 11).
Coll. mon Cabinet.

Dentalium bimixtum De Greg.

Pl. 17, f. 32-34 un exempl. gross de côté, montrant les extrémités.

Testa cylindracea, rotundata, laevigata, postice tenue obsolete costulata, antice laevigata.

Cette intéressante espèce donne un point de passage entre le groupe des trois précédentes et l'espèce suivante. Elle est analogue du *Dent. acuticosta* var. Dixon. (Sussex pl. 7, f. 16) de Bracklesham, et du *Dent. bifrons* Tate (Lamellibr. Older Tert. Australia pl. 20, f. 5). Elle est en outre très analogue du *Dent. angustum* (Desh. Deshayes Coq. Paris 2 ed. pl. 1, f. 1-3).
Coll. mon Cabinet.

Dentalium turritum Lea.

Pl. 17, f. 35-37 gross. de côté et sectionellement; — f. 39-40 * reprod. de Lea gr. nat. et gross.;
f. 38 * reprod. de Meyer (*Leai*); — f. 41 * reprod. de Conrad (*arciformis*).

1833.	*Dentalium turritum*		LEA	Lea Contr. Geol. p. 35, pl. 1. f. 3.	1866.	*Dentalium turritum*		LEA	Conrad Cat. Eoc. Ol. p. 34.
1846.	»	*arciformis*	CONR.	Conrad Observ. Eoc. Form. Un. Stat p. 212, pl. 1, f. 3.	1865.	»	»	»	Conrad Check List. p. 10.
1848.	»	»	»	} Lea H. Cat. Tert. Test. p. 7.	1885.	»	*Leai*	MEYER	Meyer Amer Jour. Science V. 29, p. 462.
»	»	*turritum*	»		1886.	»	*arciformis*	CONR.	Aldrich Prel. Report p. 46.
»	»	»	»	Bronn Ind. Pal. p. 416.	»	»	*Leai*	MEYER	Meyer Contr. Eoc. Pal. Ala. p. 63, pl. 1, f. 2.

= ? (*Dentalium Danai* Meyer Contr. Eoc. Pal. Ala. p. 64, pl. 4, f. 2).

Testa cylindracea, parum arcuata, laevigata.

C'est une espèce très remarquable, car elle a une très grande analogie avec le *Dentalium fissura* Lamark (Deshayes Bassin Paris pl. 1, f. 24-25, 28).
Le *Dent. Leai* est probablement un synonyme, mais je n'en suis pas sûr. Quant au *Dent. Danai* Meyer je crois qu'il est aussi un synonyme; le caractère du tube additionnel ce n'est pas suffisant et il peut dépendre d'une cause occasionelle, comme pour la variété *tirpum* du *Dent. asgum* De Greg.
Le *Dent. dissimile* Guppy (1866. Jamaica p. 292, pl. 16, f. 4) a beaucoup de ressemblance avec cette espèce; et peut-être on doit le considérer comme une variété. Certains exemplaires de cette espèce (f. 36) ressemblent beaucoup au *Dent. lucidum* Desh. (Coq. Paris 2 ed. pl. 1, f. 18-19). — (Coll. mon Cabinet).

Dentalium gnizum De Greg.

Pl. 17, f. 42-43 gross.

Testa minuta, solida! nitida, acuminata, paulo arçuata, laevigata. L. 4.^{mm}

Elle diffère du *Dent. turritum* Lea par la taille beaucoup plus petite, la coquille beaucoup plus épaisse et par l'extrémité plus aiguë. C'est une espèce douteuse, qui ressemble au *Dent. breve* Desh. (Deshayes Coq. Paris 2 ed. pl. 1, f. 7-8). Coll. mon Cabinet.

Dentalium annulatum Meyer.

Pl. 17, f. 45 * reprod. De Meyer.

1886. Meyer Contr. Pal. Ala. Miss. p. 64, pl. 1, f. 1.

Testa parvula; sectione orbiculari; superficie sub lente minute anulata.

M. Meyer compare cette espèce au *Dent. minutistriatum* Gabb (1860. Gabb Journ. Acad. Nat. Sc. Phil. p. 386, pl. 67, f. 46); il dit qu'il en diffère par le défaut de côtes longitudinales, et par les anneaux plus larges. Loc. Claiborne.

Siphonodentalium (Cadulus?) turgidus Meyer.

Pl. 17, f. 44 * reprod. de Meyer.

1886. Aldrich Prelim. Report. p. 60). — .... Meyer Contr. Pal. Ala. Miss. p. 65, pl. 1, f. 10.

Testa minuta, laevigata, postice cylindracea angusta, in medio paulo dilatata, antice vix angusta.

M. Meyer référa cette espèce au gen. *Cadulus;* mais celui-ci est un sougenre du gen. *Siphonodentalium;* du reste je n'en suis pas sûr, car il ne parle pas des crénelures de l'extrémité qui sont caractéristiques de ce genre. — Cette espèce me paraît très analogue du *Dentalium thallus* Tuomey Holmes (Foss. South. Carolina p. 106, pl. 25, f. 3) espèce pliocénique. Loc. Matthew's Landing.

Dentalium multistriatum Heilpr. sp. dub.

Hanc speciem citat Aldrich, sed non effingit neque describit; ideo incerta est, neque prioritatem petere potest.

Loc. Monroe, Lisbon.

Dentalium microstria Heilpr. sp. dub.

1886. Aldrich Prelim. Report. p. 52.

Haec species non descripta nec effigiata est.

Loc. Wood's Bluff etc.

PELECYPODA

OSTREIDAE

Espèces sublisses:

Ostrea Alabamiensis (Lea) White

Pl. 18. f. 1-2, 3-5 *, 6-11, 12*-14*.

Type (f. 1-2 le même exempl. de deux côtés. - f. 3-4 reprod. de Lea).

Var. *pincerna* Lea f. 5 reprod. de Lea.

Var. *linguaecanis* (f. 6-11 deux valves du même exempl.; — f. 12-13 reprod. de Lea).

Var. *semilunata* Lea (f. 14 reprod. de Lea).

1848. H. Lea Cat. Tert. Test. p. 11. — 1850. D'Orbigny Et. 25, N. 1147. — 1882-83. White Heilprin Revew Foss. Ostreidae p. 309, pl. 64, f. 2, 3. 4.

Cette espèce représente l'ancêtre de l'*edulis* américaine. Je lui donne une étendue plus large que celle que lui a donné Lea et Conrad même. Avant de lire l'ouvrage de White j'ai venu aux mêmes conclusions que lui. Les noms suivants peuvent être considérés comme des variétés ou bien comme des synonymes.

Var. semilunata Lea sp.

Pl. 18, f. 14 *

Lea Contr. Geol. p. 90, pl. 3, f. 69.

Testa oblonga lateribus compressa.

Conrad la rapporta comme un exemplaire jeune de son *O. sellaeformis.* Elle me paraît l'identique de l'*O. crepidula* Defr. (in Deshayes Coq. Paris 1 éd. pl. 57, f. 1-2) et de l'*O. resupinata* Desh. (2 ed. pl. 84, f. 1-4). Elle en diffère seulement par la crénelation des bords.

Loc. Claiborne.

Var. alabamiensis Lea type.

Pl. 18, f. 1-2, 3*-4*

Contr. Géol p. 91, pl. 3, f. 71. — 1865. Conrad Cat. Eoc. Olig. p. 14. — 1866. Conrad Check List. p. 3.

Testa ovata, potius depressa, solida; cardine crasso; marginibus utrinque crenulatis.

Coll. mon Cabinet.

Var. linguaecanis Lea.

Pl. 18, f. 6-11, 12*-13.

Contr. Geol. p. 91, pl. 3, f. 72.

Testa arcuata, naviculaeformis, laevigata.

Cette variété ressemble beaucoup à la *O. cochlear* Poli ce qui est extrêmement intéressant. — (Coll. mon Cabinet).

Var. pincerna Lea.

Pl. 16, f.5 *

Testa parvula, rotundata, satis solida.

Loc. Claiborne.

Cette variété a été considérée par Conrad comme une jeune exemplaire de l'*O. Alabamiensis* Lea. M. Conrad dans son
« Catal. Eoc. Olig. » cite cette dernière espèce en lui référant la *linguaecanis* et la *pincerna*, il cite en outre la *stellaeformis*
(au lieu de *sellaeformis*) en lui référant la *divaricata* Lea, la *radians* Conr. et la *semilunata* Lea. J'ai référé celle-ci à l'*O.
alabamiensis* Conr. Mon opinion est que toutes les espèces d'*ostrea* de Claiborne doivent être considérées comme des formes
du même type et pas comme des espèces différentes.

M. White rapporte comme des synonymes de cette espèce la *linguaecanis* Lea, la *pincerna* Lea et la *semilunata* Lea.
Loc. Claiborne.

Espèces avec des côtes:

Ostrea sellaeformis (Conr.) Conr.

an Mut. O. flabellula Lamark.

Type: Pl. 19 , f. 5-6 , 11*-12* (f. 5-6 un exempl. de deux côtés; — f. 11-12 reprod. de Conrad Foss. Shells); — Pl. 20,
f. 5 * (reprod. de Conrad Observ. Atl. Region).
Var. *vermilla* De Greg.: Pl. 18, f. 15-23 (quatre valves en dehors, en dedans et du côté interne).
Var. *divaricata* Lea: Pl. 19, f. 13 * (reprod. de Lea).
Var. *laeta* De Greg.: Pl. 19, f. 1-4 (deux exempl. de deux côtés).

1832-33.	*Ostrea*	*radians*	Conr.	Conrad Foss. Shells 1 ed. p. 27, pl. 13, f. 1.	1865.	*Ostrea*	*Tuomey*	Conr.	Conrad Observ. Amer. Foss. Proc. A. Phil. p. 184.
»	»	*sellaeformis*	»	Conrad Foss. Shells p. 27.	1866.	»	*sellaeformis*	»	Conrad Check List p. 3.
1833.	»	*divaricata*	Lea	Lea Contr. Geol. p. 91, pl. 3, f. 70.	»	»	*falciformis*	»	» Check List. p. 3.
1834.	»	*sellaeformis*	Conr.	Morton Synop. Org. Rem. p. 52, Appendix p. 6.	1882-83.	»	*sellaeformis*	»	White Am Foss. Ostreidae p. 311, pl. 62, f. 12, pl. 63, f. 1.
1841.	»	»	»	Conrad Observ. Atlant Reg. Org. rem. p. 192, pl. 1, f. 1,	»	»	*divaricata*	Lea	White Heilprin Fossil Ostreidae p. 310, pl. 61, f. 1.
1842.	»	»	»	Morton Descr. new org. rem. p. 12.	1884.	»	*divaricata*	»	Heilprin Contr. Geol. Pal. Tert. p. 86.
1848.	»	*sellacformis*	»		»	»	*sellaeformis*	Conr.	Heilprin Contr. Geol. Pal. Tert. p. 30.
»	»	*divaricata*	»	Lea H. Cat.Tert.Test.p.11.					
»	»	*radians*	»		1885.	»	»	»	Aldrich Amer.Journ.Scienc.
»	»	*sel. div. rad.*	»	Bronn, Ind. Pal. p. 889.	1886.	»	»	»	» Prelim. Rep. Ala. Miss. p. 8, 9.
1855.	»	*sellaeformis*	»	Conrad Observ. Eoc. Jackson p. 257.	1887.	»	»	»	Smith Johnson Tert. Cret. Tusc. Tomb. Ala. p. 29, 33, etc. etc.
1865.	«	»	»	Conrad Cat. Eoc. Olig. p. 15.					
»	»	*falciformis*	»	Conrad Eoc. Shells Interprise p. 140, pl. 11, f. 1.					

Testa potius depressa; subplicatuliformis; valva dextera radiatim costulata ; valva sinistra sublaevigata, concentrice tenue lineata; filis radiantibus tenuissimis, obsoletis ornata, vel laevigata; impressione musculari semilunata, angusta, profunda.

D'abord j'avais considéré l'*O. radians* Conr. comme une espèce différente de la *sellaeformis*, car Conrad en décrivant
celle-ci (Foss. Shells p. 27) parle de toutes deux les valves; je retenais que la radians avait été proposée pour les exemplaires
costulés et la *sellaeformis* pour les exemplaires lisses. Mais en méditant la figure et la description qu'il en donne (Foss.
Shells p. 27) je me suis convaincu que la figure 2 de sa planche 13 ne représente autre chose que la valve gauche du même
exemplaire dont il avait déjà décrit la valve droite, c' est à dire la *radians* (Foss. Shells p. 27, pl. 13, f. 1). Nous avons ainsi
une espèce à laquelle M. Conrad a donné deux noms différents. En effet lui même s'en est aperçu et dans son ouvrage publié
en 1841 il adopta le nom de *Ostrea sellaeformis* « sensu lato ». Vraiment il aurait pu aussi adopter celui de radians avec plus
de propreté, car dans son ouvrage « Foss. Shells » il a la précédence; mais cela importe bien peu. Comme l' auteur même
a rectifié le sens de son espèce, je propose de doubler son nom en le mettant en parenthèse de côté. Dans son ouvrage
« Observ. Atl. Reg. » il rapporte comme des synonymes la *semilunata* Lea et la *divaricata* Lea. Quant à celle-ci il n'y
a pas de doute: si Conrad n'eût redressé le sens de son espèce je n'aurais pas hésité à adopter le nom de *Ostrea divaricata*
« sensu lato ». En égard au nom de *O. semilunata* Lea, je ne suis pas sûr de ce qu'on doit penser. Comme elle ne présente

aucune expansion latérale et que sa surface est lisse, je crois qu'il est plus convenable la référer à la *Alabamiensis* Lea. Dans le Catal. Eoc. Olig. Conrad adopte le nom de *stelleformis*; ça a été évidemment par erreur. Quant à l'*Ostrea falciformis* Conr., je crois qu'elle doit être considérée tout simplement comme un synonyme. Conrad avait donné pour habitat de cette espèce l'Interprise (Mississipi), mais dans la Cheek List il cite l'Alabama.

While croit que la *sellaeformis* soit distincte de la *divaricata*, mais je ne suis pas de son opinion. Plusieurs auteurs, Nyst (1846. Coq. et Pal. p. 323), Giebel (1866. Repertorium Goldfuss pag. 41), D'Orbigny (1850. Prodr. p. 394), Deshayes (1866. An. S. Vert. p. 121) regardent cette espèce (*O. divaricata* Lea) comme un synonyme de l'*Ostr. flabellula* Lamark. Coll. mon Cabinet.

Mut. divaricata Lea.

Pl. 19, f. 13*

(Lea Contr. geol. p. 91, pl. 3, f. 70).

Testa oblonga, contorta, elegans; costulis rotundatis notatis.

Cette variété est identique de l'*O. submissa* Desh. (Deshayes Coq. Paris 2 ed. pl. 84, f. 9-12). — (Loc. Claiborne).

Mut. laeta De Greg.

Pl. 11, f. 1-4.

Testa ovato-oblonga; costulis radiantibus attenuatis; lamellis concentricis notatis, imbricatis, raris.

Comme les côtes rayonnantes s'affaiblissent, les lamelles au contraire se font plus érigées. — (Coll. mon Cabinet).

Mut. vermilla De Greg.

Pl. 18, f. 15-23.

Testa tenuis, margine postcardinali recte producto, divaricatoque; costulis tenuibus.

C'est une mutation très intéressante, car elle est parfaitement intermédiaire entre la Mut. *Alabamiensis* type et la *sellaeformis* dans laquelle tous deux les bords cardinals sont prolongés. — (Coll. mon Cabinet).

Mut. sellaeformis (Conr.) Conr. type

Pl. 18, f. 5-6, Pl. 18, f. 11-12, Pl. 20, f. 5*.

(Conrad Foss. shells p. 27, pl. 13, f. 1, 2; — Conrad Observ. Atlant. Reg. p. 192, pl. 1, f. 1).

Testa magna, tenuis, depressa, marginibus ante et postcardinalibus utrisque dilatatis praesertim antico.

Loc. Claiborne.

Espèces douteuses:

Ostrea Mortoni Gabb.

Ostrea Mortoni Gabb. (= *O. panda* Mort. *partim* teste Aldrich Prelim. Report. p. 43).

Loc. Aldrich donne pour *habitat* Claiborne.

Ostrea Toomeyi Conr.

1865. Conrad Observat. Amer. Foss. Proceed A. Phil. p. 184. — 1886. Aldrich Prelim. Report. p. 43.

Testa ovata, sublobata; umbonibus extus radiatim corrugatis plicatisque, lineis accretionis concentricis ornatis; valva infera convexa; supera corrugata.

Je ne connais pas cette espèce, mais elle a été citée par Aldrich (Prelim. Report p. 43). Elle ne se trouve pas dans le Cat. Eoc. Olig. de Conrad, mais dans la Check List. p. 23. Je ne connais que la description trop restreinte qu'en a donné l'auteur. Je doute qu'on doit la retenir comme un synonyme de l'*O. sellaeformis* Conr.

Loc. Conrad donne pour *habitat* Mississipi, Aldrich l'a retrouvé à St. Stephens Bluff (Ala).

Ostrea georgiana Conr.

Conrad Journ. Acad. Nat. Scienc. Phil. V. 7, p. 156. — Idem Cat. Eoc. Olig. p. 15. — 1848. H. Lea Cat. Tert. Test. p. 25. — 1865. Observ. Eoc. Lignit. Fossil p. 76. — 1866. Idem Check. List. p. 20. — 1884. Heilprin Geol. Pal. Tert. p. 35, 95. 1886. Aldrich Prelim. Report p. 43. — 1887. Smith Johnson Tert. Cret. Tusc. Tomb. Ala p. 23.

Haec species non effigiata neque descripta est. Heilprin (p. 35) ipsam considerat sicut synonymum O. gigantae; *postea autem (p. 95) sicut synonymum* O. crassissimae *Lamk.*

Loc. Savannah River Georgia (Conrad); Choctaw Bluff (Ala).

Ostrea cretacea Mort.

Pl. 18, f. 10 reprod. de Morton.

1834. Morton Synopsis Org. Rem. p. 52, pl. 19, f. 3. — 1842. Morton Descr. som. new sp. org. rem. p. 14. — 1846. Conrad Observ. Eoc. Form. p. 210. — 1848. H. Lea Cat. Tert. Test. p. 11. — 1856. Aldrich Prelim. Report. — 1861. Gabb Proceed Philadelphia Academy p. 328, Moll. Cret. Form. p. 152. — 1882-83. White Heilprin Revew Am. Ostreidae p. 310. — 1887. Smith Johnson Tert. and Cret. Tusc. Tomb. Ala p. 21.

Conrad ne cite pas cette espèce parmi les fossiles éocènes, mais elle a été citée par Gabb et par Aldrich. Certes son nom nous fait croire qu'elle ne se trouve pas dans le tertiaire, mais plusieurs formes, décrites par Morton comme crétacées, ont été depuis retrouvées dans les assises inférieures du tertiaire.

Loc. The Rocks Clark C. Ala (Aldrich).

Ostrea compressirostra (Say) Whit. Heilpr.

Pl. 20, f. 1ᵛ-8ᵉ reprod. de White et Heilprin.

Say Journ. Acad. Nat. Sc. Phil. V. 4, p. 133. — 1848. H. Lea Cat. Tert. Test. p. 11 — 1882-83. White Heilprin North. Am. Ostcidae p. 309, pl. 65. f. 1-2. — 1884. Heilprin Contr. Geol. Pal. Tert. p. 85. — 1886. Aldrich Prelim. Report. p. 58.

Testa lata, lamellosa, utrinque late divaricata, valva iuferiore undulatim lamellosa, valva superiore concentrice striata.

C'est une grande et jolie espèce qui est très voisine de l'*O. bellovacina* Lamark. Certaines variétés de celle-ci de l'argille de Londres (var. *edulina*) étudiées par M. Heilprin ressemblent extrêmement à l'espèce de Say. De mon côté je dois observer que certaines variétés pliocéniques de l'*O. lamellosa* Brocc. et certaines autres vivantes et tertiaires de l'*O. edulis* L. sont presque tout à fait identiques de l'espèce de Say.

Je possède la première édition de l'American Conchology de Say et la 2 édition publiée par Binney, mais on n'y trouve pas citée cette espèce. — Heilprin croit qu'elle soit une variété de l'*O. bellovacina* Lamk.

Loc. Aldrich donne pour *habitat* Nanafalia Group; Tombgbee River. L'espèce décrite par Say provenait de Maryland.

Ostrea Mortonii Gabb.

1861. Gabb Descr. new spec. Am. Tert. and. cret. p. 329. — 1882-83. Heilprin Am. foss. Ostreidae p. 311. = *Ostrea panda* Morton *partim* (Morton Synopsis org. rem. p. 51).

Hanc speciem minime cognosco.

Loc. Alabama et South Carolina.

Ostrea Johnsoni Aldr.

1886. Aldrich Prelim. Report. p. 41, pl. 6, f. 6.

Testa foliacea, crassa, turgida, magis lata, quam longa; utraque valva valde plicata; plicis latis profundis circiter 6; foveola valvae dexterae late profunde excavata striataque.

Loc Claiborne, Lisbon, Monroe County Ala; Newton (Miss.).

Ostrea thirsae Gabb.

Pl. 20, f. 2 *, 9 *, 10 * reprod. de White et Heilprin

1861. Gabb Proceed Philadelphia Ac. Scienc. p. 329. — 1882-83. White Heilprin Am. Ostreidae p. 311, pl. 63, f. 4-6.— 1886. Aldrich Prelim. Report p. 58. — 1887. Smith Johnson Tert. Cret. p. 36, 52, 55.

Testa ovata, cymbulata, subnaviculata, sublaevigataque.

Cette espèce appartient sans doute au type de l'*Ostrea cochlear.*
Loc. Nanafalia Group; Tombgbee River.

Ostrea vomer Morton.

Pl. 19, f. 7 * reprod. de Morton.

1829. *Gryphea vomer* MORTON Morton Journal Ac. Sc. Phil.
»   »   »   »   »   Syn. Org. rem. ferrug. sand p. 283.
1834.   »   »   »   Morton Syn. Org. Rem. p. 54, pl. 9, f. 5.

1842. *Gryphea vomer* MORTON Morton Descr. sow. new spec. org. rem. p. 14, 22.
1846.   »   »   »   Conrad Obs. Eoc. form. p. 216.
1886.   »   »   »   Aldr. Prelim. Rep. Ala. Miss. p. 43.

Testa subovata, cymbulata, vulselliformis, tenuis; valva inferna profunda, superna parva, subplana concentrice lamellosa.

Morton (2 éd. p, 22) dit que cette espèce lui paraît identique de l'*O. lateralis* Nilson.
Loc. Cette espèce a été décrite par Morton comme provenant de l'Egypt (New Yersey) du crétacé moyen; mais M. Aldrich la note parmi les fossiles éocéniques de Rocks (Ala.).

Ostrea panda Morton.

Pl. 19, f. 8-9 * reprod. de Morton.

1834. Morton Synop. Org. Rem. p. 51, pl. 3, f. 6, pl. 9, f. 10. — 1842. Morton Descr new spec. org. rem. p. 14. — 1884. Heilprin Contr. Geol. Pal. Tert. p. 29.

Testa suborbicularis, gibba, costis raris, erectis notati prædita.

Cette espèce a été citée par Heilprin comme tertiaire. C'est pour ça que je l'ai fait figurée; car son facies me paraît plutôt crétacé que tertiaire. Du reste il faut dire que Morton la cita parmi les fossiles du crétacé supérieur qui correspond à peu près au tertiaire inférieur des auteurs plus modernes. J'ai quelque doute que M. Heilprin n'eût équivoqué en lui référant la *Plicatula Mantelli* Lea, dont la surface ressemble beaucoup à cette espèce.
Loc. White Limostone Claiborne (teste Heilprin).

SPONDYLIDAE

Spondylus amussiopse De Greg.

Pl. 20, f. 11-13 gross de deux côtés et d'en arrière.

Testa tenuis, minuta, squamiformis, valde compressa, extus tenue obsolete concentrice striata; intus costulis radiantibus ornata; umbone minimo; costis circiter 16, prope marginem notatis, versus umbonem evanescentibus, ex hiis 10 medianis magis notatis, 6 lateralibus (3 ad latus) evanescentibus; dentibus cardinalibus duobus, divaricantibus ad angulum positis.

C'est une très petite jolie espèce; si on avait sous les yeux une valve avec la charnière cassée, facilement on la jugerait un *Amussium* plutôt qu'un *Spondylus*. — (Coll. mon Cabinet).

Spondylus (Plagiostoma) dumosus Mort.

1834.	*Plagiostoma dumosus*	MORTON	Morton Syn. Org. Rem. Cret. group p. 59, pl. 16, f. 8.	1884.	*Spondylus dumosus*	MORTON	Heilprin Contr. Geol. Pal. Tert. p. 29.
1840.	»	»	» Morton Descr. new sp. org. rem. p. 14.	1886.	»	»	» Aldrich Prelim. Report. p. 43.
1865.	*Spondylus*	»	» Conrad Cat. Eoc. Olig. p. 14.	1887.	»	»	» Smith et Johnson Tert. and Cret. Tnsc. Tomb. Ala. p. 21.

Testa pectiniformis, radiatim costulata; ex costis quibusdam raris, regularibus; aculeis erectis, oblongis, arcuatis.

Cette espèce ressemble beaucoup à la var. *B.* du *Sp. rarispina* Desh. (Deshayes Coq. Paris 1 éd. pl. 46, f. 10). Mais les aiguillons sont beaucoup plus développés. Comme Morton a observé, elle ressemble beaucoup au *Sp. spinosum* Sowerby (Min. Conch. p. 119, pl. 78) de l'argile de Brighton.

Loc. Clarke County (Conrad); The Rocks in Cl Coun. (Aldrich); S. Stephens et Tombigbee (Conrad in Morton).

Plicatula filamentosa Conr.

Pl. 21, f. 1-10, 11 * (f. 1-10 quatre exemplaires en dedans et en dehors deux desquels avec détail; f. 11 reprod. de Lea (*Mantelli*)).

1832-33. 1833.	*Plicatula filamentosa*	CONR.	Conr. Foss. Shells p. 38.	1846.	*Plicatula filamentosa*	LEA		Lea II. Cat. Tert. Test. p. 13.
	»	*Mantelli*	LEA	Lea Contr. Geol. p. 89,	»	»	*Mantelli*	»	
1834.			pl. 3, f. 68.	1848.	»	»	»	Bronn Ind. Pal. p. 1120.
	»	*filamentosa*	»	Conrad App. in Morton	1850.	»	»	»	D'Orb. Prodr. E. 25, N. 1121.
			Org. Rem.	1865.	»	»	»	Conrad Cat. Eoc. Olig. p. 14.
				1866.	»	»	»	» Check List. p. 3.

Testa elegans, solida, depressa, suborbicularis; costis radiantibus rotundatis, latis, prominulis subirregularibus, circiter 7, versus margines decrescentibus; rugis radiantibus scariosis, densis; umbonibus angustis; dentibus cardinalibus duobus divaricantibus, ad angulum dispositis; impressione musculari ovato-orbiculari, anterius approximata, impressione palleali lineari, margini symetrica margine undulato, praesertim in valva dextera.

C'est une espèce très jolie et caractéristique. Conrad, dans son ouvrage Foss. Shells p. 38, cite la pl. 29, f. 5 qui n'existe pas dans ce mémoire.

Quoiqu'il ne figura pas cette espèce, j'ai retenu son nom au lieu que celui de Lea, car on peut aisémment reconnaitre cette espèce d'après les détails qu'il en donne d'autant plus qu'il n'y a aucune autre *plicatula* à Claiborne. La pag. 36, dans laquelle elle a cité décrite, se trouve dans le N. 3 de « Foss. Shells » qui parut en August 1833.—(Coll. mon Cabinet).

ANOMIIDAE

Anomia ephiphioides Gabb.

Var. *Lisbonensis* Aldr.

Pl. 21, f. 16.

1886. Aldrich Prelim. Report Ala. p. 41, 49, pl. 4, f. 6.

Testa tenuis, suborbicularis; cardine sigmoidali; impressionibus muscularibus indistinctis.— Differt a specie tipica propter formam latiorem.

Aldrich donne pour caractère différentiel les plis; mais ceux-ci dépendent de l'objet auquel elle est parassitique. Coll. mon Cabinet.

Anomia n. sp.

1885. Aldrich Amer. Journal Sciences. — 1886. Aldrich Prelim. Report p. 9.

Cette espèce n'a pas été décrite ni figurée.
Loc. Claiborne.

PECTINIDAE

Pecten Deshayesii (Lea) Conrad.

Pl. 21, f. 12*, 13*, 14, 15 (f. 12 *P. Leyelli* Lea. — f. 13 *Dehayesii* type reprod.— f. 14 type, fragment gross. de ma collect.— f. 15 var. *tirmus* De Greg. fragment gross.)

1833. *Pecten Deshayesii* LEA Lea Contr. Geol. p. 87. pl. 3, f.66.		1865. *Pecten Deshayesii* LEA Conrad Cat. Eoc. Olig. p. 14.		
» » *Lyelli* » Idem p. 88, pl. 3, f. 67.	1866. » » » » Check List. p. 3.			
1834. » *Deshayesii* » Conrad in Morton.	1884. » » » Heilprin Contr. Geol. Pal. Tért.			
1848. » » » Bronn Ind. Pal. p. 922.	p. 86.			
» » *Lyelli* » } Lea H. Cat. Tert. Test. p. 11.	1886. » » » Aldrich Prelim. Rep. p. 9, 48.			
Deshayesii » }	1887. » » » Smith Johnson Tert. Cret. Tusc.			
1850. » » » D'Orbigny Prodr. p. 393.	Tomb. Ala. p. 29.			

Testa orbicularis, compressa; costis radiantibus circiter 21; rugis radiantibus elegantibus scariosis; auricula antica valvæ dexteræ protracta, profunde emarginata, auricula postica minima; auriculis valvæ sinistræ subaequalibus.

J'ai joint le nom de Conrad à celui de Lea, car celui-ci décrivit deux values de la même espèce, comme deux espèces différentes. Comme les deux valves présentaient quelques différences dans les ornements je les considère comme deux mutations auxquelles j'ai joint une troisième mutation de ma collection. — (Coll. mon Cabinet).

Mut. Type (Lea f. 66).
Pl. 21, f. 13*, 14.

Testa potius solida, costis alternantibus ornata.

Le *Pecten operosus* Deshayes (Coq. Paris 2 éd. pl. 79, f. 10-11) et le *P. escharoides* Desh. (idem pl. 79, f. 12-14) me paraissent très voisins de celle-ci. Tout trois sont des formes ancêtres du *P. opercularis* Lea.
J'ai lieu à croire que le *P. perplanus* Morton doit être considéré comme un synonyme de cette même espèce. Loc. Claiborne.

Mut. Lyelli (Lea f. 67).

Pl. 21, f. 12 *

Testa tenuis, costis regularibus ornata.

Loc. Claiborne.

Mut. tirmus De Greg.

Pl. 21, f. 15.

Testa elegans, costis bipartitis ornata.

Coll. mon Cabinet.

Pecten (Pseudamussium) calvatus Mort.

Pl. 21, f. 28 * reprod. de Morton.

1834. Morton Synop. org. rem. p. 58, pl. 10, f. 3. — 1842. Morton Descr. new spec. org. rem. — 1865. Conrad Cat. Eoc. Olig. p. 14. — 1886. Aldrich Prelim. Rep. Ala. Miss. p. 48.

Testa ovato-orbicularis, sublaevigata.

La figure de Conrad laisse beaucoup à désirer, et mon dessinateur ne l'a pas reproduit très exactement. Il n'est pas difficile qu'on doit lui référer le *P.* (*Amussium*) *Alabamensis* Aldr.

Loc. Aldrich donne pour *habitat* Claiborne.

Pecten (Ianira) promens De Greg.

Pl. 21, f. 17-25 (f. 17-19 valve droite de deux côtés et détail; — f. 20-21 valve gauche de deux côtés; f. 22-25 valve droite de trois côtés et détail).

Testa tenuis, rotundata; valva dextera turgida, arcuata; costis circiter 16, rotundatis, erectis, interstitia subaequantibus; interstitiis squamis elegantissimis filiformibus ornatis; valva sinistra plana; costis erectis, rotundatis, paulo minoribus quam interstitiis. Diam. 20.^{mm}

Cette espèce ressemble à certains *Pecten* du miocène de France et d'Italie. J'en possède deux exemplaires un desquels est attaché à une calcaire blanchàtre plutôt tendre, qui ressemble (je crois) à la roche de Vicksburg, l'autre est un calcaire grésiforme jaunàtre.

Cette espèce ressemble au *P. Deshayesii* Lea, mais elle en diffère par la convexité de la valve droite et par les côtes moins nombreuses. Au contraire elle diffère du *P. elixatus* Conr. de Vicksburg par le côtes plus nombreuses etc.

Je possède en outre un autre exemplaire (valve gauche), qui appartient probablement à la même espèce; la roche qui lui est attachée me parait celle de Claiborne.

Elle ressemble au *P. perplanus* Morton, qui en diffère par la coquille beaucoup plus déprimée. — (Coll. mon Cabinet).

Pecten anatipes Morton.

Pl. 21, f, 29 * reprod. de Morton.

1834. *Pecten anatipes* Mort. Morton Org. Rem. p. 58, pl. 5, f. 4 (Trans. Am. Ph. Soc. V. 9). 1842. » » » Morton Descr. new spec. org. rem. 14. 1848. » » » Bronn Ind. Pal. p. 919. — 1848. *Pecten anatipes* Morton Lea H. Cat. Tert. Test. p. 11. 1850. » » » D'Orb. Prodr. p. 393. 1865. » » » Conrad Cat. Eoc. Olig. p. 14. 1866. » » » » Check List p. 23. 1886. » » » Aldrich Prelim. Report p. 43.

Testa suborbicularis, flabelliformis, radiatim striolata atque costata; striis minutis; costis paucis, raris, latis, rotundatis, undulosis.

Morton n'en possédait qu'un fragment; il paraît du type du *Pecten peslutrae* L.

Loc. Conrad dans son Cat. cite cette espèce parmi les fossiles éocènes de S. Stephens (Ala); dans la Check List il la cite parmi les fossiles de l'horizon de Jackson.

Loc. Claiborne (teste Morton),

Pecten perplanus Morton.

Pl. 21, f. 30*-31* reprod. de Morton.

1834. *Pecten perplanus* MORT. Morton Org. Rem. p. 58, pl. 14, f. 8 (Silliman's Journ. Sc. Nat. V. 23).
1842. » » » Morton Descr. new spec. org. rem. p. 14.
1848. » » » · Bronn Ind. Pal. p. 929.
» » » » Lea H. Cat. Tert. Test. p. 14.
1850. *Pecten perplanus* MORTON D'Orbigny Prodr. p. 393.
1865. » » » Conrad Observ. Amer. Foss. Proc. Acad. Phil. p. 184.
» » » » Idem Cat. Eoc. Olig. p. 14.
1886. » » » Aldrich Prelim. Report. p. 43.
1887. » » » Smith et Johnson Tert. and Cret. Tusc. Tomb. and Ala. p. 21.

Testa suborbicularis, depressa; costis regularibus, circiter 20, interstitia subaequantibus; auriculis parvis.

Cette espèce me paraît un synonyme du *P. Deshayesii* Lea.

Loc. Conrad donne pour *habitat* l'éocène de S. Stephens (Ala) ; dans la Check List il ne la cite pas. — Aldrich donne pour *habitat* The Rocks Clark Ala. Morton donne pour *habitat* Claiborne.

Pecten (Janira) Poulsoni Mort.

Pl. 21, f. 27 * reprod. de Morton.

1834. Morton Org. Rem. p. 59, pl. 19, f. 2. — 1842. Morton Descr. new spec. org. rem. p. 14. — 1848. Lea H. Cat. Tert. Test. p. 12. — 1848. Bronn Ind. p. 929. — 1855. Conrad Obs. Eoc. Jackson p. 257. — 1865. Conrad Cat. Eoc. Olig. p. 14. — 1865. Conrad Obs. Am. Foss. Proc. Sc. Phil. p. 184. — 1866. Conrad Check List p. 23. — 1884. Heilprin Contr. Tert. Geol. Pal. p. 29. — 1886. Aldrich Prelim. Report p. 43. — 1887. Smith Johnson Tert. a. Cret. Tusc. Tomb. Ala p. 22.

Testa suborbicularis, flabelliformis, vix gibba; costis notatis, erectis, rotundatis; interstitiis a lineis subconcentricis eleganter asperulalitis.

Cette espèce est voisine du *P. perplanus* Mort., mais elle en diffère par les côtes plus marquées et moins nombreuses etc.

Loc. Conr. décrivit cette espèce parmi les fossiles éocéniques de S. Stephens Ala; dans sa note « Obser. Am. Foss. » et dans la Check List il la cite de l'horizon de Jackson. M. Aldrich donne pour *habitat* Claiborne, et « The Rocks » Ala. M. Heilprin donne pour *habitat* « White Limestone Claiborne. » Morton cite cette espèce comme provenant de Claiborne.

Pecten Spillmani Gabb.

1862. Gabb Descr. New Spec. Am. Tert. p. 402, pl. 68, f. 3. — 1865. Conrad Cat. Eoc. Olig. p. 14. — 1866. Conrad Check List. p. 3.

Hanc speciem nequaquam cognosco.

Loc. Alabama.

Pecten (Camptonectes) Claibornensis Conr.

1866. Conrad Check List. p. 23.

Cette espèce n'a pas été décrite ni figurée, mais seulement citée, de sorte que je n'en puis donner aucune diagnose.

Loc. Alabama (horizon de Jackson).

Pecten (Amussium) Alabamiensis Aldr.

Pl. 21, f. 26 * reprod. de Aldrich.

1886. Aldrich Prelim. Rep. p. 40, pl. 4, f. 8.

Testa tenuis, flabelliformis, minuta, suborbicularis, intus costulata; costulis tenuibus, radiantibus 8, obsoletis prope umbonem; valva sinistra extus concentrice lineata, valva dextera sublaevigata.

Je doute qu'on doit le référer au *P. calvatus.*

Loc. Matthews' Landing Ala.

Pecten scintillatus Conr.

1886. Aldrich Prelim. Report Ala. Miss. p. 9, 48.

Loc. Aldrich donne pour *habitat* de cette espèce Claiborne, Lisbon, Calc. Sand. Quant à moi je n'en possède aucun exemplaire.

Pecten membranosus (in Heilpr.).

1884. Heilprin Contr. Geol. Pal. Tert. p. 29.

Hanc speciem non cognosco.

Loc. White Limestone Claiborne. C'est l'*habitat* cité par Heilprin. Je regrette de n'en pouvoir donner aucun détail.

AVICULIDAE

Aviculinae

Avicula Claibornensis Lea

Pl. 22, f. 4 * reprod. de Lea.

1833.	*Avicula*	*Claibornensis*	LEA	Lea Contr. Geol. p. 86, pl. 3, f. 65.	1848.	*Avicula*	*Claibornensis* CONR.	Bronn Ind. Pal. p. 138.
»	»				1850.	»	*limula* »	D'Orbigny Prodr. Et. 25, N. 1093.
1834.	»	*limula*	CONR.	Conrad Foss. Shells p. 39.				
1841.	»	»	»	» App. in Morton.	1865.	»	» . »	Conrad Cat. Eoc. Ol. p. 11.
	»	*trigona* non Lamk	»	Observ. Atl. Reg. p. 175.	1866.	»	» »	» Check List. p. 4.
1846.	»	»	»	» Obs. Eoc. Form. p. 219.	1886.	»	» »	Aldrich Prelim. Report. p. 68, 51.
1848.	»	*Claibornensis*	»	Lea H. Cat. Tert. Test. p. 4. -				

Testa tenuis, oblique alata, antice acute angulata, intus madreperlacea, ad latus cardinalem paulo incrassata; umbonibus parvis, acutis; dentibus tenuibus antice sitis.

C'est une jolie espèce, mais dont je ne connais que l'exemplaire figuré par Lea. Celui-ci dit que tous les exemplaires qu'il en trouva étaient cassés. Conrad rapporte cette espèce à l'*Avicula limula*; mais comme il ne figura pas cette espèce, je ne puis pas juger s'il a raison. En outre il décrivit cette espèce dans le N. 4 de Foss. Shells. Or le N. 3 parut en August avant l'ouvrage de Lea; mais quant au N. 4 je ne sais pas précisément l'époque. Par toutes ces raisons j'ai cru retenir le nom de Lea.

Loc. Claiborne.

Avicula cardincrassa De Greg.

Pl. 22, f. 1-2 un exempl. de deux côtés.

Testa solida, foliacea praesertim ad cardinem, obliqua, intus perlacea; margine cardinis recto acutoque.

Je ne possède de cette espèce que quelques fragments qui me paraissent différents de l'espèce de Lea. Celui-ci, en la décrivant, dit qu'il a retrouvé à Claiborne plusieurs fragments, dont la coquille était très épaisse et qui appartenaient à une autre espèce qu'il n'a pas décrite. Il n'est pas probable que ces exemplaires doivent être référés à notre espèce. Malgré cela je dois avertir que je ne suis pas sûr des limites de notre espèce et de celle de Lea. d'autant plus que les *Avicula* souvent se présentent plus ou moins solides selon les conditions de l'ambient. Nous voyons par exemple que l'*Avicula tarentina* Lamk.; qui est très fragile et très mince dans nos mers, devient épaisse dans les couches de notre postpliocène et ressemble beaucoup à la *cardincrassa*. — (Coll. mon Cabinet).

Perninae

Perna cretacea Conr.

1834. *Modiola cretacea* CONR. Conrad Observ. Atlant. region.   1865. *Perna cretacea* CONR. Conrad Cat. Eoc. Olig. p. 10.
p. 340, pl. 13. f. 2 (Trans. Geol.   1866. » » » » Check List. p. 23.
Soc. Penns).   1886. *Modiola* » » Aldrich Prelim. Report p. 43.

Conrad auparavant avait rapporté cette espèce parmi les fossiles crétacés, mais en suite il la cita parmi les espèces éocènes. Je regrette de ne pouvoir en donner aucun détail. — A la *Perna cretacea* Reuss (Reuss Böhm Kreideform. p. 24, pl. 32, f. 18-20, pl. 33, f. 1) on doit changer le nom, car il a été proposé en 1846; je preposerais celui de *Perna Reussi*, mais je ne sais pas le faire, car M. Aldrich a référé de nouveaux celle de Conrad au genr *Modiola*.

Loc. The Rocks Clark C. (Ala).

Pinninae

Pinna sp.

1886. Aldrich Prelim. Report p. 49.

Hic auctor citat speciem hujus generis sed ipsam non nominat neque describit, dicit autem ipsam valde latam.

Loc. Monroe Coffeville.

MYTILIDAE

Lithodomus petricoloides (Lea) De Greg.

Pl. 22, f. 6*, 7 (f. 6 reprod. de Lea; — f. 7 un exempl. gross. de deux côtés).

1833. *Byssomia petricoloides* LEA Lea Contr. Geol. p. 48, pl. 1, f. 16. — 1846. Idem Lea H. Cat. Tert. Test. p. 4.

Testa tenuis, angusta, oblonga, antice vix angustata, postice radiatim obsolete tenue subcostulata; margine ventrali et cardinali subparallelis.

Cetté espèce me paraît un *lithodomus*; dans la figure de Lea on voit quelques dents dans la charnière, mais ça a été, je crois, par erreur du dessinateur, car Lea dit qu'elle n'en a pas. Il n'est pas difficile qu'on doit lui référer aussi le *L. Claibornensis* Conr. — (Coll. mon Cabinet).

Lithodomus Claibornensis Conr.

Pl. 22, f. 3 * reprod. de Conrad.

1850. *Lithodomus Claibornensis* Conr. Conrad Vicksburg p. 132, pl. 14, f. 27. — 1865. *Lithophaga* Conrad Cat. Eoc. Olig. p. 11. — 1866. Idem Conrad Check List. p. 5.

Testa tenuis, oblonga, convexa postice oblique truncata.

C'est une espèce très voisine de la précédente, de laquelle elle diffère par la forme coupée obliquement en arrière. Je n'en possède aucun exemplaire.

Loc. Conrad donne pour *habitat* Claiborne.

Modiolaria Alabamensis Meyer.

Pl. 22, f. 5 * reprod. de Meyer.

1886. Meyer Contr. Pal. Ala Miss. p, 83, pl. 3, f. 19.

Testa tenuis, elegans, elliptico-rhomboidalis; regione antica brevi, angusta; regione postica potius lata et oblonga, utraque radiatim costulata; regione media laevigata; cardine edentulo, margine cardinali antico subnoduloso.

Loc. Claiborne (Assise infér.).

Crenella costata Lea.

Pl. 22, f. 8-14, 15 * (f. 8-14 trois valves gross. de deux côtés, et un exempl. à valves fermées du côté du crochet ; f. 15 reprod. de Lea).

1833. *Stalagmum margaritaceum* Conr.		Conrad Foss. Shells p. 39.	1850. *Stalagmum margaritaceum* Conr.			D'Orb. Prodr. Et. 25, N. 1040.
»	*Myoparo costatus*	Lea	Lea Contr. Geol. p.74, pl. 2, f. 51.	1865. »	»	»	Conrad Cat. Eoc. Ol. p. 10.
1848. *Stalagmum margaritaceum* Conr.		Bronn Ind.Pal. p.1197.	1866. »	»	»	Conrad Check List. p. 5.
»	»	»	» Lea H. Cat. Tert. Test. p. 10.				

= (1850. *Crenella latifrons* Conr. Conrad Descr. New Cret. and. Eoc. foss. Miss. Ala p. 296).

Testa parvula, elegans, singularis, cordato-cuneata radiatim undulose costulata, concentrice eleganter funiculata, extus pectunculiformis, intus madreperlacea; umbone minimo, prominulo, asymetrico; marginibus cardinalibus minutissime confertim denticulatis ; margine ventrali tenue crenulato vel sublaevigato; impressionibus muscularibus angustis oblongis.

C'est une petite espèce très singulière et caractéristique, qui mérite bien l'attention du paléontologue. Elle n'est pas trop rare à Claiborne. Son contour est un peu moins arrondi que celui de la figure de Conrad, car son diamètre umboventral est plus long que l'antéropostérieur.

On doit peut-être référer à la même espèce la *Cr. latifrons* Conr. trouvée par le D. Schowalter dans l'Alabama et décrite par Conrad. Mais celui-ci ne la figura pas et n'en donna pas des renseignements suffisants. C'est ainsi une espèce très douteuse.

La conformation des petites dents cardinales tient beaucoup de celle de la famille des *Nuculidae* et des *Arcidae*.

Coll. mon Cabinet.

NUCULIDAE

Nucula magnifica Conr.

Pl. 22, f. 16-18. 19 * (f. 16-18 une valve de deux côtes et avec détail de la surface; — f. 19 reprod. de Lea).

1833. *Nucula magnifica* Conr. Conrad Foss. Shells p. 37.
» » *Sedgewickii* Lea Lea Contr. Geol. p. 79, pl. 3, f. 58.
1834. » *magnifica* Conr. Conrad Appendix in Morton.
1845. » » » Lyell Quart Journ. p. 437.
1848. » » » Lea H. Cat. Tert. Test. p. 10.
1850. » » » Bronn Ind. Pal. p. 826.

1865. *Nucula magnifica* Conr. D'Orbigny Prodr. Et. p. 25.
» » » » Conrad Cat. Eoc. Ol. p. 12.
1866. » » » » Check List. p. 4.
1885. » » » Aldrich Am. Journ. Science.
1886. » » » » Prelim. Report p. 9.
1887. » » » Smith Johnson Tert. Cret. Tusc. Tomb. Ala p. 29.

Testa ovata, subtriangularis, potius solida, laevigata, sub lente interdum radiata, elegantissima, finissime striolata, intus madreperlacea; margine antecardinali brevi, postcardinali oblongo; dentibus subrectangularibus; foveola angusta, obliqua, sulciformi.

La surface de cette coquille est couverte par une couche calcaire, qui la rend lisse, pourvue seulement des stries d'accroissement. Néanmoins, comme sa structure interne est fibreuse-rayonnante, celle-ci quelquefois transparait et la surface devient ornée de stries rayonnantes. Il n'est pas difficile qu'on doit référer à la même espèce la *N. ovula* Lea. Quoique Conrad ne donna aucune figure de cette espèce, les détails qu'il en donne sont suffisants pour la faire reconnaitre c'est pour ça que j'ai adopté son non qui a la priorité.

Cette espèce ressemble beaucoup à la *N. mixta* Desh. (Deshayes Coq. Paris 2 ed. pl. 64, f. 1-2) et à la *N. similis* Sow. (Sowerby Min. Conch. pl. 192, f. 10 — Wood Eoc. Biv. p. 118, pl. 18, f. 11). — (Coll. mon Cabinet).

Nucula ovula Lea

Pl. 22, f. 20 * reprod. de Lea.

1833. *Nucula ovula* Lea Lea Contr. Geol. p. 80, pl. 3, f. 54.
1848. » » » Bronn Ind. Pal. p. 825.
» » » » Lea H. Cat. Tert. Test. p. 10.

1865. *Nuculana ovula* Lea Conrad Cat. Eoc. Olig. p. 13.
1866. » » » » Check List. p. 3.
1886. *Nucula* » » Aldrich Prelim. Report p. 53.

Haec species cum precedente in omnibus caracteribus convenit, sed magis ovata est et lunulam habet, quae in illa caret.

Ce sont les caractères différentiels notés par Conrad, quant à sa figure elle est pourvue de stries radiales; mais, comme j'ai dit à propos de la *N. magnifera* Conr., ces stries se trouvent aussi dans celle-ci. Je crois, après tout, qu'on doit probablement la référer à la même espèce, mais je ne le puis pas affirmer, car je n'en possède aucun exemplaire. Je ne sais pas pourquoi Conrad l'a rangé parmis les *Nuculana*.

Loc. Claiborne.

Nucula carinifera Lea sp. dub.

(an *Limopsis cuneus* Conr. ?)

Pl. 22, f. 21-22 * reprod. de Lea.

1833. *Nucula carinifera* Lea Lea Contr. Geol. p. 198, f. 6, f. 212.
1848. » » » Bronn Ind. Pal. p. 820.

1848. *Nucula carinifera* Lea Lea H. Cat. Tert. Test. p. 10.
1865. » » » Conrad Cat. Eoc. Olig. p. 12.
1866. » » » » Check List. p. 4.

Testa triangularis, crassa, turgida, postice truncata, minute concentrice striata, carinata; lunula cordata; umbonibus prominulis, recurvis; dentibus anticis 5.

Lea compare cette espèce à la *deltoidea* Sowerby (aussi in Lamark), il n'en possédait qu' un exemplaire qui n'était pas en bon état de conservation. — Conrad rangea cette espèce parmi les *Nucula*; je doute qu'elle soit plutôt une *Leda*; mais, comme je n'en possède aucun exemplaire, je l'ai laissé dans le même genre. M. Heilprin (Contr. Geol. Pal. Tert. p. 89) la rapporte comme un synonyme du *Limopsis cuneus* Conr.

Loc. Claiborne.

Nucula capsiopsis De Greg.

Pl. 22, f. 23-24 gross. de deux côtés.

Testa minuta, tenuis, elegans, elliptica, aequilatera, laevigata; umbone minimo, centrali; cardine lineari; dentibus 6 ad latus. L. 3.mm

C'est une très petite coquille, mais ayant des caractères bien définis. — (Coll. mon Cabinet).

Nucula Monroensis Aldr.

Pl. 22, f. 25-26 * reprod. de Aldrich.

1886. Aldrich Prelim. Report Ala p. 40, pl. 4, f. 2.

Testa ovata, postice subangulata, concentrice funiculata; funiculis lamellosis subimbricatis; umbonibus recurvis; lunula vix impressa lataque; margine crenulato.

Cette espèce est extrêment voisine de la *N. magnifica* Conrad. — Elle en diffère seulement par les cordonnets concentriques.

Loc. Claiborne, Monroc County, Ala.

Yoldia gen.

Je retiens ce genre comme un sougenre du genre *Leda*, car dans la pratique il réussit souvent extrêmement difficile de séparer ces deux genres.

Leda (Yoldia) eborea Conr.

Pl. 22, f. 37 * reprod. de Conrad.

1856. *Leda eborea* Conr. Conrad New Cret. and Eoc. foss. p. 295, pl. 47, f. 26. — 1865. *Yoldia* Idem, Conrad Cat. Eoc. Olig. p. 13. — 1866. Idem, Conrad Check List. p. 4.

Testa triangularis, aequilatera, turgida, nitida; lunula et vulva subaequalibus emarginatis; sulco postico margini parallelo; margine dorsali carinato.

C'est une espèce douteuse, car Conrad ne l'a pas figuré du côté interne et il n'a pas cité son *habitat* avec précision.

Loc. Eocene d'Alabama.

Leda Brongnarti Lea.

Pl. 22, f. 27-29, 30*, 31 (f. 27, 29 valve gross. de deux côtés, f. 28 une autre valve — 30 reprod. de Lea).

1833. *Nucula Brongnarti* Lea Lea Contr. Geol. p. 82, pl. 3, f. 61.	1848. *Nucula Brongnarti* Lea Lea H. Cat. Tert. Test. 10. » » » » Bronn Ind. Pal. 820.
? *Leda caelata* Con. Conrad Amer. Journ. Scienc. Vol. 23, p. 343.	1865. *Nuculana caelata* Con. Conr. Cat. Eoc. Olig. p. 13. 1866. » » » » Check List. 3.

= *Nucula magna* Lea Lea Contr. Geol. p. 197, pl. 6, f. 211.

= *Nucula plana* Lea Lea Contr. Geol. p. 199, pl. 6, f. 213.

Testa obliqua, elegantissima, longitudinaliter rugis notatis, paulo sinuosis, valde prominulis ornata, antice rotundato-cuneata, postice rostrata, antice sulco radiante tenui, postice tribus carinis papillosis elegantibus praedita; umbone submediano; dentibus erectis confertis; foveola ligamenti angusta, triangulari. L. 20.^{mm}

Comme Lea même a observé, c'est une des plus jolies espèces de Claiborne. J'ai lieu à croire que la *N. plana* Lea et la *N. magna* Lea ne soient autre chose que des variétés de la même espèce. — (Coll. mon Cabinet).

Leda magna Lea sp. dub.

Pl. 22, f. 38 reprod. de Lea.

1833. *Nucula magna* LEA Lea Contr. Geol. p. 197, pl. 6, f. 211.   1865. *Nuculana magna* LEA Conrad Cat. Eoc. Olig. p. 13.
1848.   »   »   » Lea H. Cat. Tert. Test. p. 10.   1866.   »   »   »   » Check List. p. 3.
  »   »   »   » Bronn Ind. Pal. p. 823.

Haec species dubia est; puto autem adultum exemplarem precedentis speciei a Lea descriptum sicut novum.

Loc. Claiborne.

Leda plana Lea sp. dub.

Pl. 23, f. 5* reprod. de Lea.

1833. *Nucula plana* LEA Lea Contr. Geol. pl. 6, f. 213.   1865. *Nuculana plana* LEA Conrad Cat. Eoc. Olig. 13.
1848.   »   »   » Lea H. Cat. Tert. Test. p. 10.   1866.   »   »   »   » Check List. 3.
  »   »   »   » Bronn Ind. Pal. p. 826.

Probabiliter haec species a Lea statuta propter singulum fractum exemplare, varietas est Ledae Brongnarti Lea.

Je n'en possède aucun exemplaire et je ne puis rien affirmer; certes c'est une espèce très douteuse.
Loc. Claiborne.

Leda media Lea.

Pl. 23, f. 1-3, 4 * (f. 1-3 exempl. gross. de trois côtés; — f. 4 reprod. de Lea).

1833. *Nucula media* LEA   Lea Contr. Geol. p. 81 , pl. 3 ,   1865. *Nuculana media*   LEA   Conrad Cat. Eoc. Ol. p. 13.
                             f. 62.   »   » *aequalis* CONR. Conrad Am. Journ. Conch.
1848.   »   *striata* LAMK. Bronn Ind. Pal. p. 827.   p. 382 (Additions to Cat.).
  »   »   *media* LEA   Lea H. Cat. Tert. Test. p. 10.   1866.   »   *media*   LEA   Idem Check List. p. 3.

= ? (*Nucula aequalis* Conr. 1833. Foss. Shells p. 46. — 1865. Cat. eoc. plig. p. 13).

Testa elegans, parvula, depressa, obliqua, concentrice tenue regulariter funiculata antice cuneato-rotundata, postice rostrata, bicarinata; spatio carinali funiculato ut reliqua superficie; umbone depresso parum prominulo; dentibus cardinalibus anticis numerosis, linearibus ex hiis majoribus circiter 10, prope cardinem decrescentibus; dentibus posticis minus numerosis, magis latis, majoribus circiter 6, prope cardinem angustatis; rostro intus subingranato in valva sinistra, subdentatoque. L. 5.^{mm}

C'est une petite jolie coquille; très voisine de la *N. plicata* Lea, dont elle diffère par peu de caractères. M. Conrad dans son Cat. cite deux fois la *N. aequalis* Conr. comme distincte de la *media* et comme son synonyme. Comme il ne figura pas son espèce et qu'il ne la décrivit pas bien, on doit croire qu'il n'en avait pas une idée précise. Je crois ainsi qu'il est mieux ne la nommer pas. — (Coll. mon Cabinet).

Leda plicata Lea.

Pl. 23, f. 6-10, 11 * (f. 6-10 deux valves et un exempl. gross.; — f. 11 reprod. de Lea).

1833. *Nucula plicata* LEA Lea Contr. Geol. p. 85, pl. 3, f. 64.   1865. *Nuculana plicata* LEA Conrad Cat. Eoc. Olig. p. 13.
1848.   »   »   » Bronn Ind. Pal. p. 826.   1866.   »   »   »   » Check List. p. 3.
     »   »   »   » Lea H. Cat. Tert. Test. p. 10.

Testa elegantissima, parvula, inaequilatera, obliqua, concentrice funiculata, antice rotundata, postice angusta oblonge rostrata bicarinataque; spatio carinale non funiculato sed tenue confertim striato; dentibus triangularibus elegantissimis, prope cardinem utrinque decrescentibus; dentibus anticis magis prominulis circiter 8; dentibus posticis magis prominulis circiter 16 ; rostro intus subingranato, rostro valvae sinistrae excavato ad extremitatem.

C'est une coquille très jolie et très caractéristique, qui est très analogue de la *Leda media* Lea, dont on pourrait peut-être la considérer comme une variété; elle en diffère par l'espace intercarénal dépourvu de cordonnet, par le côté postérieur plus allongé et par les dents plus nombreuses et marquées.

Bronn rapporte à la même espèce comme synonyme la *N. bella* Conr. — (Coll. mon Cabinet).

Leda Claibornensis (Conr.) De Greg.

Pl. 22, f. 32-33, 34 *, 35-36 (f. 32, 36 une valve gross. de deux côtés; f. 33, 35 une autre valve gross. idem;
f. 34 reprod. de Lea).

1830. *Nucula Claibornensis* CONR. Conrad Vicksburg p. 131,   1865. *Nuculana Claibornensis* CONR. Conrad Cat.Eoc. Ol. p.13.
pl. 14, f. 22.   1866.   »   »   »   » Check List. p. 3.

Testa tenuis, laevigata, subinaequilatera, antice rotundata, postice magis angusta, vix lanceolata, paulo magis protracta; dentibus triangularibus, minutis, confertis; foveola ligamenti distincta, triangulari.

Comme M. Conrad figura cette espèce d'un seul côté et pas bien, et qu'il n'en donna pas une description suffisante, j'ai uni mon nom au titre de cette espèce. — (Coll. mon Cabinet).

Leda bella Conr. sp. dub.

1834? *Nucula bella* CONR. Conrad Americ. Journal Sciences   1856. *Leda*   bella CONR. Conrad New Cret. Eocen. foss.
1848.   V. 23, p. 343.   p. 295.
     »   »   » Lea H. Cat. Tert. Test. p. 10.   1865. *Nuculana*   »   » Idem Cat. Eoc. Olig. p. 13.
     »   *plicata* LEA Bronn Ind. Pal. p. 820.   1866.   »   »   » Idem Check List. p. 3.

Comme cette espèce n'a pas été bien décrite ni figurée, on ne peut pas en former une idée exacte ; d'après ce que M. Conrad dit à propos de cette espèce dans son ouvrage « New Cret. Eoc. foss. » je crois qu'elle doit ressembler beaucoup à la *Leda Brongnarti* Lea.

Loc. Conrad donne pour *habitat* Claiborne.

Leda opulenta Conrad sp. dub.

1833. *Nucula opulenta* CONR. Conrad Foss. Shells p. 46.   1865. *Nuculana opulenta* CONR. Conrad Cat. Eoc. Ol. p. 13.
1848.   »   »   » Lea H. Cat. Tert. Test. p. 10.   1866.   »   »   »   » Check List. p. 3.

Cette espèce n'a pas été figurée par Conrad, il ne l'a même citée dans la 2 ed. de Foss. Shells. C'est une espèce douteuse dont je ne sais me former une idée, d'autant plus que la pag. 46 manque dans ma copie de Foss. Shells; elle devait appartenir à la quatrième livraison.

Loc. Claiborne.

Leda pulcherrima Lea.

Pl. 23, f. 12 reprod. de Lea.

1833. *Nucula pulcherrima* LEA Lea Contr. Geol. p. 84, pl. 3, f. 63.
1848. » » » Lea H. Cat. Tert. Test. p, 10.
» » » » Bronn Ind. Pal. p. 826.

1865. *Nuculana pulcherrima* LEA Conrad Cat. Eoc. Ol. p. 13.
1866. » » » » Check List. p. 3.
1887. *Leda* » » Meyer Beitr. Kent. Alt. Terl. Ala. Miss. p. 15.

Testa minuta, elegans, triangularis, angusta, concentrice eleganter funiculata, antice radiatim unisulcata, postice carinata, antice angulata arcuataque, postice rostrata lanceolataque; umbone angulato, conoideo, depresso. L. 7.^{mm}

C'est une jolie petite espèce, dont je regrette ne posséder aucun exemplaire et par conséquent ne pouvoir en donner d'autres détails. Elle me paraît très voisine de la *Leda Brongnarti* Lea.

Loc. Claiborne.

Leda semen Lea.

Pl. 23, f. 13 reprod. de Lea.

1833. *Nucula semen* LEA Lea Contr. Geol. p. 200, pl. 6, f. 214.
1848. » » » Lea H. Cat. Tert. Test. p. 10.
» » » » Bronn Ind. Pal. p. 826.

1865. *Nuculana semen* LEA Conrad Cat. Eoc. Olig. p. 13.
1866. » » » ° Check List. p. 4.

Testa minuta, concentrice sulcata, elegans, antice subrotundata, postice carinata, rostrataque; rostro satis angusto, intercarinale. L. 3.^{mm}

C'est une petite espèce très intéressante, mais j'ai quelques doutes qu'on doive la considérer comme un jeune exemplaire de la *Leda plicata* Lea.

Loc. Claiborne.

Leda protexta Conrad.

Pl. 23, f. 14 * reprod. de Conrad.

1865. *Nuculana protexta* CONR. Conrad Cat. Eoc. Ol. p. 13.
» » » » » Descr. new eoc. shells p. 147, pl. 11, f. 6.

1866. *Nuculana protexta* CONR. Conrad Check List. p. 4.
1886. *Leda* » » Aldrich Prelim. Report. p. 53, 57.

Testa elongata, paulo turgidula, laevigata, concentrice tenue striata (striis antice subrugosis), antice subrotundata, postice rostrata.

Cette espèce me paraît très voisine de la *L. Claibornensis* dont j'ai parlé plus haut; il n'est pas difficile qu'on dût la référer comme une variété, ou comme un exemplaire plus agé.

Loc. Alabama.

PECTUNCULIDAE

Limopsis (Trigonocaelia) cuneus Conr.

Pl. 23, f. 28 *b solum* reprod. de Conrad.

1833. *Pectunculus cuneus* Conr. Conrad Foss. Shells p. 39.   1856. *Limopsis*   cuneus Conr. Conrad New Cretac. eoc.
1834.   »   »   »   Idem Appendix in Morton Org.   foss. p. 297, pl. 47, f. 17.
                             Rem. p. 39.   1865. *Trigonocaelix*   »   »   Idem Cat. Eoc. Olig. p. 12.
1848.   »   »   »   Lea H. Cat. Tert. Test. p. 10.   1866. *Limopsis*   »   »   Idem Check List. p. 4.
     »   »   »   »   Bronn Ind. Pal. p. 936.

Testa parvula, triangularis, subtrapetioides, laevigata, antice subrotundata, postice biangulata, truncata, carinata; umbone conoideo.

C'est une petite espèce très intéressante. Conrad, dans ces travaux, cite la pl. 46 de son ouvrage « New Cret. eoc. » par erreur, car dans celui-ci par équivoque on trouve indiquée cette planche. M. Heilprin (1888. Contr. Geol. Pal. Tert. p. 89) rapporte à la même espèce comme synonyme la *Nucula carinifera* Lea, dont j'ai parlé plus haut.

Loc. Claiborne.

Limopsis (Trigonocaelia) ledoides Meyer.

Pl. 23. f. 25 gross. reprod. de Meyer.

1886. Aldrich Prelim. Report p. 48. — 1886. Meyer Contr. Eoc. Pal. Ala Miss. p. 79, pl. 1, f. 20.

Testa parvula, elegans, minute radiatim lineata, concentrice striata; postice carinata, antice rotundata; dentibus 8 in singulo latere; foveola mediana minuta, punctiformi.

C'est une petite espèce très intéressante, qui a beaucoup de ressemblence avec la *Limopsis pectuncularis* Lea, de laquelle elle diffère par la forme moins romboidale etc.

Loc. Aldrich donne pour *habitat* Lisbon, Meyer donne pour *habitat* Claiborne.

Limopsis pectuncularis Lea sp.

Pl. 23, f. 20 reprod. de Lea.

1833. *Nucula pectuncularis* Lea Lea Contr. Geol. p. 83,   1848. *Nucula*   pectuncularis Lea Bronn Ind. Pal. p. 825.
                                 pl. 3, f. 60.   1865. *Limopsis*   «   »   Conrad Cat. Eoc. Ol. p. 12.
1848.   »   »   »   Lea H. Cat. Tert. Test. p. 10. 1866.   » ,   »   »   »   Check List. p. 4.

Testa parvula, elliptico-trapetioides; umbone parum prominulo; lamina cardinali brevi.
Loc. Claiborne.

Limopsis declivis (Conr.) De Greg.

Pl. 23, f. 15-19, 21-23, 24 * (f. 15-19 quatre valves d'un jeune exempl. deux desquelles en gr. nat. le troisième gross. du côté interne, le quatrième gross. de deux côtés; — f. 21-23 exempl. adulte avec détail de la surface; — f. 24 reprod. de Conrad.

1833. *Pectunculus declivis* Conr. Conrad Foss. Shells p. 16.   1850. *Pectunculus declivis* Conr. D' Orbigny Prodr. Et. 25,
1834.   »   *minor* Lea   »   Appendix in Morton.   N. 1031.
1848.   »   *declivis* »   Lea H. Cat. Tert. Test.   1856.   »   »   »   Conrad New Cat. Eoc. foss.
                                  p. 11.   p. 297, pl. 47, f. 13.
     »   »   *minor*   »   Bronn Ind. Pal. p. 938.   1865.   »   »   »   Idem Cat. Eoc. Olig. p. 12.
                                                                 1866. *Limopsis declivus*   »   Idem Check List. p. 14.

Testa elegans, asymetrica, tenue concentrice striata, sub lente radiatim finissime crenulatim lineata, margine postico et ventrali rotundato; antico cuneato subrostrato; dentibus circiter 15 ad latus, tenuibus; area nulla; umbone parvulo.

Conrad donne une mauvaise figure de cette espèce dans son ouvrage publié en 1856, Il ne la cite pas dans la pag. 293 mais seulement dans l'explication des planches; c'est pour ça qu'il l'oublia même dans son Catal. Eoc. Olig. Certes il n'en avait une idée exacte, en effet il lui rapporte dans son Catal. le *Pectunculus minor* Lea dont la forme est bien différente. Néanmoins j'ai pu identifier mes exemplaires avec sa figure. — (Coll. mon Cabinet).

Limopsis decisus Conr.

Pl. 25, f. 28 *a, tantum.*

1833. *Pectunculus decisus* Conr. Conrad Foss. Shells 1 ed. p. 39.
1844. » » » Idem Appendix in Morton.
1848. » » » Lea H. Cat. Tert. Test. p. 11.
» » » » Bronn Ind. Pal. p. 936.
1850. » » » D' Orbigny Prodr. Et. 25, N. 1032.

1850. *Noetia pulchra?* Gabb. Gabb. Journal Academy V. 4, 2 ser. p. 388. pl. 67, f. 55.
1856. *Limopsis decisus* Conr. Conrad New Cret. and eoc. foss. p. 297, pl. 67, f. 16.
1865. » » » Conrad Cat. Eoc. Olig. p. 12.
1866. » » » » Check List. p. 4.

Testa elliptica, depressa, antice rotundata, paulo dilatata postice oblique truncata.

Je ne puis donner d'autres renseigments sur cette espèce; elle me parait intermédiaire entre le *L. cuneus* Conr. et le *L. declivis* Conr. M. Conrad lui rapporte comme synonyme le *Limopsis decisus* Conr.

Loc. Conrad doune pour *habitat* l'éocène d'Alabama.

Limopsis ellipsis Lea sp. dub.

Pl. 23, f. 26* 27* (f. 26 reprod. de Lea, f. 27 reprod. de Conrad).

1833. *Pectunculus ellipsis* Lea Lea Contr. Geol. p. 78, pl. 3, f. 56.
1848. » » » Lea H. Cat. Tert. Test. 11.
» » » » Bronn Ind. Pal. 937.

1856. *Limopsis ellipsis* Lea Conrad New Cret. ad Eoc. foss. p. 297, pl. 47, f. 9.
1865. » » » Conrad Cat. Eoc. Olig. p. 12.
1866. » » » » Check List. 4.
1884. » » » Heilprin Contr. Geol. Pal. p. 88.

Testa elliptica, suborbicularis, radiatim striata, striis concentricis acretionis ornata; umbone parvulo.

C'est une espèce très douteuse, je crois qu'elle est une variété plutôt qu'une espèce. La figure de Conrad ne correspond pas avec celle de Lea. — Heilprin compare cette espèce au *L. Galeotti* Nyst (Coq. et Pal. Belg. p. 238).

Loc. Claiborne.

Limopsis corbuloides Conr. sp. dub.

1833. *Pectunculus corbuloides* Conr. Conr. Foss. Sh. p. 49.
1834. » » » » App. 7 in Mort.
1848. » » » Bronn Ind. Pal. 936.
» » » » Lea H. Cat. Tert. Test. p. 11.

1850. *Pectunculus corbuloides* Conr. D'Orb. Pr. Et.25 N.1033.
1856. *Limopsis* » » Conrad New. Cret. and Eoc. p. 297.
1865. » » » Conr. Cat. Eoc. Ol. p.12.
1866. » » » » Check List. p. 4.

Je ne puis donner aucun détail de cette espèce, car elle n'a pas été figurée, la diagnose de Conrad est insufissante.

Loc. Claiborne.

Limopsis perplanus Conr. sp. dub.

1833. *Pectunculus perplanus* CONR. Conrad Foss. Shell. p. 39   1850. *Pectunculus perplanatus* CONR. D'Orb. Prodr. 389.
(Jour. Ac. Phil. V. 7).   1856. *Limopsis perplanus* » Conrad New Cret. and
1834. » » » Conrad App. 7 in Mort.   Eoc. foss. p. 297.
1848. » » » Bronn Ind. Pal. 938.   1865. » » » Conrad Cat. Eoc. Olig.
» » » » Lea H. Cat. Tert. Test.   p. 12.
p. 11.   1866. » » » Conrad Check List. 4.

Je ne puis donner aucun détail de cette espèce, qui a été citée plusieurs fois par Conrad, mais pas figurée. Dans son ouvrage « New Cret. Eoc. foss. Ala Miss. » il cite la pl. 47, f. 16. Il la cite aussi dans son Catalogue, mais ça été évidemment par équivoque, car cette figure représente le *Limopsis decisus* Conr., comme on voit d'après l'explication des planches à page 298.

Loc. Claiborne.

Limopsis aviculoides Conr.

Pl. 23, f. 29 reprod. de Conrad.

1833. *Putunculus aviculoides* CONR.   Conrad Foss. Sh.   1850. *Limopsis nana* DESH. D'Orb. Prodr. Et. 25, N. 1086.
1 ed. p. 39.   1856. » » » Conrad New Cret. and eoc. foss.
1848. » » » Lea H. Cat. Tert.   p. 297, pl. 47, f. 12.
Test. p. 12.   1865. » » » Conrad Cat. Eoc. Olig. p. 12.
» *Limopsis nana* DESH. *partim* Bronn Ind. Pal.   1866. » » » » Check List. 4.
p. 936.   1884. » » » Heilpr. Contr. Geol.Pal.Tert.p.88.

Testa suborbicularis, laevigata, paulo inaequilatera, magis lata quam longa; umbone parvo sed autem prominulo.

C'est une petite espèce plutôt douteuse ; Conrad lui rapporte le *Pectunculus obliquus* Lea, mais celui-ci a un coutour bien différent.

Loc. Alabama.

Pectunculus Broderipii Lea.

Pl. 34, f. 4-5 exempl. typique avec détail ; — f. 6 * reprod. de Lea (*P. obliquus*); — f. 7-10, 14 les deux valves vues en dedans, en dehors, en arrière, avec detail de la surface; — f. 12, 13 jeune exempl. avec détail de la surface; — f. 11 * reprod. de Lea (type); — f. 15-16 var. *radiatus* De Greg. une valve avec détail.

1833. *Pectunculus Broderipii*   LEA Lea Contr. Geol.   1855. *Pectunculus stamineus* CONR. Conrad Observ. Eoc. Jack-
p. 76, pl. 3, f. 53.   son p. 257.
1841. » *stamineus* CONR. Conr. Obs. Secon.   1865. *Axinaea staminea* » Conrad Cat. Eoc. Ol. p. 12.
and Tert. form. Am.   1866. » » » Idem Check List. p. 4.
Journal Scienc. V.   1884. *Pectunculus stamineus* » Heilprin Contr. Geol. Pal.
23, p. 342.   Tert. p. 88.
1848. » *Broderipii stamineus* » Lea H. Cat. Tert.   1886. » » » Aldrich Prelim. Report p.57.
Test. p. 12.   1887. » *Broderipii* LEA Smith Johnson Tert. Cret.
1850. » » » D'Orbigny Prodr.   p. 59.
Et. 25, N. 1038.

= (*Axinaea bullasculpta* CONR. 1856. Conrad New Cret. Eoc. foss. p. 295).

Juvenis = *Pectunculus obliquus* LEA. Lea Contr. Geol. p. 78, pl. 3, f. 57.

Testa suborbicularis, filis linearibus concentricis, costulisque radialibus obsoletis ornata ; area satis angusta; dentibus circiter 10 in singulo latere; impressionibus muscularibus notatis.

Conrad rapporte le *P. obliquus* Lea au *Limopsis aviculoides*, mais à tort car je crois qu'on doit le considérer plutôt comme le même *Pectunculus Broderipii* jeune. — Quant au *Pect. stamineus* Conr., c'est une espèce proposée postérieurement et non figurée; elle doit ainsi être transférée parmi les synonymes.

Cette espèce est très voisine du *Pectunculus crassus* Phil. (Deshayes Coq. Paris 2 ed. pl. 73, f. 1-2).

Coll. mon Cabinet.

Var. radiatus De Greg.

Pl. 34, f. 15-16.

Testa parvula, radiatim costulata; costulis confertis, funiculiformibus, minutis, subregularibus.

Je ne possède de cette jolie variété qu'un petit exemplaire. — (Coll. mon Cabinet).

Pectunculus deltoidus Lea.

Type Pl. 23, f. 32, exempl. gross.; — f. 31 * reprod. de Lea.
Mut. *ignus* Pl. 23, f. 33-37 quatre valves une desquelles gross.
Mut. *percuneatus* Pl. 23, f. 38-41 deux valves de deux côtés.
Mut. *striatus* De Greg. Pl. 24, f. 1-3 deux valves gross. une desquelles des deux côtés.

1833. *Pectunculus deltoideus* Lea   Lea Contr. Geol. p. 77, pl. 3, f. 55.   1848. *Pectunculus deltoideus* Conr. } Lea H. Cat. Tert. Test.
                                   »   »   *trigonellus*   » }   p. 12.
1841.   »   *trigonellus* Conr. Conrad Observ. Second.   1865. *Axinaea trigonella*   »   Conrad Cat. Eoc. Ollg. and tert. form. American   p. 12.
Journ. Scienc. V. 23, p. 342.   1866.   »   »   »   Idem Check List. p. 4.
1848.   »   *deltoideus*   »   Bronn Ind. Pal. p. 935.

Testa solidiuscula, elegans, subtrigona, variabilis, laevigata vel obsolete radiatim striata, umbone anguloso.

Quatuor formas ego observavi.

Mut. typique.

f. 32, 42 (Lea pl. 3, f. 55).

Testa subtriangularis, obsolete radiatim et concentrice striata.   (Coll. mon Cabinet).

Mut. percuneatus De Greg.

f. 33-41 (deux valves).

Testa trigona, ad umbonem satim angulata.   (Coll. mon Cabinet).

Mut. striatus De Greg.

Pl. 24, f. 1, 2, 3 (deux valves, une desquelles de deux côtés)

Haec forma in duas varietates scissa est.— Var. A: testa cum costulis radialibus confertis minutis, subaequalibus;— Var. B: testa costulis radialibus raris, et filis concentricis, linearibus, densis, elegantibus, eas clathrantibus.

Coll. mon Cabinet.

Mut. *ignus* De Greg.

f. 33-37 quatre valves une desquelles gross.

Testa laevigata suborbicularis, vix asymetrica.

Ces quatre formes passent de l'une à l'autre, de sorte qu'il est difficile de les déterminer lorsqu'on a sous les yeux un grand nombre d'exemplaires. Malgré cela, j'ai cru très avantageux de les faire connaitre, car en les examinant à la hate, on pourrait les prendre comme des espèces différentes. — (Coll. mon Cabinet).

Pectunculus idoneus Conr. sp. dub.

1833.	*Pectunculus idoneus* Conr.	Conrad Foss. Shel. p. 39.	1850.	*Pectunculus idoneus* Conr.	D'Orb. Pr. Et. 25, N. 1037.
1834.	»	»	»	»	App. in Morton.	1865.	*Axinaca idonea* »	Conrad Cat. Eoc. Ol. p. 12.
1846.	»	»	»	»	Obs. Eoc. For.p.219.	1866.	» » »	» Check List. 4.
1848.	»	»	»	Lea H. Cat. Tert. Test. p. 12.	1884.	*Pectunculus idoneus* »	Heilp. Cont. Geol. Pal. p.88.
»	»	»	»	Bronn Ind. Pal. p. 937.			

Cette espèce n'a pas été figurée par Conrad ; et elle n'a pas été bien décrite. Par conséquent elle doit être considérée comme une espèce très douteuse. Heilprin croit que certains exemplaires turgides de cette espèce soient identiques du *P. polymorphus* Desh. var. *microsonus* (Desh. A. S. Vert. Bassin p. 857), et que les exemplaires jeunes soient identiques du *P. pulvinatus* Lamk. — (Coll. mon Cabinet).

Pectunculus minor Lea.

Pl. 23, f. 30 * reprod. de Lea.

1833.	*Pectunculus minor* Lea	Lea Contr. Geol. p. 77, pl. 3, f. 54.	1848.	*Pectunculus minor* Conr.	Lea H. Cat. Ter. Test. p. 12.
1834.	» *declivis* Conr.*partim*	Conrad App. in Mort.	1850.	» *declivis* » *partim*	D'Orb. Prodr. p. 389.
1848.	» *minor* »	Bronn Ind. Pal. p. 938.	1865.	» » » »	Conr.Cat.Eoc Ol.p.12.

Haec forma ut mutatio putanda est potius quam species; intermedia est enim inter Pectunculum deltoideum *Lea est* P. ellipsim *Lea.*

M. Conrad la rapporte au *Limopsis declivis* Conr., mais celle-ci me parait une espèce différente.
Loc. Claiborne.

ARCIDAE

Cucullæarca Conr.

Ce sougenre a été proposé par Conrad en 1865 pour l'*A. lima* Conr., *cuculloides* Conr., *Missipiensis* Conr.

Arca (Cucullæarca) cuculloides (Conr.) De Greg.

Pl. 24, f. 17-20 deux valves gross. de deux côtés.

1833.	*Arca*	*cuculloides* Conr.	Conrad Foss. Shells p. 37.	1848.	*Arca*	*cuculloides* Conr.	Lea H. Cat. Tert. Test. p. 4.
1834.	»	»	»	» App. in Morton.			
1846.	*Byssoarca*	»	»	» Observ. Eoc. Form. p. 219.	1850.	»	»	» D'Orbigny Prod. Et. 25, N. 1066.
1848.	*Arca*	»	»	Bronn Ind. p. 93.	1865.	*Cucullaearca* »	» Conr. Cat. Eoc. Ol. p.11.
					1866.	» »	» » Check List. p. 4.

Testa parvula, elegans; umbone potius antico, sub-bifido propter depressionem radialem; costis elegantibus, minoribus quam interstitiis, circiter 28; lineis concentricis magis obsoletis in valva dextera quam in sinistra; dentibus cardinalibus circiter 5 ad latus, prope umbonem obsoletis. L. 3^{mm}

C'est une très petite jolie espèce qui n'a pas encore été figurée; mais l'identification me paraît sûre. Je n'ai rien à ajouter à la diagnose latine que j'en ai donné. Conrad (Observ. Eoc. Form. p 219) compare cette espèce à l'*Arca rudis* Desh.

Coll. mon Cabinet.

Arca (Anomalocardia) Missipiensis Conr.

Pl. 24, f. 21-27 (f. 21 gross. du crochet, f. 22-27 le deux valves avec détail des côtés).

1850. *Arca Missipiensis* Conr. Conrad Vicksburg p.125, pl. 13.   1865. *Anomalocardia Missipiensis* Conr. Conr.Cat.Eoc.Ol.p.11.
f. 11, 15.   1866.   »   »   »   » Check List. p. 4.

Testa ovato-transversa, elegans; umbone antico, rotundato, area satis angusta, lanceolata; cardine lineari, minute dentato; margine prominulo, a sulcis intercostalibus denticulato; valvis inequaliter sculptis; valva dextera concentrice finissime obsolete lineata, radiatim costulata; costulis circiter 25, tenuibus, quadrangularibus, depressis, interstitia aequantibus; costulis anticis subgranulatis; valva sinistra radiatim costata; costis prominulis, circiter 25 a sulcis concentricis secatis granulatisque, majoribus quam interstitiis, in regione peripherica bifidis.

C'est une espèce très jolie et caractéristique. Jusqu'ici elle a été trouvée à Vicksburg et pas dans l'Alabama et je ne suis pas sûr de la provenance de mes exemplaires. Le diamètre de la plupart de mes exemplaires est de 15^{mm}, mais je possède en outre un moule calcaire très douteux qui est long 30^{mm}. Les figures de Conrad laissent beaucoup à désirer.

Cette espèce est estrémement voisine de l'*A. dispar* Desh. (Deshayes Coq. Paris 1 ed. pl. 67, f. 14-21).

Coll. mon Cabinet.

Arca rhomboidella Lea.

Pl. 24, f. 28 * reprod. de Meyer.

1833. *Arca*   *rhomboidella* Lea Lea Contr. Geol. p. 74,   1866. *Anomalocardia rhomboidella* Lea Conrad Check List. pl. 2, f. 52.   p. 4.
1848. »   »   » Bronn Ind. p. 98.   1885. *Arca*   »   « Aldrich Amer. Journ. Science.
»   »   »   » Lea H. Cat. Tert. p. 4.
1850. »   »   » D'Orbigny Prodr. Et.   1886. »   »   » Aldr. Prelim. Report. p. 9.
25, N. 1067.
1865. *Anomalocardia*   »   » Conrad Cat. Eoc. Ol.   1887. »   »   » Smith Johnson Tert. Cret. Tusc. Tomb. Ala p. 11.   p. 29.

Testa parvula, tenuis, subrectangularis, radiatim tenue costulata; umbone depresso; dentibus cardinis minutis, densis; costis circiter 33, postice obsolete granulatis; margine crenato.

Lea cite parmi les analogue l'*A. centenaria* Say. Je n'en possède aucun exemplaire.

Loc. Claiborne.

Arca (Cucullæarca) transversa Rogers.

Pl. 25, f. 1 a b reprod. de Aldrich.

1837. *Cucullaea transversa* Rog. Rogers Contr. Geol. Tert.   1865. *Latiarca transversa* Rog. Conrad Cat. Eoc. Ol. p. 11.
Virginia p. 373, pl. 29, f. 1.   1866. »   »   » Idem Check List. p. 4.
1848. »   »   » Lea H. Cat. Tert. p. 4.   1886. *Cucullaea*   »   » Aldrich Prelim. Report p. 57.

Haec species ignota mihi est, nullum exemplarem illius possideo.

Loc. Virginia (Rogers); Bell, Gregg's Landing Tuscahoma Landing (Aldrich).

Arca (Cucullæarca) macrodonta Whitf.

Pl. 24, f. 30 * reprod. de Whitf.

1865. *Cucullaea macrodonta* WHITF. Whitfield Descr. new eoc.   1886. *Cucullaea transversa* ROG. Aldrich Prelim. Report Ala.
foss. p. 267, pl. 27, f. 17.   p. 40. pl. 4, f. 11.

Testa subrhomboidea, radiatim costulata, concentrice corrugata; costulis 45; sulco angusto, profundo, radiante; area potius lata striataque; dentibus 10, extremis quatuor divergentibus utrinque oppositis; impressionibus muscularibus subquadrangularibus; impressione palliali subcrenata.

Whitfield ne figura pas cette espèce du côté externe, je ne puis pas être certain de son identité avec l'*Arca transversa* Rogers. Néanmoins je suis d'opinion qu'on doit considérer celle-ci comme un synonyme de l'espèce de Whitfield.

Loc. Claiborne.

Arca inornata Meyer.

Pl. 24, f. 29 *. reprod. de Meyer.

1886. Meyer Contr. Eoc. Pal. Ala Miss. p. 79, pl. 4, f. 24.

Testa trapetioidea, concentrice obsolete striata, antice truncata et laevigata; umbone parvo; area angustissima; dentibus apud umbonem decrescentibus.

C'est une très petite espèce qui n'a pas été figurée du côté externe ce qui est fort à regretter. Meyer la compare à la *laevigata* Caillat de Paris.

Loc. Claiborne.

CRASSATELLIDAE

Crassatella alta Conr.

Pl. 25, f. 16-17* reprod. de Conrad (Foss. Sh.).—Pl. 26, f. 1-9, 10* (f. 1-4 les valves d'un exempl. vues de côtés différents;— f. 5 jeune exempl. — f. 6-9 deux jeunes valves gross. de deux côtés. — f. 10 reprod. de Conrad Observ.)

1833.	*Crassatella alta* CONR.	Conrad Foss.Sh. p. 31, pl. 7,f.1,2.	1850.	*Crassatella alta* CONR.	D'Orb. Prodr. Et. 25, N. 909.
1846.	»	»	»	Obs. Eoc. Foss. p. 219,	1855.	»	»	»	Conrad Obs. Eoc. Jack. p. 257.
1848.			395, pl. 3, f. 1.	1865.	»	»	»	»	Cat. Eoc. Olig. p. 10.
»	»	»	»	Leu H. Cat. Tert. Test. p. 6.	1866.	»	»	»	»	Check List. 5.
	»	»	»	Bronn Ind. Pal. 343.	1887.	»	»	»	Smith Johns. Tert. Cret. p. 32.

Testa magna, crassa, elegans, suborbiculata, potius depressa, symetrica, postice extus vix depressa; vix obtuse subangulata, magis autem subangulata in regione umbonali; umbone anguloso, angusto, paulo anterius reverso; superficie dorsali et ventrali laevigata, striis accretionis confertis ornata; superficie umbonali costis concentricis astartiformibus praedita; lunula sublanceolata, impressa; vulva lanceolata, impressa; impressionibus muscularibus notatis striolatisque; impressione antica ovato-angustata, postica ovato-trapetioidea; impressione palleali rotundata, paulo impressa; margine minute crenulato; lamina cardinali lata, conspicua, postice complanata, ad marginem erecta, prope umbonem foveola striata triangulari subimpressa, et huic opposita alia foveola irregulari margini interno approximata, profunda in valva dextera, superficiali in sinistra; dente cardinali pyramidali, crasso, *anguloso, subobtuso, apud umbonem attenuato, sigmoideo; ante ipsum dentem alia foveola satis profunda irregulari; dente cardinali in valva sinistra attenuato; ante ipsum foveola triangulare profunda, inter quam et lunulam dente triangulari, sublaminari, crassiusculo. Diam. 75.^{mm}*

Exemplares juvenes alienam speciem simulant, concham orbiculo-rhomboidalem habent, costis crassis concentricis ornatam. Cardo est simplex, ille dexterae habet dentem cardinalem potius crassum, antice foveolam angustam profundam, postice foveolam latam superficialem; cardo valvae sinistrae habet dentem cardinalem tenuem, laminarem, dentem anticum prominulum confusum.

J'ai décrit cette espèce avec tous ses détails, car c'est une des espèces plus caractéristiques et plus remarquables de Claiborne. C'est étrange que Lea n'en parle point. Conrad (Obser. Eoc. p. 219) dit que cette espèce est analogue de la *C. tumida* Deshayes.

Elle ressemble extrêmement à la *C. scutellaria* Desh. (Deshayes Coq. Paris 1 ed., pl. 5, f. 1). Elle a en outre quelque affinité avec la *Cr. acutangula* Bell. (Bellardi Nice pl. 19, f. 14), et avec la *Cr. plumbea* Chemn. Desh. (= *tumida* Defr. in Deshayes Coq. Paris 1 ed. p. 33. pl. 3, f. 10-11, *plumbea* idem 2 ed. p. 737). — (Coll. mon Cabinet).

Crassatella protexta Conr.

Pl. 24, f. 31-37 (f. 31-35 deux valves d'un jeune exempl. de différents côtés; – f. 36-37 jeune exempl. très gross); – Pl. 25, f. 2ab-11, 12*-14*, 15 (f. 1-2 adulte;—f. 3-4 deux jeunes exempl. gross; — f. 5-8,11 deux valves de deux côtés;—f. 9 charnière gross.;—10 dent cardinale de la même charnière gross. de deux côtés; — f. 15 un exempl. du côté du crochet; — f. 12 reprod. de Conrad Observ.; — f. 13-14 reprod. de Conrad Foss. Shells).

1833. *Crassatella protexta* Conr. Conrad Foss. Shells p. 22, pl. 8, f. 2.
1846. » » » Conrad Obs. Eoc.foss. p.395, pl. 3, f. 2.
1848. » » » Lea II. Cat. Tert. Test. 6.
1848. *Crassatella protexta* Conr. Bronn Ind. Pal. p. 344.
1850. » » » D'Orbigny Prodr. Et. 25, N. 910.
1865. » » » Conrad Cat. Eoc. Olig. p. 10.
1866. » » » Check List. p. 5.

Testa elliptica, trapetioides, potius crassa, antice rotundata, postice oblique truncata, extus subangulata, subcarinata; superficie laevigata striis accretionis ornata, in regione autem umbonali costulis concentricis astartiformibus, regularibus, elegantibus ornata; impressionibus muscularibus suborbicularibus notatis; impressione palleali superficiali; margine ventrali minutissime crenuluto; in valvae dexterae cardine: angustissima foveola lineari margini antico approximata; denticulo minimo laminari; foveola angusta profunda; dente cardinali crassiusculo; foveola lata in qua apud dentem cardinalem parvulus dens laminaris rudimentalis est; in valvae dexterae cardine: foveola antica angusta profunda, duobus dentibus cardinalibus notatis, laminaribus, erectis inter quos foveola triangulari interposita est; foveola postica lata, plana, postice anguste producta; lunula, vulvaque subaequalibus lanceolatis, paulo impressis; dentibus in exemplaribus integerrimis lato postico elegantissimis sulcis ornatis. —Exemplares juvenes aliam speciem simulant propter formam magis trapetioidalem cum margine ventrali magis arcuato et superficie costulis concentricis ornata.

J'ai décrit cette espèce avec tous ses détails, car c'est une des espèces plus caractéristique et plus répandues à Claiborne. C'est étrange comment Lea ne la cita pas.

Elle a de l'affinité avec la *Cr. rostrata* Desh. (Deshayes Coq. Paris 1 ed. pl. 3, f. 6-7) et avec la *Cr. lamellosa* Lamk. (Idem pl. 4, f. 15-16). — (Coll. mon Cabinet).

Crassatella tumidula Whitf.

Pl. 26, f. 11 * reprod. de Whitfield.

1865. Whitfield New Eoc. foss. p. 267, pl. 27, f. 16. — 1886. Aldrich Prelim. Report. p. 55.

Testa subtrigona, laevigata, antice rotundata, postice subangulata, extus vix subcarinata; dente

cardinali mediocri; dente laterali, laminari, elongato; foveola angusta, triangulari; impressione musculari antica reniformi, postica orbiculata; margine minute crenulato.

L'auteur ne figura pas la charnière de cette espèce, et c'est dommage, car on ne peut pas en former une idée précise.
Loc. Six milles loin de Claiborne.

ASTARTIDAE

Astarte Nicklinii (Lea) De Greg.

Pl. 27, f. 6-11, 12*, 13-18 (f. 6-11 var. *ebla* De Greg. deux exempl. un desquels de cinque côtés; — f. 12 reprod. de Lea
(*sulcata*); — f. 13 reprod. de Lea *type*; — f. 14-18 un exempl. de cinque côtés *type*; — f. 10 jeune exempl. *type*).

1833.	*Astarte*	*Nicklinii*	LEA	Lea Contr. Geol. p. 61, pl. 2, f. 35.	1850.	*Astarte tellinoides*		CONR. D'Orbigny Et. 15, N. 893.
»	»	*sulcata*	»	Lea Idem p. 36.	1865.	»	»	» Conrad Cat. Eoc. Ol. p. 9.
1841.	»	*tellinoides*	CONR.	Conrad Appendix Obs. Sec. tert. form. South.	1866.	»	»	» Conr. Check List. p. 5.
				Atlant. Stat. p, 342 (Am. Journ. Scienc).	1886.	»	»	» } Aldrich Prelim. Rep.
					»	»	*Nicklinii*	LEA } p. 53.
1848.	u	*Nicklinii tellinoides*	»	} Lea H. Cat. Tert. p. 4.	1887.	»	*sulcata*	» Smith Johnston Tert. Cret. Tusc. Tomb. Ala
»	»	*sulcata*	»					p. 22.
»	»	*tellinoides*	»	Bronn Index p. 118.				

*Testa plus minusve subelliptica, plus minusve crassa, elegans, costis concentricis, irregularibus,
magnis et parvis ornata, postice sulco radiante praedita; regione umbonali intus compressa; umbone
anterius reflexo; costis paulo obsoletis praesertim illis minoribus; dente cardinali valvae dexterae
crasso, inter duas foveolas posito; dentibus valvae sinistrae duabus, ad angulum dispositis sicut V
(in medio quorum foveola sita est); impressionibus muscularibus valde notatis; impressione antica
subreniformi, postica subrhomboidea; margine minute crenulato.*

*Exemplares juvenes plerumque diametrum anteroposteriorem majorem habent quam adulti ideoque
magis transversi apparent.*

Certes, les deux espèces décrites par Lea comme différentes, doivent être considérées comme des synonymes. Conrad les
rapporta à son *Astarte tellinoides*, mais celle-ci a été décrite bien plus tard que celle de Lea. C'est étrange que Conrad
dans son ouvrage Foss. Shells I éd. p. 38 cite une *Astarte tellenoides* sans la décrire. Il décrivit la A. *callosa* et la *proruta*
de Claiborne, qui ne sont pas citées dans son Catalogue Eoc. Olig. — (Coll. mon Cabinet).

Var. *ebla* De Greg.

Testa magis elliptica quam exemplares typici.

Ce n'est pas une variété bien définie, mais il ne faut pas la négliger. — (Coll. mon Cabinet).

Astarte proruta Conr. sp. dub.

1833. Conrad Foss. Shells p. 38. — 1848. Lea H. Cat. Tert. p. 4.

*Testa subovalis, transversa; umbone anterius recurvo angulatoque, superficie concentrice sulcata;
sulcis postice rugiformibus; lunula angusta, depressa, laevigata; margine crenulato.*

Cette espèce se trouve dans les mêmes conditions que l'espèce précédente (A. *callosa*); je devrais ainsi répéter les mêmes
observations auxquelles je renvoie le lecteur.
Loc. Conrad donne pour *habitat* Claiborne.

Astarte conspicua De Greg.

Pl. 27, f. 21*ab*-25 deux valves de côtés différents avec le côté latéral d'une dent cardinale gross.

*Testa crassa, subsymetrica, subtrigona, dorso gibba, concentrice rugosa ; umbone valde erecto anguloso, satis depresso, ad extremitatem rostrato; dentibus prominulis, crassiusculis; valva dextera unidentata, sinistra bidentata; impressionibus muscularibus non multo impressis ; margine minute crenulato. Diam. anteroposter. 25.*mm

C'est étrange comment cette espèce ait échappée à Conrad et a Lea, ce qui me fait douter que me exemplaires proviennent d'une autre région. La roche me paraît plutôt semblable de celle de Vicksburg.

Cette espèce rappelle un peu l'*Astarte exaltata* Conr. (1838. Foss. Tert. p. 66, pl. 37, 16), mais elle est beaucoup différente. Coll. mon Cabinet.

Astarte pitna De Greg.

Pl. 27, f. 26-29 deux valves une desquelles de différents côtés, l'autre gross en dedans.

*Testa crassiuscula, ovato-subelliptica, elegans, laevigata; costis concentricis ornata; costis circiter 10, crassis, rotundatis, prominulis, regularibus; umbone satis recurvo. Diam. anteropost. 15.*mm

Cette espèce ressemble à l'*Astarte recurva* Lea; elle en diffère par l'ornementation et par la forme.— (Coll. mon Cabinet).

Astarte callosa Conr. sp. dub.

1833. Conrad Foss. Shells p. 38. — 1848. Lea H. Cat. Tert. Test. p. 4.

Testa orbicularis, compressa, concentrice sulcata, praesertim in media regione, postice paulo angulata atque compressa; umbonibus non compressis, potius vero prominulis; lunula profunde impressa, laevigataque; impressione musculari postica subprominula; margine interno crenulato.

Comme cette espèce n'a pas été figurée par l'auteur ni même citée dans ses catalogues sur les faunes éocènes d'Amérique on doit la considérer comme une espèce très douteuse, dont l'identification n'est pas sûre.

Loc. Il ne donna pas l'*habitat*, mais il la décrivit avec une espèce de Claiborne, l'*Astarte proruta* Conr.

Astarte (Micromeris) senex Mey.

Pl. 27, f. 30 * reprod. de Meyer.

1886. Meyer Contr. Pal. Ala. Miss. p. 81, pl. 3, f. 22.

Testa lenticularis, cuneata, solida, late obsolete costulata. Haec species dubia est, quia non bene effigiata, et non omnino descripta.

Loc. Claiborne.

Astarte (Micromeris) parva Lea.

Pl. 27, f. 31 repr. de Lea.

1833. *Astarte parva* Lea Lea Contr. Geol. p. 63, pl. 2, f. 37.   1848. *Astarte parva* Lea   Bronn Ind. Pal. 117.   p. 9.
1848.   »   »   »   Bronn Ind. 117.   1865.   »   »   »   *partim* Conrad Cat. Eoc. Olig. p. 9.
   »   »   »   »   Lea H. Cat. Tert. Test. p. 4.   1866. *Micromeris* »   »   Check List: p. 5.

Testa minuta, cuneata, aequilaterà, concentrice striata; umbone erecto anguloso, depresso; super-ficie obsolete concentrice striata; diametro umboventrali majore quam diametro anteroposteriore; mar-gine crenulato; lunula lata, lanceolata.

Conrad croit qu'on doit rapporter à la même espèce l'*Astarte (Micromeris) minor* Lea. Il pourrait avoir raison, mais je n'en suis pas convaincu.

Meyer (Kent. Alt. Tert. Miss. Ala. p. 11) cite cette espèce. Je crois que l'*Ast. pomilio* Wood (Eoc. mol. p. 268, pl. 24, f. 1) est très analogue de cette espèce.

Loc. Lisbon (Ala).

Astarte (Micromeris) minor (Lea) De Greg.

Pl. 27, f. 1-4, 5 * (f. 1-4 deux valves gross.)

1833. *Astarte minor* LEA Lea Contr. Geol. p. 63, pl. 2, f. 38.   1865. *Astarte   minor* LEA *partim* Conrad Cat. Eoc. Ol. p. 9.
1848.   »   »   » Lea H. Cal. Tert. Test. p. 4.   1887. *Micromeris   »   »*   Meyer Beitr. Kent. Alt. Tert. Ala Miss. p. 15.

Testa minuta, depressa, elegans, subaequilatera, concentrice costulata , umbone posterius paulo declivi; costulis regularibus; dente laterali tenui, laminari, oblongo; margine laevigato.

C'est une petite espèce très intéressante, car le crochet, au lieu d'être incliné en avant comme à l'ordinaire, il est incliné un peu en arrière; on peut le voir en effet d'après la valve que j'ai fait figurer de deux côtés; elle parait la droite, tandis que en examinant les dents de la charnière elle est la gauche.

Cette petite espèce est très analogue de la *parva* Lea; elle diffère de celle-ci par les petites côtes concentriques marquées et régulières et par la forme moins trianguleuse et par le bord pas crénelé; j'en possède deux exemplaires. J'ai uni mon nom à celui de Lea, car il ne figura pas bien son espèce. L'*Astarte (Micromeris) suparva* Meyer est intermédiaire entre les deux espèces, de sorte qu'on pourrait même les regarder comme trois formes du même type. Conrad, en une note dans sa Check List. p. 34, fait observer que cette espèce en effet est probablement différente de la *parva* Lea. — (Coll. mon Cabinet).

Astarte (Micromeris) subparva Meyer.

Pl. 27, f. 20 * reprod. de Meyer.

1887. Meyer Kent. Alt. tert. Miss. Ala p. 11, pl. 2, f. 5.

Testa minuta, cuneata, parum convexa, non autem compressa, concentrice costulata ; valvae si-nistrae cardine cum dente cardinali trianguluri et dente laterali postico sublaminari; valvae dexterae cardine cum dentibus divergentibus; impressione musculari ovata; impressione palleali integra; lunula lata, laevigata.

C'est une très petite coquille intermédiaire entre l'*Astarte (Micromeris) parva* Lea et l'*Astarte (Micromeris) minor* Lea. On pourrait peut-être référer toutes les trois espèces et la *Monroensis* Meyer à la *parva* Lea à titre de mutations. La *subparva* Meyer diffère de celle-ci par la coquille plus petite, plus délicate, plus turgide ayant le bord crénelé.

Loc. Claiborne.

Astarte Monroensis Meyer.

Pl. 27, f. 32-33 * reprod. de Meyer.

1887. Meyer Kent. Alt. Tert. Miss. Ala p. 10, pl. 2, f. 6.

Testa minuta, convexa, percuneata, angusta, triangularis; concentrice valde costulata; valva dex-

tera cum duobus dentibus divergentibus atque uno laterali; valva sinistra cum duobus dentibus·car- dinalibus inaequalibus (uno solido triangulari, altero tenui lamelloso); impressionibus ovalibus; impressione palleali integra.

C'est une espèce très voisine des trois précédentes, mais surtout de la *Ast. (Miceomeris) minor* Lea. Je ne sais pas quels rapports se passent entre ces deux espèces. Il est probable qu'on doive référer l'espèce de Meyer comme un synonyme de celle de Lea. On devrait comparer mieux les dents des charnières.

Loc. Claiborne.

Astarte (Micromeris) minutissima Lea.

Pl. 27, f. 34 * reprod. de Lea.

1833.	*Astarte*	*minutissima*	LEA	Lea Contr. Geol. p. 64, pl. 2. f. 39.	1866.	*Micromeris minutissima*	LEA	Conr. Check List. p.34,75.
1848.	»	»	»	Bronn Ind. Pal. p. 116.	1872.	»	»	» Idem Descr. and Illustr. Gen. Shells p. 51.
»	»	»	»	Lea H. Cat. Tert. Test. p. 4.	1887.	»	»	» Meyer Beitr. Kent. Alt.
1865.	*Pteromeris*	»	»	Conrad Cat. Eoc. Ol. p. 8.				Tert. p. 16.

Testa minutissima, triangularis, cuneata, magis lata quam longa, radiatim costulata; umbone erecto lunula lata, cordata.

Meyer cite cette espèce en la rapportant au genr. *Micromeris* (Meyer Kent. Fauna Alt. Tert. Miss. Ala p. 11), et il a raison. En effet Conrad (Descr. Illustr. gen. sh.) fait observer que le gen. *Pteromeris* a été proposé pour la *Cardita perplana*, espèce miocène et le gen. *Micromeris* pour l'*Astarte minutissima* (Proc. Acad. Nat. Science p. 162). Il dit cela en répondant aux observations de Stoliczka (Cret. Shells Inde).

Loc. Claiborne.

Astarte Conradi (Dana) Aldr.

Pl. 27, f. 35 * reprod. de Aldrich.

Astarte Conradi DANA in Dana — *Crassatella alta* CONR. in Heilprin — 1886. *Astarte Conradi* DANA Aldrich Prel. Rep. Ala Miss. p. 39, pl. 4, f. 3.

Testa tenuis, ovato-oblonga, concentrice late plicata et striata, striis autem in interstitiis plicarum obsoletis; umbonibus obtusis antea raris; lunula cordata marginataque.

Je ne possède aucun exemplaire de cette espèce qui ressemble à une *Lutraria*; mais M. Aldrich en examina la charnière qui est différente. Il dit que cette espèce ressemble beaucoup à l'*Ast. lapidosa.*

Loc. Lisbon, Coffeeville, Claiborne.

LUCINIDAE

Lucina recurva Lea sp.

Pl. 27, f. 36-40, 41 * (f. 36 valve gross. — f. 37-38 valve gross. de deux côtés; — f. 39-40 autre valve gross. de deux côtés; — f. 41 repr. de Lea *recurva*).

1833.	*Lucina dolabra*	CONR.	Conrad Foss. Shells p. 40.	1848.	*Astarte recurva*	LEA	D'Orb. Prodr. Et. 25, N. 972.
»	*Astarte recurva*	LEA	Lea Contr, Geol. p. 61, pl. 2, f.34.	1865.	*Lucina dolabra*	CONR.	Conrad Cat. Eoc. Olig. p. 8.
1848.	*Lucina dolabra*	»	Bronn Ind. p. 672.	1866.	»	» » »	Check List. p. 6.
»	» »	»	Lea H. Cat. Tert. Test. p. 9-4.				

Testa cordata, elegans, singularis, potius solida; concentrice lamelloso-varicosa; radiatim obsolete funiculata; postice radiatim profunde et late unisulcata; umbone satis recurvo, uncinato; lunula di-stincta; margine crenulato; cardine valvae dexterae bidentato; dentibus tenuibus, oblongis, radiantibus; cardine valvae sinistrae in medio foveolato, juxta foveolam sub-bidentato; impressionibus muscularibus notatis, angustis, oblongis; impressione palleali integra.

C'est une petite espèce très caractéristique et très jolie dont le facies ressemble beaucoup plus à celui du gen. *Astarte* qu'à celui du gen. *Lucina*, mais la disposition des dents de la charnière ne permet pas de la rapporter à ce genre.

Comme M. Conrad proposa le nom *dolabra* presque dans le même temps , ou après que Lea proposa celui de *recurva*, et comme il n'en donna aucune figure ni des renseigments suffisants, j'ai retenu le nom de Lea. — (Coll. mon Cabinet).

Lucina impressa Lea.

Pl. 28, f. 3-14 , 15 * (f. 3-6 deux valves gross. de deux côtés ; — 7-9 un exempl. gross. vu à valves ouvertes et fermées;— f. 10-11 var. *subloevigata* une valve gross. de deux côtés;—f. 12-13 var. *subcuneata* De Greg. gross. e gr. nat.; — f. 14 var. *postsulcata* De Greg.;—f. 15 * repr. de Lea).

1833. *Lucina impressa* LEA Lea Contr. Geol. p. 57, pl 1, f. 30. 1850. *Lucina pumilia* CONR. *partim* D'Orb. Prodr. p. 386.
1848.   »   »   »   » Lea Cat. Tert. Test. p. 9.   1865. *Lyclas impressa* LEA   Conrad Cat. Eoc. Olig.
  »   »   »   » Bronn Ind. Pal. 673.   p. 8.

Testa parva, solidiuscula, subcordata, subgibba, concentrice varicosa sulcataque; margine subcre-nulato; cardine valvae dexterae sic composito: dente cardinali tenui sub-bifido, dentibus lateralibus antico et postico minimis, foveola cinctis; cardine valvae sinistrae sic composito : foveola cardinali profunda, duobus dentibus divergentibus limitata; foveolis lateralibus superficialibus; impressionibus muscularibus et palleali potius impressis notatisque.

C'est une espèce très intéressante car c'est la *Lucina* plus répandue à Claiborne. La forme typique est la plus comune; mais je possède en outre les variétés suivantes. Je crois qu' on doit référer à la même espèce la *L. modesta* Conrad et la *pomilia* Conrad. Cette espèce manque dans la Check List de Conrad.

Var. *subcuneata* De Greg.

Pl. 28, f. 12-13.

Paulo plus turgida et cum diametro umboventrali majore quam anteroposteriore.

Cette variété est très importante par l'affinité qu'elle a avec la *Lucina lunata* Lea; de sorte que j'ai quelque doute qu'on doit référer celle-ci comme une variété de la même espèce. — (Coll. mon Cabinet).

Var. *subloevigata* De Greg.

Pl. 28, f. 10-11.

Testa varicibus raris obsoletis, cum superficie sublaevigata.

Cette variété n'a pas une grande importance, mais on ne doit pas la négliges. — (Coll. mon Cabinet).

Var. *postsulcata* De Greg

Pl. 28, f. 14.

Testa postice sulcata; sulco radiali, unico, lato potius profundo, subcarinato.

Cette variété est très intéressante, car le sillon postérieur nous fait rappeler de la *Lucina cornuta* Lea. Coll. mon Cabinet.

Lucina amica De Greg.

Pl. 28, f. 1-2 gross.

Testa parvula, solida, inaequilatera, elliptica-suborbicularis antice et postice extus vix subangulata; lamellis concentricis latis, subimbricatis ornata; in valva dextera dente cardinali potius notato; dentibus lateralibus (antico et postico) notatis; margine crenulato.

Cette espèce est analogue par l'ornementation à l'*Egeria nana* Lea. Elle diffère de la *L. Smithi* Meyer par le défaut de lignes rajonnantes, et par les lamelles concentriques. Elle diffère de la *L. bisculpta* Meyer avec laquelle elle a quelque d'analogie par le épaisseur de la coquille, les lamelles régulières etc. — (Coll. mon Cabinet).

Lucina carinifera Conr.

Pl. 29, f. 9 * repr. de Lea (*cornuta*); — f. 10 repr. de Conrad.

1833.	*Lucina carinifera* Conr.	Conrad Foss. Sh. 2 ed. p. 40.	1848.	*Lucina carinifera* Conr.	Lea H. Cat. Tert. Test. 9.
»	» *cornuta* Lea	Lea Contr.Geol. p.56,pl.1,f.29.	»	» »	» Bronn Ind. Pal. 671.
1834.	» *carinifera* Conr.	Conrad Append. in Morton.	1850.	» »	» D'Orb. Prodr. p. 486.
1846.	» » » »	Obs. Eoc. Form.p.402, pl. 4, f. 15.	1865. *Lyclas*	»	» Conrad Cat. Eoc. Olig. 8.
			1866. *Lucina*	»	» » Check List. 6.

Testa triangulo-sinuata, orbicularis, concentrice lamellosa, anterius posteriusque carinata; umbone minimo, anguloso, satis arcuato et recurvo; dente laterali antico notato.

C'est une espèce très jolie et caractéristique dont je regrette de ne posséder aucun exemplaire.
Loc. Claiborne.

Lucina alveata Conr.

Pl. 28, f. 20 * reprod. de Conrad.

1833.	*Lucina alveata* Conr.	Conrad Foss. Sh. 2 ed. p. 40.	1848.	*Lucina alveata* Conr.	Bronn Ind. Pal. 670.
»	» *lunata* »	Lea Contr. Geol. p. 58, pl. 1, f. 32.	1850.	» » »	D'Orb. Prodr. p. 386.
1834.	» *alveata* »	Conrad App. in Morton.	1865.	» » »	Conrad Cat. Eoc. Olig. 8.
1848.	» » »	Lea H. Cat. Tert. Test. 9.	1866.	» » »	» Check List. 6.

Testa crassa, subtriangularis, subcuncata, pyriformis, concentrice varicosa ; margine crenulato; dentibus cardinis rotundatis.

Comme j'ai fait observer en décrivant la *L. impressa* Lea, je crois que l'*alveata* doit être considérée comme une variété de celle-ci; mais je n'en suis pas sûr.
Loc. Claiborne.

Lucina Claibornensis Conr.

1865.	*Cyclas Claibornensis* Conr.	Conrad Cat. Eoc. Ol. p. 8.	1886.	*Lucina Claibornensis* Conr.	Aldrich Prel. Rep. p. 57.
»	» »	» » Desc. new eoc. sh. Un. Stat. p. 146.	1887.	» »	» Meyer Beitr. Kent. Alt. Tert. Miss. Ala p. 16.

Testa suborbicularis, compressa, inequilatera, concentrice confertim lamellosa, postice truncata ; umbonibus parvulis, acutis; margine ventrali satis arcuato; dentibus cardinalibus prominulis.

Je regrette de ne pouvoir donner d'autres renseigments de cette espèce, car l'auteur ne l'a pas figurée et je n'en possède aucun exemplaire.

Loc. Claiborne (dans les assises inférieures).

Lucina modesta Conr. sp. dub.

Pl. 28, f. 19* repr. de Conrad.

1846. *Lucina modesta* CONR. Conrad Obser. Eoc. Form. Un. 1865. *Cyclas modesta* CONR. Conrad Cat. Eoc. Olig. p. 8.
St. p. 403, pl. 4. f. 13. 1866. *Lucina* » » » Check List. 6.
1848. » » » Lea H. Cat. Tert. Test. p. 9.

Testa parvula, inaequilatera, subelliptica, umbone anguloso, erecto, paulo prominulo.

C'est une petite espèce très douteuse; les détails et la figure de Conrad ne permettent pas de la distinguer des espèces voisines surtout de la *L. impressa* Lea, à laquelle on doit peut-être la rapporter. La *Mysia deltoidea* Conr. (1865. Conrad Descr. new eoc. shel. Un. St. p. 147, pl. 11, f. 10) ressemble extrêmement à la même espèce.

Loc. Claiborne.

Lucina papyracea (Lea) De Greg.

Pl. 28, f. 21*, 22-28 (f. 21 reprod. de Lea;—f. 22-23, 27-28 deux valves gross. de deux côtés;—f. 24-25 deux valves gross.
en dedans; — f. 26 exempl. gross. du crochet).

1833. *Lucina papyracea* LEA Lea Contr. Geol. p.58, pl. 1, f. 31. 1850. *Lucina papyracea* LEA D'Orbigny Prodr. p. 387.
1848. » » » » Lea H. Cat. Tert. Test. p. 9. 1865. *Cyclas* » » Conrad Cat. Eoc. Olig. 8.
» » » » Bronn Ind. Pal. p. 74. 1866. *Lucina* » » » Check List. p. 6.

Testa tenuis, fragilis, lenticularis, orbicularis, paulo inaequilatera, concentrice minute lineata; striis lamellosis, in juvenibus saepe postice interruptis; dentibus cardinalibus duobus parvulis, laminaribus, a foveola separatis in valva dextera; dente cardinale unico, prismatico in valva sinistra; sub lente bifidis; margine crenulato; impressionibus muscularibus et pallealibus plus minusve distinctis.

C'est une jolie espèce très fragile comme son nom l'indique très bien. Elle ressemble beaucoup à la *L. (Spherella)* inflata Lea sp. de laquelle elle diffère par le contour moins rond, et par les dents disposées différemment. J'ai uni mon nom à celui de Lea, car la figure et la description qu'il en donne ne sont pas suffisantes pour bien reconnaitre cette espèce.

Loc. Elle n'est pas rare à Claiborne; j'en possède plusieurs exemplaires.

Lucina rotunda Lea.

Pl. 29, f. 6-7, 8 * (f. 6-7 une exempl. vu de deux côtés; — f. 8 reprod. de Lea).

1833. *Lucina rotunda* LEA Lea Contr. Geol. p.56, pl. 1, f. 28. 1848. *Lucina symetrica* CONR. Lea H. Cat. Tert. Test. p. 9.
1834. » *symetrica* CONR.? Conrad Foss. Shells 2 ed. p. 40. » « *rotunda* » Bronn Ind. Pal. p. 675.
» » *rotunda* LEA Conrad in Morton Appendix 7. 1850. » » » D'Orbigny Prodr. p. 387.
» » *symetrica* CONR. Idem Appendix in Morton. 1865. *Cyclas symetrica* » Conrad Cat. Olig. Eoc. p. 9.

Testa elegans, orbicularis !, concentrice regulariter confertim minute lamellosa, irregulariter varicosaque; umbone minimo recurvo; lunula et bilunula impressis; ninfis potius profundis.

C'est une des *lamellibranches* plus remarquables de Claiborne. On ne la doit pas confondre avec la *L. compressa* Lea de laquelle elle diffère par les varices et par la *lunule*. J'ai adopté le nom de Lea au lieu que celui de Conrad par les mêmes raisons que j'ai expliqué en décrivant la *L. compressa* Lea.

Cette espèce me paraît très analogue de la *L. detrita* Desh, (Deshayes Coq. Paris 2 ed. pl. 40, f. 7).

Coll. mon Cabinet.

DE GREG. — *Annales de Géol. et de Paléont.* 26

Lucina compressa Lea.

Pl. 29, f. 1*, f. 2-5 (f. 1 reprod. de Lea; — f. 2-5 deux exempl. vu de deux côtés).

1833. *Lucina compressa* LEA   Lea Contr. Geol. p. 55, pl. 1,   1848. *Lucina pandata* CONR. Bronn Ind. Pal. p. 671.
                 f. 27.   1850.   »   »   »   D'Orbigny Prodr. p. 387.
  »   »   *pandata*   CONR. Conrad Foss. Shells 2 ed. p. 40.   1865. *Cyclas*   »   »   Conrad Cat. Eoc. Olig. p. 8.
1834.   »   »   »   »   Appendix in Morton.   1886. *Lucina compressa* LEA Aldrich Prelim. Report p. 9, 57.
1848.   »   »   »   Lea H. Cat. Tert. Test. p. 9.

Testa solidiuscula, compressa, suborbicularis, vix undulosa, concentrice striata; impressione musculari antica valde oblonga angustaque; postice semilunata; impressione musculari impressa punctataque; dentibus cardinalibus cardinis valvae dexterae tribus, laminaribus, quorum antico minore; dente cardinali valvae sinistrae sub-bifido.

Il arrive souvent qu'on confond cette espèce avec la *Lucina rotunda*, d'autant plus que la charnière de l'exemplaire figuré par Lea est évidemment cassée. Le test de la *L. compressa* est plus aplati et il manque de la *lunule* et de la *bilunule*; en outre ses stries sont moins lamelleuses.

J'ai retenu le nom de Lea, car il est douteux s'il publia son espèce avant ou après de celle de Conrad, mais il est certain qu'il la décrivit mieux que lui et il en donna une bonne figure.

Elle me parait avoir beaucoup d'affinité avec la *L. Defrancei* Desh. (Deshayes Coq. Paris pl. 39, f. 9-11).

Coll. mon Cabinet.

Lucina (Loripes) subvexa Conr. sp. dub.

Pl. 29, f. 14 * reprod. de Conrad.

1833. *Lucina subvexa* CONR. Conrad Foss. Shells 2 ed. p. 40.   1850. *Lucina subvexa* CONR. D'Orbigny Prodr. p. 386.
1846.~   »   »   »   Idem Observ. Eoc. form. p. 403,   1865. *Cyclas*   »   »   Conrad Cat. Eoc. Olig. p. 8.
               pl. 4, f. 14.   1886. *Lucina*   »   »   Aldrich Prelim. Report p. 8.
1848.   »   »   »   Lea H. Cat. Tert. p. 9.

Testa tenuis, suborbicularis, subaequilatera, subedentula; margine ante postcardinali subrectis; margine ventrali rotundato!, impressione musculari antica angusta, reniformi.

C'est une espèce douteuse car M. Conrad ne figura pas bien les deux charnières et il n'en donna des renseignments suffisants. Il n'est pas impossible qu'elle fût un exemplaire adulte de la *L. papyracea* Lea.

C'est une vraie *lucina?* Dans ce cas elle me parait un *Loripes*. Si la figure de Conrad est bien executée, elle pourrait être un *Cryptodon*.

Loc. Claiborne.

Lucina pomilia Conr. sp. dub.

Pl. 29, f. 11-12 * reprod. de Conrad.

1833. *Lucina pomilia* CONR. Conrad Foss. Shells 2 ed. p. 40.   1850. *Lucina pumilia* CONR. D'Orbigny Prodr. p. 386.
1846.   »   »   »   Idem Observ. Eoc. Form. p. 402,   1865. *Cyclas pomilia*   »   Conrad Cat. Eoc. Olig. p. 8.
               pl. 4, f. 17.   1866. *Lucina*   »   »   Idem Check List. p. 6.
1848.   »   »   »   Lea H. Cat. Tert. Test. p. 9.   1886.   »   »   »   Aldrich Prelim. Report p. 57.

Testa cordata, subaequilatera, concentrice varicosa; umbone parum prominulo.

C'est une espèce très douteuse; j'ai lieu à croire qu'on doit la considérer comme une variété de la *L. impressa* Lea. Elle a en outre une grande ressemblance avec la *Mysia astartiformis* Conrad, dont je parlerai de suite.

Loc. Claiborne.

Lucina Smithi Meyer.

Pl. 28, f. 16 * reprod. de Meyer.

1886. Meyer Contr. Pal. Ala Miss. p. 81, pl. 1, f. 23.

Testa irregulariter elliptico-rotundata, subaequilatera; lineis radialibus indistinctis; signis accretionis irregularibus, regularibus autem prope marginem qui est integer; lunula angusta, sed profunda. Haec species dubia est, etenim non effincta omnibus lateribus ab auctore et similis speciebus jam descriptis.

Loc. Claiborne.

Lucina bisculpta Meyer.

Pl. 28, f. 17-18 reprod. de Meyer.

1886. Meyer Contr. Pal. Ala Miss. p. 81, pl. 1, f. 30.

Testa parva, tenuis, suborbicularis, subtruncata; lunula parva, cordata, impressa, lineis concentricis sublamellosis, confertis atque obsoletis in regione umbonali, raris in regione ventrali; cardine valvae dexterae tridentata, dente cardinali mediocri; dentibus lateralibus distantibus, obsoletis.

Loc. Claiborne.

Sphaerella Conr.

Conrad proposa ce genre pour les espèces suivantes: *Sph. inflata* Lea, *levis* Conr., *turgida* Conr. Je crois qu'on doit plutôt le considérer comme un sougenre du gen. *Lucina*. Conrad lui référa de suite la *Sph. oregona* Conr.

Lucina (Sphaerella) inflata Lea.

Pl. 29, f. 13 * f. 15-17 (reprod. de Lea; — f. 15-17 deux valves gross. une desquelles de deux côtés).

1833. *Egeria inflata* LEA Lea Contr. Geol. p. 50, pl. 1, f. 18.   1865. *Sphaerella inflata* LEA Conrad Cat. Eoc. Olig. p. 9.
1834. *Mysia*   »   »   Conrad Appendix 7 in Morton.   1866.   »   »   » Idem Check List. p. 6.
1848. *Egeria* »   »   Lea H. Cat. Tert. Test. p. 7.   1886. *Egeria*   »   » Aldrich Prelim. Report p. 57.
   » *Mysia* »   »   Bronn Index p. 769.

Var. *paruminflata* De Greg.

Testa tenuissima, fragilis, orbicularis, subaequilatera, concentrice minute striata; dentibus cardinalibus duobus, parvulis, sub lente bifidis; margine laevigato; impressionibus muscularibus et pallialibus indistinctis.

C'est une espèce très jolie et très fragile. J'ai proposé cette variété pour mes exemplaires, qui ne peuvent pas être considérés comme turgides. — (Coll. mon Cabinet).

Spherella levis Conr. sp. dub.

1865. Conrad Cat. Eoc. Olig. p. 9. — 1865. *Mysia levis* CONR. Conrad Descr. new coc. sh. Un. St. p. 147. — 1866. *Sp.* Idem, Conrad Check List. p. 6.

Testa suborbicularis, tenuis, convexa; inequilatera postice subtruncata.

Je ne puis donner aucun détail de cette espèce qui n'a été pas figurée ni bien décrite. Conrad auparavant avait référé ses exemplaires au gen. *Spherella*. Il les compare à la *Diplodonta bidens* Desh.

Loc. Claiborne.

Diplodonta ungulina (Conr.) De Greg.

Pl. 29, f. 18 * f. 19-28 (18 * repr. de Lea *rotunda*; — f. 19-23 un exempl. vu de différents côtés; — f. 24-25 autre valve de deux côtés; — f. 26 une valve gross.; — f. 27-28 une autre valve gross. de deux côtés; — f. 29 * repr. de Lea *nana*. — Pl. 30, f. 1-9 (f. 1-4, 9 cinque charnières d'exempl. adultes gross.; — f. 5-8 deux exempl. très jeunes très gross. de deux côtés.

1833. *Astarte ungulina* Conr.	Conrad Am. Journ. Sc. V. 23, p. 342.	1848. *Astarte ungulina* Conr.	} Lea H. Cat. Tert. Test.	
» *Egeria rotunda* Lea	Lea Contr. Geol. p. 50, pl. 1, f. 17.	? *Egeria nana rotunda* »		
		» » » »	» Bronn Ind. Pal.	
		1865. *Mysia ungulina*	» Conrad Cat. Eoc. Olig. p. 9.	
» » *nana* »	Lea Contr. Geol. p. 55, pl. 1, f. 26.	» *Egeria nana*	Lea Idem p. 5.	
		1866. » »	» Idem Check List. 7.	
1834. *Mysia ungulina* Conr.	Conrad App. in Mort. p. 7.	» » *ungulina*	Con. Idem p. 7.	
1848. » » »	Bronn Ind. Pal. 769.	1886. » *rotunda*	» Aldrich Prelim. Report p. 57.	

Testa subrotunda, potius crassa, compressa, concentrice obsolete striata, apud umbonem concentrice funiculata; subaequilatera; dentibus valvae sinistrae laminaribus, duobus, ex quibus antico bifido subduplo, dente cardinali postico paulo laminari divergente; dente valvae dexterae unico, bifido; impressionibus muscularibus impressis, impressione antica plus angusta oblongaque; impressione palleali integra; margine laevigato.

La charnière de la valve gauche est tout à fait identique du gen. *Diplodonta*; celle de la valve droite manque de la dent *cardinale* antérieure; mais dans certains exemplaires on en voit quelque rudiment, de sorte que j'ai cru les référer à ce genre.

Comme le nom de *Diplodonta rotundata* Mont. a été proposé en 1803 pour une espèce très connue, ce serait un double emploi, quoique la désinence est différente. Si on regarde cette espèce comme une *Lucina*, il y aurait un autre double emploi avec la *Lucina rotunda* Lea (c'est pour ça que j'ai adopté le nom Conrad qui du reste a le droit de la priorité).

Après une étude très soigneuse j'ai venu à la conclusion que l'*Egeria nana* de Lea et de Conrad doit être considérée comme jeune âge de la même espèce.

La diagnose latine des jeunes exemplaires serait la suivante.

Testa minuta, elegans, depressa, ovato–elliptica, satis inaequilatera, concentrice minute lamellosa; cardine valvae dexterae sic composito: foveola triangulari antica profunda, dente cardinali magno bifido, dente cardinali postico minimo, laminari; cardine valvae sinistrae sic composito: dente cardinali bifido; foveola cardinali satis profunda trianguluri; impressionibus muscularibus angustis oblongis; impressione palleale integra; margine laevigato.

C'est une petite coquille qui a une apparence tout à fait différente des exemplaires adultes; à première vue on reste douteux si on a affaire avec un *Astarte* ou une *Crassatella* ou une petite *Cardita*; mais en l'examinant avec attention on s'aperçut de l'équivoque. — (Coll. mon Cabinet).

Mysia Leack.

N'ayant pas assez de temps pour étudier l'étendue de ce genre, j'adopte les idées de Conrad sur cet égard; quant à l'*Eg. rotundata* Lea je l'ai jugée une *Diplodonta*. C'est à ce genre que M. Fischer rapporte le genre *Mysia*. Chenu le rapporte « pro parte » au genre *Lucinopsis* Gray.

Mysia astartiformis Conr. sp. dub.

Pl. 30, f. 12 * reprod. de Conrad.

1846. *Mysia astartiformis* Conr. Conrad Observ. Eoc. form.   1865. *Mysia astartiformis* Conr. Conrad Descr. New Eoc.
1865.   »   »   » Journ. Ac. Nat.Sc.Phil.p.296.   Shells Un. Stat. p. 147,
     »   »   » Idem Cat. Eoc. Olig. p. 9.   pl. 11, f. 15.

Testa suborbicularis, vix inaequilatera, laevigata, latere umbonali satis angulato, latere ventrali rotundato.

C'est une espèce très douteuse car l'auteur ne l'a pas bien décrite et il en donna seulement une figure d'un côté. Elle manque dans la Check List de Conrad aussi bien que la précédente.

Loc. Claiborne.

Mysia deltoidea Conrad.

Pl. 30, f. 11 * reprod. de Conrad.

1846. *Mysia deltoidea* Conr. Conrad Obs. Eoc. Form. Journ.   1865. *Mysia deltoidea* Conr. Conrad Cat. Eoc. Olig. p. 9.
     Ac. Nat. Sc. Phil. Vol. 4, p. 296.   »   »   »   » Idem Descr. New Eoc. Shells
     Un. Stat. p. 147, pl. 11, f. 10.

Testa subtriangularis, turgida, subaequilatera, antice concentrice striata, postice laevigata, antice angulata, postice obtuse rotundata.

Cette espèce manque dans la Check List de Conrad comme la *M. rotunda* Lea.

Loc. Claiborne.

Corbis distans Conr.

Pl. 30, f. 10 * reprod. de Conrad.

1833. *Corbis distans* Conr. Conrad Foss. Shells p. 41.   1848. *Corbis distans* Conr. Bronn Ind. Pal. p. 333.
     »   »   *nudata* » Idem p. 41.   »   »   »   « Lea H. Cat. Tert. Test. p. 6.
1834. »   »   » Idem Appendix in Morton p. 7.   1850. »   »   » D'Orb. Prodr. Et. 25, N. 981.
1847. »   »   »   » Idem Obs. Eoc. Form. Am. Journ.   1865. *Gafrarium* »   » Conrad Cat. Eoc. Form. p. 9.
     Sc. p. 401, pl. 4, f. 11.   1866. »   »   » Idem Check List. p. 6.

Testa elegans, elliptica, potius lata, radiatim confertim costulata, concentrice obsolete lamellosa; dentibus cardinalibus duobus, divergentibus; dentibus lateralibus fere obsoletis; margine crenulato.

C'est une espèce très jolie qui est très intéressante, ayant beaucoup d'affinité avec plusieurs espèces éoceniques. Sur le Mont Postale dans la Vénétie on trouve des *Corbis* de ce type.

Loc. Claiborne.

Corbis lirata Conr.

Pl. 30, f. 13 * reprod. de Conrad.

1847. *Corbis lamellosa* Conr. Conrad Observ. Eoc. form.   1866. *Gafrarium liratum* Conr. Conrad Check List. p. 6.
     Am. Journ. Sc. p. 401, pl.4,   1884.   »   »   » Heilprin Contr. Geol. Pal.
     f. 16.   Tert. p. 87.
1865. *Gafrarium liratum* » Idem Cat. Eoc. Ol. p. 9.

Testa elliptica, ovata, concentrice valde lamellosa, radiatim striolata.

Cette espèce diffère de la *C. distans* par la forme plus allongée et par les lamelles concentriques plus développées et par les costules radiales beaucoup plus petites et striiformes. — Heilprin croit devoir adopter le nom de *lamellosa* Lamk.

Loc. Claiborne.

ERYCINIDAE

Alveinus Conr.

Conrad proposa ce genre pour l'espèce suivante. Fischer oublia de le citer dans son admirable manuel de conchyliologie. Tryon (Struct Syst. p. 228) le range en la famille des *Astartinae*. Il me parait qu'il tient davantage de celle des *Erycinidae*. Je crois qu'on doit lui référer comme synonyme le gen. *Spaniodon* Reuss, dont le type est le *Sp. nitidus* Reuss du miocène de Galice (Espagne), car ce genre a été proposé en 1867 tandis que celui de Conrad parut en 1865.

Alveinus parvus Conr.

Pl. 30, f. 14*a* reprod. de Meyer gross. (*minutus*); — f. 14 reprod. de Conrad (*minutus*).

1865. *Alveinus parva* CONR.	Conrad Cat. Eoc. Olig. p. 10.	1884. *Alveinus minuta* CONR.	Tryon Struct. p. 228 , p. 121, f. 23.
» » *minuta* »	Idem Descr. New Eoc. foss. Interprise f. 138, pl. 10, f. 2.	1885. » *mimatur* »	Conrad Am. Journ. Sc. p. 567.
1866. » *parvus* »	Idem Check List. p. 24.	1886. » *minutus* »	Meyer Cont.Eoc. Prel. Ala. Miss. p. 84, pl. 1, f. 19.
1872. » *minutus* »	Idem Proc. Acad. Nat. Hist. Phil. p. 53, pl. 1, f. 6.		

Testa suborbicularis, inaequilatera, laevigata atque polita, lineis accretionis solum ornata ; umbonibus parvis, antea versis; cardine valvae dexterae cum foveola centrali minuta, triangulari, dente antico pyramidato; cardine valvae sinistrae cum foveola simili; duobus dentibus anticis utrisque compressis; impressionibus muscularibus subquadrangularibus ac subaequalibus ; impressione palleali integra; margine sub lente minute canaliculato.

C' est une très petite espèce extrêmement intéressante qui est très répandue à Enterprise Miss. où elle a été retrouvée par Conrad. M. Meyer en a receuilli aussi à Claiborne. Quant à son nom je dois observer que par la loi de la priorité, elle doit être appelée *A parvus*. Certes lorsque Conrad proposa ce nom ne la décrivit pas, mais il en donna l'*habitat* « Enterprise » dans laquelle localité elle est très commune; il avertit qu'il l'aurait décrit dans la brochure insérée dans le même volume du Journal de Tryon de sorte qu'il n'y a aucun doute en égard à son identification. Or le premier fascicule, où est le Catalogue, parut en Février, pendant que le deuxième numéro de la même année (dans lequel il y a l'ouvrage sur Enterprise) parut en Avril.

Loc. Claiborne, Enterprise Miss.

Erycina Whitfieldi Meyer.

Pl. 30, f. 15 gross. repr. de Meyer.

1886. Meyer Contr. Pal. Ala. Miss. p. 82, pl. 1, f. 29.

Testa lenticularis, elliptica, inaequilatera, polita, convexa, antice magis lata quam postice, cardine valvae sinistrae tridentato; dentibus duobus anticis pyramidatis, obsoletis, postico compresso.

L'auteur fait noter l'analogie entre son espèce et la *obsoleta* Desh. (Bassin Paris p. 720, pl. 53, f. 16-19).

Loc. Claiborne Ala.

Kellia Turt.

M. Fischer emenda ce nom en celui de *Kellia*, car ce genre a été dédié à M. O' Kelly, et peut-être il a raison. Mais, comme ce nom peut se traduire en latin avec Kellius et comme tous les auteurs ont retenu le nom de *Turton*, je l'ai adopté sens l'emender. Dans mon travail (Studi Conch. Medit. p. 196) j'ai décrit trois espèces de *Kellia* très intéressantes. Je ne suis pas sûr que l'espèce suivante dût être référer au même genre; mais il est probable.

Kellia faba Meyer.

Pl. 30, f. 16 gross. repr. de Meyer.

1886. *Hindriella faba* MEYER Meyer Contr. Pal. Ala. Miss. p. 82, pl. 1, f. 25.

Testa minutissima, elliptica, oblonga, potius angusta, subsinuosa, in medio compressa; valva dextera oblique indistincte unidentata; impressionibus muscularibus ovato-angustis.

M. Meyer la référa au genre *Hindisiella* et peut-être il a raison, néanmoins elle me paraît plus voisine du genre auquel je l'ai rapporté. L'auteur la déclare analogue de l'*Hindisiella arcuata* Lamk. (Desh. Bassin Paris p. 695, pl. 53, f. 32-35).
Loc. Claiborne.

Kelliella Boettgeri? Meyer.

1886. Aldrich Prelim. Report p. 49.

Testa minutissima, orbicularis, turgida, inaequilatera, concentrice costulata, lunula cordata, impressa; cardine valvae dexterae tridentato; duobus dentibus divergentibus umboni propinquis, caetero sigmoideo; margine integro.

Loc. M. Meyer donne pour *habitat* Jackson Miss; mais Aldrich cite cette espèce de Lisbon.

CARDITIDAE

Cardita et Venericardia.

Le sens de ces deux genres n'est pas bien limité ; souvent il est impossible de décider à qui des deux doit-on référer une coquille. Ce sont plutôt deux synonymes que deux genres différents. Le genre *Cardita* a été proposé par Bruguière en 1789, mais il lui référa aussi quelques espèces appartenant au genre *Isocardia*. Lamark en 1799 émenda ce genre très bien, de sorte qu'en le citant je crois qu il est mieux de citer toutes deux les initiales, savoir: *Cardita* (Brug.) Lamk. En suite en 1801 ce même auteur proposa le genre *Venericardia*. Selon la nomenclature plus exacte l'animal du genre *Cardita* type aurait le pied court et pourvu de « byssus » tandis que celui du gen. *Venericardia* aurait le pied très grand, mais dépourvu de byssus. Ce sont des caractères très utiles pour les zoologues, mais pas pour les paléontologues. D'ailleurs, même ceux qui étudient les faunes vivantes, n'ont souvent à leur disposition que le simple test. En égard à la coquille le caractère différentiel entre le genre *Cardita* et le genre *Venericardia* consiste en la charnière qui dans le genre *Venericardia* est un peu plus épaisse, les dents de la valve droite sont du reste identiques; celles de la valve gauche diffèrent à peine en ce que la dent cardinale médiane est un peu plus développée que les autres dans le genre *Cardita*. Ce sont des nuances plutôt que des différences; car je les ai observé même dans les individus de la même espèce.

Si on ne veut pas retenir le genre *Venericardia* comme une synonyme il me paraît prudent de le considérer comme un sougenre du genre *Cardita* (Brug.) Lamk.

Cardita (Venericardia) transversa (Lea) De Greg.

Mut. *transversa* Pl. 30, f. 17* 18-22 (f. 17 reprod. de Lea; — f. 18-22 un exempl. vu de côtés différents).
Mut. *Sillimani* Lea Pl. 31, f. 1*, 2-3 (f. 1 reprod. de Lea; — f. 2-3 une valve de deux côtés).
Mut. *secans* De Greg. Pl. 31, f. 4-5 (une valve de deux côtés).
Mut. *rotunda* Lea Pl. 31, f. 6-12, 13* (f. 6-7 une valve gross.; — f. 8 gross. du crochet; — f. 9-10 gr. nat. autre valve; f. 11-12 une autre valve gross.; — f. 13 reprod. de Lea).

Mut. *juvenis* De Greg. Pl. 31 , f. 14-22 (f. 14-16 trois valves gross.; — f. 17-18 deux exempl. gross. du crochet; — f. 19-22 deux valves gross. de deux côtés).

1833.	*Cardita*	*transversa*	Lea	Lea Con. Geol. p. 68, pl. 2, f.46.	1850.	*Cardita*	*alticostata*	Lea	D'Orb. Prodr. Et. 25, N. 832.
»	»	*rotunda*	»	Idem p. 70, pl. 2, f. 48.	1865.	»	»	Con.	Conrad Cat. Eoc. Olig. p. 7.
»	»	*Sillimani*	»	Idem p. 69, pl. 2, f. 47.	»	»	*rotunda*	Lea	Idem p. 8.
»	»	*alticostata*	»	Conr. Am.Jour.Sc.V.23, p. 342.	»	»	*Sillimani*	»	Idem p. 8.
1834.	»	»	Con.	⎱	1866.	»	*alticostata*	Con.	⎱
»	»	*rotunda*	Lea	⎰ Conrad App. in Morton.	»	»	*Sillimani*	Lea	⎰ Conrad Check List. p. 5.
»	»	*Sillimani*	»		»	»	*rotunda*	»	
1848.	»	*rotunda*	»	Bronn Ind. Pal. 227.	1884.	»	»	»	Heilprin Contr. Geol. Pal. Tert. p. 894.
»	»	*Sillimani*	»	Lea H. Cat. Tert. Test.					
»	»	*transversa*	»	⎱	1885.	*Venericard.*	»	↳	Aldrich Amer. Journ. Scienc.
»	»	*rotunda*	»	⎰ Lea H. Cat. Tert. Test.	1886.	»	»	»	» Prelim. Rep. p. 9.
»	»	*Sillimani*	»		»	*Cardita*	*alticosta*	Con.	Idem, p. 53.
»	»	*alticostata*	»						

(= *densata* Conr. Descr. new foss. shells p. 173) ?

Haec species variabilis est ita ut illas, quae judicatae sunt species distinctae a plurimis auctoribus, mutationes ejusdem puto.

Mut. transversa Lea.

Pl. 31, f. 17*, 18-22 (Lea pl. 2, f. 46).

Testa solida, crassa, elegans, turgidula, trapetioidalis; costis notatis, erectis, rotundatis, rugosis, funiculis clathratis; funiculis potius obsoletis praesertim postice, solum super costas decurrentibus non autem in interstitiis; costis minoribus quam interstitiis; in interstitiis posticis duabus costulis funiculiformibus interpositis costis adnatis; in valva dextera duobus dentibus cardinalibus laminaribus oblongis ex quibus dente cardinali antico majore, dente postico minore (dente ninfali), apud cardinem foveolam subrotunda; in valva sinistra: dentibus tribus antico (prope umbonem) prismatico subconoideo; dente cardinali laminare notato, dente ninfali minori; impressionibus muscularibus impressis; impressione antica ovato-angusta, oblonga, postica semilunari subpedunculata; margine dentato; vulva oblonga, potius profunda; lunula carente.

Cardita profunda Desh. (1866. Deshayes Coq. Paris 2 ed. pl. 61, f. 1-5) multo similis est huic formæ.

Mut. Sillimani Lea.

Pl. 31, f. 1*, 2-3 (Lea pl. 2, f. 47).

Differt a trasversa propter cardinem minus solidum, costis plus angulosis; postice squamis imbricatis ornatis.

Mut. rotunda Lea.

Pl. 31, f. 6-12, 13* (Lea pl. 2, f. 48).

Testa suborbicularis; costis squamulosis; squamis confertis, erectis, subcochleariformibus; dente antico valvæ sinistræ erecto, conoideo, notato; lunula minima, cordata.
Multæ species a Deshayes descriptæ, huic speciei simillimæ sunt et probabile ei referendæ: Cardita propinqua (1866. Deshayes Coq. Paris 2 ed. pl. 40, f. 15-17); C. crenularis (idem f. 18-20); C. serrulata (idem f. 25-27); C. ambiqua (idem f. 28-31); C. aliena (pl. 65, f. 28-31); C. pulchra (idem f. 25-27); C. Prevosti (pl. 23, f. 1-4).

Mut. secans De Greg.

Pl. 31, f. 4-5.

Testa suborbicularis; costis erectis triangularibus, acutis, valde prominulis, sublaevigatis.

Mut. *juvenis* De Greg.

Pl. 31, f. 14-22 gross.

Testa minuta, crassa, turgida subcuneata; in valva dextera dente cardinali magno, crasso, prominulo, complanato, duabus foveolis profundis ad latus, dente ninfali parum notato subconfuso; in valva sinistra dente cardinali antico subconoideo subtriangulari, dente cardinali postico laminari erecto; lunula cordata, conspicua; margine crenato dentato.

Probabile C. imperfecta Deshayes (Coq. Paris 2 ed. pl. 61, f. 9-11) huic formae referenda est.

Cette espèce change de caractères selon l'âge et les conditions de sa vie, de sorte qu'on trouve des individus tellement différents qu'on pourrait les rapporter à des espèces différentes. La lunule, qui est très distincte dans les exemplaires jeunes, finit par disparaître complètement dans les adultes. La charnière se fait plus ou moins épaisse, selon le développent de la coquille et les conditions de la vie de l'animal et de l'ambient. Les côtes se font plus ou moins écailleuces selon les mêmes circonstances; en général les aspérités diminuissent lorsque la coquille acquiert son plus grand développement.

Quel nom choisir pour indiquer cette espèce? Conrad demande la priorité pour son *alticostata*; mais il ne figura pas cette espèce et il la décrivit imparfaitement; au surplus je ne suis pas sûr qu'il ne la proposa après que l'ouvrage de Lea parut. Je n'en trouve que le nom dans l'appendix de l'ouvrage de Morton publié en 1834. Quant au volume de l'Ann. Journ. Sc. il n'est même cité par White dans sa bibliographie. Lea au contraire décrivit et figura très bien trois mutations de cette espèce et c'est à lui l'honneur de lui donner un nom. Des trois titres qu'il proposa j'ai choisi celui qui indique le plus grand développement de l'espèce; mais comme j'ai élargi son sens, j'ai uni les initiales de mon nom.

C'est une des espèces plus caractéristiques de Claiborne où elle n'est pas trop rare.

La *C. densata* Conr., dont je parlerai de suite, probablement doit être considérée comme un synonyme de la même espèce. Conrad (Observ. Eoc. Form. p. 219) compare la *C. rotunda* Lea à la *C. asperula* Desh. — Heilprin croit que l'espèce en question soit très voisine de la *C. imbricata* Lamk. — (Coll. mon Cabinet).

Cardita (Venericardia) parva Lea.

Pl. 32, f. 1-4, 5 * (f. 1-4 deux valves gross de deux côtés; — f. 5 reprod. de Lea).

1833. *Cardita*	*parva* LEA	Lea Contr. Geol. p.70, pl.2, f.49.	1830. *Cardita parva* LEA	D'Orbigny Prodr. Et. 25, N. 929.
1834. »	» »	Conrad Appendix 7 in Morton.	1865. » » »	Conrad Cat. Eoc. Olig. p. 8.
1848. *Venericardia* »	» »	Lea H. Cat. Tert. Test. p. 15.	1866. » » »	» Check List. p. 5.
» *Cardita* »	» »	Bronn Ind. Pal. p. 227.		

Testa subrotundata, potius depressa, radiatim costata, concentrice rugosa; costis circiter 15 rotundatis! regularibus, latis, vix majoribus quam interstitis; in valva dextera dente cardinali crasso, magno, dente ninfali tenui; in valva sinistra dente cardinali triangulari prominulo, dente ninfali laminari erecto; margine denticulato.

C'est une jolie espèce très caractéristique. J'en possède des exemplaires plus larges que ceux qui sont figurés, mais en état de conservation moins bon. — (Coll. mon Cabinet).

Cardita (Venericardia) planicosta Lamk.

Pl. 32, f. 9, 10 * (f. 6 *a b* jeune exempl.; — f. 7-9 deux valves; — f. 10 * reprod. de Conrad).

Var. *regia* Conr.

1823.	*Venericardia planicosta* LAMK.	Lamarck Coq. Paris pl. 19, f. 10 *a b*.	1857.	*Cardita*	*planicosta* LAMK.	Conrad Descr. Cret. and Tert. Foss. Mexic Boundary p. 161, pl. 19, f. 2.			
1825-66.	*Cardita* » »	Deshayes Coq. Paris pl. 24, f. 1-2.							
1829-30.	» » »	Conrad on Geol.Org. Rem. Maryland Jour. Acad. Nat. Sc. Phil. p. 216,	1860.	»	» »	Moore in Helgard Agric. Geol. Miss. p. 132.		
1830.	*Venericardia* » »	SowerbyMiss.Conch. pl. 50.	1861-71.	»	» »	Wood Eoc. Moll. p. 151, pl. 21, f. 5.		
1832-33.	*Cardita* » »	Conrad Foss. Shells 1 ed. p. 20, pl. 5, f. 2.	1865.	»	» »	Conrad Cat. Eoc. Ol. p. 8.		
			»	»	» »	Idem Observ. Eoc. Lign.Form. p. 70,71.		
1840.	» » »	Lea H. Cat. Tert. Test.	»	»	» »	Idem Check List. p. 5.		
1841.	» » »	Conrad Observ. Atl. Reg. p. 135.	1884.	»	» »	Heilprin Contr. Test. Geol. Pal. p. 15,87.		
1843.	» » »	Nyst. Coq. et Pal. Belg. pl. 17, f. 1 *a b*.	1885.	»	» »	White Mar. Eoc. fresh wat etc. p. 7, pl. 1, f. 1-3.		
1848.	» » »	Lea H. Cat. Tert. Test. p. 15.						
»	» » »	Bronn Index p. 227.	1886.	»	» »	Aldrich Prelim. Report p. 53.		
1850.	» » »	D'Orb.Prodr. Et.25, N. 913.						

(= *Card. densata* CONR. Vicksburg p. 130, pl. 14) ?

Testa magna, solida, elegans; differt a planicosta propter costas juxta extremitatem umbonis (in pullis) crenulatas acutasque; in proximitate extremitatis umbonis (in juvenibus) erectas angustas, interstitia aequantes sublaminaresque; in regione umbonale (in juvenibus-subadultis) quadrangulares, laevigatas, utrinque acute angulatas; in regione ventrali (apud marginem exemplarium adultorum) subcomplanatas paulo obsoletas, sicut in vera Cardita complanata *Lamk.*

C'est une variété extrêment intéressante à cause de son analogie avec l'espèce parisienne et par la grande taille. Malgré le portement différent des côtes on ne peut pas la considérer comme une espèce différente, car tous les caractères exentiels sont identiques. L'espèce décrite par White me paraît un peu différente de cette variété et plus voisine du type; son exemplaire provenait de l'Oregon. Cet auteur rapporte à la même espèce la C. *Horni* Gabb. (Gabb. Pal. California p. 174, pl. 24, f. 157, pl. 30, f. 85) que je ne connais pas; M. Heilprin expose la même opinion, mais avec quelque doute.

La figure donnée par Conrad (lert. Cret. Mexic.) diffère de la variété de Claiborne; elle ressemble à certaines variétés de la Cardita *Jouanneti* Bast. Il n'est pas impossible qu'on doive référer au même groupe la C. *densata* Conr. ; bien plus, je crois qu'on doit la retenir comme un synonyme de l'espèce de Lamark. — (Coll. mon Cabinet).

Cardita (Venericardia) densata Conrad sp. dub.

Pl. 32, f. 11 * reprod. de Conrad.

1844. Conrad Descr. of 8 new foss. shells (Proc. Ac. Nat. Sc. Phil.) p. 173. — 1850. Conrad Vicksburg p. 130, pl. 14, f. 24.

Testa ventricosa, crassa, cordata; costis circiter 35 laevigatis, versus marginem, erectis, angustis, prominulis, crenatis in regione umbonali, margine antico oblique subtruncato, postico truncato; cardine percrasso, oblique dentato.

Cette espèce a été négligée par l'auteur dans ses derniers travaux; peut-être qu'il finit pour la considérer comme un synonyme de la *planicosta* qu'il cite, ou plutôt qu'il l'oublia du tout. Je crois qu'on doit la considérer comme un synonyme de l'espèce citée. L'auteur dit qu'elle diffère de la *planicosta* par sa taille plus petite, par son épaisseur plus remarquable, et par ses crénelures des côtes dans la region umbonale. Ce dernier caractère me fait rappeler la *C. transversa* Lea. Elle serait peut-être une forme intermédiaire.

Loc. Claiborne.

Cardita (Venericardia) inflatior Meyer.

Pl. 32, f. 12 * reprod. de Meyer.

1885. *Venericardia inflatior* MEYER Meyer Amer. Journal Sc.   1886. *Venericardia inflatior* MEYER Meyer Contr. Pal. Miss.
          V. 29, p. 460.   Ala. p. 84, pl. 1, f. 26.

Testa parva, turgida, subaequilatera; umbone prominulo, valido, paulo antice verso; costulis circiter 20 laevigatis in regione umbonali, caeterum tenue crenulatis, interstitia aequantibus; margine crenulato.

Cette espèce est très voisine de la *C. parva* Lea. L'auteur donne ces caractères différentiels : il dit que son espèce est plus mince, plus renflée, plus arrondie, ayant un crochet plus développé.

Coll. mon Cabinet.

CARDIIDAE

Cardium (Protocardia) diversum Conr.

Var. *mittens* De Greg.

Pl. 33, f. 5-6 a b (f. 5-6a une valve de deux côtés; — f. 6 b détail gross.).

1848. *Cardium diversum* CONR. Conrad Proc. Acad. V. 3.   1861. *Protocardia diversa* CONR. Gabb Proc. Acad. Nat. Sc.
    »   Phil. p. 370.
1856. »   »   »   Lea H. Cat. Tert. p. 5.
        »   »   »   Conrad Vicksburg p. 122,   1865. »   »   »   Conrad Cat. Eoc. Ol. p. 7.
                                              pl. 13, f. 8.   1866. »   »   »   Check List. p. 27.

Testa elegans, ovato-elliptica, turgidula, inaequilatera, postice paulo producta costulis radiantibus planis ! obsoletis, regularibus, squamulis adhaerentibus subimbricatis efformatis, interstitiis linearibus divisis; squamulis solum sub lente perspicuis, striis concentricis raris, regularibus clathratis; costulis in regione postica omnino diversis, simplicibus, erectis, interstitiis profundis eas aequantibus; in valva sinistra dente laterali antico, triangulari erecto; foveola et dente cardinali distinctis; foveola laterali postica triangulari; margine confertim minute denticulato.

Haec varietas differt a forma typica propter formam minus rotundam minusque symetricam.

Plusieurs espèces du bassin de Paris sont analogues de cette espèce, savoir: *C. parile* Desh. (Deshayes Coq. Paris 2 ed. pl. 54, f. 1-3), *C. fraudator* Desh. (idem pl. 54, f. 1-3), *C. semiasperum* Desh. (idem pl. 55, f. 12), *C. semistriatum* Desh. (idem 1 ed. pl. 29, f. 9-10). — (Coll. mon Cabinet).

Cardium Hatchetigbeense Aldr.

Pl. 33, f. 2-4 reprod. de Aldrich.

1886. Aldrich Prelim. Report Ala. Miss. p. 39, pl. 4, f. 12, 12 a b.

Testa lata, subquadrata, turgida, antice et postice sparsim paucispinosa; spinis triangularibus, raris; costis muticis, laevigatis, impressionibus spinarum deciduarum praeditis; interstitiis costas subaequantibus.

Loc. Hatchetigbee Bluff, Ala.

Cardium Tuomeyi Aldr.

Pl. 33, f.1 a b reprod. de Aldrich.

1886. Aldrich Prelim. Report Ala. Miss. p. 40, pl. 4, f. 13, 13a.

Testa ovata, crassa apud umbones; costis circiter 44, muticis crenulatis autem propter spinarum impressiones; interstitiis magis angustis quam costis; spinis raris, tenuibus, sparsis precipue in regione umbonali; umbonibus symetricis erectisque; impressionibus muscularibus valde notatis.

Haec species differt (sicut ipse auctor observavit) a C. Hatchetigbeense Aldr. costis magis numerosis; spinis magis tenuibus; testa crassiore magisque rotundata.

Loc. Nanafalia, Ala.

Cardium (Protocardium) Nicolleti Conr.

1841. Conrad Descr. 24 new species foss. Shells p. 190. — 1865. Idem Cat. Eoc. Olig. p. 7. — 1884. Heilprin Contr. Geol. Pal. Tert. p. 87. — 1886. Aldrich Prelim. Report. p. 53.

Testa aequilatera, turgida, ventricosa, polita, radiatim minute striata, margine postico suberecto vix emarginato; umbonibus valde prominulis; striis posticis majoribus quam anticis, muricatis, tuberculatisque; tuberculis tenuibus, obtusis, prominulis.

Haec species adhuc effigiata non est. Conrad dicit ipsam invenisse in « Monroe County Louisiana »; Aldrich in « Wood's Bluff, Bethel.»—Heilprin identicam putat « C. semigranulati Sowerby » (Min. Conch. p. 99).

Loc. Monroe.

VENERIIDAE

Cytherca aequorea (Conr.) De Greg.

Mut. *Hydii* Lea Pl. 33 f. 7*, 8-15 (f. 7 reprod. de Lea; f. 8-10 deux valves de deux côtés; f. 12-15 trois exempl. gross. un desquels en grand. nat. du côté interne).
Mut. *subvitrea* De Greg. Pl. 33, f. 16-22 (quatre valves deux desquelles de deux côtés).
Mut. *comis* Lea Pl. 33, f. 23*, 24-25 (f. 23 reprod. de Lea; f. 24-25 une valve de deux côtés); — Pl. 34, f. 1-4 (f. 1-2 une valve de deux côtés; f. 3, 4 deux valves jeunes).
Mut. *cominduta* De Greg. Pl. 34, f. 5-10 (f. 5-7 trois valves; f. 8 un exempl. vu du côté du crochet; f. 9-10 jeune valve de deux côtés).

1833.	*Cytherea*	*aequorea*	Conr.	⎱ Conrad Foss. Shells 1 ed.	1848.	*Cytherea Hydii*	Lea	Bronn Ind. Pal. p. 390.
»	»	*perovata*	»	⎰ p. 36-37.	1850.	*Venus aequorea*	»	D'Orbigny Prodr. p. 380.
»	»	*comis*	Lea	Contr. Geol. p. 66, pl. 2, f. 41.	1855.	*Meretrix* »	»	Conrad Observ. Eoc. Jackson
»	»	*Hydii*	»	Idem pl. 2, f. 42.				p. 257.
1834.	»	*aequorea*	Conr.	⎱ Conrad Append. in Morton.	1865.	*Dione* »	Conr.	⎱ Idem Cat. Eoc. Ol. p. 6.
»	»	*perovata*	»	⎰	»	» *perovata*	»	⎰
1841.	»	*aequorea*	»	Idem Observ. Atl. Reg. p.175.	1866.	» »	»	Idem Check List. p. 7.
1848.	»	»	»	⎱		» *Cytherea* »	»	Aldrich Prelim. Report p. 53.
»	»	*perovata*	»	⎰ Lea H. Cat. Tert. Test.	1882.	» *aequorea*	»	Smith Johnson Tert.Cret.Tusc.
»	»	*comis*	Lea	⎱ p. 6-7.				Tomb. Ala p. 22.
»	»	*Hydii*	»	⎰				

(= *Nuttali* Conr. Tert. Cret. Mexic Bound p. 162, pl. 4, f. 5)?

Mut. *Hydii* Lea typ. (= C. *Hydii* Lea sensu stricto).

Testa subtrigona, elliptico-orbiculata, solidiuscula, subturgidula, sublaevigata, striis accretionis valde varicosis ornata; impressionibus muscularibus ovato-semilunaribus, antica magis impressa quam postica; sinu palleali potius lato, profundo, trapezoideo, variabili, nunc rotundato, nunc angulato saepius bis-angulato; valvae dexterae cardine cum foveola antica profunda, dentibus cardinalibus 3, ex quibus duobus approximatis, triangularibus, dente cardinali postico tenui, laminari, paulo erecto; valvae sinistrae cardine: cum dente antico triangulari, erecto, solido, conico-triangulari; dentibus cardinalibus duobus, divergentibus, laminaribus, angulosis, quorum postico magis solido quam antico; lunula cordata superficiali; vulva oblonga lanceolata, parum profunda.
Haec forma multo similis est C. sulcatoria Desh. (Coq. Paris 1 ed. pl. 20, f. 14-15).

Mut. *subvitrea* De Greg.

Similis praecedenti sed laevigata.

Mut. *comis* Lea.

Testa laevigata, subovata, magis inaequilatera quam C. Hydii Lea, type magisque elliptica.

Mut. *cominduta* De Greg.

Testa similis mutationi praecedenti sed varicibus concentricis ut illis C. Hydii ornata.
Haec forma fere identica est C. suberycinoides Deshayes (Coq. Paris 1 ed. pl. 22, f. 8-8).

J'ai été quelque temps douteux ne savant pas quel nom choisir pour cette espèce.

Conrad et Lea ont considéré les exemplaires de Claiborne comme deux espèces différentes: une espèce plus arrondie et variqueuse l'autre plus oblongue et lisse. Les stries d'accroissement se font quelquefois variqueuses comme dans l'exemplaire figuré par Lea (C. *Hydii* Lea); mais ce caractère change selon les individus. La forme même change selon les conditions de développement des exemplaires; de sorte que je suis convaincu qu'on doit reconnaitre une seule espèce. Il convient donc d'élargir le sens d' une des deux espèces décrites par les auteurs. Certes les noms de Conrad ont le droit de la priorité, ce sont la C. *aequorea* et la *perovata*; mais il ne figura pas ses exemplaires et il en donna des descriptions tout à fait insuffisantes. En suite il rapporta la C. *Hydii* Lea comme un synonyme de sa C. *aequorea*, et la C. *comis* Lea comme un synonyme de sa C. *perovata* Conr.

Après une longue méditation, j'ai pensé que c'était mieux d'élargir le sens de l'*aequorea* pour dénoter l'espèce dans son ensemble.

En étudiant mes nombreux exemplaires je les ai rangé en 4 divisions: exemplaires courts et variqueux (*Hydii*), courts et lisses (*subvitrea*), allongés et variqueux (*cominduta*), allongés et lisses (*comis*).

Certes c'est une des espèces plus repandues à Claiborne et (comme j'ai fait observer plusieurs fois) elle est par conséquent très plastique. Elle se présente en effet avec différents caractères. Même son sinus et son promontoire palléal changent extrêmement selon les individus. La mutation *cominduta* De Greg. est la plus repandue à Claiborne.

La var. *subvitrea* est par sa forme intermediaire entre celle-ci et la *comis* Lea.

La surface lisse des deux mutations *comis* et *subvitrea* pourrait dépendre en partie d'avoir été usée.

Coll. mon Cabinet.

Cytherea Poulsoni Conr.

Pl. 34, f. 11*, 12-13 (f. 11 reprod. de Conrad; — f. 12-13 une valve de deux côtés).

1833.	*Cytherea*	*Poulsoni*	Conr.	Conrad Foss. Shells p. 36.	1848.	*Cytherea globosa* Conr.		Bronn Ind. Pal. 398.
»	»	*globosa*	»	Lea Contr. Geol. p. 65, pl. 2, f. 40.	1850.	*Venus Poulsoni*	»	D'Orb. Prodr. p. 380.
					1865.	*Dione* »	»	Conrad Cat. Eoc. Olig. p. 6.
1834.	»	*Poulsoni*	»	Conrad Append. in Morton.	1866.	» »	»	» Check List. 7.
1848.	»	»	»	Lea H. Cat. Tert. Test. p. 7.				

Testa turgida, elegans, subisocardiformis, signis accretionis antice linearibus minute sublamellosis; umbonibus inflatis, antice recurvis; in cardine valvae dexterae foveola antica rotunda, dentibus cardinalibus tribus ex quibus duobus anticis erectis, approximatis, triangularibus; dente cardinali postico longiusculo, trapezoideo, marginibus erecto, fere sub-bifido, lunula lata, cordata, parum impressa, vulva angustissima.

On pourrait bien adopter le titre de *C. globosa* Lea, car Conrad publia son espèce presque dans la même époque que Lea et n'en donna aucune figure; mais la courte déscription qu'il en donna ne laisse aucun doute en égard à son identification. Cette espèce me paraît analogue de la *C. incrassata* Desh. (Deshayes Coq. Paris 1 ed. pl. 22, f. 1-3).

Coll. mon Cabinet.

Cytherea trigoniata Lea.

Pl. 34, f. 14ab *, f. 15-20, 21* 22* (f. 15a du crochet; — f. 15b-16 deux valves en dedans; — f. 17-18 une valve en dehors avec détail de la surface; — f. 19-20 une valve adulte de deux côtés; — f. 21 reprod. de Lea (*trigoniata*); — f. 22 reprod. de Lea (*minima*); – f. 14 a b reprod. de Aldrich Mut. *Hatchetigbeensis*).

1833.	*Cytherea*	*discoidalis* Conr.	Conrad Foss. Sh. p. 36.	1848.	*Cytherea discoidalis*	Conr.		Bronn Ind. Pal. p. 318.
»	»	*trigoniata* Lea	Lea Contr. Geol. p. 67, pl. 2, f. 44.	»	» *minima*	»		
				»	» *trigoniata*	»		
»	»	*minima* ?	Idem p. 62, pl. 2, f. 45.	1850.	*Venus discoidalis*	»		D'Orb. Prodr. 380.
1834.	»	*discoidalis* Conr.	Conrad App. in Morton.	1865.	*Dione* »	»		Conr. Cat. Eoc. Ol p. 6.
1848.	»	» »	Lea H. Cat. Tert. Test. p. 6-7.	1866.	» »	»		» Check List p. 7.
»	»	*minima* »		1886.	*Cytherea Hatchetigbeensis* Aldr.			Aldrich Prel. Rep. Ala Miss. p. 39, pl. 4, f. 1.
»	»	*trigoniata* »		»	» *minima*	Lea		Aldr. Prel. Rep. p. 53.

(= *Cytherea subcrassa* Lea Lea Contr. Geol. p. 67, pl. 2, f. 43).

Testa subturgidula, subtriangularis, inaequilatera, funiculis lamellosis concentricis, regularibus, ornata; cardine valvae dexterae: foveola antica, tribus dentibus cardinalibus, duobus anticis, curtis, erectis, approximatis (quorum antico laminari tenui), dente cardinali postico oblongo, in medio excavato, marginibus erecto; foveola inter ipsum et illos satis profunda; cardine valvae sinistrae dente laterali antico subconoideo, dentibus cardinalibus tribus, ex quibus antico et postico lamellosis, tenuibus; dente mediano majore; lunula lata, cordata, superficiali; vulva satis angusta, parum profunda; margine integro; impressionibus muscularibus paulo notatis, antica angusta, trapezoidea, postica subquadrangulari; sinu palleali potius angusto profundo.

Cette espèce ressemble beaucoup à la *C. aequorea* (Conr.) De Greg. dont elle diffère surtout par les funicules lamelleux qui adornent sa surface. On pourrait peut-être la considérer comme une forte variété.

Conrad demande le droit de la priorité pour sa *C. discoidalis*; mais il ne figura pas cette espèce et il n'en donna pas des renseignements suffisants; en outre il dit que celle-ci a le bord antérieur crénelé (Foss. Shel. p. 37), pendant que l'espèce de Lea l'a parfaitement lisse. Le nom même de discoidalis ne convient pas à cette espèce. Comme Lea décrivit et figura bien cette espèce dans la même époque que Conrad, je crois qu'il est mieux adopter son nom.

Conrad rapporte à la même espèce la *C. minima* Lea et peut-être Il a raison; mais Lea ne decrivit pas bien cette espèce et il en donna une figure trop petite, de sorte qu'elle reste une espèce trop douteuse; car on ne peut pas s'en former une idée nette.

Je crois que la *C. subcrassa* Lea doit être considérée comme une Mutation de la même espèce, laquelle acquiert un plus grand développement. Et il me semble certain que la *C. Hatchetigbeensis* Aldr. de Hatchetigbee Bluff (Ala) doit être considérée comme un synonyme de cette espèce. — (Coll. mon Cabinet).

<h3 style="text-align:center">Cytherea Mut. subcrassa Lea.</h3>

ex Cytherea trigoniata Lea.

Pl. 34, f. 24 reprod. de Lea.

1833. *Cytherea subcrassa* LEA Lea Contr. Geol. p. 62, pl. 2, f. 43.

1848. » » » Lea H. Cat. Eoc. Olig. p. 7.

1848. *Cytherea subcrassa* LEA Bronn Ind. Pal. p. 401.

1850. *Venus* » » D'Orbigny Prodr. p. 380.

1865. *Dione* » » Conrad Cat. Eoc. Olig. p. 7.

Testa subtrigona, solidiuscula, elegans, lata, lamellis concentricis confertis, minutis ornata, dentibus cardinis ut in C. trigoniata Lea; sinu palleali impressionibus muscularibus et lunula similibus; umbone antem paulo plus erecto, subcuneatoque.

Je regarde cette espèce comme une mutation de la *C. trigoniata* Lea dans laquelle celle-ci acquiert le plus grand développement, plutôt que comme une espèce distincte Tous ses caractères sont en effet à peu près les mêmes; la seule différence consiste en la forme moins transverse, moins asymetrique, plus large, ayant le crochet plus érigé; mais je crois que tout ça dépend de l'âge et du développement des exemplaires plutôt que de différence spécifique.

Cette espèce manque dans la Check List de Conrad.

Loc. Claiborne.

<h3 style="text-align:center">Cytherea Nuttalii Conr. sp. dub.</h3>

Pl. 34, f. 23 reprod. de Conrad.

Conrad Journ. Acad. Phil. V. 7. — 1848. H. Lea Cat. Tert. Test. p. 7. — 1850. *Venus Nuttali* D'Orbigny Prodr. p. 380.— 1857. Conrad Tert. Cret. Foss. Mexican Bound. p. 162, pl. 4, f. 5. — Conrad Journal Acad. Nat. Sc. Vol. 7, p. 149; — Idem Cat. Eoc. Olig. p. 6 (*Dione*); — Idem Check List. p. 7 (*Dione*).

Testa subrotundata, aequilatera, concentrice lineata.

Cette espèce est très douteuse, car l'auteur ne l'a pas bien décrite, et elle ne me paraît pas assez distincte de ses congénères de Claiborne. Peut-être doit-on la considérer comme une variété de l'*aequorea* Conr.

Loc. Claiborne; Western Texas.

<h3 style="text-align:center">Cytherea (Caryatis) exigua Conr. sp. dub.</h3>

Pl. 33, f. 26 reprod. de Conrad.

1871. Conrad Descr. new tert. foss. p. 201 (Journ. Conch. de Tryon) pl. 11, f. 3.

Testa subcordata, curta, ventricosa, tenuis, postice truncata; lunula cordata fere indistincta.

Conrad ne décrivit pas bien la charnière de cette espèce et il n'en donna pas des renseignements suffissants ; même sa figure laisse beaucoup à désirer.

Loc. Claiborne.

⸺Cytherea Mortoni Conrad.

1834. Conrad Observat. on tert. and mor. recent form. South. St. p. 150 (Journ. Acad. Nat. Scienc. Phil. Vol. 7, p. 15).
1846. Idem Observ. Eoc. Form. p. 219. — 1848. Bronn Index p. 399. — 1850. *Venus Nuttali* D' Orbigny Prodr. p. 380. —
1865. Conr. Cat. Eoc. Olig. p. 6 (*Dione*). — 1866. Idem Check List. p. 7 (*Dione*). — H. Lea Cat. Tert. Test. p. 7. — 1884.
Heilprin Contr. Geol. Pal. Tert. p. 89.

Testa ovata, convexa; lineis numerosis regularibus, impressis; lunula cordata marginataque.
Haec species ut praecedens dubia est, nempe non effincta et non bene descripta. Conrad (Observ.
Eoc. Form.) dicit eam similem C. erycinoides *Lamk. atque* C. suberycinoides *Desh.*

Heilprin dit que cette espèce diffère de la *C. erycinoides* Lamk. par la coquille moins épaisse et pourvue seulement de
50 à 60 côtes moins developpées et par le sinus palléal plus large (de 450). Elle est plus encore voisine de la *C. subery-*
cinoides Desh. de laquelle elle diffère par les dents, desquelles la postérieure est bifide, l'antérieure beaucoup plus divergente.
Loc. Alabama (selon la Check List.).

Venus retisculpta Meyer.

Pl. 34, f. 25-27* reprod. de Meyer gr. nat. et gross.

1886. Meyer Contr. Eoc. Pal. Al. Miss. p. 84, pl. 1, f. 27.

Testa subrotunda, vix trapezoides, inaequilatera, irregulariter tenue lineariter radiatim atque
concentrice lineata ideoque crenulata, subreticulataque; regione umbonale antem sublaevigata; cardine
potius lato; lunula impressa; sinu palliali lato; margine integro.

C'est une très petite et rare coquille dont je regrette ne posséder aucun échantillon.
Loc. Claiborne.

Cytherea Nuttalliopsis Heilpr.

Aldrich Prelim. Report p. 53.

Haec species citata est sed non descripta neque effincta.

Loc. Wood's Bluff, Bethel etc.

Cytherea Hatchetigbeensis Aldr.

Pl. 34, f. 14.

1886. Aldrich Prelim. Rep. Ala. Miss. p. 39, pl. 4, f. 1.

Haec species propinqua C. trigoniatae *Lea mihi apparet, solum diametrum umboventralum ma-*
jorem habet, probabile sicut forma potius quam species reputanda est.

Loc. Hatchetigbee Bluff, Ala.

Grateloupia Moulinsi Lea.

Pl. 34, f. 28-32, 33 * (f. 28 , 31-32 une valve gross. de trois côtés Mut. *symetrica* De Greg.;
f. 29-30 jeune exempl. gross. idem; — f. 33 reprod. de Lea *type*).

1833. *Cytherea hydiana* Conr. Foss. Shells 1 ed. p. 36.	1850. *Grateloupia hydiana* Con. D'Orb. Prodr. 381.
» *Grateloupia Moulinsi* Lea Lea Contr. Geol. p. 59, pl. 2,	1865. *Cytheriopsis* » » Conrad Cat. Eoc. Ol. p. 7.
1834. » » » Conrad Append. in Morton.	» » » » Descr. New Eoc.
1848. *Cytherca hydiana Crat.*	Shells p. 146.
Moulinsi » Lea H. Cat. Tert. Test. 6,8.	1886. *Grateloupia Moulinsi* Lea Aldr. Prel. Rep. Ala. Miss.
» » » » » Bronn Ind. Pal. 398.	p. 49.

Testa ovato-subtrigona, turgida, paulo inaequilatera, postice subangulata ; dentibus cardinalibus tribus, divergentibus, approximatis, dentibus additionalibus posticis minutis, confusis, crispis, plurimis; dente laterali antico laminari notato; sinu palleali profundiusculo ; capite palleali angulato, parum prominulo.

C'est une des espèces plus intéressantes de Claiborne. J'ai adopté le nom de Lea au lieu que celui de Conrad car cet auteur ne figura pas cette espèce et n'en donna pas des renseignements suffisants (Foss. shel. p. 36) ; il ne parle même des petites dents caractéristiques. En suite il proposa le gen. *Cytheriopsis* pour la même espèce ce qui est un synonyme du genre de *Des Moulins*. Lea, au contraire, étudia bien cette espèce et il en donna une bonne figure.

Loc. Claiborne.

Var. *symetrica* De Greg.

Testa trigona aequilatera.

C'est une variété de la même espèce qui a le contour plus triangulaire et plus symétrique.

Conrad proposa le genre *Cytheriopsis* pour cette espèce (1865. Descr. new eoc. sh. p. 146), il dit qu'elle est pourvue d'un sinus palléal plus grand que dans le gen. *Grateloupia* et d'une dent en plus à chaque valve. Néanmoins, tous les auteurs sont d'accord en le regardant comme un synonyme du genre de *Des Moulins*. — (Coll. mon Cabinet).

DONACIDAE

Donax plana (Lea) De Greg.

Pl. 35, f. 1-2, 3*, 11* (f. 1-2 gross. de deux côtés; f. 3 reprod. de Lea; f. 11 reprod. de Conrad).

1833. *Egeria plana* Lea Lea Contr. Geol. p. 54, pl. 1, f. 25.	1850. *Tellina subplana* D'Orb. D'Orb. Prodr. El. 25, N. 784.
1840. » » » Lea H. Cat. Tert. Test.	1865. » *plana* » Conrad Cat. Eoc. Ol. p. 4.
1847. » » » Conrad Observ. Eoc. Form. Amer.	1866. » » » » Check List. p. 8.
Journ. Sc. p. 400, pl. 4, f. 6.	1886. » » » Aldrich Prelim. Report p. 57.
» » » » Bronn Index p. 452.	1887. » » » Meyer Beitr. Kent. Alt. Tert.
» » » » Lea H. Cat. Tert. Test. p. 7.	Miss. Ala. p. 16.

Testa elliptica, solidiuscula, polita, inaequilatera ; in valva sinistra duobus dentibus cardinalibus minimis; dentibus lateralibus (antico et postico) plus notatis, laminaribus, potius oblongis.

Mes exemplaires correspondent bien à la figure de Lea. Conrad référa cette espèce au genre *Tellina*; elle me parait plutôt une *Donax*. Conrad en citant cette espèce cite la fig. 24 de Lea, qui représente la *Egeria ovalis* Lea. Il cite au contraire cette dernière espèce deux fois sous le titre de *Peronaeoderma ovalis* et *Egeria ovalis* citant les figures 24, 25. Conrad dans son « Cat. Eoc. Olig. » ne cite pas la figure de son ouvrage « Observ. Eoc. Foss. ». — (Coll. mon Cabinet).

Egerella Stol.

Je retiens ce nom en sostitution du gen. *Egeria* Lea car Stoliczka a fait remarquer que ce nom avait été adoperé par Leach et Roissy avant que Lea l'eût proposé. — Conrad mantient le nom de Lea, mais Tryon (Struct. Syst.) adopte celui de Stoliczka. Je le considère comme un songenr. du gen. *Donax.*

Donax (Egerella) veneriformis Lea.

Var. *tiga* De Greg.

Pl. 35, f. 4-9 trois valves très gross.; — f. 10 reprod. de Lea.

1833. *Egeria veneriformis* LEA Lea Contr. Geol. p. 53, pl. 1, f. 23.	1848. *Egeria veneriformis* LEA Bronn Index p. 452.
1848. » » » Lea Cat. Tert. Test. p. 7.	1865. » « » Conrad Cat. Olig. Eoc. p. 5.
	1866. » » » » Check List. p. 7.

Testa elliptica, inaequilatera, pyriformis, laevigata, antice turgidula dorso subangulata; cardine valvae dexterae cum duobus dentibus minimis, divergentibus; cardine valvae sinistrae cum dente cardinali subprismatico.

Je ne suis pas parfaitement sûr de l'identification de cette espèce, car elle est moins symétrique que la *veneriformis*, intermédiaire entre celle-ci et la *subtrigona* Lea. Elle se distingue de toutes les deux par les valves un peu turgides et un peu subanguleuses sur le dos.— (Coll. mon Cabinet)

Donax (Egerella) donacia.

Pl. 35, f. 21 reprod. de Conrad.

1864. *Egeria donacia* CONR. Conrad Am. Proc. Acad. Nat. Sc.	1865. *Egeria donacia* CONR. Conrad Descr. New Eoc. sh. Un. St. p. 146, pl. 11, f. 12.
1865. » » » » Cat. Eoc. Olig. p. 5.	1866. » » » Idem Check List. p. 7.

Testa triangularis, ventricosa, inaequilatera, minute radiata, postice subtruncata, antice paulo recurva; margine crenulato; umbone prominulo.

C'est une petite espèce qui ressemble beaucoup à l'*Eg. subtrigonia* Lea, de laquelle devrait probablement être considérée comme une variété. Mais, comme je n'en possède aucun exemplaire, je n'en puis juger.
Loc. Claiborne.

Donax (Egerella) limatula Conr.

Pl. 35, f. 18*, 19*, 20* (f. 18 reprod. *triangulata* LEA; — f. 19 reprod. *subtrigonia* Lea: — f. 20 reprod. *Bucklandii* Lea).

1833. *Donax limatula* CONR. Conrad Foss. Shells p. 42.	1850. *Donax limatula* CONR. D'Orbigny Prodr. Et. 25, N. 799.
» *Egeria triangulata* LEA Lea Contr. Geol. p. 51, pl. 1, f. 20.	1865. *Egeria* » » Conrad Cat. Eoc. Olig. p. 5.
» » *Bucklandii* » Idem p 52, pl. 1, f. 21.	» » *subtrigonia* LEA Idem p. 5.
» » *subtrigonia* » Idem p. 53, pl. 1, f. 22.	1866. » » Conrad Check List. p. 7.
1834. *Donax limatula* CONR. Conrad Appendix in Morton.	» » » » Idem p. 7.
1848. » » » Lea H. Cat. Tert. Test. p. 7.	1883. » » » Aldrich Prelim. Report p. 53.
» » » « Bronn Ind. Pal. p. 435.	

Testa trigona, potius fragilis, laevigata, turgidula, antice rotundata, postice paulo protracta attenuataque; umbone prominulo, subcuneato, dentibus cardinalibus duobus? divergentibus; impressionibus muscularibus fere indistinctis; margine crenulato.

Cette espèce (surtout la figure de Lea) est presque identique de la *Donax acutata* Desh. (Deshayes Coq. Paris 2 ed. pl. XI bis, f. 35).

En ayant étudié la *triangulata*, la *Bucklandii* et la *veneriformis* Lea, je me suis convaincu qu' on doit les regarder comme trois mutations de la même espèce et pas comme des espèces distinctes. Les diagnoses relatives seraient les suivantes:

Loc. Claiborne.

Mut. *triangulata* Lea.

Testa trigona!, postice dorso subangulata, subcarinataque; umbone erecto.

Loc. Claiborne.

Mut. *Bucklandii* Lea.

Testa elliptico-triangularis subcuneata.

Cette mutation ressemble beaucoup à la *Tellina Lamarkii* Desh. (Coq. Paris 2 ed. p. 253; — 1 ed. pl. 10, f. 15-19 *Sanguinolaria*).

Loc. Claiborne.

Mut. *subtrigonia* Lea.

Testa ovato-cuneata, minor, magisque tenuis.

Loc. Claiborne.

TELLINIDAE

Tellina nitens (Lea) De Greg.

Pl. 35, f. 13-16, 17 * (f. 13-14 une valve gross. de deux côtés; — f. 15-16 une autre valve gross. de deux côtés; — f. 17 reprod. de Lea).

1833. *Egeria nitens*	LEA	Lea Contr. Geol. p. 51, pl. 1, f. 19.	1848. *Eg. nitens, Amp. bellin.* CONR.	Lea H. Cat. Tert. Test f. 3, 7.
1834. *Mysia* »	»	Conrad App. in Mort. 7.	1850. *Amphidesma tellinula* »	D'Orb. Pr. Et.25,N.794.
1846. *Amphidesma tellinula* CONR.		» Obs. Eoc. form. Am. Journ. Sc. p. 397, pl. 4, f. 5.	1865. *Abra* » » » *nitens* LEA	} Conrad Cat. Eoc. Ol. p. 5.
1848. *Mysia nitens*	LEA	Bronn Ind. Pal. p. 769.	1866. *Scrobicularia nitens* » » » *tellinula* CONR.	} Conr. Check List.p.7.

Testa depressa, tenuis, ovata, elliptico-suborbicularis, vix ad umbonem angulata, paulo inaequilatera; umbone minimo; dentibus minimis, duobus in utraque valva; dente cardinali sub lente sub-bifido; dente cardinali postico laminari, tenui; impressionibus muscularibus pallealibusque indistinctis. Diam. anteroposter. 10.ᵐᵐ

Cette espèce ressemble beaucoup à un *Semele* surtout à la *Semele alba* Wood; mais il n'y a pas la petite poche caractéristique de la charnière. Conrad la référa aux genre *Abra* et *Scrobicularia* (= *Semele* in De Greg. St. Conch. Medit.). Je crois que la *Scrobicularia tellinula* Conr. doit être référée à la même espèce. Certes, mes exemplaires sont tout à fait identiques à la figure de Conrad. — (Coll. mon Cabinet).

Tellina perovata Conr.

Pl. 35, f. 12 reprod. de Conrad.

1850. Conrad Vicksburg p. 123, pl. 12, f. 29. — 1865. Conrad Cat. Eoc. Olig. p. 4. — 1866. Conrad Check List.

Testa tenuis, inaequilatera, compressa, laevigata postice subcuneata, antice rotundata; lunula perangusta, elongata, lanceolata.

Conrad ne décrivit pas la charnière, de sorte que cette espèce est un peu douteuse. Quant à au contour extérieur, elle ressemble beaucoup à l'*Egeria subtrigonia* Lea.

Loc. Claiborne.

Tellina papyria Conr.

Pl. 35, f. 32 reprod. de Conrad.

1833. *Tellina papyria* Conr. Conrad Foss. Shells p. 41.   1848. *Tellina papyria* Conr. Lea H. Cat. Tert. Test. p. 14.
1834. » » » » App. in Morton.   1850. » » » D'Orb. Prodr. Et. 25, N. 790.
1847. » » » » Obs. Eoc. Form. p. 399,   1865. » » » Conrad Cat. Eoc. Olig. 4.
         pl. 4, f. 7 (Am. Jour. Sc.)   1866. » » » » Check List. 8.
1848. » » » Bronn Index p. 1221.

Testa elliptica, ovata, subaequilatera, plana, laevigata, tenue striata, antice rotundata, postice vix subangulata; umbone minimo, erecto, anguloso.

Cette espèce ressemble beaucoup à la *T. incarnata* (*L.*) Weink. et surtout à la var. *stazina* De Greg. vivant dans la Méditerranée. Il y a à regretter que Conrad n'en a pas donné des détails suffisants.

Loc. Claiborne.

Tellina Sillimanni Conr.

Pl. 35, f. 35* reprod. de Conrad.

1847. *Tellina Sillimanni* Conr. Conrad Observ. Eoc. Form.   1848. *Tellina Sillimanni* Conr. D'Orb. Prodr. Et. 25, N. 789.
         p. 399, pl. 4, f. 9.   1865. » » » Conrad Cat. Eoc. Olig. p. 5.
1848. » » » Bronn Index 1222.   1866. » » » » Check List. p. 8.
 » » » » Lea H. Cat. Tert. p. 14.

Testa lata, plana, ovato-orbicularis, concentrice striolata, antice lata, rotundataque, postice vix truncata, dorso subangulata subcarinataque.

C'est une très jolie espèce, dont je regrette ne posséder aucun exemplaire.

Loc. Claiborne.

Tellina (Peronæoderma) ovalis Lea.

Pl. 35, f. 34 repr. de Lea.

1833. *Egeria ovalis* Lea Lea Contr. Geol. p. 54, pl. 1, f. 24.   1850. *Egeria ovalis* Lea D'Orb. Prodr. Et. 25, N. 787.
1834. *Tellina* » » Bronn Index 1221.   1865. *Tellina* » » Conrad Cat. Eoc. Olig. 5.
1848. *Egeria* » » Lea H. Cat. Tert. Test. p. 14.   » » » » » Check List. p. 8.

Testa maxime tenuis, subelliptica, inaequilatera, antice subrostrata, postice magis elongata, rotundutaque; dentibus lateralibus laminaribus.

Cette espèce nous fait rappeler la *T. donacina* Lea vivant dans nos mers. — Conrad cite dans son Cat. Eoc. Olig. deux fois cette espèce sous le titre de *Peronaeaderma ovalis*, et de *Egeria ovalis* citant les figures 24, 25 de Lea; tandis que la fig. 25 représente la *Donax plana* (Lea) De Greg.

Loc. Claiborne.

Tellina (Arcopagia) alta Conr.

PI. 35 f. 30 * reprod. de Conrad.

1833. *Tellina alta* CONR. Conrad Foss. Shells 2 ed. p. 41.
1834. » » » Idem Appendix in Morton 7.
1847. » » » Conrad Observ. Eoc. form. p. 399, pl. 4, f. 10.
1848. » » » Lea H. Cat. Tert. p. 14.

1848. *Tellina alta* CONR. Bronn App. in Morton 219.
1850. *Arcopagia* » » D'Orbigny Prodr. p. 376.
1865. » » » Conrad Cat. Eoc. Olig. p. 5.
1866. » » » « Check List. p. 8.

Testa elegans, orbicularis, symetrica, potius magna, funiculis laminaribus concentricis ornata ; dentibus cardinalibus tenuibus, lateralibus sublaminaribus; ex lateralibus antico majore.

C'est une espèce très intéressante surtout par sa forme presque ronde. Elle ressemble beaucoup à l'*Amphidesma linosa* Conr. dont elle diffère par le défaut de la carène et par la charnière.

Loc. Claiborne.

Tellina scandula Conr.

PI. 35, f. 31 * reprod. de Conrad.

1834. *Tellina scandula* CONR. Conrad Obs. on Tert. and more rec. form. South St. p. 132.
1847. » » » Conrad Obs. Eoc. Form. p.400, pl. 4, f. 8, Am. Journ. Sc.

1848 *Tellina scandula* CONR. Lea H. Cat. Tert. p. 14.
» » » » D'Orb. Prodr. Et. 25, N. 786.
1865. » » » Conrad Cat. Eoc. Olig. p. 5.
1866. » » » » Check List. p. 8.

Testa magna, tenuis, complanata, elliptica, antice rotundata, postice vix rostrata, subcarinata.

C'est la *Tellina* qui à Claiborne atteint le plus grand développement. Elle ressemble beaucoup à la *T. planata* L. vivant dans nos mers et fossiles dans notre tertiaire supérieur. — Conrad, dans son « Cat. Eoc. Olig. », cite son ouvrage publié en 1847, tandis que c'est en 1834 qu'il proposa cette espèce.

Loc. Claiborne.

Tellina (Arcopagia) Raveneli Conr.

1834. *Tellina Raveneli* CONR. Conrad App. in Morton.
1847. » » » » Obs. Eoc. Form. p. 400, pl. 5, f. 1. Am. Journ. Sc.
1848. » » » Lea H. Cat. Tert. p. 14.

1848. *Tellina Raveneli* CONR. Bronn Ind. Pal. p. 1222.
1850. » » » D'Orb. Prodr. Et. 25, N. 385.
1865. » » » Conrad Cat. Eoc. Olig. 5.
1866. » » » » Check List. 8.

Je regrette vivement de ne pouvoir donner aucun détail de cette espèce, car dans ma copie de l'ouvrage de Conrad publié en 1847 manque la pag. 400 et la pl. 5.

Loc. Claiborne.

Psammobia filosa Conr. sp. dub.

1833. Conrad Foss. Shells 2 ed. p. 42; — 1865. Idem Cat. Eoc. Olig. p. 4 (*Gari filosa*); — 1866. Idem Check List. p. 8 (*Gari filosa*).

Cette espèce n'a pas été figurée par Conrad; il n'en a même donné une description suffisante. Mais elle a été citée dans son ouvrage « Check List. ».

Loc. Claiborne.

Psammobia (Psammocola) eborea Conr. sp. dub.

1833. *Psammobia eborea* CONR. Conrad Foss. Sh. 2 ed. p. 42,   1848. *Psammobia* eborea CONR. Lea H. Cat. p. 13.
1834.   »   »   »   » App. in Morton 8.   1850. *Tellina*   »   » D'Orb. Prodr. p. 376.
1848.   »   »   » Bronn Ind. Pal. p. 1047.   1865. *Gari (Psammocola)* »   » Conr. Cat. Eoc. Ol.p.4.

Haec species effincta non est et non descripta ab auctore, omissaque in ejus prostremo libro « Check List ».

Loc. Claiborne.

SEMELIDAE

Semele linosa Conr.

Pl. 35, f. 29 * reprod. de Conrad.

1833. *Amphidesma linosa* CONR. Conrad Foss. Sh. p. 42.   1850. *Amphidesma linosa* CONR. D'Orb. Pr. Et. 25, N. 793.
1847.   »   »   »   » Obs. Eoc. For. Jour.   1865. *Semele*   »   » Conrad Cat. Eoc. Ol. p. 5.
            Sc. p. 397, pl. 4, f. 2.   1866.   »   »   »   » Check List. 7.
1848.   »   »   » Lea H. Cat. Tert. p. 3.   1885. *Amphidesma*   »   » Aldrich Am. Journ. Scienc.
      »   »   »   » Bronn Ind. Pal. p. 64.   1886.   »   »   » Aldrich Prelim. Rep. p. 9.

Testa potius tenuis, late elliptica, subaequilatera, concentrice striata, antice vix plicata; cardine tenui; qui in valva dextera habet parvum dentem cardinalem, et duas foveolas anticam et posticam, ex quibus postica major est.

Pour moi c'est une espèce douteuse, car je n'en possède aucun exemplaire et la figure de Conrad ne laisse pas bien voir les dents de la charnière.

Est-ce que c'est vraiment un *Semele* ou plutôt une *Tellina ?* J'en doute beaucoup.

Loc. Claiborne.

VERTICORDIIDAE

Hippagus Lea 1833.

Ce genre a été proposé par Lea pour l'*H. isocardioses* Lea; mais il a été généralement méconnu. M. Woodward et M. Fischer citent ce nom selon la définition des différents auteurs mais pas selon celle de Lea. — M. Tryon le rapporte à la famille des *Ungulidae*; M. Conrad à la famille des *Trigoniidae*; de cette opinion est aussi M. Chenu. Quant à moi je le rapporte à la famille des *Verticordiidae*; je crois même que les limites entre le gen. *Hipagus* Lea et le gen. *Verticordia* S. Wood ne sont pas tranchées. Le nom de *Hippagus* aurait la priorité; il diffère de celui-ci par la charnière dépourvue de dents.

Hippagus isocardioides Lea.

Pl. 35, f. 22-25, 26*-28* (f. 22-25 gross. avec détail de la surface; f. 26-28 reprod. de Lea).

1833. *Hippagus isocardioides* LEA Lea Contr. Geol. p. 72,   1848. *Hippagus isocardioides* LEA Bronn Ind. Pal. p. 588.
            pl. 2, f. 50.   1865.   »   »   » Conrad Cat. Eoc. Ol. p. 11.
1835-53.   »   »   » Bronn Leth. Geog. p.72,   1866.   »   »   »   » Check List. p. 4.
            pl. 2, f. 50.   1886.   »   »   » Aldrich Prelim. Report
1848.   »   »   » Lea H. Cat.Tert.Test.p.8.   p. 53.

Testa minuta, capuliformis, ovata, turgida, lateribus paulo compressa, radiatim minutissime eleganter dense costulata; intus sericea. L. 5.^{mm}

Je n'ai découvert aucune dent dans la charnière; Lea parle des impressions musculaires, mais je ne les ai pas vues. Coll. mon Cabinet.

LUTRARIIDAE

Pteropsis Conr.

Conrad proposa cette espèce pour les deux espèces suivantes: *P. papyria* Conr., *P. lapidosa* Conr.; la première se trouve en Alabama, la seconde en South Carolina.

Pteropsis papyria Conrad.

Pl. 35, f. 33 * reprod. de Conrad.

1833. *Lutraria papyria* Conr. Conrad Foss. Shel. p. 41.   1848. *Lutraria papyria* Conr. Bronn Ind. Pal. p. 680.
1834.   »   »   »   »   App. in Morton.   1850.   »   »   »   D'Orb. Prod. Et. 25, N. 275.
1846.   »   »   »   »   Ob. Eoc. Form p.216,   »   »   »   »   Idem.
                                    pl. 1, f. 8.   1865.   »   »   »   Conrad Cat. Eoc. Olig. p. 4.
1848.   »   »   »   Lea II. Cat. Tert. Test. 9.   1866.   »   »   »   »   Check List. 8.

Testa tenuissima, ovata, depressa, potius lata, concentrice sulcata, antice rotundata, postice subrotundata, subcarinataque; sulcis anticis èt postice notatis, medianis obsoletis; in cardine valvae sinistrae foveola triangulari cochleariformi; dente antico et postico tenui, laminari; umbone parvo, parum prominulo.

C'est une espèce très jolie et très intéressante, mais extrêment rare; Conrad n'en possédait qu'un seul exemplaire et un fragment. Je regrette de n'en avoir aucun.
Loc. Claiborne.

MACTRIDAE

Mactra (an Cyrena ?) parilis (Conr.) De Greg.

Pl. 36, f. 1*, 2-9, 22* (f. 1 repr. de Lea; — f. 2-3 Mut. *subaequilatera* De Greg. jeune exempl. très gross.; — f. 4-5 Idem autre exempl. gr. nat. et gross.; f. 6-9 Mut. *subtruncata* De Greg. deux exempl. de deux côtés; —f. 22 repr. de Conrad).

1833. *Mactra parilis* Conr. Conrad Foss. Shells 1 ed. p. 42.   1848. *Mactra pygmaea* Lea Bronn Ind. Pal. p. 695.
  »   »   *pygmaea* Lea Lea Contr. Geol. p.44, pl.1, f.11.   1850.   »   »   »   D'Orbigny Prodr. Et.25, N.752.
1834.   »   *parilis* »   Conrad Appendix in Morton.   1865.   »   *? parilis* Conr. Conrad Cat. Eoc. Olig. p. 3.
1848.   »   *pygmaea* »   Lea II. Cat. Tert. Test. p. 9.   1866.   »   »   »   »   Check List. p. 8.

Testa subovata, potius tenuis, laevigata; impressionibus muscolaribus pallearibusque subindistinctis; cardine valvae dexterae cum duabus foveolis lateralibus oblongis, profundis, (una in singulo latere), dente cardinali laminari tenui duplo divaricato anguloso; cardine valvae sinistrae duobus dentibus lateralibus laminaribus, paulo prominulis (uno in singulo latere); dente cardinali magis parvo quam alio, minus laminari, in forma literae V. L. 13.^{mm}

C'est une espèce très intéressante et très jolie. Les descriptions et les figures de Conrad et de Lea laissent beaucoup à desirer.

Il est très intéressant d'observer qu'elle a beaucoup de ressemblance avec la *Cyrena acutangularis* Desh. (Deshayes Coq. Paris 2 ed. pl. 38, f. 18) tellement qu'elle semble presque identique et me laisse en doute en égard au genre. Elle est aussi très voisine de la *Cyrena semistriata* Desh. (in Wood Suppl. Eoc. Mol. p. 10, pl. 13, f. 1). J'ai divisé mes exemplaires en deux type ou pour mieux dire en deux mutations. — (Coll. mon Cabinet).

Mut. *subaequilatera* De Greg.

(Pl. 36, f. 2-5).

Testa subtriangularis, subsymetrica.

Mut. *subcuneata* De Greg.

(Pl. 36, f. 6-9).

Testa inaequilatera, magis producta postice quam antice, paulo angustataque.

Mactra decisa Conr. sp. dub.

Pl. 36, f. 11 reprod. de Conrad; — f. 12 reprod. de Lea *dentata*.

1833. *Mactra decisa* CONR.	Conrad Foss. Shells 1 ed. p. 42.	1848. *Mactra decisa* CONR.	Bronn. Ind. Pal. p. 694.
» » *dentata* LEA	Lea Cont. Geol. p. 41, pl. 1, f. 9.	1850. » » »	D'Orbigny Prodr. Et. 25, N. 751.
1846. » *decisa* CONR.	Conrad Observ. eoc. foss. p. 216, pl. 2, f. 3.	1865. » » »	Conrad Cat. Eoc. Olig. p. 5.
1848. » » »	Lea H. Cat. Tert. Test. p. 9.	1866. » » » »	Check List. p. 8.

Testa triangularis, turgida; postice unisulcata; sulco postico interdum bifido; umbone anguloso, paulo carinata; foveola cardinis profunda et lata; dente antico triangulari.

C'est une espèce très douteuse par plusieurs raisons: on n'a pas trouvé jusqu'ici que des fragments. Je ne suis pas sûr de reconnaître en eux une *Mactra*; je ne suis même sûr de l'identité de l'espèce de Lea, qui me parait une *Lutraria* et de celle de Conrad qui me parait une *Cytherea*. Comme je n'en possède aucun exemplaire et comme Conrad regarda toujours ces deux espèces comme synonymes, j'ai cru m'uniformer à son opinion.

Loc. Claiborne.

Mactrella praetenuis Conrad.

Pl. 36, f. 10 reprod. de Conrad.

1833. *Mactra praetenuis* CONR.	Conrad Foss. Shells of Tert. p. 42.	1848. *Mactra* *praetenuis* CONR.	Bronn Ind. Pal. p. 695.
1847. » » »	Idem Obs. Eoc. Form. p. 217, pl. 2, f. 4.	1850. » »	D'Orbigny Prodr. Et. 25, N. 750.
1848. » » »	Lea H. Cat. Tert. Test. p. 9.	1865. *Mactrella* » »	Conrad Cat. Eoc. Ol. p. 4.
		1866. » » » »	Check List. p. 8.

Testa tenuis, ovata, telliniformis, utrinque rotundata; striis concentrice ornata, postice carinata, radiatim striataque; umbone minimo erecto, acuto, antice inflexo.

Je ne puis donner d'autres détails; malheureusement la pag. 217 manque dans la copie de mon ouvrage Conrad Observ. Eoc. Form.

Loc. Claiborne.

Mactropsis Conr. 1865.

Conrad proposa ce genre pour les mêmes espèces pour lesquelles en 1846 il avait déjà proposé le gen. *Triquetra*, nom qui avait été déjà adopéré par Klein et par Blainville. Le gen. *Mactropsis* est rapporté par Fischer dans le paragraphe du gen. *Mesodesma*; mais la définition qu'il en donne n'est pas exacte.

Mactropsis aequorea Conr.

Pl. 36, f. 13-17, 18 * 19 * (f 13-14 une valve de deux côtés; — f. 15 gross.; — f. 16-17 jeune exempl. de deux côtés; f. 18 repr. de Conrad; — f. 19 repr. de Lea *Grayi*).

1833. *Erycina aequorea* Conr. Conrad Foss. Sh. 1 ed. p. 42.   1848. *Triquetra aequorea* Conr. Lea H. Cat. p. 14.
    Mactra Grayi   Lea   Lea Contr. Geol. p. 42, pl. 1,   » *Erycina*   » » Bronn Ind. Pal. p. 466.
                    f. 10.   1865. *Mactropsis* » » Conrad Cat. Eoc. Olig. p. 5.
1846. *Triquetra aequorea* Conr. Conrad Obs. Eoc. foss. p. 218,   1866. » » » » Check List. 8.
                    pl. 2, f. 5.

Testa crassa, elliptico-triangularis, striis concentricis accretionis ornata; umbone anguloso, depresso; valva sinistra dentibus lateribus sub lente minutissime striatis, dentibus lateralibus paulo prominulis; dente cardinali tenui, sublaminari, parvo, divergente; foveola antica cardinali cospicua; impressionibus cardinalibus valde impressis; impressione palleali notata; sinu palleali potius angusto.

C'est une espèce extrêmement intéressante malheureusement je n'ai pu décrire que la valve gauche, car je ne possède que des valves gauches. Les figures et les descriptions de Lea et de Conrad laissent beaucoup à désirer. Comme M. Conrad figura cette espèce en 1846 j'ai cru adopter son nom malgré que sa description de Foss. Shells ne soit pas suffisante.
Coll. mon Cabinet.

Mactropsis rectilinearis Conr.

Pl. 36, f. 20 * reprod. de Conrad.

1833. *Erycina rectilinearis* Conr. Conrad Foss. Shel. 1 ed.   1848. *Triquetra rectilinearis* Conr. Bronn Ind. Pal. p. 467.
                    p. 42.   » » » » Lea H. Cat. p. 14.
1846. *Triquetra* » » Conrad Observ. Eoc. foss.   1865. *Mactropsis* » » Conrad Cat. Eoc. Ol. p.5.
                    p. 218, pl. 2, f. 8. 1866. » » » » Check List. 7.

Haec species differt a praecedente propter concham minus crassam, magis inaequilateralem, et impressionem muscularem anticam minus impressam. Ego puto forsitan melius sicut varietas illius habenda est quam ut species aliena.

Loc. Claiborne.

ANATINIDAE

Conrad adopte le nom de *Anatidae*, M. Fischer celui de *Anotinidae*; il me semble que celui-ci a raison car ce nom dérive de *Anatina*.

Periploma Claibornensis Lea sp.

Pl. 36, f. 23 * repr. de Lea.

1837. *Anatina Claibornensis* Lea Lea Contr. Geol. p. 40, f. 1,   1848. *Anatina Claibornensis* Lea Bronn Ind. Pal. 71.
                    f. 8.   1865. *Periploma* » » Conrad Cat. Eoc. Ol. p. 3.
1848. » » » Lea H. Cat. Tert. Test. 4. 1866. » » » » Check List. 8.

Testa concentrice striata, crassa potius in regione umbonali et margine cardinali; foveola cardinali triangulari, potius tenui, cochleariformi.

Je n'ai à ma disposition aucun exemplaire de cette espèce pour donner des figures originales.
Loc. Claiborne.

De Greg. — *Annales de Géol. et de Paléont.*

Periploma complicata Meyer.

Pl. 36 , f. 24 reprod. de Meyer.

1886. Meyer Contr. Eoc. Pal. Ala and Miss. p. 85, pl. 1, f. 22.

Testa madreperlacea, foveola cardinali dupla.

Celte espèce ressemble beaucoup à la *Peripl. Claibornensis* Lea sp. elle en diffère par la fossette apophisaire doublée. Néanmoins on voit quelque trace de ce caractère même dans la figure de Lea. Toutes deux ces espèces sont très douteuses. Loc. Claiborne.

Thracia estiva De Greg.

Pl. 36, f. 21-25 de deux côtés.

Testa tenuis, ovato-elliptica, depressa, inaequivalvis, concentrice regulariter sulcata; antice rotundata postice paulo attenuata; sulcis notatis; potius latis, regularibus, subprofundis.

Celte espèce ressemble à la *Tr. Edwardsi* Desh (Deshayes 2 ed. pl. 5, f. 19-20) et à la *Corbula gallica* Lamk. (idem, pl. 7, f. 1, 2 ed. p. 213) du Bassin de Paris.

Je ne possède qu' un seul exemplaire de cette espèce et en l'état de moule ; mais il laisse voir bien tous les caractères, les dents exceptées.

Loc. Je ne suis pas sûr de sa provenence de Claiborne, car la roche est un calcaire sabloneux jaunàtre plutôt tendre.

CORBULIDAE

Corbula et Cuspidaria gen.

Ces deux genres, qui ont été rangés par plusieurs auteurs en des familles différentes (Manuel de Fischer etc.), ont un étroit rapport entre eux. S'il n'est pas difficile de déterminer le genre de deux espèces vivantes ayant l'animal, on ne peut pas s'orienter lorsque on a affaire avec des espèces fossiles dont les caractères partagent des deux genres; car dans les limites extrêmes il diffèrent beaucoup, mais par des passages il se continuent de l'un à l'autre.

Les auteurs des manuels de conchyliologie les décrivent sans noter les différences de sorte que je crois faire une chose utile de m'y arrêter un moment.

Le gen. *Cuspidaria* (Nardo 1840) équivaut au gen. *Neaera*. il a été réintégré par le prof. Fischer, car avant que Gray eût proposé (1834) le gen. *Neaera*, ce nom avait été adopté par Robineau et Devoidy (1830) pour un autre genre. Mais je dois observer que ce dernier genre n'a pas été adopté ni cité par les auteurs, pendant que le gen. *Neaera* Gray est bien connu dans le monde scientifique. Je ne crois ainsi convenable changer le nom de *Neaera* en celui de *Cuspidaria*. — La coquille du gen. *Neaera* est moins inéquivalve que celle du gen. *Corbula*, mais plus inéquilaterale et plus rostrée postérieurement; elle est en outre un peu baillante du côté postérieur tandis que celle du gen. *Corbula* est close. Dans le genre *Corbula* la charnière de la valve droite (la grande valve) porte une dent cardinale antérieure bien développée suivie de la fossette ligamentaire, derrière laquelle on-voit quelquefois une dent postérieure; la charnière de la valve gauche est pourvue d' une fossette antérieure, d' une dent cardinale postérieure. Les dents de la charnière du genre *Neaera* ressemblent à peu près à celles du gen. *Corbula*, mais elles changent de forme et de position selon les espèces.

Je crois qu'il est mieux de considérer le gen. *Neaera* comme un sougenre du gen. *Corbula* plutôt que comme un genre à part. Du moins, cela est plus avantageux pour les paléontologues. Quant au genre *Sphenia* Turt. je ne sais rien affirmer. car ses limites ne me paraissent pas bien arrêtecs.

Corbula (Neaera) nasuta Conr.

Pl. 36, f. 36* 38*; f. 39-50 (f. 36 reprod. de Lea *Alabamiensis*; — f. 37-38 repr. de Conrad: — f. 39-50 six valves de deux côtés).
Pl. 37, f. 1-11 (f. 1-4 jeune exempl. gross.; — f. 5-8 var. *ima* De Greg. et gross. gr. nat.; — f. 9-11 var. *tecla* De Greg. une valve de deux côtés et de flanc).

1833.	*Corbula*	*nasuta*	CONR.	Conrad Foss. Shel. 1 ed. p. 38.	1848.	*Corbula*	*nasuta*	CONR.⎫ Lea H. Cal. Tert. Tert.
»	»	*Alabamiensis*	LEA	Lea Contr. Geol. p. 45, pl. 1, f. 12.	»	»	*Alabamiensis*	» ⎬ p. 7.
					»	»	»	» Bronn Ind. Pal. p. 336,
1834.	»	*nasuta*	CONR.	Conrad App. in Morton.	1850.	»	*subnasuta*	D'ORB. D'Orb. Prodr. 382.
1847.	»	»	»	» Obs. Eoc. Form. pl. 4, f. 4.	1857.	»	*nasuta*	CONR.? Conr. Tert. and Cret. Mex. Boun. p. 161, pl. 19, f.4.
					1865.	»	»	» Conrad Cat. Eoc. Ol. p. 3.
					1866.	»	»	» » Check List. p. 8.

Testa turgidula, plus minusve solida, ovato-elliptica, inaequilatera, antice rotundata, postice sub-rostrata, angulata, cuneataque, vel subtruncata trapezoidea; superficie concentrice striata, striis interdum magis latis et sulciformibus; carina postica tenui, angulata, margini approximata; in cardine valvae dexterae: dente antico conico, triangulari, foveola postica profunda, notata; in cardine valvae sinistrae: foveola antica triangulari, profunda, dente marginali postico erecto, appendiciformi ; impressione musculari postica subrotundata, impressa.

Var. *tecla* De Greg.

Testa magis crassa, turgida, gibba.

Var. *ima* De Greg.

Testa depressa.

La *C. Alabamiensis* est une des espèces plus répandues et caractéristiques de Claiborne. Elle ressemble beaucoup à la *C. longirostra* Lamk. (Deshayes Coq. Paris 1 ed. pl. 7, f. 20-21). Quant à son nom, Conrad demande le droit de la priorité. Dans son « Cat. Eoc. Olig. » il cite le nom de Lea comme un synonyme de sa *C. nasuta*. Mais ayant étudié la description que premièrement il donna pour cette espèce dans « Foss. Sh. » on ne sait pas y reconnaître l'espèce de Lea. Elle correspond davantage à la *Murchisonii* Lea qu'à la *Alabamiensis*. La voilà : « Shell ventricose, beaks subcentral; posterior side produced angular and carinated; anterior side rounded; valves with concentric sulci. » Le caractère de *ventricose carinated sulcated with* beaks *subcentral* se rapporte bien davantage à la *C. Murchisoni*. Je suis d'opinion qu'en la décrivant Conrad avait entre ses mains des exemplaires de toutes les deux les espèces. En suite il en donna une bonne figure dans son ouvrage « Obs. Eoc. Form. ». Il avait alors certainement des exemplaires de la *Alabamiensis*. Lorsqu'il publia son « Cat. Eoc. Olig. » il ne se rappela plus de l'avoir figurée; en effet il ne cita pas cette figure. La figure donnée par Conrad dans son ouvrage « Tert. and Cret. Mexic. » me paraît plus voisine de la *C. Murchisoni* Lea que de la *nasuta*. Les deux variétés que j'ai proposées n'ont pas un grand intérêt, mais on ne doit pas les négliger.

L'exemplaire figuré par Conrad dans son ouvrage sur les fossiles tertiaires et crétacés du Mexique provient de Western Texas; il me paraît un peu douteux.

D'Orbigny proposa le nom de *subnasuta* pour éviter le double emploi avec la *C. nasuta* Sowerby (Min. Conch. 1833). Coll. mon Cabinet.

Corbula Murchisoni Lea.

Pl. 37, f. 22* 24*, 25-39 (f. 22 repr. de Lea; — f. 23-24 repr. de Conrad *oniscus;* — f. 25-27 jeune exempl. de trois côtés;— f. 28-29 valve droite très jeune gross.; — f. 30-31 valve gauche très jeune gross.; — f. 32-39 valves gauches gross. et gr. nat.)
Pl. 38, f. 1-13 (f. 1-5 deux valves droites adultes gross.; — f. 6-8 exempl. pas encore adulte qui garde les valves imbrionales; — f. 9-13 valves droites gross. et gr. nat.).

1833. *Corbula Murchisoni* LEA   Lea Contr. Geol. p. 45, pl.1, f. 13.
1846. » *oniscus*   CONR. Conrad Ob. Eoc. For. p.219, 341, pl. 4, f. 13.
1848. » »   »   Lea H. Cat. Tert. Test. p. 7.
 » »   »   »   Bronn Ind. Pal. 336.
1852. *Corbula nasuta*   CONR. Conrad Descr. Cret. a. Tert. Mexic. Bound. pl. 21, f. 4.
1865. » *oniscus*   »   Conrad Cat. Eoc. Ol. p. 3.
1866. » »   »   »   Check List. 8.
1884. » »   »   Heilp. Contr. Geol.Pal.p.89.
1887. » *Murchisoni* LEA   Smith Joh. Tert. Cret. Tusc. Tomb. Ala p. 22.

Testa subtrigona, subturgida, gibba, inaequivalvis! interdum subsymetrica, interdum postice producta, trapezoidea.

Valva dextera: costulis concentricis notatis, postice ad carinam angulosam erectam desinentibus; inter carinam et marginem posticum striis minutis aliaque carina angulata interposita; umbone valde contorto; dente cardinali conico erecto; foveola cardinali postica profunda, triangulata.

Valva sinistra concentrice striata sublaevigata, postice angulata carinataque, per dorsum (inter carinam et regionem anticam) duabus carinis tenuibus evanescentibus obsoletis; inter carinam et marginem posticum sulco profundo cariniformi radiante; cardine cum duabus foveolis triangularibus exterioribus! ex quibus antica magis notata, postica appendiculata margini erecta.

Valvae juvenes utrinque costulatae sunt similesque deciduae; in valva sinistra adultorum saepius impressio earum remanet.

J'ai adopté le nom de Lea au lieu de celui de Conrad, car il a le droit de la priorité. La valve gauche a une apparence tout à fait différente, de sorte qu'elle semble appartenir à une espèce fort distincte.

Elle est aussi une des espèces plus répandues et caractéristiques de Claiborne.

Conrad rapporte à la même espèce la *gibbosa* Lea. Comme je dirai en après on peut la regarder comme une variété. Il donna une figure de la *C. oniscus* en son ouvrage « Obs. Eoc. form. » mais il l'oublia, en effet il ne la cite pas dans son « Cat. Eoc. Olig. ».— Conrad (Observ. Eoc. Form. p. 219) dit que cette espèce est analogue de la *C. angustata* Sow., et *umbonella* Desh. Il me paraît qu'elle rappelle aussi la *C. sulcata* Bruguière vivante. Elle rappelle aussi la *C. Hencheliusiana* Nyst. (in Sandberger Mainz. pl. 22, f. 13). Mais surtout elle a beaucoup d'affinité avec la *C. ephamilla* Tate (Tate Lamellibranches Old. Tert. Australia pl. 17, f. 13) et la *C. scaphoides* Hinds (in Martin Samml. Geol. Reich. Scid. Geol. Ost. Asies p. 191, pl. 4, f. 199) et plus encore avec la *C. rugosa* Lamk. (Deshayes Coq. Paris 1 ed. pl. 7, f. 20-21) dont elle paraît presque identique. Comme j'ai dit en parlant de la *nasuta*, je doute que l'exemplaire figuré par Conrad dans son travail « Cret. a. Tert. Mexic. Boud. » et rapporté par lui à la *nasuta* doit être référé plutôt à la *Murchisoni*.

Coll. mon Cabinet.

Corbula (Neaera) alternata Aldr.

Pl. 37, f. 20 reprod. de Aldrich.

1886. Aldrich Prelim. Report. p. 33, pl. 6, f. 15.

Testa parva, ovato-trigona, confertim minute concentrice lineata.

Cette petite espèce me paraît très analogue de la *C. (Neaera) nasuta* Conr. jeune et de la *C. (Neaera) gibbosa* Lea jeune. Comme je n'en possède aucun exemplaire, il m'est difficile d'en décrire les différences.

Loc. Lisbon, Ala.

Corbula (Neaera) ignota De Greg.

Pl. 37, f. 15-18 gross. de trois côtés et gr. nat.

Testa subsinuata, subgibba antice rotundata, in medio turgidula, postice declivis, subdepressa, subcarinata; cardine valvae sinistrae cum foveola antica profunda, dente postico margini appendiciformi.

On peut aussi la considérer comme une mutation de la *C. nasuta* Conr.; néanmoins elle présente certaines différences dans le portement générale qu'on ne doit pas négliger. — (Coll. mon Cabinet).

Corbula (Neaera) perdubia De Greg.

Pl. 36, f. 31-32 gross. de deux côtés.

Testa minuta, turgidula, subsymetrica, concentrice minute lineariter lamellosa, non carinata, postice paulo magis producta quam antice; valva sinistra cum foveola antica profunda, dente cardinali postico conico, valido.

C'est une petite espèce dont je possède quelques valves seulement. Je croyais d'abord d'y reconnaitre des jeunes individus; mais leur forme sub-ronde et la défaut de carène ne me permet pas de la rapporter à aucune autre espèce.

Coll. mon Cabinet.

Corbula (Neaera) prima Aldr.

Pl. 37, f. 19 reprod. de Aldrich.

1886. Prelim. Report. p. 38, pl. 6, f. 14.

Testa subrotunda, dense concentrice striata, postice angusta rostrata, antice laevigata postice tricarinata; foveola ligamenti minuta, intus reflexa in valva sinistra; impressione musculari postica in hac notata atque marginata.

C'est une petite coquille très caractéristique qui ressemble beaucoup à certains *Sphenia*.

Loc. Wood's Bluff Ala.

Corbula (Neaera) gibbosa Lea.

Pl. 36, f. 26*, f. 27-30 (f. 26 reprod. de Lea; — f. 27-30 deux valves de deux côtés).

1833. *Corbula gibbosa* LEA Lea Contr. Geol. p. 46, pl. 1, f. 14.   1865. *Corbula oniscus* CONR. *partim* Conrad Cat. Eoc. Olig.
1848.   »   »   » Lea H. Cat. Tert. Test. p 7.   p. 3.
  »   »   »   » Bronn Ind. Pal. p. 335.   1860.   »   »   »   Idem Check List. p. 8.

Testa ovata, concentrice costulata, antice rotundata, postice rostrata, tenue bicarinata, intermedia inter C. Alabamiensem *et* Murchisonii.

C'est une forme plutôt qu'une vraie espèce. Conrad la rapporta comme une synonyme de sa *C. oniscus*, c'est à dire de la *C. Churchisonii* Lea. — (Coll. mon Cabinet).

Corbula compressa Lea.

Pl. 36, f. 33 a b c, 34-35 (f. 33 a b c gross. de trois côtés; — f. 34-35 reprod. de Lea).

1833. *Corbula compressa* LEA Lea Contr. Geol. p. 47, pl. 1.   1848. *Corbula compressa* LEA Lea Cat. Tert. p. 3.
  f. 15.   »   »   »   » Bronn Ind. Pal. p. 334.

Testa ovato-trigona, elliptica concentrice minute striata, postice bicarinata; valvae sinistrae cardine cum foveola antica profunda, dente postico marginali paulo erecto sulcatoque.

C'est une espèce douteuse, qui n'est pas citée par Conrad dans ces travaux. J'en possède un seul exemplaire en partie cassé. — Pour la *Corbula compressa* D'Orb. (1846. D'Orbigny Pal. Franc. p. 458, pl. 388, f. 6-8) je propose le nom de C. *D'Orbignyi*. — (Coll. mon Cabinet).

Corbula Aldrichi Meyer.

Pl. 37, f. 21 reprod. de Meyer.

1885. Meyer Am. Journ. Scienc. p. 67. — 1886. Meyer Contr. Pal. Miss. and Ala. p. 83, pl. 1, f. 21. — 1886. Aldrich P elim. Report. p. 53.

Testa subtrigona, potius inflata inaequilatera, antice rotundata, postice rostrata, subrectangularis, in regione umbonali sublaevigata, in regione ventrali concentrice subcostulata.

Cette espéce me paraît une mutation de la *C. nasuta* Conr. plutôt qu'une vraie espèce. Meyer la rapproche de la *C. gibbosa* Lea.

Loc. Wood's Bluff, Ala.

Tiza n. sottogen.

Testa inaequivalvis! asymetrica, xylophagopsis, crassiuscula, antice truncata; valva dextera contorta, amplectente.

Je propose ce genre pour l'espèce suivante.

Corbula ? (Tiza) amara De Greg.

Pl. 37, f. 12-14 de trois côtés.

Testa potius solida in regione umbonali, laevigata, concentrice minute striata; valva dextera naviculiformi, contorta precipue in regione ventrale; latere antico brevissimo rotundato ; latere postico potius protracto; cardine cum dente antico crasso, et foveola postica notata. L. 28.^{mm}

C'est une coquille fort singulière dont je possède plusieurs exemplaires en général un peu usés. J'ai beaucoup de doute en égard à leur provenance; car la valve est une sable d'une couleur blanc-grisâtre un peu différente de celui de Claiborne; d'autant plus que les auteurs ne citent aucune espèce qui leur ressemble. Le genre aussi auquel je les ai rapporté est très douteux. Le contour ressemble à celui de certaines *Pholas*. — (Coll. mon Cabinet).

PHOLADOMYIDAE

Pholadomya Claibornensis Aldr.

Pl. 38, f. 27 reprod. de Aldrich.

1886. Aldrich Prelim. Report Ala. p. 38, pl. 4, f. 5.

Testa tenuissima, perlacea, concentrice rugosa, radiatim lineata, antice truncata, postice producta, lineis plus prominulis apud umbonem; umbone satis prominulo, antico; lunula angusta et oblobga.

Aldrich dit avec raison que cette espèce nous fait rappeler la *Ph. Marylandica* Conr.

Loc. Lisbon (Claiborne inf.).

Glycymeris porrectoides Aldr. sp.

Pl. 38, f. 28 * reprod. de Aldrich.

1886. *Panopea porrectoides* ALDR. Aldrich Prelim. Report. p. 37, pl. 4, f. 3.

Testa tenuis, oblonga, turgidula, antice lata et potius curta, postice oblonga et parum angustata, postice late hians.

Comme l'auteur même a observé, cette espèce est très analogue de la *Gl. porrecta* Conrad espèce miocénique.
Loc. Bakes's Bluff (Ala).

SOLENIDAE

Solecurtus Blainvillii Lea.

Pl. 38. f. 21 * reprod. de Lea.

1833. *Solecurtus Blainvillei* LEA Lea Contr. Geol. p. 39, pl. 1,   1865. *Gari (Psammocola) Blainvillei* LEA Conrad Cat. Eoc.
1848.   »   »   f. 7.   Olig. p, 4.
    »   »   »   » Lea H. Cat. Tert. p. 14.   1884. *Psammobia eborea*   CONR. Heilprin Cont. Geol.
    »   »   »   » Bronn Ind. Pal. p. 1154.   Pal. Tert. p. 90.

(= 1833. *Psammobia eborea* CONR. Foss. Shells 1 ed. p. 42; — 1834. Idem Appendix in Morton)?

Testa subcuneata, trapezoidalis, panopeiformis, inaequilatera; antice rotundata attenuataque, postice subtruncata divaricataque; dentibus cardinalibus duobus divergentibus.

Certes, c'est une des lamellibranches plus remarquables. M. Lea le rapporte au gen. *Solecurtus* (= *Solenocurtus* Manuel de Fischer). Conrad au gen. *Gari*, c'est à dire au gen. *Psammobia* ou pour mieux dire au sougenre *Psammocola*, qui dépend de ce genre. Je ne puis bien décider qui des deux a raison; mais en jugeant d'après la figure de Lea, il me paraît que cette espèce tient davantage du genre *Solecurtus* que du gen. *Psammobia*.

M. Conrad dans son dernier travail « Check List » ne cite pas cette espèce, ce qui est fort remarquable. Heilprin retient le nom de *eborea* Conr. référant celui de *Blainvillei* Lea comme synonyme. Je ne connais pas l'espèce de Conrad. Ma copie de « Foss. Sh. » 1 ed. ne contient pas la pag. 42 citée pas Heilprin. Conrad même ne la cite pas. Cette espèce je la trouve citée dans l'Appendix de Morton mai pas à côté de celle de Lea. Par conséquent je crois qu'on doit retenir le nom de Lea et pas celui de Conrad; d'autant plus que Conrad n'en donna aucune figure.

Cette espèce ressemble beaucoup au *Solen effusus* Lamk. (Deshayes Coq. Paris 1 ed. pl. 2, f. 24-27).
Loc. Claiborne.

Solen Lisbonensis Aldr.

Pl. 38, f. 14 * reprod. de Meyer.

1886. Aldrich Prelim. Report Ala. Miss. p. 37, 48, pl. 4, f. 4.

Testa elongata, angusta, digitiformis, marginibus parallelis, postice subtruncata, extus postice subcarinata, antice hians.

C'est une espèce estrèment intéressante qui rappelle de près le *Solen vagina* L.
Loc. Lisbon (Ala) sur le Buhrstone.

GASTROCHAENIDAE

Gastrochaena larva Conr.

Pl. 38, f. 24 * reprod. de Conrad.

1846. *Fistulana larva* CONR. Conrad Obs. Eoc. Form. p. 212,   1865. *Gastrochaena larva* CONR. Conrad Cat. Eoc. Ol. p. 2.
            pl. 1, f. 5.   1866.   »   »   »   »   Check List. p. 9.

Testa tenuis, angusta, elliptico-oblonga, asimetrica; concentrice rugose corrugata, subangulata angustata, postice paulo dilatata, rotundata, extus subcarinata.

M. Conrad compara cette espèce à la *F. elongata* Desh.
Loc. Claiborne.

Gastrochaena sp.

Pl. 38, f. 22*-23* reprod. de Meyer.

1887. Kennt. Beitr. Alt. Tert. p. 12, pl. 2, f. 10.

M. Meyer donne très peu de détails de son exemplaire car il était en mauvais état de conservation. Il lui semble analogue de la *G. ampullaria* Lamk. (Deshayes Coq. Paris p. 103, pl. 2, f. 25-26).

Gastrochaena sub-bipartita Meyer.

1887. Meyer Kent. Alt. Tert. Miss. Ala p. 12.

Haec species non est effigiata, neque descripta.

M. Meyer se reserve d'illustrer cette espèce, lorsqu'il aura retrouvé un meilleur exemplaire. Néanmoins il dit que c'est une nouvelle espèce analogue de la *G. bipartita* Wals (Deshayes Bassin Paris p. 102, pl. 2, f. 19-21).

Byssomya petricoloides Lea.

Pl. 38, f. 25 reprod. de Lea.

1833. Lea Contr. Geol. p. 48, pl. 1, f. 16. — 1848. H. Lea Cat. Tert. Test. p. 5.— 1848. Bronn Ind. Pal. p. 197.— 1850. D'Orbigny Prodr.

Testa subcylindrica; tenuissima; indistincta striata, postice oblique tenue sulcata; umbonibus minimis; impressionibus muscularibus visibilibus.

Malheureusement je ne puis donner aucun renseigment sur cette espèce, car je n'en possède aucun exemplaire. Conrad ne la cite pas dans ses travaux. Lea dit qu'elle ressemble à la *Petricola pholadiformis* Lamk.
Loc. Claiborne.

PHOLADIIDAE

Teredinae

Teredo simplexopsis De Greg.

Pl. 38, f. 26 *a b.*

Testa tubulosa, cylindrica, potius tenuis, fere recta; extremitate clausa, rotundata, non autem dilatata.

Au préalable j'avais référé cette espèce à la *Teredo simplex* Lea; mais en suite, ayant examiné quelques exemplaires de cette dernière espèce, je me suis aperçu qu'ils appartenaient au genre *Serpula*. Notre espèce est beaucoup moins épaisse ; son intérieur est moins restrinct. La coquille garde encore une certaine couleur rougeàtre. Le *Teredo anguinus* Sandb. (Mainzer Becken pl. 21, f. 1) lui est analogue; la *Ter. Tournali* Leym. (Leymerie Corbières pl. 54, f. 3-4) me parait presque tout à fait identique. La *Ter. antenautae* Sow. (Sowerby Min. Conch pl. 102, f. 1-8) de l'argille de Londres est très analogue de notre espèce. Dans le Bassin de Paris on trouve la *Teredina personata* Lamk. (Desh. Coq. Paris 1 ed. pl. 1, f. 23, 26, 28) qui est aussi analogue de la même espèce.— (Coll. mon Cabinet).

Teredo circula Aldr.

1886. Aldrich Prelim. Report Ala. p. 36, 43.

Testa cylindrica, potius crassa, partim laevigata, partim annulata dilatataque, in duos syphones terminata.

C'est une espèce douteuse, car l'auteur ne l'a pas figurée.

Loc. Coctaw Bluff (Ala) aussi dans la Wayne County Miss.

Pholadinae

Pholas alatoidea Aldr.

Pl. 38, f. 15-16 * reprod. de Aldrich; — f. 17 * Mut. *Aldrichi* De Greg. reprod. de Aldrich.

1886. Aldrich Prelim. Rep. Ala. p. 36, pl. 4, f. 9.

Testa elegans, cylindrica, antice et postice subrotundata; umbone minimo, antico; superficie postica costis radialibus rugisque clathratis ornata; superficie postica sublaevigata; superficie interna antica costulis reflexis praedita; dente cardinali cochleariformi.

M. Aldrich donna trois figures de cette espèces; la fig. 9 *a* (par erreur lithographique 4) représente un exemplaire entier, la figure 9 *c* un exemplaire cassé montrant la charnière. Quant à la figure 9 *b* elle me parait une variété ou pour mieux dire une espèce à laquelle je donnerais le nom de *Ph. Aldrichi* en honneur du savant paléontologue américain; mais je n'en suis pas sûr car je n'en ai examiné aucun exemplaire, mais seulement des figures. Cette espèce ressemble beaucoup à la *Pholas Levesquei* Watel. qui est éocénique.

Loc. Gregg's Landing, et Bell's Landing Ala.

Martesia elongata Aldr.

Pl 38, f. 18-20* reprod. de Aldrich.

1886. Aldrich Prelim. Report Ala. p. 37, pl. 4, f. 10.

Testa subcylindrica, antice et in medio concentrice corrugata, postice laevigata, sulco profundo decurrente, ab extremitate umbonis per latus ventrale usque ad alium umbonem; rugis apud sulcum exasperatis.

Loc. Yellow Bluff Ala., Bell's Landing Group.

BRACHIOPODA

TEREBRATULIDAE

Terebratulina lachryma Mort.

Pl. 39, f. 7 *-9 * reprod. de Morton.

1834. *Terebratula lachryma* Mort. Morton Synop. Org. Rem.   1866. *Terebratulina lachryma* Mort. Conrad Check List. p.22.
      p. 72, pl. 10, f.11, pl.16, f.6   1886.   »   »   » Aldr. Prel. Rep. p. 43.
1835.   »   »   » Idem Additional note p. 3.   1887.   »   »   » Smith et Johnson Tert.
1842.   »   »   » Morton Descr. new spec.   Cret. Tusc. Tomb. p. 21.
      org. rem. p. 13.

Testa parvula, ovata elegans, radiatim minutissime striata; foramine rotundo; deltidio subnullo.

Cette espèce ressemble à la *T. tenuiplicata* Deshayes (Coq. Paris 2 ed. pl. 86, f. 13-15).

Loc. The Rochs Clark C. Ala. (teste Aldrich).— South Carolina et Alabama (teste Conrad).— South Carolina et Claiborne (teste Morton).

Terebratulina innovata De Greg.

Pl. 39, f. 4-6 gross. de trois côtés.

Testa parvula, elegans, angusta, parum turgida, subpyriformis, tenue radiatim striata; foramine rotundo, notato; deltidio angusto.

C'est une petite espèce qui ressemble beaucoup à la *T. caputserpentis* L. vivant dans nos mers.

Loc. Je ne suis pas sûr de son *habitat*, car M. Conrad ne cite aucune espèce de ce genre et la roche de mon exemplaire est un calcaire blanchâtre tendre qui diffère beaucoup de la roche de Claiborne.

Cette espèce diffère de la *T. lachryma* Mort. par le deltidium, et par la forme du trou. — (Coll. mon Cabinet).

THECIDEIDAE

Thecidea? sp.

= *Thecidea Claibornensis* De Greg.

Pl. 39, f. 1-3 de deux côtés avec détail gross. de la surface.

Testa elliptico-triangularis, crassa, valva umbonali intus spungosa et in medio a sulco profundissimo divisa, extus sub lente finissime alveolata; foramine lato; deltidio valde lato ; area angusta utrinque suberecta.

Je ne possède qu'une seule valve de cet intéressant *brachiopode*. Auparavant je l'avais appelé *Thecidea Claibornensis* De Greg., mais en suite en l'étudiant mieux, j'ai eu des fortes doutes en égard à sa provenance; car aucun auteur américain ne cite des espèces éocéniques de ce type. Certes, le peu de sable que je pus extraire d'en dedans de mon exemplaire ressemblait beaucoup à celui de Claiborne, et la couleur du test à celle des coquilles de ce gissement; néanmoins, je ne suis pas sûr de son *habitat*; d'autant plus que le genre auquel je l'ai référée ne lui convient pas parfaitement, car celui-ci est dépourvu de sillon intérieur. Le type de notre exemplaire ne me semble pas éocénique, mais beaucoup plus ancien; il n'est pas impossible qu'il ait été mélangé par équivoque à la collection de Alabama et qu'il provienne d'une autre localité d'Amérique, peut-être même d'un horizon fort différent. En tout cas je l'ai fait figurer; car, si j'ai des raisons pour ne le croire pas de Claiborne, j'en ai aussi pour le juger de cette localité.

Certaines brachiopodes figurés par Guppy (1866. Tert. Brachiop. Trinidad pl. 19, f. 1-3 *Terebratula Trinitatensis*, carpeoides, *lecta*) ont quelque ressemblance avec notre espèce.

La *Ter. nerviensis* Leym. (Leymerie Corbières pl. 17, f. 4) paraît aussi analogue de la *T. innovata*.

Coll. mon Cabinet.

POLYZOA

CRISIDAE

Crisia laeta De Greg.

Pl. 39, f. 10 gross., 11 gr. nat.

C. parvula, tubulosa, cylindracea, ramosa, laevigata, simplex.

C'est une petite espèce que je n'ai pas voulu négliger pour que mon ouvrage soit complète. Elle ressemble à la *Crisia Haueri* Reuss (1864. Reuss Deutsch Oberolig. pl. 15, f. 6-8) de laquelle elle diffère pas la surface lisse. Elle appartient au type de la *Cr. eburnea* Lin. qu'on trouve même dans le miocène (Manzoni Brioz. Austr. Ungh. 3 part. pl. 1, f. 1).

Coll. mon Cabinet.

MYRIOZOUMIDAE

Myriozoum propepunctatum De Greg.

Pl. 39, f. 12-13 gr. nat. et détail gross.

M. elegans, planus; foraminibus rotundatis, profundiusculis, notatis, regulariter dispositis; poris minutissimis intermediis confertis.

Cette espèce est extrêmement voisine du *Myr. punctatum* Phil. (1864. Reuss Fauna Oberolig. Deutsch pl. 9, f. 2) de laquelle elle est presque identique. Elle diffère du *M. fervens* De Greg. à cause des trous plus larges et profonds et des pores plus petits. — (Coll. mon Cabinet).

Myriozoum fervens De Greg.

Pl. 39, f. 14-15 gr. nat. et détail gross.

M. elegans, incrustans, foraminibus rotundatis, parvis, regulariter dispositis; poris minutis, confertis.

Cette espèce diffère du *M. propepunctatum* De Greg. par les trous plus petits et par les pores plus larges. Elle rappelle l'*Eschara conferta* Reuss (Manzoni Briozoi Mioc. Austr. Ungh. pl. 9, f. 3?). — (Coll. mon Cabinet).

TUBIGERIDAE

Idmonea subdisticha De Greg.

Pl. 39, f. 16-20 (f. 16 gross.; — f. 17-18 gr. nat. de face et du côté; — f. 19 une autre portion gross.; f. 20 section gross.)

Id. angusta, elegans, elongata, sectione subtriangulari, retro plana, sublaevigata, transversim strio-

lata, in prospectu convexa; subangulata, poris per quatuor dispositis, in series alternantibus, prope angulum asperulatis.

Cette espèce est presque identique à l'*Idmonea disticha* Goldfuss (Goldfuss Petr. Germ. pl. 9, f. 15; — Michelin Icnogr. pl. 52, f. 18; — Reuss Foss. Pol. Wien. pl. 6, f. 29-31; — Manzoni Brioz. Aust. Ungh. 3 part. pl. 3, f. 12-13); qui provient d'un horizon beaucoup différent; elle en diffère surtout pas les stries transverses du dos etc.

Elle ressemble aussi, mais moins, à l'*Id. gracillina* Reuss et a la *Id. concava* Reuss de Val de Lonte (Reuss Pal. Stud. p. 70, pl. 35, f. 4). — (Coll. mon Cabinet),

SPARSIDAE

Entalophora proboscidoides Gabb Horn.

Pl. 39, f. 26-27* gross. reprod de Gabb. et Horn.

Tubulipora proboscidea Lonsdale Quart. Journ. p. 522 (non *Pustulipora proboscidea* Edw.). — *Entalophora proboscidoides* GABB. HORN. Gabb. Horn. Foss. Polyz. p. 170, pl. 21, f. 60.

Ent. ramis filiformibus, dichotomis efformata; cellulis oblongis, valde prominulis, arcuatis.

Je ne suis pas sûr que cette espèce appartient au genre *Entolophora* auquel elle a été référée.

Loc. Gabb. et Horn. donnent pour *habitat* l'éocène d'Alabama; je regrette de n'en posséder aucun exemplaire.

Entalophora amoena De Greg.

Pl. 39, f. 24 gross.

E. cylindracea, irregulariter ramosa, minute cellulosa; ramis paulo prominulis, caliciformibus ; poris raris, irregulariter dispositis, peristomate praeditis.

J'ai été douteux du genre de cette espèce qui présente beaucoup de différence avec la précédente. Je l'ai rangé dans le même genre surtout à cause de son analogie avec l'*Entalophora attenuata* Stol. de Val de Lonte, espèce éocénique du Vicentin (Reuss Pal. Stud. Alt. Tert. pl. 36, f. 1). — (Coll. mon Cabinet).

CRISINIDAE

Hornera mirifica De Greg.

Pl. 39, f. 31-32 gr. nat. et gross.

H. cylindracea, ramosa, cellulis quincuncim dispositis, extus subplanis, marginibus, erectis, quadrangulatis; poris marginatis, ad extremitates earum in quadrivio sitis.

C'est une espèce tres jolie et caractéristique, elle diffère de la *H. Claibornensis* De Greg. par les bords de cellules érigés. Coll. mon Cabinet.

Hornera multiramosa De Greg.

Pl. 39, f. 28-30 (f. 28 gr. nat.; — f. 29-30 gross. de deux côtés).

H. satis dendroidea, retro laevigata, in prospectu porosa; poris erectis cilyndraceis, in series obliquas dispositis.

Cette espèce diffère de la *H. mirifica* et de la *Claibornensis* ayant le dos lisse et dépourvu de pores et par sa forme plus grimpante. — (Coll. mon Cabinet).

Hornera Claibornensis De Greg.

an *H. hippolithus* Defr. var.

Pl. 39, f. 22-23; 33-34 deux exempl. gr. nat. et gross.

H. ramosa, subcylindracea, saepe dichotoma; cellulis poriferis erectis, suburceolatis, subcylindraceis; saepe spiraliter oblique regulariter seriatis, interdum irregulariter.

C'est une espèce très voisine de l'*Hornera hippolithus* Defrance (Defr. Dict. Sc. Nat. pl. 46, f. 3. — Blainville Man. Act. pl. 68, f. 3. — Michelin Iconogr. pl. 46, f. 20). Elle en diffère seulement par les pores disposés en séries plus obliques et par la forme moins rameuse.

On pourrait pourtant peut-être la considérer comme une variété de la même espèce.

Elle a aussi beaucoup de ressemblance avec l'*H. gracilis* Phil. (1864. Reuss Fauna Deutsch Oberolig. pl. 10, f. 1-3), mais elle manque des diramations fibreuses de la surface. — (Coll. mon Cabinet).

Hornera? sp.

Pl. 39, f. 24-25 très gross. de côté et en section.

Fragmentum cum cellulis non porosis vero antem erectis, subpustulosisque. Probabile ego puto eamdem speciem praecedentem, inferne fractam atque a parte superiore deficientem.

Coll. mon Cabinet

ESCHARIDAE

Eschara? spongiopsis De Greg.

Pl. 40, f. 1-2 gr. nat. et gross.

E. cylindracea, tubulosa, ramosa, minutissime cellulosa, extus minutissime confertim porosa; poris majoribus quam aliis, etiam microscopicis, per series longitudinales et spirales dispositis.

Elle ressemble beaucoup à l'*Eschara papillosa* Reuss (Pal. Stud. Alt. Tert. pl. 31, f. 16, 17), qui ne me paraît pas une *Eschara*.

Elle ressemble davantage au *Polytrema subpyriformis* D'Orb. (= *Geodia pyriformis* Mich. Iconogr. Zooph. pl. 46, f. 2) de laquelle elle diffère par la forme générale etc. Ses caractères pourraient même dépendre d'éroison; en ce cas elle pourrait être une *Hornera* très voisine de la *H. Claibornensis* ou même identique; mais cela ne me semble pas, car j'en possède plusieurs exemplaires. — M. Zittel Händbuch (V. 1, p. 724) range le gen. *Palytrema* parmi les foraminifères. M. D'Orbigny le rapporte aux *Zoophites*.

Cette espèce est analogue de l'*Heterophora subconcinna* D'Arch. (D'Archiac Bajonne pl. 1, f. 17).

Coll. mon Cabinet.

Eschara ovalis Gabb. et Horn.

Pl. 40, f. 3*-5* (f. 3 gr. nat.; — f. 4 section gross.; — f. 5 détail gross. de côté).

1862. Gabb. Horn. Am. Foss. Polyz p. 118, pl. 19, f. 2. — 1866. Conrad Check List. p. 22.

E. ramosa; cellulis pyriformibus, subimbricatis, quincuncim dispostis, cum foraminibus earum plus minusve rotundatis, non terminalibus.

Les auteurs qui proposèrent cette espèce disent qu'elle est analogue de l'*E. blandina* D'Orb. et de l'*eurita* D'Orb. surtout de celle-ci, de laquelle elle diffère pas les cellules plus courtes et par la forme de leurs ouvertures etc. Je ne suis point sûr de cette espèce, car ses caractères en partie pourraient même avoir été altérés par usure.

Loc. Alabama (Jackson Group).

Escharella sifra De Greg.

Pl. 40, f. 6-7 gr. nat. et détail gross.

E. dendroides, valde compressa, dichotoma; cellulis angustis, lanceolatis, postice angustatis; cellis pyriformibus, postice abrupto paulo angustatis ; peristomate paulo incrassato prominulo; poris minimis, eleganter singulam cellulam marginantibus in formam lancae dispositis.

Cette espèce ressemble à l'*Eschara ovalis* Gabb Horn. (An. Pal. p. 18, pl. 10, f. 2) par la péristome; mais elle s'en distingue par les pores etc. Elle est très voisine de l'*Esch. ovalis* Gabb Horn. elle en diffère par le péristome, qui manque dans celle-ci et par les pores moins distincts. — (Coll. mon Cabinet).

Escharella micropora Gabb Horn.

Pl. 40, f. 8-22, 23 * (f. 8-9 gr. nat. et gross.; — f. 10-12 gr. nat. détail gross. montrant les cellules ovariques et la section gross.; — f. 13-15 gr. nat. et les deux sections gross. ; — f. 16-18 gr. nat. gross. de côté et section gross. ; — f. 19-20 gr. nat. et gross.; — f. 21-22 var. *asperulata* De Greg. gr. nat. et gross.; — f. 23 reprod. de Gabb et Horn.).

1862. Gabb Horn. Monogr. foss. Polyz. p. 136, pl. 19, f. 17.

Testa dendroides, compressa, dichotoma, elegans ; cellulis angustis, oblongis, subfibriformibus; ocellis subrotundatis profundis ; poris minutis in duas series dispositis, antice paulo divergentibus; cellulis ovarii rotundatis, turgidis, majoribus quam aliis, cum foramine angusto transversali; sectione cum cellulis biseriatis a septo mediano lineari.

Propter hunc characterem praecipue haec species a Semieschara tubulata *Gabb Horn. differt.*

Var. asperulata De Greg.

Differt ab exemplaribus typicis propter peristoma irregulariter erectum.

Coll. mon Cabinet.

Semieschara tubulata Gabb Horn.

Pl. 40, f. 24-28, 29 *-31 * (f. 24-25 gr. nat. et gross.; — f. 26-28 gr. nat. gross. de côté et section gross.; f. 29-31 reprod. de Gabb et Horn. gross. et gr. nat.).

Gabb Horn. Monogr. Foss. Pal. p. 122, pl. 19, f. 5.

Sem. dendroidea, subcylindracea, dichotoma; ocellis plurimis, regularibus, plus minusve confertis, in series spirales obliquas dispositis; poris minutis, confertis, sparsis; sectione cum cellula centrali rotunda, symetrica, a cellulis regularibus circumdata (circiter 7); ocellis posticis cum peristomate paulo erecto, anticis depressis; ramis lateraliter vix compressis.

C'est le byozoare plus répandu à Claiborne; les pores et le péristome apparaissent plus ou moins selon l'usure des exemplaires. — (Coll. mon Cabinet).

Vincularia? insolita De Greg.

Pl. 40, f. 32-37 (f. 32 gross. du côté de derrière; — f. 33 gr. nat.; — f. 35 gross. du côté de derrière, autre exempl.;—f. 36 morceaux d'exempl. très gross. montrant les cellules et la même couche qui les couvre; — f. 34 détail de cette couche très gross.; — f. 33 cellules très gross.).

V. elegantissima, diversiformis, uno latere plana; cellis plano-concavis, quincuncim dispositis, seriatis, oblongis, parallelogrammicis, simplicibus, marginibus regulariter erectis, prope angulum anticum foratis; (interdum a striato plano subtilissimo quincuncim striato tectis); foris minutis, rotundatis, solum lente visibilibus, alio latere spongiosa, irregulariter minute forata, aliquibus foraminibus submammillatis fere ut in Celleporaria *figula De Greg., interdum plana, quincuncim sulcata, minute irregulariter porosa; sulcis superficialibus parallelogrammiformibus ut cellulis internis.*

Cette espèce ressemble beaucoup à la *Vincularia geometrica* Reuss (Reuss Pal. Stud. pl. 33, f. 16) de Val de Lonte de l'éocène du Vicentin. Elle en diffère surtout par la forme des cellules. Elle rappelle aussi la *Membranipora angulosa* Reuss (Loc. cit. pl. 29, f. 10) dont elle diffère par les trous beaucoup plus petits et situés aux extrémités des cellules.
Coll. mon Cabinet.

Lunulites (Discuflustrellaria) Bouei Lea.

Type Pl. 41, f. 1-4, 5*-6*, 7-9 (f. 1-4 le même exempl. gross. de trois côtés avec le profil de la section; — f. 5-6 reprod. de Lea; — f. 7-9 autre exempl. gross. et avec le profil de la section).
Pl. 42, f. 1-6 (f. 1-2, 4-5 deux exempl. dont la surface est en partie rongée, gross. en dessus et en dessous; — f. 3 profil de la section gross.; — f. 6 détail très gross., dans laquelle la surface montre vers le bord les cellules extérieures et en dessus (où la surface est usée), les cellules internes qui correspondent aux trous externes).

1833. *Lunulites Bouei*	LEA	Lea Cont.Geol. p.186, pl. 6, f. 1-2.	1866. *Discuflustrellaria Bouei*		LEA	Conrad Check List. p. 2.
1848. » radiata	LAMARK *partim* Bronn Ind. Pal. p. 678.	1886. »	»	»	Aldrich Prelim. Rep. p. 2, 44.
1862. *Discuflustrellaria Bouei* LEA	Gabb.Horn.Fos.Polyz. p. 154.	» *Lunulites*	»	»	Idem p. 49.

(= *Orbitulites discoidea* Lea. Contr. Geol. p. 192, pl. 6, f. 205 = exempl. gros.'.

(= 1862. *Oligostresium Vicksburgensis* (Conr.) Gabb. Horn. Foss. Pal. p. 139, pl. 19, f. 22).

(= 1862. *Lunulites distans* (Lonsd.) Gabb. et Horn. Amer. Polyz. p. 119, pl. 19. f. 4).

(= 1869. *Lunulites tetragona* Reuss) ?

Lun. discoidea, cupuliformis, orbicularis, interdum elliptica, superne plus minusve convexa, saepe ad apicem lapidem substinens; cellulis arcuato-rotundatis in series radiantes regulariter dispositis, cellulisque minutis, poriformibus in series alternantes ornata, inferne plus minusve concava in medio sub lente papillosa, ad limbum radiatim sulcata. Quum superficies externa erosa esset (Orbitolites discoidea Lea) series cellularum formam mutant; pentagonales fiunt cum lato antico et postico minoribus quam aliis. Tales cellulae seriebus primariis vel secondariis (poris) corrispondentes aequales sunt inter sese, propterea quod alium aspectum assumunt et in series duplas dispositas apparent.

Cette espèce a une très grande analogie avec la *Lunulites tetragona* Reuss (1869. Reuss Pal. Stud. Alt. Tert. Alp. pl. 38, f. 18) de Val de Lonte du niveau de Priabona c'est à dire à *Serpula spirulaea.* Elle lui ressemble tellement qu' on doit peut-être la référer à la même espèce. Dans ce cas le nom de Lea aurait la priorité. Mais il y a en outre une espèce d'un horizon plus récent, qui a aussi une grande affinité avec la même espèce, c'est à dire la *L. umbellata* Defrance (Dict. Sc. Nat.

T. 27, p. 361. — Blainville Man. Actin. pl. 72, f. 1. — Michelin Iconogr. p. 76, pl. 15, f. 8), qui se trouve à Dax et a Turin dans les couches miocéniques.

Quant au genre *Discuflustrellaria* il n'est pas en usage chez nous, il n'est même cité par Zittel (Handbuch). Il me paraît plutôt un synonyme du genre *Lunulites*. Tout au plus on peut le considérer comme un sougenre, ce que j'ai fait.

Après une étude minutieuse je me suis convaincu qu'il est probable que l'*Orbitolites discoidea* Lea ne soit pas autre chose que la même espèce rongée. Comme j'ai dit dans la diagnose latine, il est très intéressant d'observer les exemplaires dans lequelles la surface et un peu usée. On voit alors que les cellules changent du contour, et ce qui est plus remarquable on les trouve par séries très régulières, de sorte que celles qui correspondent aux pores sont égales aux autres. Par conséguent ces faux pores apparaissent ainsi parce qu'ils sont cachés par les cellules voisines. Lorsque ils s'accroissent, l'ouverture s'élargie et elles apparaissent des vraies cellules tandis que le bryozoaire augmente de dimension.

Conrad décrivit en outre une *Lunulites* de Vicksburg (Proc. Acad. Phil. p. 296. — Journ. Acad. p. 127), qui paraît avoir une très grande ressemblance avec la *Bouei*. Il ne la figura pas ; voilà la description qu'il en donna : « Cap shaped., or somewhat conical, with very small cells, generally equal in size, subangular, and between each series is a minute impressed radiating line; interior striae ramose and very minutely crenulated. » Gabb et Horn. (Foss. Polyz. p. 139, pl. 19, f. 22) décrivirent et figurèrent cette espèce sous le titre de *Oligostresium Vicksburgensis*, proposant le genre *Oligostresium* expressement pour elle. Conrad ne figura pas cette espèce, mais en étudiant la figure et la description de Gabb et Horn. je crois qu'on doit la considérer comme un synonyme ou tout au plus comme une variété de l'espèce de Lea. J'ai fait reproduire expressement la figure de Gabb et Horn.

La *L. tetragona* Reuss (Pal. Stud. Ait. Tert.) de Val de Lonte et de l'horizon de Priaborne a beaucoup d'affinité avec cette espèce. La *L. urceolata* Lamk (1816. An. sans vat. Vol. 2, p. 195; — Michelin Iconogr. pl. 46, f. 6) est analogue de cette espèce, elle provient du calcaire grossier de Paris.

Bronn rapporte cette espèce à la *L. radiata* Lamark qui d'après la figure de Michelin me parait une espèce bien différente. Il réfère à la même espèce la *perforata* Munst. (Goldfus Petr. Germ. pl. 37, f. 8) qui me parait plutôt l'*urceolata* Lamk. La figure donnée par Nyst (Coq. et Pal. Belgique pl. 1846) pour la *radiata* Lamk. ressemble estrêmement à l'espèce de Claiborne.

La *Lunulites glandulosa* D'Archiac (Bajonne pl. 5, f. 14) est très analogue de celle-ci. — La *Discoflustrella Vandehockei* D'Arch. (D'Archiac Ind. pl. 36, f. 3) me parait un *Lunulites* usé. La *Lun. deperdita* Mich. (Etud. mioc. inf. pl. 4, f. 12-13) est analogue de l'espèce d'Amérique, aussi bien que la *L. punctata* Leym. (in Bouillé *partim* Biarritz pl. 8, f. 10 a *tantum*).
Coll. mon Cabinet.

Var. *concava* De Greg.

Pl. 41, f. 10-14 (f. 10, 12 gross. en dussus et en dessous; — f. 11 detail gross.; — f. 13 gross. de côté en profil; f. 14 gross. en section de profil).

Var. *mediocriter convexa, subtus profunde concava.*

Ce n'èst pas, à vrai dire, une variété, car la forme de ce bryozoaire change selon les individus, mais je crois qu'il est utile de la retenir comme une sous-variété, pour les exemplaires dans lesquels ce phénomène devient plus accentué.
Coll. mon Cabinet.

Var. *depressa* De Greg.

Pl. 41, f. 15-19 (f. 15 gross. en dessus montrant le trou, où il y avait un morceau de pierre;— f. 16 gross. en dessous; f. 17 autre exempl. gross. en dessous; — f. 18-19 profil latéral gross. de tous les deux exempl.).

Var. *satis depressa, subdiscoidea, supra convexa, inferne concava.*

Cette variété se trouve en les mêmes conditions de la var. *concava*; elle n'est pas aussi une vraie variété, car la forme de cette espèce change selon les individus. Je crois qu'il serait avantageux de la retenir seulement pour les exemplaires où ce caractère se développe davantage. — (Coll. mon Cabinet).

Var. *ellipsoïdes* De Greg.

Pl. 41, f. 20-21, 23 * 25 (f. 20-21 gross.; — f. 23-25 repr. de Gabb et Horn.).

= *Heteractis Duclosii* GABB ET HORN. (non Lea) Foss. Polyz. p. 156, pl. 20, f. 39.

Var. elliptica, in qua una series cellularum ab extremitate usque ad aliam extremitatem diagonaliter decurrit, aliaeque series symetrice ab ipsa descendunt.

Cette variété diffère de la var. *Duclosii* par le contour plus ellypsoïdes et par la disposition des cellules, dont toutes les rangées descendent de celle médiane. — (Coll. mon Cabinet).

Var. *Duclosii* (Lea) De Greg. non Gabb et Horn.

Pl. 41, f. 26-31, 32-33 (f. 26-29 deux exempl. gross. un desquels de deux côtés et en section; — f. 30-31 exempl. rongé gross. en dessous et de côté; — f. 32-33 repr. de Lea).

1833. *Lun. Duclosi* LEA Lea Contr. Geol. p. 110, pl. 6, f. 203 — 1866. *Haeteractis* Idem, Conrad Check List. p. 2. — 1886. Idem, Aldrich Prelim. Report Ala Miss. p. 49.

Differt a forma typica propter cellularum series minus regulariter radiantes; ex iis una vel duae series per convexitatem decurrunt ad quas coeterae series confluunt.

Je ne crois pas qu'on puisse la considérer comme une espèce distinguée et d'autant moins comme appartenant à un genre différent, car elle se réunit au type par des nombreux passages. Gabb et Horn ont décrit un exemplaire avec le titre de *Heteractis Duclosii*, qui ne correspond pas parfaitement à celui de Lea, ayant un contour plus ellypsoides et les rangées des cellules plus symétriques. Je l'ai référé à la var. *ellypsoides* De Greg. — (Coll. mon Cabinet).

Var. *truncata* De Greg.

Pl. 41, f. 34-46 (f. 34-37 couche détachée de la face infér. très gross. ; — f. 38-46 quatre exempl. gross. de différents côtés : f. 38-39 gross. de deux côtés type de la variété; — f. 40-41 gross. ; avec une petite proéminence dans le milieu de la partie supérieure avec un petit trou et de côté; — f. 45-46 exemplaire intermédiaire entre le type de l'espèce et la variété, ayant la partie supérieure de la convexité tronquée et aplatie ; — f. 42-44 gross. autre exemplaire intermédiaire entre le type et la variété, ayant la partie supérieure de la convexité tronquée avec une petite fossette (dans laquelle il y avait peut-être quelque grain de sable) de trois côtés).

Testa superne truncata, plus minusve discoidea.

Le type de cette variété s'éloigne beaucoup du type de l'espèce, de sorte qu'on pourrait la considérer comme une espèce différente; mais on trouve des formes intermédiaires comme celles que j'ai fait figurer. On ne peut pas attribuer ce caractère à un érosion, car la surface n'en montre pas aucun indice. Pourtant les bords des cellules sont souvent rongés, alors elles acquièrent l'apparence de la *L. discoidea* Lea, qui, comme j'ai dit en avant, n'est pas autre chose que la même espèce avec la surface rongée. Le phénomène de la couche inférieure décidue ne me parait pas exclusive de cette variété; mais il se vérifie en elle plus souvent qu'en toute autre. — (Coll. mon Cabinet).

Var. *almina* De Greg.

Pl. 42, f. 7-10 (f. 7-8 gross. en dessus et en dessous; — f. 9 gr. nat.; — f. 10 détail de la surface gross.).

Var. depressa, marginibus cellulis crassis, foraminibus parvulis.

Cette variété est très rare, elle diffère du type par les cellules ayant les murailles plus épaisses et les trous plus petits. C'est une variété un peu douteuse, car ce phénomène pourrait en partie dépendre des conditions particulières des fossilisation. Coll. mon Cabinet.

Var. *tiza* De Greg.

Pl. 42, f. 11-12 très gross. de deux côtés.

Var. depressa, cellulis potius raris et latis, dispositis ut in var. Duclosii *Lea ; differt ab hac precipue propter superficiem inferiorem cujus in medio spatium quadratum incisum est, diverse corrugatum.*

C'est une variété très rare, qui se trouve dans les mêmes conditions que la precédente. — (Coll. mon Cabinet).

Var. *minutecellulata* De Greg.

Pl. 42, f. 13-15 gross. en dessus, de côtés, avec détail très gross. de la surface.

Haec varietas differt a forma typica cellulis plus numerosis, minus latis, ovatis, foraminibus intermediis, carentibus; superficie inferiore sinuose radiata.

C'est une petite et rare variété. Les caractères peuvent en partie dépendre de la surface rongée, mais pas du tout, car les exemplaires usés ne se présentent pas avec ce « facies ». — (Coll. mon Cabinet).

Batopora convivalis De Greg.

Pl. 42, f. 30-33 (f. 30 gross. colonie incrustant un *pectunculus* gross.; — f. 32-33 colonie libre gross. vue en dessus de côté et en dessous).

B. cupuliformis, libera, interdum incrustans cellulis turgidis, rotundatis; in medio superne foratis; foraminibus symetricis rotundatis, parvis.

Cette espèce a quelque affinité avec la *Discosparsa tenuis* et *regularis* Reuss (Pal. Stud. Alt. Tert. pl. 34, f. 9-12) et avec la *Defrancia interrupta* Reuss (Idem pl. 34, f. 12), mais elle a beaucoup plus d'analogie avec la *Batopora multiradiata* Reuss (Loc. cit. pl. 31, f. 1) espèce éocenique de Val de Lonte ; de laquelle elle diffère par la forme de cellules qui ne sont pas urcéolées, mais régulièrement renflées et pourvues tout simplement d'un petit trou sur la partie supérieure. Elle diffère de la *Cellepora cycloris* Gabb et Horn. par la forme plus turgide des cellules. Je l'ai référé au *Batopora*, quoique celui-ci manque dans l'Handbuch du prof. Zittel.

Elle a en outre beaucoup d'affinité avec la *Cellepora petiolus* Dixon (Sussex p. 200, pl. 1, f. 10) de Brachlesham, elle en diffère par le manque de pedoncule.

L'espèce décrite pour Schaphautl (Leth. Geogn. p. 254, pl. 65, f. 1) me parait analogue de la même espèce. Coll. mon Cabinet.

Cellepora inornata Gabb Horn.

Pl. 43, f. 2* repr. de Gabb et Horn. f. 3-4 un exempl. gross. et gr. nat.

1862. Gabb Horn. Monogr. Foss. Polyz. p. 127, pl. 19, f. 10. — 1866. Conrad Check List.

(= ? *Cel. cycloris* GABB HORN Loc. cit. p. 127, pl. 19, f. 9).

C. simplex, elegans, unico striato cellulis incrustante efformata; cellulis ovato-pentagonalibus, paulo elongatis; apertura earum terminali, minima, subrotunda.

Les auteurs, qui ont décrit cette espèce, n'en ont connu qu'un seule colonie et ils n'ont pas été sûrs de sa provenence. J'ai quelque doute qu'on devrait référer à la même espèce la *C. cycloris* Gabb Horn.

J'en possède deux colonies qui encroutent deux exemplaires de *Escharella micropora* Gabb Horn. La *C. inornata* me parait très voisine de la *Lepralia angistoma* Reuss (1869. Pal. Stud. Alt. tert. pl. 30, f. 3) de Crosara.

Conrad cite cette espèce provenant de Jackson Group Ala. J'ai lieu à croire qu'on doit référer à la même espèce la *C. cycloris* Gabb Horn.

Elle est en outre très voisine de la *Escharina Stracheyi* D'Arch. (D'Archiac Nummulit. Inde pl. 36, f. 4).

Coll. mon Cabinet.

Cellepora cycloris Gabb et Horn.

Pl. 43, f. 1 reprod. de Gabb et Horn.

1862. Gabb Horn. An. Foss. Polyz. p. 127, pl. 19, f. 9. — 1866. Conrad Check List. p. 22.

Haec species a C. inornata Gabb et Horn differt cellulis paulo plus erectis cum aperturis paulo largioribus, atque dispositis potius radialiter et minus quincuncim. Ego antem eam considero non alienam speciem praecedentis; tales enim caracteres mutant in eadem colonia secundum cellularum positionem.

Loc. Conrad cite cette espèce provenant de Alabama (Jackson Group). — Gabb et Horn l'ont trouvée incrustant l'*Orbitoides Mantellii.*

Celleporaria figula De Greg.

Pl. 43, f. 5-6 gr. nat. et gross.

C. ramosa, potius magna; cellulis turgidis, globulosis in parte superiore foratis; foraminibus symetricis angustis rotundis.

On pourrait peut-être considérer cette espèce comme la même que la *Batopora convivalis*, dans ce cas on devrait retenir celle-ci comme une variété de la *figula*. Elle en diffère seulement par la forme générale plus rameuse et plus étendue. Par conséquent elle a aussi de l'analogie avec la *Batopora multiradiata* Reuss. Elle a en outre beaucoup d'analogie avec d'autres espèces parmi lesquelles surtout avec la *Cellepora escharoides* Reuss (1864. Fauna Deutsch Oberolig. pl. 14, f. 6) dont elle pourrait être considérée comme variété. Elle ressemble aussi à la *Cel. conglomerata* Goldf. (idem pl. 14, f. 5). Elle est aussi très voisine de la *Celleporaria proteiformis* Reuss de Val de Lonte (éocène du Vicentin) représentée dans son ouvrage (Pal. Stud. Alt. tert. pl. 30, f. 6-8). Enfin elle a une très grande ressemblance avec la *Celleporaria globularis* Bronn (Bronn Pal. de Wien p. 76, pl. 9, f. 11-15; — Manzoni Brioz. Mioc. Austr. Ungh. p. 3, pl. 1, f. 2).

Coll. mon Cabinet.

FLUSTRELLARIDAE

Biflustra? supradubia De Greg.

Pl. 43, f. 11-12 détail très gross. des deux faces.

B. elegans, reticulata, unico strato efformata; uno latere foraminibus regularibus seriatis, in singulis quadriviis foramine parvulo interposito; alio latere foraminibus interpositis minutis fere obtectis. Haec species maxime dubia est, etenim fragmentum Lunul. Bouei *esse potest.*

Cette espèce a quelque ressemblence avec la *Bifl. Osnabrugensis* (Reuss Fauna Deutsch Oberolig. pl. 23, f. 8). Coll. mon Cabinet.

Membranipora simplex De Greg.

an *M. concatenata* Reuss var.?

Pl. 43, f. 7 détail gross.; — f. 8 gr. nat.

M. plana, foraminibus ovato-ellipticis, regulariter dispositis.

Cette espèce a une très grande ressemblance et elle paraît même identique avec la *M. concatenata* Reuss (1864. Reuss Deutsch Oberolig. pl. 9, f. 5). Elle a aussi une très grande analogie avec la *Memb. Laroixii* (Savigny Egypt pl. 10, f. 9.— Reuss Bryoz. Ost Ungh. Mioc. p. 40, pl. 9, f. 6-8) surtout avec l'exemplaire figuré par Reuss f. 7.

Notre espèce en outre a beaucoup d'affinité avec la *Memb. subtilimargo* Reuss (Oberolig. pl. 9, f. 5). Il n'est pas difficile qu'on doive considérer toutes ces quatre espèces comme des mutations du même type. — (Coll. mon Cabinet).

Membranipora contemplata De Greg.

Pl. 43, f. 9-10 gr. nat. et détail gross.

M. elegans spongiformis; cellulis subpentagonalibus, regularibus, poris subrotundatis.

Elle ressemble beaucoup à la *Biflustra Osnabrugensis* Reuss (1863. Reuss Deutsch Oberolig. pl. 13, f. 8), mais elle appartient à un autre genre car on n'y observe pas cette particulière disposition des couches des cellules. Elle est liée par plus grande analogie avec la *Membr. angulosa* Reuss (Reuss Pal. Stut. Alt. Tert. pl. 29, f. 9) de Val de Lonte, éocénique et avec la *M. subtilimargo* Reuss qui provient du miocène (Reuss Bryoz. Ost. Min. pl. 9. f. 3).— (Coll. mon Cabinet).

Dimiclausa De Greg.

n. subgen.

Lunulites cum cellulis in series radiantes dispositis, non omnibus foratis; cellulis medianis clausis, marginalibus foratis; foris subrotundatis, subquadrangularibus.

Je propose ce sougenre pour la *L. radiata* Lamk., *L. fenestrata* De Greg., *L. punctata* (Leym.) Bouil.

Lunulites (Dimiclausa) fenestrata De Greg.

an *L. radiata* Lamark var.?

Pl. 42, f. 23-27 (f. 23-24 gross. en dessus et en dessous; — f. 25 détail de la surface très gross.;
f. 26 gr. nat.; — f. 27 profil de la section gross.).

L. depressa, discoidea, elegantissima; cellulis rectangularibus in series radiantes eleganter dispositis, cellulis in regione convexa mediana clausis, in regione peripherica foratis; cellulis foratis 4; apertura quadrangulari; superficie inferiore poris finissimis ornata atque radiatim sulcata, in medio sulco circulari munita.

C'est très analogue de la *Lunulites radiata* Lamark figurée par Michelin (Iconogr. Zooph. pl. 46, f. 8) dont peut-être elle pourrait être considérée comme une variété. La figure donnée par Nyst (Coq. et Pal. Belgique pl. 48, f. 7) ressemble davantage à la *L. Bouei* Lea. Nos exemplaires ressemblent beaucoup à la *L. punctata* Leym. (in Bouillé *partim* Biarritz pl. 8, f. 9 *a d* tantum). En outre ils rappellent l'*Oligostresium Vicksburgensis* (Conr.) Gabb Horn. (*Lunulites Vicksburgensis* Conrad) dont j'ai parlé à propos de la *Lunulites Bouei* Lea. Elle diffère de l'espèce de Conrad par les cellules de la surface supérieure disposées différemment, n'ayant d'ouvertures que les quatre inférieures seulement et par la surface inférieure poreuse etc. — (Coll. mon Cabinet).

Lunulites (Cupularia) interstitia (Lea) De Greg.

Pl. 42, f. 16, 21, 22* (f. 16-18 gross. en dessous, en dessus et de côté; — f. 19 détail gross. de la surface supérieure; f. 20 détail gross. de la surface inférieure; — f. 21 profil de la section gross.; — f. 22 reprod. da Lea).

1833. *Orbitolites interstitia* LEA Lea Contr. Geol. p. 191, pl. 6,   1866. *Lunulites interstitia* LEA Conrad Check List. p. 2.
         f. 203.   1886. » » » Aldrich Prelim. Report p. 44.
1862. *Lunulites* » » Gabb. Horn. Foss. Polyz p. 120.

L. depressa, regulariter vix convexa, foraminibus rotundatis, subovatis, regularibus, confertis, parvulis, quincuncim radiatim dispositis, poris minutissimis interpositis; regione superiore dense minute spongiosa; superficie inferiore poris minutissimis margine siderato-ornatis, foraminibus raris, irregularibus, profundis, notatis, probabile ovaricis.

C'est un des plus jolis bryozoaires que je connais; à première vue il ressemble à certains échinides, surtout lorsque on regarde les trous inférieurs, mais facilement on s'aperçoit de l'équivoque. A cause des pores inférieurs on ne peut pas dire qu'elle soit à rigueur une vraie *Lunulites*. — (Coll. mon Cabinet).

Cupularia discoidea Lea sp.

Pl. 42, f. 28 reprod. de Lea.

1833. *Orbitolites discoidea* LEA Lea Contr. Geol. p. 192, pl. 6,   1866. *Cupularia discoidea* LEA Conrad Check List. p. 2.
         f. 205.   1886. » » » Aldrich Prelim. Report Ala.
1862. *Cupularia* » » Gabb Horn. Foss. Polyz. p. 155.   Miss. p. 44.

Speciem dubiam puto, probabile identicam Lun. Bouei *(Lea) De Greg. erosam, de qua dixi et analogam* Lun. pulchella *De Greg. a qua differt propter strias radiales (Lea) quae in nostra carent, et propter superficiem inferiorem lineariter striatam atque biseriatim porosam (Gabb).*

Il est a regretter que Gabb et Horn., tout en décrivant cette espèce, n'en donnèrent aucune figure.
Loc. Claiborne.

Lunulites distans Lonsd. sp. dub.

Pl. 42, f. 29 * reprod. de Gabb et Horn.

Lunulites distans Lonsd. Lonsdal Quart. Journ. Geol. 1862. *Lunulites distans* Lonsd. Gabb Horn. Foss. Polyz. p.119,
        Soc. p. 531.   pl. 19, f. 4.
1850. » » » D'Orbigny Prodr. p. 397.   1866. » » » Conrad Check List. p. 22.

Conrad, Gabb et Horn. hanc speciem ut distinctam putant, figuram eorum minime differentem puto a Lun. Bouei *Lea. Reproduxi eam hoc ad melius demonstrandum. Caracteres ab hiis descripti minime differunt.*

Loc. Alabama (teste Conrad).

ECHINODERMATA

ECHINOIDEA

SCUTELLIDAE

Scutella (Mortonia) Rogersi Mort. Conr.

Pl. 43, f 16 *-20 * (f. 16 repr. de Morton; — f. 17-20 repr. de Agassiz).

1834. *Laganum Rogersi* Mort. Morton Syn. Org. Rem. p. 77,   1855. *Scutella Jonesi* Forb. Conrad Obs. Eoc. Dep. Jack.
    pl. 13, f. 3.   1858. *Mortonia Rogersi* Mort. Descr. Syn. Ech. foss. Min.
1835. *Scutella* » » Des Moulins Tabl. Syn. p. 236.   p. 258.
1838. » » » Agassiz Mon. Echin. p. 85,   1862. » » » Dujardin Hupéllist.Nat.Zooph.
    pl. 19, f. 1-4.   Ech. p. 563.
1840. *Lagana* » » Agassiz Cat. Syst. p. 6.   1865. » » » Conrad Cat. Eoc. Annul. For.
1845. *Scutella Jonesi* Forb. Forbes Quart. Journ.   Echinid. p. 34.
1848. » *Rogersi* Mort. Morton Descr. sow new org.   1866. *Clypeaster* » » Conrad Check List. p. 22.
    rem. p. 14.   1876. *Mortonia* » » Zittel Handbuch p. 522.
» » » » Bronn Ind. Pal. p. 1127.   1886. *Scutella* » » Aldrich Prelim. Rep. p. 43.

S. discoidea, depressa, suborbicularis; petalibus ambulacralibus 5, potius latis, symetricis $^{2}/_{3}$ longitudinis ex apice ad marginem; spatio interambulacrali petalum subaequante; 5 foraminibus genitalibus; 5 poris ocellaribus; apertura centralis quinque tubis branchialibus praedita; uno angusto interposito inter aperturam et marginum posticum.

Conrad rapporte à la même espèce la *Sc. Jonesi* Forb. que je ne connais pas.

Loc. Conrad ne donne aucune description de cette espèce, mais il dit qu'il provient de Alabama d'un horizon moins ancien de celui de Claiborne. J'ai écrit la diagnose sur la figure et les renseigments donnés par Agassiz qui en étudia un exemplaire du Musée de Lousanne provenant de l'Alabama. Aldrich donne pour *habitat* Claiborne. Dujardin et Hupé donnent Monroe Alabama. Morton donne Monroe County. — La *Mortonia turgida* Conrad Obs. Am. Foss. Proc. Ac. Phil. p. 134.

Scutella Lyelli Conr.

Pl. 43, f. 21 reprod. de Conrad.

1834. *Scutella Lyelli* Conr. Conrad Journ. Ac. Nat. Sc. Phil.   1866. *Mortonia (Periarchus) Lyelli* Conr. Conrad Check List.
    V. 7, p. 152.   p. 2.
» » » » Morton Syn. p. 77, pl. 10, f. 8.   1885. *Scutella Lyelli* » Aldr. Amer. Journ.
1841. r » » Conrad Obs. Atl. Region p. 175.   of Scienc.
1842. » » Mort. Lyelli Geol. Proc. V. 3, p. 737.   1886. » » » Aldr.Prel. Rep. Ala
1858. *Sismondia* » Conr. Descr. Synops. Echin. p. 225.   Miss. p. 8, 43.
1865. » » » Conrad Cat. Eoc. Annul. Foram.   1887. » » » Smith Johns. Tert.
    Echin. p. 74.   and Cret.

Sc. suborbicularis, satis compressa apud margines, atque maxime convexa in parte supera; ambulacris 5, subtus planis, sive tenue concavis prope margines, quinque sulcis radiantibus in medio ramificatis; una vel duabus lineis intermediis.

Celle-ci est la description originale de Conrad traduite en latin. Je ne possède de cette espèce que quelque fragment qui n'est pas digne d'être figuré. Je ne puis donc donner d'autres détails. J'ai fait reproduire la figure de Morton qu'est très mauvaise.

Loc. Claiborne et St. Stephens.

Scutella crustuloides Morton.

Pl. 43, f. 24*-25* reprod. de Morton.

1834. *Scutella crustuloides* MORT. Morton Synops. Org. Rem.   1865. *Sismondia crustuloides* MORT. Conrad Cat. Eoc. Amul.
p. 77, pl. 15, f. 10.   Foram. Echin. p. 74.
1842.   »   »   »   Morton Descr. new. spec.   1886. *Scutella*   »   »   Aldrich Prelim. Report
org. rem. p. 13.   Ala Miss. p. 43.
1858. *Sismondia*   »   »   Descr. Synop. Ech. p. 227.

Descriptio, quam Morton dat, non sufficit; figuram ejus non bonam meus artifex reproducere omisit; nullum enim exemplarem possideo.

Loc. Claiborne.

EUCLYPEASTRIDAE

Echinocyamus Huxleyanus Mey.

Pl. 43, f. 15 * reprod. de Meyer.

1886. Meyer Contr. Eoc. Pal. Ala Miss. p. 85, pl. 3, f. 23.

Testa ovata, depressa; late obsolete tuberculata; apertura lata; ano etiam lato atque marginali. Haec species dubia est, cum auctor solum exemplarem mediocrem haberet. Ipse sicut analogam Echinocyamo oviformi Forbes refert.

Loc. Claiborne.

Echinocyamus meridionalis Mey.

Pl. 43, f. 13-14 * reprod. de Meyer.

1887. Meyer Beitr. Kent. Fauna Alt. tert. Miss. Ala p. 12, pl. 2, f. 21, 21 a.

Testa parva, elliptica, depressa! discoidalis.

L'auteur dit que cette espèce diffère de l'*E. Huxleyamus* Aldr. ayant le contour plus arrondi, la forme plus déprimée et la taille plus petite.

Loc. Claiborne et Jackson.

ECHINIDAE

Coeloplenrus infulatus ? Mort.

Pl. 43, f. 27-28 reprod. de Morton.

1834. Mort. Syn. Org. Rem. p. 75, pl. 10, f. 7. — 1842. Lyelli Geol. Proc. V. 3, p. 737. — 1848. Bronn Ind. Pal. p. 450.

— 1848. Morton Descr. new spec. org. rem. p. 13. — 1858. Descr. Synop. Echin. p. 98 *(Coelopleurus)*. — 1865. Conrad Cat. Eoc. Lignite p. 74 *(Coelopleurus)*. — 1886. Aldrich Prelim. Report Ala Miss. p. 43.

Testa rotundata, cidariformis; sudbiscoidea, potius depressa tuberculis ambulacrorum in 5 duplas series radiatim dispositis; tuberculis intermediis in 4 series dispositis.

Je ne connais cette jolie espèce que pas la figure et la description originale de Morton.

Loc. Claiborne (Aldrich). — S. Carol. (Conrad).

Echinus exercens De Greg. sp. dub.

Pl. 44, f. 3 très gross.

Aculeus exilis, oblongus, sub lente minutissime eleganter punctulatus reticulatusque, inferne ad basim turgidus.

C'est une espèce extrêmement douteuse, car je n'en possède qu'un piquant que j'ai extrait moi même d'un autre fossile, auquel il était attaché. Je ne l'ai pas négligé seulement pour que cette monographie soit complète du tout. Je ne suis même sûr du genre auquel je l'ai rapportée. — (Coll. mon Cabinet).

CIDARIDAE

Cidaris sp.

1886. Aldrich Prelim. Report p. 43.

Auctor nullam descriptionem hujus speciei dat.

Loc. Claiborne.

Cidaris moerens De Greg.

Pl. 43, f. 22-23 (f. 22 gross. de côté, f. 23 extrêmité gross.).

Aculeus subcylindraceus, oblongus, tuberculis erectis notatis confertis majoribus et minoribus irregulariter dispositis ornatus.

J'en possède quelque beaux échantillons, mais seulement des aiguillons. — (Coll. mon Cabinet).

Cidaris ordinatus De Greg.

Pl. 44, f. 1 gross.

Aculeus subcylindraceus; tuberculis erectis, raris, subaequalibus, quincuncim atque spiraliter regulariter dispositis.

J'en possède deux exemplaires seulement; il pourrait arriver, qu'en disposant d'un matériel plus riche, on finit par se convaincre qu'on dût regarder cette espèce comme une variété de la précédente; ce qui jusqu'à présent ne peut pas être affirmé. — (Coll. mon Cabinet).

Cidaris modestus De Greg.

Pl. 43, f. 26 gross. de côté.

Aculeus angustus, conoideo-cylindraceus, costulis longitudinalibus ornatus; costis crenulatis, granulo-squamosis; granulis subimbricatis.

Ce doit être une espèce très jolie; mais je regrette de n'en posséder qu'un seul aiguillon. — (Coll. mon Cabinet).

Cidaris perdubius De Greg.

Pl. 44, f. 2 gross.

Aculeus cylindraceus potius angustus, tenue tuberculatus; tuberculis densis, parvis, in series longitudinales recte dispositis.

Je n'en possède que des mauvais exemplaires; peut être qu'on devrait les considérer comme une variété du *Cidaris modestus* De Greg. — (Coll. mon Cabinet).

Cidaris blandus De Greg.

Pl. 44, f. 5 très gross.

Aculeus cylindricus, politus, longitudinaliter dense, finissime, regulariter lineatus.

Coll. mon Cabinet.

RADIATA

ACTINARIA

GORGONIIDAE

Coralliinae

Corallium perplexum De Greg.

Pl. 44, f. 5 a b c-6 a b c (f. 5 a b c gr. nat. et gross. de coté et en section; — f. 6 a b c autre exempl. idem).

Cor. cylindraceum, laevigatum, ad sectionem rotundatum, lateribus tenue compressum.

C'est une espèce très intéressante, car ce genre est très peu représenté dans les couches tertiaires. La section montre une structure un peu rayonnante et une espèce de nucleus central. La surface externe est lisse, auparavant elle me paressait tuberculeuse, mais en l'examinant mieux, je me suis aperçu que ses aspérités étaient produites par des corpuscules étrangers occasionalement attachés. Je n'en possède que deux échantillons.

M. Aldrich (Prelim. Report Ala. Miss. p. 60) cite une espèce sous le titre de *Coral sp.* provenant de Black Bluff Group et deux autres de Midway Group. — (Coll. mon Cabinet).

TURBINOLIDAE

Turbinolia pharetra Lea.

Pl. 44, f. 12-18, 19 * (f. 12 calice gross.; — f. 13-14 autre exempl. gross. de côté et en dessus; — f. 15 le même exempl. extrémité inf.; — f. 16 autre exempl. gross. de côté; — f. 17 extrémité gross. du même exempl.; — f. 18 calice gross. du même exempl.; — f. 19 repr. de Lea).

1833. *Turbinolia pharetra* LEA	Lea Contr. Geol. p. 196, pl.6, f. 210.	1848. *Turbinolia sulcata* LAMK *partim* Bronn Ind. Pal. p. 1213.
1838. » » »	Michelotti Specim zooph. p. 64.	1850. » *pharetra* LEA D'Orbigny Et. 25. N. 1242.
		1857. » » » Edwards Hist. Nat Cor. p.63.
» » » »	Bronn Leth. Geogn. p. 900.	1858-61. » » » Fromentel Intr. Pal. foss. p. 91.
1848. » » »	Edwards Haine Ac. Sc. Nat. p. 238.	1886. » » » Aldrich Prelim. Rep. p. 49.
		» » » » Conrad Check List. p. 2.

Turbinolia conico-cylindracea, parvula elegans; septis 24 subaequalibus regularibusque, ad marginem laminaribus, lateribus processis granulosis aculeatis confertim ornata; columella maxime solida, erecta, prismatica, 6 costis paliformibus efformata; costis exterioribus elegantissimis, confluentibus 24, in interstitiis alveolatis; costis prope apicem saepe turgidulis; 6 ex iis columellam apicalem inferiorum tangunt, 6 intermediae prope ipsam evanescunt et fere tangunt, 12 intermediae minores apud ipsam longius autem disparent.

C'est une très petite espèce qui est pourvue de caractères bien importants, et singuliers. La columelle est très solide et érigée; et comme elle resiste mieux à l'usure que le bord du calice elle paraît souvent encore plus proéminente. Les côtes sont débordantes, la muraille n'est pas trop solide, mais plutôt mince. Près du sommet inférieur souvent les côtés se font un peu plus épaisses. Seulement 6 d'elles atteignent l'extrémité de la base, 6 intermediaires (secondaires) presque la touchent, 12 autres (tertiaires) n'arrivent pas jusqu'à elle. Par conséquent les individus très jeunes paraissent avoir seulement 6 côtes et 6 cloisons, et il est évident qu'il y a 3 cycles de cloisons; mais ceux-ci sont parfaitement égaux entre eux.

Elle est voisine de la *T. sulcata* Lamk. à laquelle elle est rapportée par Bronn.

La *Turbinolia sulcata* Lamk (Dixon Sussex p. 176, pl. 1, f. 1) de Brachlesham a beaucoup d'affinité avec notre espèce, elle en diffère pas la disposition des cloisons. Cette espèce a été figurée aussi par Nyst (Coq. Pal. Belgique pl. 18, f. 13).

Platytrochus Stokesi Lea.

Pl. 45, f. 1-8, 9*, 10-14 (f. 1-4 un exempl. très gross. de côté, en dessus, en dessous (extrémité postérieure) et de flanc; — f. 5-6 juvenis; — f. 7-8 autre exempl. de côté et gross. en dessus;—f. 9 repr. de Lea;—f. 10-11 deux exempl. gross. var. *tricornis* De Greg.; — f. 12-14 gross. en dessus de côté et en dessous var. *asymetrica* De Greg.).

1833. *Turbinolia Stokesi* LEA	Lea Contr. Geol. p. 194, pl. 6, f. 207.	1848. *Platytrochus Stokesi* LEA Edwards Haime Rech. Struct. p. 72.
1838. » » »	Michelotti Spec. Zooph. p. 72.	1850. » » » D'Orb. Prodr. Et. 25, N. 1245.
1845. *Endopachys* » »	Lonsdale Journ. Geol. Soc. Lond. p. 214, f. 6 c.	1857. » » » Edwards Hist. Nat. Cor. p. 73.
1848. *Turbinolia* » »	Bronn Ind. Pal. p. 11.	1858-61. » » » Fromentel Intr. Pal. foss. p. 93.

Platytrochus brevis, cuneatus, subflabelliformis, compressus, extus confertim minute echinulatus; calice ovato, elliptico; septis 26 aequalibus, regularibus, intus echinatis, processis aculeiformibus, munitis; columella ficta, lata, a palis confertis efformata; sulcis exterioribus notatis, 12 ad latus, profundis; ex quibus extremis margini parallelis approximatisque, caeteris flabellatis; porcis 26 in duas series echinulatis, subcostiformibus, cum septis confluentibus; marginibus inferioribus subquadrangularibus.

Ce polypier est très symétrique ; mais , parmis mes nombreux exemplaires , il y en a quelques uns qui présentent une anomalie, ayant un prolongement de flanc (var. *asymetrica* De Greg.), j'en ai fait figurer un expressement.

D'autres exemplaires sont à la base pourvus de trois prolongements pointus (var. *tricornis* De Greg.); quelquefois l'extrémité médiane est plus allongée que les latérales, quelquefois celles-ci sont plus allongées.

Le *Pl. Goldfussi* doit être considéré comme une variété de la même espèce. — (Coll. mon Cabinet).

Platytrochus Goldfussi Lea.

Pl. 45, f. 16*, 17-20 (f. 16 reprod. de Lea; — f. 17-20 deux exempl. gross. en dessus et de côté).

1833. *Turbinolia Goldfussi* LEA Lea Contr. Geol. p. 195, pl. 6, f. 208.				1850. *Platytrochus Goldfussi* LEA D'Orbigny Prodr. Et. 25, p. 1245.			
1838.	»	»	» Michelotti Spec. Zooph. p.56.	1857.	»	»	» Edwards Hist. Nat. Pal. p. 72.
1848.	»	»	» Bronn Ind. Pal. p. 1315.	1858-61.	»	»	» Fromentel Intr. Pal. Foss.
» *Platytrochus*	»	» Edwards Haime Rech. Struct. Pal. p. 748, pl. 7, f. 9.					p. 93.
				1866.	»	»	» Conrad Check List. p. 2.

Omnes auctores conveniunt hanc speciem differre a praecedente propter basim magis latam, minus compressam et mucronatam; ego autem has differentias non serias puto, vero etiam variabiles. Solum ipsa ab illa differt propter sulcos exteriores minus flabellatos, minus profundos, magis regulares et aequaliter divergentes; et propter calicem paulo magis ellipticum. Caeterum, potius nempe varietas speciei praecedentis quam distincta consideranda est.

Coll. mon Cabinet.

Platytrochus Claibornensis De Greg.

Pl. 45, f. 21-22 gross. en dessus de côté.

Plat. cuneatus, compressus, subflabellatus; calice elliptico ; septis 44, paulo irregularibus ; columella ficta, irregulari, palis effornata; costis angustis, confluentibus, subgranulosis, paulo sinuosis.

Haec species differt a duabus praecedentibus propter costas et septa multo magis numerosa , angusta, et minus regulares. Multo magis rara est quam iis.

Coll. mon Cabinet.

Platytrochus nanus Lea sp. dub.

Pl. 45, f. 15 * repr. de Lea.

1833. *Turbinolia nana* LEA Lea Contr. Geol. p. 195, pl. 6, f. 209. — 1838. Idem, Michelotti Spec. Zooph. p. 55.—1848. Bronn Ind. Pal. p. 1316.

Lea unicum minusculum exemplarem possidebat. Descriptio, quam ipse dat, nequaquam differt a Plat. Stokesi; inde sicut juvenis ejusdem putandus est. Figura autem, quae in ejus libro invenitur, differt solum per costas, quarum (quum tres medianae inferius incrassatae essent) non omnes usque ad basim perveniunt.

Loc. Claiborne.

Placosmilia (Trochosmilia) connivens De Greg.

Pl. 44. f. 25-28 deux exempl. gross. de côté et en dessus.

Tr. conoidea, simplex, elegans; calice elliptico, paulo excavato; septis numerosis in 6 cyclos di-

spositis, laminaribus, tenuibus, valde angulosis spinulosisque, apud columellam vix incrassatis; colu-mella carente vel cellulosa, ficta; costulis exterioribus confertis, minutis, granulosis.

C'est un polypier très élégant, je ne sais pas comment at-il échappé aux naturalistes américains, ce qui me donne des doutes en égard à son *habitat*. La roche, dont mes exemplaires portent quelques débris, est une sable noirâtre, siliceuse, friable, pas trop différent de celle de Claiborne. Un riche tissu endothéqual donne a cette espèce un aspect très agreable. Il n'y a pas une vraie columelle. En quelques exemplaires elle manque du tout, en certains autres elle est dénotée par une couche celluleuse de calcaire. — (Coll. mon Cabinet).

Trochocyathus sp.

Pl. 44, f. 10-11 gross. en dessus et de côté.

Tr. conoideus, curtus, dilatatus; septis erosis, lateribus extus bifidis.

C'est une petite espèce très douteuse, car je n'en possède qu'un exemplaire très usé. — (Coll. mon Cabinet).

Paracyathus? serrulus Conr.

1866. Conrad Check List. p. 2.

Haec species ignota mihi est.

Loc. Alabama (Conrad).

Osteodes elaborata Conr.

1866. Conrad Check List. p. 2.

Ego non cognosco hanc speciem, neque genus cui Conrad ipsam refert, quodque Edwards Fromentel Zittel etc. neque citant.

Loc. Alabama (Conrad).

Flabellum sp.

Pl. 44, f. 23-24 gross. en dessus et de côté.

Fl. crassum, rapide crescens, lateribus dilatatum; septis numerosis, subaequalibus, circiter 84 (42 ad latus).

Je regrette de n'en posséder qu'un seul exemplaire très usé. La roche est la même de celle de la *Cycloseris*. Il est probable que tous ces trois *flabellum* doivent être référés au *Fl. Wailesii* Conr., mais, comme cette espèce n'a pas été figurée, on ne peut rien assérer avec sûreté.
Aldrich (1886. Prelim. Report p. 44) cite un *flabellum* de Claiborne (sabl. ferrug.) sans aucun nom spécifique. Coll. mon Cabinet.

Flabellum Wailesii Conr.

Conrad Walle's Geol. — Aldrich Prelim. Report p. 49. — Heilprin Contr. Geol. Pal. Tert. p. 30.

Haec species omnino ignota mihi est.

Loc. Coffeville, Lisbon.

OCULINIDAE

Stylophora? perdubia De Greg.

Pl. 44, f. 7-8 détail gross. et gr. nat.

St. dendroidea, minuta; polypieritibus confertis, minutis, approximatis; calicibus rotundatis sub-pentagonalibus.

C'est un polypier très douteux, car à cause de l'usure il ne laisse bien voir les cloisons. Il me paraît qu'il ait quelque affinité avec la *St. conferta* Reuss de Castelgomberto. La roche est la même que celle de la *Cycloseris.*
Coll. mon Cabinet.

ASTREIDAE

Cyclosmilia sp.

1886. Aldrich Prelim. Report Ala Miss. p. 50-58.

Auctor citat hoc genus sed non dat nomen speciei.

Loc. Tombgbee River (Nanafalia); — Hatchetigbee Bluff.

Astrocoenia sp.

Pl. 44, f. 9 gross.

Dubium exemplar satis erosum, conchae adnatum.

Coll. mon Cabinet.

FONGIIDAE

Cycloseris sp.

Pl. 44, f. 20-22 gross. en dessus en dessous et de côté.

Cycl. discoidea, nummulitiformis, eleganter radiata tuberculataque.

C'est une espèce très intéressante dont je regrette de ne posséder qu'un seul exemplaire un peu usé. Sa couleur grisâtre montre qu'il ne provient pas de la même assise que la *Turbinolia faretra* Lea. — (Coll. mon Cabinet).

MADREPORIDAE

Madrepora sp.

1886. Aldrich Prelim. Report Ala Miss. p. 49-50.

Haec species non descripta neque appellata est.

Loc. Hatchetigbee, Monroe Coq. Lisbon.

Endopachys Maclurii Lea.

Pl. 45, f. 23-25, 26 *, 27-30 (f. 23-25 gros de côté en dessus et en dessous; — f. 26 repr. de Lea;
f. 27-28 gros de côté; — f. 29-30 gros de côté et en dessus).

1833. *Turbinolia Maclurii* Lea	Lea Contr. Geol. p. 193, pl.6, f. 206.	1858-61. *Endopachys Maclurii* Lea	Fromentel Index Pal. foss. p. 243.
1838. » » »	Michelotti Spec. Zoop. p. 57.	1860. » »	» Edwards Hist. Nat. Cor. V. 3, p. 98.
1845. *Endopachys* » »	Lonsdale Journ. Geol. Soc. Lond. p. 214, f. a.	1866. » »	r Conrad Check List. p. 2.
1848. *Turbinolia* » »	Bronn Ind. Pal. 1314.	1886. » »	» Aldrich Prelim. Report Ala Miss. p. 44.
» *Endopachys* » »	Edw. Haime Rech. Struct. p. 82, pl. 1, f. 2.	» *Turbinolia* »	» Aldrich idem p. 49.
1850. » » »	D'Orb. Pr. Et. 25, N. 1252.	1887. » »	» Smith John. Tert. Cr. Tusc. Tomb. Ala p. 22.

End. elegans, singulare, subflabelliforme, compressum, ellipticum, minute dense eleganter granulosum; calice elliptico; septis tenuibus, lamellosis, lateribus angulosis, irregularibus (circiter 24 columellam tangunt); columella cellulosa, laminari, oblonga; costulis exterioribus tenuissimis, a granulis seriatis efformatis, inferius ante dimidium coralli evanescentibus; costis cariniformibus, 2 ad latus, erectis, validis, brevibus, inferius abrupto evanescentibus; muro celluloso, potius crasso.

La description donnée par Edwards ne correspond pas bien à cette espèce. — (Coll. mon Cabinet).

Endopachys triangulare Conr. sp. dub.

1855. Conrad Observ. Eoc. dep. Jackson p. 263. — 1866. Conrad Check List. p 2,

Endop. triangulare, compressum, bicostatum, striis granulosis radialibus ornatum, marginibus lateralibus paulo undulatis; calice paulo excavato, truncato rotundatoque.

C'est une espèce très douteuse car elle n'a pas été figurée par l'auteur qui n'en a pas donné des renseigments suffisants. Il se put qu'on doit la considérer cemme un synonyme de l'*End. Maclurii* Lea.

Loc. Jackson (Miss.), Claiborne (Ala).

Endopachys alticostatum Conr. sp. dub.

1855. Conrad Observ. Eoc. Jackson p. 263. — 1866. Idem Conrad Check List. p. 2.

End. cuneiforme, subtriangulare, dense minute granulatum, bicostatum; costis prominulis, compressis; calice irregulariter rotundato incrassatoque; marginibus lateralibus compressis.

Cette espèce est douteuse aussi bien que la précédente et par les mêmes raisons. Il est probable qu'on doit la considérer aussi comme un synonyme ou une variété de l'*End. Maclurii* Lea.

Loc. Alabama (teste Conrad).

Endopachys expansum Conr.

1855. Conrad Observ. Eoc. Form. Jackson p. 263. — 1884. Heilprin Contr. Geol. Pal. tert. p. 34.

End. cuneiforme, dilatatum, granulis ornatum, lateribus valde compressum, in medio ventricosum bicostatum; granulis densibus, elegantibus, regularibus; columella subincrassata.

Cette espèce se trouve dans les mêmes conditions que les trois précédentes. Elle n'est pas citée par Conrad dans la Check List. et doit être considérée, presque sans doute, comme un synonyme de l'*End. Maclurii* Lea.

Loc. Jackson. Claiborne.

PROTOZOA

RHIZOPODA

MILIOLIDAE

Miliolina agglutinans (D'Orb.) Meyer.

teste Woodward.

1888. Meyer On Vertebr. Eoc. Miss. and Ala. p. 55.

M. D'Orbigny décrivit deux espèces de foraminifères sous le nom d'*agglutinans*, savoir la *Bigenerina agglutinans* (Foram. Wien p. 253. pl. 14, f. 8-10); et la *Spirolina agglutinans* (Idem p. 133, pl. 7, f. 10-12). Je ne sais pas à laquelle des deux espèces M. Meyer se rapporte. M. Rupert Jones Parker Brady (Foramin. Crag. pl. 3, f. 14-16) décrivirent une espèce sous le titre de *Textularia agglutinans* D'Orb. qui diffère beaucoup de toutes deux les espèces citées. Woodward (1885. Foram. Bermuda p. 148) cite une espèce avec le titre de *Miliolina agglutinans* D'Orb.

Loc. Claiborne Ala.

GLOBIGERINIDAE

Clavulina communis D'Orb.

teste Woodward.

Pl. 46, f. 1-2 reprod. de D'Orbigny.

1846. D'Orbigny Foram. Vienne p. 196, pl. 12, f. 1, 2.— 1887. Meyer Beitr. Kenntnis Fauna Alt. tert. Miss. und Ala. p. 17.

Haec species in mea collectione deficit; ipsam cito auctoritate Woodwardi atque Meyeri.

Loc. Claiborne Ala. Red Bluff, Miss.

Clavulina cylindrica Hantken.

teste Woodward.

Pl. 46, f. 8-10 gross. reprod. de Hantken.

1875. Hantken Fauna Clavulin. Szaboi Schickt. p. 18, pl. 1, f. 8. — 1888. Meyer On invert. eoc. Miss. Ala. p. 55.

Loc. Matthew's Landing; Claiborne Ala; Jackson Miss.; Wautubbee, Miss.

LAGENIDAE

Nodosaria sp.

1886. Aldrich Prelim. Report Ala. Miss. p. 59, 58, 54.

Auctor non dat nomen neque descriptionem hujus speciei; neque dicit si una vel variae species distinctae sunt.

Loc. Mattew's Landing, Bell's Landing, Wood's Bluff.

Mirfa n. gen.

Hoc genus propter speciem sequentem propono; Globulinam rappellat (p. ex Gl. spinosam atque tuberculatam D'Orb.) atque Calcarinam Tinoporumque (in Carpenter Foram p. 216-228). Sed externi et interni characteres dissimiles sunt.

Mirfa subtetraedra De Greg.

Pl. 46, f. 4 *a b* très gross. (f. 4 *a* en dessus; — f. 4 *b* section).

M. parvula, elegantissima, globulosa, quadriangulosa, ideoque subtetraedra; angulis conicis; superficie sub lente maxime puchra minutis tuberculis ornata; tuberculis sideratis; sectione confertim regulariter radiata, concentrice finissime regulariter processis filiformibus ornata, inde cellulosa.

C'est une espèce extrêmement jolie et singulière dont je ne connais aucune espèce analogue.
Coll. mon Cabinet.

Cristellaria Lamark.

Je me rapporte à ce qu'ont écrit Rupert Jones, Parkes et Brady (Foram. Cray p. 72) à propos de ce genre. Ils lui réfèrent le gen. *Robulina* D'Orb., *Linthuris* Montf. et Blainville, *Polystonella* Lamark etc. etc.

Cristellaria Claibornensis De Greg.

Pl. 46, f. 13-15 deux exempl. gross. un desquels manque en partie de la couche externe.

Cr. nummuliniformis, discoidea, lenticularis!, rotundata, depressa, vix convexiuscula; septis linearibus, regularibus, arcuatis, sinuosis, circiter 33, extus visibilibus.

De cette espèce je ne possède que deux exemplaires seulement; l'un d'eux est un peu cassé laissant voir les chambres et les cloisons inférieures; les cloisons sont très fins et régulièrement disposés. L'autre est bien conservé; il a la surface légèrement rayonnée. Ces rayons, ou pour mieux dire, ces sillons correspondent évidemment aux cloisons; or il est très curieux d'observer qu'ils sont moins sinueux que ceux-ci et vers la partie plus proéminente du test ils deviennent un peu irréguliers.
Coll. mon Cabinet.

Cristellaria calcar L.

Pl. 46, f. 5-7 gross. reprod. de D'Orbigny.

1789. *Nautilus calcar* L. Gmelin Syst. Nat.... — 1825. *Lenticulina calcar* Blainville p. 390.... — *Robulina calcar* D'Orb. Tabl. Ceph. p. 123.... — 1846. Idem Foram. Wien p. 99, pl. 4, f. 18-20.... — 1862. *Cristellaria calcar* Carpenter Foramin. p. 162. — 1866. Rupert Jones, Parkes Brady Foram. Crag. p. 72. — 1875. *Robulina calcar* Hantken Clavul. Szaboi Schicht. p. 55. — 1886. Fornasini Foram. Soldani N. 3, 5, 6 etc. — 1887. *Cristellaria calcar* Meyer On invert. Eoc. Miss. Ala p. 55.

Hanch speciem cito sub Woodwardi auctoritate.

Loc. Meyer cite cette espèce comme provenant de l'Alabama et du Mississipi.

Cristellaria propesimplex De Greg.

Pl. 46, f. 11-12 gross.

Cr. minuta, lenticularis, punctiformis, utrinque convexa, marginibus acuta; antice septis raris, vix visibilibus sub lente.

C'est une très petite foramifère qui ressemble beaucoup à la *Cr. simplex* D'Orb. (*Rubulina simplex* D' Orb. For. Wien pl. 4, f. 27) et à l'espèce figurée par Deshayes (1825. Coq. Paris 1 ed., pl. 106, f. 6), qui n'a pas été nommée par l'auteur. Elle ressemble aussi beaucoup à la *Lenticulites rotulata* Lamk. (Foss. Env. Paris pl. 62, f. 11). — (Coll. mon Cabinet).

Dentalina obliqua (L.) Rupert Jones Parkes Brady.

Pl. 46, f. 3 repr. de Meyer.

1767. *Nautilus obliquus* LEA Linneo Syst. Nat. 2 ed. p. 1163. 1886. *Nodosaria obliqua* LEA Meyer Contr. Pal. Ala Miss. p.
1866. *Dentalina* » » Rupert Jones Parker Brady For.   85, pl. 1, f. 31.
     Crag. p. 54, pl. 1, f. 9.   1887. » » » Meyer Beitr. zus Ken. Fauna
     Alt. Miss. Ala p. 17.

Rupert Jones Parker atque Brady (1866. Foramin. Crag. p. 54) referunt huic speciei plurimas formas usque adhuc sicut species differentes reputatas. Etenim opinant speciem primariam variabilem et plasticam esse atque ab epocha liassica usque ad nostra tempora vitam habuisse. Probabile verum dicunt sed puto necessarium esse sectiones diligenter scrutari. Si verum hoc est, aliae species etiam ad ipsam referendae sunt. Species sequentes secundum hos auctores sicut synonymi retinendae sunt: Nautilus jugosus *Montagu,* Nodosaria sulcata *Nilson,* N. elegans *Munst.,* N. sulcata *D'Orb.,* N. multicostata *D'Orb.,* Dentalina jugosa *Wood.,* Nodosaria Zippei *Reuss partim,* N. affinis *Reuss,* N. costellata *Reuss,* Dentalina cernula *D' Orb.,* D. elegantissima *D' Orb.,* D. bifurcata *D'Orb.,* D. acuta *D'Orb.,* D. primaeva *D'Orb.,* D. seminuda *Reuss,* D. bifurcata *Reuss,* D. acuticosta *Reuss,* D. kingii *Jones,* D. pungens *Reuss,* D. Muensteri *Reuss,* D. longicauda *Reuss,* D. acutissima *Reuss,* D. Steenstrupi *Reuss,* D. sulcata *Reuss,* D. baltica *Reuss,* D. acuticosta *Bornem.,* D. bifurcata *Bornem.,* D. multilineata *Bornem.,* D. crebicostata *Neugebor,* D. Lamarki *Neugeb.,* D. primaeva *Terquem,* subarcuata *var.* jugosa *William.,* D. Marcki *Reuss,* D. polygrapha *Reuss,* D. Lamarcki *Reuss,* D. microptycha *Reuss,* D. arcuata *Reuss,* D. confluens *Reuss,* D. Martini *Terquem,* D. acicula *Parker,* D. lineata *Reuss,* D. acicula *Brady,* D. Schwarzii *Karrer,* D. obscura *Stack.,* Nodosaria raphanus *var.* obliqua *Park. Ion.,* N. siphunculoides *Costa,* N. pungens *Reuss.*

Loc. Je ne possède aucun exemplaire de Alabama de sorte que j'ai été dans la nécessité de reproduire la figure de l'ouvrage sur les foraminifères du Crag. Meyer donne pour *habitat:* Red Bluff, Vicksburg, Jackson, Claiborne. Il se rapporte à la détermination de Woodward.

NUMMULINIDAE

Orbitoides Mantelli Mort.

Pl. 46, f. 16, 17*, 18-32 (f. 16-17 repr. de Morton; — f. 18-20 var. *mustea* De Greg. gross.; — f. 21-26 var. *umbrellopsis* De Greg. deux exempl. de deux côtés et en section; — f. 27 type gross. exemplaire dont la surface usée laisse voire les cellules; — f. 28-30 gross. var. *dispansopsis* gross. de deux côtés et en section; — f. 31-32 var. *optata* De Greg. un exempl. gross. de face et en section).

DE GREG. — *Annales de Géol. et de Paléont.*   33

1834. *Nummulites Mantelli* MORT. Morton Synopsis Org. Rem. p. 45, pl. 5, f. 9.
1842. » » » Idem Descr. new spec. org. rem. p. 14.
1846. » » CONR. Observ. Eoc. Journ. p. 210.
1848. *Nummulina* » MORT. Bronn Ind. Pal. p. 830, 832.
1850. *Orbitoides* » » D'Orbigny Prodr. p. 406.
1853. *Orbitolites* » » Carter Jour. Bombay Branc. As. Soc. p. 138, pl. 2, f. 30-34.
1853-54. » » CART. D'Archiac Ind. p. 350.
1855. *Orbitulites* » MORT. Conrad Observ. Eoc. Jackson p. 257.
1856. *Orbitoides* » » Winchell Proc. Am. Assoc. p. 85.
1865. *Orbitolites* » » Conrad Observ. Am. Foss. Proc. Ac. Nat. Sc. Phil. p. 184.

1865. *Orbitolites Mantelli* MORT. Conrad Catal. Eoc. Annulata Forammifera Echinoderm. Cirrip. p. 74.
1866. *Orbitoides* » » Conr. Check List. p. 21,29.
» » » » Guppy Brach. Trinidad 295.
1884. » » CONR. Heilprin Contr. Tert. Geol. Pal. p. 3.
1885. » *sp.* MORT. Meyer Amer. Journ. Sc. V. 30, p. 69-70.
1886. » *Mantelli* » Aldrich Prei. Rep. p. 43.
» » » CONR. Aldrich Notes on Distrib. tert. foss. p. 1 (Journal Cincinnati).
1887. » » MORT. Smith et Johnson Tert. and Cret. Tusc. Tomb. Ala. p. 19, 20, 22 et.
» » *sp.* » » Meyer Beitr. Kennt. Fauna Altert. Miss. Ala. p. 17.

Orb. discoidalis, compressa, plus minusve papyracea, complanata, vel in medio vix turgida, vel in medio subtuberculata, extus minute porosa, subspongiosa; sectione horizontale sub lente elegantissima, cellis minutis, ovatis, quincuncim dispositis, oblique atque concentrice non autem radiatim seriatis, quapropter a speciebus affinibus distinguitur. — Hujus speciei 4 formas observavi.

Mut. *umbrellopsis* De Greg.

Papyracea !, dilatata, exilis, in medio utroque latere vix subtuberculata.

Cette forme rappelle certaines variétés de l'*Umbrella mediterranea* L.— L'*Orbit. Fortisii* D'Arch. (Group *Numulit* pl. 1, f. 10-12) lui ressemble beaucoup. — (Coll. mon Cabinet).

Mut. *dispansopsis* De Greg.

Lenticularis, in medio satis turgida, marginibus acuta, papyracea.

Cette forme est extrêmement analogue de l'*Or. dispansa* Sow. — (Coll. mon Cabinet).

Mut. *optata* De Greg.

Discoidea, uno latere complanata, altero vix subconvexa.

Cette forme est intéressante car elle donne un point de passage entre la précédente et la suivante. — (Coll. mon Cabinet).

Mut. *mustea* De Greg.

Discoidea utrinque complanata, compressa non autem papyracea, marginibus paulo sinuosis atque undulatis.

Cette forme rappelle certaines vraies *nummulites*. Je ne connais pas l'*O. supera* Conr. Elle est citée par Conrad dans son Check List. p. 26, comme provenant de Vicksburg; Aldrich (Notes Distr. tert. foss. Journ. Cincinn. p. 1) affirme de l'avoir retrouvée à Jackson. Il n'est pas difficile qu'on doive la considérer comme une mutation de la même espèce.

Loc. Claiborne, The Rocks (Clark Cr.), Choctaw Bluff, St. Stephens (localités de Ala.). M. Meyer parle avec assurance de la présence d'*orbitoides* à Jackson, mais quant à Claiborne il en parle avec réserve. Certains de mes exemplaires portaient des fragments d'un calcaire blanchâtre friable. — (Coll. mon Cabinet).

BIBLIOGRAPHIE DU TERTIAIRE INFÉRIEUR

Le catalogue, qui suit, comprend tous les ouvrages que j'ai cités ou que j'ai dû consulter en décrivant cette faune; ceux qui regardent les faunes tertiaires d'Amérique seront cités en un catalogue spécial. En réunissant ces deux catalogues on peut à peu près avoir une idée de la bibliographie générale du tertiaire inférieur ou pour mieux dire de l'éocène. Tous ces livres, hormis quelques rares ecceptions, se trouvent dans la librairie de mon cabinet géologique particulier. En étudiant le tertiaire inférieur souvent on se trouve obligé de consulter même des ouvrages qui traitent du tertiaire supérieur et des faunes vivantes; ma libraire heureusement est aussi très riche en cet égard; mais je n'est pas cité ces livres pour ne diminuer pas l'importance de cette bibliographie en l'élargissant de trop. Si j'ai cité même quelque livre d'un horizon plus jeune, c'est que les formes y décrites appartenainent à celles qui plus facilment se prolongent d'un niveaux à un autre sans souffrir des modifications trop accentuées; ce sont par exempl. les bryozaires et les foraminifères.

Les livres, dont les titres sont précédés par une *a*, ont la plus grande importance pour l'étude paléontologique de l'éocène; ceux qui sont précédés par une *b* sont très intéressants mais moins utiles ; ceux précédés par un *c* sont aussi utiles mais point necessaires pour l'étude de notre faune. J'al fait cela car cette méthode peut rendre des avantages sérieux à tous ceux qui ont envie de se dédier à l'étude des faunes éocéniques.

Parmi les ouvrages d'intérêt général qui sont plus utiles je dois citer les suivants: Bronn Ind. Pal. 1848-49, Idem Leth. Geogn. 1850-52, Chenu Man. Conch. 1859, D'Orbigny Prodr. Strat. 1850-52, Fischer Man. Conch. 1887, Pictet Traité Pal. 1844-47, Quenstedt Handbuch 2 éd. 1885, Tryon Struct. Syst. 1882-84, Woodward Tate Man. Conch. 1875, Zittel Händbuch 1880-90.

b Abich Stein. Geol. Stell. Russ. Arm. 1857.
b   »   Beitr. Pal. As. Russ. 1858.
b   »   Beitr. Asiat. Rusland 1858.
b Agassiz Echin. foss. Suiss. 1839-40.
b   »   Cat. Syst. 1840.
b   »   Monogr. Echinod. viv. foss. 1838-42.
a   »   Richerch. Poiss. foss. 1833-43.
c Baudon Descr. coq. Saint Felix 1853.
c   »   Terebr. calc. gross. 1855.
b   »   Descr. olive nouv. sabl. inf. Paris 1872.
c Bassani Ricerch. Foss. Chiavon 1888.
c   »   Nuovo gen. Fisostomi (R. Ac. Sc. fisich.) 1888.

c Bassani Oxyrhina Mantelli Ag. 1888.
c   »   Ricerche Pesci fossili Chiavon 1889.
a Basterot Bordeaux 1825.
c Bayle List. rectif Sycum gen. 1880.
a Bayan Etud. crit. Vicent. Ecol. Min. 1870-73.
a   »   Terr. Tert. Vénétie 1870.
a Bellardi Cat. rais. Nice 1852.
a   »   Cat. Rag. numm. Egit. 1855.
a Beyrich Conch. Nord. Tert. 1853.
c Bertheilin Sur un nouv. gen. Lapparentia 1855.
b Bezançon Esp. nouv. bassin Paris 1870.
b Bittner Micropsis 1883.

b Bittner Kennt. Alt. Tert. Echin. 1880.
b Böhm Tert. Foss. Madura 1872.
b Böettger Beitr. Tert. Hessen 1869.
b   »   Eoc. Borneo 1875.
b   »   Tert. Sumatra 1883.
b Bonardi Parona Ricerch. micropaleont. 1883.
b Bory Saint Vincent Expl. Enc. méth. 2 éd. 1830.
c Bosquet Rech. Pal. Limburg 1859.
a Bouillé Tournouer Paléont. Biarritz 1872.
a   »   »   »   » 1876.
a Brander Solander Foss. Hant. 1776; — f. 2 éd. 1828.
c Brady Foram. Challenger.

c Brady Nummulit. carbon. 1874.
a Brongnart Mem. Vicentin 1823.
a Bronn Ital. Tert. 1831.
a   »   Ind. pal. 1848-49.
a Brot Les Mélanies de Lamark 1872.
a Bruguière Lamark Deshayes Bory Enc. Méth. 1789.
c Buck Silicif. org. korper 1831.
c Burtin Oryctogr. Bruxelles 1784.
c Caillat Descr. Coq. Grignon 1834.
b Carez Descr. esp. terr. tert. Paris 1879.
b   »   Etage du gypse 1880.
b   »   Nord Espagne 1881.
b Carrière Marginella glabella 1882.
b Carpenter Parker Rupert Intr. Foramin. 1862.
a Catullo Tert. Sed. Sup. Brriez. Anto Spong. 1857.
a Ciofalo Oligoc. Term. Imer. 1889.
a Cornet Briart Descr. coq. foss. Mon. 1870.
a   »   Briart. Descr. coq. foss Morlansweltz 1878.
a Cossman Descr. esp. nouv. tongrien Etampes 1879.
a   »   »   »   inéd. 1881.
a   »   »   »   nouvel. 1882.
a   »   »   »   Bassin Par.(1)1883
a   »   »   »   »   » (2) »
a   »   »   »   terr.tert »   »
a   »   Et. pal. olig. Etampe 1884.
a   »   Descr. esp.Ter.Tert. Paris— 4. parties 1885-86.
a   »   Catal. Illustr. coq. env. Paris 1886-90.
b Cotteau Terr. Tert. Corse 1877.
a   »   Ech. foss. Yonne 1849-78.
a   »   Ech. eoc. St. Palais 1884.
b Czjzek Kenn. fos. Foram. Wien. 1847.
a D'Acchiardi Cor. Foss. Ter. Num.Venet. 1866.
b   »   Cor. Foss. Ter. Num. 1867.
a   »   Cor. Eoc. Friuli 1874-76.
a Dames Ech. Vicent. Tert. 1859.
b Davidson Lefèvre Brach.tert.Belg.1874.
a D'Archiac Descr. foss. recueil. Bayonne 1846.
a   »   Descr. group numm. Bayonne Dax 1850.
b   »   Asie Mineure 1867.
a De Boury Diagnoses de scalar. nouv. 1883.
b   »   Descr. esp. Mathilda 1883.

b De Boury Monogr. Scalidae 1886.
b   »   Etude Sous genr. Scalidae 1887.
c De Gregorio Uno sguardo Fauna Eoc. S. G. Ilarione 1880.
a   »   Monogr. Fauna Eoc. S. Giov. Ilarione 1880.
a   »   Sulla Fauna Arg. scagliose Sic. olig. eoc. 1881.
c   »   Su tal, conch. terz. Malta . 1882.
b   »   Fossili dintorni Pachino 1883.
a De la Harpe Etud. Nummulit. Suisse 1880-84.
c De Loriol Ech. Camerino 1882.
c Denaivilliers Coq. nouv.Bass.Paris 1875.
b Deshayes Anat. Dentale 1825.
a   »   Descr. coq. foss. env. Paris 1824-37.
b   »   Enc.méth.éd.completée 1830.
b   »   Morée 1833.
a   »   Descr. an. sans vert. bassin Paris 1856-1865.
c Deslongchamp Nombr. oss. mammif. foss. 1861.
c Dewalque Revision foss. lanéniens 1879.
b De Zigno Cranio Coccodr. eoc. 1880.
a   »   Annot.pal. Faun. eoc.Venet. 1881.
b   »   Pesci foss. Balistini 1884.
c   »   Scheletro Myliobates 1885.
a Dixon Geol. Sussex 1850, 2 éd. 1878.
b Dollfus Contr. strat. paris. 1879.
a   »   Ramond Revision tert. paris. 1885.
a D'Orbigny Foram. Wien. 1848.
a   »   Prodr. pal. str. 1850.
a Dujardin Hupé Hist. Nat. Zooph. Echinod 1862.
a Dufour Foss. sabl. éocen. 1881.
a Duncan Mon. Brit. Foss. Cor. 1866-70.
b Edwards Monogr.Tellina Bracklesham 1847.
a   »   Brit. Foss. Cor. 1850-54.
a   »   Eoc. Moll. Univ. 1849-1861.
a Eichwald Leth. Ross. 1860.
b Favanne Cat. syst. 1784.
a Fontannes Bassin Rhonne 1875-81.
b Forbes Tert. Wight 1856.
c   »   Echinod. Brit. Tert. 1857.
c Foresti Nouv. esp. Cerithium 1877.

b Foresti Glandulina, Lagena, Biloculina etc. etc. mémoires insérés dans le Cat. Sc. prol. Ital. 1886-87.
e Fornasini Foramin Soldani 1883.
c   »   Nautil. legum.Vagin. eleg.1886.
a Fortis Della valle Vulcanico Mar. Ronca 1778.
a Frauscher Unt. Eoc. Nordalp. 1886.
a Fromentel Tert. Pal. Foss. 1858-61.
b Fuchs Eoc. Kew. 1867.
b   »   Conch. Eocen. kalinowka 1869..
a   »   Beitr. Kennt. Conch.Vicent.1870.
a   »   Petref. Vicent. Eoc. 1870.
b   »   Egypten 1870.
b   »   Verst. oligoc. Nummulit. Polchitza 1874.
b   »   Verst. Eoc. Reichenhall 1874.
b Gemmellaro Conch. cret. numm. 1860.
b Giebel Latdorf 1864.
a   »   Repertorium Goldf. Petr.Germ. 1866.
a Goldfuss Petref. Germ. 1827.
b   »   »   »   1834-40.
b Grateloup Mem. Ours. foss. 1836.
b   »   Cat. syst. 1840.
b Guiscardi Crinoid. Terz. 1814.
b Hantken Tert. Ofen 1866.
b   »   Braunkohleng 1871.
b   »   Neue Daten Südlich. Bakony 1875.
b   »   Clavulina Szab. Schicht. 1878.
b Hébert Craie blanche et calc. gross. 1848.
b   »   Limburg 1849.
b   »   Observ. syst. Bruxell. lackénien 1862.
a   »   Note terr. mem. It. septem. 1865.
b   »   Terr. Tert. Piémont 1877.
a   »   Meunier Chalmas Nouv. rech. ter. tert. Vicentin 1878.
b   »   Groupe nummul. Midi France 1882.
a   »   et Renevier Descr.foss.terr. num. Gap. 1854.
a Hofmann Beitr.Kennt.Haupt-dolom 1878.
a Journal de conchyliolog. 1850-1890.
b Judd Oligoc. Hampshire 1880.
b Karrer Foram. Faun Banat 1868.
c   »   Foram. Leythak 1869.
b Klein Ordr.Nat. Ours mer. et foss.1754.
b Koch Wiechmann Moll. Sternberg Mecklemburg 1872.

a Koenen Paleocaenefauna Kopenhagen 1855.

b » Helmstädt 1865.

a » Beitr. Kennt. Moll. Nord. Tert. 1866.

a » Mittel Oligocaen Nord-Deutsch Moll. 1867.

a » Unterolig. Aralsee 1868.

b » Riv. Cassl. Tert. 1884.

a » Das Norddeutsc Unter Olig. 1889 90 (Abb. geol. special. Preuss).

b Koninck Coq. foss. Baselle 1837.

c Koren Danielssen Alcyon. Pènnatul 1883.

a Lamark Foss. env. Paris 1802.

a » Enc. méth. (suite) 1816.

a » Hist. nat. an. sans. vert. 2 éd. Deshayes Milne Edwards 1835.

b Lawley Oss. masc. foss. 1875.

b » Nuovi Studi pesci Coll. Tosc. 1876.

a Laube Echinid. Vicent. 1868.

a » Echin. tert. Ung. 1871.

c Laubrière Descr. esp. nouv. Paris 1881.

c Lehon Nyst Descr. nouv. esp. Bruxelles 1862.

b Lefèvre Vincent. Faune Laekenienne sup. 1872.

b » Rostellaria robusta 1876.

b » Watelet Descr. deux solen 1877.

c » Excurs. malac. Valenciennes 1877.

b » Les grandes ovules des terr. éoc. 1878.

b » Rostellaria ampla.

c » Vatelet Ptérop. Spirialis 1885.

b Lepsius Haliterium Schinzi 1882.

b Leymerie Descr. Pyren. 1881.

c Malzine Descr. trois coq. 1867.

a Manzoni Brioz. Austr. Ungh. 1877.

c » Echin. Schlier Bol. 1878.

c » Echin. foss. Mol. sup. 1880.

b Marinoni Contr. geol. Friuli.

b Martin Tert. Java 1879-80.

b » Wichmann Nach. Tert. Java 1883.

b » Wichmann Pal. Ergeb. Tiefbohrung Java 1885.

a Mayer Descr. coq. foss. terr. tert. 1864.

b » Cat. descr. syst. Zurich 1867.

a » Syst. Verz. Paris Einsiedeln 1877.

c Mayor Forsyth Gisement foss. Samos p. 1-3 (Compt. rend. Ac. France) 1888.

b Melleville Mém. sables tert. inf. 1843.

b Meneghini Paleont. Sardaigne 1857.

b » Goniadiscus 1866.

b Meunier Chalmas Descr. nouv. scissurelle 1862.

a » Géolog. environs Paris 1875.

b » Foss. nouveaux Paris 1879.

c » Observ. gen. Cylindrellina 1885.

c » Lambert Rech. pal. Pierrefit. 1880.

a Michelin Iconogr. Zooph. 1840-47.

a Michelotti Et. mioc. Inf. It. sept. 1861.

a Milne Edwards A. Notes Crust. Biarritz 1880.

a Milne Edwards H. Haime Rech. struct. Pal. 1848-51.

a » Hist. Nat. Cor. 1857.

a » Duncan Brit. Foss. Cor. 1866-72.

b Molon Colli Berici 1882.

b Morlet Monogr. Ringicula 1878-80.

b » Diagnoses Conch. foss. eoc. 1885.

c Morris Descr. new spec. shells 1850.

b » Cat. Brit. foss. 2 éd. 1854.

c Moseley Rep. Corals Chail. 1881.

b Newton Vertebr. Norfolk Suffolk 1882.

b Nicolis Note Form. eoc. Adige 1880.

b » Note ill. cart. geol. Verona 1882.

b » Olig. eoc. Monte Baldo 1884.

b » Marne Porcino 1885.

c » Scheletro Teleosteo 1888.

b » Terziario Perealpi relich. 1888.

b Nyst Housselt et Clein-Spauven 1836.

b » Note foss. Boom. 1843.

a » Descr. coq. pol. ter. tert. Belgique 1843-45.

b » Not. Crassatelle 1847.

b » Tableau syn. gen. Scalaria 1872.

b » Descr. trois coq. foss. éoc. Belg. 1873.

b » Terr. Scaldisien Belg. 1878-81.

b Omboni Oss. fossili Bolca 1885.

a Owen Bell. Foss. Rept. London Clay 1849.

b Passy Descr. grand-ovule tert. 1859.

b Peneke Eoc. Kärnten 1885.

c Peters Beitr. Kenn Schild öst. Tert. 1859.

c Philippi Beitr. Tert. Nord Deutsch 1863.

c » Magdeburg 1847.

c Portis Foss. Terz. Piem. e Lig. 1879.

b » Chelonii Foss. Piem. 1883.

c » Ornit. Ital. 1884.

b » Talassoteri 1885.

c » Batr. foss. Part. I-II 1885.

b Potiez et Michaud Moll. Douai 1838.

c Prevost Tur. nummulit Sic.

a Quenstedt Röhren und Sternkoralles 1881 (Dans cette ouvrage parmi d'autres espèces éoceniques on trouve les figures de deux espèces d'Alabama: *Endopachys Maclurii* Edw. (p. 1142, pl. 184, f. 16), *Discotrochus Orbignyanus* Edw. (p. 948, pl. 179, f. 95); par équivoque j'ai oublié de citer cette publication dans les bibliographies des deux espèces indiquées.

a Raincourt Meunier Chalmas Descr. nouv. esp. Paris et Biarritz 1863.

c » Descr. espèc. bass. Paris 1870.

c » Descr. espèc. nouv. bassin Paris 1874.

b » Descr. esp. nouv. Pasis 1876.

b » Descr. espèc. nouv. Paris 1877.

b » Note sur le gisements fossil. sables moy. 1884.

b » Descr. esp. nouv. Paris 1885.

a Rauff Gastrop. art. vicent. tert. 1884.

a » Altersver mittl. éoc. Monte Postale 1884.

c Raulin Genr. Deshayesia 1844.

c Recluz Monogr. Erycina 1844.

c » Mem. Nerita 1850.

c » Cat. esp. sigaret 1851.

a Renevier Hébert Descr. foss. terr. num. Gap. 1854.

b Reuss Foss. Pol. Wien. 1847.

c » Foram. Lagenid. 1862.

b » Fauna Oberoligoc. 1864.

a » Fauna Deutsch Oberol. 1864.

a » Pal. Stud. Alt. Tert. Alp. 1868-73.

a » Manzoni Foss. Bryoz. Ost. Ung. 1876-77.

a Rouault Descr. eoc. Pau. 1850.

c Rupert Parker Brady Monogr. Foram. crag. 1866.

a » Jones Géol. Sussex Dixon 1878.

b Rutimeyer Schweizer Nummulit. 1850.

b Rutot Foss. recueil Tongres 1875.

b » Descr. faun. eoc. inf. Belgique 1876.

c » Descr. Rostellaria 1876.

c Sacco La Valle della Stura di Cuneo 1886.

c » Aggiunte alla Fauna Mol. Piem. Lig. 1888.

c Saint Ange Boissy Foss. calc. lac. Rilly la Mont. 1846.

c Saint Morceaux Liste 125 esp. 1858.

b Sandberger Conch. Mainz Tert. 1863.

b   »   Land und Süsswass. Conch. 1870.

a Schauroth Verz. Versteiner. Naturalien cabinet 1865.

a Schafhäutl Geogn. Unters. Alpengeb. 1851.

a   »   Sud Bayern. Lethaea geogn. Kressenberg 1863.

b Schroeter Foss. Ronca 1780.

b Schlosser Nager. Europ. Tert. 1884.

b Schlotheim Petref. 1820.

a Schwager Foram. Eoc. Lyb. 1883.

c Schwartz Mohrenstern Rissoid 1858.

b Scilla De Corp. mar. lapid. 1749.

a Speyer Conch. Cassel Tert. 1862-70.

c Seguenza Descr. Foram. monotal. 1862.

b   »   Disquisiz. pal.Cor.foss. 1863-64.

c   »   Oligoc. in Sicilla 1876.

a   »   Reggio 1879.

c Silvestri Nodosarie 1872.

a Sismonda Echin. foss. Nizza 1843.

a Sismonda Pesci e crostacei foss. Piem. 1843.

b   »   Nota su Dego 1857.

a   »   Prot. Celent. 1871.

a Solander Brander Foss. Hanton 1776;— 2 éd. 1828.

b Speyer Tert. Sollingen 1864.

b   »   Ober. Tert. Lippe Detmol 1866.

c Spratt Geol. Mal. Isl. 1843.

c   »   Ueb. eoc. fossilien Trabay 1845.

c Stache Das eoc. nord. Siebenbürg 1862.

b Taramelli Mem. Form. eoc. Friuli 1870.

b   »   Ech. Eoc. Istria 1874.

a Tate On the Austral. tert. 1881.

a   »   Supplemental notes palliobr. old tert. Austral. 1885.

a   »   Descr.new spec.south.Austr.1886.

a   »   Lamellibranches dol. tert. Austr. 1886.

a   »   Gastropods Old. tert. 1887.

a Tchihatcheff Asie Mineure 1867.

c Teller Oligoc. Oberkrain 1885.

c Tournouer Foss.tert. basses Alpes 1872.

a Tournouer Foss. basses Alpes 1872.

a   »   Et. foss.tongrien Rennes1879.

c Trautschold Aralsee 1859.

c Vaillant Dollfus Terr. Tert. Cotentin.

b Vanden Broeck Num. planulata 1874.

c Verneuil et Colomb Terr. num. Espagne 1853.

c Vezian Moll. Zoophit. 1856.

c Vincent Descr. faun. landien 1878.

c Watelet Recherch. sabl. inf. 1851.

c   »   Cat. Moll. sabl. inf. 1870.

a Whitaker Geol. of London Basin 1882.

a Wood Hordwell Cliff 1847.

c   »   Eoc. Moll. Biv. 1861-77.

a Zittel Die Ober. Nummul. Form. Ungan 1862.

c   »   Foss. Mollusk. Echin. Neuseland 1864.

c   »   Beitr. Geol. Pal. Lybsch. Form. 1884.

c Zeuschner Nummulit. Schicht. Oberwis 1874.

BIBLIOGRAPHIE SPÉCIALE

DU TERTIAIRE INFÉRIEUR D'AMÉRIQUE

Le catalogue qui suit comprend tous les ouvrages publiés par les différents auteurs sur les faunes du tertiaire inférieur d'Amérique, sur l'éocène surtout et en particulier sur les couches fossilifères de l'Alabama. Je l'ai fait plus soigneusement et avec plus de détails que celui dont il est précédé, car les livres cités intéressant davantage la faune que j'ai décrite. Dans la préface de cette monographie j'ai dit quelque chose en égard de la bibliographie des assises de Claiborne, à propos du grand nombre de brochures sur ce sujet et sur la difficulté à se le procurer à cause de la grande rareté de plusieurs d'elles. J'ajuterai que presque tous les ouvrages cités sont conservés dans ma librairie particulière.

Les titres précédés par un *a* appartiennent aux livres que je crois plus utiles ou même necessaires pour l'étude de notre faune.

a Aldrich T. H. Notes on the Tert. Alabama and Mississ. p. 145-156, pl. 3 (Journ. Cincinnati Soc.) 1885.

a » Observations Tert. Alabama p. 300-308 (Am. Journ. Scienc.) 1885.

a » Notes on distr. tert. foss. Alabama and. Miss. p. 1 (Cincinnati Soc. Nat. Hist.)

a » Prelim. Report. Tert. Foss. Alabama and Miss. p. 1-60, pl. 1-6 (Geolog. Survey Ala.) 1886.

a » et Meyer Tert. Fauna Newton and Wautubee p. 1-12, pl. 1 (Cincinnati Soc. Nat. Hist.) 1886.

a Anon The Nummulit. North America p. 1-2 (Am. Min. Journ.) 1883.

Bailey Foss. Foram. New Jersey p. 213-214 (Am. J. Sc.) 1841.

Billings Tert. Rocks Canada account foss. p. 321-346 (Canad. Nat.) 1856.

Blake Not. remark strak tert. form. Montrey p. 328-351 (Proc. Am. N. Phil.) 1856.

Bouvé Description of a number of new species of fossil Echinod. Lower Tertiary Georgia p. 2-4 (Proc. Bost. Soc. Nat. Hist. V. IV, 1851).

Brady et Crosskey Foss. Ostr. post tert. Canad p. 60-65, pl. 2 (Geol. Magaz.) 1871.

a Conrad On the geol. a. org. remains Maryland with an Appendix cont. descr. 29 new shells p. 205-230, pl. 2 (Journ. Acad. Nat. Sc. Philadelphia, V. 6) 1829-30.

Conrad Geology and Organic Rem. of a part. of Peninsula Maryland 1830.

» American Journal Americ. Sciences Vol. 28, p. 342-344, 1833 (Je ne connais pas ce volume; il n'est pas cité par White mais par Conrad Foss. Shells 2 ed. p. 37, 12 et Conrad Cat. Eoc. Olig. p. 7).

» Descr. 15 new species recent. 3 foss. p. 256-268, 1 pl. (Journ. Acad. Nat. Sc. Phil.) 1830.

a » Fossil shells tert. Form. p. 56, pl. 16, 1 Livraison p. 1-VII; 1-20, pl. 1-6 (1 oct. 1832). — 2 livr. p. 21-28, pl. 7-14 (Dic. 1832). — 3 livraison, p. 29-38 (August 1833). — 4 livraison p. 39-46 (Octobre 1833).

a » Foss. shells tert. form. 2 ed. p. 29-56, pl. 15-18 (1833 après l'ouvrage de Lea).

a » Observ. Tert. and more recent form. and Appendix Descr. new tert. foss. p. 116-129, p. 130-157 (Journ. A. N. Sc. Phil.) 1834.

» Observ. port. Atlant. Tert. region p. 335-341, pl. 1 (Trans. Geol. Soc. Penn.) 1835.

» Proc. Nat. Institut 1841.

» Appendix to Observations on the Secondary and Tert. formations of the South. Atlant. States by Hodge p. 332-348, pl. 1 (Am. Journ. Sc.) 1841.

» Descr. 26 new species fossil shells medial tert. p. 28-33 (Proc. Nat. Sc. Phil.) 1841.

Conrad Descr. 24 new species foss. shells chiefly tert. Calvert p.183-190 (Journ. Acad. N. S. Phil.)1841.

»   Observ. port. Atlantic tert. region descr. new species p. 171-194, 2 pl. (Bull. Proc. Nat. Ind. Washington) 1842.

»   Descr. new genus and 29 new mioc. p. 305-311 (Proc. Acad. Nat. Sc. Phil.) 1843.

»   Descr. 19 species Tert. Foss. Virginia and North Carolina p. 323-329 (Proc. A. Nat. Sc. Philad. V. 1) 1843.

»   Descr. new shells Appendix James Hodge p. 94-111, pl. 1 (Trans. Am. geol. San.) 1843.

»   Observat. 8 new foss. sh. p. 173-175 (Proc. Acad. Nat. Sc.) 1844.

»   Observations Eoc. format. Un. St. with descr. species shells p. 209-221 , pl. 2 (Am. Journ. Sc.) 1846.

»   Descr. new species org. remains upper Eoc. Tampa p. 399-400 (Am. Journ. Sc.) 1846.

»   Observ. Eocen. Formation and descr. 105 new foss. Vicksburg p. 111-134 (Journ. Acad. Nat. Sc. Phil.) 1847, 1 et 2 edition.

»   Fossil shells Tert. dep. Columbia p. 432-433 (Am. Journ. Sc.) 1848.

»   Descr. new fossil recent shells Un. St. p. 207-209 (Journ. Ac. Nat. Sc. Phil.) 1849.

»   Descr. Tert. shells Astoria p. 723-730 (Dana's Pal. Report) 1849.

»   Descr. 1 new Cret. and 7 new eoc. foss. p. 39-41, pl. 1 (Journ. Acad. Nat. Sc.) 1850.

»   Note on shells with descr. new species (Proc. Acad. Nat. Sc. Phil.) 1852.

»   Remark Tert. strata S. Domingo and Vicksburg p. 198-199 (Proc. Ac. Nat. Sc. Phil.) 1852.

»   Synopsis of the genera Cassidula p. 448-449 (Idem) 1853.

»   Descr. new foss. shells p. 273-276, pl. 1 (Journ. Acad. N. Sc. Phil.) 1853.

»   Fossils Vicksburg Eoc. beds p. 277-289 , pl. 4 (Waile's Rep. Agr.) 1854.

»   Rectif. generic names Tert. foss. shells p. 29-31 (Proc. Acad. Nat. Sc. Phil.) 1854.

»   Observations Eocene deposit Jackson Miss. descr. 34 new shells and corals p. 257-263 (Proc. Ac. Nat. Sc. Phil.) 1855.

»   Descr. 18 Cret. and tert. foss. p. 265-268 (Proc. Ac. Nat. Sc. Phil.) 1855.

»   Note on Mioc. and postpl. California p. 441 (Idem) 1855.

»   Descr. foss. shells California p. 317-329 , pl. 2-9 (Pacif. Railroad Report) 1855.

»   Descr. tert. foss. p. 69-73, pl. 2-5 (Pacific Rail road Reports) 1855.

»   Report Pal. Survey p. 189-196, pl. 1-10 (Idem) 1855.

Conrad Descr. 3 gen. and 23 new species middle tert. California p. 311-316 (Proc. Ac. Nat. Sc. Phil.) 1856.

»   Remarks Foss. shells from. Chile p. 282-289, pl. 41-42 (U. St. N. Astrol. Exped) 1856.

»   Rectif. some gener. names Am. tert. foss. p. 166 (Idem) 1857.

a »   Descr. Cret. and. Tert. foss. p. 141-174, pl. 1-21 (Report Un. St. Mexican Bound Surv.) 1858.

a »   Descr. new species cret. and eoc. foss. Mississipi and Alabama p. 275-298, pl. 2 (Journ. Acad. Nat. Sc. Philad.) 1860.

»   Descr. new gen. and species tert. and recent p. 284-291 (Proc. Ac. Nat. Sc. Phil.) 1861.

»   Cat. Mioc. shells Atl. slope p. 559-582 (Idem) 1862.

»   Descr. of new recent and mioc. All. slope p. 583-586 (Idem) 1862.

»   Notes on shells p. 211-214 (Idem) 1864.

»   Observ. Eoc. Lignite Un. St. p. 70-73 (Idem) 1865.

a »   Catal. eoc. Annulata. Foraminif. Echinoderm. Cirriped. p. 73-75 (Idem) 1865.

»   Descr. new spec. echinid. p. 75 (Idem) 1865.

»   Observ. Americ. foss. with descr. p. 184 (Idem) 1865.

a »   Catal. Eoc. Oligoc. test. p. 1-36, 389-390 (Am. Journ. Conch. V. I) 1865.

a »   Descr. new eoc. shells Un. St. p. 142-149, pl. 2 (Am. Journ. Conch.) 1865.

a »   Catal. older Eocen. shells Oregon p. 150-151 (Idem) 1865.

a »   Descr. new eoc. shells p. 210-212, pl. 2 (1865).

a »   Descr. 5 new species older eocene shells Shark River p. 213, pl. 2 (Idem) 1865.

»   Illustr. Mioc. foss. descr. new species p. 65-74, pl. 2 (Idem) 1866.

»   Observ. recent fossil shells p. 101-103 (Idem) 1866.

»   Note genus gadus and fossil shells p. 75-78 (Idem) 1866.

»   Descr. new tert. cret. and recent p. 104-106 pl. 2 (Idem) 1866.

a »   Check List invert. foss. p. 1-41 (Smith. Misc. Publ.) 1866.

»   Note tert. North South Carolina p. 260 (Amer. Journ. Conch.) 1867.

»   Paleont. miscellanies p. 5-7 (Idem) 1867.

»   Descr. new genera foss. shells p. 8-16 (Idem) 1867.

»   Synopsis genera Sycotypus etc. p. 172-175, pl. 2 (Idem) 1867.

»   Descr. new mioc. shells p. 186-187 (Idem) 1867.

»   Notes fossil shells p. 188-190 (Idem) 1867.

»   Descr. new genera mioc. shells p. 257-270, pl. 4 (Idem) 1867.

»   Descr. mioc. shells Atlantic slope p. 64-68, pl. 2 (Idem) 1868.

Conrad Notes on recent and fossil shells p. 246-249, (Idem) 1868.

»   Descr. references mioc. shells p. 278-279, pl. 2 (Idem) 1868.

α »   Descr. mioc. eoc. cret. shells p. 39-45 , pl. 2 (Idem) 1869.

»   Observ. genus Astarte p. 46-48 (Idem) 1869.

»   Descr. new fossil Moll. p. 96-103 (Idem) 1869.

»   Notes on rec. and foss. shells p. 71-78 (Idem) 1870.

»   Descr. new foss. shells p. 182-198 (Idem) 1870.

α »   Descr. new tert. foss. p. 299-301, pl. 2 (Idem) 1870.

»   On the eoc. beds Utah p. 381-383 (Idem) 1871.

»   Paleontol. notes p. 314-315, pl. 1 (Idem) 1871.

»   Descr illustr. genera shells p. 50-55, pl. 1 (Proc. Acad. Nat. Sc. Phil.) 1871.

»   Descr. new recent species Glycimerls and mioc. shells North Carolina p. 216-217, pl. 1 (Idem) 1872.

»   Remarks Tert. clay Upper Amazon p. 25-32, pl. 1 (Idem) 1874.

»   Notes Cirripede California p. 273-275 (Idem) 1876.

»   Note on the relations Balanus Cal. Mioc. p. 156-157 (Am. Journ. Sc.) 1877.

Cook Geology of New Jersey 1868.

Cope New Vertebr. Upper Tert. West p. 219-245 (Phil. Soc.) 1877.

»   Extr. dogs p. 235-249, pl. 1-14 (Am. Nat.) 1883.

»   Tertiary Vatebrak p. 1-1009, pl. 1-75 (Geol. Survey) 1884.

»   The Condylarthra p. 790-906, pl. 1-28 (Am. Nat.) 1884.

»   Amblypoda p. 1-55, pl. 1-35 (Am. Nat.) 1885.

Dall W. H. Note on some tert. Foss. California p. 1-4 (Proc. Ac. Sc.) 1878.

α Dawson Report on the Tert. Lignite Form. p. 1-31, pl. 2 (Brit. North Am. Bound. Commission Geol. Rep.) 1873.

»   On new Plioc. and post plioc. Montreal p. 401-426, pl. 7 (Cand. Nat.) 1857.

»   Notes on post plioc. Rivière du Loup. p. 81-88 (Idem) 1867.

»   Additional notes on post plioc. p. 23-39 (Idem) 1869.

α »   Notice of Tertiary foss. Labrador, Maine etc. p. 188-200 (Idem) 1870.

»   On post plioc. geol. Canada p. 1-112, pl. 7, 1872.

Desor Cabot On tertiary deposits Nautucket p. 340-344 (Quart. Journ.) 1849.

Dutton Tertiary History Grand Canon District p. 1-264, pl. 1-42 (U. St. Geol. Survey) 1882.

Ehrenberg Weiter. Entwick Kennt. Grunds.

Gabb Descr. some new tert. foss. Chiriqui Central America p. 567-568 (Proc. Ac. Nat. Sc. Phil.) 1869.

»   Descr. new spec. Am. tert. and cret. p. 375-406

pl. 3 (Journal Ac. Nat. Sc. Phil.) 1860 (In cat. Friedländer N. 297 avec 4 pl. edit. 1862).

Gabb Descr. new spec. Am. tert. and carbon. ceph., p. 367-372 (Proc. Acad. N. S. Phil.) 1861.

»   An attempt revision families Strombidae Aporrhaidae p.157-249, pl.2 (Am. Journ. Conch.) 1868.

»   Notes on Alaria etc. p. 19-23 (Idem) 1869.

»   Descr. new foss. South America p. 25-32 (Idem) 1869-70.

α »   Paleontology California p. 2-299, pl. 2 (1869).

»   Notes on West Ind. Foss. p. 544-545 (Geol. Magaz.) 1875.

»   Topography Santo Domingi p. 1-259, tabl. 1 (Trans. Philosoph. Soc.) 1873.

α »   and Horn Monogr. Polyzoa second. and tert. North America p. 111-179, pl. 3 (Journ. Acad. N. S. Phil.) 1862.

Gill On gen. Fulgur etc. p. 141-152 (Am. Journ. Conch.) 1847.

»   On Pterocerae Lamark p. 120-139 (Idem) 1869.

Guppy On some dep. late tert. Matura p. 256-261 (Geol. Magaz.) 1865.

»   On Tert. Brach. Trinidad p. 295-297, pl. 1 (19) (Quart. Journ.) 1866.

»   Tert. Echinoder. West. Indies p. 296-301 pl. 1 (19) (Idem) 1866.

»   Tert. Moll. Jamaica p. 281-294 (Quart. Journ.) 1866 plusieurs notes dans le même volume du Quart. Journal.

»   Mioc. Foss. Haiti p. 516-532, pl. 18-19 (Quart. Journ.) 1876.

Hale Geolog. South Alabama Am. Journ. Sciences.

Hamlin Syrian Moll. Foss. p. 1-68, pl. 1-6 (Museum Comparat. Cambridge) 1882.

»   A. Proceedings Acad. Nat. Sc. Philadelphia p. 211-216, 1879.

α »   Proc. Acad. Nat. Scienc. Phil. p. 211-216 (1879).

»   Proceedings Acad. Nat. Science Philadelphia 1880.

»   On Strat. evid. afford. tert. foss. of Peninsula of Maryland 1880.

»   Appendix North Americ. Tert. Ostreidae by White p. 309-316, pl. 64-72 (Ac. Geol. Survey Report) 1882-83.

Heilprin Proc. Acad. Nat. Sciences 1881.

»   On relat. ages and class. posteoc. Atlant slope 1882.

»   Notes new foram. Florida p. 321-322 (Proc. A. Nat. Phil.) 1884.

»   Tert. Geol. Heast South. p. 115-1154 (Journ: A. N. Phil.) 1884.

α »   Contr. Tert. Geol. Pal. p. 1-117, pl. color. 1, 1884.

Heneken On some tert. deposits S. Domingo p. 115-134 (Quart. Journ.) 1853.

Hilgard Agricult. Geol. Mississ. 1860.

»   Tert. Miss. Ala. p. 29-41 (Am. Journ. Sc.) 1867.

Hilgard W. and Hopkins Report on Borings p. 854-889 ,
  pl. 1-3 (Bulletin Office of Engineeers) 1878.
»   On tert. Form. Miss. Ala. (Ann. Journ. Sc. Vol. 43).
Jeffreys The post tert. fossils Arctic Exped p. 229-242 (An.
  Mag. N. Hist.) 1877.
Johnson Science Vol. 2 p. 32, 277, 1884.
Langdon American Journal Sciences 1886.
»   American Journal Sciences Mars (1886).
a Lea Henry Descr. some new species foss. Eoc. Alabama
  p. 92-103, pl. 1 (Amer. Journ. Sc.) 1841.
a   »   Descr. some new foss. shells Petersburg p. 229-274,
  pl. 34-37 (Trans. Am. Philosoph) 1843.
a   »   Catal. Tert. Test. p. 1-15 (Ac. Nat. Sc. Phil.) 1848.
a Lea Isaac Contr. Geology p. 1-227, pl. 6, 1843.
Leidy Contr. Extinct. Vert. Fauna p. 1-358, pl. 1-33 (Geol.
  Survey) 1873.
Lesquereux Contr. Fossil Flora p. 1-277, pl. 1-59. (Geol.
  Survey) 1883.
Lonsdale Account 26 species of Polyparia Eoc. North A-
  merica p. 509-533 (Quart. Journ.) 1845 et deux
  autres notes insérées dans le même volume du
  Quart. Journ.
Lyell Rem. on foss a. rec. shells p. 119-120 (Proc. Geol.
  Soc. Lond.) 1839.
»   On tert. Isl. Marther p. 32-33 (Idem) 1840.
»   Rem. on foss. rec. shells Canada p. 135-141, pl. 16
  (Trans. Geol. Soc. London) 1842.
»   Travers in North America 1865.
a   »   Observations White Limest. Eoc. Virginia p. 429-
  442 (Quart. Journ.) 1845.
»   On the Mioc. Maryland etc. p. 411-429 (Idem) 1845.
a   »   On relative age nummulite Limestone Alabama
  p. 10-16 (Idem) 1848 (Le même Am. Journal
  Science p. 186-191) 1847.
Mathew Note moll. post pl. Acadire p. 33-39, pl. 1 (Am.
  Soc. Mal. Belg.) 1874.
Meek Descr. new foss. Nebraska and Utah p. 308-315 (Proc.
  Ac. Nat. Sc. Phil) 1860.
»   Check lists of invert. foss. mioc. p. 1-32 (Smith.
  Miss. Publ.) 1864.
»   Descr. foss. collected U. S. Geol. Surv. p. 56-64
  (Proc. Ac. Nat. Sc. Phil.) 1870.
»   Prelim. list foss. Colorado etc. p. 425-431 (Proc.
  Am. Phil. Soc.) 1870.
»   Prelim. Pal. report p. 287-318 (Hayden's Prélim.
  U. S. Geol. Surv.) 1872.
»   Prelim list foss. Expedition 1871 in Utah etc.
  p. 373-377 (U. St. Geol. Surv.) 1872.
»   Prelim. Pal. report list of foss. p. 431-518 (Idem)
  1873.
»   et Haiden Descr. new org. remains tert. cret. jur.
  p. 175-184 (Proc. Ac. Nat Sc. Phil.) 1860.
»   »   Syst. Catal. Jur. Cret. Tert.Nebraska p.
  417-432 (Idem) 1860.

Meek et Haiden Descr. new Sow. Silur. Jur. Cret. Tert. Ne-
  braska p. 415-447 (Idem) 1861.
a   »   »   Invertebrate Cret. and Tert. foss. Upper Missouri County p.1-629, pl. 1-45 (Geol. Survey) 1876.
Meyer On some tert. beds Island San Domingo p. 39-44
  (Quart. Journ.) 1850.
»   On some tert. shells Jammaica p. 510-515 (Idem)
  1863.
»   Amer. Journ. Sciences Vol. 29, p. 460, 1885.
a   »   Contr. Eoc. Pal. Ala. and Miss. p. 64-85, pl. 1-3
  (Idem) 1886.
»   Genealogy Age South. Old tertiarie p. 457-468
  (Am. Journ. Science) 1885.
»   Proceed. Acad. Nat. Sc. Philadelphia p. 107-112
  (1884).
a   »   Inverterbr from Eoc. Mississ. and Alabama p. 51-56,
  pl. 1 (Proc. Acad. Nat. Sc,) 1887.
a   »   Beitrag Kenntnis Fauna Alt. Tert. Miss. und Ala.
  p. 1-22, pl. 1-2 (Bericht Nat. Gesellsch. Frank-
  furt) 1887.
»   On miocen. invert. Virginia p. 135-144, pl. 127
  (Philos. Society) 1888.
a   »   et Aldrich Tert. Fauna Newton and Wautubee,
  p. 1-12. pl. 1 (Cincinnati Soc. Nat. Hist.) 1886.
Moore in Hilgard Agric. Geol. Miss. 1860.
a Morton Synopsis org. remains Cretac. Unit. Stat., with
  an Appendix containing tab. new tert. foss.
  p. 88, 8, 23 (1834).
»   Descr. 2 new spec. foss. echin. eoc. p. 357 (Ann.
  Mag. N. Hist.) 1846.
Murray Report Geol. Surv. Newfoundland p. 49, 1871-73.
Nelson Mollusc. Fauna tert. Peru p. 186-206, 2 pl. (Trans.
  Conn. Acad. Arts Sc.) 1871.
Paisley Postpl. Bathurst p. 268-270 (Canad Nat.) 1874.
Ravenel Descr. two new gen. Scutella South Carolina p. 333-
  336 (Journ. Acad. N. Sc. Phil.) 1842.
»   Descr. some new species org. remains eoc. Caro-
  lina p. 96-98 (Proc. Ac. N. Sc. Phil.) 1844.
a Rogers Contr. Geol. tert. form. Virginia mioc. and eoc.
  p. 371-377, 5 pl. (Trans Am. Phil. Soc.) 1837.
Say An. account some foss. shells Maryland p. 124-155,
  pl. 7 (Journ. Acad. Nat. Sc.) 1824.
Schuchert List of fossil Maryland 1888.
Schomburgk Micr. silic. Polycystina Barbados p. 115-123,
  pl. 5-6 (Ann. Mag. Nat. Hist.) 1847.
»   History of Barbados p. 772 with north of tert.
  shells 1848.
Scudder The History of Barbados p. 1-772, p. 269-280 (Rep.
  Geol. Surv. Can.) 1877.
Shumard Descr. new foss. tert. format. Oregon p. 120-125
  (Trans. St. Louis Acad.) 1858.
a Smith Eugene A. and Johnstone Lawrence C. Tertiary
  and Cret. Strata Tuscaloosa, Tombgbee and A-

labama Rivers p. 1-188, sections 1-21 (Bulletin of the Geol. Survey of the Un. Stat) 1887.

Stimpson Descr. new cardium Pleist. p. 58-59 (Proc. Ac. Nat. Sc. Phil.) p. 58-59 (Proc. Ac. Nat. Sc. Phil.) p. 58-59.

Sudder H. S. Tertiary Lake Florissant p. 271-293 (Un. St. Geol. Surv.) 1878.

a Tuomey Discovery chambered univalve eoc. Virginia p. 187 (Am. Journ. Sc.) 1842.

» Report Geology South Carolina 1848.

a » Holmes Plioc. foss. South Carolina p. 1-151, pl. 30 (1857) la copie de White.

» Fossils South Carolina p. 105-110, pl. 25-28 (1856) ma copie.

Tyson Philip T. First report 1860.

Verill On Post plioc. Sankoty Head 364-375 (Am. Journal Sc.) 1875.

Wagner Descr. 5 new foss. old plioc. Maryland p. 51-53, pl. 1 (Journ. Acad. Nat. Sc. Phil.) 1839.

Winchell Proc. Amer. Assoc. 1856.

a White et Heilprin Review Foss. Ostreidae p. 281-388, pl. 35-82 (Annal Report Geolog. Survey Un. St. 1882-83.

» Prelim. Report. invert. foss.p. 2-27 (Wheeler's Geol. Expl.) 1874.

» Report. Quart. foss. (Idem) 1875.

» Invert. paleont. Plateau Prov. p. 74-135 (Powell's Report.) 1876.

» Descr. new species uniones p. 603-606 (Bull. U. St. Geol. Surv.) 1877.

a Cat. Invert. foss. fresh brackish water deposit. p. 607-614 (Idem) 1877.

a White Contr. Invert. Pal. Tert. Moll. Colorado p. 41-46, pl. 19-40 (Geol. Survey Un. St.) 1878.

a » Laramie Fossil p. 49-103, pl. 10-30 (Geol. Survey Un. Stat) 1878.

» Contr. Invert. Pal. Certain Tert. Colorado p. 41-48, pl. 19 (Bull. Geol. Sc. Un. St.) 1878.

a » Contr. Invert. Paleont. Laramie Group p. 49-103, pl. 20-30 (Bull. Geol. Survey Un. St.) 1878.

» A. Revew non marine fossil mollusca (Geol. Survey 1883.

a » On Marin. Eoc. Fresh Wat. mioc. p. 1-9, pl. 1 (Bull. Geol. Survey) 1885.

» Fossil Moll. John Day Oregon p. 10-16, pl. 2-3 (Idem) 1885.

» Supplement Non marine foss. Moll. p. 17-19 (Idem) 1885.

a » Relation Laramian Moll. Fresh. Wat. Eoc. p. 1-32, pl. 1-5 (Bull. Un. St. Geol. Surv.) 1886.

a Whitfield Descr. new species eoc. foss. p. 259-268, pl. 1 (Am. Journ. Conch.) 1865.

» Brachiopoda and Lamelibranchiata p. 1-267, pl. 1-35 (Un. St. Geol. Survey) 1885.

Woodward Foraminifera Bermuda p. 147-151 (Idem) 1885.

» and Thomas Foram. Boulderclay p. 164-177 (Geol. surv. Minnes) 1885.

» Bibl. Foramin.

» Note Foram. Fauna Mioc. Petersburg p. 16-17 (New York Min. Society) 1887.

Wyman Fossil Mammals p. 275-281, pl. 12-13 (U. S. N. Astr. Exped.) 1856.

INDEX SYNOPTIQUE DES ESPÈCES

Var. linguaecanis Lea p. 174.
» pincerna Lea p. 174.
Ostrea sellaeformis (Conr.) Conr. p. 175.
Mut. divaricata Lea p. 176.
» laeta De Greg. p. 176.
» vermilla De Greg. p. 176.
» sellaeformis (Conr.) Conr. type
p. 176.
Ostrea Mortoni Gabb p. 176.
» Tuomeyi Conr. p. 176.
» georgiana Conr. p. 177.
» cretacea Mort. p. 177.
» compressirostra (Say) Whitf.
Heilpr. p. 177.
» Mortoni Gabb p. 177.
» Johnsoni Aldr. p. 178.
» thirsae Gabb p. 178.
» vomer Morton p. 178.
» panda Morton p. 178.

SPONDYLIDAE

Spondylus amussiopse De Greg. p. 170.
» (Plagiostoma) dumosus Mort.
p. 179.
Plicatula filamentosa Conr. p. 179.

ANOMIIDAE

Anomia ephiphioides Gabb. p. 180.
» n. sp. p. 180.

PECTINIDAE

Pecten Deshayesii (Lea) Conr. p. 180.
Mut. Type (Lea f. 66) p. 160.
» Lyelli (Lea f. 67) p. 181.
» tirmus De Greg. p. 181.
Pecten (Pseudamussium) calvatus Mort.
p. 181.
» (Janira) promens De Greg. p. 181.
» anatipes Morton p. 181.
» perplanus Morton p. 182.
» (Janira) Poulsoni Mort. p. 182.
» Spillmani Gabb p. 182.
» (Camptonectes) Claibornensis
Conr. p. 182.
» (Amussium) Alabamensis Aldr.
p. 183.

Pecten scintillatus Conr. p. 183.
» membranosus (in Heilpr.) p. 183.

AVICULIDAE

Aviculinae

Avicula Claibornensis Lea p. 183.
» cardincrassa De Greg. p. 184.

Perninae

Perna cretacea Conr. p. 184.

Pinninae

Pinna sp. p. 184.

MYTILIDAE

Lithodomus petricoloides (Lea) De Greg.
p. 185.
» Claibornensis Conr. p. 185.
» Alabamensis Meyer p. 185.
Crenella costata Lea p. 185.

NUCULIDAE

Nucula magnifica Conr. p. 186.
» ovula Lea p. 186.
» carinifera sp. dub. p. 186.
» capsiopsis De Greg. p. 187.
» Monroensis Aldr. p. 187.
Yoldia gen. p. 187.
Leda (Yoldia) eborea Conr. p. 187.
» Brongnarti Lea p. 187.
» magna Lea sp. dub p. 188.
» plana Lea sp. dub. p. 188.
» media Lea p. 188.
» plicata Lea p. 189.
» Claibornensis (Conr.) De Greg.
p. 189.
» bella Conr. sp. dub. p. 189.
» opulenta Conr. sp. dub. p. 189.
» pulcherrima Lea p. 190.
» semen Lea p. 190.
» protexta Conrad p. 190.

PECTUNCULIDAE

Limopsis (Trigonocaelia) cuneus Conr.
p. 191.
» » ledoides Meyer
p. 191.
Limopsis pectuncularis Lea sp. p. 191.
» declivis (Conr.) De Greg. 191.
» docieus Conr. p. 192.
» ellipsis Lea sp. dub. p. 192.
» corbuloides Conr. sp. dub.
p. 192.
» perplanus Conr. sp. dub. p. 193.
» aviculoides Conr. p. 193.
Pectunculus Broderipii Lea p. 193.
Var. radiatus De Greg.
p. 194.
» deltoidus Lea p. 194.
Mut. typique p. 194.
» percuneatus De Greg.
p. 194.
» striatus De Gr. p. 194.
» ignus De Greg. p. 195.
» idoneus Conr. sp. dub. p.
195.
» minor Lea p. 195.

ARCIDAE

Cucullaearca Conr. p. 195.
Arca (Cucullaearca) cuculloides (Conr.)
De Greg. p. 195.
» (Anomalocardia) Missipiensis Conr.
p. 196.
» rhomboidella Lea p. 190.
» (Bucullaearca) transversa Rogers
p. 196.
» » macrodonta Whitf.
p. 197.
» inornata Meyer p. 197.

CRASSATELLIDAE

Crassatella alta Conr. p. 197.
» protexta Conr. p. 198.
» tumidula Whitf. p. 198.

ECHINIDAE

Coelopleurus infulatus? Mort. p. 251.
Echinus exercens De Greg. sp. dub.
      p. 252.

CIDARIDAE

Cidaris sp. p. 252.
  »   moerens De Greg. p. 252.
  »   ordinatus De Greg. p. 252.
  »   modestus De Greg. p. 253.
  »   perdubius De Greg. p. 253.
  »   blandus De Greg. p. 253.

RADIATA

ACTINARIA

GORGONIIDAE

Coralliinae

Corallium perplexum De Greg. p. 253.

TURBINOLIDAE

Turbinolia pharetra Lea p. 254.
Platytrochus Stokesi Lea p. 254.
  »   Goldfussi Lea p. 255.
  »   Claibornensis De Greg.
        p. 255.

Platytrochus nanus Lea sp. dub. p. 255.
Placosmilia (Trochosmilia) connivens De
      Gr. p. 255.
Trochocyathus sp. p. 256.
Paracyathus? serrulus Conr. p. 256.
Osteodes elaborata Conr. p. 256.
Flabellum sp. p. 256.
  »   Wailesii Conr. p. 286.

OCULINIDAE

Stylophora? perdubia De Greg. p. 257.

ASTREIDAE

Cyclosmilia sp. p. 257.
Astrocoenia sp. p. 257.

FONGIIDAE

Cycloseris sp. p. 257.

MADREPORIDAE

Madrepora sp. p. 257.
Endopachys Maclurii Lea p. 158.
  »   triangulare Conr. sp. dub.
        p. 258.
  »   alticostatum Conr. sp. dub.
        p. 258.
  »   expansum Conr. p. 258.

RHIZOPODA

MILIOLIDAE

Miliolina agglutinans (D' Orb.) Meyer
      p. 259.

GLOBIGERINIDAE

Clavulina communis D'Orb. p. 259.
  »   cylindrica Hantken p. 259.

LAGENIDAE

Nodosaria sp. p. 259.
Mirfa n. gen. p. 260.
  » subtetraedra De Greg. p. 260.
Cristellaria Lamark p. 260.
  »   Claibornensis De Gr. p. 260.
  »   calcar L. p. 260.
  »   propesimplex De Gr. p. 260.
Dentalina obliqua (L.) Rupert Jones
      Parkes Brady p. 261.

NUMMULINIDAE

Orbitoides Mantelli Mort. p. 261.
  Mut. umbrellopsis De Greg. p. 262.
  » dispansopsis De Greg. p. 262.
  » optata De Greg. p. 262.
  » mustea De Greg. p. 262.

EXPLICATION DES PLANCHES

Touts les exemplaires figurés dans ces planches sont de l'éocène de l'Alabama; il y en a seulement un très petit nombre sur la provenance desquels j'ai quelque doute, ce que j'ai averti dans les diagnoses des espèces relatives. La plupart proviennent de l'éocène de Claiborne. Les figures, dont les numéros ne sont suivis d'aucun signe, sont originales; elles reproduissent des échantillons qui sont conservés dans mon cabinet géologique. Celles qui sont suivies d'un * sont des reproductions dont j'ai indiqué l'origine. Comme j'ai dit, tous les exemplaires figurés proviennent de l'Alabama, trois seulement sont des reproductions de fossiles d'autres localités: la *Clavulina communis* D'Orb., *Cl. cylindrica* D'Orb., *Ficula tricostata* Desh. J'ai fait cela car elles se retrouvent aussi dans l'éocène de l'Alabama, je n'en possédais aucun exemplaire et je ne connaissais aucune figure d'exemplaires de cette localité. Toutes les figures, sans spéciale indication, sont exécutées en grandeur naturelle; lorsque elles ont été grossies, on l'a averti dans l'explication relative. Dans ce cas j'ai fait indiquer dans les planches tout près de la figure la grandeur naturelle à l'aide d'une petite ligne.

Pl. 1.

F. 1-7. Myliobatis toliapicus Ag. Var. silurica De Greg. fig. 1 plaque dentaire en dessus, f. 2 la même en section, f. 3 la même de côté, f. 4 en dessous, f. 5 épine caudale, f. 6 la même en section, f. 7 la même de l'autre côté. p. 11.

F. 8-13. Aetobatis irregularis Ag. ? sp. aff. Var. Claibornensis De Greg., f. 8-9 une plaque de deux côtés, f. 10-13 une autre plaque de trois côtés et en section. p. 12.

F. 14-17. Vertèbres dent et épine de poissons reproduits d'après l'ouvrage de Lea avec grossissement. p. 12.

F. 18-29. Balanus unguiformis Sow.? Six exemplaires dessinés de deux côtes; les fig. 18, 19, 20, 21, 24, 25 gross. les autres gr. nat. p. 12.

F. 30-32, 33*. Serpula simplex (Lea) De Greg. un exemplaire dessiné de côté et d'après ses deux extrémités; f. 33 reprod. de Lea. p. 13.

F. 34*. Serpula tubanella Lea (reprod. de Lea). p. 14.

F. 35-38ab. Aturia zic-zac Sow. Fig. 35-36 le même exempl. de deux côtés, f. 37-38ab un autre exempl. de trois côtés. p. 14.

F. 39*. Nautilus Alabamensis Mort. (reprod. de Morton). p. 15.

F. 40-41. Terebra venusta Lea. Le même exempl. de deux côtés, gross. p. 16.

F. 42*. » Idem (reprod. de Lea).

F. 43-44. » andrega De Greg. Le même exempl. de deux côtés. p. 17.

F. 45-46. » mirula De Greg. (ex divisura Conr.) p.17.

F. 47-48. » ziga De Greg. Le même exempl. gross. deux fois et quatre fois. p. 17.

F. 50-51. » inula Dè Greg. p. 18.

F. 52-53. » mitis De Greg. p. 18.

F. 54*. » terebriformis Conr. Reprod. de Conrad (voyez aussi pl. 10, f. 23). p. 19.

F. 55. » (Pyramimitra) Leai De Greg. Reprod. de Lea. p. 19.

F. 56-58. Conus deperditus Brug. Var. subdiadema De Greg. de trois côtés. p. 20.

F. 59-60. » improvidus De Greg. de deux côtés. p. 20.

F. 61-62. » diversiformis Desh. de deux côtés. p. 20.

F. 63*. » Idem reprod. de Conrad.

F. 64-65. » (Conospirus) parvus Lea. Le même exempl. gross. de deux côtés. p. 21.

F. 66-67. Conus (Conospirus) granopsis De Greg. Le même
exempl. gross. de deux côtés. p, 21.
F. 68*. »   (subsauridens Conr.) repr. de Conrad. p. 22.
F. 69*. Conorbis (Cryptoconus?) Conradi De Greg. repr.
de Conrad. p. 23.
F. 70-71. Pleurotoma (Coronia) acutirostra (Conr.) De Greg.
f. 70 gr. nat., f.71 le même gross. p.24.
F. 72. »   Idem reprod. de Conrad. p. 24.
F. 73-75. »   (Coronia) Childreni f. 75 gr. nat., f. 74
le même exempl. gross., f.73 détail.
p. 25.
F. 76. »   Idem reprod. de Lea.
F. 77*.78-79. »   (Coronia) Desnoyersi Lea, f.78 détail,
f. 79 exempl. gross., f. 77 reprod.
de Lea. p. 25.
F. 80*. »   (Strombina) subaequalis Conr. repr.
de Conrad. p. 27.
F. 81. »   »   protapa De Greg. exem-
pl. gross. p. 26.
F. 83. »   »   nupera Conrad exempl.
gross. p. 26.
F. 82*. »   »   Idem repr. de Conrad.
F. 84*. »   »   gemmata Conr. reprod.
de Conrad. p. 26.

Pl. 2.

F. 1. Pleurotoma (Clavatula) lupis De Greg. gross. p. 28.
F. 2,3*,4*. »   »   monilifera Lea. Fig. 2 gross.,
f. 3 reprod. de Lea, f. 4
Var. Sayi reprod. de Lea.
p. 28.
F. 5,6*. »   »   rugosa Lea. Fig. 5 gross.,
f. 6 reprod. de Lea. p. 28.
F. 7*,8. »   »   Haeninghausi (Lea) De Greg.
Fig. 6 reprod. de Lea, f. 8
orig. p. 29.
F. 9. »   »   properugosa De Greg. gross.
p. 29.
F. 10,11,12,13*. »   depygis Conr. Fig. 10 détail,
f. 11 gross., f. 12 un peu
gross., f. 13 reprod. de
Conrad. p. 29.
F. 14-15*. »   »   Beaumonti (Lea) De Greg.
Fig. 14 gross., f. 15 repr.
de Lea. p. 30.
F. 16-18. »   »   taltibia De Greg. Fig. 16 gr.
nat., f. 17 détail, f. 18 le
même exempl. gross. p. 30.
F. 19*. »   »   capax Whitf. repr. de Whit-
field. p. 31.
F. 20*. »   »   persa Whitf. repr. de Whitfield. p. 31.

F. 21. Pleurotoma (Clavatula) desnoyersopsis De Greg. gross.
p. 31.
F. 22*. »   »   obliqua Lea reprod. de Lea.
F. 23*. »   »   alternata Conr. reprod. de
Conrad. p. 31.
F. 24*. »   »   Tombigbeensis Aldr. reprod.
de Aldrich. p. 32.
F. 25*. »   »   Tuomeyi Aldr.. reprod. de
Aldrich. p. 33.
F. 26-27. »   (Pleurofusia) longirostropsis De Greg.
Fig. 26 gross., f. 27 détail.
p. 34.
F. 28. »   »   litrapa De Greg. Fig. 28 gross.
p. 34.
F. 29-30. »   (Drillia) solitariuscula De Greg. Fig. 29
gross., f. 30 gr. nat. p. 35.
F. 31-32. »   »   surculopsis De Greg. Fig. 31
gross., f. 32 gr. nat. p. 35.
F. 33-34, 62. »   »   Lonsdali Lea. Fig. 33 gross.,
f. 34 profil montrant, f. 62
reprod. de Lea. p. 35.
F. 35ab »   »   abundans Conr. Fig. 35a
gross., f. 35b profil de l'é-
chancrure. p. 36.
F. 36-38. »   »   pinaculina De Greg. Fig. 36
gross., f. 37 détail, f. 38
profil de l'échancrure. p. 36.
F. 39-41. »   »   fita De Greg. Fig. 39-40 le
même exempl. de deux cô-
tés, f. 41 détail de l'échancrure. p. 37.
F. 42*. »   (Cochlespira) engonata Conr. reprod. de
Conrad. p. 37.
F. 43-45. »   (Tripla) anteatripla De Greg. Fig. 43-44
le même exempl. de deux
côtés, f. 45 détail de l'é-
chancrure. p. 38.
F. 46-48. »   (Pleuroliria) supramirifica De Greg. Fig.
47-48 deux détails. p. 38.
F. 49. »   »   tizis De Greg. gross. p. 39.
F. 50*. »   »   infans Meyer repr. de Meyer.
p. 39.
F. 51-52. »   »   subdeviata De Greg. Fig. 51
gross., f. 52 détail. p. 40.
F. 53*. »   (Moniliopsis) elaborata Conr. p. 40.
F. 54-55,56* »   (Genota) Lesseuri Lea. Fig. 54 gross.,
f. 55 détail, f. 56 reprod.
de Lea. p. 41
F. 57*. »   »   exilloides Aldr. reprod. de
Aldrich. p. 41.
F. 58-61. »   (Dolichotoma) congesta Conr. Var. refervens De Greg. Fig. 58, 60
le même exempl. de deux
côtés, f. 59 détail du même

exempl., f. 61 jeune exempl. gross. p. 41.

F. 62, 33-34. Pleurotoma (Drillia) Lonsdali Lea. p. 35.

F. 63.   »   (Surcula) cancellata Lea repr. de Lea. p. 33.

Pl. 3.

F. 1. Pleurotoma (Raphitoma) rignana De Greg. gross. p. 42.

F. 2*.   »   »   coolata Lea repr. de Lea. p. 42.

F. 3*.   »   »   tabulata Conr. reprod. de Conrad. p. 43.

F. 4.   »   (Mangelia) meridionalis Meyer repr. de Meyer. p. 43.

F. 5*.   »   terebriformis Meyer. p. 43.

F. 6-7.   »   tenella Conr. Fig. 6 gross., f. 7 détail. p. 44.

F. 8-10. Borsonia (Zelia) sativa De Greg. Fig. 10 gross., f. 9 échancrure, f. 8 deux tours gross. p. 45.

F. 11*. Cancellaria (Trigonostoma) Babylonica Lea reprod. de Lea. p. 46.

F. 12-13.   »   »   tera De Greg. Le même exempl. de deux côtés. p. 46.

F. 14-15.   »   »   propegemmata De Greg. Fig. 15 gross. p. 46.

F. 16*.   »   »   impressa Conrad repr. de Conrad. p. 46.

F. 17*.   »   »   elevata Lea reprod. de Lea. p. 47.

F. 18*.   »   »   gemmata Conr. reprod. de Conrad. p. 47.

F. 19*.   »   pulcherrima H. Lea repr. de Lea. p. 47.

F. 20*.   »   costata Lea reprod. de Lea. p. 47.

F. 21-22.   »   percostata De Greg. deux exempl. gross. p. 48.

F. 23-24, 25, 26*   alveolata Conr. Fig. 23-24 deux exempl. gross., f. 25 reprod. de Conrad, f. 26 reprod. de Lea. p. 48.

F. 27*,   »   turritissima Meyer repr. de Meyer.

F. 28-30.   »   tortiplica Conr. Fig. 28 gross. (Var. subevulsopsis De Greg.), f. 29-30 gross. (var. dubia Desh.). p. 49.

F. 31*.   »   multiplicata Lea sp. dub. repr. de Lea. p. 49.

F. 32*.   »   plicata Lea reprod. de Lea. p. 50.

F. 33*.   »   tessellata Lea reprod. de Lea. p. 50.

F. 34*, 35.   »   parva Lea. Fig. 35 gross., f. 37 repr. de Lea. p. 50.

F. 36-44, 45*, 46*. Oliva nitidula Desh. Fig. 36, 44 exempl. adulte de deux côtés, f. 37, 49 autre exempl. de deux côtés, f. 38-39 deux jeunes exempl. gross., f. 45

reprod. de Lea (Greenoughi), f. 46 reprod. de Conrad (Alabamensis). — Fig. 42-44 Var. disposita De Greg., f 43-44 jeune exempl. de la même variété. p. 51.

F. 47-48*. Oliva mitreola Lamk. Fig. 47 origin., f. 48 reprod. de Lea. p. 51.

F. 49*, 52*.   »   bombylis Conr. Fig. 49 repr. de Conrad, f. 52 repr. de Lea (constricta). p. 52.

F. 50, 51*.   »   gracilis (Lea) De Greg. p. 51.

F. 52*.   »   Voyez N. 49.

F. 53-56.   »   platonica De Greg. Fig. 53-54 le même exempl. gross. de deux côtés, f. 55-56 grand. nat. p. 53.

F. 57, 62*, 67. Ancilla altile Conr. Lea. Fig. 57, 67 le même exempl. de deux côtés, f. 62 reprod. de Lea.

F. 58-61. Oliva antelucana De Greg. Deux exempl. de deux côtés. p. 54.

F. 62.   »   Voyez l'expl. f. 57.

F. 63-65. Ancilla pinaculica De Greg. le même exempl. de trois côtés.

F. 66*. Oliva Phillipsi Lea reprod. de Lea. p. 53.

F. 67.   »   Voyez N. 57.

F. 68.   »   minima Lea sp. dub. p. 53.

Pl. 4.

F. 1*.   Ancilla expansa Aldr. repr. de Aldrich. p. 55.

F. 2*.   »   tenera Conr. reprod. de Conrad. p. 56.

F. 3-4, 19*-20* »   subglobosa Conr. Deux exempl. de deux côtés un desquels reprod. de Conrad. p. 56.

F. 5-8, 17*-18* »   (Olivula) staminea Conr. Fig. 5-8 deux exempl. de deux côtés, f. 17-18 reprod. de Conrad. p. 57.

F. 9*.   »   »   plicata Lea repr. de Lea. p. 57.

F. 10*.   »   (Monoptygma) Alabamensis Lea sp. dub. reprod. de Lea. p. 59.

F. 11.   »   »   curta Conr. repr. de Conrad. p. 58.

F. 12-13, 15*, 16.   scamba Conr. Fig. deux exempl. de deux côtés, les fig. 15-16 reprod. de Conrad. p. 55.

F. 14*.   »   (Monoptygma) lymnéoides Conr. repr. de Conrad.

F. 17-18.   »   Voyez f. 15a.

F. 19*-20*.   »   subglobosa Conr. Voyez f. 3-4. p. 56.

F. 20*-21*.   »   altile Conr. repr. de Conrad. Voyez pl. 3, f. 57.

F. 23*-24*. Marginella (Cryptospira) crassilabra Conr. Fig. 23 repr. de Conrad, f. 24 reprod. de Lea (anatina). p. 60.

F. 25*,49*. Marginella (Cryptospira) columba Lea. Fig. 25 reprod. de Lea, f. 49 reprod. de Conrad. p. 60.

F. 26*,27*,28-30 »   »   humerosa Conr. Fig. 28-30 le même exemplaire grand. nat. et gross. de deux côtés, f. 26 reprod. de Lea, f. 27 repr. de Conrad. p. 61.

F. 31*, 32-33 »   (Volutella) plicata Lea. Fig. 32-33 le même exempl. de deux côtés, f. 31 repr. de Lea. p. 61.

F. 34-35,36*,37* »   »   larvata Conr. Fig. 34-35 le même exempl. gross. de deux côtés, f. 36 reprod. de Conrad, f. 37 reprod. de Lea (ovata). p. 61.

F. 38-43, 44* »   »   semen Lea. Fig. 38-39 (type) le même exempl. gross. de deux côtés, f. 40-41 gross. de deux côtés (Var. linda De Greg.) f. 42-43 gross. de deux côtés (Var. exilarata De Greg.), f. 44 reprod. de Lea. p. 62.

F. 45-46, 47* »   incurva Lea. Fig. 45-46 gross. de deux côtés, f. 47 repr. de Lea. p. 62.

F. 48*.   »   (Glabella) constricta Conr. sp. dub. reprod. de Conrad. p. 62.

F. 49*.   »   Voyez f. 25.

F. 50-55, 56*, 57-58, 59*, 60*, 61*, 62*. Voluta petrosa (Conr.) De Greg. Fig. 50-51 (type), f. 52 Var. Defrancii Lea, f. 53 Var. Vanuxemi Lea, f. 54-55 Var. gracilis Lea, f. 56 idem reprod. de Lea, f. 57-58 Var. mitis De Greg., deux exempl. un desquels gross., f. 59 reprod. de Lea (Var. Vanuxemi), f. 60 repr. de Conrad (petrosa type), f. 61 reprod. de Lea (Defrancii), f. 62 reprod. de Lea (parva). p. 63.

Pl. 5.

F. 1-4,5*. Voluta Sayana Conr. Fig. 5 reprod. de Conrad, f. 1-2 Var. ipnotica De Greg., f. 3-4 Var. mica De Greg. p. 64.

F. 6*.   »   (Scaphella) Newcombiana Whitf. reprod. de Whitfield. p. 65.

F. 7.   Voluta teplica De Greg. p. 65.

F. 8*, 9*.   »   (Caricella) Cooperi Lea. p. 66.

F. 10a-c.   »   cogitabunda De Greg. Fig. 10a un exemplaire vu du dos, f. 10 b c un autre exempl. de deux côtés. p. 66.

F. 11-12.   »   (Caricella) demissa Conr. p. 67.

F. 13, 14*, 15-16, 17*, 18*, 19*, 24-29, 30*-31*. Voluta (Caricella) pyruloides (Conr.) De Greg., f. 24-29 type, f. 30-31 reprod. de Conrad (type), f. 13 Var. bolaris, f. 14 reprod. de Conrad, f. 15-16 Var. sita De Greg., f. 17 reprod. de Lea (Humboldti), f. 18 reprod. de Lea (Flemingii), f. 19 reprod. de Lea (Parkinsoni). Voyez aussi l'expl. de la Pl. 13, f. 7ab. p. 67.

F. 20*. Voluta (Caricella) praetenuis Conr. repr. de Conrad. p. 69.

F. 21*.   »   »   Showalteri Aldr. repr. de Aldrich. p 69.

F. 22*.   »   (Volutilithes) limopsis Conr. reprod. de Conrad. p. 69.

F. 23*.   »   (Athleta) Tuomey Conr. reprod. de Conrad. p. 70.

F. 24-29. »   Voyez fig. 13.

F. 30-31. »   Voyez fig. 10.

F. 32-36, 37*, 38*. Mitra (Conomitra) fusoides Lea. Fig. 32-33 gross. (type, f. 34-36 (Var. lepa De Greg.) deux exempl. un desquels de deux côtés, f. 37 repr. de Conrad, f. 38 reprod. de Lea. p. 72.

F. 39*.   Mitra (Lapparia) pactilis Conr. repr. de Conrad. p. 72.

F. 40*,41-42.   »   lineata Lea. Fig. 41-42 gross., f. 40 reprod. de Lea. p. 73.

F. 43, 44*.   »   perexilis Conrad. p. 73.

F. 45*.   »   minima Lea reprod. de Lea. p. 73.

F. 46*.   »   (Turricula) Hatcheligbeensis Aldr. repr. de Aldrich. p. 74.

F. 47*.   »   cincta Meyer reprod. de Meyer. p. 75.

F. 48*.   »   Haleanus Whitf. reprod. de Whitfield. p. 74.

F.49*,58-59,60*»   dubia (Lea) De Greg. Conrad. Fig. 56-57 le même exempl. de deux côtés, f. 58 jeune exempl., f.59 extrémité gross., f. 49 repr. de Conrad, f. 60 reprod. de Lea. p. 75.

F. 50-51.   »   subcomposita De Greg. ex conquisita Conr. deux exempl.

F. 52-55.   »   Missipiensis Conr. Fig. 52-53 le même exempl. de deux côtés, f.54 jeune exempl., f. 55 détail. p. 76.

F. 56-60.   »   Voyez 49.

F. 61*.   »   (Terebrifusus) amoena Conr. sp. repr. de Lea. p. 76.

F. 62*.   »   »   elegans Lea repr. de Lea. p. 77.

F. 63*.   Mitra eburnea Lea sp. dub. reprod. de Lea
                 p. 74.
F. 64*.   »   gracilis H. Lea reprod. de Lea. p. 75.
F. 65*.   »   (Terebrifusus) multiplicatus Lea repr.
                 de Lea. p. 77.
F. 66.*   »   Voluta (Caricella) pyruloides Conr. Mut.
                 striata Lea reprod. de Lea. Voyez
                 f. 13 etc. p. 67.

Pl. 6.

F. 1*. Turbinella (Mazzalina) pyrula (Conr.) Tryon reprod.
                 de Tryon. p. 71.
F. 2ab. .   »   baculus Aldr. reprod. de Aldrich. p. 71.
F. 3*. Fasciolaria ? pergracilis Aldr. repr. de Aldrich. p.79.
F. 4. Turbinella Wilsoni Conr. p. 71.
F. 5*. Fasciolaria (Latirus) plicata Lea repr. de Lea. p. 76.
F. 6ac.   »   errabunda De Greg. Fig. 6a un exempl.
                 gross., f. 6b le même grand. nat., f. 6c
                 autre exempl. gross. p. 78.
F. 7ab.   »   (Lirosoma) sulcosa Conr. Var. perplexa
                 De Greg. de deux côtés. p. 79.
F. 8ab.   »   (Leucozonia) biplicata Aldr. reprod. de
                 Aldrich. p. 78.
F. 9. Fusus Missipiensis Conr. Var. tepus De Greg. p. 80.
F. 10.   »   (Exilia) pergracilis Conr. p. 80.
F. 11*. »   serratus Desh. reprod. de Aldrich. p. 80.
F. 12*. »   tortilis Whitf. reprod. de Whitfield. p. 81.
F. 13*. »   rugatus Aldr. reprod. de Aldrich. p. 81.
F. 14*. »   venustus Lea reprod. de Lea. p. 81.
F. 15*. »   (Clavifusus) stamineus Conr. repr. de Conrad
                 (= altilis Conr.) Voyez exempl. f. 21.
F. 16*. »   (Neptunea) irrasus Conr. repr. de Conrad. p.82.
F. 17*. »   (Strepsidura) linteus Conr. repr. de Conrad. p.86.
F. 18,19*.   (Neptunea) pumilus Lea f. 18 gross., f. 19 re-
                 prod. de Lea. p. 82.
F. 20*. »   (Clavifusus) Cooperi Conr. reprod. de Conrad.
F. 21,24*.   »   altilis Conr. Fig. 21 orig., f. 24
                 reprod. de Conrad, f. 25 reprod.
                 de Conrad. p. 84.
F. 22.   »   (Lirofusus) nanus Lea (stamineus) repr. de Lea.
                 p. 84.
F. 23*. »   (Bulbifusus) plenus Aldr. reprod. de Aldrich.
                 p. 87.
F. 24.   »   Voyez fig. 21.
F. 25*. »   (Papillina) papillatus Conr. reprod. de Conrad.
                 p. 90.
F. 26-27, 28*, 29*, 30*. Fusus (Lirofusus) thoracicus Conr.
                 Fig. 26-27 gross. de deux côtés, f. 28 reprod.
                 de Conrad, f. 29 reprod. de Lea (decussatus),
                 f. 30 reprod. de Lea (bicarinatus). p. 86.
F. 31-32*. Fusus (Bulbifusus) Tuomey Aldr. sp. dub. repr.
                 de Aldrich. p. 87.

F. 33-34, 35*, 36*, 37*, 38*. Fusus (Bulbifusus) inauratus
                 Conr. Fig. 33-34 deux exempl., f. 35 reprod.
                 de Conrad, f. 36 de Lea (Fittoni), f. 37 reprod.
                 de Lea (parvus), f. 38 repr. de Conrad. p. 88.
F. 39*. Fusus (Levifusus) trabeatus Conr. repr. de Conrad.
                 p. 90.
F. 40*.   »   (Bulbifusus) minor Lea sp. dub. repr. de Lea,
                 p. 88.
F. 41*.   »   (Exilifusus) thalloides Conr. repr. de Conrad.
                 p. 89.
F. 42-43,44*.   (Neptunea) Mortonii Lea. Fig. 42-43 deux
                 exempl. gross., f. 44 repr. de Lea. p. 83.
F. 45*.   »   (Clavella) conjunctus Desh. repr. de Conrad.
                 p. 88.
F. 46*.   »   »   raphanoides Conr. repr. de Conrad.
                 p. 88.
F. 47*. Odontopolys compsorhytus Gabb. repr. de Tryon.
                 p. 96.

Pl. 7.

F. 1*. Fusus (Turrispira) protexus Conr. repr. de Conrad.
                 p. 90.
F. 2-4, 5*, 6*, 7*. Fusus bellus (Conr.) De Greg. type.
                 Fig. 2-4 gross., un desquels très jeune, f. 5 re-
                 prod. de Conrad, f. 6 reprod. de Aldrich (gra-
                 cilis), f. 7 idem (Tombigbeensis). p. 91.
F. 8*, 9*. Idem. Var. magnocostatus Lea. Fig. 8 gross., f. 9
                 reprod. de Lea. p. 92.
F. 10*. Idem Var. crebrissimus Lea. p. 92.
F. 11, 12. Idem Var. tupus De Greg. exempl. gross. et
                 détail. p. 92.
F. 13. 14*, 15*, 16*, 17*, 18*. Fusus (Strepsidura) limula
                 Conr. Fig. 13 gross., f. 14 reprod. de Lea (or-
                 natus), f. 15 idem (acutus Lea), f. 16 idem
                 (Conyberaji), f. 17 idem (Delabechi), f. 18 re-
                 prod. de Conrad. p. 85.
F. 19*. Fusus (Turrispira) salebrosus Conr. repr. de Conrad.
                 p. 90.
F. 20*.   »   (Strepsidura) perlatus Conr. repr. de Conrad.
                 p. 85.
F. 21.   »   pulcher Lea reprod. de Lea. p. 85.
F. 22*. Pisania dubia Aldr. idem. p. 93.
F. 23*. Algrus Claibornensis Whitf. reprod. de Whitfield.
                 p. 93.
F. 24*. Murex (Pisania) constricta Aldr. repr. de Aldrich.
                 p. 93.
F. 25*.   »   Vanuxemi Conr. reprod. de Conrad. p. 94.
F. 26*.   »   engonatus Conr. reprod. de Conrad. p. 94.
F. 27*.   »   Matthewsensis Aldr. repr. de Aldrich. p. 94.
F. 28*.   »   Mantelli reprod. de Conrad. p. 95.
F. 29*. Ranella ? pyramidata Lea reprod. de Lea. p. 98.
F. 30ab-33. Murex migus De Greg. Fig. 30ab exempl. gross.

de deux côtés, f. 31, 32 autre exempl.
gross. avec détail des premiers tours,
f. 33 jeune exempl. gross. p. 95.

F. 34. Murex sietopus De Greg. p. 96.

F. 35*. » morulus Conr. reprod. de Conrad. p. 95.

F. 36. » tingarus De Greg. gross. p. 96.

F. 37*. Trophon caudatoides Aldr. reprod. de Aldrich. p. 92.

F. 38-40. Typhis alternata Lea. F. 38-39 gross. de deux
côtés, f. 40 reprod. de Lea. p. 96.

F. 41-43. Triton (Murotriton) grassator De Greg. deux
exempl. un desquels de deux côtés. p. 97.

F. 44*. Triton exilis Conr. reprod. de Conrad. p. 98.

F. 45*. » (Epidromus) Showalteri Conr. repr. de Conr.
p. 98.

F. 46*. » » autopsis Conr. repr. de Conrad.
p. 97.

F. 47*. Ranella Maclurii Conr. reprod. de Conrad. p. 98.

F. 48*. » Tuomeyi Aldr. reprod. de Aldrich. p. 99.

F. 49*, 50ab. Cassis Sowerbyi Lea. Fig. 50ab deux exempl.
gross., f. 49 reprod. de Lea. p. 99.

F. 51*. Fulgur triserialis Whitf. reprod. de Aldrich. p. 100.

F. 52*. Cassidaria dubia Aldr. reprod. de Aldrich. p. 100.

F. 53*. Pyropsis perula Aldr. reprod. de Aldrich. p. 100.

F. 54*. Ficula juvenis Whitf. reprod. de Aldrich. p. 101.

F. 55-56, 57*, 58*, 59*. Ficula nexilis (Lamk.) Desh.
Fig. 55-56 (Var. tricarinata) deux exempl. de
deux côtés, f. 57 reprod. de Lea (elegantissima),
f. 58 idem (cancellata), f. 59 reprod. de Conrad
(tricarinata). p. 101.

F. 60*. Cominella striata Aldr. reprod. de Aldrich. p. 107.

F. 61*. Ficula tricostata Desh. reprod. de Deshayes. p. 101.

F. 62*. Nasseburna Calli Aldr. sp. repr. de Aldrich. p. 108.

F. 63*-64*. Buccinum Mohri Aldr. repr. de Aldrich. p. 106.

Pl. 8.

F. 1-4. Buccinum (Nassa) cancellatum (Lea) De Greg. Fig. 1
gross. (Var. sapidum De Greg.), f. 2
gross. (Var. molitum De Greg.), f. 3
jeune exempl., f. 4 repr. de Lea. p. 103.

F. 5-12. » trimorfopse De Greg. Fig. 5 gross., f. 6
détail gross., f. 7 jeune exempl. gross.,
f. 8 exempl. plus jeune gross., f. 9-10
exempl. plus jeune encore, gross. 10
fois, f. 11-12 ouvertures de deux exempl.
gross. montrant les plis des bords. p. 104.

F. 13-14. » (Nassa) prostratum De Greg. Fig. 13
gross., f. 14 détail de l'extré-
mité de la spire. p. 104.

F. 15. » » impectens De Greg. gross. (vel
B. trimorfopse De Greg. Var.
impectens). p. 105.

F. 16. » » iterandum De Greg. gross. p. 105.

F. 17. Buccinum (Nassa) lucrifactum De Greg. gross. p. 105.

F. 18-19. » » mangonizatum De Greg. gross.
de deux côtés. p. 105.

F. 20-21. » » confiscatum De Greg. p. 105.

F. 22-23. » (Buccinanops) priamopse De Greg. gross.
p. 107.

F. 24. » (Laevibuccinum) popleum De Greg. 105.

F. 25*. » » prorsum Conr. reprod.
de Conrad. p. 106.

F. 26*-27* Expleritoma prima Aldr. repr. de Aldrich. p. 108.

F. 28-29ab, 30*. Columbella elevata (Lea) De Greg. gross.
de deux côtés (Var. incunctabilis De Greg.), f. 30
reprod. de Lea, f. 28 idem (Buccinum parvum
Lea). p. 111.

F. 31*-32. Columbella turriculata Whitf. repr. de Whitfield.
p. 111.

F. 33. » (Dentiterebra) prima Meyer reprod.
de Meyer. p. 112.

F. 34abc. Eburna Hatchetigbeensis Aldr. reprod. de Aldrich.
p. 108.

F. 35-40, 41*, 45, 46*, 47*. Pseudoliva vetusta Conr. Fig.
35-38 deux exempl. de deux côtés, f. 39-40 Var.
moerens De Greg., f. 41 reprod. de Conrad,
f. 45 gross. (Var. fusiformis), f. 46 Var. fusiformis reprod. de Lea, f. 47 reprod. de Lea
(pyruloides). p. 109.

F. 42*. Pseudoliva scalina Heilpr. repr. de Aldrich. p. 110.

F. 43*. » tuberculifera Conr. reprod. de Conrad.
p. 110.

F. 44*. » unicarinata Aldr. repr. de Aldrich. p. 110.

F. 45*, 46*, 47. Pseudoliva vetusta Conr. (voyez expl.
fig. 35). p. 109.

F. 48*-50. Cornuliria armigera Conr. Fig. 49-50 un exempl.
de deux côtés, f. 48 reprod. de Conrad (pl. 9,
f. 3 reprod. de Conrad). p. 111.

Pl. 9.

F. 1-2, 4*, 5, 6*, 7. Lacinia alveata Conr. Fig. 1, 2, 5, 7
deux exempl. de deux côtés, f. 4 reprod. de
Lea, f. 6 reprod. de Conrad. p. 112.

F. 3*. Cornuliria armigera Conr. reprod. de Conr. Voyez
l'expl. de la planche 8, f. 48-50. p. 111.

F. 4 7. Voyez expl. fig. 1.

F. 8-10. Cypraea media Desh. Var. Alabamensis De Greg.
le même exempl. de trois côtés. p. 58.

F. 11-13, 14*, 15*. Cypraea Smithi Aldr. Fig. 11-13 de trois
côtés, f. 14-15 reprod. de Aldrich. p. 59.

F. 16-17, 18*, 19*. Strombus canalis Lamk. Fig. 16-17 de
deux côtés, f. 18 reprod. de Lea (Cuvierei),
f. 19 reprod. de Conrad (laqueata). p. 113.

F. 20*. Strombus (Leiorhynus) prorutus Conr. reprod. de
Conrad. p. 114.

F. 21-27, 28*-30*. Rostellaria (Calyptraphorus) velatus Conr.
F. 21-23 le même exempl. de trois côtés, f. 24
exempl. pas encore adulte, f. 25-26 jeune exempl.
gross., f. 27 détail gross., f. 28-29 reprod. de
Lea (Lamarki), f. 30 repr. de Conrad. p. 114.

Pl. 10.

F. 1-2ab. Rostellaria (Calyptraphorus) quidest De Greg. Un
exempl. de trois côtés.
p. 115.

F. 3-5, 6*. » trinodifera Conr. de
trois côtés, f. 6 reprod.
de Conrad. p. 115.

F. 7-10. Terebellum fusiforme Lanik. deux exempl. de deux
côtés. p. 116.

F. 11*, 12*. Chenopus gracilis Meyer reprod. de Meyer.
p. 116.

F. 13*. Triforis distinctus Meyer reprod. de Meyer. p. 117.

F. 14. » major Meyer reprod. de Meyer. p. 116.

F. 15*,16. » similis Meyer reprod. de Meyer f. 16 Var.
Meyeri De Greg. p. 116.

F. 17*. Cerithium Tombigbeense Meyer reprod. de Meyer.
p. 119.

F. 18-20, 21*. Cerithium (Cerithidea) vetustum (Conr.) De
Greg. trois exempl. gross., f. 21
reprod. de Lea. p. 117.

F. 22. » (Cerithiopsis) Claibornensis Conr.
reprod. de Conrad. p. 120.

F. 23. Terebra (Pyramimitra) terebriformis Conr. gross.
Voyez expl. pl. 2, f. 54.

F. 24. Cerithium (Cerithidea) agnotum De Greg. gross.
p. 117.

F. 25*,26*. Cerithium (Cerithiopsis) nassula Conr. f. 26 repr.
de Conrad, f. 25 reprod. de Aldrich
(Aldrichi). p. 119.

F. 27. » miturum De Greg. gross. p. 118.

F. 28*. » solitarium Conr. reprod. de Conrad.
p. 118.

F. 29. » misgum De Greg. gross. p. 118.

F. 30,31*,32*. » (Cerithiopsis) constrictus (Lea) Meyer
f. 30ab deux fragments gross., f. 31
reprod. de Meyer, f. 32 reprod. de
Lea. p. 119.

F. 33*. » (Cerithiopsis) quadristriaris Aldr. Meyer reprod. de Aldrich et Meyer.
p. 120.

F. 34ab-35, 36*,37*ab-38*. Serpulorbis ornatus Lea f. 34ab-35
deux morceaux un desquels vu de deux côtés,
f. 36 reprod. de Lea (ornata), f. 37-38 reprod.
de Conrad (squamulosa). p. 120.

F. 39. Cerithium (Cerithidea) persum De Greg. gross. 120.

DE GREG. — *Annales de Géol. et de Paléont.*

F. 40, 41, 42*, 43-45. Tenagodes vitis Conr. f. 40 moule,
f. 41, 43. 44 trois fragments un desquels gross.,
f. 42 reprod. de Lea (Claibornensis), f. 45 var.
plita De Greg. Il faut ajouter les figures 1-2 de
la planche 11 reproduisant les figures de Conrad.
p. 121.

Pl. 11.

F. 1*-2*. Tenagodes vitis Conr. Ajoutez les figures 40-45 de
la planche 10.

F. 3-5, 6*, 9*. Turritella f.* carinata (Lea) De Greg. f. 3-4
deux exempl., f. 5 les premiers
tours de l'exempl. 4 gross., f. 6
reprod. de Lea, f. 9 reprod. de
Conrad. p. 112.

F. 7*, » Mortoni Conr. reprod. de Conrad.
p. 122.

F. 8, 26*, 27*ab. » apita De Greg. f. 8 gross. type,
f. 26 reprod. de H. Lea (cari-
nata), f. 27ab reprod. de Meyer
grand. nat. et gross. p. 123.

F. 10. » miroplita De Greg. gross. p. 123.

F. 11*, 12*, 13ab-16, 25*. Turritella vittata Lamk. var. a-
bruta Conr., f. 13a exempl. gr. nat., f. 13b, 15
détails de trois exempl. gross., f. 15 var. miga
De Greg., f. 12 reprod. de Whitfield (Alabamiensis), f. 11 reprod. de Lea. p. 123-124.

F. 17*,38. Turritella (Proto) cathedralis Brongt. var. bellifera Aldr. p. 127.

F. 18. » monilifera Desh. var. caelatura Conr.
p. 125.

F. 19. » ghigna De Greg. gross. p. 125.

F. 20. » litripa De Greg. gross. p. 125.

F. 21. » propeperdita De Greg. p. 125.

F. 22. » Mut. tiga De Greg. p. 126.

F. 23. » hybrida Desh. gross. p. 126.

F. 24, 33*. » carinifera Desh. var. Claibornensis De
Greg. f. 24 gross., f. 38 reprod. de
Lea (monilifera). p. 126.

F. 25. Voyez expl. fig. 11.

F. 26-27. Voyez expl. de la fig. 8.

F. 28,39*. Scalaria elegans (Lea) De Greg. f. 28 gross., f. 39
reprod. de Lea. p. 129.

F. 29*,30 » planulata (Lea) De Greg. f. 30 gross.,
f. 29 reprod. de Lea. p. 128.

F. 31*,37*. » (Opalia) carinata Lea. Fig. 31 reprod.
de J. Lea, f. 37 reprod. de H. Lea.
p. 129.

F. 32*. Turritella gracilis Lea sp. dub. reprod. de Lea.
p. 127.

F. 33*. Voyez expl. fig. 24.

F. 34-36. Turritella eterina De Greg. f. 35 gr. nat., f. 34 extrémité de la spire d'un autre exempl., f. 36 autre exempl. gross. p. 126.

F. 37*. Voyez expl. fig. 31.

F. 38. Voyez expl. fig. 17.

F. 39*. Voyez expl. fig. 38.

F. 40. Turritella mela De Greg. gross. p. 127.

Pl. 12.

F. 1*, 3*, 4*. Scalaria staminea Conr. f. 1 repr. de Aldrich (Eglisia pulchra Meyer), f. 3 repr. de Aldrich et Meyer (Eglisia retisculpta Aldrich Meyer), f. 4 reprod. de Meyer (Eglisia aspera Meyer). p. 130.

F. 2*. » gracilior Meyer reprod. de Meyer. p. 129, 132.

F. 3-4. Voyez expl. fig. 1.

F. 5*. Scalaria trigemmata Conr. repr. de Conrad. p. 131.

F. 6*. » (Cirsostrema) Claibornensis Conr. reprod. de Conrad. p. 131.

F. 7-8. Rissoa (Alvania) ziga De Greg. gross. p. 133.

F. 9. » cancellata Lea gross. reprod. de Lea. p. 132.

F. 10*ab, 11*. Solarium stalagminum Conr. f. 10 reprod. de Conrad, f. 11ab reprod. de Lea. p. 137.

F. 12. Littorina fervens De Greg. gross. p. 133.

F. 13-15, 17*, 18*, 19*. Solarium alveatum Conr. f. 13-15 gross., f. 16-17 reprod. de Lea (bilineatum), f. 18-19 reprod. de Conr. p. 133.

F. 20*-21*. Solarium scrobiculatum Conr. sp. dub. reprod. de Conrad. p. 137.

F. 22*-23*, 24*. » cancellatum Conr. sp. dub. f. 22-23 reprod. de Lea, f. 24 reprod. de Conrad. p. 134.

F. 25*ab, 26-28, 29*-32*. Solarium elaboratum (Conr.) De Greg. f. 25ab reprod. de Conrad, f. 26-28 de trois côtés gross., f. 29 reprod. de Conrad (caelatura), f. 30-32 reprod. de Meyer. p. 135.

F. 33*-36*, 37-39, 40*-41*. Solarium exacuum (Conr.) De Greg. f. 37-39 gross. de trois côtés, f. 33-34 repr. de Lea (plana), f. 35-36 reprod. de Conrad, f. 40-41 reprod. de Meyer (delphinuloides). p. 135.

F. 42-44, 45*-48*. Solarium Henrici (Lea) De Greg. f. 42-44 gross. de trois côtés, f. 45-46 repr. de Lea, f. 47-48 reprod. de Meyer. p. 136.

F. 49-52. Solarium perinum De Greg. f. 49, 52 un exempl. vu de la spire et de face, f. 51 vu obliquement de sorte qu'on pût voir l'ombilic et la spire, f. 50 de face verticalement. p. 137.

F. 53ab. Solarium ornatum Lea sp. dub. reprod. de Lea. p. 136.

F. 54ab-56. » supravenustum De Greg. f. 54a gr. nat., f. 54b-56 gross. de trois côtés. p. 137.

F. 57*. » amoenum Conr. sp. dub. reprod. de Conrad. p. 134.

F. 58*-59*. » funginum Conr. sp. dub. reprod. de Conrad. p. 136.

F. 60-61. Cyclogyra tipa De Greg. gross. p. 138.

F. 62*-63*. Cyclostrema rotella Lea reprod. de Lea. p. 138.

F. 64*. » (Daronia) nitens Lea sp. reprod. de Lea. p. 138.

F. 65-67. Adeorbis punctiformis De Greg. gross. de deux côtés cinquante fois. p. 139.

Pl. 13.

F. 1-3. Adeorbis (Asiolus) pignus De Greg. gross. p. 139.

F. 4. » incertus De Greg. sp. dub. gross. p. 139.

F. 5*-6*. Umbonium nanum Lea sp. repr. de Lea. p. 140.

F. 7ab. Voluta pyruloides Conr. apex Voyez l' expl. de la planche 5, f. 13-16 etc.

F. 8*-9*. Delphinula depressa Lea sp. dub. repr. de Lea. p. 140.

F. 10*-11*. » lineata Lea reprod. de Lea. p. 141.

F. 12*. » nitens Lea. p. 141.

F. 13*-14*. » granulata Lea sp. f. 13 repr. de Lea, f. 14 repr. de Conrad (tricostatum). p. 141.

F. 15*-17*. Turbo (Tuba) antiquata Conr. sp. repr. de Lea. p. 142.

F. 18*-19*. » (Tiburnus) planulatus Lea gr. nat. et gross. p. 143.

F. 20. » zecus De Greg. sp. dub. gross. p. 142.

F. 21*, 22-24, 25abc, 26abc. Turbo (Tiburnus) naticoides (Lea) De Greg. f. 21 reprod. de Lea, f. 22-26 trois exempl. gross. de trois côtés. p. 143.

F. 27. Turbo sp. p. 144.

F. 28-29. Umbonium angularis Meyer reprod. de Meyer gr. nat. et gross.

F. 30. Delphinula concionaria De Greg. sp. dub. p. 142.

F. 31. Voyez l'expl. de la fig. 40.

F. 32*-33*. Turbo parvus Lea gr. nat. et gross. reprod. de Lea. p. 143.

F. 34-36. Trochus (Oxystele) gumus De Greg. gross. de trois côtés. p. 144.

F. 37-39. Xenophora agglutinans Lamk de trois côtés. p. 144.

F. 40-45, 46*, 47*, 31*. Calyptraea trochiformis Lamk ,
      fig. 40-42, 43-45 deux exempl. vus
      de trois côtés. f. 46-47 repr. de Lea,
      f. 31 reprod. de Conrad. p. 145.

F. 48*. Crepidula dumosa Conr. repr. de Conrad. p. 146.

F. 49-53, 54*, 55-57, 58*. Crepidula lirata Conr. fig. 49-51
      un exempl. de trois côtés, f. 52-53
      autre exempl. de deux côtés, f. 55-57
      jeune exempl. (deux figures gr. nat.,
      fig. 57 gross.) f. 54 reprod. de Lea
      (cornuarietis), f. 58 repr. de Conrad.
      Voyez aussi l'expl. de la planche 14,
      f. 1-3. p. 146.

Pl. 14.

F. 1-3. Crepidula lirata Conr. var. sublaevigata De Greg.
      un exempl. vu de trois côtés. p. 146.

F. 4-6, 7*. Patella (Helcion) pygmea (Lea) De Greg. f. 4-6
      gross. de trois côtés, f. 7 gross. re-
      prod. de Lea. p. 147.

F. 8-9. Hipponix ingrediens De Greg. sp. dub. de deux
      côtés. p. 146.

F. 10*, 11-15, 16*. Fissurella tenebrosa Conr. f. 10 repr.
      de Lea, f. 11-13 en dessus en dedans et de
      côté, f. 14 détail gross., f. 15 détail beaucoup
      plus gross., f. 16 reprod. de Conrad. p. 147.

F. 17. Emarginula arata Conr. reprod. de Conrad. p. 147.

F. 18-23, 24*. Natica (Neverita) mamma Lea , fig. 18-20
      un exempl. de trois côtés, f. 21-23
      jeune exempl. gross. de trois côtés,
      f. 24 reprod. de Lea. p. 152.

F. 25-28.   » (Megatylotus) crassatina Lamk. deux
      exempl. de deux côtés. p. 148.

F. 29-30, 31*, 32*. » (Lunatia) semilunata De Greg. f. 29-
      30 de deux côtés, f. 31 reprod. de
      Lea, f. 32 reprod. de Meyer et Al-
      drich. p. 148.

F. 33. Natica (Lunatia) Matheroni Desh. gross. p 149.

F. 34*.   » gibbosa Lea reprod. de Lea. p. 152.

F. 35*, 36.   » (Lunatia) minima Lea var. pusilliuscula De
      Greg. f. 36 très gross., f. 35 reprod.
      de Lea. p. 150.

F. 37-40.   » (Natica) epiglottina Lamk. trois exempl.
      gross. p. 148.

F. 41*-42*. » (Girodes) Alabamiensis Whitf. reprod. de
      Whitfield. p. 152.

F. 43-46, 47* » (Natica) Noae D'Orb. var. magnoumbili-
      cata (Lea) De Greg. deux exempl. gross.
      de deux côtés, f. 47 reprod. de Lea.
      p. 149.

F. 48*.   » recurva Aldr. reprod. de Aldrich. p. 151.

F. 49.   Natica (Lunatia) Marylandica Conr. (vel N. minor
      Lea var.) reprod. de Conrad.
      p. 150.

F. 50*, 51*. »   » minor (Lea) De Greg. f. 50 gross.,
      f. 51 repr. de Lea. p. 150.

F. 52*.   »   » decipiens Mey. repr. de Meyer
      (vel Nat. minor Lea var.).
      p. 151.

Pl. 15.

F. 1ab, 2, 3*. Natica (Lunatia) parva (Lea) De Greg. deux
      exempl. gross., f. 3 reprod. de Lea. p. 149.

F. 4. Sigaretus (Sigatica) Boetgeri Meyer Aldr. reprod.
      p. 155

F. 5*. Natica (Euspira) erecta Whitf. reprod. de Whitfield.
      p 154.

F. 6ab.   »   » promovens De Greg. gross. p. 154.

F. 7ab.   »   » propéconica De Greg. gross. p. 153.

F. 8*.   »   » enterogramma Gabb, sp. reprod. de
      Aldrich. p. 153.

F. 9*, 10ab-15. Sygaretus striatus Lea f. 9 reprod. de Lea,
      f. 10ab un exempl. gross. de deux
      côtés, f. 11 autre exempl., f. 12-13
      jeune exempl. cassé gross. , f. 14-15
      autre jeune exempl. gross. de deux
      côtés. p. 154.

F. 16*-17. Velutina (Leptonotis) expansa Whitf. reprod. de
      Whitfield gross. p. 151.

F. 18-19, 20*. Odostomia elevata (Lea) De Greg. f. 18-19 deux
      exempl. gross., f. 20 repr. de Lea. p. 156.

F. 21*. Odostomia pygmea Lea sp. dub. reprod. de Lea
      (= O. elevata). p. 156.

F. 22, 23*.   » melanellus (Lea) De Greg. f. 22 gross.,
      f. 23 reprod. de Lea. p. 157.

F. 24*, 25*. » laevis Lea, f. 24 reprod. de Lea gr.
      nat. et gross., f. 25 reprod. de Meyer
      (Boetgeri). p. 157.

F. 26*.   » magnoplicatus Lea sp. dub. reprod.
      de Lea. p. 157.

F. 27*.   » perexilis Conr. reprod. de Conrad.
      p. 157.

F. 28*.   » bidentata Meyer reprod. de Meyer.
      p. 158.

F. 29*.   » striata Lea sp. dub. reprod. de Lea.
      p. 158.

F. 30. Pyramidella (Obeliscus) suprapulchra De Greg. gross.
      p. 158.

F. 31*-32*. Turbonilla neglecta Meyer reprod. de Meyer.
      p. 159.

F. 33, 34*.   » Missipiensis Meyer var. pellegrina
      De Greg. f. 33 gross. , f. 34 re-
      prod. de Meyer. p. 159.

F. 35. Aclis modesta Meyer reprod. de Meyer. p. 159.

F. 36*, 37*. Eulimella propenotata De Greg. gross. de deux côtés. p. 160.

F. 38*. Pyramis elegans Lea sp. reprod. de Lea. p. 160.

F. 39*,40*. » striata (Lea) Conr., f. 41 reprod. de Lea, f. 39 reprod. de Conrad. p. 161.

F. 41*,42. » sulcata Lea sp. De Greg. f. 42 gross., f. 40 reprod. de Lea. p. 160.

Pl. 16.

F. 1ab, 2*-4*. Eulima aciculata (Lea) Meyer, f. 1ab gross. de deux côtés, f. 2 repr. de Lea, f. 3 reprod. de H. Lea (minima), f. 4 reprod. de Meyer (var. Jacksonensis De Greg.). p. 161.

F. 5ab. » lugubris (Lea) Meyer, f. 5a reprod. de Meyer, f. 5b reprod. de Lea. p. 161.

F. 6*. » notata Lea reprod. de Lea. p. 162.

F. 7ab, 8*. Niso umbilicata Lea, f. 7ab gross., f. 8 reprod. de Lea. p. 162.

F. 9*, 10*. Pasithea guttula (Lea) Meyer, f. 9 reprod. de Lea, f. 10 repr. de Meyer. p. 162.

F. 11-12, 13*. » secale (Lea) De Greg. f. 11-12 gross. de deux côtés, f. 13 repr. de Lea. p. 163.

F. 14. » Claibornensis Lea reprod. de Lea. p. 163.

F. 15*. » anita Aldr. sp. reprod. de Aldrich. p. 164.

F. 16-17. » galma De Greg. gross. p. 163.

F. 18. Acteon Claibornincola De Greg. gross. p. 165.

F. 19*, 20*. Tornatellaea bella Conr. f. 19 reprod. de Conrad (bella), f. 20 reprod. de Conrad (lata). p. 166.

F. 21*, 22*. Acteon punctatus Lea, f. 23 reprod. de Lea, f. 21 reprod. de Meyer (inflatior). p. 165.

F. 23*. » elegans Lea sp. dub. reprod. de Lea. p. 166.

F. 24*, 25. » lineatus (Lea) De Greg. f. 24 reprod. de Lea, f. 25 gross. p. 165.

F. 26-33, 34*. Ringicula biplicata Lea, f. 26-29 quatre exemplaires gross. (var. vilma De Greg.), f. 30-31 gross. (var. pita De Greg.), f. 32-33 gross. (var. leuca De Greg.), f. 34 reprod. de Lea. p. 167.

F. 35. Pasithea tornatelloides Meyer reprod. de Meyer. p. 164.

F. 36*. » Coctavensis Aldr. sp. reprod. de Aldrich. p. 164.

F. 37*. Acteon (Nucleopsis) subvaricatus Conr. reprod. de Conrad. p. 166.

F. 38*. Chiton antiquus Conr. repr. de Conrad. p. 170.

F. 39*. » eocenensis Conr. repr. de Conrad. p. 170.

F. 40-42. » prostremus De Greg. le même exemplaire en dessus en dessous et du côté interne (section). p. 170.

Pl. 17.

F. 1-6, 7*, 8*. Bulla (Cylichna) galba Conr. f. 1-6 gross. de deux côtés, f. 1 pas encore adulte, f. 2 jeune exempl., f. 3-4 un exempl. très jeune vu de deux côtés, f. 5-6 adulte gross. de deux côtés, f. 7 reprod. de Conrad, f. 8 reprod. de Lea (Saint Hillairi). p. 168.

F. 9. Bulla (Volvula) subradius Meyer repr. de Meyer. p. 169.

F. 10*. » (Haminea) grandis Aldr. repr. de Aldrich. p. 169.

F. 11*. » (Tornatina) Wethérelli Lea reprod. de Lea. p. 170.

F. 12*. » (Volvula) Dekayi Lea repr. de Lea. p. 169.

F. 13-14. » (Utriculus) commixta De Greg. un exempl. gross. de deux côtés. p. 168.

F. 15-17, 18*, 21*ab. Dentalium thalloides Conr. f. 15-17 gross., f. 18 reprod. de Conrad (Foss. shells), f. 21a reprod. de Conrad (Observ. eocen. form.), f. 21b reprod. de Lea (alternatus). p. 171.

F. 19. Os de poisson. p. 12.

F. 20abc. Operculum ? p. 145.

F. 21. Voyez f. 15.

F. 22-25. Dentalium asgum De Greg. f. 22 gross. de côté, f. 23ab les deux estrémités, f. 24 détail, f. 25ab var. tirpum grand. nat. et gross. p. 171.

F. 26-31. » blandum De Greg. deux exempl. gross. de deux côtés montrant les sections. p. 172.

F. 32-34. » bimixtum De Greg. un exempl. gross. de côté montrant les extrémités. p. 172.

F. 35-37, 38*-41*. Dentalium turritum Lea f. 35-37 gross. de côté et sectionellement, f. 38 reprod. de Meyer (Leai), f. 39-40 reprod. de Lea gr. nat. et gross., f. 41 reprod. de Conrad (arciformis). p. 172.

F. 42-43. Dentalium gnizum De Greg. gross. p. 173.

F. 44. Siphonodentalium (Cadulus ?) turgidus Meyer repr. de Meyer. p. 173.

F. 45*. Dentalium annulatum Meyer repr. de Meyer. p. 173.

Pl. 18.

F. 1-2, 3*-4*. Ostrea Alabamiensis Lea (type), f. 1-2 le même exempl. de deux côtés, f. 3-4 reprod. de Lea. p. 174.

F. 5. » Var. pincerna Lea. Reprod. de Lea. p. 174.

F. 6-11, 12-13*. » » linguaecanis Lea, f. 6-11 les deux valves du même exempl. en dehors en dedans et de côté, f. 12-13 repr. de Lea. p. 174.

F. 14*. » » semilunata repr. de Lea. p. 174.

F. 15-28. » » sellaeformis Conr. var. vermilla. De Greg. quatre valves en dehors et en dedans, une valve (f. 22) même du côté intérieur. p. 175.

Pl. 19.

F. 1-4. Ostrea sellaeformis Conr. var. laeta De Greg. Deux exempl. de deux côtés. Voyez expl. pl. 18, f. 15-23, pl. 20, f. 5.

F. 5-6. » sellaeformis Conr. type. Un exempl. de deux côtés. p. 175.

F. 7*. » vomer Mort. Reprod. de Morton. p. 178.

F. 8-9*. » panda Mort. Reprod. de Morton. p. 178.

F. 10*. » cretacea Mort. Reprod. de Morton. p. 177.

F. 11-12* » sellaeformis Conr. Reprod. de Conrad. Tert. Shells (Voyez f. 1-6). p. 175.

F. 13. » Idem Var. divaricata Lea. Reprod. de Lea. p. 176.

Pl. 20.

F. 1, 8*. Ostrea compressirostra (Say) White Heilpr. reprod. de White et Heilpr. p. 177.

F. 2*, 9*, 10*. » thirsae Gabb reprod. White et Heilprin. p. 178.

F. 3*-4*. Spondylus dumosus Mort. Reprod. de Morton. p. 179.

F. 5*. Ostrea sellaeformis Conr. Reprod. de Conrad (Atl. region). Voyez l'expl. des pl. 18, f. 15-23, pl. 19, f. 1-6.

F. 6*-7*. » » Conr. (falciformis Conr.) reprod. de Conr. p. 175.

F. 11-13. Spondylus amussiopsis De Greg. gross. de deux côtés et en arrière. p. 179.

Pl. 21.

F. 1-10, 11*. Plicatula filamentosa Conr. f. 1-10 quatre valves de ma collection en dedans et en dehors, deux desquels avec détail, f. 11 reprod. de Lea (Mantelli). p. 179.

F. 12*-13*, 14, 15. Pecten Deshayesi (Lea) Conr. f. 12 reprod. (Lyelli Lea), f. 13 repr. de Lea type, f. 14 var. fragment gross. de ma collection; f. 15 var. tirmus De Greg. fragment gross. p. 180.

F. 16*. Anomia ephippioides Gabb. Var. Lisbonensis Aldr. reprod. de Aldrich. p. 180.

F. 17-25. Pecten (Janira) promens De Greg. f. 17-19 valve droite de deux côtés et détail, f. 20-21 petite valve gauche de deux côtés, f. 22-25 une autre valve droite de trois côtés et gross. p. 181.

F. 26*. » (Amussium) Alabamensis Aldr. reprod. de Aldrich. p. 183.

F. 27*. » Poulsoni Mort. reprod. de Morton. p. 182.

F. 28*. » calvatus Mort. reprod. de Morton. p. 181.

F. 29*. » anatipes Morton. p. 181.

F. 30*-31*. » perplanus Mort. reprod. de Morton. p. 182.

Pl. 22.

F. 1, 2. Avicula cardincrassa De Greg. Un exempl. de deux côtés. p. 184.

F. 3*. Lithodomus Claibornensis Conr. p 185.

F. 4. Avicula Claibornensis Lea. p. 183.

F. 5*. Modiolaria Alabamensis Meyer, reprod. de Meyer. p. 185.

F. 6*-7. Lithodomus petricoloides (Lea) De Greg., f. 6 reprod. de Lea, f. 7 gross. de deux côtés. p. 186.

F. 8-14, 15*. Crenella costata Lea trois valves gross. de deux côtés et un exemplaire à valves fermées du côté du crochet, f. 16 reprod. de Lea. p. 185.

F. 16-18, 19*. Nucula magnifica Lea, f. 16-18 une valve de deux côtés avec détail de la surface, f. 19 reprod. de Lea. p. 186.

F. 20*. » ovula Desh. reprod. de Lea. p. 186.

F. 21*-22*. » carinifera Lea reprod. de Lea. p. 186.

F. 23-24. » capsiopsis De Greg. gross. de deux côtés. p. 187.

F. 25-26*. Nucula Monroensis Aldr. repr. de Aldrich. p. 187.

F. 27-29, 30*, 31. Leda Brongnarti Lea, f. 27, 29 gross. de deux côtés, f. 28-29 autre valve gross. de deux côtés, f. 30 reprod. de Lea. p. 187.

F. 32-33, 34*, 35-36. Leda Claibornensis (Conr.) De Greg. f. 32, 36 valve gross. de deux côtés, f. 33, 35 autre valve idem, f. 34 reprod. de Lea. p. 189.

F. 37*. Leda (Yoldia) eborea Conr. repr. de Conrad. p. 187.

F. 38. » magna Lea sp. dub. reprod. de Lea. p. 186.

Pl. 23.

F. 1-3, 4*. Leda media Lea, f. 1-3 gross. de deux côtés, f. 4 reprod. de Lea. p. 188.

F. 5*. » plana Lea reprod. de Lea. p. 188.

F. 6-10,11*. » plicata Lea, f. 6-10 deux valves et un exempl. gross., f. 11 reprod. de Lea. p. 189.

F. 12. » pulcherrima Lea reprod. de Lea. p. 190.

F. 13. » semen Lea, idem. p. 190.

F. 14. » protexta Conr. reprod. de Conrad, p. 190.

F. 15-19, 21-23, 24*. Limopsis declivis (Conr.) De Greg. f. 15-19 quatre valves de jeunes exempl. deux desquelles en gr. nat. la troisième gross. des côté intérieur, la quatrième gross. de deux côtés, f. 24 reprod. de Conrad. p. 191.

F. 20. Limopsis pectuncularis Lea sp. repr. de Lea. p. 191.

F. 21-24. Voyez f. 15.

F. 25*. Limopsis (Trigonocoelia) ledoides Meyer reprod. de Meyer. p. 191.

F. 26*-27. » ellipsis Lea sp. dub. f. 26 repr. de Lea, f. 27 reprod. de Conrad. p. 192.

F. 28a*. » decisus Conr. reprod. de Conrad. p. 192.

F. 28b*. » (Trigonocaelia) cuneus Conr. reprod. de Conrad. p. 191.

F. 29*. » auriculoides Conr. repr. de Conrad. p. 193.

F. 30*. Pectunculus minor Lea, reprod. de Lea. p. 195.

F. 31*, 32-42. » deltidoideus Lea, f. 31 reprod. de Lea, f. 32, 42 exempl. gross. de deux côtés, f. 33-37 Mut. ignus De Greg. quatre valves une desquelles gross., f. 38-41 deux valves de deux côtés. (Voyez f. 1-3 de la pl. 34). p. 194.

Pl. 24.

F. 1-3. Pectunculus deltoideus Lea deux valves gross. une

desquelles de deux côtés. Voyez pl. 23 f. 31-42. p. 194.

F. 4-5, 6*, 7-10, 11*, 12-16. Pectunculus Broderipli Lea, f. 4-5 exempl. type avec détail, f. 6 obliquus repr. de Lea , f. 7-10 , 14 les deux valves vues en dedans, en déhors en arrière avec détail de la surface, f. 12, 13 jeune exempl. avec détail de la surface, f. 11 reprod. de Lea (type), f. 15-16 var. radiatus De Greg. une valve avec détail. p. 193.

F. 17-20. Arca (Cucullaearca) cuculloides (Conr.) De Greg. deux valves gross. de deux côtés. p. 195.

F. 21-27. » (Arcamalocardia) Missipiensis Conr. f. 21 gross. du crochet, f. 22-27 les deux valves avec détail des côtés. p. 196.

F. 28*. » rhomboïdella Lea reprod. de Meyer. p. 196.

F. 29*. » inornata Meyer reprod. de Meyer. p. 197.

F. 30*. » (Cucullaearca) macrodonta Whitf. reprod. de Whitf. p. 197.

F. 31-37. Crassatella protexta Conr. f. 31-35 deux valves d'un jeune exempl. de différents côtés, f. 36-37 jeune exempl. très gross. Voyez aussi pl. 25. f. 15. p. 198.

Pl. 25.

F. 1*ab. Arca transversa Rogers, reprod. de Aldrich. p. 196.

F. 2ab-11, 12*-14*, 15. Crassatella protexta Conr. f. 2ab adulte, f. 3-4 deux jeunes exempl. gross., f. 5-8, 11 deux valves vues de deux côtés, f. 9 charnière gross., f. 10 dent cardinale gross., f. 12 reprod. de Conrad « Observ. », f. 13-14 reprod. de Conrad « Foss. Shells », f. 15 un exempl. du côté de crochet. Voyez pl. 24, f. 31-37. p. 198.

F. 16-17. Crassatella alta Conr. reprod. de « Foss. Shells ». Voyez aussi pl. 26, f. 1-10. p. 197.

Pl. 26.

F. 1-9, 10*. Crassatella alta Conr. f. 1-4 les deux valves vues de différents côtés, f. 5 jeune exempl., f. 6-9 deux jeunes valves gross. de deux côtés, f. 10 reprod. de Conrad. p. 197.

F. 11. » tumidula Whitf. reprod. de Whitf. p. 198.

Pl. 27.

F. 1-4, 5*. Astarte (Micromeris) minor (Lea) De Greg. f. 1-4
deux valves gross., f. 5 reprod. de Lea.
p. 201.

F. 6-11, 12*, 13*, 14-19. Astarte Nicklinli (Lea) De Greg.
f. 6-11 var. ebla De Greg., f. 12 repr. de
Lea (sulcata), f. 13 reprod. de Lea type ,
f. 14-18 un exempl. typique de cinque côtés, f. 19 exempl. jeune type. p. 199.

F. 20*.   Astarte (Micromeris) subparva Meyer reprod. de
Meyer. p. 201.

F. 21ab-25. »   conspicua De Greg. deux valves de côtés
différents avec le côté latéral d' une
dent cardinale gross. p. 200.

F. 26-29.   »   pitua De Greg. deux valves une desquelles
de différents côtés, l' autre gross. en
dedans. p. 200.

F. 30.   »   (Micromeris) senex Meyer. p. 200.

F. 31.   »   »   parva Lea reprod. de Lea.
p. 200.

F. 32-33*. »   Monroensis Meyer reprod. de Meyer.
p. 201.

F. 34*.   »   (Micromeris) minutissima Lea reprod. de
Meyer. p. 202.

F. 35*.   »   Conradi (Dana) Aldr. reprod. de Aldrich.
p. 202.

F. 36-40, 41*. Lucina recurva Lea sp. f. 36 valve gross.,
f. 37-38 valve gross. de deux côtés,
f. 39-40 autre valve idem, f. 41 repr.
de Lea. p. 202.

Pl. 28.

F. 1-2,
F. 3-14, 15*.   Lucina amica De Greg. gross. p. 204.
    »   impressa Lea, f. 3-6 deux valves gross.
de deux côtés, f. 7-9 un exempl.
gross. vu à valves ouvertes et
fermées, f. 10-11 var. sublaevigata
une valve gross. de deux côtés,
f. 12-13 var. subcuneata De Greg.,
gross. e gr. nat., f. 14 var. postsulcata , f. 15 reprod. de Lea.
p. 203.

F. 16.   »   Smithi Meyer repr. de Meyer. p. 207.

F. 17-18.   »   bisculpta Meyer reprod. de Meyer.
p. 207.

F. 19.   »   modesta Conr. reprod. de Conrad.
p. 205.

F. 20.   Lucina alveata Conr. repr. de Conrad. p. 204.

F. 21*, 22-28. »   papyracea Lea, f. 21 reprod. de Lea,
f. 22-23 , 27-28 deux valves de
deux côtés, f. 24-25 deux valves
gross. en dedans, f. 26 exempl.
gross. p. 208.

Pl. 29.

F. 1, 2-5.   Lucina compressa Lea, f. 1 reprod. de Lea,
f. 2-5 exempl. vu de deux côtés.
p. 206.

F. 6, 7-8*.   »   rotunda Lea, f. 6-7 un exempl. vu de
deux côtés , f. 8 reprod. de Lea.
p. 205.

F. 9*, 10*.   »   carinifera Conr. reprod. de Lea, f. 10
reprod. de Conrad. p. 204.

F. 11-12*.   »   pomilia Conr. repr. de Conrad. p. 206.

F. 13*, 15-17. »   (Spherella) inflata Lea, f. 13 reprod. de
Lea, f. 15-17 deux valves gross. une
desquelles de deux côtés. p. 207.

F. 14.   »   (Loripes) subvexa Conr. sp. dub. 206.

F. 15-17. Voyez f. 13.

F. 18*, 19-28, 29*. Diplodonta ungulina (Conr.) De Greg.
f. 18 reprod. de Lea rotunda, f. 19-23 un
exempl. de différents côtés, f. 24-25 autre
valve de deux côtés, f. 26 une valve gross.,
f. 27-28 une autre valve gross. de deux
côtés, f. 29 reprod. de Lea (nana). p. 208.

Pl. 30.

F. 1-9. Diplodonta ungulina (Conr.) De Greg. f. 1-4, 9
cinque charnières d'exempl. adultes, f. 5-8
deux exempl. très jeunes très gross. de
deux côtés. p. 208.

F. 10*. Corbis distans Conr. reprod. de Conrad. p. 209.

F. 11*. Mysia deltoidea Conr. reprod. de Conrad. p. 209.

F. 12*. » astartiformis Conr. sp. dub. repr. de Conrad.
p. 209.

F. 13*. Corbis lirata Conr. reprod. de Conrad. p. 209.

F. 14a*, 14b. Alveinus parvus Conr. f. 14 repr. de Meyer
gross. A. minutus, f. 15 repr. de Conrad
minutus. p. 210.

F. 15*. Erycina Whitfieldi Meyer repr. de Meyer. p. 210.

F. 16*. Kellia faba Meyer gross. repr. de Meyer. p. 211.

F. 17*, 18-22. Cardita (Venericardia) transversa (Lea) De
Greg. Mut. transversa typ. f. 17 reprod.
de Lea, f. 18-22 un exempl. de côté différents. Voyez expl. pl. 31, f. 1 etc. p. 211.

Pl. 31.

F. 1*, 2.3. Cardita (Venericardia) transversa (Lea) De Greg. Mut. Sillimani Lea, f. 1 reprod. de Lea, f. 2-3 une valve de deux côtés. Voyez expl. pl. 30, f. 17. p. 211.

F. 4-5.   »   Idem Mut. secans De Greg. de deux côtés. p. 212.

F. 6-12, 13. »   Idem Mut. rotunda Lea, f. 6-7 une valve gross. f. 8 gross. du crochet, f. 9-10 gr. nat. autre valve, f. 11-12 autre valve gross., f. 13 reprod. de Lea. p. 212.

F. 14-22.   »   Idem juvenis, f. 14-16 trois valves gross., f. 17-18 deux exempl. gross. du crochet, f. 19-22 deux valves gross. de deux côtés. p. 213.

Pl. 32.

F. 1-4, 5*. Cardita (Venericardia) parva Lea, f. 1-4 deux valves gross. de deux côtés, f. 5 reprod. de Lea). p. 213.

F. 6ab-9, 10*. »   »   planicosta Lamk. f. 6ab jeune exempl., f. 7-9 deux valves adultes une desquelles de deux côtes, f. 10 repr. de Conrad. p. 214.

F. 11*.   »   »   densata Conr. repr. de Conrad (c'est une variété de l'espèce précédente). p. 214.

F. 12*.   »   »   inflatior Meyer repr. de Meyer. p. 215.

Pl. 33.

F. 1*ab. Cardium Tuomeyi Aldr. repr. de Aldrich. p. 216.

F. 2-4.   »   Hatchetigbeense Aldr. repr. de Aldrich. p. 216.

F. 5-6.   »   (Protocardia) diversum Conr. Var. mittens De Greg. f. 5-6a une valve de deux côtés, f. 6b détail. p. 215.

F. 7*, 8-15. Cytherea aequorea (Conr.) De Greg. Mut. Hydii Lea, f. 7 reprod. de Lea, f. 8-10 deux valves de deux côtés, f. 12-15 trois jeunes exempl. gross. un desquelles en grand. nat. du côté interne. p. 216.

F. 16-22.   Cytherea Mut. subvitrea De Greg. quatre valves deux desquelles de deux côtés. p. 217.

F. 23*, 24-25. »   Mut. comis Lea, f. 23 reprod. de Lea, f. 24-25 une valve de deux côtés. Voyez l'expl. de la pl. 34, f. 1-10. p. 217.

F. 26*.   »   (Caryatis) exigua Conr. reprod. de Conrad. p. 219.

Pl. 34.

F. 1-4.   Cytherea aequorea (Conr.) De Greg. f. 1-2 une valve de deux côtés, f. 3-4 deux jeunes valves. Voyez expl. Pl. 33, f. 3-25, p. 218.

F. 5-10.   »   Mut. cominuta De Greg. f. 5-7 trois valves, f. 8 un exempl. vu du côté du crochet, f. 9-10 jeune valve de deux côtés. p. 219.

F. 11*, 12-13.»   Poulsoni Conr. f. 11 reprod. de Conrad, f. 12-13 une valve de deux côtés. p. 218.

F. 14ab*, 15-20, 21, 22*. Cytherea trigoniata Lea, f. 15a du crochet, f. 15b-16 deux valves en dedans, f. 13-18 une valve en dehors avec détail de la surface, f. 19-20 une valve adulte du deux côtés, f. 21 reprod. de Lea (trigonata), f. 22 reprod. de Lea (minima), f. 14ab reprod. de Aldrich. Mut. Hatchetigbeensis. p. 218, 220.

F. 23. Cytherea Nuttalii Conr. reprod. de Conrad. p. 219.

F. 24.   »   Mut. subcrassa Lea repr. de Lea. p. 219.

F. 25-27*. Venus retisculpta Meyer reprod. de Meyer gr. nat. et gross. p. 220.

F. 28-32, 33*. Grateloupia Moulinsi Lea, f. 28, 31-32 une valve gross. de trois côtés. Mut. symetrica De Greg., f. 28-30 jeune exempl. gross. idem, f. 33 reprod. de Lea type. p. 220

Pl. 35.

F. 1-2, 3*, 11. Donax plana (Lea) De Greg. f. 1-2 gross. de deux côtés. f. 3 reprod. de Lea, f. 11 reprod. de Conrad. p. 221.

F. 4-9, 10*. Donax (Egerella) veneriformis Lea, f. 4-9 trois valves très gross. , f. 10 reprod. de Lea. p. 222.

F. 11. Voyez l'expl. de la fig. 1.

F. 12. Tellina perovata Conr. repr. de Conrad. p. 223.

F. 13-16, 17*. Tellina nitens (Lea) De Greg. f. 13-14 une valve gross. de deux côtés, f. 15-16 une autre valve gross. de deux côtés, f. 17 reprod. de Lea. p. 223.

F. 18*, 19*, 20*. Donax (Egerella) limatula Conr. f. 18 reprod. Lea trigonulata, f. 19 repr. de Lea subtrigonia , f. 20 reprod. de Lea Bucklandii Lea. p. 222.

F. 22-25, 26*-28*. Hippagus isocardioides Lea, f. 22-25 gross. avec détail de la surface, f. 26-28 reprod. de Lea. p. 226.

F. 29. Semele linosa Conr. reprod. de Conrad. p. 226.

F. 30*. Tellina (Arcopagea) alta Conr. reprod. de Conrad. p. 225.

F. 31. » scandula Conr. reprod. de Conrad. p. 225.

F. 32*. » papyria Conr. reprod. de Conrad. p. 225.

F. 33. Pteropsis papyria Conr. reprod. de Conrad. p. 227.

F. 34. Tellina (Peronaeoderma) ovalis Lea. p. 224.

F. 35. » Sillimani Conr. reprod. de Conrad. p. 224.

Pl. 36.

F. 1*, 2-3, 22*. Mactra (an Cyrena ?) parilis (Conr.) De Greg. f. 1 reprod. de Lea, f. 2-3 Mut. subaequilatera De Greg. jeune exempl. très gross., f. 4-5 idem autre exempl. gr. nat. et gross., f. 6-9 Mut. subtruncata De Greg. deux exempl. de deux côtés, f. 22 reprod. de Conrad. p. 227.

F. 10*. Mactrella praetenuis Conr. repr. de Conrad. p. 228.

F. 11, 12*. Mactra decisa Conr. sp. dub. f. 11 reprod. de Conrad, f. 12 repr. de Lea dentata. p. 228.

F. 13-17, 18*, 19*. Mactropsis aequorea Conr. f. 13-14 une valve de deux côtés, f. 15 gross., f. 16-17 jeune exempl. de deux côtés, f. 18 reprod. de Conrad, f. 19 repr. de Lea Grayi. p. 229.

F. 20*. Mactropsis rectilinearis Conr. repr. de Conrad. p. 219.

F. 21. Voyez l'expl. de la fig. 25.

F. 22. Voyez l'expl. de la fig. 4.

F. 23. Periploma Claibornensis Lea sp. repr. de Lea. p. 229.

F. 24. » complanata Meyer repr. de Meyer. p. 230.

F. 25, 21. Thracia estiva De Greg. de deux côtés. p. 230.

F. 26*, 27-30. Corbula (Neaera) gibbosa Lea, f. 26 repr. de Lea, f. 27-30 deux valves de deux côtés. p. 231.

F. 31-32. Corbula (Neaera) perdubia De Greg. gross. de deux côtés. p. 233.

F. 33abc, 34*, 35. » compressa Lea, f. 32abc gross. de trois côtés, f. 34-35 reprod. de Lea. p. 233.

F. 36*-38*, 39-50. » (Neaera) nasuta Conr. f. 36 repr. de Lea , f. 37-38 reprod. de Conrad, f. 39-50 six valves de deux côtés. Voyez aussi l' expl. de la pl. 37, f. 1. p. 231.

Pl. 37.

F. 1-11. Corbula (Neaera) nasuta Conr. f. 1-4 jeune exempl. gross., f. 5-8 var. ima De Greg. gr. nat. et gross. , f. 9-11 var. tula De Greg. une valve de deux côtés et de flanc. Voyez l'expl. de la pl. 36, f. 36. p. 231.

F. 12-14. » (Tiza) amara De Greg. de trois côtés. p. 234.

F. 15-18. » (Neaera) ignota De Greg. gross. de trois côtés et gr. nat. p. 232.

F. 19*. » » prima Aldr. reprod. de Aldrich. p. 233.

F. 20*. » » alternata Aldr. repr. de Aldrich. p. 232.

F. 21*. » Aldrichi Meyer reprod. de Meyer. p. 234.

F. 22*-24*, 25-39. Corbula Murchisoni Lea , f. 22 reprod. de Lea, f. 23-24 reprod. de Conrad oniscus, f. 25-27 jeune exempl. de trois côtés, f. 28-29 valve droite très jeune gross. , f. 30-31 valve gauche très jeune gross., f. 32-39 valves gauches gross. et gr. nat. Voyez l'expl. de la pl. 38 , f. 1. pl. 231.

Pl. 38.

F. 1-13. Corbula Murchisoni Lea, f. 1-5 deux valves droites adultes gross., f. 6-8 exempl. pas ancore adultes qui gardent les valves imbrionales, f. 9-13 valves droites gross. et gr. nat. Voyez l'expl. de la pl. 37, f. 22, p. 231.

F. 14*. Solen Lisbonensis Aldr. reprod. de Aldrich. p. 234.

F. 15*-17*. Pholas alatoidea Aldr. f. 15-16 type reprod. de Meyer, f. 17 Mut. Aldrichi De Greg. reprod. de Aldrich. p. 237.

F. 18*-20*. Martesia elongata Aldr. repr. de Aldrich. p.237.

F. 21*. Solecurtus Blainvillei Lea, reprod. de Lea. p. 235.

F. 22*-23*. Gastrochaena sp. reprod. de Meyer. p. 232.

F. 24. » larva Conr. reprod. de Conrad. p. 232.

F. 25. Byssomya petriculoides Lea reprod. de Lea. p. 232.

F. 26ab. Teredo simplexopsis De Greg. de côté et de l'extrémité. p. 236.

F. 27*. Pholadomya Claibornensis Aldr. repr. de Aldrich. p. 234.

F. 28*. Glycimeris porrectoides Aldr. sp. repr. de Aldrich. p. 235.

Pl. 39.

F. 1-3. Thecidea Claibornensis De Greg. sp. dub. de deux côtés avec détail de la surface. p. 238.

F. 4-6. Terebratulina innovata De Greg. gross. de trois côtés. p. 238.

F. 7*-9*. » lachrima Mort. reprod. de Morton. p. 238.

F. 10, 11. Crisia laeta, f. 10 gross., f. 11 gr. nat. p. 239.

F. 12-13. Myriozoum propepunctatum De Greg. gr. nat. et détail gross. p. 239.

F. 14-15. » fervens De Greg. gr. nat. et détail gross. p. 239.

F. 16-20. Idmonea subdistica De Greg. f. 16 gross., f. 17-18 gr. nat. de face et de côté, f. 19 autre portion gross., f. 20 section gross. 239.

F. 21. Entalophora amoena De Greg. gross. p. 240.

F. 22-23. Hornera Claibornensis De Greg. deux exempl. gr. nat. et gross. p. 240.

F. 24-25. » sp. très gross. de côté et en section. 241.

F. 26*-27*. Entalophora proboscidoides Gabb Horn reprod. de Gabb et Horn. p. 240.

F. 28-30. Hornera multiranosa De Greg. f. 28 gr. nat., f. 29-30 gross. de deux côtés. p. 240.

F. 31-32. Hornera mirifica De Greg. gr. nat. et gross. 240.

F. 33-34. Voyez l'expl. de la fig. 22.

Pl. 40.

F. 1-2. Eschara spongiopsis De Greg. gr. nat. et gross. p. 241.

F. 3*-5*. » ovalis Gabb et Horn., f. 3 gr. nat., f. 4 section gross., f. 5 détail gross. de côté. p. 241.

F. 6-7. Escharella sifra De Greg. gr. nat. et détail gross. p. 242.

F. 8-22, 23*. » micropora Gabb Horn. f. 8-9 gr. nat. et gross., f. 10-12 gr. nat. et détail gross. montrant les cellules ova-

riques et la section gross., f. 13-15 gr. nat. et les deux sections gross., f. 16-18 gr. nat. et gross. de côté et section gross., f. 19-20 gr. nat. et gross., f. 21-22 var. asperulata De Greg. grand. nat. et gross., f. 23 reprod. de Gabb et Horn. p. 242.

F. 24-28, 29*-31*. Semiescbara tubulata Gabb Horn., f. 24-25 gr. nat. et gross., f. 26-28 gr. nat. gross. de côté et en section gross., f. 29-31 reprod. de Gabb et Horn. gross. et gr. nat. p. 242.

F. 32-33. Vincularia ? insolita De Greg. f. 32 gross. du côté de derrière, f. 33 gr. nat., f. 35 autre exempl. gross. du côté de derrière, f. 36 morceau d'exempl. très gross., montrant les cellules et la mince couche qui les couvre, f. 34 détail de cette couche très gross., f. 33 cellules très gross. p. 243.

Pl. 41.

F. 1-4, 5*-6*, 7-9. Lunulites (Discuflustrellaria) Bouei Lea, f. 1-4 le même exempl. gross. de trois côtés avec le profil de la section, f. 5-6 reprod. de Lea, f. 7-9 autre exempl. gross. et avec le profil de la section. p. 243.

F. 10-14. Idem var. concava De Greg. f. 10-12 gross. en dessus et en dessous, f. 11 détail gross., f. 13 gross. de côté en profil, f. 14 gross. en section de profil. p. 244.

F. 15-19. Var. depressa De Greg. f. 15 gross. en dessus montrant le trou où il y avait un morceau de pierre, f. 16 gross. en dessous, f. 17 autre exempl. gross. en dessous, f. 18-19 profil latéral gross. de tous les deux côtés. p. 244.

F. 20-21, 22*-25. Idem var. ellipsoides De Greg. f. 20-21 gross., f. 22-25 reprod. de Gabb et Horn. p. 245.

F. 26-31, 32*-33. Idem var. Duclosii (Lea) De Greg. f. 26-29 deux exempl. gross. un desquels de deux côtés et en section, f. 30-31 un exempl. rongé gross. en dessous et de côté, f. 32-33 reprod. de Lea. p. 245.

F. 34-46. Idem var. truncata De Greg. f. 34-37 détachée de la face inférieure gr. nat. et très gross. de trois côtés, f. 38-46 quatre exempl. gross. de différents côtés. p. 245.

Pl. 42.

F. 1-6. Lunulites (Discuflustrellaria) Bouei Lea, f. 1-2, 4-5 deux exemplaires la surface desquels est en partie rongée, gross. en dessus et en dessous, f. 3 profil de la section gross., f. 4-5 détail très gross., la surface montrant vers le bord les cellules extérieures et en dessous où la surface est usée, les cellules internes qui correspondent aux trous externes. p. 243.

F. 7-10. Idem Var. almina De Greg. f. 7-8 gross. en dessus et en dessous, f. 9 gr. nat. f. 10 détail de la surface gross. p. 246.

F. 11-12. Idem Var. tiza De Greg. très gross. de deux côtés. p. 246.

F. 13*-15. Idem Var. minutecellulata De Greg. gross. en dessus de côté avec détail très gross. de la surface. p. 246.

F. 16-21, 22*. Lunulites (Cupularia) interstitia (Lea) De Greg. f. 16-18 gross. en dessous en dessus et de côté, f. 19 détail gross. de la surface supérieure, f. 20 détail gross. de la surface inférieure, f.21 profil de la section gross., f. 22 reprod. de Lea. p. 249.

F. 23-27. » (Dimiclausa) fenestrata De Greg. f. 23-24 gross. en dessus et en dessous , f. 25 détail de la surface très gross. , f. 26 gr. nat., f. 27 profil de la section. p. 249.

F. 28*. Cupularia discoidea Lea sp. reprod. de Lea. p. 249.

F. 29*. Lunulites distans Lonsdale sp. dub. repr. de Gabb et Horn. p. 250.

F. 30-33. Batopora convivalis De Greg. f. 30 colonie incrustant un pectunculus gross. , f. 32-33 colonie libre gross. vue en dessus, de côté et en dessous. p. 246.

Pl. 43.

F. 1*. Cellepora cycloris Gabb et Horn repr. p. 247.

F. 2*, 3-4. » inornata Gabb Horn. f. 2 reprod. de Gabb et Horn, f. 3-4 un exempl. gross. et gr. nat. p. 247.

F. 5-6. Celleporaria figula De Greg. gr. nat. et gross. p.247.

F. 7-8. Membranipora simplex De Greg. détail gross., f. 8 gr. nat. p. 248.

F. 9-10. » contemplata De Greg. gr. nat. et détail gross. p. 248.

F. 11-12. Biflustra ? supradubia De Greg. détail très gross. des deux faces. p. 248.

F. 13-14 Scutella Lyelli Conrad reprod. de Morton. p. 250.

F. 15*. Echinocyamus Huxleyanus Mey. repr. de Meyer. p. 251.

F. 16*-20*. Scutella (Mortonia) Rogersi Mort. Conr. f. 16 reprod. de Morton, f. 17-20 reprod. de Agassiz. p. 250.

F. 21. Scutella Lyelli Conr. repr. de Morton p. 250.

F. 22-23. Cidaris moerens De Greg. f. 22 gross. de côté , f. 23 extrémité gross. p. 252.

F. 24*-25*. Scutella crustuloides Mort. reprod. de Morton. p. 251.

F. 26. Cidaris modestus De Greg. gross. de côté. p. 253.

F. 27*-28*. Coelopleurus infulatus? Mort. repr. de Morton. p. 251.

Pl. 44.

F. 1. Cidaris ordinatus De Greg. gross. p. 252.

F. 2. » perdubius De Greg. gross. p. 252.

F. 3. Echinus exercens De Greg. très gross. aiguillon. p. 252.

F. 4. Cidaris blandus De Greg. très gross. p. 253.

F. 5a-c-6a-c. Corallium perplexum De Greg. f. 5abc gr. nat. et gross. du côté et en section, f. 6abc autre exempl. idem. p. 253.

F. 7-8. Stylophora? perdubia De Greg. détail gross. et gr. nat. p. 257.

F. 9. Astrocoenia sp. gross. p. 257.

F. 10-11. Trochocyathus sp. gross. en dessus et de côté. p. 256.

F. 12-18, 19*. Turbinolia pharetra Lea, f. 12 calice gross., f. 13-14 autre exempl. gross. de côté et en dessus, f. 15 le même exempl. extrémité inf., f. 16 autre exempl. gross. de coté, f. 17 extrémité inf. gross. du même exempl., f. 18 calice gross. du même exempl., f. 19 reprod. de Lea. p. 254.

F. 20-21. Cycloseris sp. gross. en dessus en dessous et de côté. p. 257.

F. 22-24. Flabellum sp. gross. en dessus et de côté. p. 256.

F. 25-28. Trochosmilia connivens De Greg. deux exempl. gross. de coté et en dessus. p. 255.

Pl. 45.

F. 1-8, 9*, 10-14. Platytrochus Stokesi Lea, f. 1-4 un exempl. très gross. de côté en dessus en dessous (extrémité inférieure) et de flanc, f. 5-6 juvenis, f. 7-8 autre exempl. de côté et gross. en dessus, f. 9 reprod. de Lea, f. 10-11 deux exempl. gross. var. tricornis De Greg., f. 12-14 gross. en dessus de côté et en dessous var. asymetrica De Greg. p. 254.

F. 15. » nanus Lea sp. dub. reprod. de Lea. p. 255.

F. 16*, 17-20. » Goldfussi Lea, f. 16 reprod. de Lea, f. 17-20 deux exempl. gross. en dessus et de coté. p. 255.

F. 21-22. » Claibornensis De Gr. f. 21-22 gross. en dessus et de côté. p. 255.

F. 23-25, 26*, 27-30. Endopachys Maclurii Lea, f. 23-25 gross. de côté en dessus et dessous, f. 26 repr. de Lea, f. 27-28 gross. de côté, f. 29-30 gross. de côté et en dessus. p. 258.

Pl. 46.

F. 1*-2*. Clavulina communis D'Orb. repr. de D'Orbigny. p. 252.

F. 3. Dentalina obliqua (L.) Rupert Jone Park. Brad. reprod. de Meyer. p. 261.

F. 4ab. Mirfa subtetraedra De Greg. f. 4a en dessus, f. 4b section. p. 260.

F. 5-7. Cristellaria calcar L. reprod. de D'Orbigny. p. 260.

F. 8-10. Clavulina cylindrica Hantken reprod. de Hantken. p. 259.

F. 11-12. Cristellaria propesimplex De Greg. gross. de deux côtés. p. 261.

F. 13-15. » Claibornensis De Greg. f. 13-15 deux exempl. gross. une desquels manquant en partie de la couche externe. p. 260.

F. 16*, 17*, 18-22. Orbitoides Mantelli Mort. f. 16-17 reprod. de Morton, f. 18-20 var. mustea De Greg. gross., f. 21-26 var. umbrellopsis De Gr., deux exempl. de deux côté et en section, f. 27 type un exempl. gross. dont la surface usée laisse voir les cellules, f. 28-30 var. dispansopsis De Greg. de deux côtés, f. 31-32 var. optata De Greg. un exempl. gross. de face et en section. p. 262.

INDEX ALPHABÉTIQUE

DES FAMILLES, DES GENRES, DES ESPÈCES ET DES MUTATIONS

Les noms des genres sont suivis indifféremment par ceux des espèces ou des mutations. — Les numéros indiquent les pages dans lesquelles les espèces sont citées; ceux accompagnés par un ! indiquent les pages dans lesquelles elles sont décrites ou proposées.

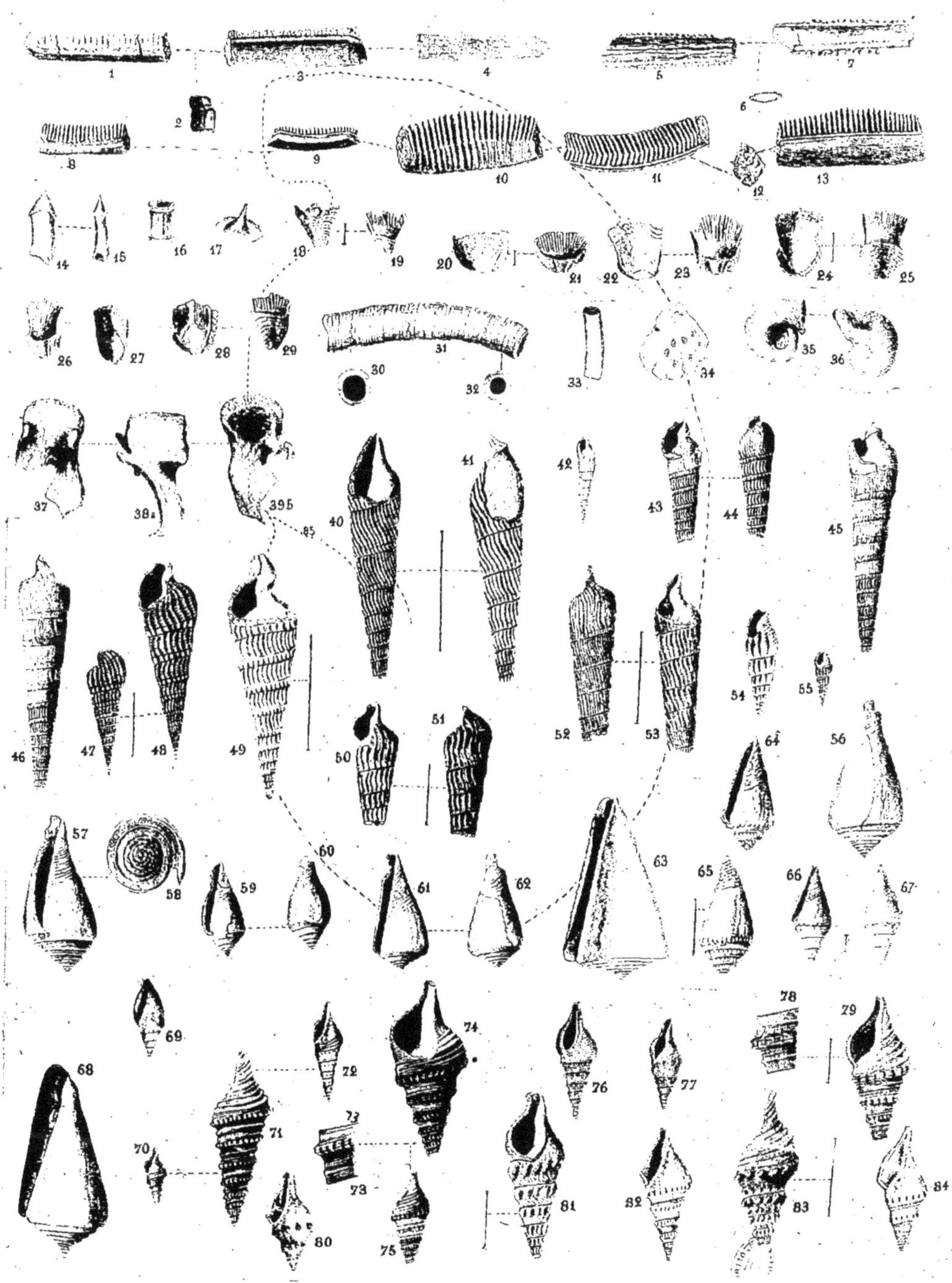

Pl. I
ROMA FOTOTIPIA DANESI

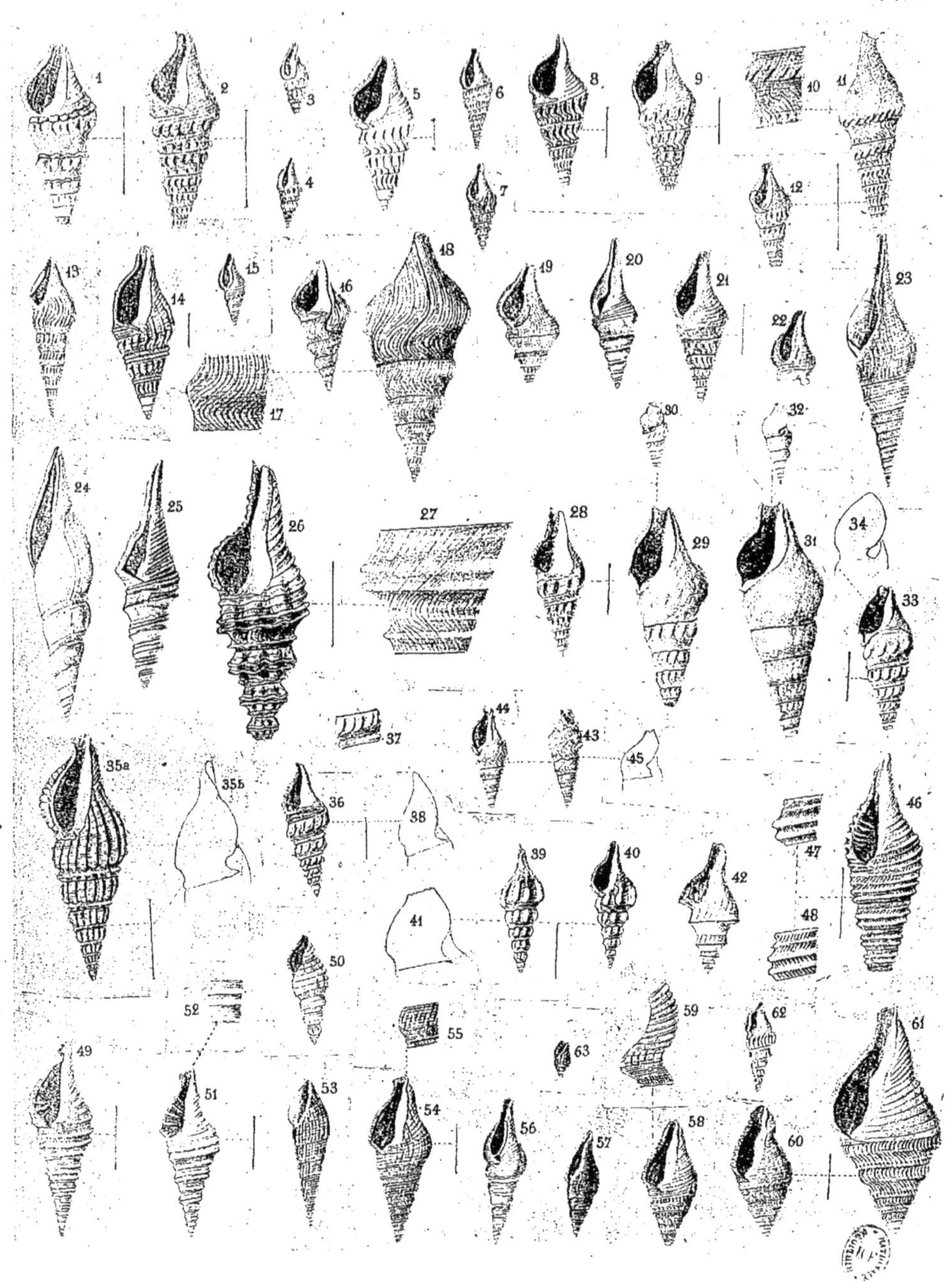

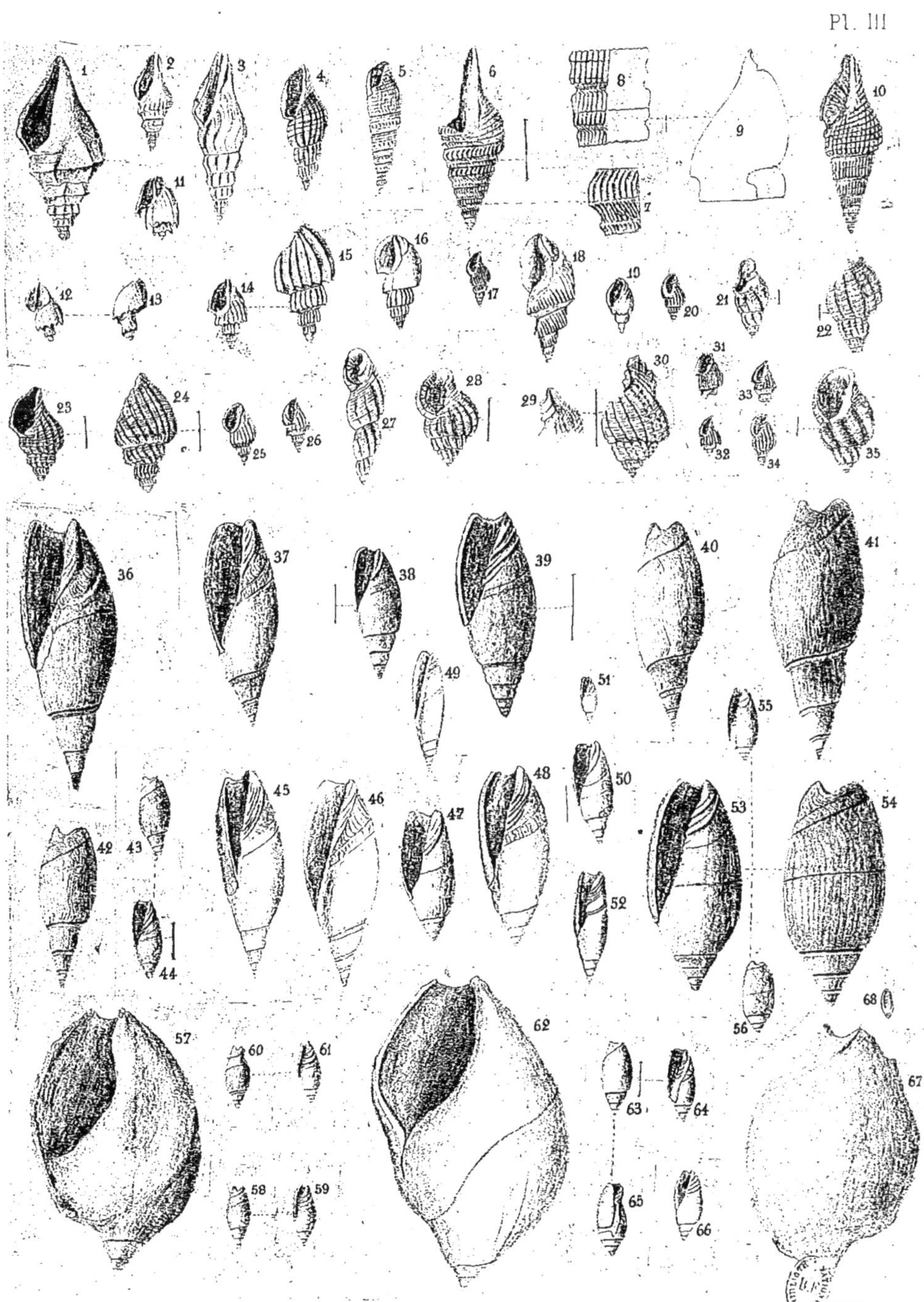

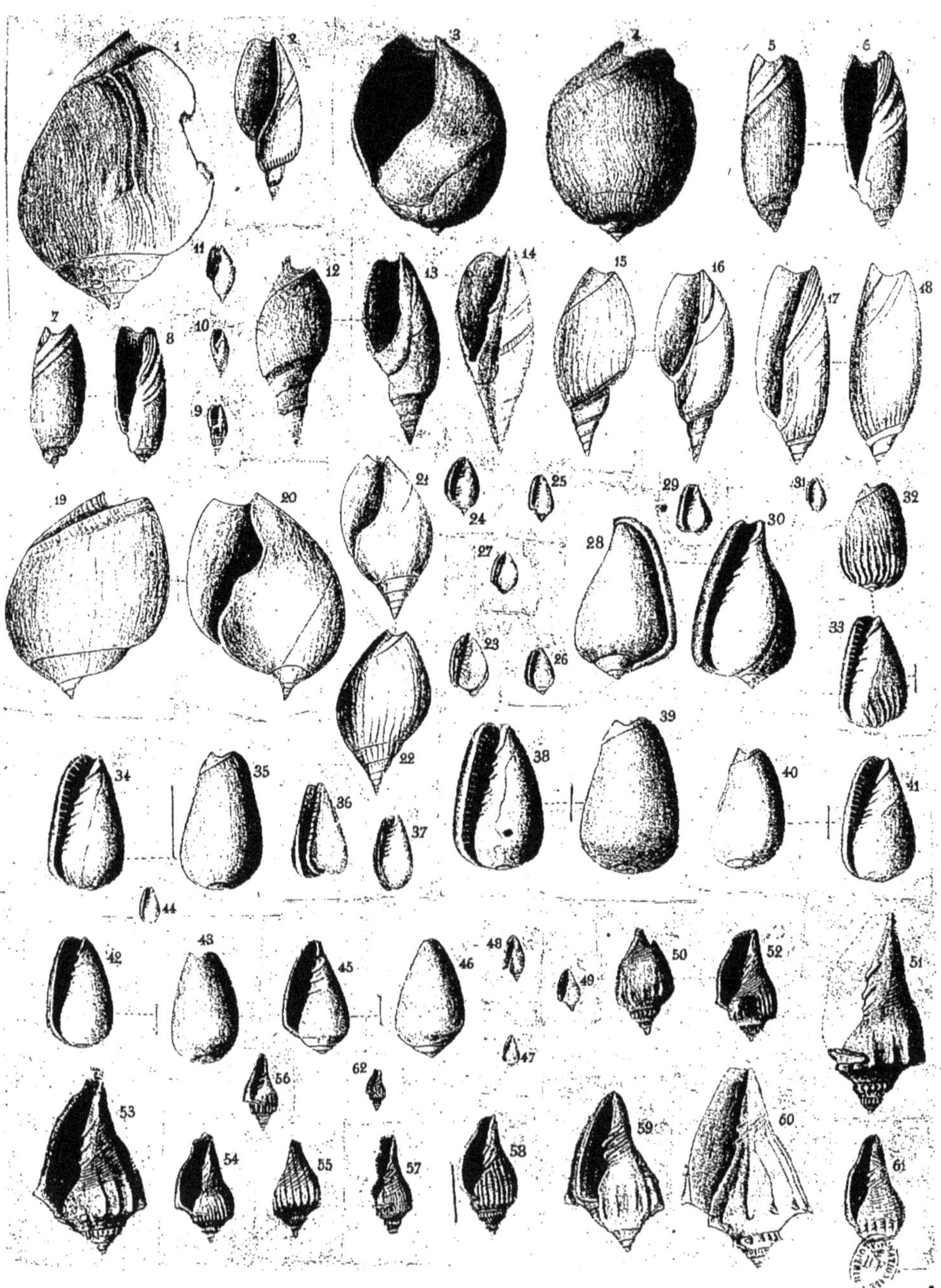

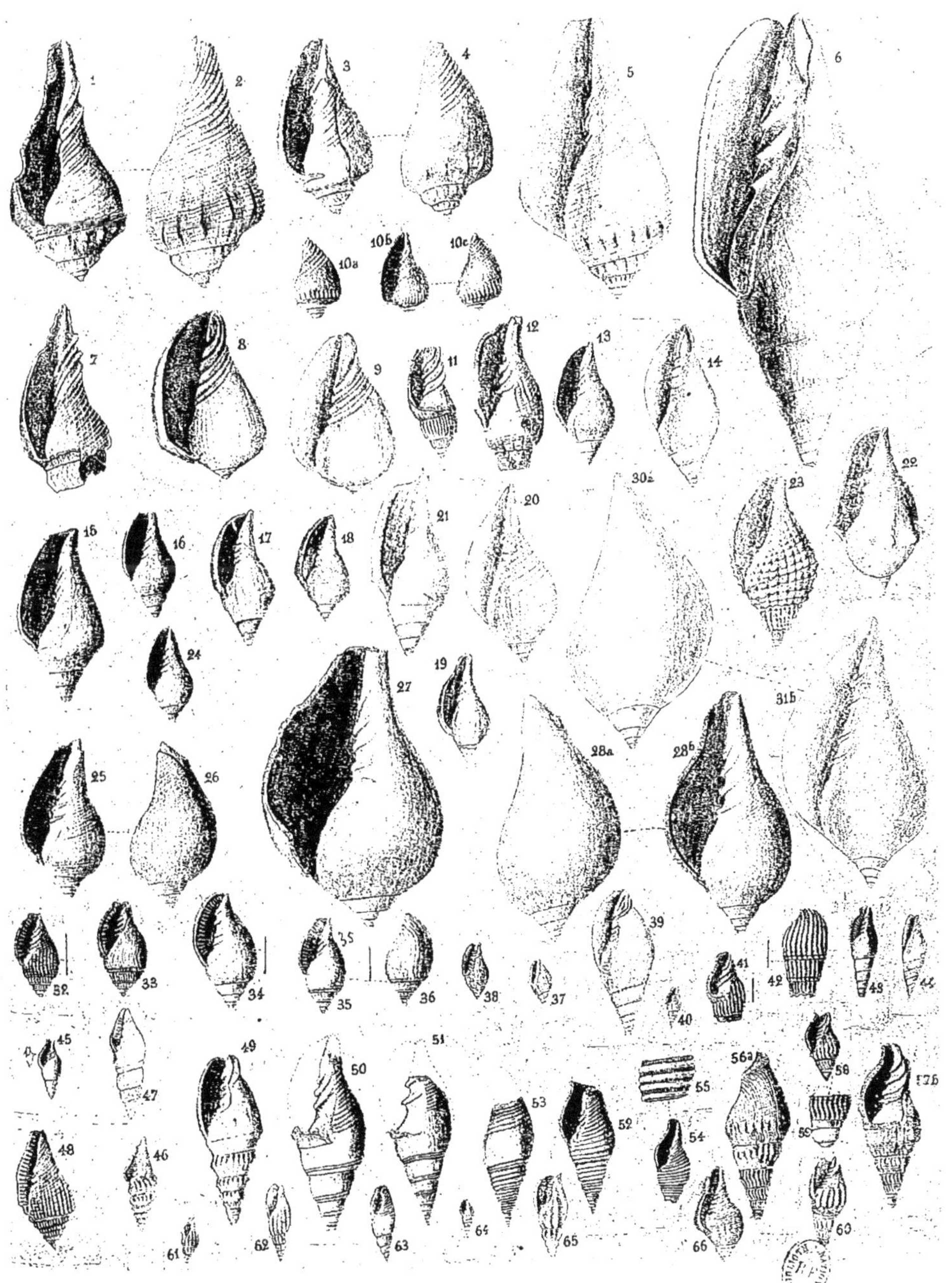

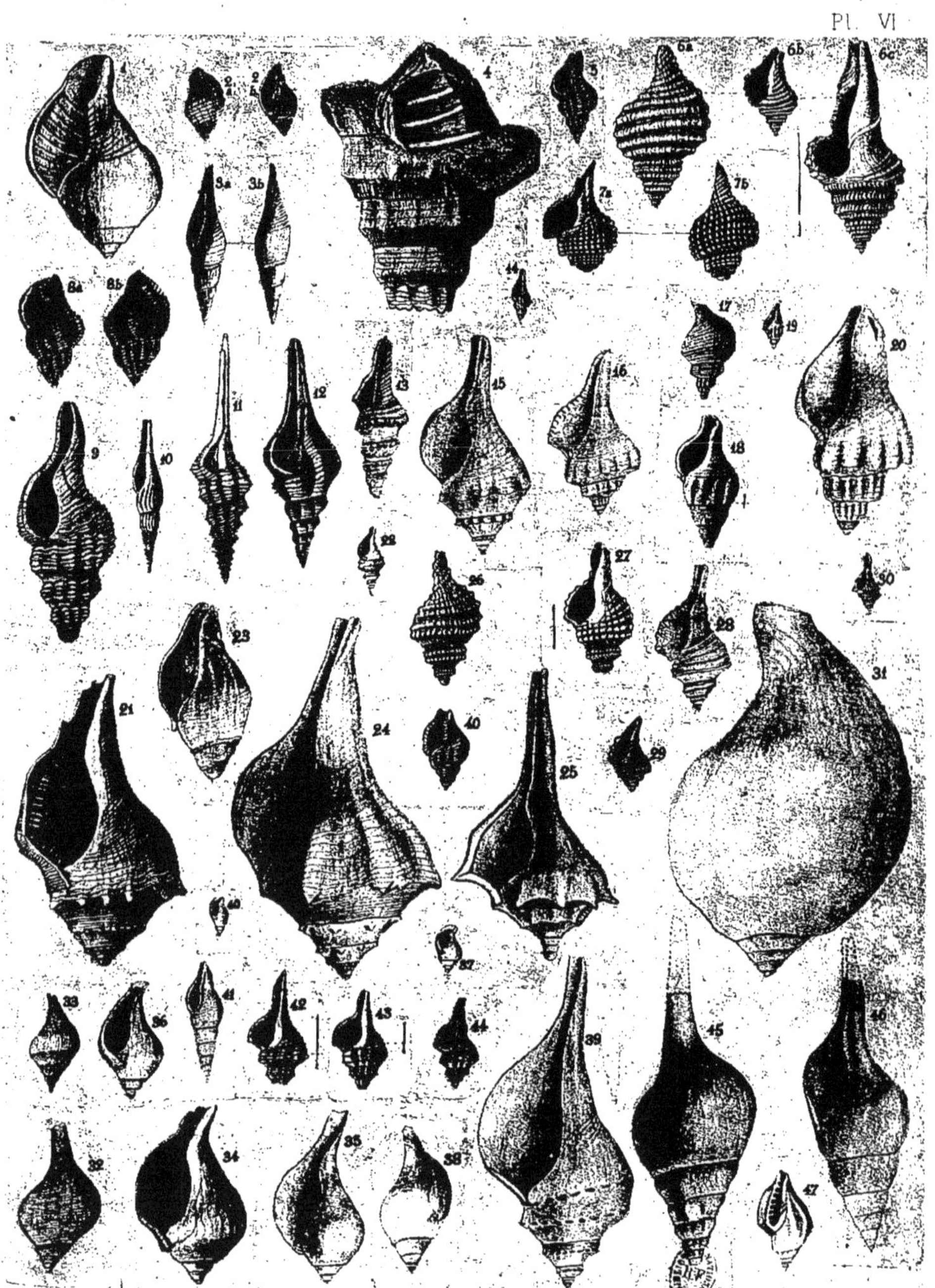

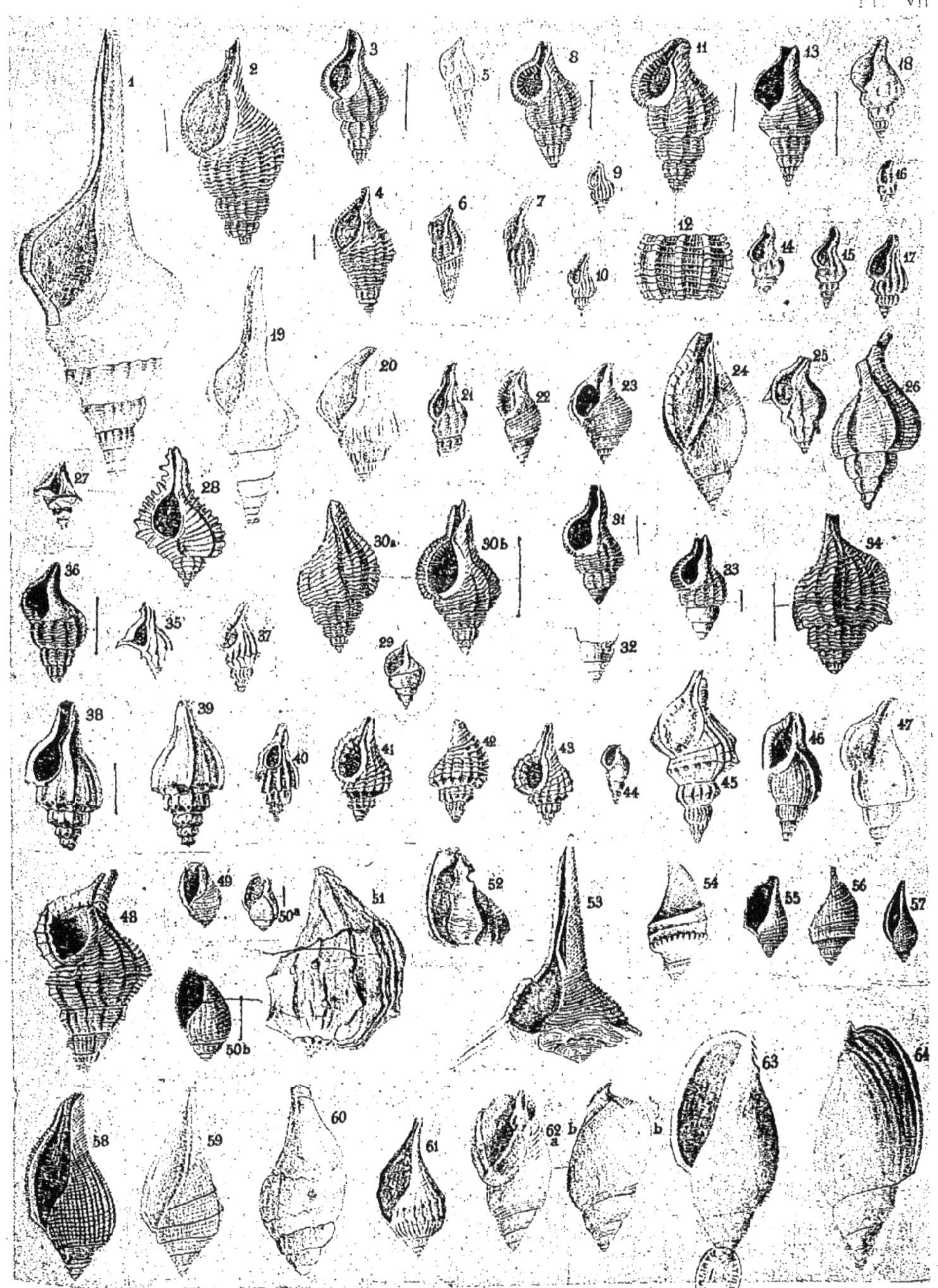

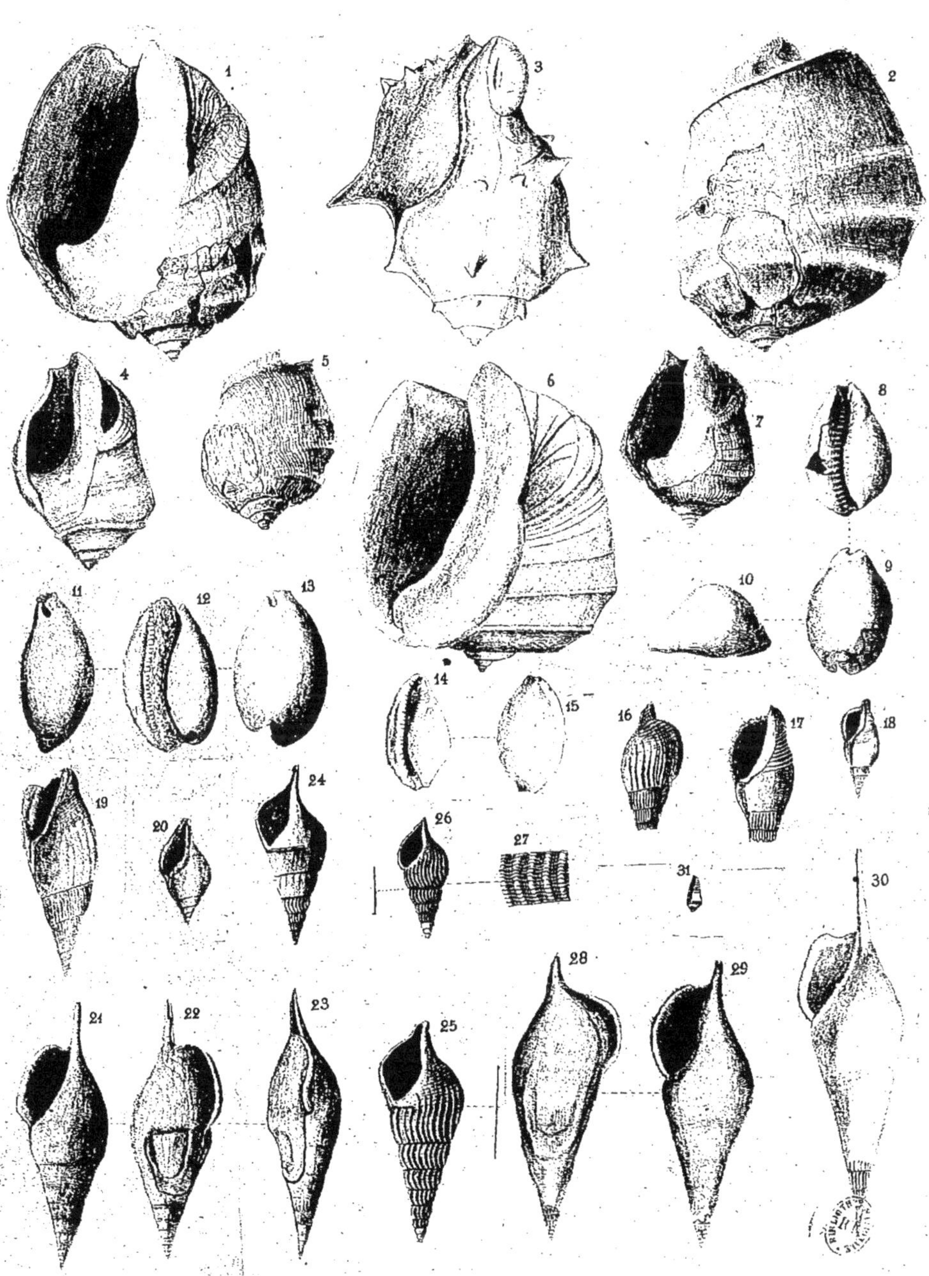

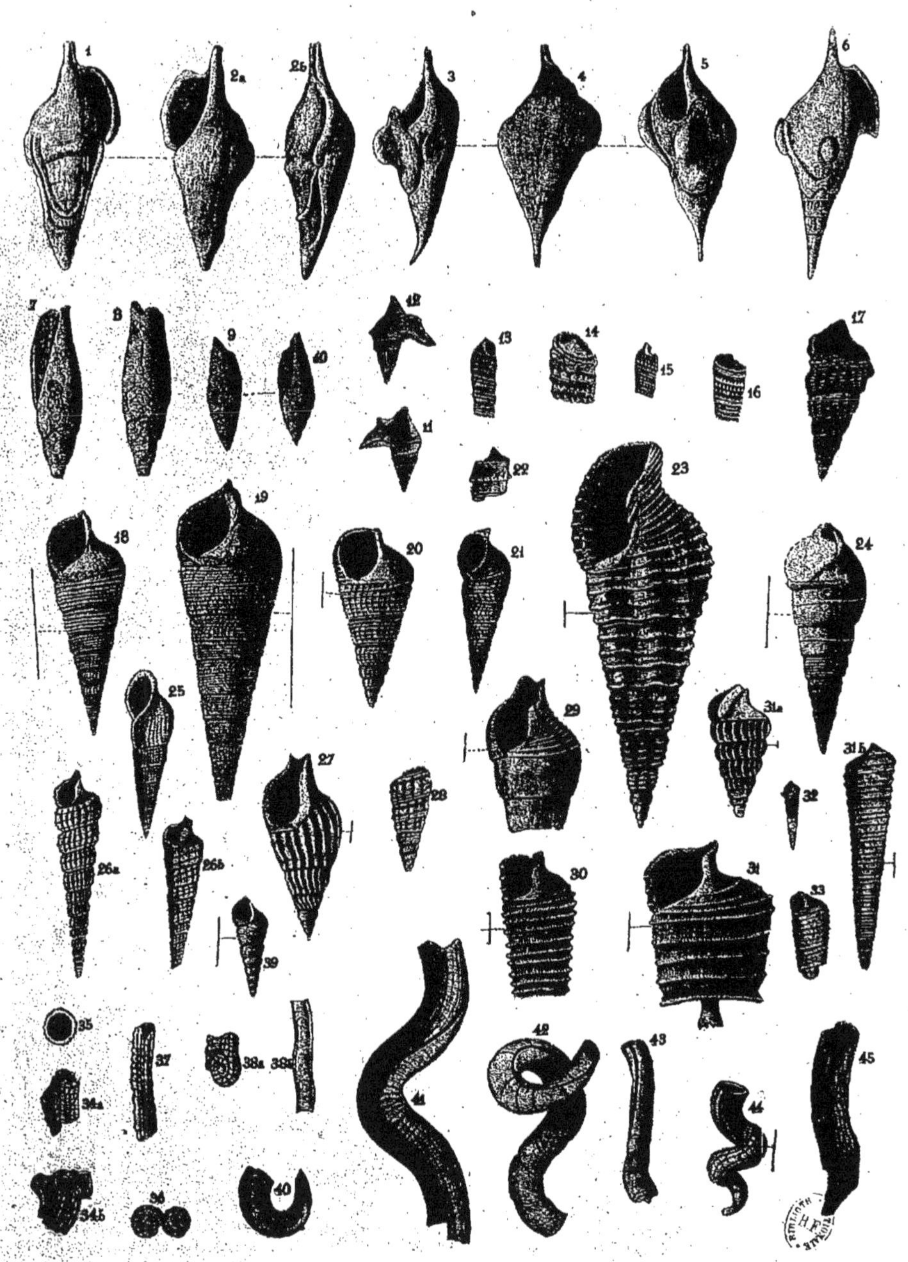

ROMA FOTOTIPIA DANESI

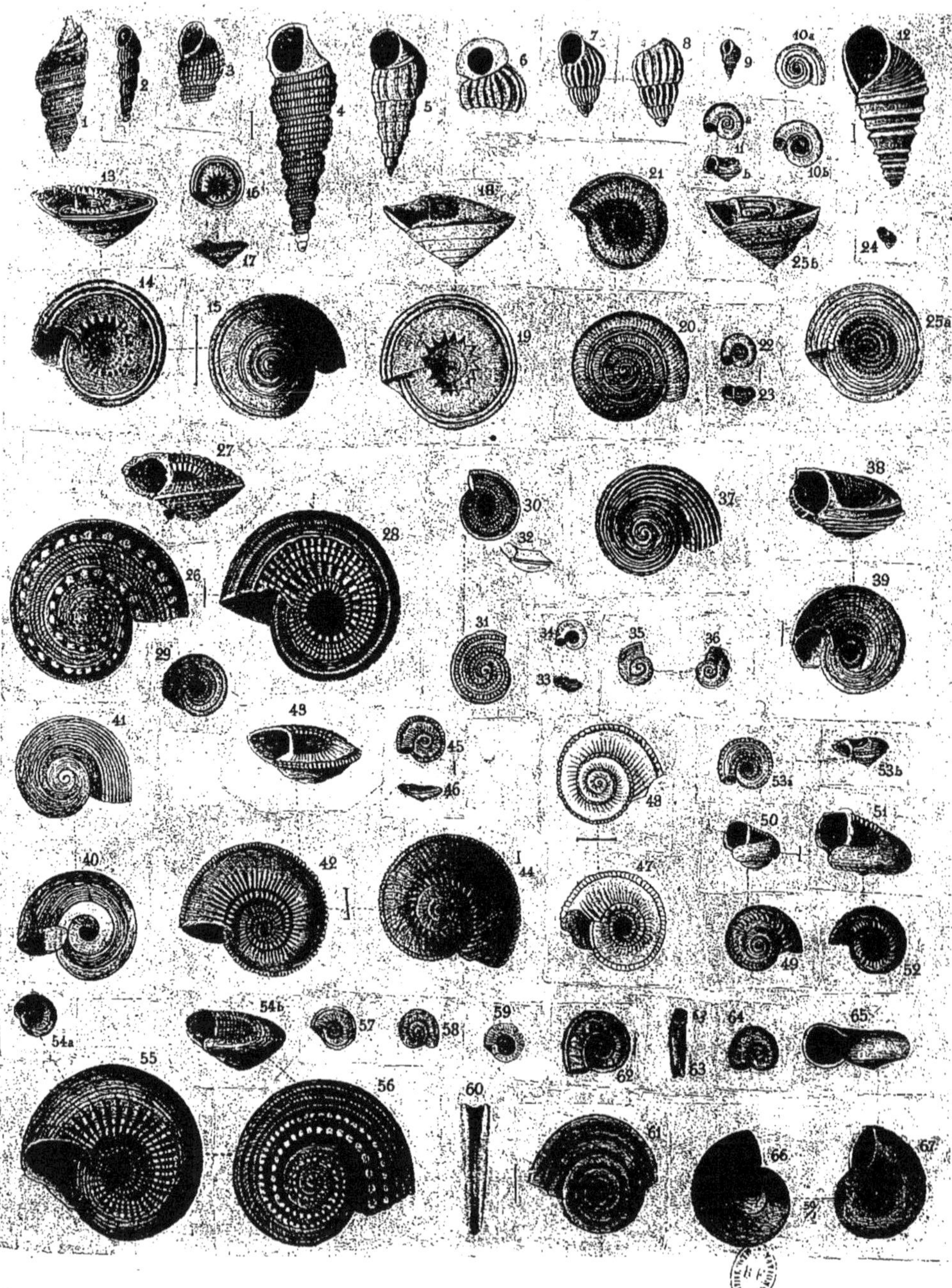

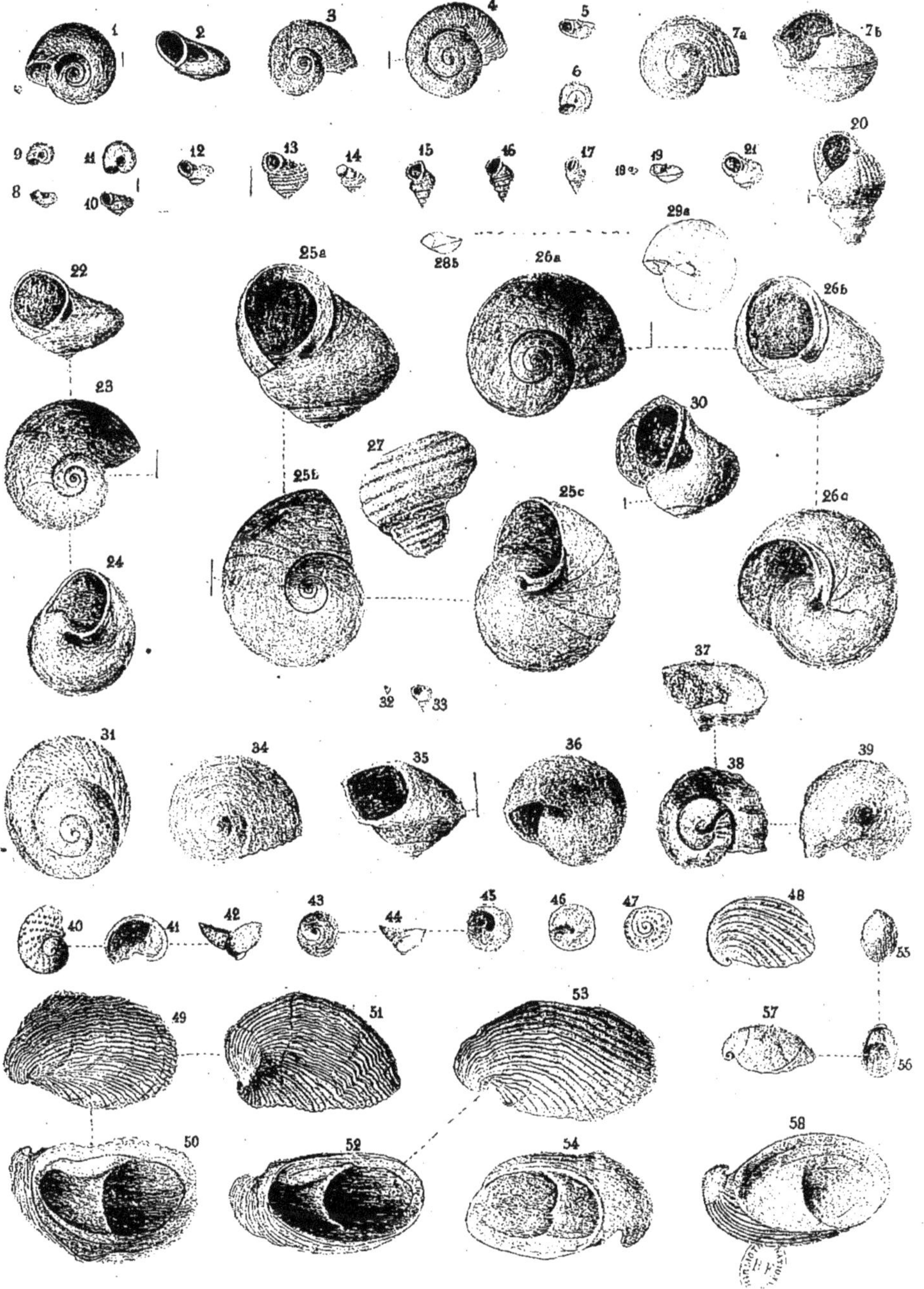

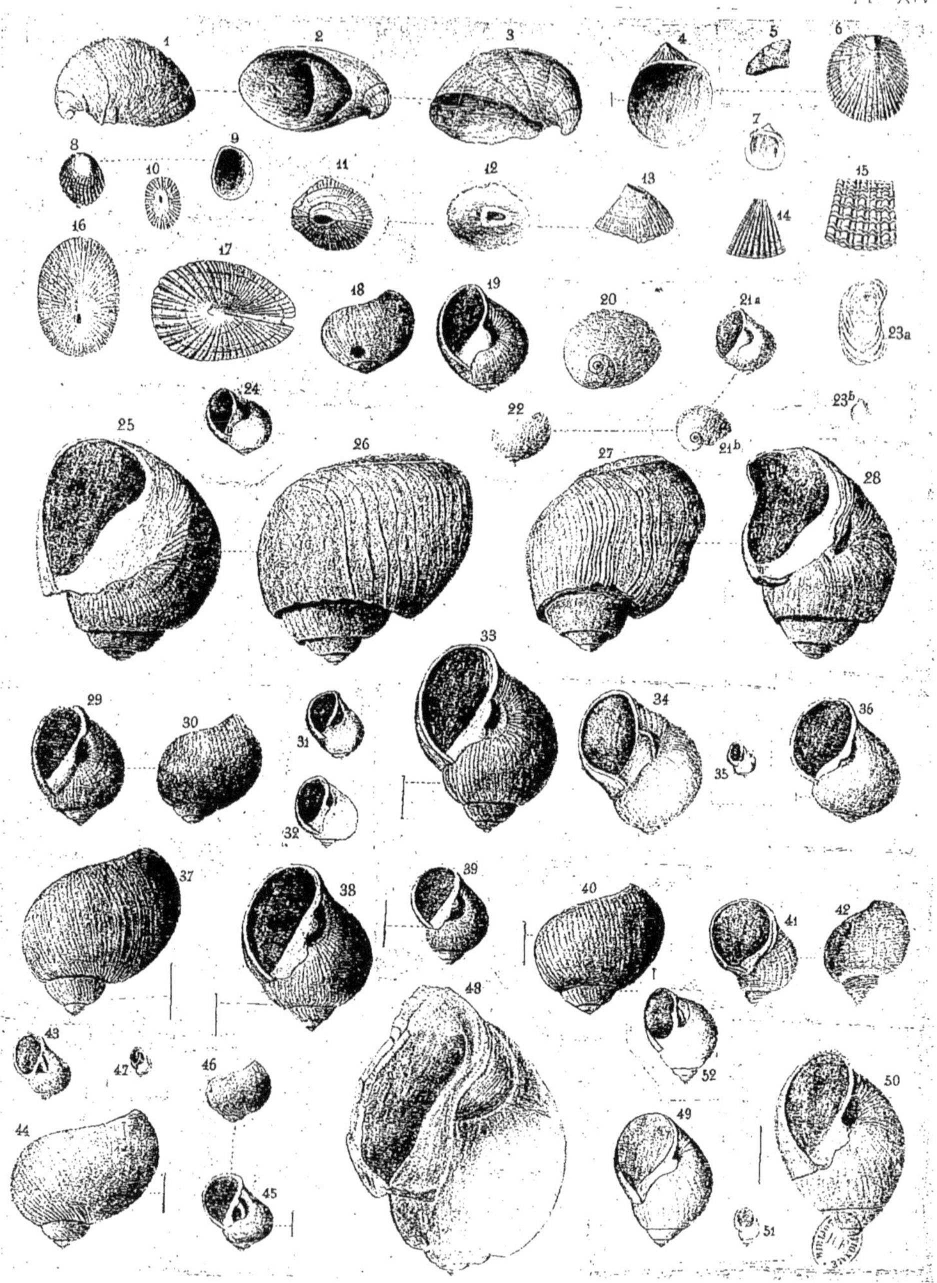

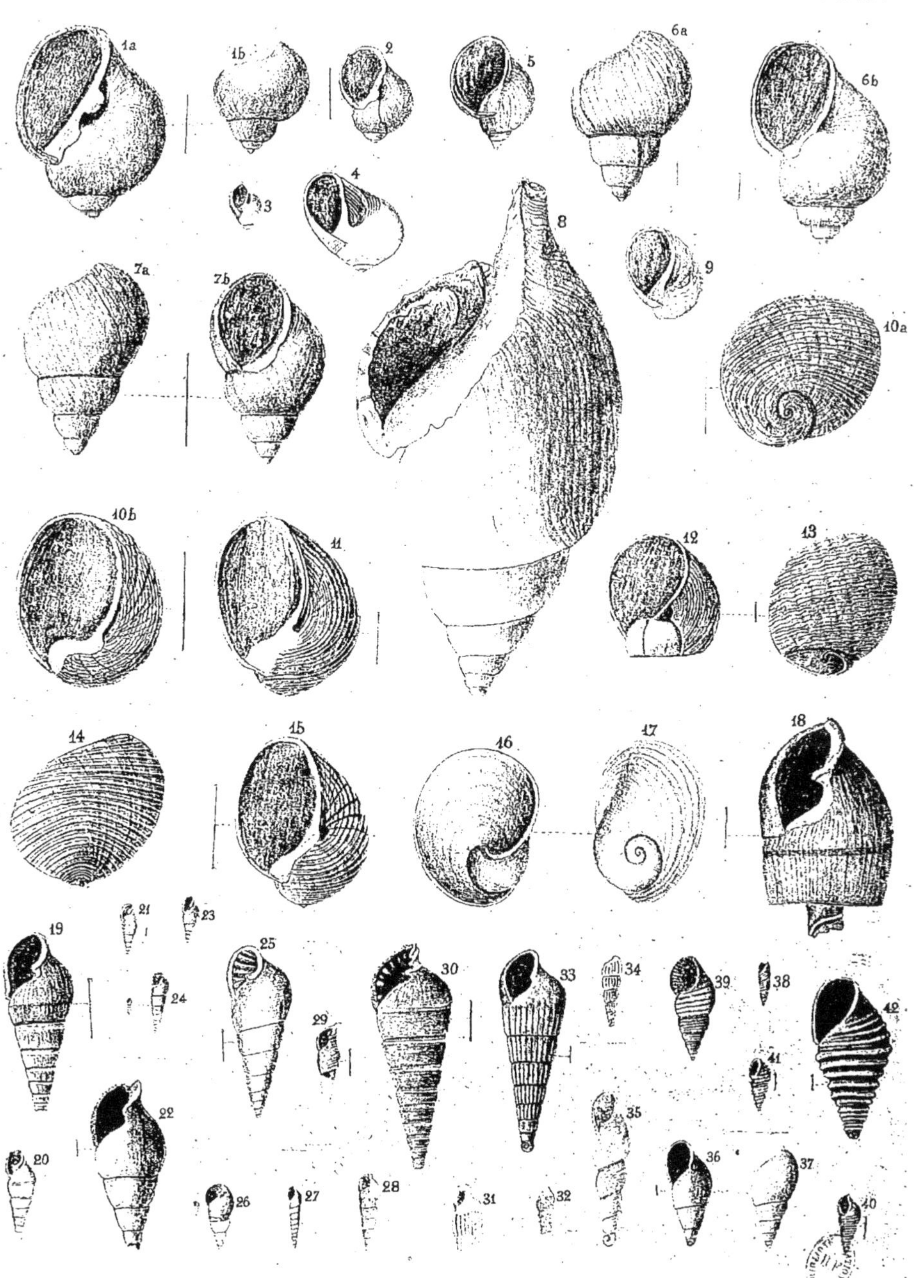

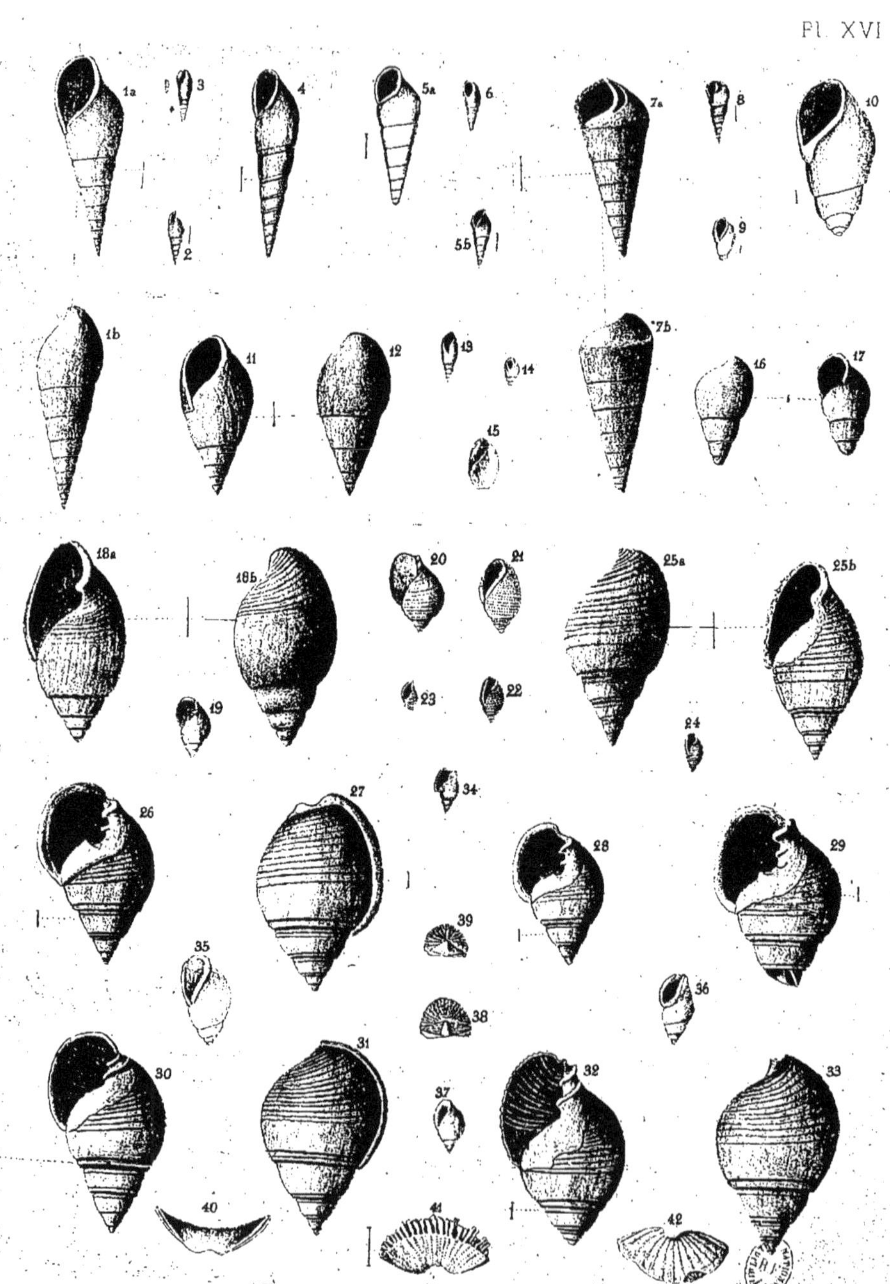

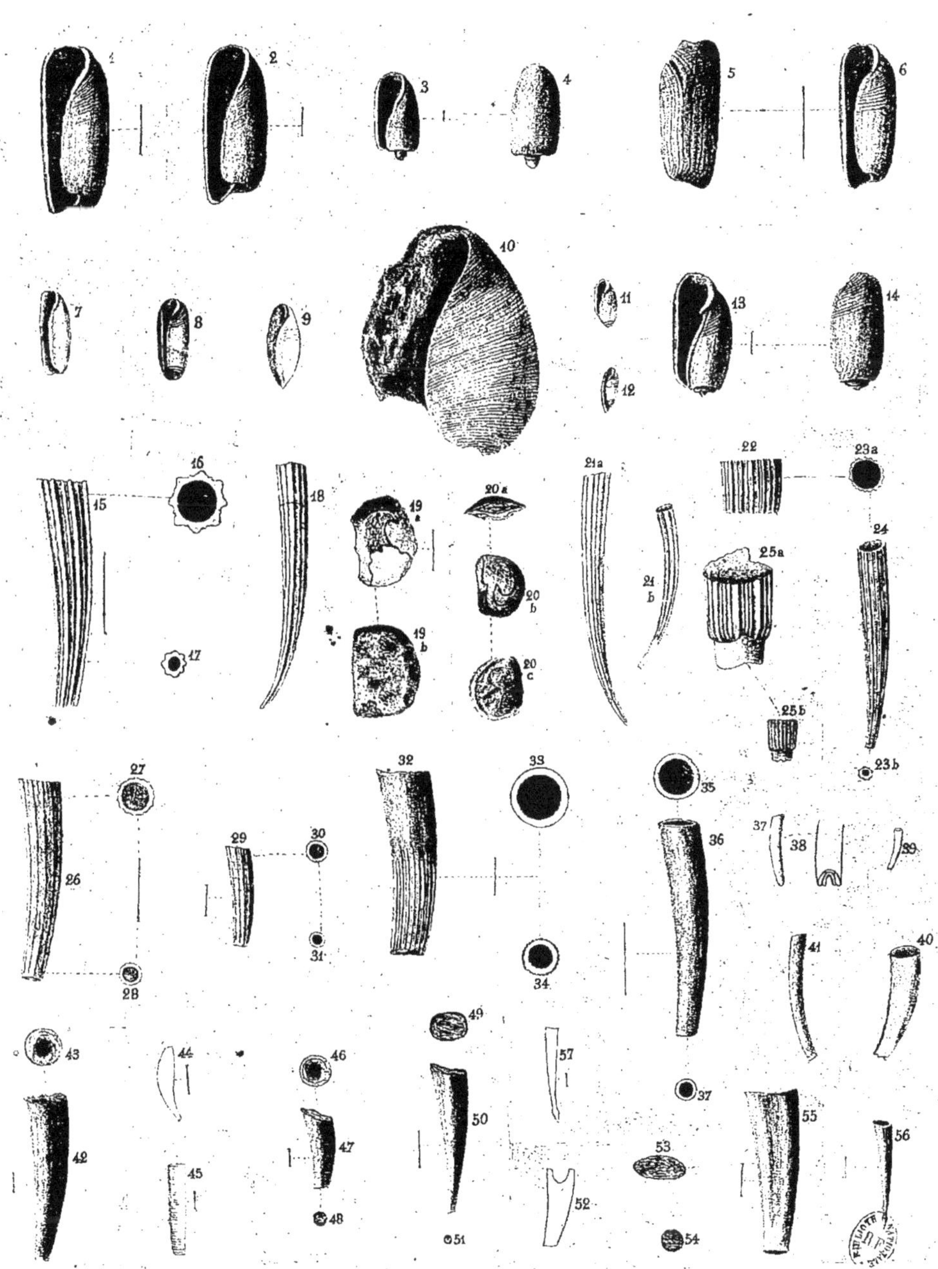

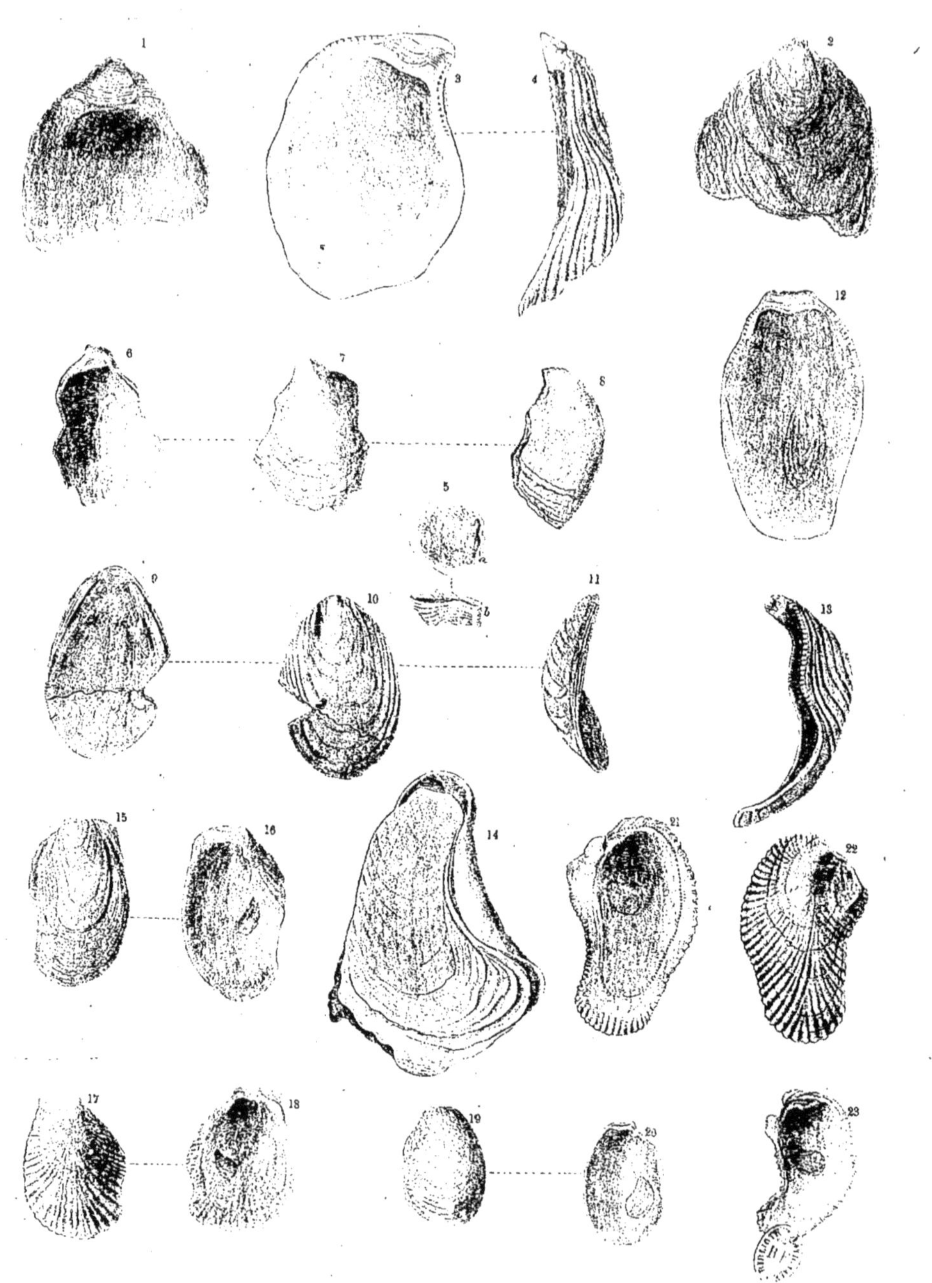

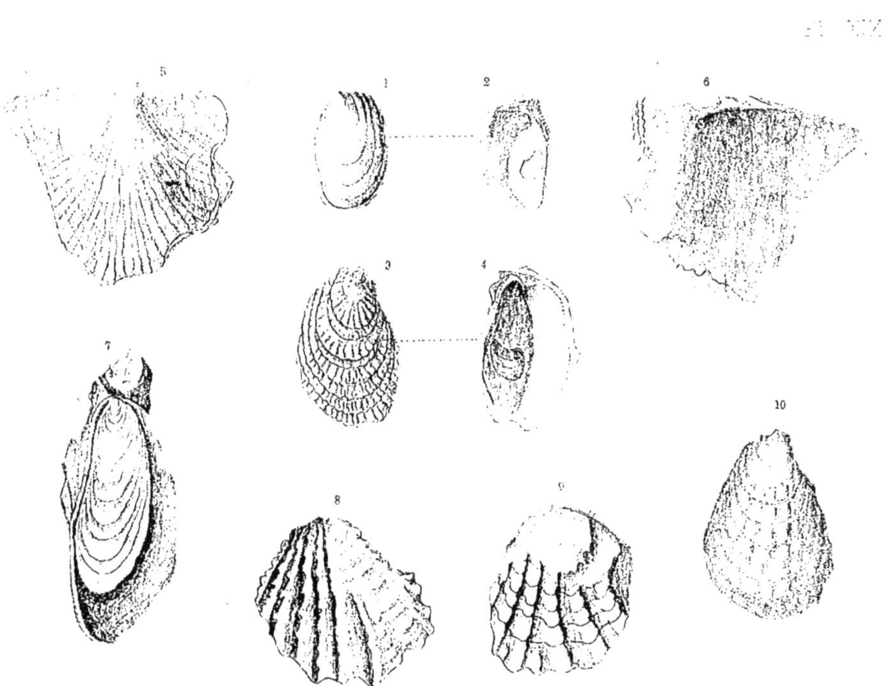
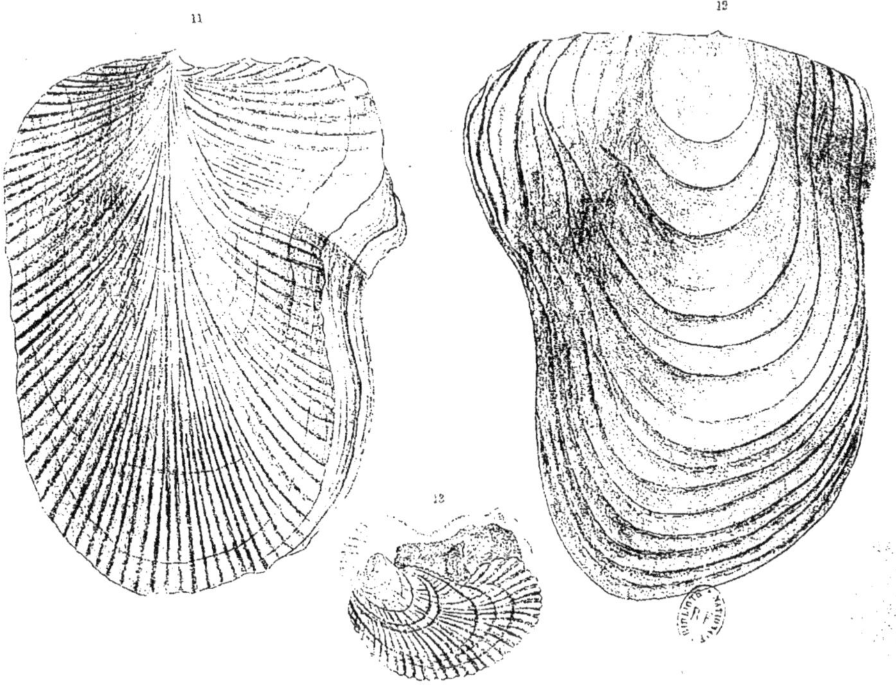

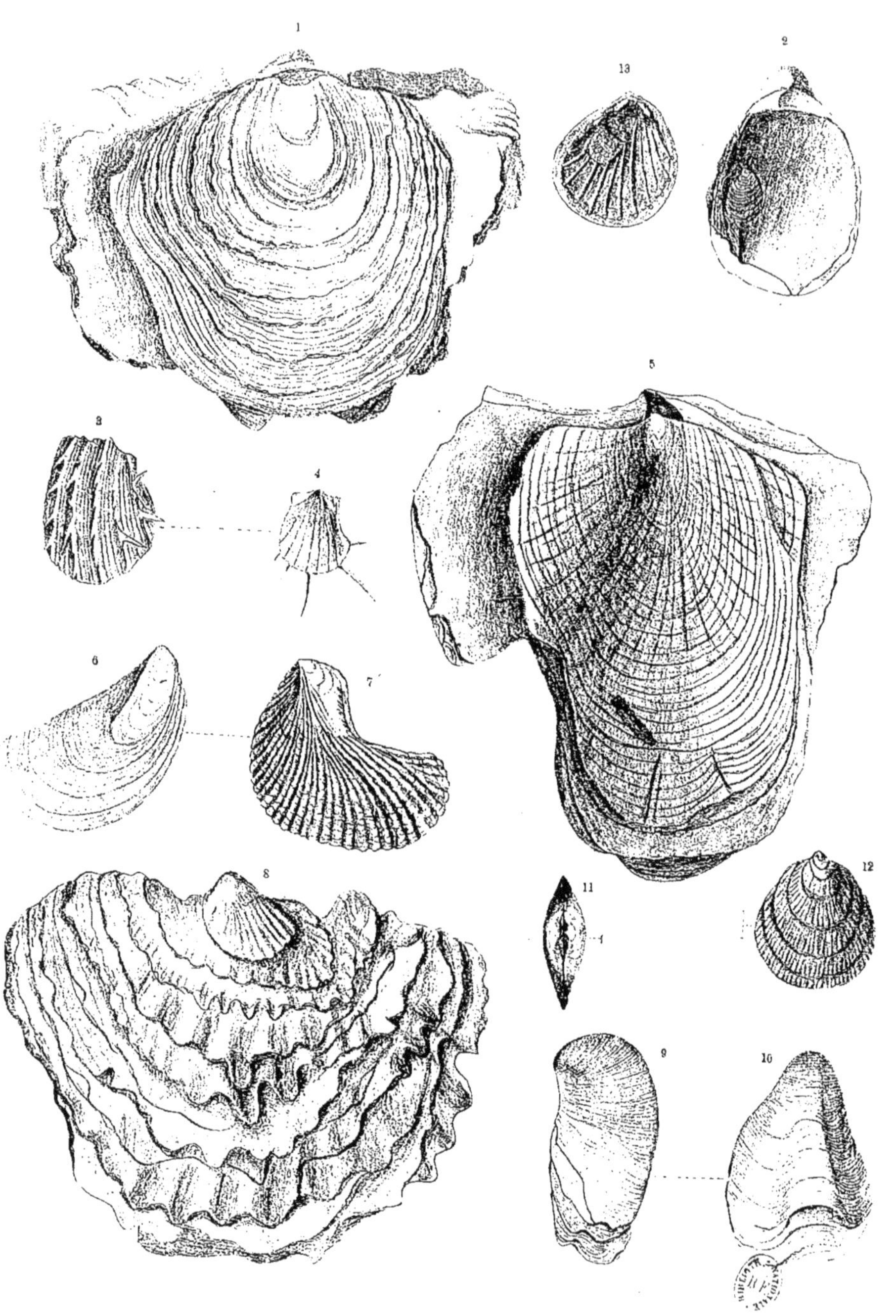

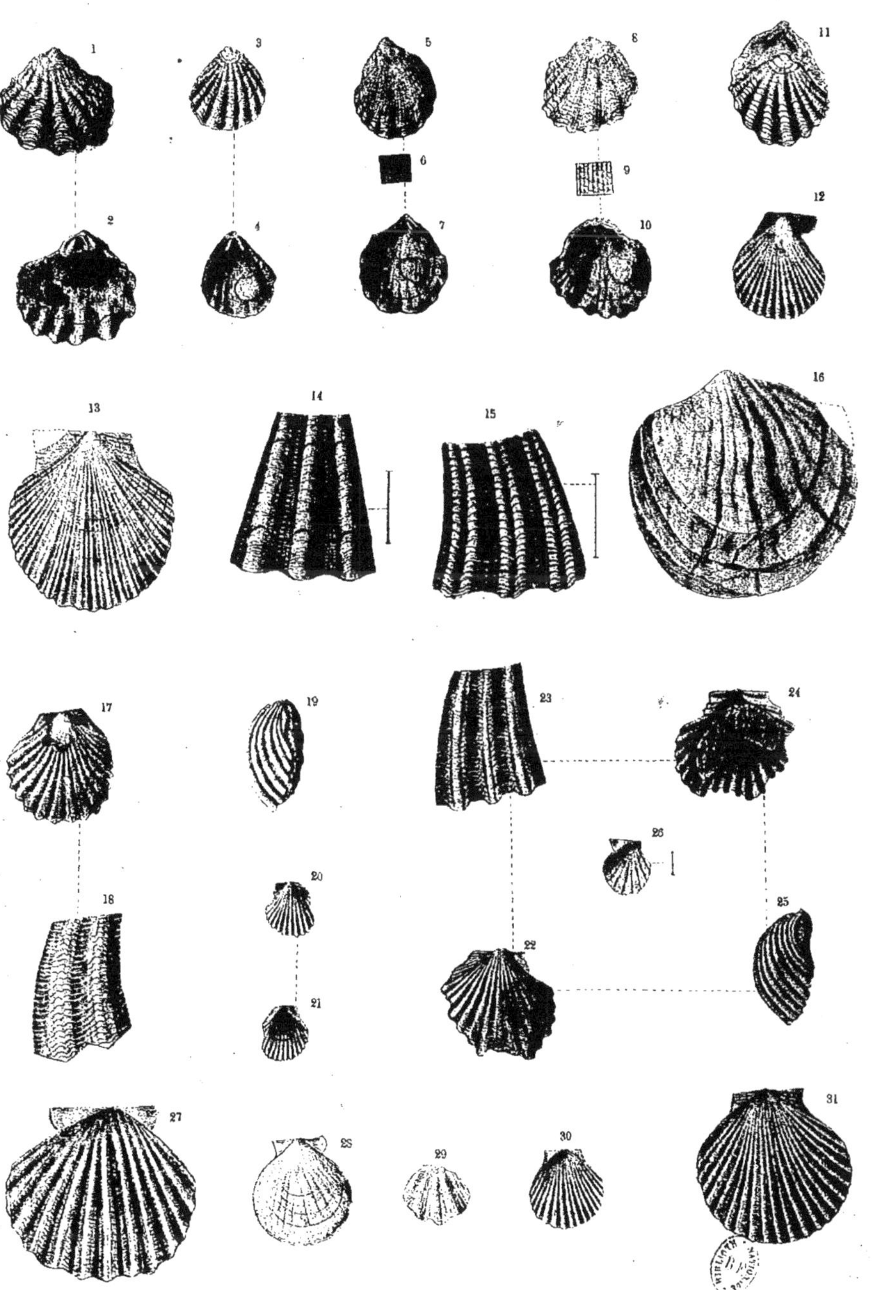

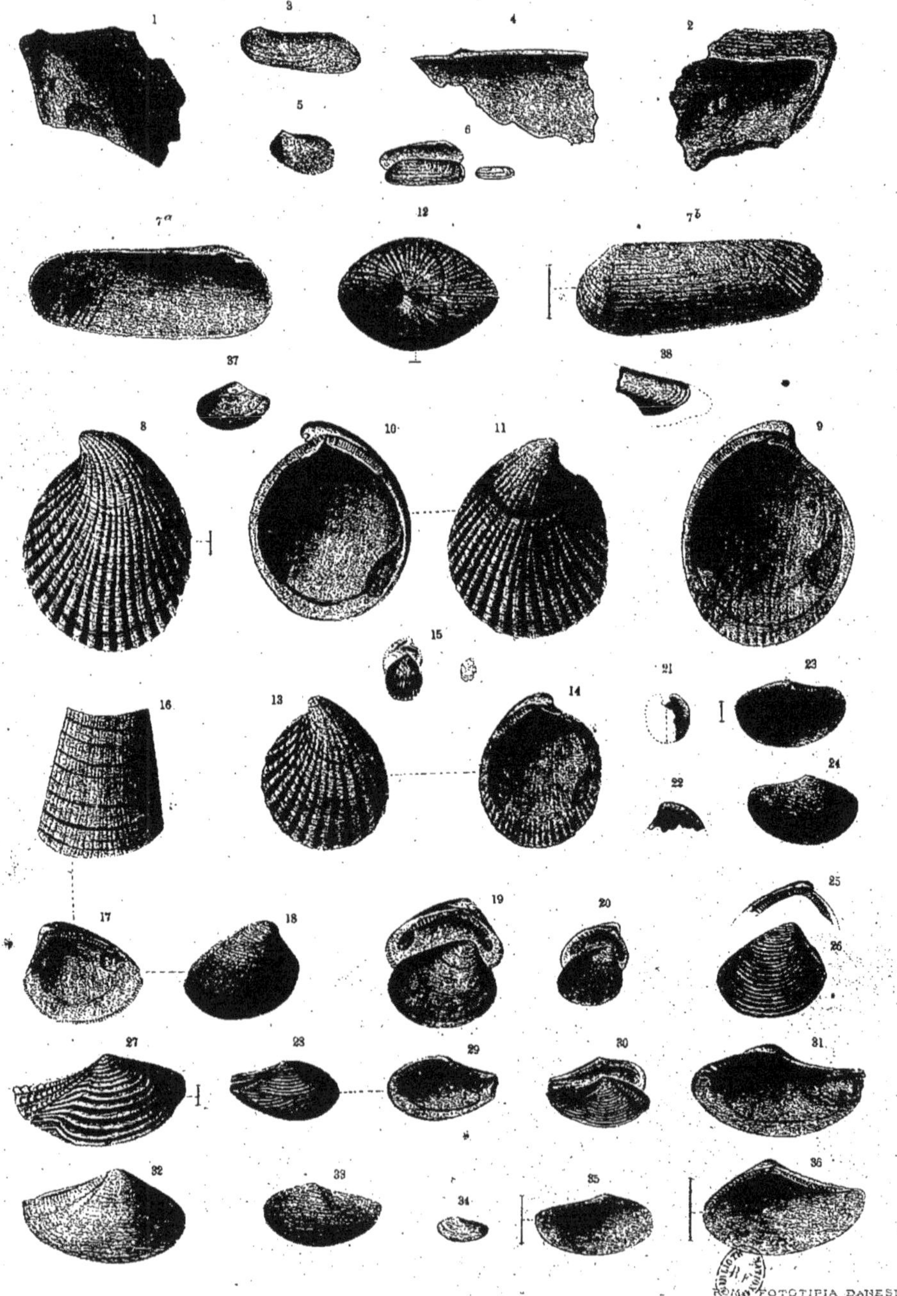

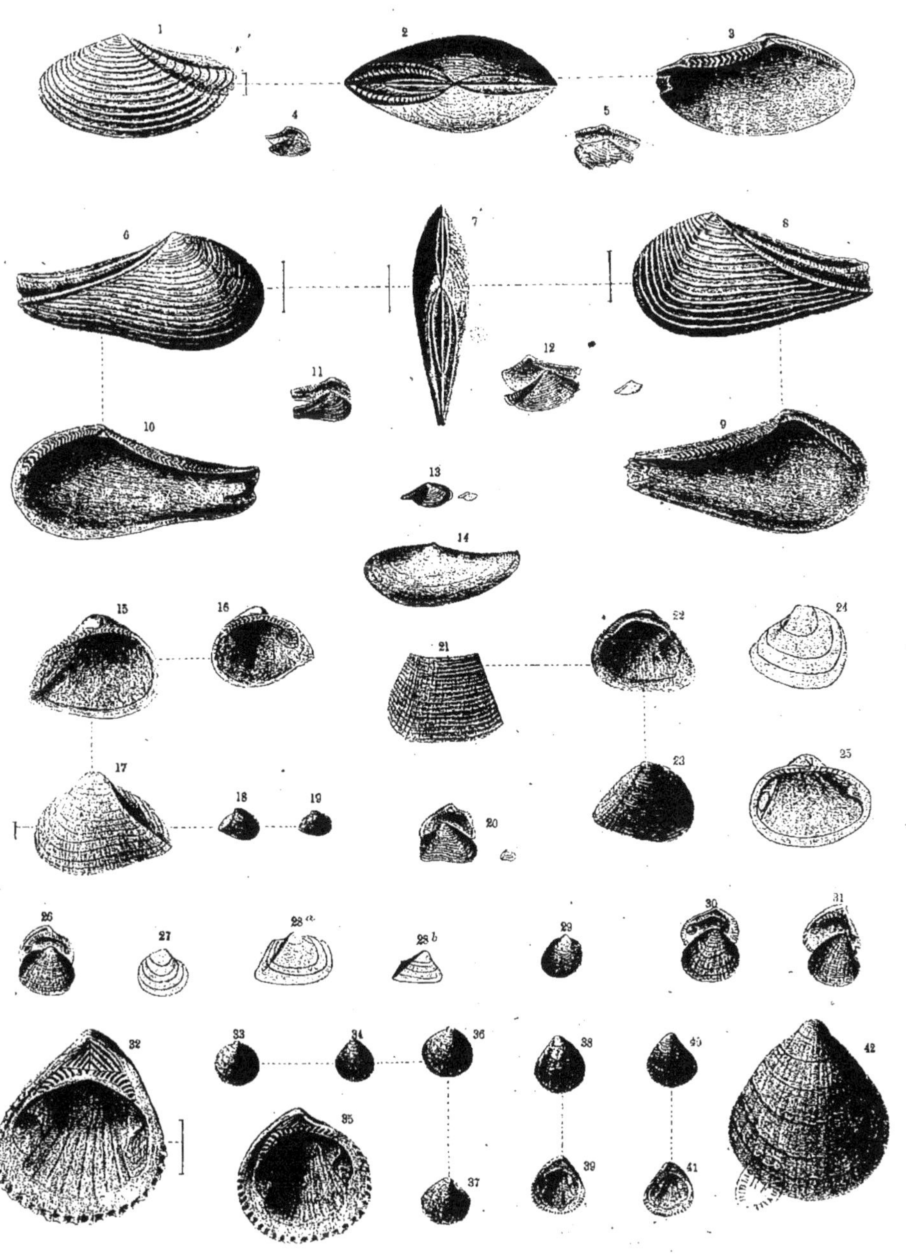

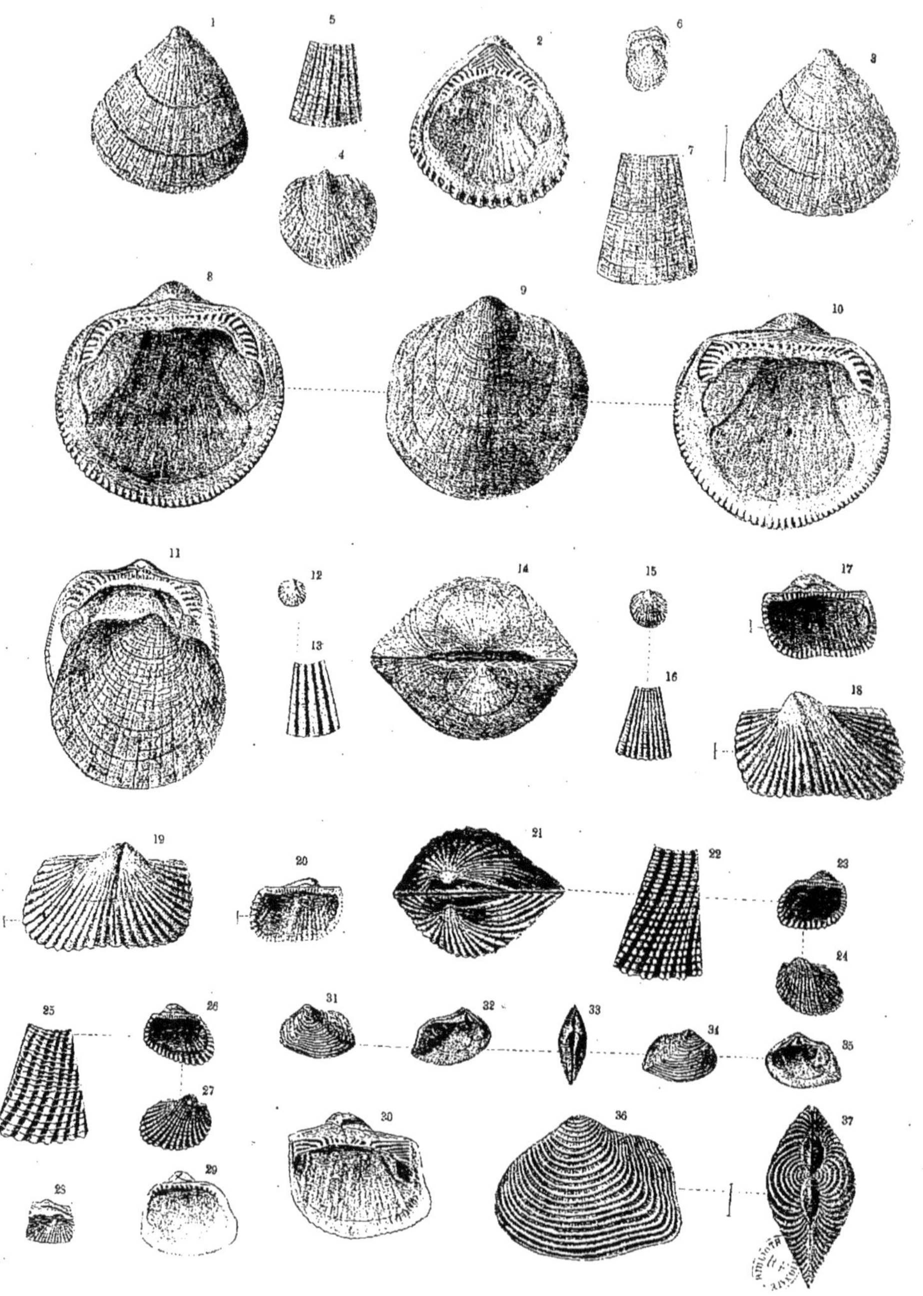
Pl. XXIV
ROMA FOTOTIPIA DANESI

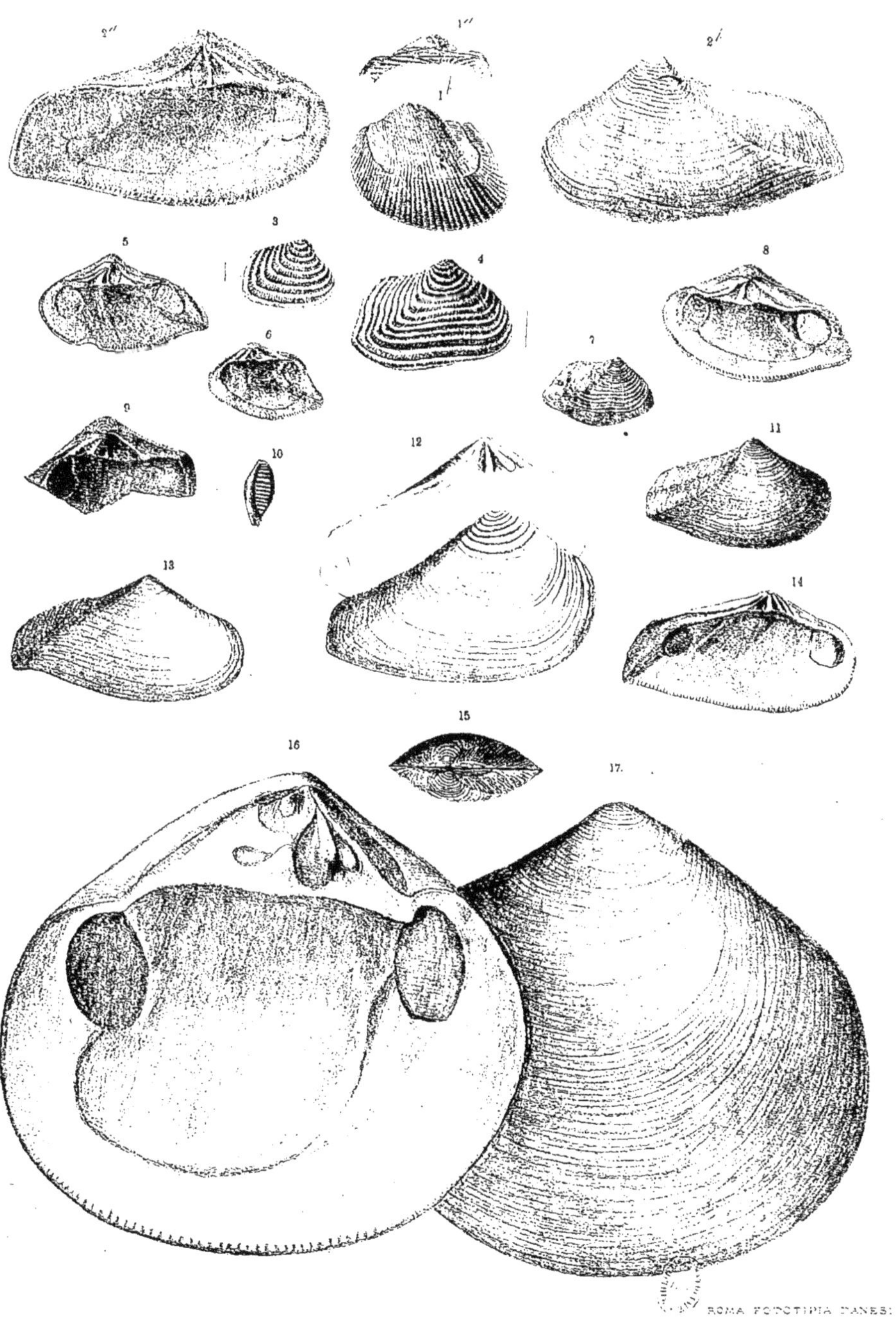

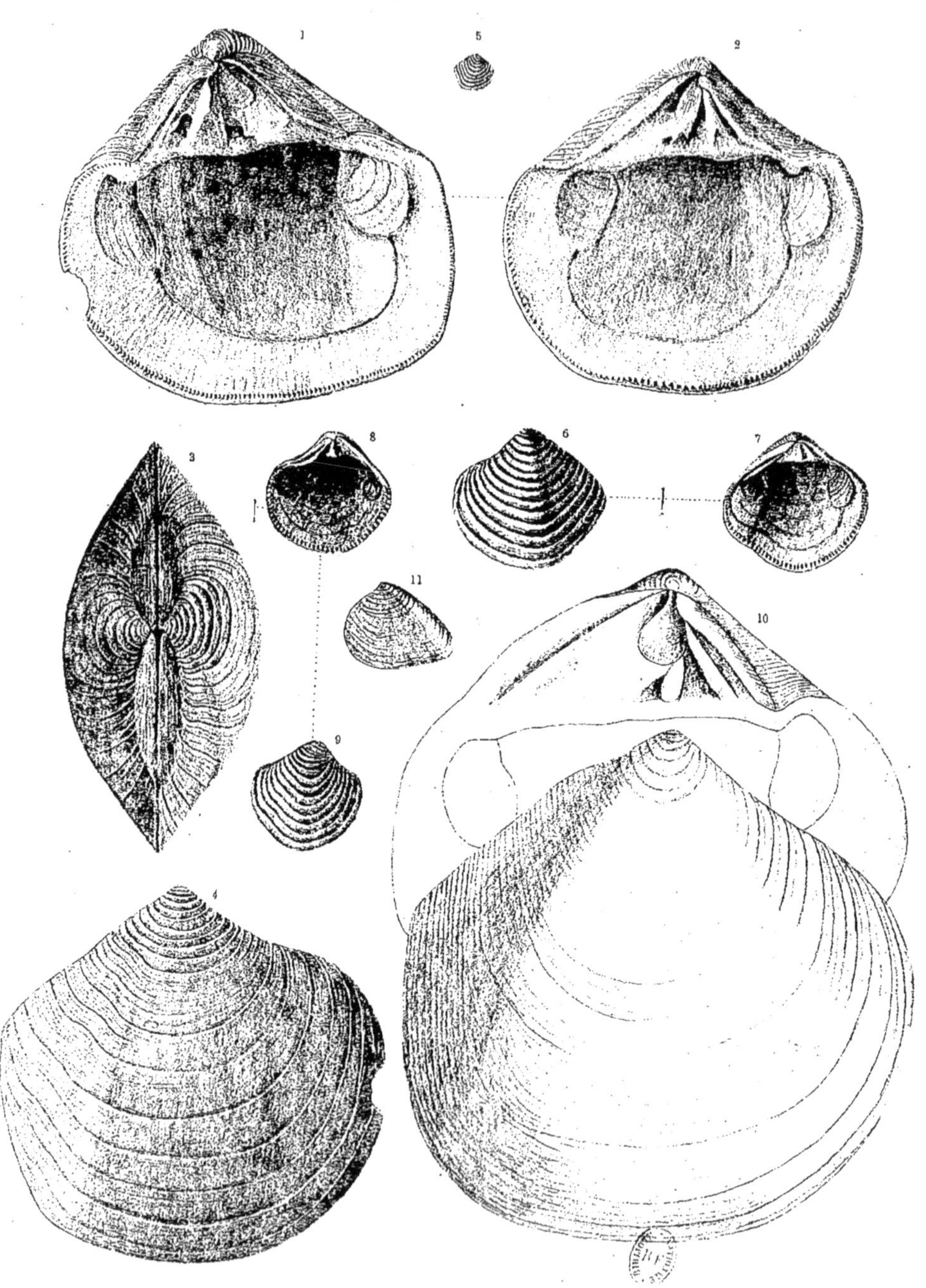

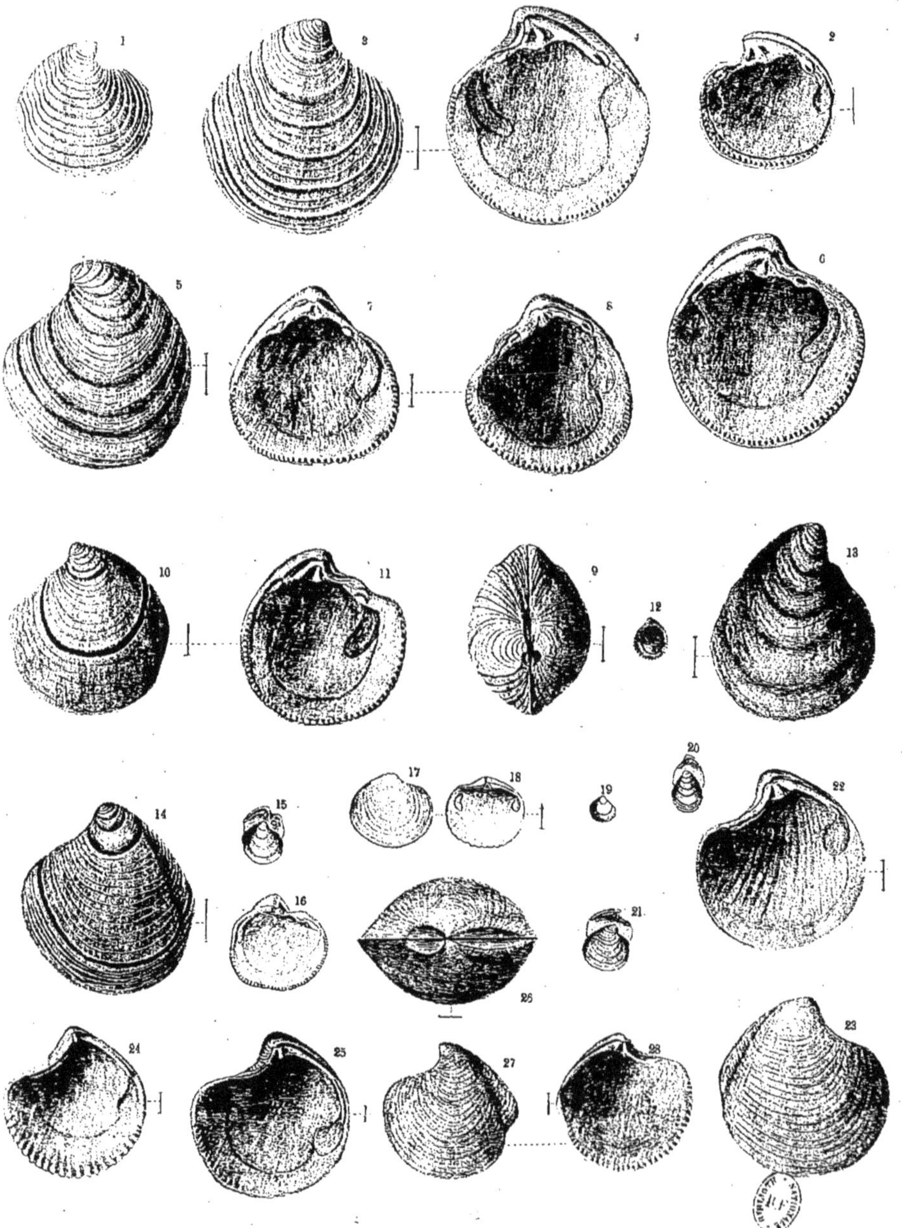

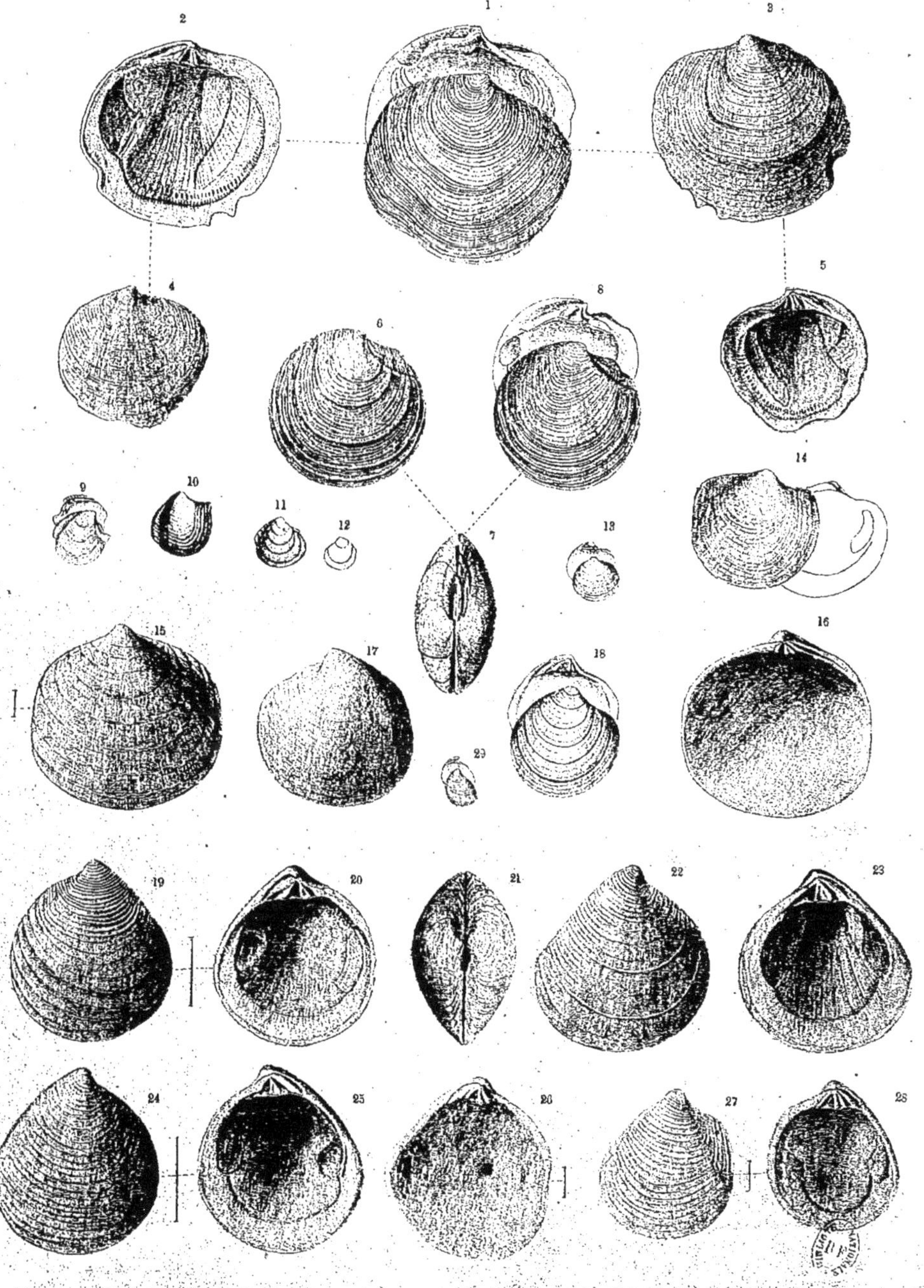

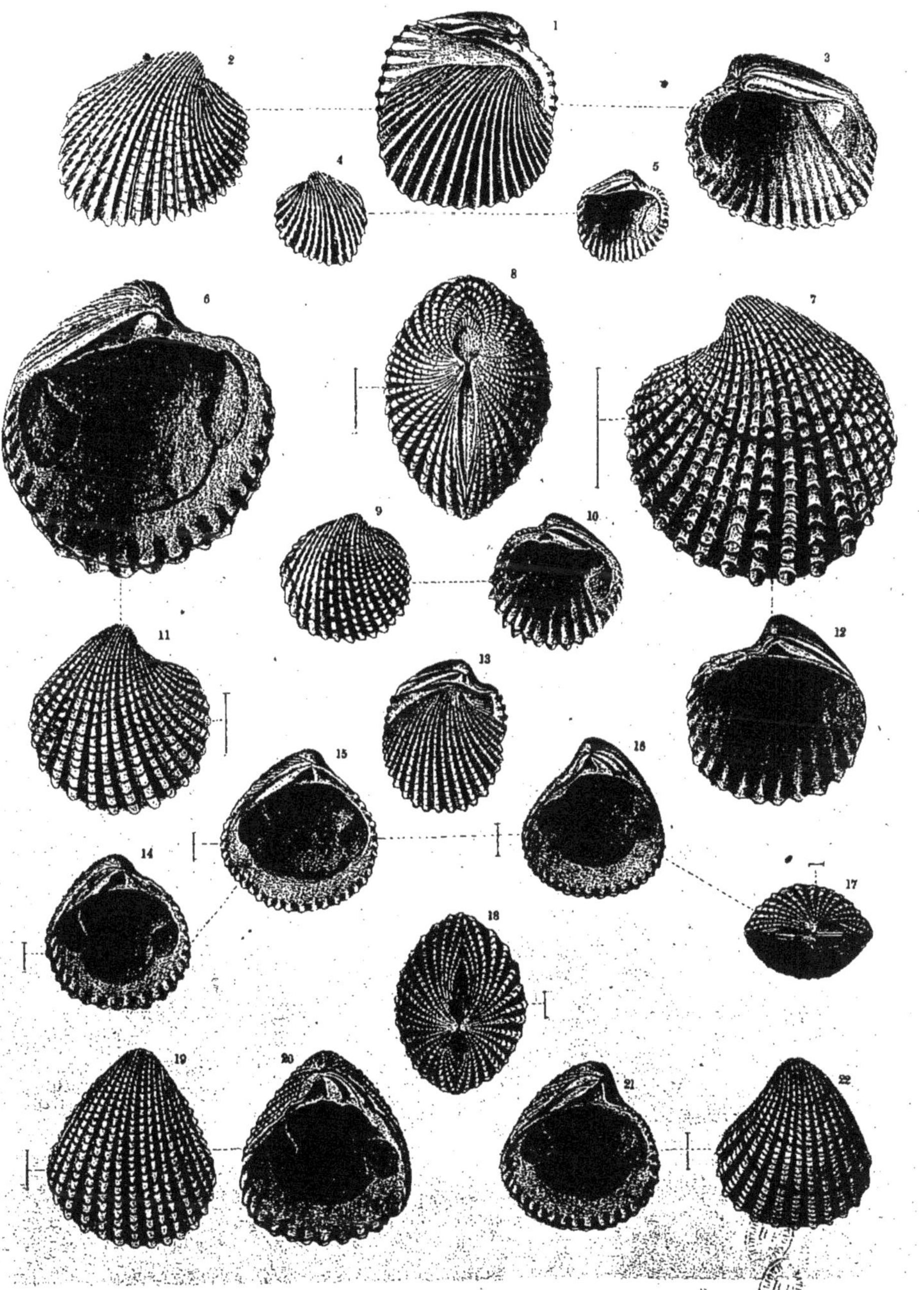
Pl. XXXI
ROMA TIPOGRAFIA DANESI

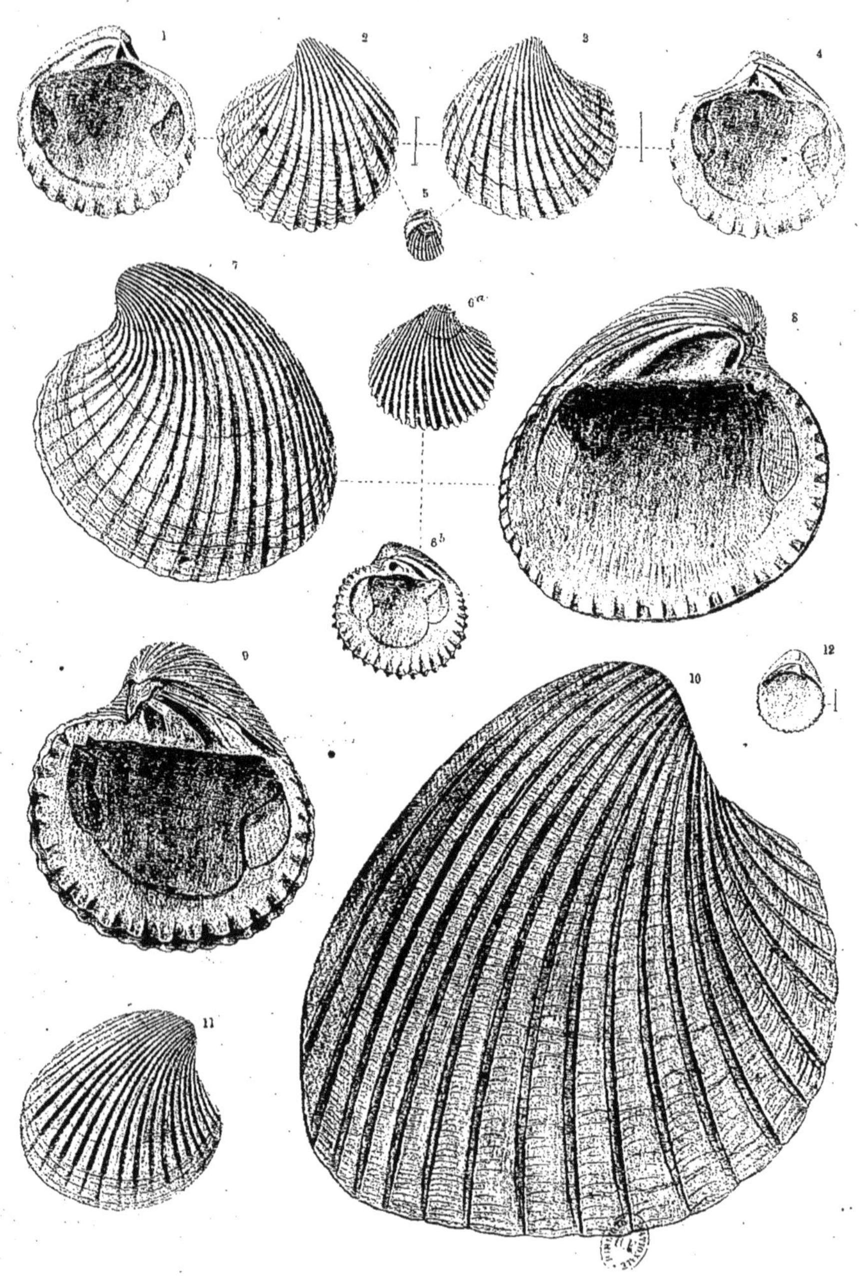

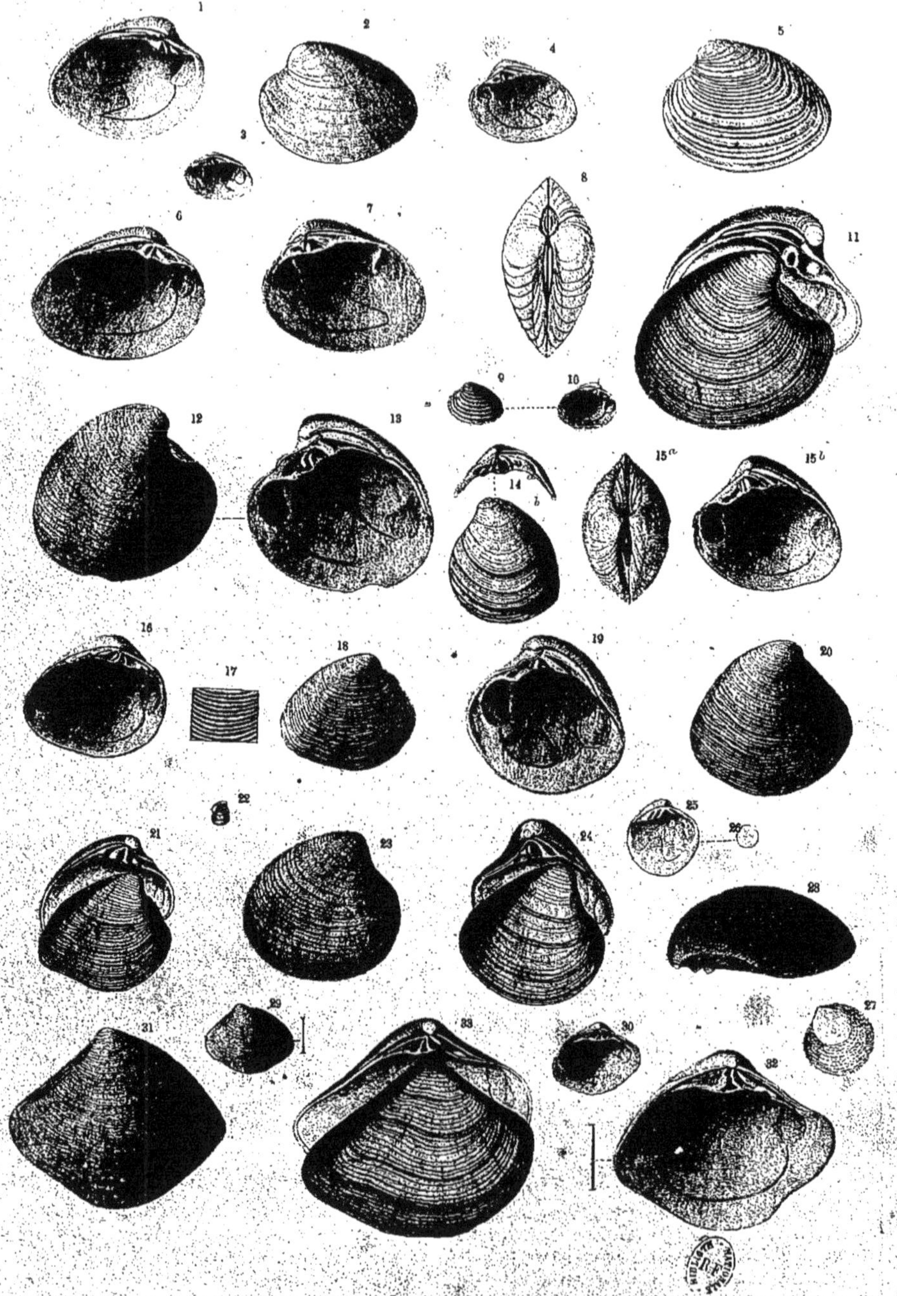

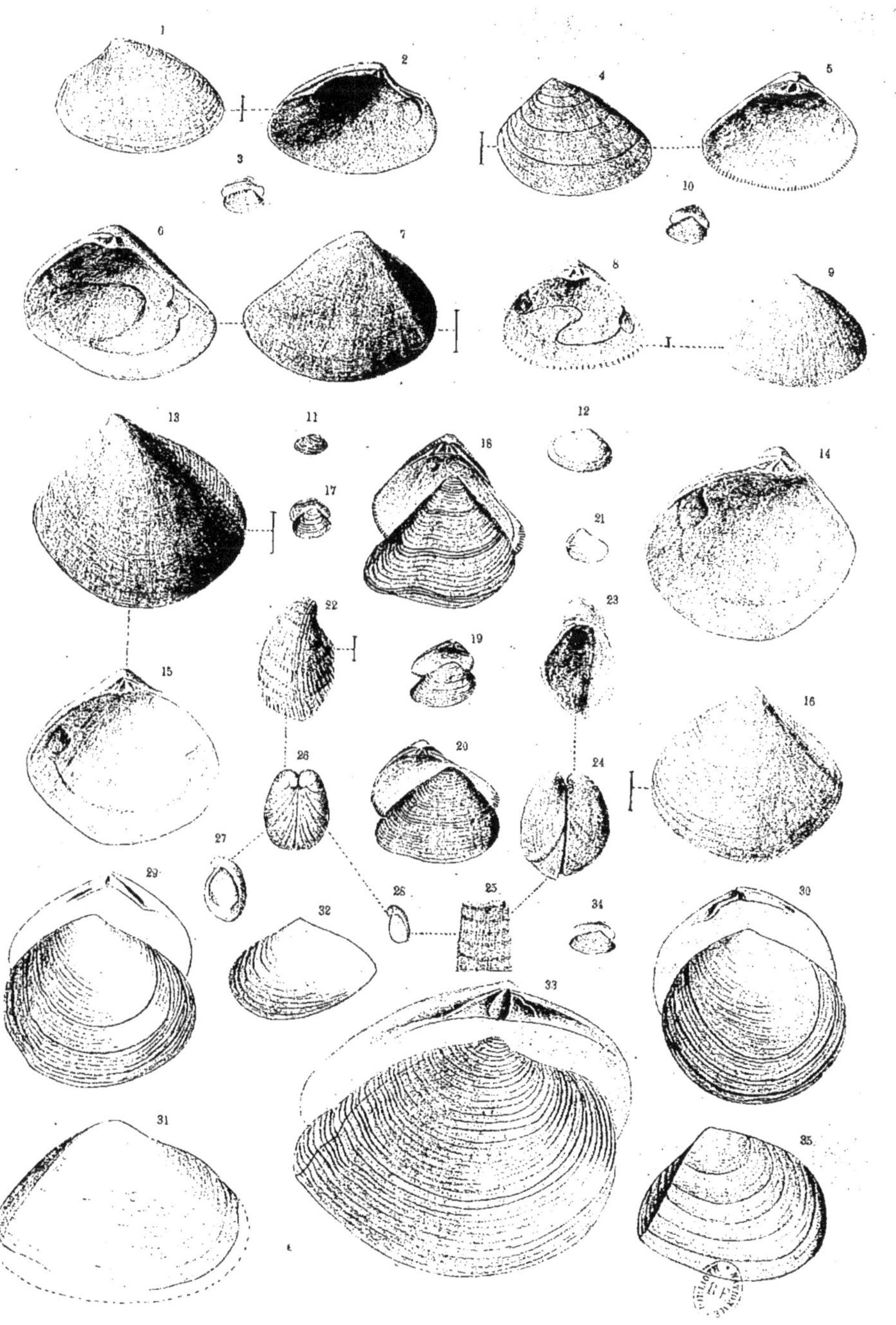

PL. XXXV

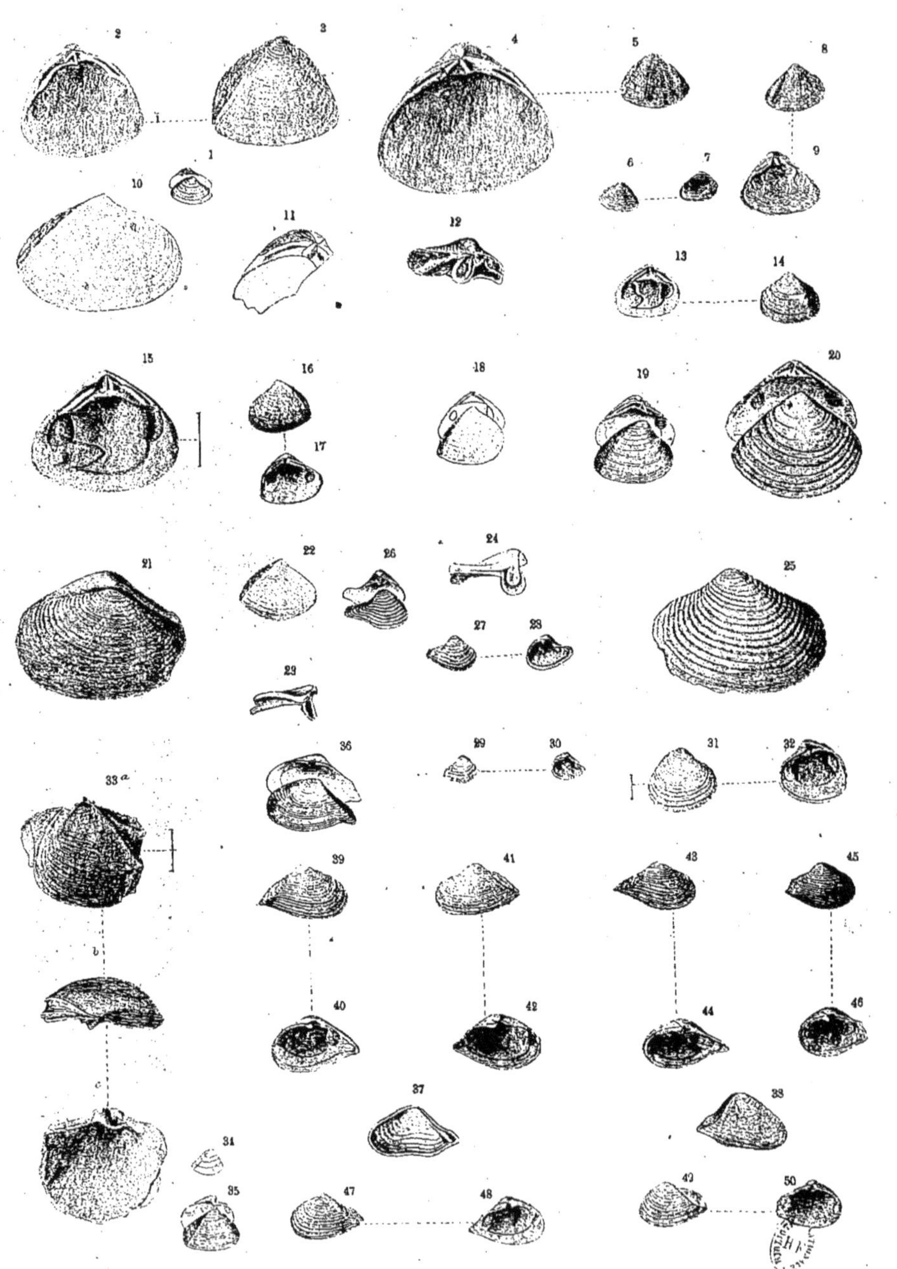

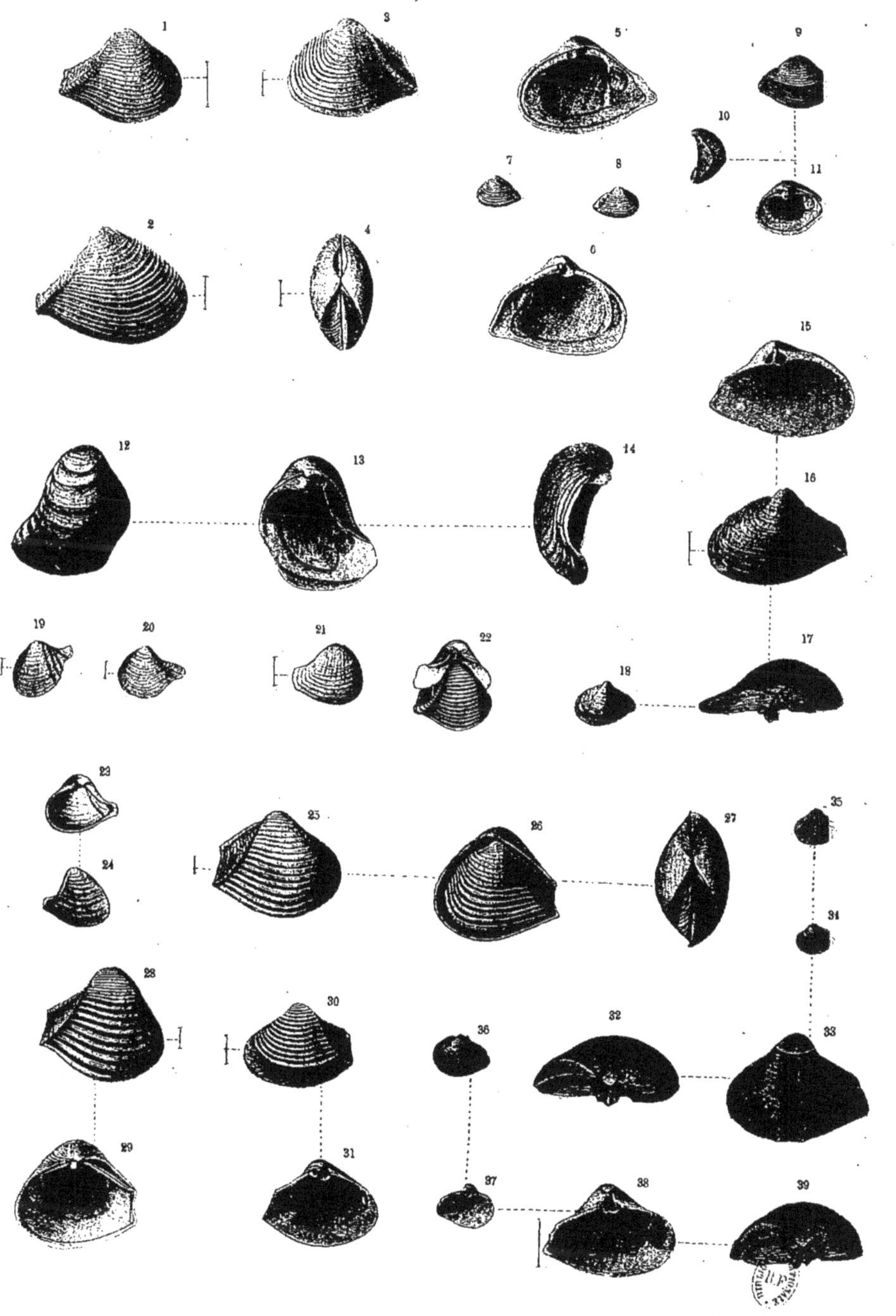

ROMA FOTOTIPIA DANESI

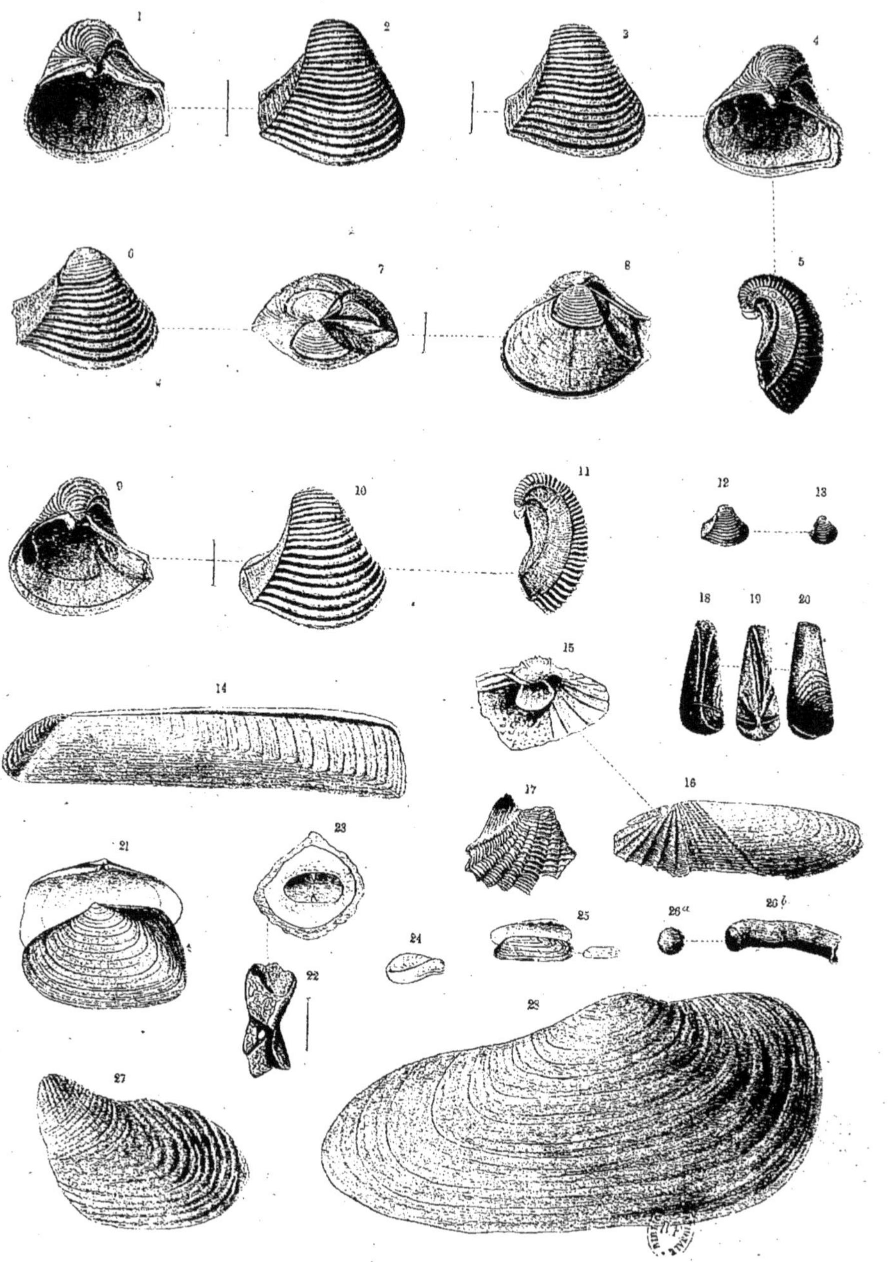

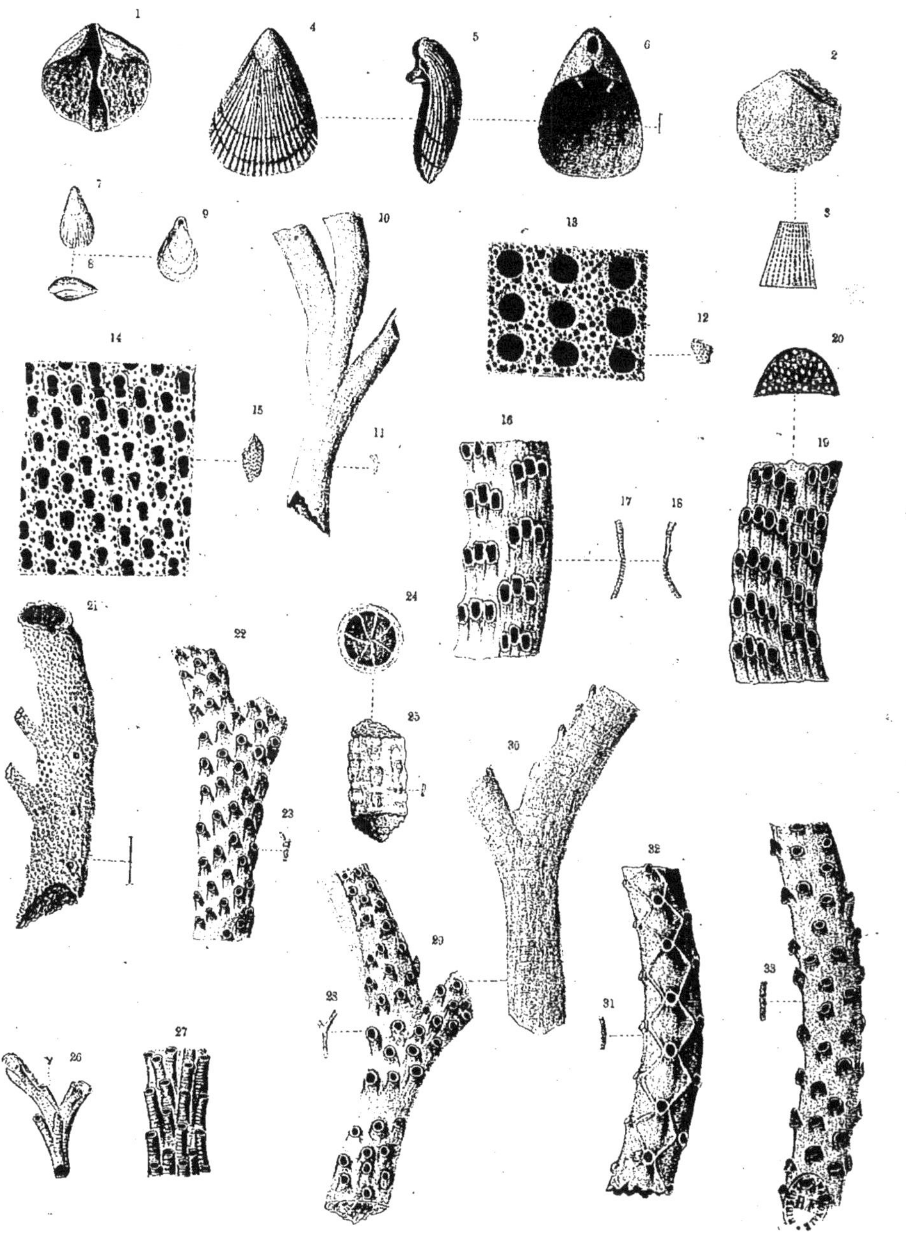

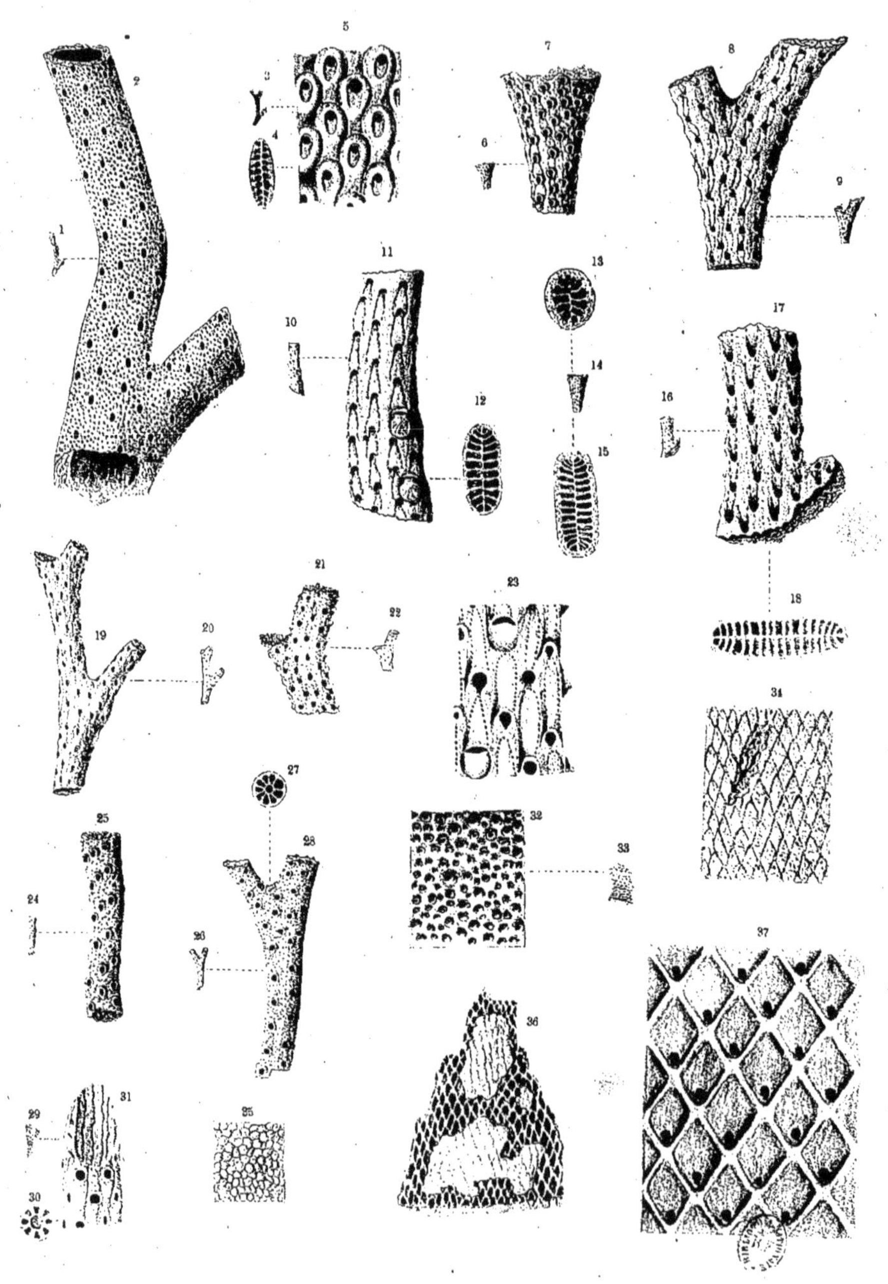

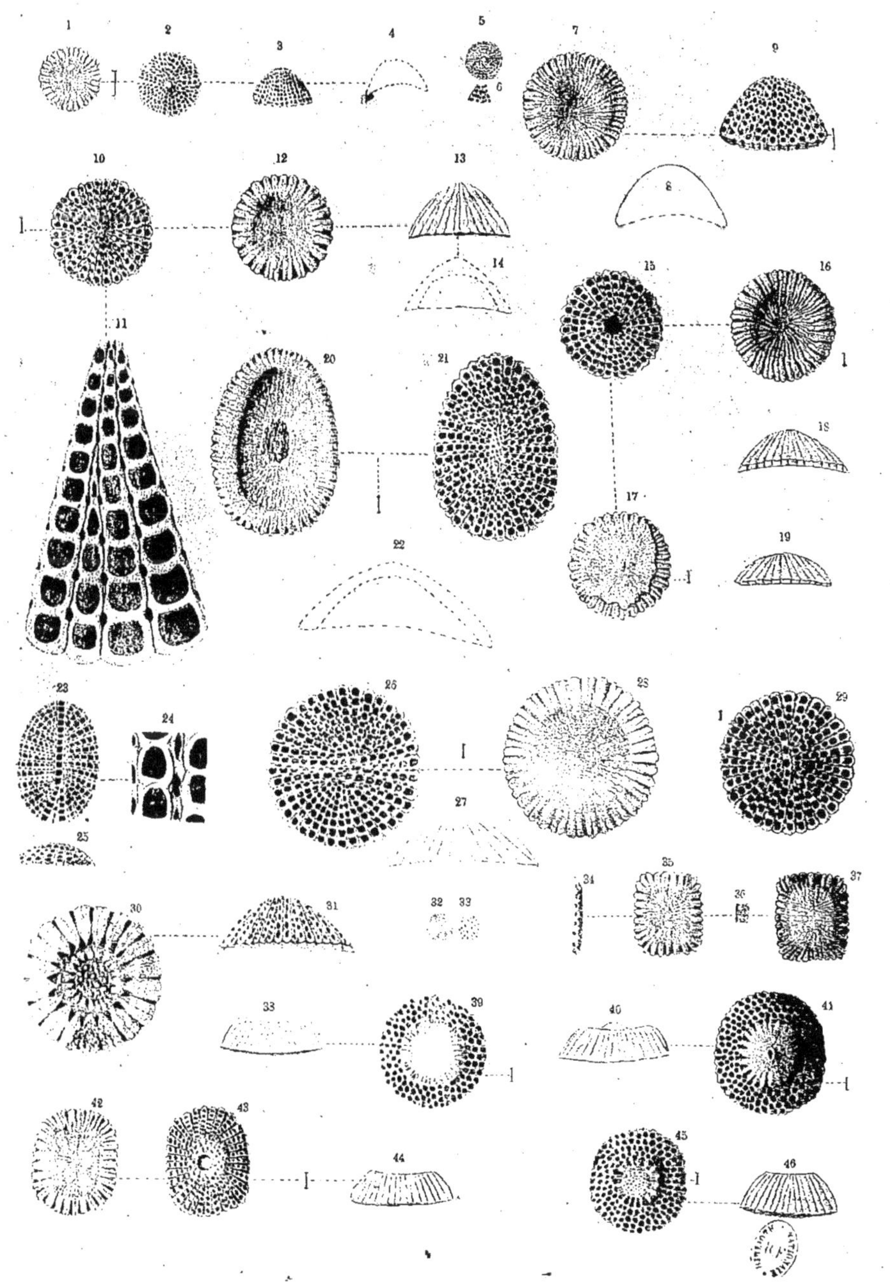

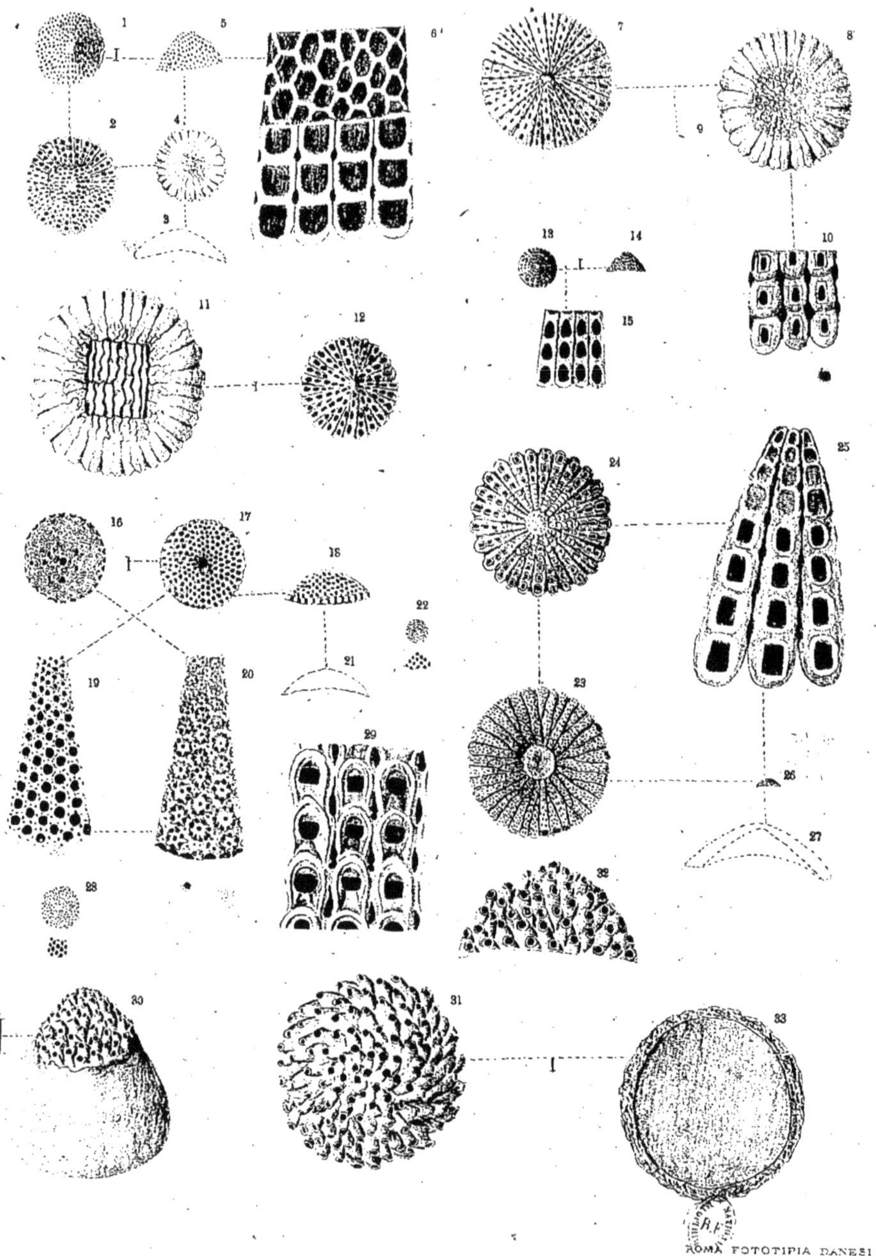

1
5
6
7
8
2
4
9
3
13
14
10
15
11
12
16
17
24
25
18
22
21
19
20
23
29
26
28
32
27
30
31
33
ROMA FOTOTIPIA DANESI

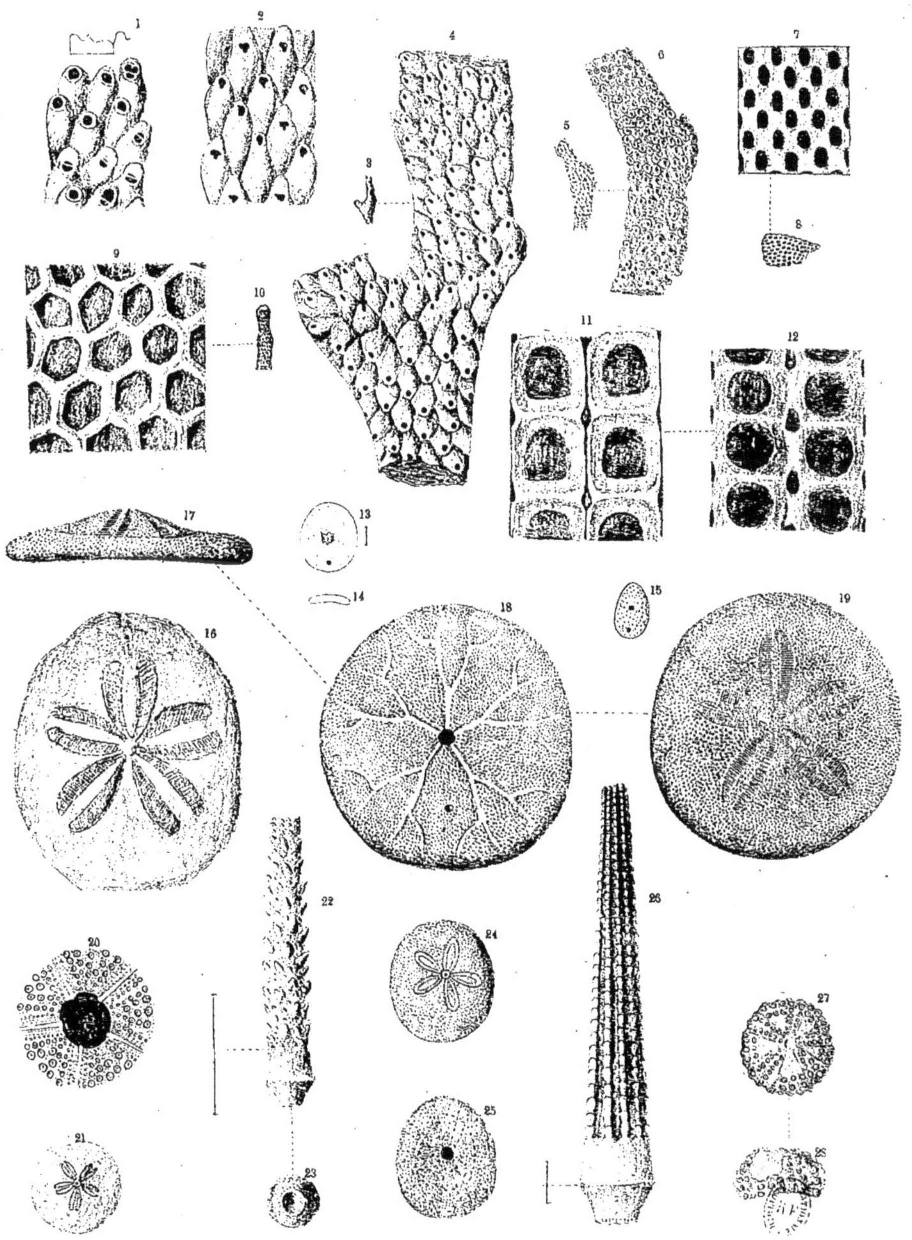

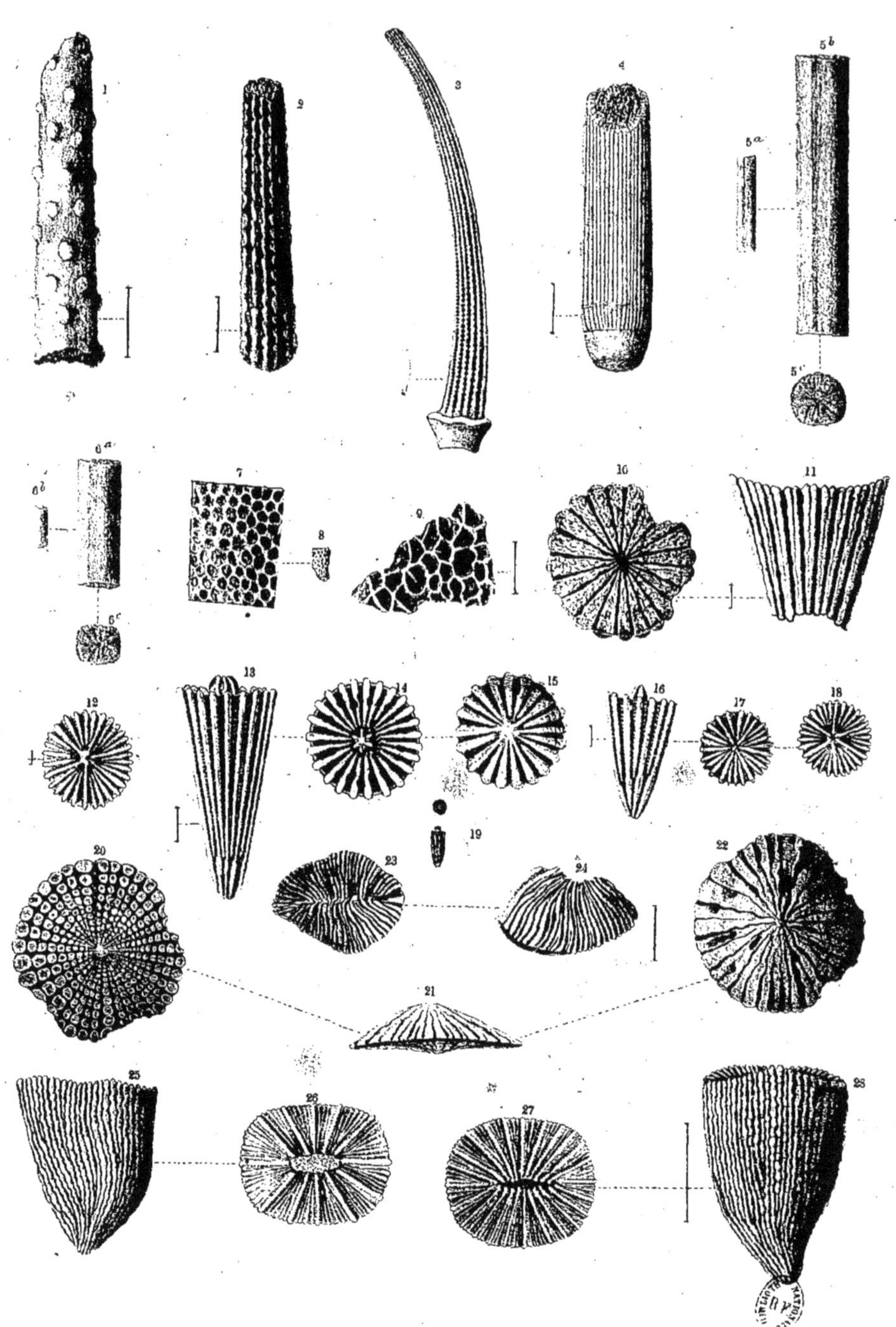

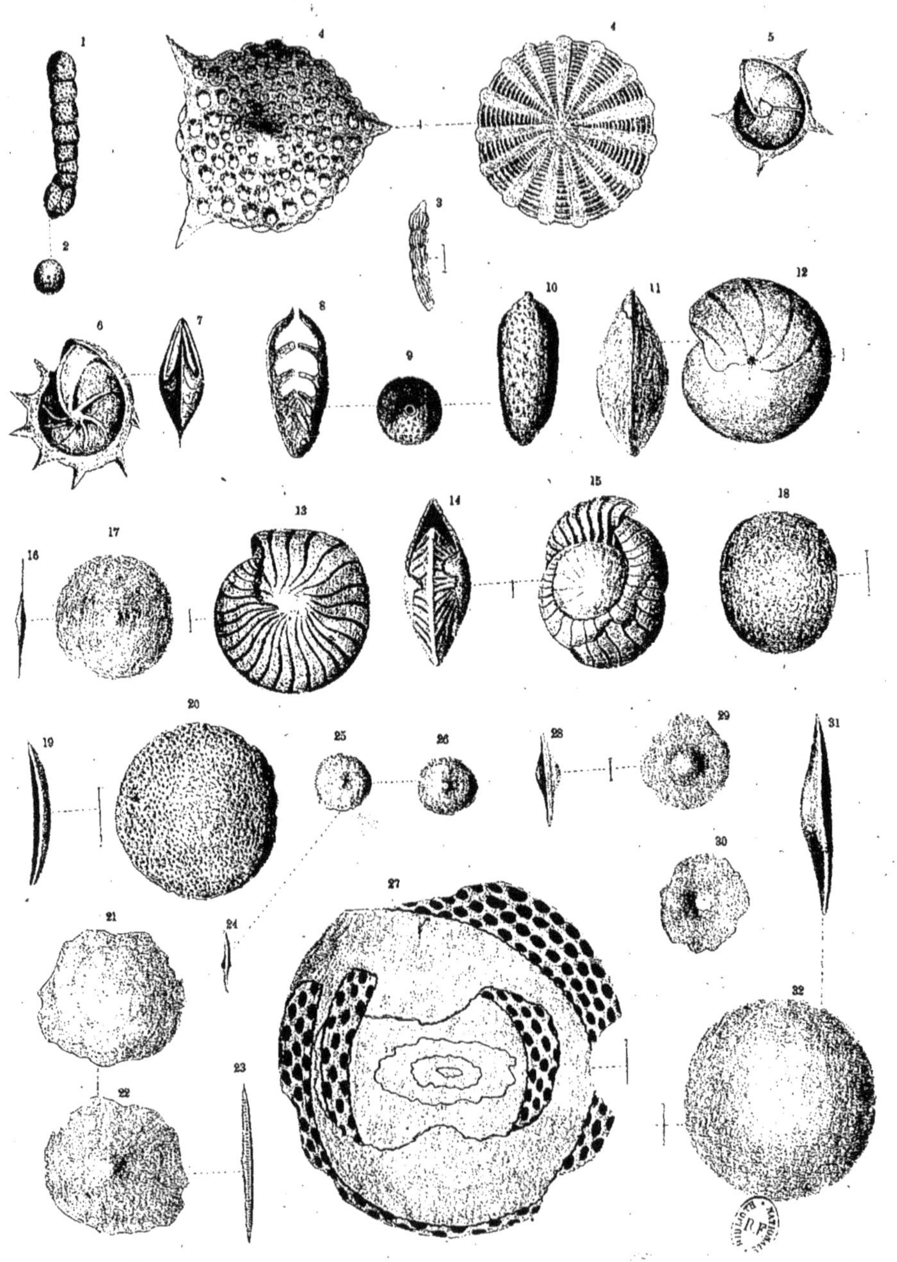

Les Annales de Géologie et de Paléontologie paraissent par livraisons à intervalles pendant l'année. Le prix de chaque livraison dépend du nombre des planches.

Pour les souscripteurs il est de 3 fr. à planche, c'est à dire qu' une livraison, qui aura 2 pl., coûtera 6 fr., si elle aura 3 pl. coûtera 9 fr. et ainsi de suite. — Si la livraison ne contiendra aucune planche, son prix sera de 1 fr. chaque 8 pages.

L'abonnement aura la durée de 5 années.

Pour les non souscripteurs le prix de chaque livraison est de 4 fr. à 6 fr. à planche, selon l'importance de la livraison. — Si la livraison ne contendra aucune planche, son prix sera de 2 fr. chaque 8 pages.

Une fois par an sera publié un bulletin où seront annoncés tous les ouvrages envoyés au directeur (à Palerme, Rue Molo) et il sera délivré gratis aux donateurs.

Les planches seront exécutées toujours avec grand soin et tirées sur de très-beau papier in 4.— S'il y en aura in folio (c'est à dire doubles) le prix sera proportionnément doublé.

Le prix de ces deux livraisons est de 138 fr. pour les abonnés, 184 fr. pour le public.

Six livraisons ont été déjà publiées :

1. Monographie des fossiles du sous-horizon ghelpin De Greg., avec 5 pl.
   Prix : 15 fr. pour les abonnés, 20 fr. pour le public.
2. Monographie des fossiles du sous-horizon grappin De Greg., avec 6 pl.
   Prix : 18 fr. pour les abonnés, 25 fr. pour le public.
3. Nouveaux fossiles des « Stramberg Schicten » de Roverè di Velo, avec 1 pl. in folio.
   Prix : 6 fr. pour les abonnés, 10 fr. pour le public.
4. Essai paléontologique à propos de certains fossiles de la contrée Casale-Ciciù, avec 1 pl.
   Prix : 3 fr. pour les abonnés, pour le public.
5. Monographie des fossiles de S. Vigilio du sous-horizon grappin De Greg., avec 14 pl.
   Prix : 42 fr. pour les abonnés, 60 fr. pour le public.
6. Iconografia Conchiologica Mediterranea gen. Scalaria, avec 1 pl.
   Prix : 3 fr. pour les abonnés, 5 fr. pour le public.

www.ingramcontent.com/pod-product-compliance
Ingram Content Group UK Ltd.
Pitfield, Milton Keynes, MK11 3LW, UK
UKHW020120130726
13696UKWH00001B/124